Die Kulturpflanze

Mitteilungen aus dem Zentralinstitut

für Genetik und Kulturpflanzenforschung

Gatersleben

der Akademie der Wissenschaften der DDR

Band XXVI

Herausgegeben von

H. Böhme, W. R. Müller-Stoll,

K. Müntz, R. Rieger, A. Rieth,

H. Sagromsky, H. Stubbe

Schriftleitung: K. Müntz

Mit 66 Abbildungen, 3 Tafeln,
und 84 Tabellen

AKADEMIE-VERLAG · BERLIN

1978

Erschienen im Akademie-Verlag, 108 Berlin, Leipziger Straße 3–4

Lizenznummer: 202 · 100/501/78
Gesamtherstellung: IV/2/14 VEB Druckerei »Gottfried Wilhelm Leibniz«,
445 Gräfenhainichen/DDR · 5266
Umschlaggestaltung: Annemarie Wagner
Bestellnummer: 762 310 9 (2052/26) · LSV 1355
Printed in GDR
DDR 78,– M

Inhalt

I. Übersichtsdarstellungen (Reviews)

II. Originalarbeiten

III. Das Institut im Jahre 1977

Content

Содержание

I. Übersichtsdarstellungen (Reviews)

Kulturpflanze XXVI . 1978 . S. 13–36

Genetische Experimente mit *in vitro*-kultivierten Pflanzenzellen. Methodische Voraussetzungen und Anwendungsmöglichkeiten

Andreas J. Müller und Reinhard Grafe

(Eingegangen am 23. Januar 1978)

Zusammenfassung

Somatische Hybridisierung und Mutantengewinnung durch *in vitro*-Kulturtechniken werden referiert. Die Eignung verschiedener Pflanzenarten für eine Anwendung dieser Verfahren in Grundlagenforschung und Pflanzenzüchtung wird diskutiert und ein Überblick über den Stand der *in vitro*-Kulturtechniken bei bedeutenden landwirtschaftlichen Kulturpflanzen gegeben.

Einleitung

Die in den sechziger Jahren unter dem Einfluß der Erfolge der Mikrobengenetik initiierten Bestrebungen, Zellkulturtechniken zur Entwicklung neuer bzw. effektiverer Verfahren der genetischen Manipulation von Blütenpflanzen einzusetzen, haben inzwischen zu beachtlichen Teilerfolgen geführt. Insbesondere ist es möglich geworden

- unter Anwendung mikrobengenetischer Selektionsverfahren Mutanten-Zelllinien mit gewünschten biochemischen Merkmalen zu gewinnen,
- Protoplasten genotypisch verschiedener somatischer Zellen zu fusionieren und daraus Hybrid-Zellinien zu etablieren und
- aus den genetisch veränderten Zellen erneut fertile Pflanzen zu regenerieren.

Mit der Entwicklung solcher zellgenetischer Verfahren wird das Ziel verfolgt, neue experimentelle Möglichkeiten für die Molekularbiologie höherer Pflanzen zu erschließen und darüber hinaus Grundlagen für neue Technologien der Pflanzenzüchtung und der biotechnischen Stoffproduktion zu schaffen. Das Gebiet ist 1974 von Chaleff und Carlson zusammenfassend referiert worden. Über den gegenwärtigen Stand informieren insbesondere die folgenden Symposiumsbände: Dudits et al. (1976); Brinkley und Porter (1977); Barz et al. (1977). Anwendungsmöglichkeiten in der Pflanzenzüchtung werden außerdem von Bottino (1975), Holl (1975), Bhojwani et al. (1977) und Melchers (1977b) diskutiert.

In der vorliegenden Studie sollen – aufbauend auf einer kurzen Übersicht über die bereits erzielten Ergebnisse – die für eine erfolgreiche Anwendung zellgenetischer Verfahren notwendigen methodischen Voraussetzungen dargestellt werden. Insbesondere wird versucht, folgende Fragen zu beantworten: Inwieweit sind über die bisher benutzten Modellobjekte hinaus auch andere Blütenpflanzenarten und in erster Linie bedeutende Kulturpflanzen für die Durchführung zellgenetischer Experimente geeignet? Welche *in vitro*-Kulturtechniken müssen vorrangig weiterentwickelt werden, um die Möglichkeiten für zellgenetische Experimente zu erweitern? Bei welchen Pflanzenarten ist am ehesten eine züchterische Nutzung zellgenetischer Verfahren zu erwarten?

1. Mutantengewinnung durch *in vitro*-Kulturtechniken

1.1. Gegenwärtiger Stand

Die ersten Berichte über die Isolierung von stabilen Varianten aus Zellkulturen höherer Pflanzen sind 1970 erschienen. Seitdem haben die Arbeiten zur Isolierung und Charakterisierung von Varianten-Zellinien eine beträchtliche Ausweitung erfahren. Da das Gebiet kürzlich von MALIGA (1976) und WIDHOLM (1977) ausführlich referiert worden ist, seien hier nur die wesentlichen Ergebnisse kurz zusammengefaßt.

Die Isolierung auxotropher Mutanten hat sich als schwierig erwiesen. Zwar hat CARLSON bereits 1970 die BUdR-Licht-Methode zur Anreicherung von auxotrophen Mutanten bei haploiden *N. tabacum*-Zellkulturen eingesetzt und in diesen Experimenten auch 6 Zellinien mit partiellen Nährstoffbedürftigkeiten („leaky auxotrophs") isoliert, doch gelang es u. W. in der Zwischenzeit noch nicht wieder, unmittelbar auf Auxotrophie-Merkmale zu selektieren. Die nitratreduktasedefekten Zellinien von *N. tabacum*, die die einzigen bisher bei höheren Pflanzen bekannten Zellinien mit vollständiger Auxotrophie darstellen, sind auf Grund ihrer Chlorat-Resistenz isoliert worden (MÜLLER und GRAFE 1975, 1978).

Der größte Teil der vorliegenden Arbeiten berichtet über hemmstoffresistente Varianten (Tab. 1). Für eine Vielzahl verschiedener Hemmstoffe ist gezeigt worden, daß aus pflanzlichen Zellkulturen durch einfache Massenselektion resistente Varianten-Zellinien isoliert werden können, die ihren Variantencharakter unter nichtselektiven Bedingungen stabil beibehalten und daher wahrscheinlich Mutanten darstellen. Die Varianten wurden in der Regel aus Zellsuspensionen durch Kultivierung in flüssigen Selektionsmedien oder Plattierung in selektives Agarmedium isoliert. Einige Varianten konnten jedoch auch als wachsende Sektoren innerhalb der wachstumsgehemmten Oberflächenkultur isoliert werden („Kallusklonierung"). Häufig wurden chemische Mutagene angewandt. Ein klarer Nachweis der Erhöhung der Variantenfrequenz durch die Mutagenbehandlung wurde jedoch bisher nur im Falle der Cycloheximid- und Fluoruracil-resistenten Varianten von *Daucus carota* und der Chlorat-resistenten Varianten von *N. tabacum* erbracht.

In den übrigen Fällen bleibt daher unklar, ob die Variante durch das Mutagen induziert worden ist.

Regeneration von Mutanten-Pflanzen ist bisher nur bei relativ wenigen Varianten gelungen und Übertragung des Variantenmerkmals auf die Samennachkommenschaft konnte sogar nur in drei Fällen demonstriert werden. Die Mißerfolge bei der Pflanzenregeneration scheinen allerdings meist nicht durch die spezifischen Eigenschaften der Variante bedingt zu sein. Häufig rühren sie einfach davon her, daß entweder bereits die Ausgangszellinie schlecht oder gar nicht regenerierte oder daß die morphogenetische Potenz während der langwierigen Isolierungsprozedur verloren gegangen war.

1.1.1. Phänotypische Charakterisierung der Varianten

Ein Teil der Varianten hat bereits eine genauere biochemische Charakterisierung erfahren und somit zur Klärung biochemisch-genetischer Fragestellungen beigetragen. Die Variantenmerkmale auf Defekte in einem primären Genprodukt zurückzuführen, ist bisher allerdings nur im Falle der chlorat-resistenten Varianten gelungen, bei denen Defekte in verschiedenen Komponenten des Nitratreduktase-Moleküls einen vollständigen Ausfall der Nitratreduktase-Aktivität und damit Chlorat-Resistenz bedingen (Mendel und Müller 1978, Müller et al. 1977).

Besondere Erwähnung verdient die große Gruppe der gegen Aminosäureanaloga resistenten Varianten. Abgesehen von einer gegen 5-Methyltryptophan resistenten Linie, für die verminderte Aufnahme des Analogons nachgewiesen ist, wurde bei allen diesen Varianten die erwartete Akkumulation bzw. Überproduktion der jeweils normalen Aminosäure gefunden. Die Resistenz beruht also offensichtlich auf einer Verdünnung des toxischen Analogons durch die normale Aminosäure und damit wahrscheinlich auf mutativen Abänderungen der Regulation der Aminosäuresynthese (vgl. Widholm 1977). Die hiermit demonstrierte Wirksamkeit der Analogresistenz-Methode zur Selektion von regulationsgestörten Zellinien eröffnet der *in vitro*-Mutantengewinnung vielfältige Nutzungsmöglichkeiten in der biochemischen Forschung bei Pflanzen. Darüber hinaus könnten Zellinien, die einen bestimmten Metaboliten überproduzieren, auch für die biotechnologische Stoffproduktion von Bedeutung sein.

1.1.2. Züchterisch bedeutsame Varianten

Einige Arbeiten bieten Modelle für eine eventuelle züchterische Anwendung der *in vitro*-Mutantengewinnung.

Carlson (1973) konnte beim Tabak durch zelluläre Selektion auf Resistenz gegen Methionin-sulfoximin (einem Analogon des *Pseudomonas*-Toxins) Mutantenpflanzen gewinnen, die gegen Infektion mit *Pseudomonas tabaci* resistent sind. Das Resistenzmerkmal wird an die Samennachkommenschaft vererbt und prägt

Tabelle 1

In pflanzlichen Zellkulturen isolierte stabile Hemmstoffresistenz-Varianten

Phänotyp: Resistenz gegen	Art	Ploidie	Selektionstechnik	Mutagen	Mutantenpflanzen regen.	Zitat
Aminoäthyl-L-cystein	*Oryza sativa*	2n	Agarplatten	EMS	–	Chaleff, Carlson 1975
	Nic. tabacum	2n	Suspension	EMS	–	Widholm 1976
Äthionin	*Daucus carota*	2n	Suspension	EMS	–	Widholm 1976
	Nic. sylvestris	n	Suspension	spontan	–	Zenk 1974
p-Fluor-phenylalanin	*Daucus carota*	2n	Suspension	EMS	–	Palmer, Widholm 1975
	Nic. tabacum	2n	Suspension	EMS	–	Palmer, Widholm 1975
	Acer pseudoplat.	2n	Suspension		–	Gathercole, Street 1976
Hydroxylysin	*Nic. tabacum*	2n	Suspension	EMS	–	Widholm 1976
Hydroxyprolin	*Daucus carota*	2n	Suspension	EMS	–	Widholm 1976
Methionin-sulfoximin	*Nic. tabacum*	n	Agarplatten	EMS	+	Carlson 1973
5-Methyl-tryptophan	*Nic. tabacum*	2n	Suspension	spontan	– +	Widholm 1972, 1974, 1977
	Daucus carota	2n	Suspension	spontan	–	
	Glycine max	2n	Agarplatten	EMS	–	Sung et al. 1975
Bromdesoxyuridin	*Nic. tabacum*	n	Kallusklon.	spontan	+	Maliga et al. 1973, 1975
	Nic. tabacum	n	Kallusklon.	MNNG	–	Lescure 1973
	Acer pseudoplat.	2n	Suspension	spontan	–	Bright, Northcote 1974
	Glycine max		Suspension	MNNG		Ohyama 1974
8-Azaguanin	*Nic. tabacum*	n	Suspension	MNNG	–	Lescure 1973
	Acer pseudoplat.	2n	Suspension	MNNG	–	Bright, Northcote 1975
5-Fluoruracil	*Daucus carota*	2n	Agarplatten	MNNG	–	Sung 1976

Fortsetzung Tab. 1

Phänotyp: Resistenz gegen	Art	Ploidie	Selektions-technik	Mutagen	Mutanten-pflanzen regen.	Zitat
$KClO_3$	*Nic. tabacum*	n	Agarplatten	ENU	– +	MÜLLER, GRAFE 1975, 1978
NaCl	*Nic. sylvestris*	n	Suspension	spontan	–	ZENK 1974
	Nic. tabacum	n	Suspension	EMS	–	NABORS et al. 1975
	Nic. sylvestris	n	Suspension	spontan	–	DIX, STREET 1975
	Capsicum annuum	2n	u. Agarplatten			
2.4-D	*Nic. sylvestris*	n	Suspension	spontan	–	ZENK 1974
Helminthosporiumtoxin	*Zea mays*	2n	Kallusklon.	spontan	+	GENGENBACH et al. 1977
Streptomycin	*Petunia hybrida*	n	Kallusklon.	spontan	–	BINDING et al. 1970, BINDING 1972
	Nic. tabacum	n	Kallusklon.	spontan	+	MALIGA et al. 1973, 1975
Cycloheximid	*Glycine max*	2n	Agarplatten	EMS, MNNG	–	SUNG 1976
	Daucus carota	2n				
	Oryza sativa	n, 2n	Kallusklon.		–	SUNG et al. 1974
Kanamycin	*Nic. sylvestris*	n	Suspension	spontan	–	DIX et al. 1977
Threonin	*Nic. tabacum*	2n	Suspension	MNNG	–	HEIMER, FILNER 1970

sich genau so stabil aus, wie die Resistenz der bereits existierenden *Pseudomonas*-resistenten Tabaksorten.

Beim Mais ist es gelungen, aus der für *Helminthosporium maydis* (Rasse T) anfälligen cms-T-Inzuchtlinie durch Kallusselektion auf Toxinresistenz und anschließende Pflanzenregeneration eine größere Anzahl von fertilen Planzen zu gewinnen, die gegen die *Helminthosporium*-Infektion resistent sind (GENGENBACH et al. 1977). Die Resistenz war mit einem Verlust der männlichen Sterilität verbunden und wurde gleichfalls als extranucleäres Merkmal an die Samennachkommenschaft vererbt. Das züchterisch wünschenswerte Ergebnis, nämlich eine resistente cms-T-Linie, konnte somit bisher nicht erreicht werden.

Daß sich durch zelluläre Selektion eventuell salztolerante Mutanten-Pflanzen gewinnen lassen können, wird durch die mehrfach gelungene Isolierung von Zelllinien mit Resistenz gegen hohe NaCl-Konzentration angedeutet. Praktische Bedeutung könnten auch Herbicid-resistente Mutanten-Pflanzen haben; entsprechende Selektionsmöglichkeiten werden durch die Isolierung von 2,4-D-resistenten Zellinien aus Zellkulturen von *Nicotiana sylvestris* und *Daucus carota* demonstriert (ZENK 1974).

1.2. Prognose und objektabhängige Voraussetzungen

Obwohl der gegenwärtige Stand der *in vitro*-Mutantengewinnung von dem an Mikroorganismen orientierten Idealbild noch weit entfernt ist und sich die methodischen Schwierigkeiten als unerwartet groß erwiesen haben, sind doch die bisher erzielten Ergebnisse – sofern man sie ausschließlich im Hinblick auf die höhere Pflanze beurteilt – recht ermutigend. Sie demonstrieren, daß die *in vitro*-Verfahren die Möglichkeiten zur Gewinnung von biochemischen Mutanten bei höheren Pflanzen außerordentlich erweitern und auf diese Weise neue Wege für die molekularbiologische Forschung bei höheren Pflanzen eröffnen. Es ist somit zu erwarten, daß die *in vitro*-Mutantengewinnung in den nächsten Jahren intensiv weiter bearbeitet und von einer zunehmenden Zahl von Laboratorien als Forschungsmethode eingesetzt werden wird. Außerdem werden die Bestrebungen weiter verfolgt werden, das Verfahren unmittelbar für angewandte Zielstellungen zu nutzen, und zwar

a) zur Züchtung verbesserter Kulturpflanzensorten und
b) zur Schaffung und Verbesserung von Zellstämmen für die biotechnologische Stoffproduktion.

Welche Mutanten isoliert werden können, hängt natürlich in erster Linie von der Entwicklung merkmalsspezifischer Selektionsmethoden und damit von entsprechenden biochemisch-physiologischen Untersuchungen ab. Mitbestimmend sind jedoch auch die genetischen Eigenschaften der Objekte und deren unterschiedliches Verhalten bei *in vitro*-Kultivierung. Diese objektabhängigen Voraussetzungen für eine erfolgreiche *in vitro*-Mutantengewinnung sollen im folgenden genauer betrachtet werden.

Dabei kann davon ausgegangen werden, daß sich Kalluskulturen von allen daraufhin untersuchten Pflanzenarten anlegen lassen und daß diese Kulturen in jedem Fall ein günstiges Material für die Mutationsauslösung durch chemische Agenzien oder ionisierende Strahlen darstellen. Auch besteht kein Zweifel, daß sich bei jedem Objekt aus einer mutagenbehandelten Kalluskultur irgendwelche Mutanten-Zellinien isolieren lassen. Die unterschiedliche Eignung verschiedener Pflanzenarten offenbart sich erst dann, wenn man den jeweils angestrebten Mutantentyp, dessen beabsichtigte Nutzung und den zur Gewinnung der Mutante zulässigen Aufwand in die Betrachtung einbezieht. Im einzelnen sind dann folgende Gesichtspunkte zu berücksichtigen:

1.2.1. Genetische Konstitution der Ausgangskultur

In diploiden Zellen manifestieren sich nur dominante und extranukleäre Mutationen (bzw. Mutationen an hetero- und hemizygoten Genloci). Um rezessive (nukleäre) Mutanten isolieren zu können, sind daher haploide Gewebe als Ausgangsmaterial erforderlich. Da haploide Zellkulturen meist ziemlich schnell diploid werden und (genau wie diploide Kulturen) bei längerer Kulturdauer weitere Karyotypanomalien akkumulieren, ist es außerdem zweckmäßig, für Mutationsexperimente möglichst junge Zellkulturen (bzw. Mesophyll-Protoplasten) zu verwenden.

Es wird häufig behauptet, die Haploidie-Forderung enge den Kreis der zur *in vitro*-Mutantengewinnung geeigneten Pflanzenarten auf jene wenigen Arten ein, bei denen effektive Methoden zur Haploidengewinnung (durch Antherenkultur oder Bestäubung mit artfremden Pollen) zur Verfügung stehen. Das gilt zwar weitgehend bei züchterischer Zielstellung, weil es in diesem Fall darauf ankommt, die Mutanten aus ganz bestimmten Hochzuchtsorten zu gewinnen. Sollen dagegen Mutanten für Forschungszwecke gewonnen werden, so spielt die Haploidie-Forderung für die Objektwahl nur bedingt eine Rolle, da es dann genügt, wenn irgendeine haploide Pflanze als Ausgangsmaterial zur Verfügung steht, und da haploide Pflanzen bei allen Blütenpflanzen (wenn auch mit recht unterschiedlichem Aufwand) gewonnen werden können (vgl. KASHA 1974; MÜLLER 1974; NITZSCHE und WENZEL 1977). Effektive Methoden zur Haploidengewinnung sind nur dann erforderlich, wenn sich die haploiden Pflanzen bzw. Gewebe nicht konservieren lassen. In dieser Hinsicht bestehen allerdings beträchtliche Unterschiede zwischen verschiedenen Blütenpflanzen. Bei manchen normalerweise einjährigen Arten (z. B. Tabak) ist es nicht schwierig, einzelne Pflanzen bei gleichzeitiger vegetativer Vermehrung über viele Jahre zu halten und immer wieder zur Etablierung von Zellkulturen zu verwenden. Bei anderen Arten (z. B. Gerste, Weizen) können dagegen haploide Pflanzen gegenwärtig nicht oder nicht sicher konserviert werden und müssen daher jährlich neu gewonnen werden.

Diese Schwierigkeiten würden sich zwar durch Gefrierkonservierung der haploiden Zellen überwinden lassen, doch sind bisher nur begrenzte Erfolge bei der

Entwicklung von Verfahren zur Gefrierkonservierung kultivierter Pflanzenzellen erzielt worden (vgl. Withers und Street 1977). Solche Verfahren hätten für die *in vitro*-Mutantenisolierung enorme Bedeutung, da es angesichts der Karyotypinstabilität von pflanzlichen Zellkulturen ideal wäre, wenn einerseits von gefrierkonservierten haploiden Zellen ausgegangen und andererseits die frisch isolierte Mutanten-Zellinie sofort wieder eingefroren werden könnte.

Bei der Objektwahl ist ferner zu beachten, daß sich in allopolyploiden Pflanzen (und in den daraus gewonnenen haploiden Zellen) wegen des Vorliegens duplizierter Gene ein Teil der nukleären Mutationen nicht manifestieren kann. Solche Arten sollten daher nur dann für Mutationsexperimente eingesetzt werden, wenn besondere Gründe (z. B. züchterische Zielstellungen) dies erfordern.

1.2.2. Pflanzenregeneration

Der Kreis der als geeignet anzusehenden Pflanzenarten engt sich insbesondere dann beträchtlich ein, wenn man nicht nur Mutanten-Zellstämme, sondern fertile Mutanten-Pflanzen gewinnen will. Abgesehen davon, daß bei vielen Arten Pflanzenregeneration, aus etablierten Zellkulturen oder Protoplastenkulturen noch nicht gelingt, wäre für diesen Zweck auch eine nur sporadisch sproßbildende Zellkultur unzureichend. Die Erfahrungen haben nämlich gezeigt, daß nur dann hinreichende Chancen für die Gewinnung karyotypisch normaler Pflanzen aus Mutanten-Zellinien bestehen, wenn die Sproßbildung schnell erfolgt, was wiederum ein sicheres Verfahren zur Induktion der Morphogenese voraussetzt.

Läßt sich bei einem Objekt aus etablierten Zellkulturen oder Protoplastenkulturen keine effektive Pflanzenregeneration erreichen, so besteht allerdings häufig noch die Möglichkeit, Primärkallus oder Meristemkulturen zur Gewinnung von Mutanten-Pflanzen einzusetzen. Primärkallus erlaubt bei fast allen Arten von Blütenpflanzen, zumindest im begrenzten Umfang, Pflanzen zu regenerieren, hat aber den Nachteil, daß nur in sehr beschränktem Maße mikrobengenetische Methoden zur Mutantenselektion angewendet werden können (s. u.). Angesichts der unzureichenden morphogenetischen Potenz vieler Kalluskulturen verdient auch der Umstand Beachtung, daß bei einer Reihe von Arten eine sehr wirkungsvolle Pflanzenregeneration aus Meristemkulturen erreicht worden ist. Meristemkulturen bieten zwar gleichfalls nur eingeschränkte Möglichkeiten zur Mutantenselektion, sie sind aber hinsichtlich der Karyotypkonstanz Kalluskulturen deutlich überlegen und könnten daher zur Gewinnung von Mutanten-Pflanzen in Zukunft Bedeutung erlangen.

Daß für Mutationsexperimente mit züchterischer Zielstellung nur effektiv regenerierende *in vitro*-Kulturen verwendet werden können, versteht sich von selbst. Aber auch bei theoretischer Zielstellung sollte die Möglichkeit zur Pflanzenregeneration gegeben sein, da Mutanten-Pflanzen erlauben

a) den Genotyp der Mutanten zu konservieren,
b) die Genexpression in differenzierten Geweben zu studieren und
c) die genetische Konstitution der Mutante durch Kreuzung zu analysieren.

1.2.3. Mutantenselektion in etablierten Zellkulturen

Durch Selektion innerhalb von etablierten Zellkulturen können nur solche Mutationen erfaßt werden, die sich in der (morphologisch) undifferenzierten Zelle ausprägen. Die zelluläre Selektion hat gegenüber einer auf der Stufe der differenzierten Pflanze vorgenommenen Selektion jedoch den Vorteil

a) daß sie wesentlich weniger Aufwand erfordert und
b) daß sie auch solche Mutanten zu erfassen erlaubt, deren biochemischer Defekt in differenzierten Geweben schwierig nachzuweisen ist oder die keine lebensfähigen differenzierten Pflanzen bilden (die also embryonal letal sind).

Im Hinblick auf die anzuwendenden Selektionsverfahren sind folgende Typen zellulärer Mutanten zu unterscheiden (geordnet nach zunehmendem Schwierigkeitsgrad der Selektion):

1. Visuell erfaßbare Mutanten
2. Resistenz- und Autotrophie-Mutanten: Mutanten, die gegenüber bestimmten wachstumshemmenden oder toxischen Bedingungen (Hemmstoffe, abnorme Temperatur, Nährstoffmangel usw.) weniger sensibel sind als die Wildtyp-Zellen. Sie können in der Regel allein durch Anwendung dieser Bedingungen, also unmittelbar durch Massenselektion, isoliert werden.
3. Auxotrophie- und Sensibilitäts-Mutanten: Mutanten, die unter bestimmten, auf den Wildtyp nicht hemmend wirkenden Bedingungen (Minimalmedium, hohe Temperatur usw.) nicht oder nur sehr schlecht wachsen können, unter anderen Bedingungen (supplementiertes Medium, niedrige Temperatur usw.) jedoch weitgehend normales Teilungswachstum zeigen. Zu ihrer Selektion ist Kolonie-Screening erforderlich (Subkultivierung bzw. Replica-plating unter den restriktiven Bedingungen, in bestimmten Fällen auch biochemische Tests). Die Effektivität der Selektion kann durch vorherige Mutantenanreicherung (selektive Abtötung der unter den restriktiven Bedingungen wachsenden Wildtyp-Zellen) wesentlich erhöht werden.
4. Mutanten, die nur durch Kolonie-Screening nach Totalisolierung (d. h. ohne vorherige Mutantenanreicherung) selektiert werden können.

Resistenz- und Autotrophie-Mutanten lassen sich im günstigsten Fall, d. h. wenn ihr Resistenzniveau hoch ist und wenn die Vermehrung der Mutanten-Zelle durch die Schädigung der sie umgebenden Wildtyp-Zellen nicht behindert wird, sogar aus relativ langsam wachsenden und physiologisch heterogenen Geweben (Kallus- oder Meristemkulturen) isolieren. (Beispielsweise wurde die gegen das *Helminthosporium*-Toxin resistente Zellinie aus einer Mais-Kalluskultur isoliert, die mit einer Verdopplungszeit von rund 12 Tagen wuchs). Um jedoch auch weniger günstige Typen von Resistenzmutanten isolieren und die Versuchsdauer verkürzen zu können, sind schnellwachsende Kulturen erforderlich, die möglichst disperse Suspensionen bilden und auch bei geringer Plattierungsdichte eine hohe Koloniebildungsrate (aus kleinen Zellaggregaten oder Einzelzellen) ergeben.

Noch weitergehende Anforderungen an die Kultur stellen die Verfahren zur Anreicherung von auxotrophen und sensiblen Mutanten. Für die selektive Abtötung der Wildtyp-Zellen (z. B. durch BUdR und Licht) sind Suspensionskulturen erforderlich, die möglichst homogen aus teilungsaktiven Zellen bestehen. Bei

Auftreten von crossfeeding-Effekten muß außerdem gewährleistet sein, daß die teilungsaktiven Zellen weitgehend als Einzelzellen vorliegen. (Diese Forderungen werden z. Z. selbst von den besten Modellobjekten nur ungenügend erfüllt, was zu den bisherigen Mißerfolgen bei der Isolierung von Auxotrophie-Mutanten wesentlich beigetragen haben dürfte.)

Um ein wirksames Kolonie-Screening (z. B. durch Subkultivierung auf Testmedium oder durch biochemische Tests) durchführen zu können, muß schließlich noch effektive Koloniebildung aus Einzelzellen gewährleistet sein (Ausschluß von Mischkolonien). Auch diese Forderung wird gegenwärtig nur bei wenigen Objekten und auch nur näherungsweise erfüllt. Sichere Einzell-Kolonien lassen sich im größeren Umfang nur durch Plattierung von Protoplasten-Suspensionen erreichen. Somit gilt:

Zur Isolierung von Auxotrophie- und Sensibilitäts-Mutanten sind nur Objekte geeignet, die hochgradig teilungsaktive, sehr disperse Zell-Suspensionskulturen oder (noch besser) hochgradig teilungsaktive Protoplastenkulturen liefern.

Die gleichen Voraussetzungen sind für die Selektion solcher Mutanten erforderlich, die nicht selektiv angereichert werden können (z. B. Mutanten mit erhöhtem Gehalt an einem Sekundärstoff). Zumindest würde es den ohnehin schon sehr großen Aufwand, der selbst bei Anwendung von biochemischen Schnellmethoden mit dem Durchtesten von Zehntausenden von Kolonien verbunden ist, noch wesentlich erhöhen, wenn nicht sichergestellt ist, daß die Mutanten-Zellen vorwiegend reine Mutanten-Kolonien bilden.

1.2.4. Mutantenselektion während oder nach der Sproßbildungsphase

In vitro-Mutantengewinnung bedeutet nicht notwendigerweise, daß die Selektion bereits auf der zellulären Stufe erfolgen muß. Insbesondere für züchterische Zielstellungen können auch Experimente vorteilhaft sein, bei denen zwar die Mutationsauslösung im *in vitro*-kultivierten Gewebe erfolgt, die dabei entstehenden Mutanten-Zellen aber erst während oder nach ihrer Regeneration zu Pflanzen selektiert werden (peri- oder postmorphogenetische Selektion). Voraussetzung dafür sind Kallus-, Meristem- oder Antherenkulturen, deren morphogenetische Potenz so hoch ist, daß sich mit vertretbarem Aufwand viele Tausende von karyotypisch normalen Sprossen regenerieren lassen.

Selektion während der Sproßbildung dürfte insbesondere zur Gewinnung von Resistenzmutanten einsetzbar sein. Gegenüber der zellulären Selektion (mit nachfolgender Pflanzenregeneration) hat eine solche perimorphogenetische Selektion den Vorteil,

a) daß die Dauer der Kalluskultivierung eingeschränkt und dadurch die Gefahr des Verlustes der morphogenetischen Potenz und der Anreicherung von Karyotypveränderungen vermindert wird und
b) daß auch auf solche Resistenzmerkmale selektiert werden kann, die erst im differenzierten Sproßgewebe voll ausgeprägt sind.

1.2.5. Vergleich zwischen konventioneller und *in vitro*-Mutantengewinnung

Sollen Mutanten gewonnen werden, die nur im differenzierten Zustand erkannt und selektiert werden können, so erhebt sich zwangsläufig die Frage, ob das *in vitro*-Verfahren gegenüber der konventionellen Methode des Screenings von M_2-Pflanzen überhaupt noch irgend einen Vorteil bietet, zumal selbst Mutanten mit deutlicher zellulärer Manifestation sich häufig recht gut auf konventionelle Weise gewinnen lassen. Beispielsweise sind beim Weizen durch Selektion von M_2-Keimlingen Methyltryptophan-resistente Mutanten isoliert worden (SINGH und WIDHOLM 1975). Tatsächlich dürfte bei Selbstbefruchtern und fakultativen Fremdbefruchtern der zur konventionellen Mutantengewinnung nötige Aufwand häufig kleiner sein als der mit der *in vitro*-Methode verbundene Aufwand.

Eine grundsätzlich andere Situation liegt bei obligaten Fremdbefruchtern und bei vegetativ vermehrten Arten vor, bei denen die übliche Methode der Gewinnung homozygoter Mutanten durch Selbstung mutagen behandelter Pflanzen nicht oder nur bedingt anwendbar ist. Bei diesen Arten wird es durch die *in vitro*-Verfahren (einschließlich der Verwendung von Haploiden) überhaupt erst möglich werden, ein derartig breites Spektrum von Mutanten zu erzielen, wie es von Selbstbefruchtern bereits bekannt ist. Zieht man zusätzlich in Betracht, daß bei vegetativ vermehrten Arten Kombinationszüchtung häufig nur in sehr beschränktem Maße durchführbar ist und daher die Suche nach Sproßmutanten trotz der durch Diploidie (bzw. Polyploidie) und Chimerie bedingten Komplikationen bereits breiten Raum in entsprechenden Züchtungsprogrammen einnimmt, so kann kein Zweifel bestehen, daß die *in vitro*-Mutantengewinnung ihre weitestreichende züchterische Anwendung bei vegetativ vermehrten Arten finden wird. (Vgl. hierzu den 1973 von der FAO/IAEA in Wien herausgegebenen Sammelband über „Induced mutations in vegetatively propagated plants".)

2. Somatische Hybridisierung

2.1. Gegenwärtiger Stand

Seit Erscheinen der ersten Berichte über somatische Hybridisierungen bei Blütenpflanzen (CARLSON et al., 1972; MELCHERS und LABIB, 1974) sind beachtliche methodische Fortschritte erzielt und weitere Hybridzellinien und Hybridpflanzen durch Protoplastenfusion gewonnen worden (vgl. die Reviews in: DUDITS et al., 1976; BARZ et al., 1977; BRINKLEY und PORTER, 1977).

Lebensfähige Protoplasten haben sich durch enzymatische Auflösung der Zellwand bei fast allen daraufhin untersuchten Blütenpflanzen-Arten aus dem Mesophyll und häufig auch aus Zellkulturen präparieren lassen. Außerdem sind wirkungsvolle Methoden zur Induktion der Protoplastenfusion entwickelt worden. Mit Hilfe von Polyäthylenglycol (PEG), das gegenwärtig in Fusions-

Tabelle 2

Erfolgreiche somatische Hybridisierungen bei Blütenpflanzen

Fusionspartner	Selektionsprinzip	Genetische Konstitution der Hybriden	Zitat
N. tabacum (n, M), nukl. Chlorophyllmut. s × *N. tabacum* (n, M), nukl. Chlorophyllmut. v	Grünfärbung von Kallus und Sproßregeneration	Pflanzen, 2n, 3n, 4n und Aneuploide	Melchers und Labib 1974 Melchers und Sacristan 1977
N. tabacum (n, M), nukl. Chlorophyllmut. × *N. tabacum* (n, M), Plastommutante	Grünfärbung bzw. Scheckung der Sproßregenerate	Pflanzen >2n, hybrides Plastom (gescheckte Pflanzen)	Gleba et al. 1975
N. tabacum (K), nichtallele nitratreduktasedefekte Mutanten	Prototrophie (Nitratverwertung) des Hybridkallus	Zellinien und Pflanzen	Glimelius et al. 1978
N. tabacum Plastommutante × *N. tabacum* mit Cytoplasma von *N. debneyi* (bedingt männliche Sterilität)	Scheckung der Sproßregenerate	Pflanzen, die interspezifische Cybriden darstellen (Plastom von *N. tabacum* × *N. debneyi* in Zellen mit *N. tabacum*-Genom)	Gleba 1978
N. tabacum × *N. tabacum*, Blattformmutante mit Cytoplasma von *N. debneyi*	Blatt- und Blütenmorphologie	Pflanzen mit hybridem Genom und Pflanzen mit hybridem Cytoplasma (Cybriden)	Belliard et al. 1977
Nicotiana glauca (2n, M) × *N. langsdorfii* (2n, M)	Auxinautotrophie des Hybridkallus	a: 3 Pflanzen, 4n b: 23 Pflanzen, alle >4n	a: Carlson et al. 1972 b: Smith et al. 1976
N. tabacum (n = 2x, M) nukl. Chlorophyllmut. S × *N. sylvestris* (2n = 2x, M) nukl. Chlorophyllmut. sis	Grünfärbung der Sproßregenerate	Pflanzen, 4x und Aneuploide	Melchers 1977 a
N. sylvestris (K) kanamycinresistente, nicht ergrünende Mutante × *N. knightiana* (2n, M)	Ergrünen von kanamycinresistentem Kallus	Zellinien und Pflanzen	Maliga et al. 1977
Petunia hybrida (2n, M) × *P. parodii* (2n, M)	Kalluswachstum auf MS-Medium mit Actinomycin D	Pflanzen, 4n und <4n	Power et al. 1976

Datura innoxia (2n, M) nichtallele Chlorophyllmutanten	Grünfärbung von Kallus und Sproßregeneraten	Pflanzen 4n, 6n, 8n und Aneuploide	SCHIEDER 1977
Daucus carota (2n, M) Chlorophyllmutante × *Daucus capillifolius* (2n, M)	Morphologie der Regeneratpflanzen	Pflanzen, 4n und Aneuploide	DUDITS et al. 1977
Glycine max (2n, K) × *Nicotiana glauca* (2n, M)	Isolierung der Heterokaryons und karyologische Identifizierung	Zellinien, instabiler Hybridkaryotyp (Verlust von *glauca*-Chromosomen und Umbauten)	KAO 1977

M = Mesophyllprotoplasten, K = Kallusprotoplasten

versuchen am meisten angewendet wird, lassen sich Fusionsfrequenzen von 30% und mehr erreichen. Auch Zellen systematisch weit entfernter Pflanzenarten und sogar pflanzliche und tierische Zellen konnten auf diese Weise miteinander fusioniert werden. Somit scheint gegenwärtig der erste Schritt der somatischen Hybridisierung, die Herstellung von Heterokaryocyten (Heterokaryons), bei beliebigen Pflanzenarten und in beliebigen Kombinationen durchführbar zu sein. Schwierigkeiten bereitet dagegen bei den meisten Arten noch die Kultivierung von Protoplasten zu proliferierendem Kallus und erst recht dessen Regeneration zu Pflanzen. Es ist daher auch erst bei sehr wenigen Arten gelungen, aus den Fusionsprodukten Hybridzellinien bzw. Hybridpflanzen zu gewinnen. Die bisher bei Blütenpflanzen erfolgreich durchgeführten somatischen Hybridisierungen sind in Tabelle 2 zusammengestellt.

Die vorliegenden Versuchsergebnisse zeigen,

- daß bei Kombination solcher Partner, die auf sexuellem Wege karyotypisch stabile Hybriden ergeben, die Fusionshybriden den korrekten, aus der genauen Addition der elterlichen Chromosomensätze resultierenden Karyotyp aufweisen können, daß aber häufig auch numerisch abweichende Karyotypen entstehen,
- daß die Fusionshybriden im Gegensatz zu den entsprechenden sexuellen Hybriden erwartungsgemäß ein gemischtes Cytoplasma haben (das den üblichen Entmischungsvorgängen unterliegt) und
- daß zur Isolierung der Hybridzellen eine Vielzahl verschiedenartiger Selektionsverfahren mit Erfolg angewandt werden kann.

In einem Fall, nämlich bei der Kombination *Nicotiana glauca* × *Glycine max*, war bereits eine entfernte, sexuell nicht erreichbare Hybridisierung erfolgreich (KAO 1977). Diese Hybridzellen aus Vertretern zweier Ordnungen können als Zellinien kultiviert werden, regenerieren jedoch nicht zu Pflanzen. Ihr Karyotyp ist instabil (bevorzugte Elimination der *N. glauca*-Chromosomen, verbunden mit häufigen Chromosomenumbauten).

2.2. Nutzungsmöglichkeiten

Die Forschungen zur somatischen Hybridisierung bei Pflanzen werden in erster Linie mit dem Ziel durchgeführt, die sexuellen Kreuzungsbarrieren zwischen Arten zu überwinden und dadurch die Möglichkeiten zur Kombination von züchterisch bedeutsamen Erbmerkmalen zu erweitern. Dieses Ziel ist gegenwärtig noch nicht erreicht, aber doch gewissermaßen eingekreist. Einerseits ist die Gewinnung von somatischen Hybridpflanzen als prinzipiell möglich nachgewiesen und andererseits zeigen die Soja-Tabak-Hybridzellinien, daß sogar sehr weit voneinander entfernte Arten zu lebens- und vermehrungsfähigen Hybridzellen kombiniert werden können. Man ist daher gegenwärtig bestrebt, somatische Hybriden zwischen möglichst nahe verwandten, aber sexuell nicht kreuzbaren Arten zu erzeugen und zu prüfen, inwieweit diese nicht nur auf zellulärer Ebene, sondern auch hinsichtlich Karyotypstabilität, Pflanzenregeneration und Fertilität kompatibel sind. Daß sich auf diesem Wege in Zukunft neuartige Hybridpflanzen gewinnen lassen werden, kann als sehr wahrscheinlich gelten.

Ob und in welchem Umfang solche neuartigen Fusionshybriden züchterisch nutzbar sein werden, ist allerdings nicht vorhersagbar. Zu großer Optimismus wäre sicher verfehlt, denn von den bisher auf sexuellem Wege gewonnenen Art- und Gattungsbastarden haben sich nur sehr wenige in der Pflanzenzüchtung nutzen lassen (und – wie das Beispiel *Triticale* zeigt – auch nur nach jahrzehntelanger züchterischer Bearbeitung). Möglicherweise wird die züchterische Bedeutung der somatischen Hybridisierung vor allem darin liegen, daß sich mit ihrer Hilfe bestimmte Chromosomenabschnitte in andere Zellen einschleusen lassen. Dies ist zumindest vorstellbar auf der Basis von Karyotypinstabilität, induzierten somatischen Rekombinationen (bzw. Translokationen) und Selektion des gewünschten Genotyps. Erfolgsentscheidend wird dann die Effektivität der merkmalsspezifischen Selektionsmethode sein. Daraus folgt wiederum, daß die Erforschung spezieller, zur zwischenartlichen Übertragung vorgesehener Merkmale (z. B. Krankheitsresistenz oder Fähigkeit zur Symbiose mit stickstoffixierenden Bakterien) und die Erarbeitung entsprechender zellulärer Selektionsverfahren (vgl. Abschnitt 1.2.3) genau so wichtig sind wie das eigentliche Hybridisierungsverfahren.

Aktuelle Bedeutung hat die somatische Hybridisierung aber zweifellos als neue, die Möglichkeiten zur genetischen Analyse erweiternde Forschungsmethode. Da für diesen Zweck günstige Objekte ausgewählt werden können und außerdem Pflanzenregeneration nicht unbedingt erforderlich, spontane Heteroploidisierung tolerierbar und Instabilität des Hybridkaryotyps u. U. sogar wünschenswert ist, bieten sich bereits beim gegenwärtigen Stand des Verfahrens vielfältige Anwendungsmöglichkeiten in der genetischen Forschung. Zwei wichtige Einsatzgebiete zeichnen sich ab: 1. Analyse von cytoplasmatischen Genen durch somatische Hybridisierungen zwischen Plastommutanten bzw. verschiedenen Arten (Gleba 1978). 2. Genetische Analyse von *in vitro*-isolierten Mutanten-Zellinien (Maliga et al. 1977, Glimelius et al. 1978).

2.3. Objektabhängige Voraussetzungen

Nachdem es nunmehr möglich zu sein scheint, beliebige Heterokaryons herzustellen, hängt die Gewinnung einer bestimmten Hybride (Zellinie oder Pflanze) im wesentlichen davon ab,

– inwieweit sich aus den betreffenden Heterokaryons proliferierender Kallus bzw. Pflanzen regenerieren lassen,
– wie stabil der hybride Zustand während der Zellvermehrung bewahrt wird (wofür bei einer angestrebten Kernhybride sowohl die Häufigkeit von Kernfusionen als auch die weitere Stabilität des Hybridkaryotyps entscheidend sind) und
– wie effektiv die Hybridzellen selektiert werden können.

Entscheidendes Kriterium für die Objektwahl ist die Kultivierbarkeit der Protoplasten. Kallusbildung aus Protoplasten ist bisher bei etwa 40 Angiospermen-Arten, d. h. nur bei einem kleinen Teil der daraufhin untersuchten Arten gelungen. In vielen Fällen werden zudem noch keine genügend hohen Plattierungseffizienzen erreicht. Weitere Einschränkungen können sich dadurch ergeben, daß zwar heteroploide Kallusprotoplasten, nicht aber die wegen ihrer Euploidie für genetische Experimente zu bevorzugenden Mesophyllprotoplasten kultivierbar sind. Diese Situation liegt beispielsweise bei *Hordeum vulgare* vor (Potrykus et al. 1976, Koblitz 1976).

Sofern nicht nur hybride Zellinien, sondern fertile Hybridpflanzen angestrebt werden, engt sich der Kreis der als geeignet anzusehenden Arten weiter ein. Pflanzenregeneration aus Protoplasten wurde bisher nur bei einigen Solanaceen (*Nicotiana-*, *Petunia-*, *Datura-*, *Solanum-* und *Atropa*-Arten) und wenigen anderen Arten (*Daucus carota*, *Brassica napus*, *Ranunculus sceleratus* u. a.) erreicht.

3. Beurteilung potentieller Objekte für zellgenetische Experimente

3.1. Objekte für die Grundlagenforschung

Sieht man zunächst von züchterischen Aufgabenstellungen ab, so ist es offensichtlich sinnvoll, die zellgenetische Forschung auf wenige, für diesen Zweck besonders geeignete Objekte zu konzentrieren. Die Voraussetzungen, die ein zellgenetisches Forschungsobjekt im Idealfall bieten sollte, sind in den vorhergehenden Abschnitten z. T. schon genauer dargelegt worden. Sie sollen hier mit den Worten von H. E. Street noch einmal kurz zusammengefaßt werden:

„Die 'ideale' Modellpflanze sollte
(1) eine echte Diploide sein,
(2) eine relativ geringe Zahl von großen Chromosomen haben,
(3) bereits in genetischer Hinsicht gut untersucht sein,

(4) selbstfertil und freiblühend sein,
(5) einen kurzen Lebenszyklus haben,
(6) möglichst von ökonomischem Interesse sein, entweder als landwirtschaftliche Kulturpflanze oder als Zierpflanze oder als Arzneipflanze,
(7) durch Antherenkultur leicht haploide Embryonen oder haploiden Kallus liefern,
(8) entweder Suspensionskulturen mit hohem Anteil von lebensfähigen Einzelzellen oder gut kultivierbare Protoplastenkulturen ergeben,
(9) als Zellkultur in einem einfachen definierten Nährmedium wachsen können,
(10) als haploide Kultur über mehrere Zellgenerationen stabil sein,
(11) kultivierte Zellen liefern, die sich nach Mutagenese mit hoher Effizienz in möglichst geringer Dichte plattieren lassen,
(12) kultivierte Zellen liefern, die sich gefrierkonservieren lassen,
(13) Kallus- oder Zellsuspensionskulturen ergeben, die leicht zu Pflanzen regenerieren." (aus Shillito et al. 1977, übersetzt).

Alle gegenwärtig für zellgenetische Experimente benutzten Objekte (vergl. Tab. 1 und 2) können im Lichte dieser Kriterien nicht voll befriedigen. Sie weisen entweder inhärente Nachteile (Kriterien 1 bis 5) auf oder erfüllen bestimmte kulturtechnische Anforderungen noch ungenügend.

Auch die in letzter Zeit häufig verwendeten diploiden Arten *Nicotiana sylvestris* und *Datura innoxia* haben den Nachteil, daß sie in genetischer Hinsicht kaum bearbeitet worden sind (Kriterium 3) und entweder keine oder nur eine zweitrangige ökonomische Bedeutung haben (Kriterium 6). Es ist daher zu prüfen, ob nicht doch eine der bedeutenderen Kulturpflanzen Aussichten bietet, zu einem guten zellgenetischen Forschungsobjekt entwickelt zu werden.

3.2. Stand der *in vitro*-Kulturtechniken bei landwirtschaftlich genutzten Kulturpflanzen

Mit der Tabelle 3 wurde der Versuch unternommen, den Entwicklungsstand der *in vitro*-Kulturtechniken bei einigen der für Mitteleuropa bedeutenden landwirtschaftlich genutzten Kulturpflanzen systematisch darzustellen. Zu Vergleichszwecken wurde auch eines der gebräuchlichsten Modellobjekte, *Nicotiana tabacum*, in die Tabelle aufgenommen.

Umfangreichen Versuchen, die Antherenkultur bei verschiedenen Getreidearten zu einer Methode der Gewinnung haploider Pflanzen zu entwickeln, blieb bisher der Erfolg versagt (Foroughi-Wehr et al. 1976, Shimada und Makino 1975, Thomas und Wenzel 1975). Allerdings steht für die Gerste (*Hordeum vulgare*) die Embryokultur nach der Artkreuzung mit *H. bulbosum* als praktikable Methode zur Verfügung (Kasha und Kao 1970). Bei *Solanum tuberosum* kann zur Haploidengewinnung Parthenogenese durch Bestäubung mit *S. phureja*-Pollen induziert werden (Hougas et al. 1958). Die Antherenkultur konnte auch bei den übrigen in Betracht gezogenen Kulturpflanzen noch nicht zu einer für die Haploidengewinnung einsetzbaren Methode entwickelt werden. Nur bei *Brassica napus* konnten bereits via Embryobildung aus Antheren morphologisch normale haploide Pflanzen erhalten werden (Thomas und Wenzel 1975).

Etablierte Kalluskulturen sind aus der Literatur von allen betrachteten Objekten bekannt. In keinem Falle wurden jedoch bisher Zuwachsraten dieser Kulturen publiziert, die denen der gebräuchlichen Modellobjekte vergleichbar wären. Auch ist es trotz intensiver Bemühungen um die Verbesserung der Kulturbedingungen noch nicht gelungen, gute Koloniebildung nach Plattierung kleiner Zellaggregate zu erreichen. Ebenso ließen sich bisher keine Suspensionskulturen mit hohem Anteil teilungsfähiger Einzelzellen erreichen. Bei *Hordeum vulgare* und *Triticum monococcum* konnten zwar relativ gut wachsende Zellinien selektiert werden (SCHEUNERT 1977; DUDITS 1976), doch war in beiden Fällen mit der Selektion auf höhere Wachstumsraten eine Selektion auf polyploide Zellen verbunden. Von den übrigen Objekten wird nur für *Lycopersicon esculentum* (GRESSHOFF und DOY 1972) über gute Zuwachsraten berichtet.

Eine Regeneration von Pflanzen ist für die meisten der angeführten Objekte bislang nur von Primärkallus oder sehr jungen Kalluskulturen bekannt geworden. Sie tritt allerdings häufig nur als sporadisches Ereignis auf. Außerdem sind in vielen Fällen die regenerierten Pflanzen morphologisch abnorm oder auch albinotisch (CHENG und SMITH 1975, DUDITS et al. 1975, WANG und HUANG 1975, ATANASOV 1976, KARTHA et al. 1974, BINGHAM et al. 1975). Ausbeuten, die eine Nutzung dieser Methode zur Verklonung von Pflanzen bzw. zur *in vitro*-Selektion von Mutantenpflanzen ermöglichen würden, ließen sich bisher nur bei *Lycopersicon esculentum*, *Solanum tuberosum* und *Brassica napus* erzielen (KARTHA et al. 1976).

Aus Protoplasten Kallus und daraus Pflanzen zu generieren, gelang unter den ausgewählten Kulturpflanzen lediglich mit Mesophyll-Protoplasten von *Brassica napus* (KARTHA et al. 1974) und in jüngster Zeit auch von *Solanum tuberosum* (SHEPARD und TOTTEN 1977). Kallusbildung konnte aus heteroploiden Kallus-Protoplasten von *Hordeum vulgare* (KOBLITZ 1976) und aus Mesophyll-Protoplasten von *Pisum sativum* (GAMBORG et al. 1974) und *Lycopersicon esculentum* (ZAPATA et al. 1977) erreicht werden (siehe auch Tabelle 3). Angaben über reproduzierbar hohe Koloniebildungsraten aus Protoplastenkulturen fehlen allerdings noch. Daß die fehlenden Erfolge mit den anderen Kulturpflanzen nicht durch einen zu geringen Versuchsaufwand erklärbar sind, zeigen insbesondere die umfangreichen Untersuchungen, die POTRYKUS et al. (1976) zur Kultivierung von Mesophyll-Protoplasten bei Weizen, Gerste, Roggen, Hafer und Mais durchgeführt haben und in denen (trotz Testung von nahezu 80000 verschiedenen Kultivierungsbedingungen) keine Kallusbildung erzielt werden konnte.

Die vorstehend gemachten Angaben zeigen, daß die in Betracht gezogenen Kulturpflanzen gegenwärtig nur in sehr begrenztem Maße für zellgenetische Experimente eingesetzt werden können. Die Möglichkeiten zur Gewinnung von Mutanten-Zellinien sind bei allen genannten Arten auf günstige Fälle von Resistenzmutanten (z. T. sogar nur auf dominante Resistenzmutanten) beschränkt. Für die Gewinnung von Hybrid-Zellinien ist nur bei *Brassica napus*, *Solanum tuberosum*, *Pisum sativum* und *Lycopersicon esculentum* die Mindestvoraussetzung (Kallusbildung aus Protoplasten) erfüllt. Besonders schwerwiegend ist jedoch der

Tabelle 3

Stand der kulturtechnischen Voraussetzungen für zellgenetische Experimente bei bedeutenden **land**wirtschaftlich genutzten Kulturpflanzen

Art	Genetik	Haploidengewinnung (Antherenk.)	Kalluskultur	Pflanzenregen. aus Kallus, primär	Pflanzenregen. aus Kallus, etabl.	Kallusbildung aus Protopl. Mesoph.	Kallusbildung aus Protopl. Kallus	Zitat
Hordeum vulgare	diploid (14), Selbstbefruchter	+ –[1]	+	+ –	–	–	(+)	Gaul et al. 1976; Foroughi-Wehr et al. 1976; Kasha, Kao 1970; Cheng, Smith 1975; Koblitz 1976
Triticum aestivum	allohexaploid (42) Selbstbefruchter	+ –	+	+ –	–	–	–	Barclay 1975; Shimada, Makino 1975; Dudits et al. 1975
Secale cereale	diploid (14), Fremdbefruchter	+ –	+	+ –	–	–	–	Thomas et al. 1975; Thomas et al. 1977
Beta vulgaris	diploid (18), Fremdbefruchter	–	+	+ –	–	–	–	Atanasov 1976
Brassica napus	allotetraploid (38) Fremdbefruchter	(+)	+	+ –	+ –	+	–	Thomas, Wenzel 1975; Kartha et al. 1974
Pisum sativum	diploid (14), Selbstbefruchter	–	+	(+)	–	+	–	Gamborg et al. 1974
Medicago sativa	tetraploid (32), Fremdbefruchter	–[1]	+	+ –	(+)	–	–	Bingham et al. 1975 McCoy, Bingham 1977
Solanum tuberosum	autotetraploid (48) Selbstbefruchter vegetativ verm.	(+)[1]	+	+ –	(+)	+	+	Foroughui-Wehr et al. 1977; Hougas et al. 1958; Wang, Huang 1975; Behnke 1975; Shepard, Totten 1977, Schumann, pers. Mitt.
Lycopersicon esculentum	diploid (24), Selbstbefruchter	+ –	+	+ +	+ –	+	–	Sharp et al. 1972; Gresshoff, Doy 1972; Kartha et al. 1976; Zapata et al. 1977
Nicotiana tabacum	allotetraploid (48)	+ +	+ +	+ +	+ +	+ +	+ +	

[1] Haploidengewinnung durch interspezifische oder interploide Kreuzung routinemäßig möglich.

Umstand, daß wegen der geringen morphogenetischen Potenz der etablierten Zellkulturen bei den meisten dieser Arten z. Z. kaum Chancen bestehen, aus den genetisch veränderten Zellinien fertile Pflanzen zu regenerieren. Günstigere Voraussetzungen bieten in dieser Hinsicht nur *Brassica napus* und *Lycopersicon esculentum.*

Zur Beurteilung der Eignung als zellgenetisches Forschungsobjekt sind schließlich noch die in Tab. 3 gemachten Angaben zu den genetischen Eigenschaften zu berücksichtigen. Diese zeigen, daß die erforderlichen genetischen Voraussetzungen (Diploidie, Selbstfertilität, Einjährigkeit) nur bei *Pisum sativum, Hordeum vulgare* und *Lycopersicon esculentum* (sowie bei dem in Tabelle 3 nicht enthaltenen Mais) gegeben sind. Von diesen Arten hat nach dem gegenwärtigen Stand der *in vitro*-Kulturtechniken *L. esculentum* am ehesten Aussicht, zu einem guten zellgenetischen Forschungsobjekt entwickelt zu werden.

3.3. Anwendung zellgenetischer Verfahren in der Pflanzenzüchtung

Die Aussichten, *in vitro*-Mutantengewinnung und somatische Hybridisierung erfolgreich für züchterische Aufgaben einsetzen zu können, sind bei den verschiedenen Kulturpflanzen recht unterschiedlich. Für eine Abschätzung der Erfolgschancen haben Bedeutung:

a) Stand der *in vitro*-Kulturtechniken: Entscheidendes Kriterium ist die Pflanzenregeneration. Relativ gute Erfolgschancen bieten daher die Solanaceen, geringe z. B. die Hauptgetreidearten.
b) Fortpflanzungsweise (vergl. Absatz 1.2.5.): Züchterische Bedeutung werden die zellgenetischen Verfahren am ehesten bei vegetativ vermehrten Arten (einschließlich Gehölzpflanzen) erlangen, da in diesem Fall erstens die Möglichkeiten der konventionellen Züchtung sehr beschränkt sind und zweitens die Anwendbarkeit zellgenetischer Verfahren nicht durch die Fertilitätsforderung eingeschränkt wird. Hinzu kommt, daß Verfahren zur *in vitro*-Klonierung bei diesen Arten ohnehin schon eine große Bedeutung haben. Bei einjährigen Samenpflanzen (und ganz besonders bei Selbstbefruchtern) müssen dagegen die zellgenetischen Methoden mit den hier recht effektiven konventionellen Züchtungsmethoden konkurrieren und zu fertilen, meiotisch stabilen Pflanzen führen.

Unter diesen Gesichtspunkten wäre also (neben vielen gärtnerischen Kulturpflanzen) die Kartoffel ein besonders lohnendes Objekt für die angewandte Zellgenetik.

Erklärung der verwendeten Symbole:

+ + = Effektive Methode bzw. Eigenschaften der Kulturen sind denen günstiger Modellobjekte vergleichbar, reproduziert
+ = weniger effektive Methode bzw. schlechtere Eigenschaften der Kulturen, reproduziert
(+) = noch nicht reproduziertes positives Ergebnis
+ – = sporadisches positives Ergebnis, mit anderen Sorten bzw. in anderen Labors negatives Ergebnis
– = Fehlen positiver Ergebnisse

Summary

Genetic experiments with *in vitro* cultivated plant cells. Methodical prerequisites and applications

Somatic hybridization and mutant isolation via cell culture are reviewed. The qualification of various plant species for the application of these methods to basic research and plant breeding is discussed. A survey is made of the status of the culture techniques possible in important crop plants.

Краткое содержание

Генетические эксперименты на клеточных культурах in vitro. Методические предпосылки и возможности применения

Дается сводка по соматической гибридизации и получению мутантов методами клеточных культур in vitro. Обсуждается пригодность различных видов растений для применения этих методов в теоретических исследованиях и в селекции растений. Дается также обзор современного состояния применения этой методики для важнейших сельскохозяйственных культурных растений.

Literatur

Atanasov, A. J., 1976: Investigations on organogenetical abilities of tissue and cellular cultures of sugar beet (*Beta vulgaris* L.) with a view to use them in genetics and breeding. – Diss. Institut f. Genetik, Sofia, 1976 (bulgar. mit englischer Zusammenfassung).

Barclay, I. R., 1975: High frequencies of haploid production in wheat (*Triticum aestivum*) by chromosome elimination. – Nature **256**, 410–411.

Barz, W., E. Reinhard and M. H. Zenk (Eds.), 1977: Plant Tissue Culture and its Biotechnological Application. Springer-Verlag, Berlin-Heidelberg-New York.

Behnke, M., 1975: Regeneration in Gewebekulturen einiger dihaploider *Solanum-tuberosum*-Klone. – Z. Pflanzenzüchtg. **75**, 262–265.

Belliard, G., G. Pelletier et M. Ferault, 1977: Fusion de protoplastes de *Nicotiana tabacum* à cytoplasmes differents: étude des hybrides cytoplasmiques néo-formés. – C. R. Acad. Sci. Paris **284**, 749–752.

Bhojwani, S. S., P. K. Evans and E. C. Cocking, 1977: Protoplast technology in relation to crop plants: progress and problems. – Euphytica **26**, 343–360.

Binding, H., 1972: Selektion in Kalluskulturen mit haploiden Zellen. – Z. Pflanzenzüchtg. **67**, 33–38.

–, K. Binding und J. Straub, 1970: Selektion in Gewebekulturen mit haploiden Zellen. – Naturwissenschaften **57**, 138–139.

Bingham, E. T., L. V. Hurley, D. M. Kaatz and J. W. Saunders, 1975: Breeding alfalfa which regenerates from callus tissue in culture. – Crop Sci. **15**, 719–721.

BOTTINO, P. J., 1975: The potential of genetic manipulation in plant cell cultures for plant breeding. – Radiat. Bot. **15**, 1–16.

BRIGHT, S. W. J. and D. H. NORTHCOTE, 1974: Protoplast regeneration from normal and bromodeoxyuridine-resistant sycamore callus. – J. Cell Sci. **16**, 445–463.

– and –, 1975: A deficiency of hypoxanthine phosphoribosyltransferase in a sycamore callus resistant to azaguanine. – Planta **123**, 79–89.

BRINKLEY, B. R. and K. R. PORTER (Ed.), 1977: International Cell Biology. Proc. of the I. Internat. Congress on Cell Biology, Boston 1976, Rockefeller University Press, New York.

CARLSON, P. S., 1970: Induction and isolation of auxotrophic mutants in somatic cell cultures of *Nicotiana tabacum*. – Science **168**, 487–489.

–, 1973: Methionine-sulfoximine-resistant mutants of tabacco. – Science **180**, 1366–1368.

–, H. H. SMITH and R. D. DEARING, 1972: Parasexual interspecific plant hybridization. – Proc. Nat. Acad. Sci. USA **69**, 2292–2294.

CHALEFF, R. S. and P. S. CARLSON, 1974: Somatic Cell genetics of higher plants. – In: Annual Review of Genetics, 267–278. Annual Review Inc., Palo Alto.

– and –, 1975: Higher plant cells as experimental organisms. – In: Modification of the information content of plant cells (Eds. R. MARKHAM, D. R. DAVIES, D. A. HOPWOOD, R. W. HORNE) 197–214, North-Holland Publishing Co., Amsterdam-New York.

CHENG, T. Y. and H. H. SMITH, 1975: Organogenesis from callus culture of *Hordeum vulgare*. – Planta **123**, 307–310.

DIX, P. J., F. JOO and P. MALIGA, 1977: A cell line of *Nicotiana sylvestris* with resistance to kanamycin and streptomycin. – Molec. gen. Genet. **157**, 285–290.

– and H. E. STREET, 1975: Sodium chloride-resistant cultured cell lines from *Nicotiana sylvestris* and *Capsicum annuum*. – Plant Sci. Let. **5**, 231–237.

DUDITS, D., 1976: The effect of selective conditions on the products of plant protoplast fusion. In: Cell genetics in higher plants (Eds. D. DUDITS, G. L. FARKAS, P. MALIGA), pp. 153–162. Akadémiai Kiadó, Budapest.

–, G. L. FARKAS and P. MALIGA (Eds.), 1976: Cell genetics in higher plants. – Akadémiai Kiadó, Budapest.

–, Gy. HADLACZKY, E. LEVI, O. FEJER, Zs. HAYDU and G. LAZAR, 1977: Somatic hybridization of *Daucus carota* and *D. capillifolius* by protoplast fusion. – Theor. Appl. Genet. **51**, 127–132.

–, G. NEMET and Z. HAYDU, 1975: Study of callus growth and organ formation in wheat (*Triticum aestivum*) tissue cultures. – Can. J. Bot. **53**, 957–963.

FOROUGHI-WEHR, B., G. MIX, H. GAUL and H. M. WILSON, 1976: Plant production from cultured anthers of *Hordeum vulgare* L. – Z. Pflanzenzüchtg. **77**, 198–204.

–, H. M. WILSON, G. MIX and H. GAUL, 1977: Monohaploid plants from anthers of a dihaploid genotype of *Solanum tuberosum* L. – Euphytica **26**, 361–367.

GAMBORG, O. L., 1976: Plant protoplast isolation, culture and fusion. – In: Cell genetics in higher plants (Eds. D. DUDITS, G. L. FARKAS, P. MALIGA), 107–127, Akadémiai Kiadó, Budapest.

–, F. CONSTABEL and J. P. SHYLUK, 1974: Organogenesis in callus from shoot apices of *Pisum sativum* L. – Physiol. Plant. **30**, 125–128.

GATHERCOLE, R. W. F. and H. E. STREET, 1976: Isolation, stability and biochemistry of a p-fluorophenylalanine-resistant cell line of *Acer pseudoplatanus*. – New Phytol. **77**, 29–41.

GAUL, H., B. FOROUGHI-WEHR, G. MIX and H. M. WILSON, 1976: Plants produced by barley anther culture: further observations. – Genetika (Beograd) **8**, 111–118.

GENGENBACH, B. G., C. E. GREEN, and C. M. DONOVAN, 1977: Inheritance of selected pathotoxin resistance in maize plants regenerated from cell cultures. Proc. Natl. Acad. Sci. USA **74**, 5113–5117.

GLEBA, YU. YU., 1978: Non-chromosomal inheritance in higher plants as studied by somatic cell hybridization. – In: Plant Cell and Tissue Culture – Principles and Applications, Proc. of the Fourth Ann. Coll. of Biological Sci. Colloquium, Ohio State University, Columbus, im Druck.

–, R. G. BUTENKO and K. M. SYTNIK, 1975: Protoplast fusion and parasexual hybridization in *Nicotiana tabacum* L. – Dokl. Akad. Nauk USSR **221**, 1196–1198.

GLIMELIUS, K., T. ERIKSSON, R. GRAFE and A. J. MÜLLER, 1978: Somatic hybridization of nitrate reductase deficient mutants of *Nicotiana tabacum* by protoplast fusion. – Physiol. Plant. 1978, im Druck.

GRESSHOFF, P. M. and C. H. DOY, 1972: Development and differentiation of haploid *Lycopersicon esculentum*. – Planta **107**, 161–170.

HEIMER, Y. M. and P. FILNER, 1970: Regulation of the nitrate assimilation pathway of cultured tobacco cells II. Properties of a variant cell line. – Biochim. Biophys. Acta **215**, 152–165.

HOLL, R. B., 1975: Innovative approaches to genetics in agriculture. – Can. J. Genet. Cytol. **17**, 517–524.

HOUGAS, R. W., S. J. PELOQUIN and R. W. ROSS, 1958: Haploids of the common potato. – J. Hered. **47**, 103–107.

KAO, K. N., 1977: Chromosomal behaviour in somatic hybrids of soybean-*Nicotiana glauca*. – Molec. gen. Genet. **150**, 225–230.

KARTHA, K. K., O. L. GAMBORG, J. P. SHYLUK and F. CONSTABEL, 1976: Morphogenetic investigations on in vitro leaf culture of tomato (*Lycopersicon esculentum*) and high frequency plant regeneration. – Z. Pflanzenphysiol. **77**, 292–301.

–, M. R. MICHAYLUK, K. N. KAO, O. L. GAMBORG and F. CONSTABEL, 1974: Callus formation and plant regeneration form mesophyll protoplasts of rape plants (*Brassica napus* L. cv. Zephyr). – Plant Sci. Let. **3**, 265–271.

KASHA, K. J. (Ed.), 1974: Haploids in higher plants. University of Guelph.

– and K. N. KAO, 1970: High frequency haploid production in barley (*Hordeum vulgare* L.). – Nature **225**, 874–876.

KOBLITZ, H., 1976: Isolierung und Kultivierung von Protoplasten aus Kalluskulturen der Gerste. – Biochem. Physiol. Pflanzen **170**, 282–293.

LESCURE, A. M., 1973: Selection of markers of resistance to base-analogues in somatic cell cultures of *Nicotiana tabacum*. – Plant Sci. Let. **1**, 375–383.

MALIGA, P., 1976: Isolation of mutants from cultured plant cells. – In: Cell genetics in higher plants (Eds. D. DUDITS, G. L. FARKAS, P. MALIGA), pp. 59–76. Akadémiai Kiadó, Budapest.

–, G. LAZAR, F. JOO, A. H. NAGY and L. MENCZEL, 1977: Restoration of morphogenic potential in *Nicotiana* by somatic hybridization. – Molec. gen. Genet. **157**, 291–296.

–, L. MARTON and A. SZ.-BREZNOVITS, 1973: 5-Bromodeoxyuridine resistant cell lines from haploid tobacco. – Plant Sci. Let. **1**, 119–121.

–, –, – and F. JOO, 1975: Nonmendelian streptomycin-resistant tobacco mutant with altered chloroplasts and mitochondria. – Nature **255**, 401–402.

MCCOY, T. J. and E. T. BINGHAM, 1977: Regeneration of diploid alfalfa plants from cells grown in suspension culture. – Plant Sci. Let. **10**, 59–66.

MELCHERS, G., 1977a: Microbial techniques in somatic hybridization by fusion of protoplasts. – In: International Cell Biology (Eds. B. R. BRINKLEY and K. R. PORTER) p. 207–215, Proc. I. Internat. Congr. on Cell Biology, Boston 1976, Rockefeller University Press, New York.

–, 1977b: Kombination somatischer und konventioneller Genetik für die Pflanzenzüchtung. – Naturwissenschaften **64**, 184–194.

– and G. LABIB, 1974: Somatic hybridization of plants by fusion of protoplasts. I. – Molec. gen. Genetics **135**, 271–294.

MELCHERS, G., and M. O. SACRISTAN, 1977: Somatic hybridisation of plants by fusion of protoplasts. II. – In: La culture des tissus et des cellules des végétaux, Travaux dédiés à la memoire de Georges Morel, Masson, Paris-New York-Barcelone-Milan.

MENDEL, R. R. and A. J. MÜLLER, 1978: Reconstitution of NADH-nitrate reductase *in vitro* from nitrate reductase-deficient *Nicotiana tabacum* mutants. – Molec. gen. Genet. **161**, 77–80.

MÜLLER, A. J., 1974: Haploide Blütenpflanzen aus *in vitro*-kultivierten Pollen. – Biol. Rdsch. **12**, 117–128.

– und R. GRAFE, 1975: Mutant cell lines of *Nicotiana tabacum* deficient in nitrate reductase. – In: XII. Int. Bot. Congr., Abstracts, p. 304.

– und –, 1978: Isolation and characterization of cell lines of *Nicotiana tabacum* lacking nitrate reductase. – Molec. gen. Genet. **161**, 67–76.

–, –, R. R. MENDEL and I. SAALBACH, 1977: Nitrate reductase deficient mutants isolated from cultured *Nicotiana tabacum* cells. – In: Experimental mutagenesis in plants. Proc. Symp. held in Varna, 1976, p. 301. Bulg. Acad. Sci., Sofia.

NABORS, M. V., A. DANIELS, L. NADOLNY and L. BROWN, 1975: Sodium chloride tolerant lines of tobacco cells. – Plant Sci. Let. **4**, 155–159.

NITZSCHE, W. und G. WENZEL, 1977: Haploids in Plant Breeding. Verlag Paul Parey, Berlin und Hamburg.

OHYAMA, K., 1974: Properties of 5-bromodeoxyuridine-resistant lines of higher plant cells in liquid culture. – Exptl. Cell. Res. **89**, 31–38.

PALMER, J. E. and J. WIDHOLM, 1975: Characterization of carrot and tobacco cell cultures resistant to p-fluorophenylalanine. – Plant Physiol. **56**, 233–238.

POTRYKUS, I., T. Ch. HARMS and H. LÖRZ, 1976: Problems in culturing cereal protoplasts. – In: Cell genetics in higher plants (Eds. D. DUDITS, G. L. FARKAS, P. MALIGA), Akadémiai Kiadó, Budapest.

POWER, J. E., E. M. FREARSON, C. HAYWARD, D. GEORGE, P. K. EVANS, S. F. BERRY and E. C. COCKING, 1976: Somatic hybridization of *Petunia hybrida* and *P. parodii*. – Nature **263**, 500–502.

SCHEUNERT, E. U., 1977: Zell- und Gewebezüchtung von Getreiden unter besonderer Berücksichtigung der Gerste. – Diss. MLU Halle-Wittenberg.

SCHIEDER, O., 1977: Hybridisation experiments with protoplasts from chlorophyll-deficient mutants of some Solanaceous species. – Planta **137**, 253–257.

SHARP, W. R., R. S. RASKIN and H. E. SOMMER, 1972: The use of nurse culture in the development of haploid clones in tomato. – Planta **104**, 357–361.

SHEPARD, J. F. and R. E. TOTTEN, 1977: Mesophyll cell protoplasts of potato. Isolation, proliferation, and plant regeneration. – Plant Physiol. **60**, 313–316.

SHILLITO, R., N. E. ROBINSON and H. E. STREET, 1977: Isolation and characterisation of mutant cell lines via plant cell cultures. – In: Proc. Symp. Exptl. Mutagenesis in Plants, p. 275. Bulg. Acad. Sci., Sofia 1977.

SHIMADA, T., and T. MAKINO, 1975: In vitro culture of wheat. III. Anther culture of the A genome aneuploids in common wheat. Theoret. appl. Genet., **46**, 407–410.

SINGH, T. N. and J. M. WILDHOLM, 1975: Inhibition of corn, soybean, and wheat seedling growth by amino acid analogs. – Crop. Sci. **15**, 79–81.

SMITH, H. H., K. N. KAO and N. C. COMBATTI, 1976: Interspecific hybridization by protoplast fusion in *Nicotiana*. – J. Hered. **67**, 123–128.

SUNG, Z. R., 1976: Mutagenesis of cultured plant cells. – Genetics **84**, 51–57.

–, M. PRATT and E. SIGNER, 1974: Cycloheximide resistant mutants in diploid and haploid rice culture. – In: Haploids in higher Plants (Ed. K. KASHA) p. 392, University of Guelph.

–, J. SMITH and E. SIGNER, 1975: Quantitative mutagenesis in soybean suspension culture. – In: Genetic Manipulation with Plant Material (Ed. L. LEDOUX) p. 547, Plenum Press. New York and London.

THOMAS, E., F. HOFFMANN, I. POTRYKUS and G. WENZEL, 1976: Protoplast regeneration and stem embryogenesis of haploid androgenetic rape. – Molec. gen. Genetics **145**, 245–247.

–, – and G. WENZEL, 1975: Haploid plantlets from microspores of rye. – Z. Pflanzenzüchtung **75**, 106–113.

–, – and –, 1977: Callus and cell suspensions from flower stem nodes of haploid *Secale cereale*. – Haploid Information Service **18**, 14–16.

– and G. WENZEL, 1975: Embryogenesis from microspores of *Brassica napus*. – Z. Pflanzenzüchtg. **74**, 77–81.

WANG, P. J. and L. C. HUANG, 1975: Callus cultures from potato tissues and the exclusion of potato virus X from plants regenerated from stem tips. – Can. J. Bot. **53**, 2565–2567.

WENZEL, G., F. HOFFMANN and E. THOMAS, 1977: Anther culture as a breeding tool in rape. I. Ploidy level and phenotype of androgenetic plants. – Z. Pflanzenzüchtg. **78**, 149–155.

WIDHOLM, J. M., 1972: Anthranilate synthetase from 5-methyltryptophan sysceptible and resistant cultured *Daucus carota* cells. – Biochim. Biophys. Acta **279**, 48–57.

–, 1974: Cultured carrot cell mutants: 5-methyltryptophanresistance trait carried from cell to plant and back. – Plant Sci. Let. **3**, 323–330.

–, 1976: Selection and characterization of cultured carrot and tobacco cells resistant to lysine, methionine, and proline analogs. – Can. J. Bot. **54**, 1523–1529.

–, 1977: Selection and characterization of biochemical mutants. – In: Plant Tissue Culture and its Bio-technological Application (Eds. W. BARZ, E. REINHARD, M. H. ZENK), pp. 112–122, Springer-Verlag, Berlin-Heidelberg-New York.

WITHERS, L. A. and H. E. STREET, 1977: The freeze-preservation of plant cell cultures. In: Plant Tissue Culture and its Bio-technological Application (Eds. W. BARZ, E. REINHARD, M. H. ZENK), pp. 226–244, Springer-Verlag, Berlin-Heidelberg-New York.

ZAPATA, F. J., P. K. EVANS, J. B. POWER and E. C. COCKING, 1977: The effect of temperature on the division of leaf protoplasts of *Lycopersicon esculentum* and *Lycopersicon peruvianum*. – Plant Sci. Let. **8**, 119–124.

ZENK, M. H., 1974: Haploids in physiological and biochemical research. – In: Haploids in higher plants (Eds. K. J. KASHA), pp. 339–353, University of Guelph.

Kulturpflanze XXVI · 1978 · S. 37–67

The function of the pericarp in fruits of crop legumes

K. Müntz, A. Rudolph, G. Schlesier and P. Silhengst

(Received January 20, 1978)

Summary

Legume fruits consist of the seeds and the pericarp that develops from the carpel. Anatomical as well as physiological functions of the pericarp on the one hand resemble those of leaves, on the other hand similarities exist to storage organs. This double function is closely related to the maintainance of a continuous ontogenetic development of the embryo and contributes to the survival of the species. The fleshy and reserve accumulating pericarps of most of the agronomically used grain legumes may have been accidentally selected by breeders in former times. A well developed system of relations between pericarp and developing seeds may have an evolutionary advantage, too. Consequently, the optimally coordinated development of pericarp and seeds in fruits of grain legumes should also be of interest in breeding for increased yields.

Pericarps represent a protection against damage of the developing embryo and maintain a favourable micro-climate. All transport streams supplying nutrients to the developing embryo have to pass through the pericarp tissues; pericarp vascular tissue mediates the transport between vegetative parts and the developing young plant organism. Like leaves pericarp assimilates carbon dioxide as well as nitrate autotrophically. During stage 1 of embryogenesis, when the seeds are only small and slowly growing organs, the pericarp represents the centre of anabolism in the fruits and accumulates starch and amides that are degraded and transferred into the seeds during stage 2 of ontogenesis when the cotyledons are growing rapidly. Pericarp metabolism seems to be controlled by the seeds. Temporarily physiological processes in the pericarp can buffer seed development against damages by environmental and nutrient stress.

The present knowledge on the structures and functions of the pericarp in grain legume fruits is summarized on the basis of available literature as well as on the basis of own investigations.

Introduction

The pericarp (shell of the pod) represents a characteristic constituent of the fruits of agronomically used grain legumes. After reaching its full growth in most cases the pericarp is a thick and fleshy organ. It develops from the carpel and bears the marginally attached seeds. These are set free after the pericarp has already died and the fruit has ripened.

During embryogenesis pericarp and seeds develop as one physiological unit. The space enclosed by the pericarp protects the developing embryo against mechanical damage and preserves a special micro-climate with high humidity. Seeds and pericarp tissues are closely interrelated by phytohormone transport and by metabolic activities. Some of the pericarp tissue layers contain chloroplasts and exhibit active photosynthetic carbon dioxide assimilation. All substances that are transferred from the vegetative parts of the plants into the developing seeds have to pass through pericarp transport tissues. Simple analysis of the chemical composition and of the anatomy of the pericarp tissues indicates that storage processes take place and should be correlated to seed development. The question arises how the physiological functions of the pericarp are related to seed development and how developmental processes in the two main constituents of the legume fruit are coordinated? The present paper reviews the actual knowledge with respect to the pericarp function on the basis of results from the literature and from investigations in the authors' laboratory.

Development of legume fruits

As our experiments almost exclusively have been performed with field beans (*Vicia faba* L. var. *minor* cv. Dornburger) fruit development of this legume is taken as an example. On the basis of embryogenesis 3 main developmental stages (Fig. 1) may be distinguished (DURE 1975, MÜNTZ and SCHOLZ 1974, MÜNTZ 1978a, 1978b). Subsequent to the fertilization of the egg cell the growth of the embryo is almost entirely based on cell divisions and limited cell enlargement as it generally is the case in embryonic tissue. This 1st stage stops after approximately 3 weeks under normal environmental conditions. During this time seed size increases only slight. At the end of stage 1 mitotic activity stops in the cotyledon cells whereas it continues in other embryonic tissues, e. g. plumule, radicle, and embryonic axis. The cotyledon cells remain free of storage compounds, like starch and storage proteins, during the 1st period of embryogenesis. At the same time the growth of the pericarp is prevailingly based on cell enlargement and finally the pod reaches nearly full size. Parallel, an accumulation of storage compounds, mainly starch and amides, takes place within the pericarp tissue (MÜNTZ et al. 1976).

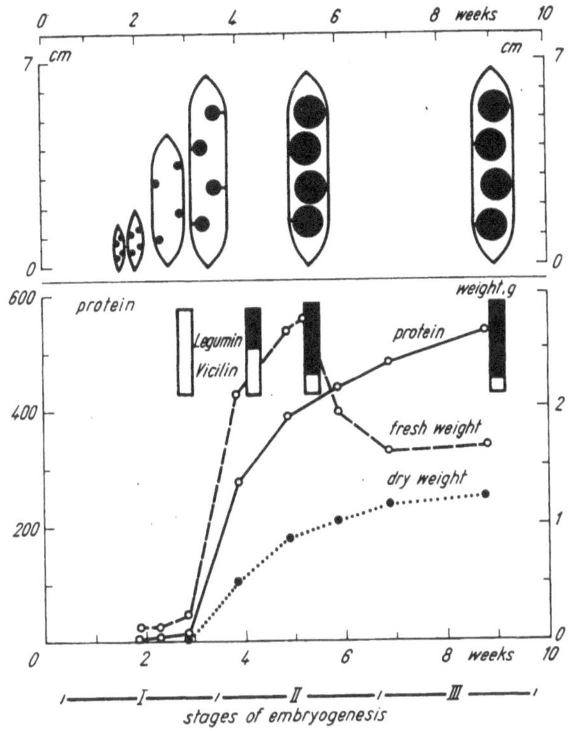

Fig. 1 Developmental stages of field bean fruits (*Vicia faba* L. var. *minor* cv. 'Dornburger'). Upper part: Growth and morphological development of the pod, lower part: Changes in dry weight, fresh weight, and crude protein content. The bars indicate the percent composition of the globulin fraction in the cotyledons: Legumin synthesis prevails during later stages of protein accumulation whereas during early days of this period preferentially vicilin is synthesized. Stage I of embryogenesis is characterized by high mitotic activity in the cotyledons; in stage II cotyledons grow by cell elongation and accumulate storage compounds; during stage III the seed enters the resting state, whereas seed coat and pericarp die out

During the 2nd embryogenic stage the cotyledons grow by cell enlargement and rapidly reach their final size. The cotyledon cells synthesize and accumulate large amounts of storage compounds leading to a corresponding increase of fresh and dry weights, respectively. Whereas during stage 1 of embryogenesis anabolic processes prevail in the pericarp cells, catabolic metabolism becomes predominating in the 2nd developmental period. This results in a small but statistically significant decrease in the pericarps' dry weight and concomitantly in the loss of approximately 3/4 of the previous maximal carbohydrate and nitrogen content (Boulter and Davis 1968, Flinn and Pate 1968, Müntz 1973, Müntz et al. 1976, Pate et al. 1977).

Finally, during a 3rd stage of embryonic development the seeds enter the resting state. They loose water and all metabolic activities slow down. The hilum plays an essential role in the dessiccation of the seeds (Hyde 1954). Seed coat and pericarp die and at the end the pod opens and the seeds are set free.

Anatomy of the pericarp

From the point of organogenesis the pericarp represents an organ homologous to leaves. Longitudinal and cross sections of the pericarp document the presence of some tissues similar to leaf tissue. Additionally, structures are visible in the microscope that are related to specific funtions of the pericarp.

At least 6 different tissue layers (Fig. 2) are visible in cross sections of field bean pericarps (ARCHANGELSKAYA 1965, SILHENGST et al. 1979). The epidermis contains many stomata indicating active transpiration and gas exchange. Photosynthetic assimilation of carbon dioxide takes place in the hypodermic and endocarp cell layers where plastids are located. The mesophyll consists of many layers of relatively large bubbly cells that accumulate large amounts of starch grains. Some starch grains are also met in the thin walled cells of the inner aerenchymatic tissue.

The mechanical basis for the opening of mature legume pods consists in the cell walls of the hypodermic cell layer that becomes sclerenchymatic during pericarp development as well as in a special sclerenchymatic tissue layer (ARCHANGELSGKAYA 1965, FAHN and ZOHARY 1955, SILHENGST et al. 1979). The processes of lignin formation may explain why the dry weight of pericarp increases once more during the final period of fruit maturation. The sclerenchymatic fibres of the two tissues mentioned are located in opposite directions and diagonally to the longitudinal axis of the pod. During dessiccation of the fruit this fibre topography induces torsion forces that lead to the opening of the pods at the ventral and dorsal sutures where dehiscensce tissues are situated (Fig. 3).

On both sides of these dehiscence tissues, that consist of thin walled cells and pervade the pericarp at both sutures from the epidermis to the inner cell layer, broad and flat sclerenchyma cords are located longitudinally 3 to 4 cells deap in the mesophyll (ARCHANGELSKAYA 1965, SILHENGST et al. 1979). They also contribute to the opening process. On the ventral as well as on the dorsal side two pairs of main bundles pervade the halves of the pericarp below the sclerenchymatic cords and on both sides of the dehiscence tissues. These bundles derive from the collateral bundles of the fruit petiole at the fruit basis (Fig. 3) which themselves descend from the vascular tissue of the stem. The vascular tissue of the pod ends in the tip of the pod and in the seed coat. The bundles located directly adjacent to the dehiscence tissue are not branched whereas the bundles distant from the suture branch and invade the pericarp halves. The seeds are alternately attached to the non-branching bundles neighbouring the dehiscence tissue at the ventral side. No vascular bridges have been observed between the vascular tissues of the two halves of the pericarp. Within one half the branching 'mesophyll bundles' distant from the ventral and dorsal sutures, respectively, are connected by the vascular branches that innervate the pericarp through the mesophyll layer. Consequently, each half owns its separate vascular tissue system.

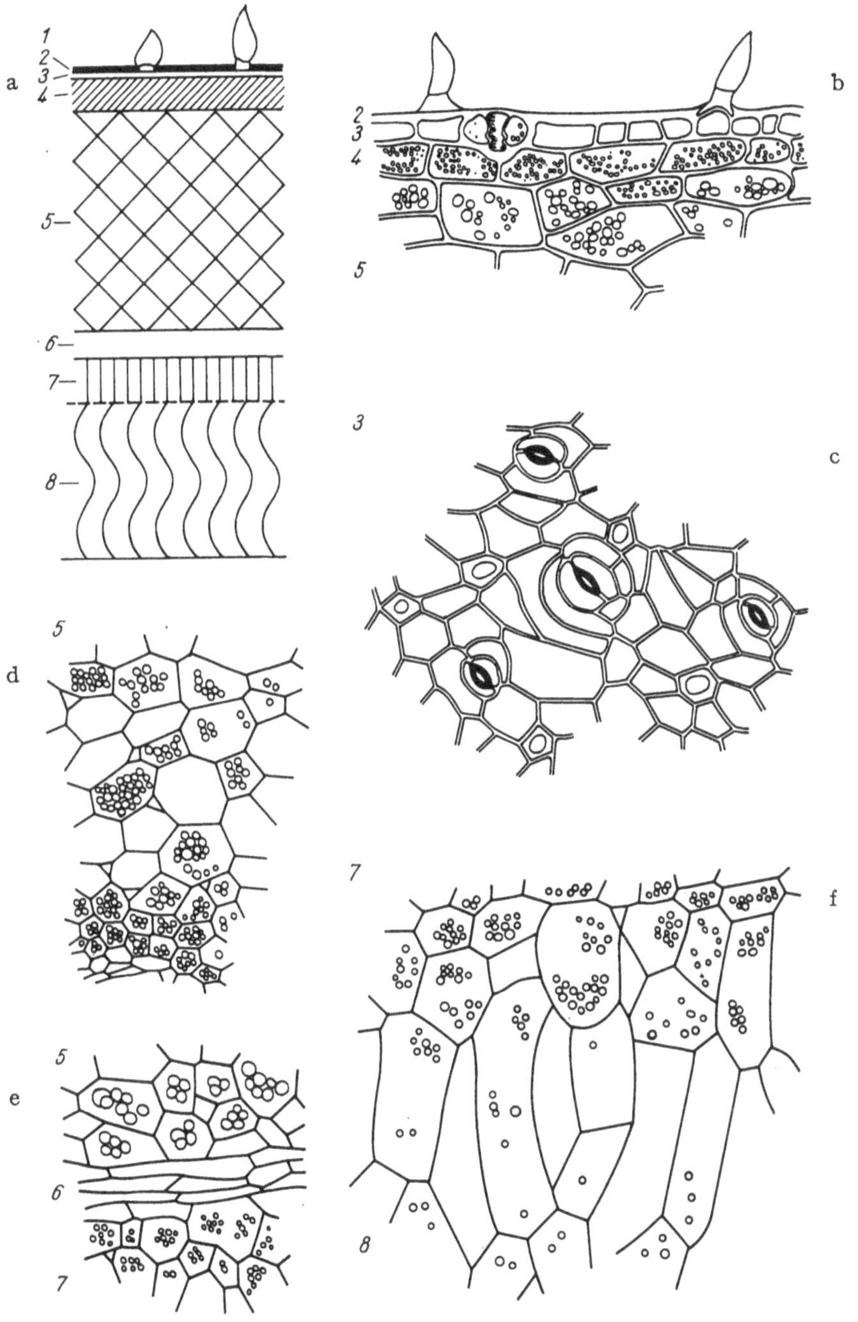

Fig. 2 Histology of the *Vicia faba* pericarp I. a) Schematic sectional drawing of a full grown pericarp; b) cross section of the epidermis with hairs, stomata, and the chloroplast-containing sub-epidermal cell layer; c) pericarp surface: Epidermis with stomata and hairs; d) mesophyll cells with starch grains; e) sclerenchymatic cell layer with the adjacent mesophyll and aerenchymatic tissue (f), respectively. – (1) cuticula and hairs (2), (3) epidermis, (4) sub-epidermal cell layer rich in chloroplasts = hypodermis, (5) mesophyll with starch grains; vascular tissues (see fig. 3 and 4) are situated in the lower part of the mesophyll near to the sclerenchyma (6), (7) inner cell layer with chloroplasts, (8) aerenchyma, cells contain some chloroplasts, too

Whereas the transport of substances coming from the vegetative organs of the plant may lead directly into the receptor tissues, e. g. the pericarp during stage 1 and the seeds during stage 2, respectively, the transfer of solutes from pericarp tissues into the seeds can be mediated by 3 different types of transport tissues that have been found bridging the main bundles bearing the seeds and the main mesophyll bundles: 1. Phloem bridges connecting the sieve elements of both types of main longitudinal vascular bundles; whereas vessels connecting the xylem elements of these main bundles have never been observed. 2. Parenchyma rich in cell wall pores. 3. Transfer cells that accompany the sieve elements of either bundles (SILHENGST et al. 1979). Transfer cells respresent a special short distance transport element (PATE and GUNNING 1972), mainly bridging longitudinally and transversally directed long distance transport systems. The cell walls of transfer cells show many ingrowths covered by the plasmalemma, thus efficiently enlarg-

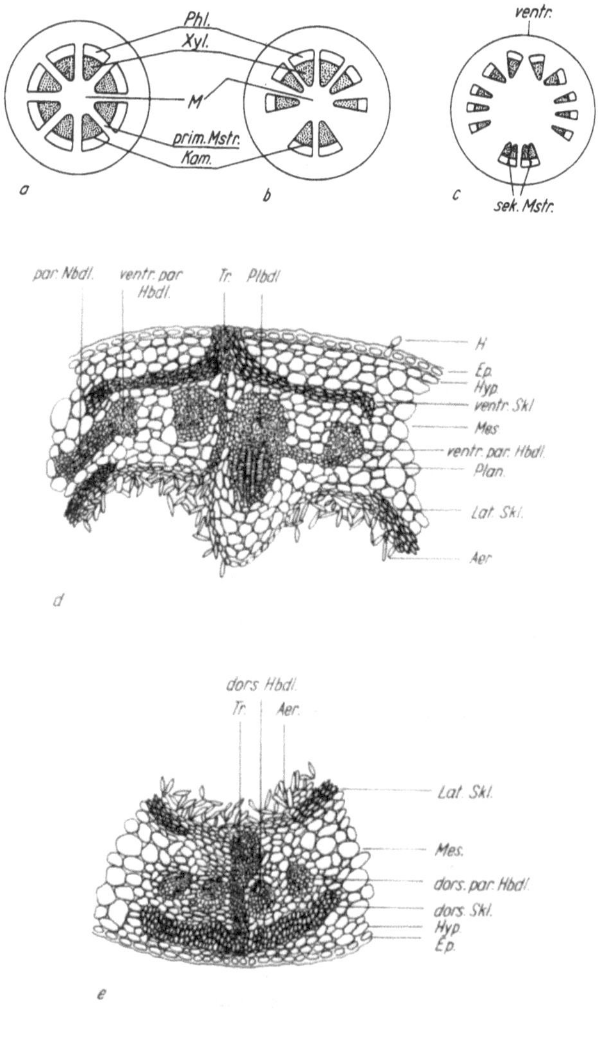

ing the surface of the cell. These ingrowths appear prevailingly on those sides of the cells that absorb solutes from the neighbouring tissue. In accordance with these rules the transfer cells located between the mesophyll bundle and the bundles bearing seeds exhibit the main surface enlargements on those sides attached to the sieve elements (Fig. 4).

The cone shaped funiculi contain one concentric central bundle surrounded by some layers of parenchymatic cells that also form an epidermal surface layer. The bundle of the funiculus derives from the non-branched main longitudinal ventral bundle bearing the seeds. The funicular bundle continues into the seed coat where it branches in the region of the raphe. No extension into the embryo is known (Corner 1951).

Transport processes in the pericarp

Vegetative organs represent the main source of substances supplied for fruit growth and development. In pericarps of *Phaseolus vulgaris* L., *Lupinus albus* L., *Glycine max* (L.) Merr., *Pisum arvense* L., and *Vicia faba* L. autotrophic assimilation of carbon dioxide and nitrate as well as the biosynthesis of different organic compounds have been demonstrated. Most of these substances are transferred into the

---

Fig. 3 Histology of the *Vicia faba* pericarp II. a)–c) Schematic presentation of changes in the topography of the vascular tissues from the fruit petiolus (a) to the pericarp basis (b) and (c). Figs. d) and e) represent cross sections of the pericarp in the region of the ventral (d) and dorsal (e) sutures.

Phl.	=phloem
Xyl.	=xylem
M	=pith
prim. Mstr.	=primary medullary rays
sek. Mstr.	=secondary medullary rays
Kam.	=cambium
ventr.	=ventral side
H	=hair
Ep.	=epidermis
Hyp.	=hypoderma
ventr. Skl.	=ventral sclerenchyma cords
dors. Skl.	=dorsal sclerenchyma cords
Lat. Skl.	=lateral sclerenchyma layers in the pericarp halves
Mes.	=mesophyll
Aer.	=aerenchyma
Tr.	=dchiscence tissue
Plbdl.	=ventral main bundle bearing the seeds
dors. Hbdl.	=dorsal main bundles adjacent to the dehiscence tissue
ventr. par. Hbdl.	=ventral main bundles of the parenchyma
dors. par. Hbdl.	=dorsal main bundles of the parenchyma
par. Nbdl.	=branches of the parenchyma bundles innerving the pericarp halves
Plan.	=phloem bridges between seedbearing and parenchyma bundles at the ventral side

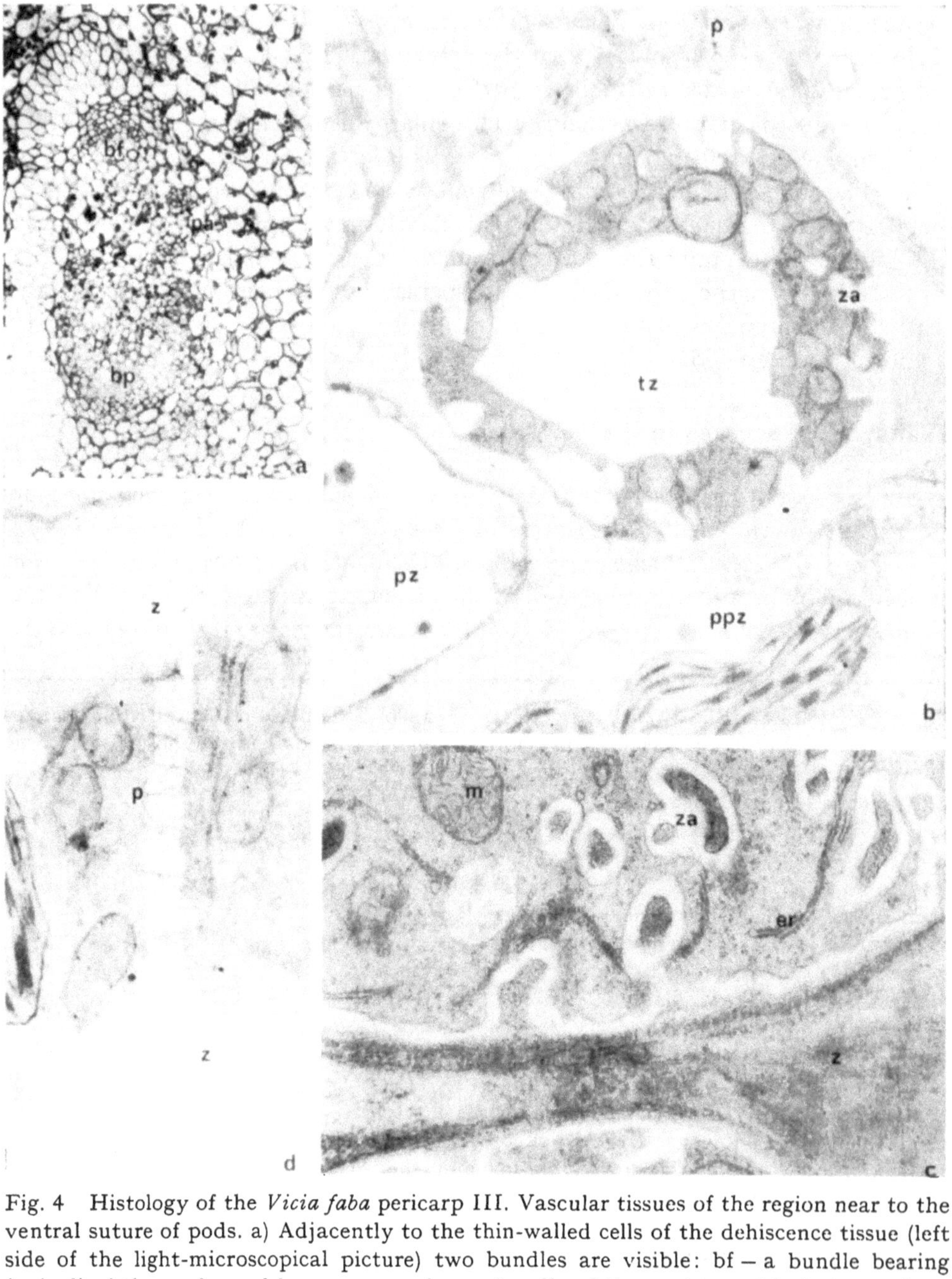

Fig. 4 Histology of the *Vicia faba* pericarp III. Vascular tissues of the region near to the ventral suture of pods. a) Adjacently to the thin-walled cells of the dehiscence tissue (left side of the light-microscopical picture) two bundles are visible: bf – a bundle bearing funiculi of the seeds, and bp – a parenchyma bundle of the pericarp; b) electron-microscopical view of a section from the main parenchyma bundle of the pericarp indicating transfer cells (tz) with wall ingrowths (za), a cell of the phloem (pz), a cell of the phloem parenchyma (ppz), and plasmodesmata (p) connecting 2 cells of the parenchyma: 12,000 x; c) part of the wall (z) between 2 transfer cells with cell wall ingrowths (za), mitochondria (m), and endoplasmatic reticulum (er): 36,000 x; d) plasmodesmata (p) in the cell wall (z) between 2 cells of the parenchyma: 24,000 x

growing seeds during fruit development (see page 51). Autotrophic assimilation processes in the pericarp may cover at most for 20 percent of the carbon and nitrogen, respectively, finally present in the mature seed (CROOKSTON et al. 1974, FLINN and PATE 1970, SCHLESIER 1977c, PATE et al. 1977). The leaf subtending the respective fruits preferentially contributes to the substance supply to the growing seeds (LOVELL and LOVELL 1970). In field peas substances coming from the roots are translocated into the leaves where they are metabolized before being reactivated for further transport into the fruits (PATE and FLINN 1973).

Assimilation products are discontinuously transferred from the subtending leaves into the adjoined fruits (KIPPS and BOULTER 1973b). Substances synthesized in the daytime and to be transported into the fruits at the same day get into the stem where they are stored intermediarily. Only during the following night transport into the fruits is continued.

The many stomata in the epidermis of the pericarp point to an activ transpiration. Transpiration represents one of the physical forces moving transport streams into the fruits (LEWIS and PATE 1973, PATE et al. 1977). The seeds are located in the inner closed space of the pods where high and constant humidity excludes transpiration to be an essential force driving transport processes. PATE et al. (1977) have estimated the percent contribution of xylem and phloem transport, respectively, to the total supply of water, carbon, and nitrogen for developing seeds of the white lupin (*Lupinus albus* L.). In the xylem approximately 2/3 of the water supplied to the fruits during the ontogenetic growth cycle is transported. The phloem mediates 98 percent of the carbon transport, and 89 percent of the nitrogen contained in the mature seeds are translocated through the sieve elements, too (Fig. 5). At the beginning of fruit development only very small amounts of nitrogen compounds are present in phloem exudates, but this quantity increases when proteins are synthesized and stored in the cotyledon cells during stage 2 of the growth cycle. These changes in the quantitative relations between non-nitrogen and nitrogen compounds in phloem exudates are mainly based on changes in the amide content.

In organ culture experiments with detached *Vicia* fruits not older than 2–3 weeks after flowering transport of radioactive sucrose supplied with the incubation medium is mainly directed into the pericarp (MÜNTZ et al. 1976) where this carbon is retained. Even after 24 h of chase with non-labelled sucrose in the medium only a small amount of radioactivity was transferred from the pod into the seeds. Carbon assimilated autotrophically by the pericarp is distributed in the same manner during stage 1 of fruit development. During the same developmental stage radioactive carbon that has been assimilated photosynthetically by the leaves of pea gets also preferentially into the pericarp tissue after translocation of assimilation products (FLINN and PATE 1970). During stage 2 the 'attraction center' for carbon and nitrogen is transferred into the seeds (MÜNTZ et al. 1976). Radioactive carbon that has been accumulated in the pericarp during a 1 to 2 h supply of labelled sucrose gets into the seeds during the following 24 h

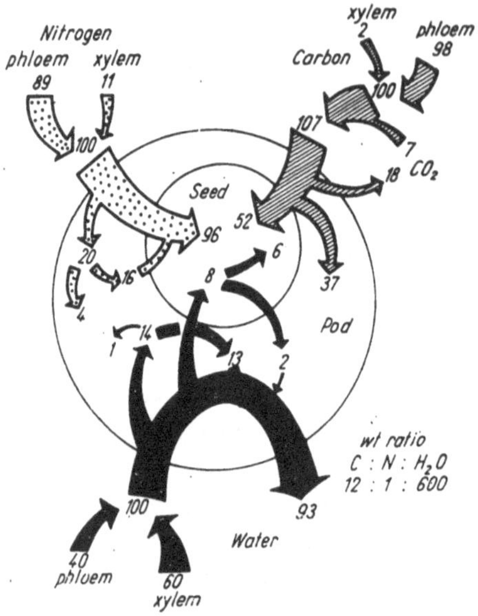

Fig. 5 Economy of carbon, nitrogen, and water over the growth cycle of a fruit of white lupin (*L. albus* L.). Xylem and phloem deliveries are expressed relative to a net intake of 100 units of a specific commodity. Net photosynthesis, respiration loss, transpiration, dehydration losses in ripening, and nitrogen mobilization from pod to seed are depicted. The relationship by weight between the import is shown (PATE et al. 1977)

chase with inactive sucrose. Analogous distribution has been registered for assimilates of leaves during translocation experiments into the fruits (KIPPS and BOULTER 1973b, 1974).

Substances to be translocated into the fruits pass through the vascular bundles of the petiole of the fruit into the pericarp before getting into the seeds, whereas compounds coming from the pericarp tissue as a result of autotrophic assimilation as well as from degradative processes reach the seeds via internal transport tissues of the halves of the pod. Finally all transport streams directed into the seeds must be channelled into those two non-branched ventral bundles bearing the funiculi of the seeds. The respective anatomical basis for the translocation processes has already been described on page 40.

The vascular bundles represent the main pathway of substance transport into the seeds. In addition, some exchange of solutes takes place via the surface of the seed coat. Primarily this concerns the exchange of carbon dioxide and oxygen, respectively (HARVEY and HEDLEY 1975a, 1975b, HARVEY et al. 1976; see also chapter 'Photosynthesis' on page 53).

The composition of the transport stream from stems of *Lupinus albus* L., *Vicia faba* L., and *Pisum sativum* L. has been investigated frequently (KIPPS and BOULTER 1973a, LEWIS and PATE 1973, PATE 1973, PATE et al. 1964, PATE et al. 1977, SHARKEY and PATE 1976). The exudates from cut stems always contained 80 to 90 percent sucrose in the dry matter. Nitrogen compounds, mainly amides represent the main part of the remaining 10 to 20 percent, e. g. in exudates from stems of young *Vicia faba* L. plants 80 to 90 percent of the nitrogen compounds are present as asparagine and glutamine, respectively. Many other amino acids and some low molecular weight peptides are present in minor quantities. Nitrate and nitrite represent the main inorganic nitrogen compounds of the translocation stream in stems of *Vicia* and *Pisum* plants. Depending on the developmental state and on the nutritional conditions, respectively, the composition of the transport streams varies, as has been demonstrated with field peas and lupins (LEWIS and PATE 1973, PATE et al. 1964, PATE et al. 1977).

Only few informations are available with respect to transport streams in legume fruits. This lack of knowledge is mainly caused by experimental difficulties, PATE et al. (1974) screened 150 legume species and varieties, respectively, with respect to bleeding at the tip of the pod. Only 6 legumes exhibited bleeding of the fruit tip after cutting. Transport in the fruits of *Lupinus albus* L. has been investigated more profoundly by these authors. At the tip of the fruit only few xylem elements accompany the phloem that constitutes the major part of the bundles. The exudate leaving the fruit tip nearly exclusively comes from the phloem. The composition of the bleeding sap corresponds to that of the petiole of the fruit. Anthron-positive substances represent 10 to 20 (w/v) percent of the sap, and sucrose constitutes 98 percent of the anthron-positive compounds. 1 to 4 percent (w/v) have been amino compounds, prevailingly asparagine (40 to 50%). During fruit development the concentration of amino acids and amides in the exudate increases. Experiments with labelled compounds indicated that the phloem represents the main channel for substance translocation from the leaves into the fruits (PATE et al. 1975, SHARKEY and PATE 1975).

In experiments that we performed in our laboratory with *Vicia* fruits we used glas capillaries filled with agar-agar to collect the transport stream of the funiculi. The capillaries have been placed on the cut distal ends of funiculi that remained attached to the vascular bundles. In control experiments 1 mm discs of funiculi were placed on small cube-shaped agar pieces that absorbed the exuded wound induced amino compounds. During these experiments the fruits remained attached to the plants. One half of the pericarp has been opened and the glas capillaries were placed on the ends of those funiculi that belonged to the half not damaged by the fruit opening. In contrast to *Lupinus albus* L. fruits of *Vicia* could not be stimulated to bleed at the cut tips. – Exudates eluted from the agar of the capillaries and of the control pieces, respectively, were collected from 100 funicles of fruits 3 weeks after flowering. They contained 0.2 to 0.5 mg proteinogenous amino acids, 50 percent of them represented by asparagine; proline amounted to 24, and alanine to 13 percent. Exudates from funiculi of 5 weeks-old fruits (stage 2 of embryogenesis) contained 1.7 mg of amino acids; among them asparagine (27%), glutamine (21%), serine (10%), proline (11%), alanine (6%), and tyrosine (4%) prevailed. In the exudates from funiculi concentration and composition of amino compounds have changed from stage 1 to stage 2 of embryogenesis.

The composition of the transport stream from petioles of fruits has been investigated with field peas (LEWIS and PATE 1973). Disaccharides constitute 19 percent (w/v) corresponding to 76 mg carbon per ml of exudate. Consequently, carbohydrates amount to approximately 88 percent of the total carbon in the transport stream. Amides represent the main part of the transport amino compounds. The prevailing amide is asparagine. After 10 h of $^{14}CO_2$ assimilation by leaves supporting growing fruits 94 percent of the radioactivity in the transport stream of the fruit petiole were represented by sugars and only 6 percent by amino compounds. Amides contained 19 percent of the radioactivity found in the amino compounds. This is much lower than has been expected on the basis of the quantitative composition of the transport stream. LEWIS and PATE (1973) assume that the roots supply the majority of amides to the developing fruits and not the leaves that assimilated the radioactive carbon dioxide. A similar hypothesis has been published in relation to fruits of *Vicia faba* L. (KIPPS and BOULTER 1974).

Nitrogen metabolism in the pericarp

Nitrate reduction

Pericarps of legume fruits do not only assimilate carbon autotrophically (see page 53) but nitrate, too. The presence of nitrate reductase in pods of legumes has been demonstrated by *in vivo* techniques as well as by *in vitro* assays of enzyme activity (SCHLESIER 1976, SCHLESIER 1977a, b, c, SCHLESIER and MÜNTZ 1974). In species of the tribe *Phaseoleae*, that have been investigated, the occurence of nitrate reductase always was restricted to the pericarp (*Phaseolus vulgaris* L., *Phaseolus lunatus* L., *Dolichos lablab* L., *Vigna sinensis* (Stickm.) van Eselt, *Glycine max* (L.) Merr., whereas representatives of the *Vicieae* exhibited nitrate reductase activity (nra) in pericarp, testa and cotyledons of the developing fruits (*Vicia faba* L., *Vicia narbonensis* L., *Pisum sativum* L., *Lathyrus odoratus* L.). This tissue specific distribution of nra appears independent of the method of plant cultivation in soil with symbiontic nitrogen assimilation by the roots and in nutrient solution containing nitrate, respectively. Seed coat and cotyledons of developing kidney beans contain sufficient nitrate for induction of nra. The absence of nra should not be the result of a lack of nitrate in the seeds. Germinating *Phaseolus* beans develop nra without any induction measures, but increased nra may also be induced efficiently, e. g. by nitrate. Contrary, only during late developmental stages measurable amounts of nitrate have been found in fruits of *Vicia faba* L. Nevertheless, *Vicia* fruits exhibited considerable nra already during early stages of ontogenesis, preferentially in the pericarp.

Zones with statistically significant differences of nra have been measured in pericarps of *Phaseolus vulgaris* L., *Glycine max* (L.) Merr., and *Dolichos lablab* L. during all developmental stages. Nra decreases from the basis to the tip of the pod (Fig. 6). Pericarps of *Vicia faba* L. exhibit no zonation of nra, whereas *Vicia narbonensis* L. and *Pisum sativum* L. showed a statistically significant minimum of nra in the middle region of the pericarp (SCHLESIER 1976, 1977a, b, c).

Pericarps of all investigated legume species exhibited maximal nra during or at the end of stage 1 of embryogenesis irrespective of the enzyme activity being expressed on fresh weight or organ basis (Fig. 7). In any case nra decreased during stage 2 but the time course of the decrease varied in dependence of the species investigated. In fruits of *Vicia faba* L. seed coats and cotyledons also exhibited ontogenetic changes in nra (Fig. 7). In accordance with the growth maximum, maximal nra of the testa is reached later than in the pericarp. Cotyledons exhibit

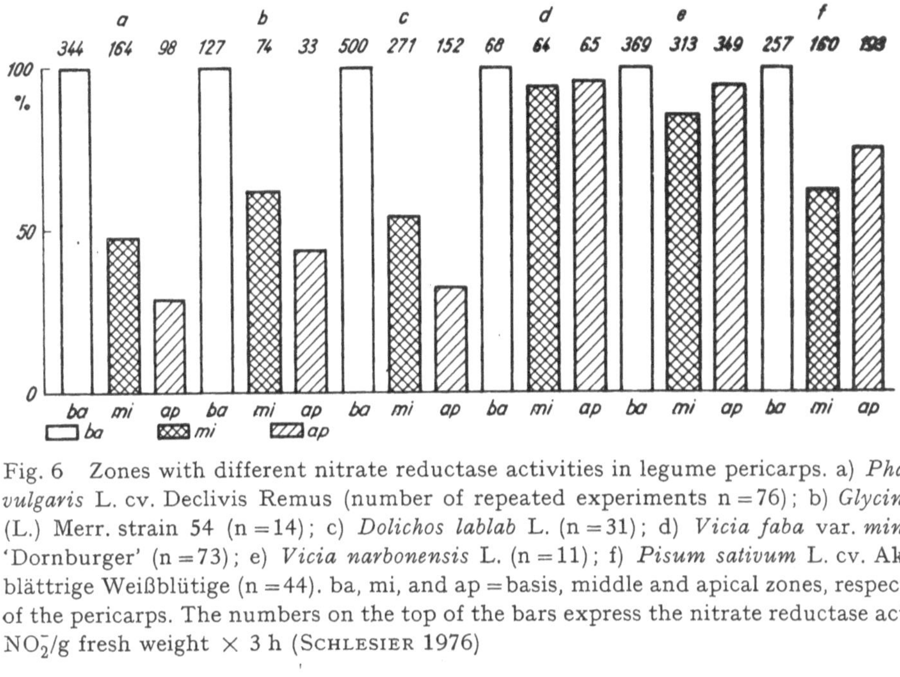

Fig. 6 Zones with different nitrate reductase activities in legume pericarps. a) *Phaseolus vulgaris* L. cv. Declivis Remus (number of repeated experiments n = 76); b) *Glycine max* (L.) Merr. strain 54 (n = 14); c) *Dolichos lablab* L. (n = 31); d) *Vicia faba* var. *minor* cv. 'Dornburger' (n = 73); e) *Vicia narbonensis* L. (n = 11); f) *Pisum sativum* L. cv. Akazienblättrige Weißblütige (n = 44). ba, mi, and ap = basis, middle and apical zones, respectively, of the pericarps. The numbers on the top of the bars express the nitrate reductase activity: NO_2^-/g fresh weight × 3 h (SCHLESIER 1976)

Table 1

Nitrate reduction (nM NO_2^-) of *Vicia*-pericarps and supporting leaves during 24 h experiments. Plants were cultivated in the open air and fruits harvested with 3 parallel samples always at intervals of 3 h.

Organ		age of the pods (days after flowering) 27	39	48
leaf	(a)	6600	5150	4740
pericarp	(b)	905	780	510
testa	(c)	1860	2360	645
cotyledon	(d)	300	610	165
sum	(b – d)	3065	3750	1320
capacity of the fruit to reduce NO_3^- (% of leaf capacity)		46.4	72.8	27.8

their maximum of nra at a time when they have reached only 17 percent of the final weight and contribute less than 50 percent to the total seed weight. On a fresh weight basis the seed coat reaches the highest nra in comparison with the different fruit tissues. Similar relations have been measured with fruits of the garden pea (SCHLESIER 1976, 1977b, c).

The total of the nra of all 3 fruit tissues goes up to maximum during the first half of stage 2 of embryogenesis (Table 1). In comparison with the supporting leaves, fruits of *Vicia faba* L. exhibit considerable nra. On the basis of the nra measured in the different fruit tissues, the amounts of nitrate assimilated by pods of *Vicia faba* L. have been integrated over the growth cycle of the fruits, taking into account the diurnal fluctuations and the changes of nra during fruit ontogenesis, respectively. At the most 10 percent of the nitrogen supplied to the seeds of one fruit may be covered by nitrogen autotrophically assimilated by the corresponding pericarp and seed tissues (SCHLESIER 1976, 1977c).

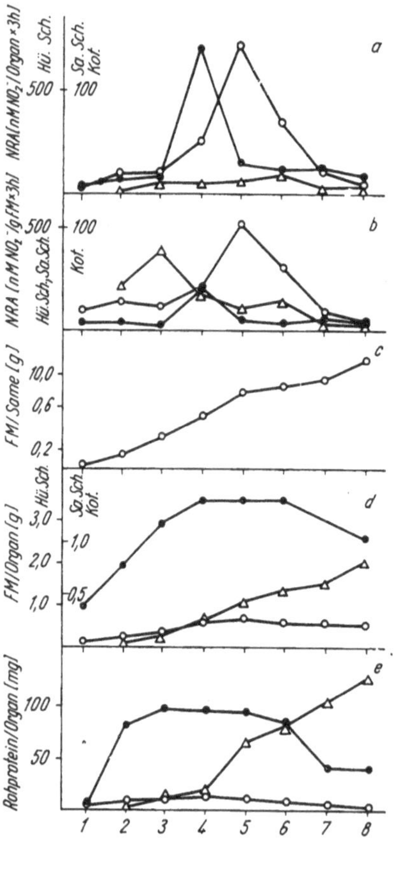

Fig. 7 Activity of nitrate reductase during fruit development of *Vicia faba* var. *minor* cv. 'Dornburger'. a) Nitrate reductase activity per organ, b) per g of fresh weight, c) increase of the fresh weight of the seed, d) fresh weight development of the pod, of the cotyledon, and of the seed coat, respectively, e) crude protein contents of the different fruit organs (SCHLESIER 1976).
●——● pericarp, △——△ cotyledon, ○——○ seed coat. 1 = fresh weight of 1 seed 50 mg (14–17 days after flowering), 2 = 51–150 mg (18–24 d), 3 = 151–320 mg (24–27 d), 4 = 321–430 (28–34 d) 5 = 431–750 mg (35–48 d), 6 = 730–780 mg (34–53 d), 7 = 740–840 mg (40–53 d), 8 = 800–1,100 mg (47–56 d)

Amino acids in the pericarp

During ontogenetic stage 1 pericarps of the field bean contain approximately 8 mg ethanol soluble nitrogen (N) per g dry weight (dw). At the same time total N of the pericarp amounts to 36 to 37 mg N/g dw. Ethanol soluble N represents about 26 percent of the total pericarp N. During stage 2 of the fruit development total N of the pericarp decreases to 12 to 13 mg N/mg dw. The ethanol soluble N decreases proportionally, and therefore its percentage of the total N does not change. Leaves of comparable developmental state show a much lower percentage of ethanol soluble N than pericarps of field beans (Müntz 1973). With pericarps of *Pisum arvense* L. ethanol soluble N has been measured to represent 30 percent of the total N on a dry weight basis (Flinn and Pate 1968). Pericarps of these representatives of the tribe *Vicieae* contain relative high quantities of soluble nitrogen compounds (Boulter and Davies 1968, Flinn and Pate 1968, Müntz 1973), that mainly consist of amino acids and amides, respectively.

At the end of stage 1 free proteinogenous amino acids reach their quantitative maximum with 4.2 percent on a dw basis. Only asparagine amounts to 2.3 percent of the dw. In addition proline, tyrosine, and alanine have been measured in amounts, that cover together only for 1 percent of the dw of the pericarp. During week 4 after flowering, at the beginning of ontogenetic stage 2, the quantity of free proteinogenous amino acids in the pericarp decreases to 1.1 percent of the dw. During the subsequent weeks this decrease leads to the low level of 0.4 to 0.5 percent. In accordance with the results of other authors the loss of free amino compounds from the pericarp may be attributed to translocation processes (Kipps and Boulter 1974) that are exclusively directed into the seeds enclosed by the corresponding pericarp (Flinn and Pate 1970, Lovell and Lovell 1970).

Asparagine plays an important role as the main transport compound of N in lupins, field beans and field peas (Kipps and Boulter 1973a, Lewis and Pate 1973, Pate 1973, Pate and Flinn 1973, Pate et al. 1977, Pate et al. 1964), and in general this amide occupies a key function in the N metabolism of developing legume fruits (Atkins et al. 1975, Lea and Fowden 1975). In the pericarp of field beans asparagine is accumulated during ontogenetic stage 1. Amide accumulation may be considered as a manner of N-storage (Lewis and Pate 1973). Genuine storage proteins like globulins of legume seeds have never been reported to be present in pericarps of field beans (Müntz 1973a, b), broad beans (Boulter and Davies 1968), and field peas (Flinn and Pate 1968), respectively.

Pericarps of *Vivia faba* L. incorporate autotrophically assimilated carbon into amino acids. After 75 min of photosynthetic $^{14}CO_2$ assimilation already 50 percent of the total radioactivity of the pericarp have been incorporated into ninhydrin positive compounds. Asparagine, serine, and alanine prevailed among these substances (Kipps and Boulter 1974). Surprisingly, the amides asparagine and glutamine were not labelled, though they were present in large amounts. This result could be explained by the assumption that the amides are not synthesized from carbon compounds formed in the pericarp but are imported from vegetative organs (KIPPS and BOULTER 1974, LEWIS and PATE 1973). Amino compounds of the pericarp imported from vegetative parts of the plant during ontogenetic stage 1 as well as those resulting from autotrophic assimilation are finally translocated into the growing seeds (FLINN and PATE 1968, 1970, KIPPS and BOULTER 1974). The main translocation period corresponds to stage 2 of fruit development (FLINN and PATE 1970, KIPPS and BOULTER 1974). As indicated by our experiments with nitrate reductase in fruit tissues a minor part of the amine compounds also may result from the autotrophic assimilation of nitrogen by the same fruit (SCHLESIER 1976, SCHLESIER 1977c, SCHLESIER and MÜNTZ 1974).

Proteins in the pericarp

Protein storage comparable to that in the cotyledons does not take place in pericarp tissue (BOULTER and DAVIES 1968, FLINN and PATE 1968), but the large amount of starch grains coinciding with a high carbohydrate content as well as the high concentration of amides indicate that accumulation and storage processes characterize special developmental stages in the pericarp, too (MÜNTZ et al. 1976, see page 57 of this review). Protein and isoenzyme patterns of fully developed pericarps and leaves, respectively, of *Vicia faba* L. var. *minor* (Fig. 8) show many similarities (MÜNTZ 1973a, b), but quantitative differences have been detected with respect to some protein zones that occupy identical positions on polyacrylamide gels, e. g. the low amount of fraction-I-protein in pericarp extracts in comparison to leaves (MÜNTZ 1973b). The decrease of N concentration, the disappearance of protein bands on polyacrylamide gels and investigations on the translocation of proteinogenous amino acids from the pericarp into the seeds have demonstrated that the majority of proteins is degraded during pericarp senescence. Under normal conditions of plant growth the degradation products are transferred into the growing seeds.

The remarkable identity of the patterns of soluble proteins from pericarp and leaves as well as the similarities of the patterns of some isoenzymes may be taken as indication of the homologous functions of the two organs (MÜNTZ 1973a, b). Protein patterns of the cotyledons exhibit striking differences in comparison with leaves and pericarps, respectively (FLINN and PATE 1968).

The relationship of proteolytic activity to protein degradation in the pericarp and to the increase of protein content in the cotyledons of developing peas, respectively, has been investigated by STOREY and BEEVERS (1977). Pericarp proteins have been used as protease substrates in these experiments. Protease activitiy per organ increased up to day 18 after anthesis and it remained at a high level until day 24. Subsequently the activity of proteolytic enzymes diminished. Specific activity of proteases also reached maximum at day 18. Concomittantly, the protein content of the pericarp started to decrease 18 days after anthesis. At the same time the protein concentration in the cotyledons began to rise linearly and with a high rate. No accumulation of alpha-amino compounds has been registred in the pod during the protein degradation period indicating that all degradation products have been translocated or metabolized immediately.

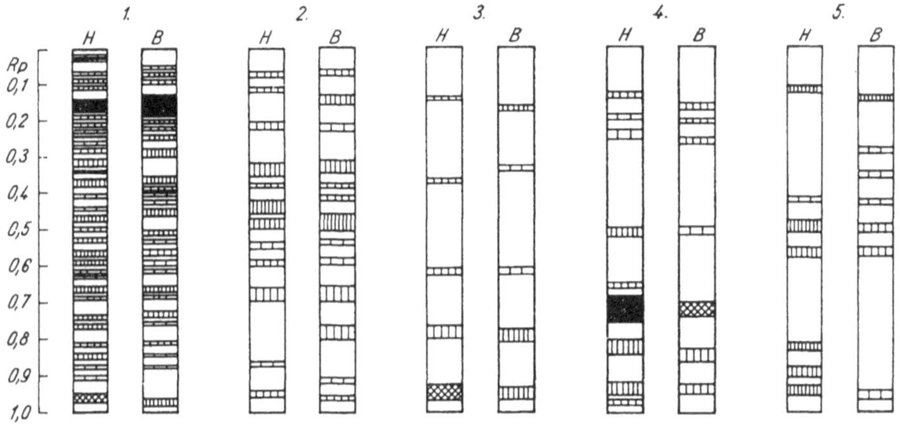

Fig. 8 Electrophoretic patterns of soluble proteins (1) from pericarps (H) and leaves (B) of *Vicia faba* L. var. *minor* cv. 'Dornburger'; 2) acidic pnosphatases, 3) leucyl aminopeptidases, 4) esterases, 5) RNases (MÜNTZ 1973b)

Photosynthetic assimilation of carbon dioxide in the pericarp

The presence of chlorophyll and chloroplasts in some of the pericarp tissues already points towards active CO_2 assimilation in this organ. Gas exchange between fruits and the environment is mediated by a large number of stomata in the epidermis of the pods. Developmental changes of the photosynthetic activity of legume fruits have been investigated mainly with field peas (FLINN and PATE 1970, HARVEY and HEDLEY 1975, HARVEY et al. 1976). In accordance with results that have been obtained with fruits from *Vicia faba* L. (MÜNTZ 1973b), *Phaseolus vulgaris* L. (CROOKSTON et al. 1974), *Lupinus albus* L. (PATE et al. 1977), and *Glycine max* (L.) Merr. (QUEBEDEAUX and CHOLLET 1975) these investigations have demonstrated that only during a few weeks period in the second half of ontogenetic stage 1 photosynthetic CO_2 fixation may result in a net assimilate gain of the fruits. The influence of differences in the light intensity and CO_2 concentration used in these experiments makes a quantitative comparison difficult (HARVEY and HEDLEY 1975, HARVEY et al. 1976, PATE et al. 1977). At the end of the period of net assimilate gain the compensation point shifts towards increasing light intensities and CO_2 concentrations, respectively. Measurements on the gas exchange of legume fruits have been performed preferentially by the infrared gas analyser which registers only the sum of photosynthetic CO_2 fixation and the CO_2 set free by respiration. After removal of the seeds, pericarps of the pea exhibit also a net gain of assimilates during ontogenetic stage 2 (Fig. 9). In

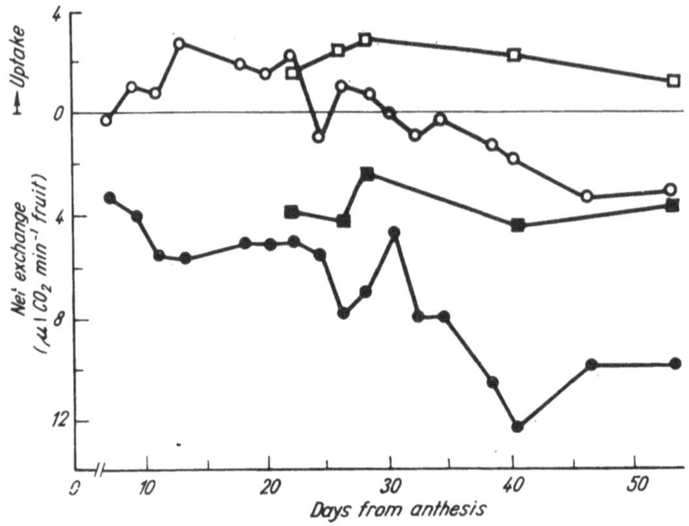

Fig. 9 The photosynthetic and respiratory potential of *Pisum sativum* fruit in relation to seed content. White symbols, 59 klux; black symbols, dark. Intact fuit, ○ ●; pod minus seed, □ ■ (Harvey et al. 1976)

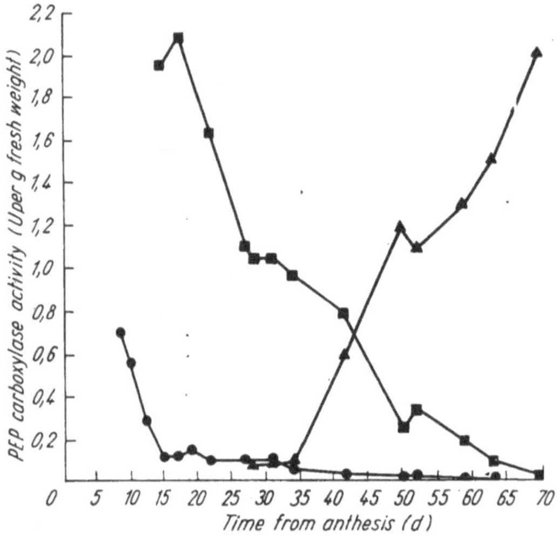

Fig. 10 Changes in the activity of PEP-carboxylase extracted from pod wall (●), testa (■), and cotyledon (▲) tissue of *Pisum sativum* (Hedley et al. 1975)

comparison with leaves the photosynthetic activity of seed-free pericarps is much lower (Harvey and Hedley 1975, Harvey et al. 1976). The loss of CO_2 from whole fruits results from the increasing respiratory activity of the seeds during stage 2. In all these measurements it could be shown that the CO_2 release of whole fruits is smaller in the light than in the dark (Flinn and Pate 1970, Harvey et al. 1976). This result can be explained by a re-assimilation of respiratory CO_2 by photosynthetic processes in the pericarp. Radioactive CO_2 supplied to the fruits with the surrounding atmosphere was preferentially fixed by photosynthesis in the cells of the hypoderma that contain chloroplasts. Labelled CO_2 that has been injected into the closed space between pericarp and seeds in the fruits has been primarily assimilated by the inner tissues of the pericarp containing chloroplasts, too. The percentage of respiratory CO_2 from seeds that is re-assimilated by the pericarp should be only small as indicated by experiments on the activity of ribulose-1,5-diphosphate carboxylase and on the capacity for photosynthetic CO_2 assimilation of seed-free pericarps (HEDLEY at al. 1975, HARVEY et al. 1976). All the photosynthesis experiments so far mentioned in this paper have not taken into consideration the amount of respiratory CO_2 not leaving the seeds but immediately re-assimilated by dark-fixation processes in the same seeds. HEDLEY et al. (1975) investigated the activities of phosphoenol pyruvate carboxylase (PEP-carboxylase) in pericarp, seed coat, and cotyledons of developing garden peas, facing the fact that it seems to be nearly impossible to measure the refixation of respiratory CO_2 directly.

In comparison of the 3 fruit organs, pericarps exhibit the lowest PEP-carboxylase activity on a fresh weight basis (fig. 10). From day 8 to day 15 after anthesis the activity of this enzyme decreases in the pericarp, later on it remains on a low

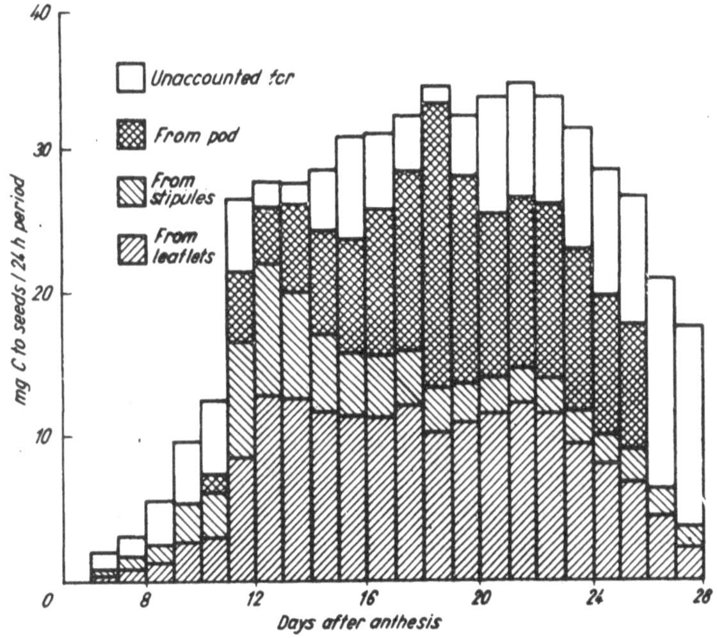

Fig. 11 A day-by-day record of the provision of carbon to seeds borne at the first fruiting node of field pea (*Pisum arvense* L.) by their pod, and by the stipules and leaflets of their subtending leaf. The stimates include photosynthetically fixed carbon, carbon available through mobilization of dry matter, and, in the case of the pods, carbon reassimilated from the respiring seeds. These data for transfer are matched against the daily requirement of the seeds for carbon, the latter being calculated by summation of daily losses of carbon by the seeds in respiration and daily gains of carbon by the seeds as dry matter. Consequently, the unhatched areas of the histograms (labelled 'unaccounted for') represent carbon required by the seed but not derived from organs at the fruiting node (FLINN and PATE 1970)

but slowly decreasing level for approximately 50 days. In the seed coat PEP-carboxylase activity also goes down in the course of fruit development but this occurs on a much higher activity level than in the pericarp. Both organs reach maximal PEP-carboxylase activity on a fresh weight basis at the end of ontogenetic stage 1 (Fig. 10). The time-course of PEP-carboxylase activity of cotyledons differs profoundly from that of pericarp and testa, respectively. At day 35 after anthesis a rapid increase of PEP-carboxylase activity takes place in the cotyledons. At the same time enzyme activity had already decreased to 50 percent of the maximum in the testa. PEP-carboxylase of the cotyledons reaches the same level as in seed coats (Fig. 10). Possibly, the high activities of PEP-carboxylase in seed coat and cotyledons represent the physiological basis of an active re-fixation of respiratory CO_2 in the seeds (Hedley et al. 1975, Harvey et al. 1976). Experiments on the dependence of the CO_2 assimilation activity on the CO_2 concentration have indicated that the release of CO_2 decreases with increasing CO_2 concentration in the atmosphere. Under normal conditions 7 and 13 days-old fruits exhibit no net CO_2 assimilation, but with 59 klux illumination and 530 ppm CO_2 the same fruits revealed a net gain of assimilates (Harvey and Hedley 1975, Harvey et al. 1976). Garden peas as well as white lupins contain a much higher carbon dioxide concentration in the inner space of their pods than in the surrounding atmosphere. Depending on the developmental stage of the fruits, 0.1 to 4.3 percent (v/v) and 1.2 to 1.6 percent (v/v) have been estimated with *Pisum sativum* L. and *Lupinus albus* L., respectively. Maximum values are reached approximately 17 days after anthesis of the garden pea. The high CO_2 concentrations could lead to an increase of carbonate concentrations in the cytoplasm of cotyledon and testa cells, causing a shift of the reaction equilibria towards dark fixation of CO_2 (Hedley et al. 1975).

There is no doubt that CO_2 assimilated by pericarp tissues is metabolized to compounds that are not exported from the fruits into vegetative parts of the plant but that are mainly transferred into the seeds (Flinn and Pate 1970, Lovell and Lovell 1970). In pods of the field pea up to 38 percent of the total amount of carbon present in mature seeds may be supplied by the pericarp (Flinn and Pate 1970). During ontogenetic stage 2 up to 50 percent of the daily carbon import of the seeds may be covered by the carbon export from the pericarp (Fig. 11). Autotrophic CO_2 assimilation in the pericarp as well as degradation products of high molecular weight compounds, that previously have been accumulated in the pericarp on the basis of substance import from vegetative parts of the plant, represent the sources of carbon transfer into the seeds. Carbon resulting from autotrophic assimilation in the pericarp covers for no more than 20 percent of the carbon demand of the seeds during the growth cycle. The same amount results from the degradation of carbon compounds intermediarily accumulated in the pericarp on the basis of substances supplied from vegetative organs (Flinn and Pate 1968, 1970). Approximately 60 percent of the seeds' demand are covered by direct import of substances from vegetative parts of the plant.

Regulative relations between pericarp and seeds

Amylases and starch degradation

The pericarps of field beans accumulate large amounts of starch during ontogenetic stage 1. Mesophyll cells and to a smaller extent also cells of the aerenchymatic inner tissues are the centres of starch storage. At the end of stage 1 anthron-positive substances amount to 30 to 35 percent on a dry weight basis in the whole pericarp but only to 11 to 12 percent in the inner tissue (MÜNTZ 1977). Mesophyll cells contain nearly 5 times more of this 'starch' than cells of the aerenchyma

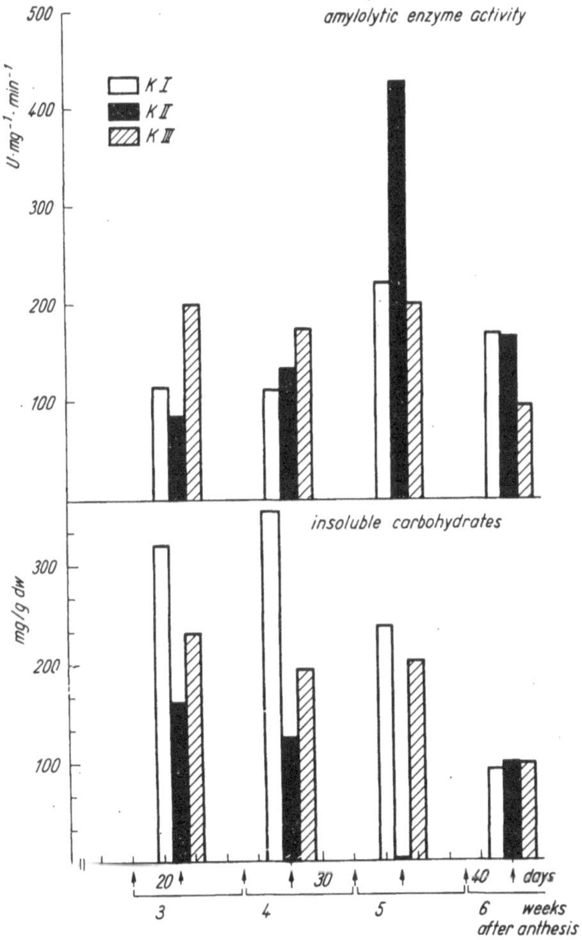

Fig. 12 Amylolytic activity and content of insoluble carbohydrates at different developmental stages of field bean pericarps. K I – control, pods attached to the plants, K II – pods after 3 days of organ culture with mineral nutrient solution, K III – pods after 3 days of organ culture with nutrient solution containing 1 % sucrose (MÜNTZ et al. 1976)

(Müntz et al. 1976, Müntz 1977). At the end of developmental stage 1 cells of the mesophyll are entirely filled with starch grains. Starch degradation takes place during ontogenetic stage 2 as could be demonstrated by measuring the starch content of the pericarp directly and by observing the increasing number of starch grains in mesophyll cells by microscopic methods (Fig. 12). The existence of a sclerenchymatic tissue layer in *Vicia* pericarps allows the separation of 'outer' and 'inner' tissues with subsequent separate analysis. This indicates that starch degradation occurs more rapidly in the mesophyll than in the inner cells. At the end of week 4 after flowering starch concentration in the mesophyll layers in only 3 times higher than in the inner tissue layer that still shows the same starch concentration as during stage 1 of embryogenesis (Müntz 1977).

Estimations of the activity of starch degrading enzymes indicate an increase parallel to the breakdown of starch. As the enzyme activity has been estimated using the 3,5-dinitro-salicilic acid method (Rick and Stegbauer 1970) that measures the increase of reducing sugars in the incubation medium, probably alpha-amylase causes the starch degradation in the mesophyll cells (Müntz et al. 1976).

As already mentioned before sucrose represents at least 80 percent of the dry material found in the stem exudates of lupins, broad beans, and field peas, respectively. The transfer of sucrose to the growing fruits may be interrupted by detaching fruits and putting them into sterile organ culture with pure mineral nutrients. Changes of the amylolytic enzyme activity induced by the lack of organic solute transfer into these fruits may be measured in comparison to control fruits that remain attached to the plants and to fruits parallelly cultivated with nutrient solution containing sucrose, respectively. The lack of sucrose transfer leads to increased starch degradation as well as to a parallel rise of amylolytic activities (Fig. 12). No induction of increased starch degradation was obtained with fruits from ontogenetic stage 1, when the pericarp represents the 'attraction centre' for the transport stream directed into the fruits, and pericarp metabolism is characterized by the predominance of anabolic processes leading to starch synthesis and accumulation. Experimental stimulation of starch degradation becomes possible after the 'attraction center' has changed to the seeds and the pericarp entered the catabolic phase of its metabolism (Müntz 1975, Müntz et al. 1976, Müntz 1977).

The possibility to stimulate starch degradation processes in the pericarp depends not only on the corresponding developmental stage but also on the presence of the seeds (Müntz et al. 1976). The induction effect is 3 times larger in fruits containing seeds than in fruits from which the seeds have been removed, irrespective whether the fruits remained on the plants or not.

Investigations with polyacrylamide gel electrophoresis and zymographic methods have revealed that a new alpha-amylase zone appears in gels with extracts prepared from pericarps of ontogenic stage 2 (Fig. 13). Phosphorylases did not exhibit ontogenetic changes of their isoenzyme pattern. Densitometric scanning of the gels stained for amylases indicated maximum peaks of the alpha-

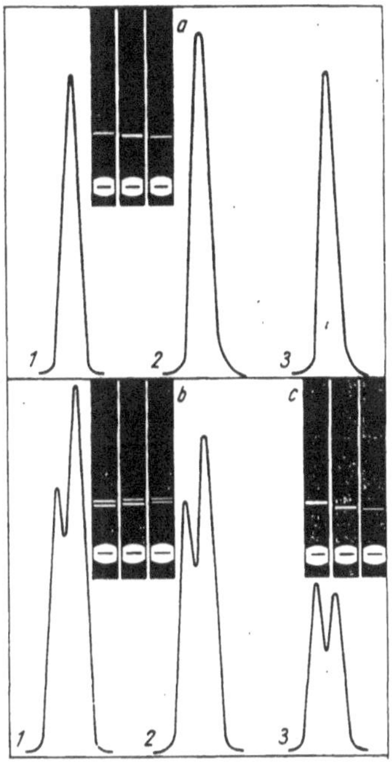

Fig. 13 Changes in the alpha-amylase pattern during pericarp development. a), b) and c) represent gels with extracts from pods of week 3, 5 and 6 after anthesis, respectively. 1 – soluble proteins from pod mesophyll, 2 – mixture of extracts from mesophyll and 'endocarp', 3 – 'endocarp' proteins; densitograms of the alpha-amylase zone correspond to the gels of a and b, respectively. In this figure 'mesophyll' designs the tissues from epidermis to sclerenchyma that have been separated from the inner tissues, in this figure named 'endocarp', at the sclerenchyma layers

Table 2

Incorporation of 3-H leucine into extractable compounds, TCA precipitable proteins, and the main amylase double zone (rp 0.72–0.74) during the 5th to 6th week after flowering (3 consecutive experiments): Pericarps of *Vicia faba* K I – attached to the plant, K II – detached in organ culture

exp. No.	cpm/1 mg protein · 1 min K I	K II	difference absolute[1]	difference percent
	extracts			
3	4,046,386	3,311,832	– 734,554	– 18.2
4	3,040,035	3,952,279	+ 912,244	+ 30.0
5	1,812,398	3,528,455	+1,716,057	+ 94.7
	TCA precipitable protein			
3	48,227	31,414	– 16,813	– 34.9
4	89,773	127,232	+ 37,459	+ 41.7
5	35,101	53,515	+ 18,414	– 52.5
	amylase zone rp 0.72 – 0.74			
3	1,011	4,118	+ 2,107	+104.8
4	4,843	7,101	+ 2,258	+ 46.6
5	1,190	3,640	+ 2,450	+206.0

[1] differences related to K I

amylase bands during stage 2 of embryogenesis (MÜNTZ 1977). Mesophyll tissue and inner tissue exhibit similar alpha-amylase pattern, but the densitometrically measured enzyme activity is much higher in the mesophyll than in the inner cell layers (fig. 13). Differences in the relative peak heights of the two alpha-amylase zones have also been estimated comparing the two starch containing tissue layers of the pericarp (MÜNTZ 1977). The presence of 2 alpha-amylase isoenzymes has also been demonstrated for cotyledons of germinating *Vicia faba* seeds (PAPACHRISTOS and JOHNSON 1977).

After injection of ^{3}H-leucine into the space between the seeds inside of pods, that have been treated to increase amylase activity by the way above mentioned, alpha-amylase zones of the respective polyacrylamide gels contain much more

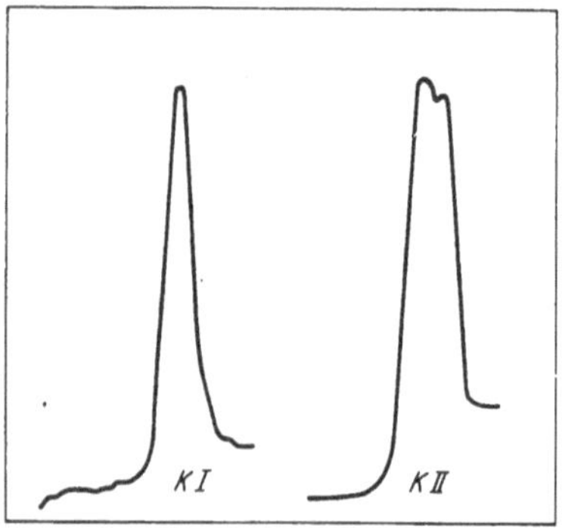

Fig. 14 Appearance of a second alpha-amylase zone on gels after fractionation of extracts from pericarps harvested at the beginning of developmental stage II. K I – pod attached to the plant, K II – 'sister pod' after detachment and 2 days of organ culture in mineral nutrient solution. Densitometric scans of the alpha-amylase region on the gels

radioactivity than the corresponding bands on gels with extracts from the control pericarps not detached from the plants. The percent difference of radioactive label in these protein zones of the gels were much greater than those in the corresponding TCA-precipitates from equal volumes of the total extract of soluble proteins (Table 2). Therefore, it is assumed that *de novo*-protein biosynthesis takes part at least with respect to the increase of alpha-amylase activity of pericarp tissue from pods of *Vicia faba* L. var. *minor* during the ontogenic stage 2. At the time of change from developmental stage 1 to stage 2 pericarp develops a new alpha-amylase zone on gel zymograms and the appearance of this zone can be provoked if fruits of this ontogenetic stage not yet showing this second alpha-amylase band are transferred into organ culture on pure mineral nutrient solution (Fig. 14).

Photosynthetic activity

Already more than 40 years ago KURSANOV (1934) had demonstrated that the regulation of CO_2 assimilation in leaves and pericarps from peas should be interrelated. Darkening of the leaves of a pea plant led to increased photosynthetic activities in pericarps of the fruits 48 h after starting the dark period. Experiments on the assimilation of $^{14}CO_2$ performed with pods of *Vicia faba* L. in our own laboratory confirmed this reaction of the pods. Pods cultivated with pure mineral nutrient solution assimilated more CO_2 than control pods that remained attached to the plants or were cultivated on nutrients containing sucrose as carbon source. FLINN (1974) assumes a regulation of the photosynthetic activity of pea leaves by the sink-capacity of the adjoining fruits.

Nitrate reduction

Experimentally induced decreases in the amount of organic nitrogen compounds synthesized in the vegetative organs and to be supplied into the fruits also may lead to a rise in nitrate reductase activity in the pods (SCHLESIER 1976, 1977c). At day 6 after detachment of the leaves from pea plants nra in pericarps had doubled and at day 11 nra was 4 times higher than in pericarps of control plants with leaves. Cultivation of detached field bean pods started at day 24 and 31 after flowering led to a doubling and a 5 times rise of nra, respectively. Fruits detached 6 weeks after flowering increased their nra even 25 times after 60 h of organ culture in pure mineral nutrient solution containing nitrate. Soybean fruits responded in a similar way but more slowly; after a 10 days period of cultivation in mineral medium nra of the pericarps had increased 10 times. Only pericarps of *Phaseolus vulgaris* L. did never show corresponding reactions.

In model experiments it has been demonstrated that these increases of nra coincide with an increased uptake of nitrate into the pericarps of isolated *Vicia* fruits in mineral nutrient solution. The quantity of nitrate uptake depends on the presence of other compounds, e. g. sucrose. In *Vicia* fruits nitrate uptake and nra of pericarps decreased with increasing sucrose concentration in the nutrient solution. One can speculate that the increase of nra in pericarps of fruits from plants with detached leaves could be the consequence of decreased nitrate reduction in vegetative organs leading to a rise in the nitrate supply to the fruits and to concomitant changes in the quantitative composition of the transport stream.

Seed coats and cotyledons of representatives of the *Vicieae* also exhibit nra but these organs did never show reactions like pericarps in the nitrogen stress experiments. Seeds of legumes belonging to the *Phaseoleae* that normally are free of nra during embryogenesis could also not be stimulated to develop nra under conditions of shortage of nitrogen compounds, though these seeds contained remarkable quantities of nitrate.

Conclusions

Autotrophic carbon dioxide and nitrate assimilation as well as transpiration regulated by stomata and some characteristics of the vascular tissue indicate functional similarities of pericarps and leaves, whereas the intermediary storage of starch and its phase dependent reactivation resemble the functions of typical storage tissues. The degree of specialization with respect to the two different functions seems to be lower than in leaves as well as in tissues specialized for reserve accumulation, e. g. endosperm of cereal grains or cotyledons of legumes. Some physiological functions of the pericarp have been found to be regulated in close relation to the metabolism of the seeds in legumes. In comparison with leaves which after termination of growth remain at 'adult' state with highly active physiological functions for a prolonged time before becoming senescent, in fruits the senescent period of the pericarp nearly immediately follows the end of the growth period. The stage of senescence is characterized by enzymatic hydrolysis of intermediarily stored starch. During stage 1 of pericarp ontogenesis anabolic metabolism prevails, whereas during stage 2 catabolic processes are typical in pericarp tissues. The degradation products are transferred into the seeds where now the centre of anabolism in located within the fruit.

Our experiments with legume pods in organ culture under conditions of reduced solute supply indicate that in the period of rapid seed growth and reserve accumulation in the cotyledons parts of the pericarp metabolism are directed towards a compensation for nutrient shortage, e. g. higher levels of carbon dioxide assimilation and nitrate reduction as well as the increased starch degradation in comparison with controls (fig. 15). APEL (1976) has demonstrated experimentally that similar processes may stabilize the grain development of cereals up to 1 week of nutrient shortage. In the case of cereals sucrose intermediarily stored in the haulm

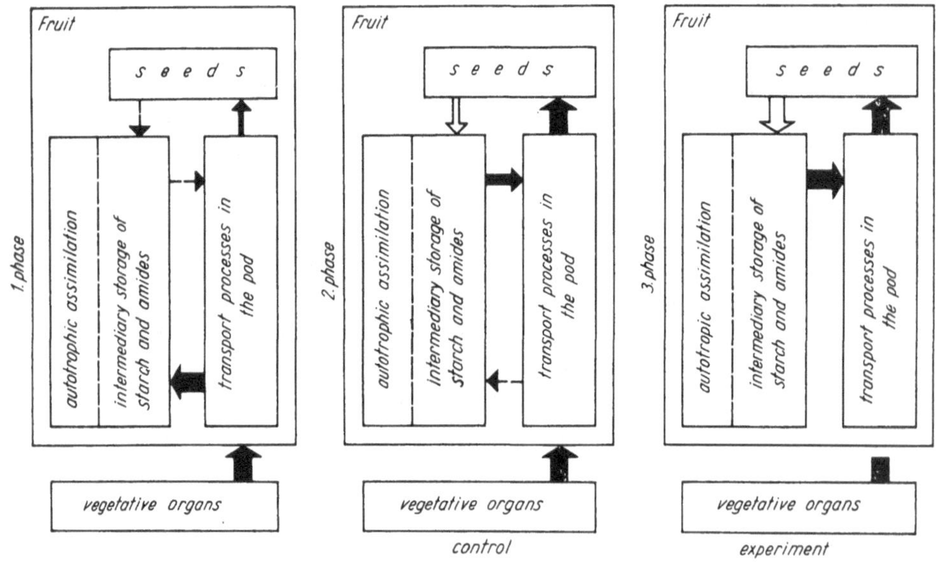

Fig. 15 Scheme of stage-dependent and experimentally induced changes in the sink-source relations between seeds and pericarps of field beans (*Vicia faba* L. var. *minor* cv. 'Dornburger'). White arrows = flow of 'information', black arrows = flow of sucrose. The diameters of the arrows symbolized the intensity of the respective flows. In the case of shortage of nutrient supply from the vegetative organs that may be experimentally induced as well as it occurs in nature ('experiment') pericarp metabolism compensates temporarily the deficit and sustains normal seed development for some time (MÜNTZ et al. 1976)

represents the source of compensating carbon compounds. Temporarily, seeds representing the 'sink-organs' appear to be uncoupled from the direct connection with the 'source-organs', the leaves. The intermediary storage represents a buffering system that for some time maintains favourable developmental conditions for the seeds and protects the seeds, those organs that play a predominating role in the maintainance of the species. One may imagine that the fleshy and reserve accumulating pericarps that are typical for most of the agronomically used grain legumes have been developed by accidental selection processes. The relations between legume grain yield and pericarp characteristics should therefore be investigated more systematically.

The mutual interdependence of pericarp and seed development became evident in experiments when after killing the developing embryo the pericarps stopped further growth and differentiation (EEUWENS and SCHWABE 1975). Pericarp development continued after exogenous application of phytohormons (EEUWENS and SCHWABE 1975, SACHER 1967). The legume embryo seems to be an important source of phytohormons for fruit development. Phytohormon metabolism seems to be under control of the seeds (EEUWENS and SCHWABE 1975). In this respect remarkable similarities exist to germinating seeds, e. g. caryopses of cereals, where the reactivation of endosperm reserves is also hormonally regulated by the growing embryo.

The predominating role of the embryo in control and regulation of fruit development and germination, respectively, fits into the picture of a system where the functions of accessory tissues like storage tissues are directed towards a stabilization of the ontogenic development of the young organism. The carpel that during ontogenesis develops to the pericarp represents protection against mechanical damages, stabilizes an advantagous micro climate for embryonic stages of plant development, and acts as a physiological buffer against fluctuations in the nutrient supply. A well developed protection system of this type should represent an evolutionary advantage, too. Consequently, the optimization of this system should be of interest in connection with an increase of the yields of agronomically used grain legumes.

Zusammenfassung

Die Funktion des Pericarps in Früchten von Körnerleguminosen

Leguminosenfrüchte bestehen aus dem Pericarp, das sich aus dem Fruchtblatt entwickelt, und den davon umschlossenen Samen. Anatomische und physiologische Funktionen des Pericarps entsprechen einerseits denen eines Blattes, andererseits bestehen Ähnlichkeiten zu Speicherorganen. Diese Doppelfunktion ist eng mit der Erhaltung einer kontinuierlichen ontogenetischen Entwicklung der Embryonen verknüpft und trägt zur Erhaltung der Art bei. Die fleischigen und Reservestoffe akkumulierenden Pericarpien der meisten landwirtschaftlich genutzten Körnerleguminosen könnten in vergangenen Zeiten unbewußt durch Pflanzenzüchter herausgebildet worden sein. Ein gut entwickeltes System von Beziehungen zwischen Pericarp und sich entwickelnden Samen könnte einen Evolutionsvorteil darstellen. Infolgedessen sollte die Herausbildung eines solchen Systems mit optimal koordinierter Entwicklung von Pericarp und Samen für die Ertragszüchtung bei Körnerleguminosen von Interesse sein.

Pericarpien bilden einen Schutz gegen die Schädigung der sich entwickelnden Samen und erhalten ein günstiges Mikroklima. Alle Transportströme, mit denen Nährstoffe für den herangewachsenen Embryo bereitgestellt werden, passieren das Pericarp; die Leitgewebe des Pericarps bilden die Transportverbindungen zwischen vegetativen Teilen und den sich entwickelnden jungen pflanzlichen Organismen. Ebenso wie Blätter können Pericarpien autotroph Kohlendioxyd und Nitrat assimilieren. Während der 1. Phase der Embryogenese, wenn die Samen noch klein sind und nur langsam wachsen, liegt das anabolische Stoffwechselzentrum der Leguminosenfrüchte im Pericarp, das zu dieser Zeit Stärke und Amide akkumuliert, die während des 2. ontogenetischen Stadiums reaktiviert und in die nun rasch wachsenden Samen verlagert werden. Der Stoffwechsel des Pericarps scheint unter Kontrolle durch die Samen zu stehen. Physiologische Prozesse im Pericarp können zeitweilig die sich entwickelnden Samen gegen Schädigungen infolge Umwelt- und Ernährungsbelastungen abpuffern.

Der gegenwärtige Stand unserer Kenntnisse über Funktion und Struktur des Pericarps der Früchte von Körnerleguminosen wird auf der Grundlage von Literaturinformationen und eigener Untersuchungen zusammenfassend dargestellt.

Краткое содержание

О функции околоплодника у плодов зерновых бобовых

Плоды бобовых состоят из околоплодника, образующегося из карпеллы, и из заключённых в нём семян. Анатомические и физиологические функции околоплодника с одной стороны соответствуют функциям листа, с другой стороны здесь наблюдается сходство с запасающими органами. Эта двойная функция перикарпия находится в тесной связи с сохранением непрерывного онтогенетического развития зародышей и способствует сохранению вида. Мясистые, способные аккумулировать запасные вещества, околоплодники большинства зерновых бобовых, используемых в сельском хозяйстве, могли быть в далёком прошлом бессознательно отобраны растениеводами. Хорошо развитая система связей между околоплодником и развивающимися семенами, возможно, обусловливает эволюционное преимущество. Поэтому создание подобной системы – с оптимально координированным развитием околоплодника и семян – может быть выгодно для селекции на урожайность у зерновых бобовых.

Околоплодники защищают от повреждений развивающиеся семена и способствует сохранению благоприятного для них микроклимата. Все пути транспорта питательных веществ, предназначающихся для растущего зародыша, проходят через околоплодник; проводящие ткани перикарпия являются транспортными связями между вегетативными частями и развивающимися молодыми растительными организмами. Подобно листьям, околоплодники могут автотрофно ассимилировать углекислый газ и нитрат. В течение первой фазы эмбриогенеза, когда семена ещё малы и растут медленно, анаболический центр обмена веществ находится у плодов бобовых в околоплоднике, который в это время аккумулирует крахмал и амиды; во второй, онтогенетической фазе эти последние реактивируются и переправляются в – теперь уже быстро растущие – семена. Обмен веществ околоплодника, повидимому, находится под контролем семян. Физиологические процессы в околоплоднике могут временно служить буфером для развивающихся семян от повреждений, возникших вследствие средовой нагрузки или недостаточного питания.

На основе литературной информации и собственных исследований резюмируются данные о функции и структуре околоплодника зерновых бобовых на современном уровне наших знаний.

Literature

Apel, P., 1976: Carbohydrate content and grain growth in wheat and barley. – Biochem. Physiol. Pflanzen **169**, 437–446.

Archangelskaja, Z. M., 1965: Anatomisch-morphologische Charakteristik der Hülsen der Ackerbohne (russ.). – Dokl. Mosk. Selsko-Khoz. Akad. Nauk **102**, 123–130.

Atkins, C. A., J. S. Pate and P. J. Sharkey, 1975: Asparagine metabolism – key to the nitrogen nutrition of developing legume seeds. – Plant Physiol. **56**, 807–812.

Boulter, D. and O. J. Davis, 1968: Nitrogen metabolism in developing seeds of *Vicia faba*. – New Phytol. **67**, 935–946.

Corner, E. J. H., 1951: The leguminous seed. – Phytomorphology **1**, 117–150.

Crookston, R. K., J. O'Toole and J. L. Ozbun, 1974: Characterization of the bean pod as a photosynthetic organ. – Crop. Sci. **14**, 708–712.

Dure, L. S., 1975: Seed formation. – Ann. Rev. Plant Physiol. **26**, 259–278.

Eeuwens, C. J. and W. W. Schwabe, 1975: Seed and pod wall development in *Pisum sativum* L. in relation to extracted and applied hormons. – J. exp. Bot. **26**, 1–14.

Fahn, A. and M. Zohary, 1955: On the pericarpial structure of the legumen, its evolution and relation to dehiscence. – Phytomorphology **5**, 99–112.

Flinn, A. M., 1974: Regulation of leaflet photosynthesis by developing fruit in the pea. – Physiol. Plant. **31**, 275–278.

– and J. S. Pate, 1968: Biochemical and physiological changes during maturation of fruit of the field pea (*Pisum arvense* L.). – Ann. Bot. **32**, 479–495.

– and –, 1970: A quantitative study of carbon transfer from pod and subtending leaf to the ripening seeds of the field pea (*Pisum arvense* L.). – J. exp. Bot. **21**, 71–82.

HARVEY, D. M. and C. L. HEDLEY, 1975a: Photosynthetic and respiratory studies during pod and seed development in *Pisum sativum* (L.). – Ann. Rep. John Innes Institute, S. 32–34.

– and –, 1975b: Pod cavity CO_2 content of *Pisum sativum* fruits. – Ann. Rep. John Innes Institute, S. 35.

–, – and R. KEELY, 1976: Photosynthetic and respiratory studies during pod and seed development in *Pisum sativum* L. – Ann. Bot. **40**, 993–1001.

HEDLEY, C. L., D. M. HARVEY and R. J. KEELY, 1975: Role of PEP carboxylase during seed development in *Pisum sativum*. – Nature **258**, 352–354.

HYDE, E. O. C., 1954: The function of the hilum in some *Papilionaceae* in relation to the ripening of the seed and the permeability of the testa. – Ann. Bot. **18**, 241–256.

KIPPS, A. and D. BOULTER, 1973a: Light control of periodicity of bleeding from roots of *Vicia faba*. – Phytochemistry **12**, 767–768.

– and –, 1973b: Carbon transfer from the bloom node leaf to the fruit of *Vicia faba* L. – New Phytol. **72**, 1293–1297.

– and –, 1974: Origins of the amino acids in pods and seeds of *Vicia faba* L. – New Phytol. **73**, 675–684.

KONRAT'EVA-MEL'VIL, E. A., 1972: Morphological and anatomical structure of *Faba vulgaris* Moench during ontogenesis (russ.). – Vestn. Leningr. Univ. Ser. Biol. **27**, 48–58.

KURSSANOW, A. L., 1934: Die Photosynthese grüner Früchte und ihre Abhängigkeit von der normalen Tätigkeit der Blätter. – Planta **22**, 240–250.

LEA, P. J. and L. FOWDEN, 1975: Asparagine metabolism in higher plants. – Biochem. Physiol. Pflanzen **168**, 3–14.

LEWIS, O. A. M. and J. S. PATE, 1973: The significance of transpirationally derived nitrogen in protein synthesis in fruiting plants of pea (*Pisum sativum*). – J. exp. Bot. **24**, 596–606.

LOVELL, P. H. and P. J. LOVELL, 1970: Fixation of CO_2 and export of photosynthate by the carpel in *Pisum sativum*. – Physiol. Plant. **23**, 316–322.

MÜNTZ, K., 1973a: Die Funktion der Hülsenschale bei der Proteinspeicherung in den Samen von *Vicia faba* L. I. Gelelektrophoretischer Vergleich von löslichen Proteinen aus Blättern und Hülsen. – Biochem. Physiol. Pflanzen **164**, 357–369.

–, 1973b: Die Funktion der Hülsenschale bei der Proteinspeicherung in den Samen von *Vicia faba* L. II. Vorkommen einiger Hydrolasen während der Hülsenentwicklung bei *Vicia faba* L. – Biochem. Physiol. Pflanzen **164**, 370–382.

–, 1975: Regulatory function of pericarp tissue at storage processes during seed development of *Vicia faba*. – Abstr. XII. Intern. Bot. Congr. Leningrad, S. 366. Isd. "Nauka", Leningrad.

–, 1977: Isoenzymes of α-amylase during pod development of field beans. – Phytochemistry **16**, 1491–1494.

–, 1978a: Cell specialization processes during embryogenesis and storage of proteins in plant seeds. – Proc. Internat. Confer. Regulation Developm. Processes in Plants (Edit. H. R. SCHÜTTE and D. GROSS) pp. 70–97. Fischer, Jena.

–, 1978b: Biosynthese von Speicherproteinen und Proteinspeicherung während der Entwicklung pflanzlicher Samen. – In: Differenzierung – molekulare Grundlagen, Regulation, Probleme (Edit. L. NOVER, M. LUCKNER und P. PARTHIER), pp. 369–394 Fischer Verlag, Jena.

– und G. SCHOLZ, 1974: Speicherproteine und Proteinspeicherung in pflanzlichen Samen. – Biol. Rundsch. **12**, 225–244.

–, I. SCHALLDACH and R. MANTEUFFEL, 1976: The function of the pod at protein storage in the seeds of *Vicia faba* L. IV. Seed dependent reactivation of stored starch from the pods. – Biochem. Physiol. Pflanzen **170**, 465–477.

PAPACHRISTOS, T. and P. JOHNSON, 1977: A study of broad bean α-amylase isoenzymes. – Experientia **33**, 1278–1280.

PATE, J. S., 1973: Uptake, assimilation and transport of nitrogen compounds by plants. Soil Biol. Biochem. **5**, 109–119.

– and A. M. FLINN, 1973: Carbon and nitrogen transfer from vegetative organs to ripening seeds of field pea (*Pisum arvense* L.). – J. exp. Bot. **24**, 1090–1099.

– and B. E. S. GUNNING, 1972: Transfer sells. – Ann. Rev. Plant Physiol. **23**, 173–196.

–, P. J. SHARKEY and C. A. ATKINS, 1977: Nutrition of a developing legume fruit. Functional economy in terms of carbon, nitrogen, water. – Plant Physiol. **59**, 506–510.

–, – and O. A. M. LEWIS, 1974: Phloem bleeding from legume fruits – a technique for study of fruit nutrition. – Planta **120**, 229–243.

–, – and –, 1975: Xylem to phloem transfer of solutes in fruiting shoots of legumes, studies by a phloem bleeding technique. – Planta **122**, 11–26.

WALLACE, W. and J. VAN DIE, 1964: Petiole bleeding sap in the examination of the circulation of the nitrogenous substances in plants. – Nature **204**, 1073–1074.

QUEBEDEAUX, B. and R. CHOLLET, 1975: Growth and development of soybean (*Glycine max* (L.) Merr.) pods. CO_2 exchange and enzyme studies. – Plant Physiol. **55**, 745–748.

RICK, W. and H. B. STEGBAUER, 1970: α-Amylase: Messung der reduzierenden Gruppen. In: Methoden der enzymatischen Analyse (Edit. H. U. BERGMEYER), Band II, S. 848–853. Akademie Verlag, Berlin.

SACHER, J. A., 1967: Studies of permeability, RNA and protein turnover during ageing of fruit and leaf tissue. In: Aspects of the biology of ageing (Edit. H. W. WOOLHOUSE), Symp. Soc. Exp. Biol. XXI, S. 269–303. Cambridge Univ. Press.

SCHLESIER, G., 1976: Untersuchungen zur Nitratreduktase-Aktivität in Leguminosen unter besonderer Berücksichtigung der Früchte. – Dissertation, Halle.

–, 1977a: Methodical improvements of nitrate reductase assay for higher plants. – Biochem. Physiol. Pflanzen **171**, 503–510.

–, 1977b: Nitrate reductase activity in leaves and fruits of various legumes. – Biochem. Physiol. Pflanzen **171**, 511–523.

–, 1977c: The occurence and the function of nitrate reductase in pods of legumes. – Biochem. Physiol. Pflanzen **171**, 525–535.

– and K. MÜNTZ, 1974: The function of the pod at protein storage in the seeds of *Vicia faba* L. III. Nitrate reductase in developing pods and seeds of *Leguminosae*. – Biochem. Physiol. Pflanzen **166**, 87–93.

SHARKEY, P. J. and J. S. PATE, 1975: Selectivity in xylem to phloem transfer of amino acids in fruiting shoots of white lupine (*Lupinus albus* L.). – Planta **127**, 251–262.

– and –, 1976: Translocation from leaves to fruits of a legume, studied by a phloem bleeding technique: Diurnal changes and effects of continuous darkness. – Planta (Berl.) **128**, 63–72.

SILHENGST, P., K. MÜNTZ und D. NEUMANN, 1979: Strukturelle Grundlagen des Stofftransportes in Früchten der Ackerbohne. – Biochem. Physiol. Pflanzen

STOREY, R. and L. BEEVERS, 1977: Proteolytic activity in relationship to senescence and cotyledonary development in *Pisum sativum* L. – Planta **137**, 37–44.

II. Originalarbeiten

Kulturpflanze XXVI · 1978 · S. 71–79

Untersuchungen über Blattdicke und Ausbildung der Ertragskomponenten bei Sommergerste

PETER APEL

(Eingegangen am 10. Januar 1978)

Zusammenfassung

Aus einem Sommergersten-Zuchtstamm wurden 2 Linien selektiert, die sich signifikant in der Blattdicke unterscheiden. In 2 Anbauversuchen in einer Phytokammer bzw. in einem Gewächshaus war die dünnblättrige Linie sowohl der dickblättrigen als auch der Ausgangsform im Kornertrag überlegen.

Die Ursache dafür ist die Ausbildung einer größeren Zahl ährentragender Halme bei der dünnblättrigen Linie. Diese stärkere Bestockung zeigt sich bereits in den Anfangsphasen der Entwicklung.

In der Nettophotosyntheserate (mg $CO_2 \cdot dm^{-2} \cdot h^{-1}$) bestehen zwischen beiden selektierten Linien keine signifikanten Unterschiede.

Einleitung

Das Problem der Frühselektion ist wegen seiner praktischen Bedeutung bei der Züchtung von Kulturpflanzen häufig und unter den verschiedensten Gesichtspunkten erörtert worden. (Die Zeitschrift „Der Züchter" hat dieser Problematik 2 Sonderhefte – **4**, 1957 und **6**, 1963 – gewidmet).

Zweifellos hat die Frühdiagnose von Ertrag bzw. bestimmten Werteigenschaften bei mehrjährigen Kulturpflanzenarten eine andere und möglicherweise größere Bedeutung als bei unseren winter- und sommerannuellen Getreidearten. Aber auch bei diesen letzteren wäre es unter praktischem Aspekt wünschenswert, bereits in ganz jungen Entwicklungsphasen Aussagen über den zu erwartenden Ertrag oder bestimmte Qualitätseigenschaften machen zu können.

Das an der Jungpflanze zu erfassende Merkmal (oder Merkmalsmuster) sollte dabei möglichst einfach meßbar sein und es sollte mit dem Ertrag der Pflanze zur Reife korrelieren, wobei für Getreide zusätzlich zu fordern wäre, daß Wachstum und Ertragsbildung dieser Pflanzen unter den Bedingungen eines Bestandes erfolgen. Letzteres deshalb, weil Merkmale, die sich als positiv bei Einzelpflanzenanzucht erwiesen, beim Wachstum im Bestand bedeutungslos sein oder sich sogar hemmend auswirken können (DONALD 1968).

Was wir bei Getreide unter dem Terminus „Ertragsbildung“ zusammenfassen können, ist ein komplexes Zusammenwirken entwicklungsphysiologischer und stoffwechselphysiologischer Prozesse, die sortenspezifisch unterschiedlich umweltabhängig sein können. Aus dieser Sicht ist die Wahrscheinlichkeit für das Auffinden von Merkmalen oder Merkmalsmustern, die für eine echte Frühselektion geeignet sind, von vornherein als gering einzuschätzen.

Am ehesten wäre noch an solche physiologischen Prozesse zu denken, die mit Trockensubstanzakkumulation und -verbrauch in direktem kausalem Zusammenhang stehen, – d. h. also an Photosynthese und Atmung.

Wegen der meßtechnischen Probleme der direkten Erfassung dieser Größen in einem Umfang, der für die Züchtungspraxis von Interesse ist, hat man wiederholt versucht, korrelative Beziehungen zwischen den physiologischen Prozessen und leichter zu erfassenden morphologischen und anatomischen Blattmerkmalen zu finden (Zusammenfassung bei Apel et al. 1972).

Im Rahmen derartiger Untersuchungen an Sommergerste wurde 1974 der Versuch unternommen, innerhalb eines Zuchtstammes eine Selektion auf unterschiedliche Blattdicke im Zweiblattstadium durchzuführen. Es gelang auch, Linien mit signifikant dünneren bzw. dickeren Blättern zu isolieren. Die daran geknüpfte Hypothese, auf diese Weise Linien mit unterschiedlicher photosynthetischer Leistungsfähigkeit gewinnen zu können, ließ sich allerdings nicht verifizieren.

Eine Analyse der Ertragskomponenten dieser Linien ergab aber einige interessante Unterschiede, die hier mitgeteilt werden sollen, auch wenn sie zunächst nicht kausal mit dem Merkmal Blattdicke in Zusammenhang gebracht werden können.

Material und Methode

Ausgangsmaterial war Saatgut des Sommergerstenzuchtstammes KM 1192.[1]

Selektion

Die Anzucht erfolgte in emaillierten Metallgefäßen (Durchmesser: 20 cm, Höhe: 29 cm) in sandiger Komposterde in einer Pflanzenwachstumskammer. Diese gewährleistete die folgenden Klimaparameter:

Lichtintensität: 310 Mikroeinstein $\cdot$ $m^{-2} \cdot s^{-1}$ im PhAR-Bereich (in Pflanzenhöhe);
Temperatur: 21°C in der Lichtphase, 16°C im Dunkeln;
Relative Luftfeuchtigkeit: 70%.

Am 10. Tag nach der Aussaat wurde die Dicke des Primärblattes ermittelt. Hierzu wurde in der Mitte des Blattes mit einem Dickenmeßgerät die Blattdicke zu beiden Seiten der Mittelrippe gemessen und der Mittelwert gebildet.

1 Herrn Dr. Lekeš, Direktor des Institutes für Getreideforschung, Kroměříž, ČSSR, danken wir für die freundliche Überlassung von Saatgut.

Von 1000 Pflanzen wurden die 10 mit den höchsten bzw. niedrigsten Werten bis zur Reife weiterkultiviert.

Nachkommenschaftsuntersuchungen ergaben, daß nur in 2 Fällen eine erblich konstante Differenz in der Blattdicke im Vergleich zur Kontrolle vorlag. Von den hieraus gezogenen beiden Linien ist die eine (Nr. 270) signifikant dickblättriger, die andere (Nr. 534) signifikant dünnblättriger als die Ausgangsform. Die weiteren Untersuchungen wurden an diesen beiden Linien und der Ausgangsform KM 1192 durchgeführt.

Gefäßversuche

Die Ermittlung der Ertragskomponenten erfolgte in 2 Gefäßversuchen – in einem Fall in einer Pflanzenwachstumskammer, im anderen in einem Gewächshaus.

Für den Phytokammerversuch waren folgende Klimaparameter gewählt worden:
Lichtintensität: 660 Mikroeinstein · $m^{-2} \cdot s^{-1}$ im PhAR-Bereich (5 cm über den Pflanzen);
Photoperiode: 16 h Licht, 8 h Dunkelheit;
Temperatur: 21 °C in der Lichtphase, 16 °C im Dunkeln;
CO_2-Konzentration: 1500 vpm in der Lichtphase.

Während des Gewächshausversuchs waren die Temperaturen nur grob regelbar. Sie wurden zu Beginn der Entwicklung (Aussaat: 2. 3. 1976) niedrig gehalten (5–10 °C in der Nacht, 10–15 °C am Tage) und erreichten während der Blüte und Reife (Juni und Juli) bei starker Sonneneinstrahlung nicht selten 25–30 °C.

In beiden Versuchen wurden in jedem Gefäß 12 Pflanzen belassen. Durch die sehr enge Standweite der Gefäße wuchsen die Pflanzen unter bestandesähnlichen Bedingungen. Die Ausbildung von Randeffekten wurde durch regelmäßiges Umstellen der Gefäße vermieden.

Im Phytokammerversuch wurde mit 4 Wiederholungen (Gefäße) je Linie gearbeitet, im Gewächshausversuch mit 10.

Die quantitative Bestimmung der äthanollöslichen und perchlorsäurelöslichen Kohlenhydrate im Halm erfolgte nach einer modifizierten Methode von McCready et al. (1950).

Gaswechselmessungen

Der photosynthetische CO_2-Gaswechsel der Primärblätter der selektierten Linien wurde mittels Infrarot-Gasanalyse in einem offenen System im Bereich von 0-400 vpm CO_2 bestimmt. Diese Messungen erfolgten bei Lichtsättigung der Photosynthese (1250 Mikroeinstein · $m^{-2} \cdot s^{-1}$).

Die Blätter wurden zur Messung an der Pflanze belassen.

Ergebnisse

Blattdickenmessung und Selektion nach Blattdicke

Angaben der Blattdicke werden im folgenden einfachheitshalber immer in Hundertstel Millimeter gemacht.

Die Messungen an 1000 Primärblättern 10tägiger Pflanzen des Zuchtstammes KM 1192 ergaben die folgenden Werte:

Mittelwert:	30,15
Standardabweichung:	± 1,90
Spannweite:	23,0–35

Derartige Messungen an 240 Varietäten der Sommergerste aus allen Anbaugebieten der Erde (APEL, unveröffentlicht) hatten ergeben, daß die Dicke des Primärblattes durchaus sortenspezifische Unterschiede aufweist. Gemessen an dem Mittelwert für alle 240 Varietäten von $26{,}41 \pm 0{,}18$ ($\bar{x} \pm s_{\bar{x}}$) ist der Zuchtstamm KM 1192 als ausgesprochen dickblättrig anzusehen. Dies trifft auch zu, wenn man als Vergleichsbasis den Mittelwert für 24 mitteleuropäische Sorten heranzieht, der in unseren Untersuchungen mit $25{,}20 \pm 0{,}47$ ermittelt wurde.

Von den Nachkommen der aus einer Population von 1000 Individuen ausgelesenen 10 Plus- und 10 Minusabweicher erwiesen sich nur die der Nummern 270 und 534 als signifikant unterschiedlich hinsichtlich der Primärblattdicke. Die Blattdicke von Nr. 270 betrug 35, die von Nr. 534 23,5. Diese Differenz blieb mit geringen Schwankungen in den Nachfolgegenerationen erhalten. Bei den Pflanzen der hieraus gezogenen Linien bestehen nicht nur bei den Primärblättern, sondern auch bei den Folgeblättern signifikante Unterschiede in der Dicke.

Allerdings ist die Differenz beim Fahnenblatt mit 5 deutlich geringer als beim Primärblatt.

Ertragskomponenten

a) Phytokammerversuch

Wie Tabelle 1 ausweist, übertrifft die Linie 534 die Ausgangsform um ca. 40% im Korngewicht pro Pflanze. Da die Zahl der Pflanzen pro Gefäß konstant war, ist dies gleichzeitig die Differenz im „Flächenertrag“. Auch die dickblättrige Linie übertrifft die Ausgangsform im Ertrag, – allerdings nur um 23%.

Die Betrachtung der Ertragskomponenten Ähren/Pflanze, Kornzahl/Ähre und TKM zeigt, daß die Mehrerträge der beiden selektierten Linien in ganz unterschiedlicher Weise zustandekommen. Bei der Linie 534 ist es hauptsächlich die größere Zahl der Ähren pro Pflanze und – mit einem geringeren Anteil – die Kornzahl pro Ähre, die den Mehrertrag verursachen und damit sogar eine signifikant geringere TKM überkompensieren. Dagegen ist der, allerdings wesentlich geringere, Mehrertrag der Linie 270 auf die ebenfalls höhere Kornzahl pro Ähre und die höhere TKM zurückzuführen, während die Ährenzahl pro Pflanze nicht signifikant gegenüber der Ausgangsform erhöht ist.

Der höhere Kornertrag der Linie 534 gegenüber 270 ist ausschließlich auf ein anderes Verteilungsmuster der Assimilate, nicht auf eine höhere photosynthetische Produktivität zurückzuführen. Dies geht eindeutig aus den Werten für die Strohgewichte und für die gesamte oberirdische Biomasse hervor. Daraus resul-

Tabelle 1

Ertragskomponenten des Sommergerstenzuchtstammes KM 1192 und der daraus selektierten Linien Nr. 270 und Nr. 534: Ergebnisse eines Gefäßversuches in einer Pflanzenwachstumskammer.
Die Zahlen sind Mittelwerte der einzelpflanzenweise ermittelten Komponenten. Statistisch signifikant unterschiedliche Werte ($\alpha = 0.05$) innerhalb einer Spalte sind durch unterschiedliche Buchstaben gekennzeichnet.

	Ähren / Pflanze	Kornzahl / Pflanze	Kornzahl / Ähre	Korngewicht / Pflanze (g)	Korngewicht / Ähre (g)	TKM (g)
KM	5.3[a]	95.1[a]	18.0[a]	4.588[a]	0.870[a]	48.3[a]
270	5.5[a]	105.2[a]	19.2[b]	5.203[b]	0.946[b]	49.4[b]
534	7.3[b]	138.0[b]	19.0[b]	6.406[c]	0.873[a]	46.2[c]

	Stroh / Pflanze (g)	Stroh / Halm (g)	h. i.	Zuckergehalt im Halm %	Perchlorsäure-extrakt im Halm %	Oberirdische Biomasse pro Gefäß (g)
KM	8.406[a]	1.632[a]	0.554[a]	17.9[a]	8.6[a]	161.4[a]
270	9.430[b]	1.738[a]	0.554[a]	20.0[a]	7.9[a]	181.8[b]
534	8.132[a]	1.138[b]	0.813[b]	9.9[b]	7.9[a]	182.1[b]

TKM = Tausenkornmasse
h. i. = "harvest index"

tiert ein signifikant höherer „harvest index“ (Korn-Stroh-Verhältnis) für die Linie 534 im Vergleich zur Linie 270 und der Ausgangsform.

Der Zuckergehalt im Halm (angegeben in % des Trockengewichts) ist bei der Linie 270 mit 20% und beim Ausgangsstamm mit 17,9% außerordentlich hoch. (Bei Freilandanbau betrug der Zuckergehalt des Strohs zur Reife bei dem Stamm KM 1192 in den Jahren 1974–76 zwischen 1–3%.)

Dies ist sicher eine Folge des hohen CO_2-Angebots, das in Verbindung mit hoher Lichtintensität zu einer wesentlich höheren Kohlenhydratakkumulation führte, als sie für das Kornwachstum benötigt wurde. Dagegen ist offenbar die Linie 534 in der Lage, einen wesentlich größeren Anteil der gebildeten Kohlenhydrate in Kornmasse umzusetzen. Im perchlorsäurelöslichen Anteil der Halmtrockenmasse, der neben Stärke auch Fructosan enthält, sind keine Unterschiede zwischen den Linien feststellbar.

b) Gewächshausversuche

Das Ergebnis des Gewächshausversuches (Tab. 2) bestätigt das des Phytokammerversuchs insofern, als auch hier die Linie 534 wieder eine signifikant (ca. 28%) höhere Zahl von Ähren pro Pflanze aufweist.

Tabelle 2

Ertragskomponenten des Sommergerstenzuchtstammes KM 1192 und der daraus selektierten Linien Nr. 270 und Nr. 534: Ergebnisse eines Gefäßversuches im Gewächshaus (2. 3.–30. 6. 1976).
Statistisch signifikant unterschiedliche Werte ($\alpha = 0{,}05$) innerhalb einer Spalte sind durch unterschiedliche Buchstaben gekennzeichnet

	Ähren / Pflanze	Kornzahl / Ähre	Korngewicht / Pflanze (g)	Korngewicht / Ähre (g)	TKM (g)	Ströhgewicht / Pflanze (g)	Strohgewicht / Halm (g)	h. i.	Oberirdische Biomasse pro Gefäß (g)
KM	6,0^{a}	20,6^{a}	5,186^{a}	0,876^{a}	42,3^{a}	5,817^{a}	1,004^{a}	0,907^{a}	137,3^{a}
270	6,0^{a}	19,0^{b}	4,715^{b}	0,838^{a}	41,3^{b}	5,931^{a}	1,043^{a}	0,840^{b}	136,8^{a}
534	7,7^{b}	19,4^{b}	5,400^{c}	0,710^{b}	36,6^{c}	5,879^{a}	0,786^{b}	0,933^{c}	141,8^{b}

Die in diesem Versuch aber deutlich geringere Kornmasse führt dazu, daß der Kornertrag pro Pflanze nur geringfügig (ca. 5%) über dem der Kontrolle liegt. Die dickblättrige Linie 270 weist im Gewächshausversuch einen signifikanten Minderertrag auf, der zu etwa gleichen Teilen auf die geringere Kornzahl/Ähre und eine geringere Kornmasse zurückzuführen ist.

Bestätigt wurde weiterhin der im Phytokammerexperiment gefundene signifikant höhere „harvest index" der dünnblättrigen Linie 534 gegenüber den beiden anderen Formen.

Photosynthesemessungen

Die Messung des Photosynthesegaswechsels mittels Infrarot-Gasanalyse erfolgte am Primärblatt am 10. Tage nach der Keimung.

Voruntersuchungen hatten ergeben, daß der Photosynthesegaswechsel des Primärblattes zu diesem Zeitpunkt maximale Werte erreicht und danach allmählich absinkt. Weiterhin war aus früheren Messungen bekannt (Apel und Lehmann 1969), daß Sortenunterschiede im Photosynthesegaswechsel in frühen Entwicklungsstadien sich im allgemeinen auch in etwa gleicher Weise an später gebildeten Blättern manifestieren.

Die Ergebnisse der Messungen sind in Tabelle 3 zusammengefaßt. Von jeder der beiden selektierten Linien gelangten 23 Blätter zur Messung. Die Werte in Tabelle 3 ergaben sich aus der Berechnung der Regressionsgeraden für die Beziehung zwischen CO_2-Konzentration und Netto-CO_2-Aufnahme. Jeder der beiden Regressionsgeraden lagen insgesamt 115 Meßwerte im Bereich von 0–400 vpm CO_2 zugrunde.

Die Berechnung der Vertrauensintervalle ergab für die Nettophotosyntheserate (F_{300}) eine schwach signifikante Differenz ($\alpha = 0{,}10$) zugunsten der dickblättrigen Linie 270. Alle anderen Werte zeigen keine statistisch signifikanten Differenzen.

Tabelle 3

CO_2-Gaswechsel von Primärblättern der selektierten Linien 270 und 534 des Sommergerstenzuchtstammes KM 1192

Linie	F_{300}	Γ	b_0	b_1
270	25.2	54	−5.5	0.101
534	23.7	53	−5.1	0.096

F_{300}: Netto-CO_2-Aufnahme bei 300 vpm CO_2 ($mgCO_2 \cdot dm^{-2} \cdot h^{-1}$) und Lichtsättigung
Γ: CO_2-Kompensationspunkt (vpm CO_2)
b_0: Apparente Lichtatmungsrate: Achsenabschnitt der Regressionsgeraden zwischen CO_2-Gaswechsel und CO_2-Konzentration ($mg\ CO_2 \cdot dm^{-2} \cdot h^{-1}$)
b_1: Regressionskoeffizient der Regressionsgeraden zwischen CO_2-Gaswechsel und CO_2-Konzentration

Diskussion

Die starke Bestockungsfähigkeit der dünnblättrigen Linie 534 kann derzeit nicht kausal erklärt werden. Sie führt aber bemerkenswerterweise kaum zur kompensatorischen Reduktion anderer Ertragskomponenten (Kornzahl pro Ähre und TKM) in dem Phytokammerexperiment, wohl dagegen aber in dem Gewächshausversuch. Auffällig ist ferner, daß bei dieser Linie im Gegensatz zu den beiden anderen der Kornertrag im Gewächshaus im Vergleich zur Phytokammer wesentlich reduziert ist.

Wir möchten diese Befunde folgendermaßen interpretieren: Auf Grund ihres spezifischen Differenzierungsmusters wird bei der dünnblättrigen Linie eine große Zahl potentieller Attraktionszentren für Assimilate (Ähren, Karyopsen) angelegt. Die „normalen" Photosynthesebedingungen im Gewächshaus reichen aber offenbar nicht aus, ausreichend Kohlenhydrate zu bilden, um diese potentiellen Speicher vollständig zu füllen. Dabei kommt es unter solchen Bedingungen zur Reduktion des maximal möglichen Ertrags infolge unvollständig gefüllter Karyopsen.

Die erhöhte CO_2-Konzentration im Phytokammerexperiment und die hierdurch bewirkte Steigerung der photosynthetischen Kohlenhydratsynthese führt nun bei der Linie 534 zur Kornertragssteigerung durch Ausnutzung des vorhandenen Potentials an Speicherorten. Dagegen ist der Kornertrag bei den beiden anderen Linien durch günstigere Photosynthesebedingungen offensichtlich nicht zu erhöhen; die Überschußassimilate werden im Halm abgelagert und tragen so nur zur Erhöhung der Gesamtbiomasse bei.

Im Rahmen der allgemeinen Diskussion über limitierende Faktoren der Kornertragsbildung bei Getreide (Evans 1975) wäre dieser Befund so zu deuten, daß man – zumindest bei Gerste – mit Formen zu rechnen hat, deren Kornertrag eindeutig durch verfügbare Kohlenhydrate limitiert ist, während bei anderen die Zahl der zur Ausbildung gelangenden Karyopsen den begrenzenden Faktor darstellt. Züchterisch wäre beim ersten Typ eine Erhöhung der photosynthetischen Leistungsfähigkeit anzustreben, beim zweiten eine Änderung des Differenzierungsmusters.

Ob allerdings ein allgemeiner und für Frühdiagnosen zu nutzender Zusammenhang zwischen Blattdicke und Zuordnung zu einem dieser beiden Typen besteht, muß weiteren Untersuchungen vorbehalten bleiben.

Summary

Investigations on leaf thickness and the expression of yield components in spring barley

From a spring barley breeding line two sublines were selected, which differed significantly in leaf thickness. In two experiments, in a phytochamber and a greenhouse respectively, the thin-leaved line outyielded the thick-leaved as well as the original line. The reason for this was the development of higher number of ears in the thin-leaved line, which was recognizable already in early phases of development.

There was no significant difference in the photosynthetic CO_2 gas exchange between the two selected lines.

Краткое содержание

Исследования толщины листа и компонентов урожайности у ярового ячменя

Из селекционного образца ярового ячменя были отобраны две линии, достоверно различавшиеся по толщине листа. Линии выращивались в фитотронной камере и в теплице. Линия с тонкими листьями в обоих вариантах опыта превзошла по урожаю зерна как толстолистную, так и исходную формы.

Это преимущество линии с тонкими листьями обусловлено образованием большего числа стеблей, несущих колосья. Усиленное кущение наблюдается уже на ранних фазах развития.

По интенсивности истинного фотосинтеза (mg $CO_2 \cdot dm^{-2} \cdot h^{-1}$) существенного различия между обеими линиями обнаружено не было.

Literatur

Apel, P und Chr. O. Lehmann, 1969: Variabilität und Sortenspezifität der Photosyntheserate bei Sommergerste. – Photosynthetica **3**, 255–262.

–, M. Peisker und M. Tschäpe, 1972: Beiträge der Photosyntheseforschung zur Ertragsphysiologie, speziell bei Getreide. – Kulturpflanze **xx**, 43–62.

Donald, C. M., 1968: The breeding of crop ideotypes. – Euphytica **17**, 385–403.

Evans, L. T. (Ed.), 1975: Crop physiology – some case histories. Cambridge University Press.

McCready, R. M., J. Guggolz, V. Silviera and H. S. Owens, 1950: Determination of starch and amylose in vegetables. Application to peas. – Analyt. Chem. **22**, 1156–1158.

Kulturpflanze XXVI · 1978 · S. 81–98

Der Einfluß von Sauerstoff auf die CO_2-Kompensationskonzentration von C_3- und C_4-Pflanzen und von Intermediärformen

MARTIN PEISKER

(Eingegangen am 10. Januar 1978)

Zusammenfassung

C_3- und C_4-Pflanzen unterscheiden sich in der O_2-Abhängigkeit ihrer CO_2-Kompensationskonzentrationen (Γ) beträchtlich voneinander. Die lineare Zunahme von Γ mit steigender O_2-Konzentration bei den C_3-Pflanzen kann auf die Oxygenase-Aktivität der Ribulose-1,5-bisphosphat-Karboxylase zurückgeführt werden, wird aber auch durch die Dunkelatmung beeinflußt. Das nahezu vollständige Fehlen einer O_2-Abhängigkeit von Γ bei den C_4-Pflanzen wird mit Hilfe eines einfachen Modells erklärt. Das Modell berücksichtigt die Kompartimentierung der primären Karboxylierung des Phosphoenolpyruvats und der sekundären Karboxylierung des Ribulosebisphosphats sowie die Diffusion von CO_2 zwischen den beiden Kompartimenten und der äußeren Atmosphäre. Pflanzen mit intermediärem Metabolismus der CO_2-Fixierung zeigen eine geringere O_2-Abhängigkeit von Γ als C_3-Pflanzen und Abweichungen von der Linearität bei niedrigen O_2-Konzentrationen. Zur Erklärung dieser Erscheinungen müssen eine ähnliche Kompartimentierung der beiden Karboxylierungsreaktionen wie bei den C_4-Pflanzen und veränderte Eigenschaften der Ribulosebisphosphat-Karboxylase-Oxygenase angenommen werden.

Einleitung

Bedingt durch Unterschiede im Mechanismus der CO_2-Fixierung unterscheiden sich C_3- und C_4-Pflanzen auch in einer Reihe physiologischer Merkmale voneinander. Zu diesen Merkmalen gehören die CO_2-Kompensationskonzentration (Γ) und ihre O_2-Abhängigkeit. Γ ist die CO_2-Konzentration, bei der die Summe der Raten der CO_2-verbrauchenden und der CO_2-liefernden Prozesse eine resultierende CO_2-Austauschrate von Null ergibt. C_3-Pflanzen haben in Luft bei einer Temperatur von 25 °C CO_2-Kompensationskonzentrationen >40 vpm CO_2, während Γ bei den C_4-Pflanzen nur sehr geringe Werte annimmt (<10 vpm CO_2, DOWNTON und TREGUNNA 1968). Mit zunehmender O_2-Konzentration steigt Γ bei den C_3-Pflanzen linear an (FORRESTER et al. 1966a). Im Gegensatz dazu konnte bei C_4-Pflanzen bis zu O_2-Konzentrationen von 100% keine (FORRESTER et al. 1966b, POSKUTA 1969) oder doch nur eine geringe (APEL und PEISKER 1978) O_2-Abhängigkeit von

Γ nachgewiesen werden. Nach der Entdeckung des C_4-pathway sah es zunächst so aus, als könnten alle höheren Pflanzen (abgesehen von Pflanzen mit CAM-pathway) auch hinsichtlich des Differenzierungsmerkmales CO_2-Kompensationskonzentration eindeutig dem C_3- oder dem C_4-Typ der CO_2-Fixierung zugeordnet werden. In den letzten Jahren sind jedoch bei 21% O_2 auch Werte von Γ zwischen 10 und 40 vpm CO_2 beobachtet worden. Derartige intermediäre Werte von Γ konnten bisher bei mindestens 5 verschiedenen Arten nachgewiesen werden: *Panicum milioides* (BROWN und BROWN 1975, KRENZER et al. 1975), *Moricandia arvensis* (KRENZER et al. 1975), *Panicum hians* (GOLDSTEIN et al. 1976), *Panicum laxum* (GOLDSTEIN et al. 1976) und *Mollugo verticillata* (SAYRE und KENNEDY 1977). Bei *Panicum milioides* (KECK und OGREN 1976, QUEBEDEAUX und CHOLLET 1977) und bei *Moricandia arvensis* (APEL et al. 1978) wurde außerdem bei niedrigen O_2-Gehalten eine Abweichung von der für C_3-Pflanzen bekannten Linearität der Beziehung zwischen Γ und der O_2-Konzentration gefunden.

In der vorliegenden Arbeit sollen die Gründe für diese Unterschiede in der O_2-Abhängigkeit von Γ bei den C_3- und C_4-Pflanzen sowie bei Intermediärformen diskutiert werden.

I. C_3-Pflanzen

Bei den C_3-Pflanzen sind an der Ausbildung der angeführten hohen Werte von Γ zwei voneinander verschiedene CO_2 liefernde Prozesse beteiligt: Lichtatmung und Dunkelatmung. Es gibt eine Reihe experimenteller Hinweise darauf, daß das Substrat der Lichtatmung, die Glykolsäure, zum größten Teil durch Oxygenierung des CO_2-Akzeptors Ribulose-1,5-bisphosphat (RuP_2) entsteht und daß die Dekarboxylierung des aus Glykolsäure entstandenen Glyzins in den Mitochondrien die wichtigste Quelle des bei der Lichtatmung freigesetzten CO_2 darstellt (LORIMER et al. 1978). Davon ausgehend ist die O_2-Abhängigkeit der Lichtatmung durch

$$R_L = \frac{\gamma'[O_2]}{\alpha + \beta[O_2]} \tag{1}$$

gegeben (PEISKER und APEL 1975). Die Konstanten α, β und γ' lassen sich auf die enzymkinetischen Parameter der RuP_2-Karboxylase-Oxygenase zurückführen (PEISKER und APEL 1977). Mit den von LAING et al. (1974) eingeführten Symbolen gilt

$$\alpha = \frac{K_c}{V_c} \tag{2}$$

$$\beta = \frac{K_c}{V_c K_o} \tag{3}$$

und

$$\gamma' = G \frac{V_o K_c}{V_c K_o} \tag{4}$$

(V_c, V_o: Maximalraten der Karboxylierung und der Oxygenierung des RuP_2; K_c, K_o: Michaelis-Konstanten der Karboxylierung und der Oxygenierung; G: Zahl der pro Mol Glykolsäure freigesetzten Mole CO_2).

Es soll nun angenommen werden, daß durch die Dunkelatmung sowohl in den Mitochondrien der photosynthetisierenden Zellen als auch in nicht photosynthetisierenden Zellen CO_2 entsteht. Die zugehörigen konstanten Raten der CO_2-Entwicklung werden mit R_{D2} und R_{D1} bezeichnet. Bei der CO_2-Kompensationskonzentration Γ ist die CO_2-Fixierungsrate P gleich der Summe aus Licht- und Dunkelatmungsrate:

$$P = R_{D1} + R_{D2} + R_L \tag{5}$$

Nach dem in Abbildung 1 dargestellten Modell vereinigt sich das aus den nicht photosynthetisierenden Zellen stammende CO_2, nachdem es den Diffusionswiderstand r_1 überwunden hat, mit dem in den Mitochondrien freigesetzten CO_2 an

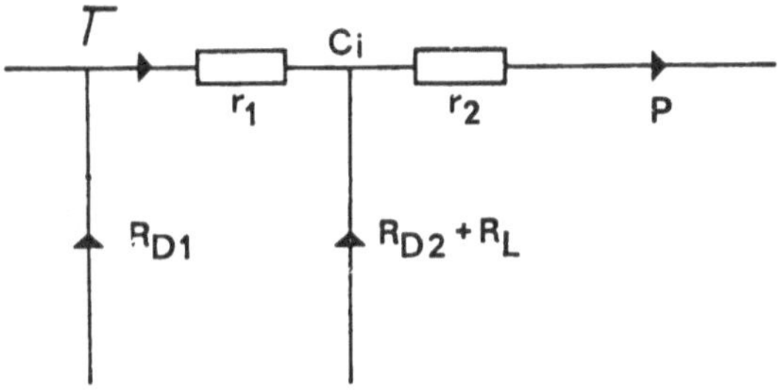

Abb. 1 CO_2-verbrauchende und CO_2-liefernde Prozesse bei C_3-Pflanzen: P = CO_2-Fixierung, R_L = Lichtatmung, R_{D1} = Dunkelatmung der nicht photosynthetisierenden Zellen, R_{D2} = Dunkelatmung der photosynthetisierenden Zellen, r_1 und r_2 = CO_2-Diffusionswiderstände

einem Ort, an dem die CO_2-Konzentration c_i herrscht. Zwischen diesem Ort und dem Ort der CO_2-Fixierung soll sich der Diffusionswiderstand r_2 befinden. Es gelten dann die folgenden Beziehungen:

$$R_{D1} = \frac{\Gamma - c_i}{r_1} \tag{6}$$

$$P = \frac{c_i}{r_2 + \alpha + \beta[O_2]} \tag{7}$$

Die in Gleichung (7) enthaltene O_2-Abhängigkeit des Karboxylierungswiderstandes (Peisker und Apel 1975) ist ebenso wie die O_2-Abhängigkeit der Lichtatmung in (1) eine Folge der kompetitiven Hemmung der Karboxylierung des RuP_2 durch O_2 (Peisker 1974). Aus den Gleichungen (1), (5), (6) und (7) ergibt sich für die O_2-Abhängigkeit von Γ folgender Ausdruck:

$$\Gamma = r_1 R_{D1} + (r_2 + \alpha)\ (R_{D1} + R_{D2}) + [\gamma' + \beta(R_{D1} + R_{D2})]\ [O_2] + \frac{r_2 \gamma' [O_2]}{\alpha + \beta[O_2]} \tag{8}$$

Da im Experiment eine lineare Beziehung zwischen Γ und der O_2-Konzentration gefunden wurde (Forrester et al. 1966a), kann der letzte Summand in (8) nur von untergeordneter Bedeutung sein. Deshalb muß r_2 der Bedingung $r_2 < \alpha$ genügen. Es gilt also näherungsweise

$$\Gamma = r_1 R_{D1} + \alpha\,(R_{D1} + R_{D2}) + [\gamma' + \beta\,(R_{D1} + R_{D2})]\,[O_2] \qquad (9)$$

Die Dunkelatmung nicht photosynthetisierender Gewebe führt nach dieser Gleichung nicht nur zu einer Erhöhung der O_2-unabhängigen Komponente, sondern beeinflußt auch die O_2-Abhängigkeit von Γ. Enthält das betrachtete System ausschließlich photosynthetisierende Zellen ($R_{D1} = 0$, $R_{D2} = R_D$), dann erhält man

$$\Gamma = \alpha R_D + (\gamma' + \beta R_D)\,[O_2] \qquad (10)$$

Wegen (2), (3) und (4) ist diese Gleichung mit dem von SINCLAIR et al. (1977) für die O_2-Abhängigkeit von Γ angegebenen Ausdruck identisch.

Nach (2) kann α aus der Michaelis-Konstanten und der maximalen Reaktionsrate der RuP_2-Karboxylase berechnet werden. Für die Michaelis-Konstante des vollständig aktivierten Enzyms werden Werte der Größenordnung 10 μM CO_2 angegeben (JENSEN und BAHR 1977). Diese Konzentration steht bei 25 °C im Gleichgewicht mit 300 vpm CO_2 in der Gasphase. Die maximale Karboxylierungsrate kann bis zu 1000 μmol CO_2 mg^{-1} chl h^{-1} betragen (LILLEY und WALKER 1975). Bei einem Chlorophyllgehalt von 3 mg chl dm^{-2} (ŠESTÁK 1977) entspricht dieser Wert $V_c = 130$ mg dm^{-2}h^{-1}. Es ergibt sich $\alpha = 1{,}5$ scm^{-1}. Für die Dunkelatmungsrate soll $R_D = 1{,}5$ mg CO_2 dm^{-2}h^{-1} angenommen werden (z. B. APEL et al. 1978). Man erhält damit für die O_2-unabhängige Komponente von Γ $\alpha R_D = 3{,}5$ vpm CO_2. Dabei ist nicht berücksichtigt worden, daß die Dunkelatmung im Licht stark gehemmt sein kann (JACKSON und VOLK 1970). Beträgt diese Hemmung 75% (MANGAT et al. 1974), dann ist die O_2-unabhängige Komponente von Γ in dem angeführten Beispiel kleiner als 1 vpm CO_2. In Übereinstimmung mit diesen Überlegungen werden bei der O_2-Konzentration Null im allgemeinen nur sehr geringe Werte von Γ gemessen (FORRESTER et al. 1966a). Erhält man in O_2-freiem Gas CO_2-Kompensationspunkte, die wesentlich größer als 3 vpm sind, dann kann das auf das Vorhandensein von CO_2-Quellen hindeuten, die durch einen größeren Diffusionswiderstand r_1 vom Ort der CO_2-Fixierung getrennt sind (s. Gleichung 9).

Die Dunkelatmung beeinflußt nicht nur die O_2-unabhängige Komponente von Γ, sondern bedingt auch eine Erhöhung des Anstiegs der durch die Gleichungen (9) und (10) dargestellten Geraden. Mit $\beta = 0{,}1$ scm^{-1} je % O_2 (PEISKER und APEL 1977) und der bereits verwendeten Dunkelatmungsrate von $R_D = 1{,}5$ mg dm^{-2}h^{-1} erhält man $\beta R_D = 0{,}23$ vpm CO_2 je % O_2. Das sind etwa 12% des Wertes der im Experiment bei 25 °C gemessenen Zunahme von Γ mit der O_2-Konzentration von etwa 2 vpm CO_2 je % O_2 (PEISKER und APEL 1977). Die wirkliche Größe des Einflusses der Dunkelatmung auf die O_2-Abhängigkeit von Γ läßt sich aber nur angeben, wenn der Grad der Hemmung dieses Prozesses im Licht bekannt ist. Bei einer Hemmung von 75% würde sich in dem angenommenen Beispiel die Steigung der linearen Beziehung zwischen Γ und der O_2-Konzentration nur um etwa 3% erhöhen. Umgekehrt ergibt sich aus der quantitativen Beschreibung des Einflusses der Dunkelatmung auf Γ die Möglichkeit, den Grad der Hemmung der Dunkelatmung im Licht aus Unterschieden in der O_2-Abhängigkeit von Γ bei Blättern mit verschiedener Dunkelatmungsrate experimentell zu bestimmen (PEISKER und APEL, in Vorbereitung).

Bei vollständiger Hemmung der Dunkelatmung im Licht vereinfacht sich die O_2-Abhängigkeit von Γ zu der Beziehung

$$\Gamma = \gamma[O_2] \tag{11}$$

mit $\gamma = \gamma'$.

Unter der Voraussetzung, daß keine vom Ort der CO_2-Fixierung räumlich getrennten CO_2-Quellen vorliegen und daß α nicht zu große Werte annimmt, ist diese Gleichung auch bei einer nur teilweisen Hemmung der Dunkelatmung im Licht eine brauchbare Näherung. Der Parameter γ ist in diesem Fall durch $\gamma = \gamma' + \beta R_D$ gegeben. Er wird im wesentlichen durch die enzymkinetischen Parameter der RuP_2-Karboxylase-Oxygenase bestimmt (Gleichung 4), hängt aber nun auch geringfügig von der Dunkelatmungsrate ab.

II. C_4-Pflanzen

Die niedrigen und nahezu O_2-unabhängigen Werte von Γ bei den C_4-Pflanzen sind durch einen speziellen Mechanismus der CO_2-Fixierung, den C_4-pathway, und eine damit verbundene spezielle Blattanatomie (Kranz-Anatomie) bedingt. Nach den gegenwärtigen Vorstellungen (HATCH und OSMOND 1976) sind beim C_4-pathway zwei verschiedene Karboxylierungsreaktionen an der CO_2-Fixierung beteiligt. In der primären Reaktion wird Phosphoenolpyruvat (PEP) karboxyliert, wobei die C_4-Verbindungen Oxalazetat, Malat und/oder Aspartat gebildet werden. Bei der Dekarboxylierung dieser C_4-Verbindungen entsteht das für die sekundäre Karboxylierung des RuP_2 und die anschließenden Reaktionen des Calvin-Zyklus notwendige CO_2. Dabei kommt es zu einer Anreicherung von CO_2 am Ort der sekundären Karboxylierung. Eine Voraussetzung dafür ist die räumliche Trennung der beiden Karboxylierungsreaktionen. Die Kompartimente der primären und der sekundären Karboxylierung sind die Mesophyll- und die Leitbündelscheidenzellen.

Die Oxygenase-Aktivität der RuP_2-Karboxylase ist wahrscheinlich eine allgemeine Eigenschaft dieses Enzyms (LORIMER und ANDREWS 1973) und tritt daher auch bei den C_4-Pflanzen auf (CHOLLET 1976). Trotzdem zeigen diese Pflanzen nicht die für C_3-Pflanzen charakteristische CO_2-Entwicklung im Licht und die damit zusammenhängende starke O_2-Abhängigkeit des CO_2-Gaswechsels und der CO_2-Kompensationskonzentration. Wie BERRY und FARQUHAR (1978) mit Hilfe eines Modells des C_4-pathway zeigen konnten, ist die Anreicherung von CO_2 in den Leitbündeln die Ursache dafür, daß die Netto-CO_2-Aufnahme der C_4-Pflanzen nur wenig durch O_2 gehemmt wird. Für die Aufrechterhaltung der niedrigen und O_2-unabhängigen Werte von Γ ist aber vor allem die große Effektivität der Karboxylierung des PEP bei niedrigen CO_2-Konzentrationen von Bedeutung. Im folgenden soll diese Feststellung mit Hilfe eines einfachen Modells quantitativ begründet werden (s. a. PEISKER 1979).

Das Modell geht von den folgenden Voraussetzungen aus:

1. Die primäre Karboxylierung des PEP läßt sich durch die Michaelis-Menten-Kinetik beschreiben.
2. Unter stationären Bedingungen ist die Rate der Dekarboxylierung der C_4-Verbindungen gleich der Rate der primären Karboxylierung.
3. Der CO_2-Transport zwischen den Kompartimenten der primären und der sekundären Karboxylierung wird durch den Diffusionswiderstand r_3 begrenzt. Zwischen diesen Kompartimenten und der äußeren Atmosphäre liegen die CO_2-Diffusionswiderstände r_1 und r_2.
4. Ist die CO_2-Konzentration in der Umgebung des Blattes gleich der CO_2-Kompensationskonzentration Γ, dann herrscht auch im Kompartiment der sekundären Karboxylierung des RuP_2 Gleichgewicht zwischen CO_2 liefernden und CO_2 verbrauchenden Prozessen und Diffusionsströmen. Die CO_2-Konzentration in diesem Kompartiment ist dann nach (11) annähernd durch $\gamma\,[O_2]$ gegeben. Die Differenz zwischen diesem Wert der CO_2 Konzentration und der äußeren CO_2-Konzentration Γ ist Ausdruck der Anreicherung von CO_2 in den Leitbündeln durch den C_4-Zyklus unter den Bedingungen des CO_2-Kompensationsgleichgewichtes. Die in dem Modell von BERRY und FARQUHAR (1978) beschriebene Anreicherung von O_2 in den Leitbündeln ist bei niedrigen CO_2-Konzentrationen nur gering und braucht in einem Modell für Γ nicht berücksichtigt zu werden.

Nach dem Modell ergibt sich für die O_2-Abhängigkeit von Γ die folgende quadratische Beziehung (PEISKER 1979):

$$(\Gamma-\gamma[O_2]+rV_p)\left(\Gamma-\frac{\lambda}{1+\lambda}\,\gamma[O_2]\right)+\frac{1}{1+\lambda}\,K_p\,(\Gamma-\gamma[O_2])=0 \tag{12}$$

In dieser Gleichung ist K_p die Michaelis-Konstante und V_p die maximale Reaktionsrate der PEP-Karboxylierung. Die Parameter r und λ sind durch die oben eingeführten Diffusionswiderstände gegeben:

$$\frac{1}{r}=\frac{r_1}{r_2r_3}+\frac{1}{r_2}+\frac{1}{r_3} \tag{13}$$

$$\lambda=\frac{r_1}{r_2} \tag{14}$$

Die physiologisch sinnvolle Lösung dieser Gleichung lautet

$$\Gamma=\frac{1}{2}\left[\frac{1+2\lambda}{1+\lambda}\,\gamma[O_2]-\left(\frac{1}{1+\lambda}\,K_p+rV_p\right)\right]+ \tag{15}$$

$$+\frac{1}{2}\sqrt{\left[\frac{1+2\lambda}{1+\lambda}\,\gamma[O_2]-\left(\frac{1}{1+\lambda}K_p+rV_p\right)\right]^2+4\gamma[O_2]\left[\frac{1}{1+\lambda}\,K_p+\frac{\lambda}{1+\lambda}\,(rV_p-\gamma[O_2])\right]}$$

Es läßt sich zeigen, daß diese Lösung der Bedingung

$$\Gamma > \frac{\lambda}{1+\lambda} \gamma [O_2]$$

genügt. Unter Berücksichtigung von (14) folgt daraus

$$r_2 > \frac{\gamma [O_2] - \Gamma}{\Gamma} r_1 \tag{16}$$

Eine Erhöhung der O_2-Konzentration führt bei den C_4-Pflanzen nur zu einer geringen Zunahme von Γ, die sich experimentell oft gar nicht nachweisen läßt. So stieg z. B. bei 10 von 15 untersuchten Arten mit C_4-pathway Γ um weniger als 3 vpm CO_2, wenn die O_2-Konzentration von 21% auf 100% erhöht wurde (Apel und Peisker 1978). Im Mittel betrug die Zunahme von Γ 1,1 vpm $CO_2 = 0{,}045$ nmol CO_2 cm^{-3}. Für die folgenden Überlegungen soll deshalb angenommen werden, daß der O_2-abhängige Anteil von Γ kleiner als $\Gamma_0 = 0{,}05$ nmol cm^{-3} ist. Für γ wurde bei Weizen bei 26 °C ein Wert von 2,2 vpm CO_2 je % $O_2 = 0{,}09$ nmol cm^{-3} je % O_2 erhalten (Peisker und Apel 1977). Aus der Beziehung (16) erhält man somit

$$r_2 > 179\, r_1$$

Verglichen mit dem Diffusionswiderstand zwischen dem Ort der primären Karboxylierung und der äußeren Atmosphäre r_1 ist also der Diffusionswiderstand zwischen dem Kompartiment der Karboxylierung des RuP_2 und der Umgebung des Blattes sehr groß ($r_2 > 500$ scm^{-1} für $r_1 = 3$ scm^{-1}). Damit wird eine von Edwards und Black (1971) vorgeschlagene Variante der Vorstellungen zum Mechanismus des C_4-pathway, nach der 15% des aufgenommenen CO_2 in den Leitbündelscheiden direkt durch RuP_2 fixiert werden sollen, durch das Modell ausgeschlossen. Es kann $\lambda = 0$ angenommen werden und (12), (15) und (13) vereinfachen sich zu

$$(\Gamma - \gamma[O_2] + rV_p) \cdot \Gamma + K_p\,(\Gamma - \gamma[O_2]) = 0 \tag{17}$$

$$\Gamma = \frac{1}{2}\,(\gamma[O_2] - K_p - rV_p) + \frac{1}{2}\sqrt{(\gamma[O_2] - K_p - rV_p)^2 + 4\gamma[O_2]\,K_p} \tag{18}$$

$$\frac{1}{r} = \frac{1}{r_2} + \frac{1}{r_3} \tag{19}$$

Die durch (18) gegebene O_2-Abhängigkeit von Γ ist in Abbildung 2 dargestellt. Für $rV_p = 0$ erhält man die für C_3-Pflanzen charakteristische Gerade $\Gamma = \gamma[O_2]$. Ist $rV_p > 0$, dann nimmt Γ mit steigender O_2-Konzentration zunächst nur langsam zu. Bei höheren O_2-Konzentrationen schließt sich ein steilerer Kurvenabschnitt an, der schließlich die gleiche Steigung erreicht wie die Gerade $\Gamma = \gamma[O_2]$. Die O_2-Konzentration, bei der die beiden Kurvenabschnitte ineinander übergehen, wird durch das Produkt rV_p bestimmt (Abb. 2a). Die beiden Kurvenabschnitte sind um so deutlicher voneinander zu unterscheiden, je kleiner die Michaelis-konstante K_p ist (Abb. 2b). Aus Abbildung 2 geht weiter hervor, daß bei einer

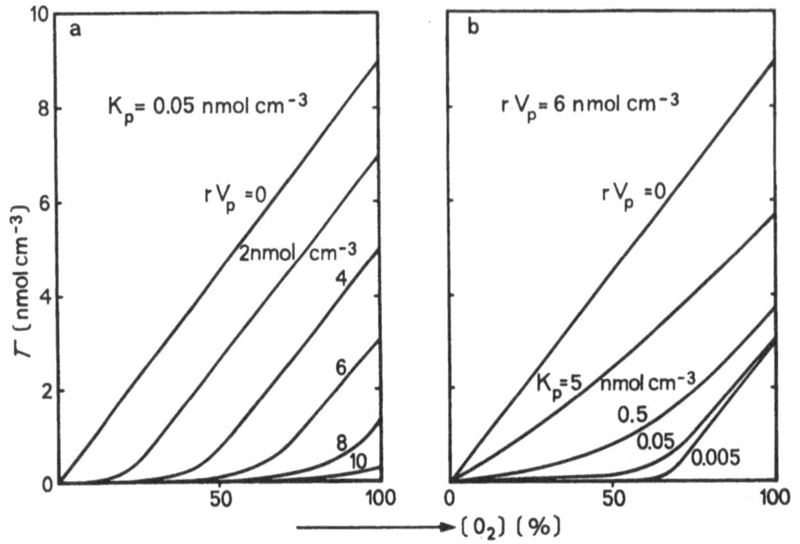

Abb. 2 O_2-Abhängigkeit der CO_2-Kompensationskonzentration Γ nach dem Modell für den C_4-pathway (Gleichung 18)
a: bei verschiedenen Werten des Produktes aus dem CO_2-Diffusionswiderstand r und der Maximalrate der PEP-Karboxylierung V_p ($K_p = 0{,}05$ nmol cm^{-3})
b: bei verschiedenen Werten der Michaelis-Konstanten der PEP-Karboxylase K_p ($rV_p =$ 6 nmol cm^{-3})

bestimmten O_2-Konzentration Γ nur dann kleiner als ein vorgegebener Wert Γ_0 sein kann, wenn das Produkt rV_p größer als ein bestimmter Mindestwert ist. Bei gegebenem V_p ist also

$$\Gamma < \Gamma_0$$

nur unter der Voraussetzung möglich, daß r größer als ein bestimmter Minimalwert $r_{\min}$ ist:

$$r > r_{\min}$$

$r_{\min}$ ist nach (17) durch

$$r_{\min} = \frac{1}{V_p} (\gamma[O_2] - \Gamma_0) \left(1 + \frac{K_p}{\Gamma_0}\right) \tag{20}$$

gegeben und ist damit von der Michaelis-Konstanten der PEP-Karboxylase abhängig. Die Beziehung zwischen $r_{\min}$ und K_p ist in Abbildung 3 wiedergegeben. Für Γ_0 wurde wieder der bereits verwendete Wert von 0,05 nmol cm^{-3} angenommen. Die maximale Karboxylierungsrate von $V_p = 15$ nmol cm^{-2}s^{-1} (Kurve II) geht auf eine Arbeit von TING und OSMOND (1973) zurück. Diese Autoren fanden bei 10 Arten mit C_4-pathway im Mittel 29 μmol min^{-1}mg^{-1}chl. Das entspricht bei einem Chlorophyllgehalt von 0,03 mg cm^{-2} (ŠESTÁK 1977) 15 nmol cm^{-2}s^{-1}. Bei $V_p = 5$ nmol cm^{-2}s^{-1} und $V_p = 50$ nmol cm^{-2}s^{-1} ergeben sich entsprechend größere oder kleinere Diffusionswiderstände. Die Angaben in der Literatur über *in vitro* gemessene Werte von K_p variieren um mehr als eine Zehnerpotenz. MARUYAMA et al. (9166) fanden bei *Arachis hypogeae* 7,6 μM CO_2 oder 10 nmol cm^{-3} in der Gasphase. Der zugehörige Minimalwiderstand in Abbildung 3 beträgt bei

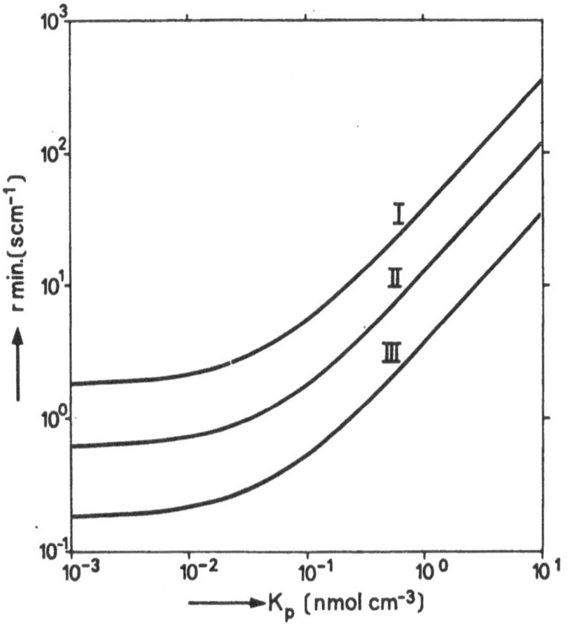

Abb. 3 Beziehung zwischen dem bei 100 % O_2 für $\Gamma < 0{,}05$ nmol cm^{-3} erforderlichen Minimalwert des Diffusionswiderstandes r_{min} und der Michaelis-Konstanten der PEP-Karboxylase K_p nach Gleichung (20) bei verschiedenen Werten der Maximalrate der PEP-Karboxylierung V_p und $\gamma = 0{,}09$ nmol cm^{-3} je % O_2
I: $V_p =$ 5 nmol $cm^{-2}s^{-1}$
II: $V_p = 15$ nmol $cm^{-2}s^{-1}$
III: $V_p = 50$ nmol $cm^{-2}s^{-1}$

$V_p = 15$ nmol cm^{-3} $r_{min} = 120$ scm^{-1}. Niedrigere Michaelis-Konstanten um 0,7 μM wurden von TING und OSMOND (1973) für *Atriplex hastata* und *Atriplex spongiosa* sowie von MUKERJI und YANG (1974) für *Spinacia oleracea* angegeben. Für r_{min} erhält man in diesem Fall etwa 12 scm^{-1}. Werte von r_{min} zwischen 10 und 30 scm^{-1} ergeben sich, wenn man von den aus Gaswechseluntersuchungen bekannten interzellulären CO_2-Konzentrationen ausgeht, bei denen 50% der Sättigungsrate der CO_2-Aufnahme erreicht werden. Dabei ist aber zu beachten, daß diese Halbsättigungskonzentration nicht mit K_p übereinstimmen muß (PEISKER 1979). Schließlich gibt es auch Argumente, die für Michaelis-Konstanten der Größenordnung 0,05 nmol cm^{-3} sprechen (s. die O_2-Abhängigkeit von Γ bei Intermediärformen, Teil III). In diesem Fall wäre bei $V_p = 15$ nmol $cm^{-2}s^{-1}$ ein Diffusionswiderstand von $r_{min} = 1{,}2$ scm^{-1} ausreichend groß, um bei 100% O_2 eine CO_2-Kompensationskonzentration von nur 0,05 nmol cm^{-3} zu erlauben.

Der Diffusionswiderstand r in (17) besteht nach (19) aus den beiden parallel liegenden Diffusionswiderständen r_2 und r_3. Die Größe des Diffusionswiderstandes r_3 läßt sich abschätzen, wenn man davon ausgeht, daß das Mesophyll und die Leitbündel die Kompartimente der beiden Karboxylierungsreaktionen sind. Dazu soll eine konzentrische zylindrische Anordnung der beiden Gewebeschichten um die Leitbündel angenommen werden (OSMOND 1971). Die mittleren Radien der Leitbündelscheide und der Schicht der Mesophyllzellen sollen mit ϱ_b und ϱ_m, der Radius der Grenzfläche zwischen Mesophyll und Leitbündelscheide mit ϱ_2 bezeichnet werden (s. Abb. 1 bei APEL und PEISKER 1978). Der CO_2-Transport zwischen den beiden Kompartimenten wird als Diffusion zwischen den Zylinderflächen mit den Radien ϱ_b und ϱ_m beschrieben, wobei auf diesen Flächen die konstanten CO_2-Konzentrationen c_b und c_m angenommen werden. Die CO_2-Diffusionsrate durch die Grenzfläche ist dann durch

$$J=\frac{D}{\varrho_2}\,\frac{c_m-c_b}{\ln\dfrac{\varrho_m}{\varrho_b}}$$

gegeben (D = Diffusionskonstante des CO_2). Soll die Diffusionsrate auf die Blattfläche A bezogen werden, dann muß mit dem Verhältnis aus der Oberfläche der Leitbündelscheiden und der Blattfläche $\frac{A_b}{A}$ multipliziert werden. Die Gesamtoberfläche der Leitbündelscheiden beträgt $A_b=2\pi\varrho_2 l$ (l = Gesamtlänge der Leitbündel des Blattes). Es ergibt sich

$$J_b=2\pi D\,\frac{l}{A}\,\frac{c_m-c_b}{\ln\dfrac{\varrho_m}{\varrho_b}}$$

Daraus erhält man den CO_2-Diffusionswiderstand r_3 als Quotienten aus Konzentrationsdifferenz und Diffusionsrate zu

$$r_3=\frac{\ln\dfrac{\varrho_m}{\varrho_b}}{2\pi D\cdot\dfrac{l}{A}} \qquad (21)$$

Bei 6 Arten mit C_4-pathway ergaben sich nach (21) Diffusionswiderstände zwischen 70 scm^{-1} und 230 scm^{-1} (APEL und PEISKER 1978). Der Diffusionswiderstand zwischen Mesophyll und Leitbündelscheiden ist also kleiner als der Minimalwert des Widerstandes zwischen den Leitbündelscheiden und der äußeren Atmosphäre von $r_2 > 500$ scm^{-1}, der sich aus der Bedingung (16) ergeben hatte. Der resultierende Diffusionswiderstand r (Gleichung 19) wird somit in erster Linie durch r_3 bestimmt. Bei größeren Werten von r_3 kann er aber auch erheblich durch r_2 beeinflußt werden. Bei $r_3=230$ scm^{-1} und $r_2=500$ scm^{-1} ergibt sich z. B. mit $r=160$ scm^{-1} ein um 30% geringerer Wert als r_3.

Bei gegebenen Werten von r, V_p und γ kann K_p nicht größer als ein bestimmter Maximalwert $K_{p\max}$ sein, damit Γ bei 100% O_2 den vorgegebenen Wert Γ_0 nicht überschreitet. Aus (17) folgt

$$K_{p\max} = \left(\frac{rV_p}{\gamma[O_2] - \Gamma_0} - 1\right) \Gamma_0 \tag{22}$$

Danach muß mit $V_p = 15$ nmol cm^{-2}s^{-1}, $\gamma = 0{,}09$ nmol cm^{-3} je % O_2, $\Gamma_0 = 0{,}05$ nmol cm^{-3} und dem für *Zea mays* berechneten Diffusionswiderstand von 120 scm^{-1} (Apel und Peisker 1978) die Michaeliskonstante kleiner als 10 nmol cm^{-3} in der Gasphase oder 7,6 μM in Lösung sein.

III. Intermediärformen

Von den in der Einleitung genannten Arten mit intermediären CO_2-Kompensationskonzentrationen ist *Panicum milioides* am eingehendsten untersucht worden. Die Beziehung zwischen Γ und der O_2-Konzentration weist bei dieser Art zwei Besonderheiten auf. Erstens ist Γ bei niedrigen O_2-Konzentrationen sehr klein und nahezu konstant und nimmt erst oberhalb einer bestimmten O_2-Konzentration linear zu (Keck und Ogren 1976, Quebedeaux und Chollet 1977). Der lineare Teil der Kurve ist deshalb gegenüber der bei C_3-Pflanzen gefundenen Geraden $\Gamma = \gamma[O_2]$ (Abb. 4, Kurve I) zu höheren O_2-Konzentrationen bzw. zu niedrigeren Werten von Γ verschoben (Abb. 4, Kurve II). Zweitens wurde eine beträchtlich geringere Steigung des linearen Kurventeils als bei C_3-Pflanzen beobachtet (Keck und Ogren 1976). Bei Kurve I wurde für γ der bei Weizen-

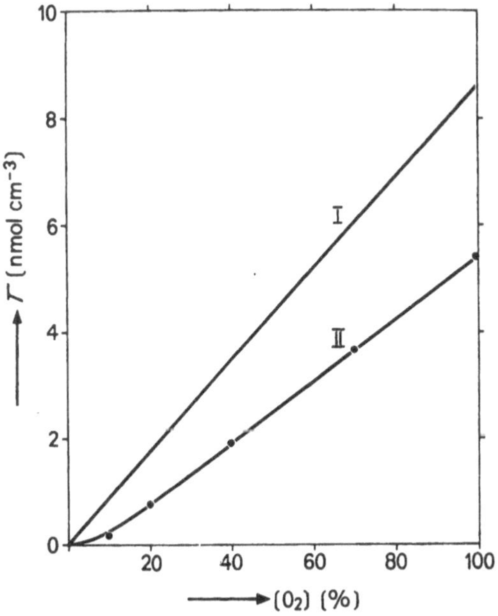

Abb. 4 O_2-Abhängigkeit der CO_2-Kompensationskonzentration Γ bei C_3-Pflanzen (I) und bei der Intermediärform *Panicum milioides* (II)
I: 25 °C, $\gamma = 0{,}086$ nmol cm^{-3} je % O_2 (Gleichung 11)
II: 25 °C, $\alpha = 1$ scm^{-1}, $\beta = 0{,}057$ scm^{-1} je % O_2, $\gamma = 0{,}086$ nmol cm^{-3} je % O_2, $V_p = 0{,}48$ nmol cm^{-2}s^{-1}, $K_p = 0{,}05$ nmol cm^{-3} (theoretische Kurve nach Gleichung 23, experimentelle Daten nach Keck und Ogren 1976)

blättern bei 25 °C gemessene Wert von 0,086 nmol cm^{-3} je $\%O_2$ verwendet (PEISKER und APEL 1977). Der Nachweis einer erhöhten Aktivität der PEP-Karboxylase in Blättern von *Panicum milioides* (KESTLER et al. 1975, KECK und OGREN 1976) führte zu der Annahme, daß die besondere Form der O_2-Abhängigkeit von Γ auf der Wechselwirkung der Karboxylierung des PEP und des RuP_2 und der Oxygenierung des RuP_2 beruht. KECK und OGREN gingen dabei davon aus, daß alle drei Prozesse am gleichen Ort ablaufen. Die resultierende Netto-CO_2-Aufnahmerate läßt sich in diesem Fall bei niedrigen CO_2-Konzentrationen durch die Gleichung

$$F = \frac{[CO_2] - \gamma[O_2]}{\alpha + \beta[O_2]} - \frac{V_p[CO_2]}{K_p + [CO_2]}$$

beschreiben. Bei $F = 0$ ergibt sich Γ zu

$$\Gamma = \frac{1}{2}\,[(\gamma - V_p\beta)\,[O_2] - \alpha V_p - K_p] + \frac{1}{2}\sqrt{[(\gamma - V_p\beta)\,[O_2] - \alpha V_p - K_p]^2 + 4K_p\gamma[O_2]} \quad (23)$$

Die von KECK und OGREN beobachtete O_2-Abhängigkeit von Γ wird durch diese Gleichung richtig wiedergegeben (Abb. 4, Kurve II). Dazu mußte allerdings mit $K_p = 0{,}05$ ein sehr niedriger Wert für die Michaeliskonstante der PEP-Karboxylase angenommen werden. Sowohl die Verschiebung als auch die Verringerung der Steigung des linearen Kurventeils von II läßt sich auf die Wechselwirkung der beiden Karboxylierungsreaktionen zurückführen. Nach (23) ist die Verschiebung von Kurve II durch αV_p und die Steigung des linearen Kurventeils bei höheren O_2-Konzentrationen durch $\gamma - \beta V_p$ gegeben. Um eine Anpassung an die experimentellen Daten zu erreichen, mußte für β mit 0,057 scm^{-1} je % O_2 ein ziemlich kleiner Wert angenommen werden.

Gegen die von KECK und OGREN vorgeschlagene Deutung, also gegen die Gültigkeit der Voraussetzungen für Gleichung (23), können verschiedene Einwände erhoben werden. Von den genannten Autoren selbst war bei *Panicum milioides* für das Verhältnis der Michaeliskonstanten der RuP_2-Karboxylase und der RuP_2-Oxygenase $\frac{K_c}{K_o}$ ein um 35% kleiner Wert als bei der C_3-Pflanze Soja gefunden worden. Bei gleichem Verhältnis der Maximalraten $\frac{V_c}{V_o}$ sollte deshalb bei *Panicum milioides* der Wert von γ nur 65% des entsprechenden Wertes bei Soja betragen. In Abbildung 4 wurde für Kurve II aber ein für C_3-Pflanzen typischer Wert von γ verwendet. Die gleichzeitige Berücksichtigung des verringerten Wertes von γ und der Wechselwirkung der beiden Karboxylierungsreaktionen würde zu einem beträchtlich geringeren Anstieg des linearen Teils von Kurve II führen als experimentell beobachtet wurde. QUEBEDEAUX und CHOLLET (1977) untersuchten die O_2-Abhängigkeit von Γ bei einer anderen Herkunft von *Panicum milioides* bei 30 °C und fanden eine ähnliche Verschiebung wie bei der von KECK und OGREN verwendeten Herkunft. Dagegen war die Steigung der Kurve bei höheren O_2-Gehalten (Abb. 5, Kurve II) nicht wesentlich geringer als die Steigung

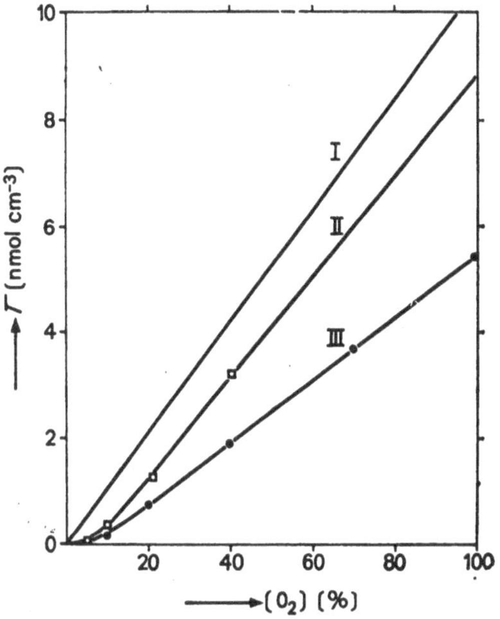

Abb. 5 O_2-Abhängigkeit der CO_2-Kompensationskonzentration Γ bei C_3-Pflanzen (I) und bei der Intermediärform *Panicum milioides* (II, III)
I: 30 °C, $\gamma = 0{,}105$ nmol cm^{-3} je % O_2 (Gleichung 11)
II: 30 °C, $\gamma = 0{,}095$ nmol cm^{-3} je % O_2, $rV_p = 0{,}65$ nmol cm^{-3}, $K_p = 0{,}05$ nmol cm^{-3} (theoretische Kurve nach Gleichung 18, experimentelle Daten nach QUEBEDEAUX und CHOLLET 1977)
III: 25 °C, $\gamma = 0{,}059$ nmol cm^{-3} je % O_2, $rV_p = 0{,}48$ nmol cm^{-3}, $K_p = 0{,}05$ nmol cm^{-3} (theoretische Kurve nach Gleichung 18, experimentelle Daten nach KECK und OGREN 1976)

der Geraden bei C_3-Pflanzen bei der gleichen Temperatur (Abb. 5, Kurve I). Dieser Kurvenverlauf ließe sich nach (23) nur durch unrealistisch niedrige Werte von β erklären. Weiterhin fanden QUEBEDEAUX und CHOLLET bei der von ihnen untersuchten Herkunft von *Panicum milioides* und bei Soja im wesentlichen gleiche Aktivitäten der PEP-Karboxylase. Sie zogen daraus den Schluß, daß bei Gültigkeit der Deutung von KECK und OGREN im Gegensatz zum Experiment bei Soja eine ähnliche Beziehung zwischen Γ und der O_2-Konzentration auftreten müßte wie bei *Panicum milioides*. Dagegen kann jedoch geltend gemacht werden, daß nach der Erklärung von KECK und OGREN für die Aufrechterhaltung intermediärer Werte von Γ eine stationäre Rate der PEP-Karboxylierung und damit auch eine ständige Regeneration des CO_2-Akzeptors vorausgesetzt werden muß. Es ist naheliegend anzunehmen, daß diese Voraussetzung durch einen ähnlichen Mechanismus wie bei den C_4-Pflanzen erfüllt wird und daß deshalb die beiden Karboxylierungsreaktionen auch bei intermediären Formen voneinander getrennt sind. Dafür spricht auch die Beobachtung, daß *Panicum milioides* die für C_4-Pflanzen charakteristische Kranz-Anatomie besitzen soll (KANAI und KASHIWAGI 1975) oder doch wenigstens der Kranz-Anatomie ähnliche anatomische Merkmale aufweist (BROWN und BROWN 1975).

Die Annahme einer Kompartimentierung der beiden Karboxylierungsreaktionen bei Intermediärformen erlaubt die Anwendung der aus dem Modell für C_4-Pflanzen abgeleiteten Gleichung (18) und führt damit zu einer anderen Deutung der O_2-Abhängigkeit von Γ. Nach (18) wird der Anstieg des linearen Kurventeils bei höheren O_2-Gehalten allein durch den Parameter γ bestimmt. Im Gegensatz zu der Erklärung von KECK und OGREN muß also der bei *Panicum milioides* gefundene kleinere Wert dieses Anstiegs auf veränderten Eigenschaften der RuP_2-Karboxylase-Oxygenase beruhen. Mit $\gamma = 0{,}059$ nmol cm^{-3} je % O_2 (Abb. 5, Kurve III) ist die Steigung um 31% geringer als der bei der gleichen Temperatur für C_3-Pflanzen charakteristische Wert von $\Gamma = 0{,}086$ nmol cm^{-3} je % O_2 (Abb. 4, I). In Übereinstimmung damit war das Verhältnis $\frac{K_c}{K_o}$ bei *Panicum milioides* um 35% kleiner als bei der C_3-Pflanze Soja (KECK und OGREN 1976). Bei der von QUEBEDEAUX und CHOLLET untersuchten Herkunft von *Panicum milioides* ist γ dagegen nur wenig geringer als bei C_3-Pflanzen (Abb. 5, II und I). Beiden Herkünften gemeinsam ist eine Verschiebung der linearen Kurventeile zu höheren O_2-Konzentrationen. Die Größe dieser Verschiebung ist nach (18) durch das Produkt rV_p bestimmt. Wie bei der Erklärung der O_2-Abhängigkeit von Γ mit Hilfe von Gleichung (23) mußte auch bei der Anpassung der durch (18) gegebenen theoretischen Kurve an die experimentellen Daten eine Michaeliskonstante von $K_p = 0{,}05$ nmol cm^{-3} angenommen werden.

Die Kompartimentierung der beiden Karboxylierungsreaktionen muß sich bei den Intermediärformen nicht notwendigerweise auf verschiedene Zelltypen erstrecken, wie das von den meisten Autoren für die C_4-Pflanzen angenommen wird. Es ist auch denkbar, daß die Karboxylierung des PEP im Zytoplasma und die anschließende Dekarboxylierung der C_4-Verbindungen sowie die Karboxylierung des RuP_2 in den Chloroplasten in einer und derselben Zelle stattfinden. Für diese Möglichkeit sprechen die Ergebnisse von KU et al. (1976), die bei *Panicum milioides* in den beiden Zelltypen sowohl PEP-Karboxylase- als auch RuP_2-Karboxylase-Aktivität fanden. Mit Hilfe einer Immunfluoreszenz-Methode konnte ebenfalls nachgewiesen werden, daß bei *Panicum milioides* die Chloroplasten aller grünen Zellen RuP_2-Karboxylase enthalten (HATTERSLEY et al. 1976).

Ein ähnlicher Verlauf der O_2-Abhängigkeit von Γ wie bei *Panicum milioides* wurde auch bei *Moricandia arvensis* beobachtet. Bei niedrigen O_2-Konzentrationen wurde ebenfalls eine Abweichung von der Linearität festgestellt. Der lineare Kurventeil bei höheren O_2-Gehalten hatte auch bei dieser Art eine kleinere Steigung als bei den typischen C_3-Pflanzen. Die für C_3-Pflanzen charakteristische Kranz-Anatomie konnte nicht nachgewiesen werden (APEL et al. 1978).

Nach der vorgeschlagenen Beschreibung der O_2-Abhängigkeit von Γ durch die aus dem Modell für den C_4-pathway abgeleitete Gleichung (18) können intermediäre Werte von Γ zwei verschiedene Ursachen haben. Erstens können veränderte Eigenschaften der RuP_2-Karboxylase-Oxygenase eine geringere Zunahme von Γ mit der O_2-Konzentration im linearen Teil der Kurve bedingen. Zweitens kann eine erhöhte Aktivität der PEP-Karboxylase verbunden mit einer Kompartimentierung der beiden Karboxylierungsreaktionen zu der beschriebenen Verschiebung der Kurve zu niedrigeren Werten von Γ führen. Möglicherweise ist auch der postulierte niedrige Wert der Michaelis-Konstanten K_p eine besondere Eigenschaft derartiger Intermediärformen. Die beiden genannten Ursachen für verringerte Werte von Γ sind nach der vorgeschlagenen Erklärung nicht miteinander gekoppelt und sollten deshalb auch unabhängig voneinander auftreten können. Als Beispiel dafür kann die von Quebedeaux und Chollet untersuchte Herkunft von *Panicum milioides* angeführt werden. Bei dieser Herkunft kann eine Kompartimentierung der Karboxylierungsreaktionen angenommen werden. γ ist dagegen nicht wesentlich geringer als bei C_3-Pflanzen. Umgekehrt ist aber auch der Fall denkbar, daß nur der Wert von γ verändert ist. Das läßt die Suche nach Genotypen mit verringerter CO_2-Kompensationskonzentration auch dann als sinnvoll erscheinen, wenn von vornherein nicht mit einer merklichen Aktivität der PEP-Karboxylase und dann natürlich auch nicht mit einer Kompartimentierung der beiden Karboxylierungsreaktionen gerechnet werden kann.

Summary

The influence of oxygen on CO_2 compensation concentration in C_3, C_4, and intermediate species

The response of the CO_2 compensation concentration (Γ) to O_2 concentration is different in C_3 and C_4 plants. The linear increase of Γ with rising O_2 contents observed in C_3 plants is a consequence of the oxygenase activity of ribulose-1,5-bisphosphate carboxylase. However, this increase may be influenced by dark respiration too. The almost complete lack of an O_2 dependence of Γ in C_4 plants is explained by a simple model. The model considers the compartmentation of the primary carboxylation of phosphoenolpyruvate and of the secondary carboxylation of ribulose-bisphosphate as well as the diffusion of CO_2 between the two compartments and the outer atmosphere. Plants possessing an intermediate metabolism of CO_2 fixation have a smaller O_2 dependence of Γ than C_3 plants and show a deviation from linearity at lower O_2 contents. For explaining these phenomena it is necessary to postulate a similar compartmentation of carboxylation reactions as in C_4 plants and changed properties of the ribulose-bisphosphate carboxylase-oxygenase.

Краткое содержание

Влияние кислорода на углекислотную компенсационную концентрацию у растений типа C_3, C_4 и их промежуточных форм

Растения типа C_3 и C_4 существенно различаются по кислородной зависимости их углекислотной компенсационной концентрации (Γ). Прямолинейное повышение Γ с возрастающей концентрацией O_2 у растений типа C_3 можно объяснить оксигеназной активностью карбоксилазы риболозодифосфата, но оно подвержено и влиянию темнового дыхания. Почти полная независимость Γ

от O_2 у растений типа C_4 объясняется с помощью простой модели. Эта модель учитывает компартментацию первичного карбоксилирования фосфоэнолпирувата и вторичного карбоксилирования рибулозодифосфата, а так же диффузию CO_2 между обоими компартментами и внешней атмосферой. Растения с промежуточным типом метаболизма фиксирования CO_2 проявляют меньшую кислородную зависимость Γ, чем растения типа C_3 и дают отклонения от линейной зависимости при низких концентрациях O_2. Для объяснения этого явления надо допустить, что компартментация обеих реакций карбоксилирования сходна с таковой у растений типа C_4 и, что свойства карбоксилазы-оксигеназы рибулозодифосфата изменены.

Literatur

APEL, P. und M. PEISKER, 1978: Einfluß hoher Sauerstoffkonzentrationen auf den CO_2-Kompensationspunkt von C_4-Pflanzen. – Kulturpflanze **26**, 99–103.

–, I. TICHÁ und M. PEISKER, 1978: CO_2-Kompensationspunkt von *Moricandia arvensis* (L.) DC. bei Blättern unterschiedlicher Insertionshöhe und bei verschiedenen O_2-Konzentrationen. – Biochem. Physiol. Pflanzen **172**, 547–552.

BERRY, J. and G. FARQUHAR, 1978: The CO_2 concentrating function of C_4 photosynthesis. A biochemical model. – In: Photosynthesis 77. (Eds. D. O. HALL, J. COOMBS, and T. W. GOODWIN), pp. 119–131. The Biochemical Society, London.

BROWN, R. H. and W. V. BROWN, 1975: Photosynthetic characteristics of *Panicum milioides*, a species with reduced photorespiration. – Crop Sci. **15**, 681–685.

CHOLLET, R. C., 1976: C_4 control of photorespiration: Studies with isolated mesophyll cells and bundle sheath strands. – In: CO_2 metabolism and plant productivity (Eds. BURRIS, R. H. and C. C. BLACK), pp. 327–341. Univ. Park Press, Baltimore-London-Tokyo.

DOWNTON, W. J. S. und E. B. TREGUNNA, 1968: Carbon dioxide compensation – its relation to photosynthetic carboxylation reactions, systematics of the *Gramineae*, and leaf anatomy. – Can. J. Bot. **46**, 207–215.

EDWARDS, G. E. und C. C. BLACK, 1971: Photosynthesis in mesophyll cells and bundle sheath cells isolated from *Digitaria sanguinalis* (L.) Scop. leaves. – In: Photosynthesis and Photorespiration (Eds. HATCH, M. D., C. B. OSMOND, and R. O. SLATYER), pp. 153–168. Wiley Interscience, New York-London-Sidney-Toronto.

FORRESTER, M. L., G. KROTKOV and C. D. NELSON, 1966a: Effect of oxygen on photosynthesis, photorespiration and respiration in detached leaves. I. Soybean. – Plant Physiol. **41**, 422–427.

–, – and –, 1966b: Effect of oxygen on photisynthesis, photorespiration und respiration in detached leaves. II. Corn and other monocotyledons. – Plant Physiol. **41**, 428–431.

GOLDSTEIN, L. D., T. B. RAY, D. P. KESTLER, B. C. MAYNE, R. H. BROWN and C. C. BLACK, 1976: Biochemical characterization of *Panicum* species which are intermediate between C_3 and C_4 photosynthesis plants. – Plant Sci. Lett. **6**, 85–90.

HATCH, M. D. and C. B. OSMOND, 1976: Compartmentation and transport in C_4 photosynthesis. – In: Transport in Plants III. Encyclopedia of Plant Physiology. New Series Vol. 3 (Edit. STOCKING, C. R. and U. HEBER), pp. 143–184. Springer-Verlag, Berlin-Heidelberg-New York.

HATTERSLEY, P. W., L. WATSON and C. B. OSMOND, 1976: Metabolite transport in leaves of C_4 plants: Specification and speculation. – In: Transport and Transfer Processes in

Plants (Edits. WARDLAW, I. F. and J. B. PASSIOURA), pp. 191–201. Academic Press, New York.

JACKSON, W. A. and R. J. VOLK, 1970: Photorespiration. – Ann. Rev. Plant Physiol. **21**, 385–432.

JENSEN, R. G. and J. T. BAHR, 1977: Ribulose 1,5-bisphosphate carboxylase-oxygenase. – Ann. Rev. Plant Physiol. **28**, 379–400.

KANAI, R. and M. KASHIWAGI, 1975: *Panicum milioides*, a *Gramineae* plant having Kranz leaf anatomy without C_4-photosynthesis. – Plant & Cell Physiol. **16**, 669–679.

KECK, R. W. and W. L. OGREN, 1976: Differential oxygen response of photosynthesis in soybean and *Panicum milioides*. – Plant Physiol. **58**, 552–555.

KESTLER, D. P., B. C. MAYNE, T. B. RAY, L. D. GOLDSTEIN, R. H. BROWN and C. C. BLACK, 1975: Biochemical components of the photosynthetic CO_2 compensation point of higher plants. – Biochem. biophys. Res. Comm. **66**, 1439–1446.

KRENZER, E. G., D. N. MOSS and R. K. CROOKSTON, 1975: Carbon dioxide compensation points of flowering plants. – Plant Physiol. **56**, 194–206.

KU, S. B., G. E. EDWARDS and R. KANAI, 1976: Distribution of enzymes related to C_3 and C_4 pathway of photosynthesis between mesophyll and bundle sheath cells of *Panicum hians* and *Panicum milioides*. – Plant & Cell Physiol. **17**, 615–620.

LAING, W. A., W. L. OGREN and R. H. HAGEMAN, 1974: Regulation of soybean net photosynthetic CO_2 fixation by the interaction of CO_2, O_2, and ribulose 1,5-diphosphate carboxylase. – Plant Physiol. **54**, 678–685.

LILLEY, R. McC. and D. A. WALKER, 1975: Carbon dioxide assimilation by leaves, isolated chloroplasts, and ribulose bisphosphate carboxylase from spinach. – Plant Physiol. **55**, 1087–1092.

LORIMER, G. H. and T. J. ANDREWS, 1973: Plant photorespiration – an inevitable consequence of the existence of atmospheric oxygen. – Nature **243**, 359–360.

–, K. C. WOO, J. A. BERRY and C. B. OSMOND, 1978: The C_2 photorespiratory carbon oxidation cycle in leaves of higher plants: Pathway and consequences. – In: Photosynthesis 77. (Eds. D. O. HALL, J. COOMBS, and T. W. GOODWIN), pp. 311–322. The Biochemical Society, London.

MANGAT, B. S., W. B. LEVIN and R. G. S. BIDWELL, 1974: The extent of dark respiration in illuminated leaves and its control by ATP levels. – Can. J. Bot. **52**, 673–681.

MARUYAMA, H., R. L. EASTERDAY, H.-C. CHUNG and M. D. LANE, 1966: The enzymatic carboxylation of phosphoenolpyruvate. I. Purification and properties of phosphoenolpyruvate carboxylase. – J. biol. Chem. **241**, 2405–2412.

MUKERJI, S. K. and S. F. YANG, 1974: Phosphoenolpyruvate carboxylase from spinach leaf tissue. Inhibition by sulfite ion. – Plant Physiol. **53**, 829–834.

OSMOND, C. B., 1971: Metabolite transport in C_4 photosynthesis. – Aust. J. biol. Sci. **24**, 159–163.

PEISKER, M., 1974: A model describing the influence of oxygen on photosynthetic carboxylation. – Photosynthetica **8**, 47–50.

–, 1979: Conditions for low and oxygen-independent CO_2 compensation concentrations in C_4 plants as derived from a simple model. – Photosynthetica **13** (im Druck).

– and P. APEL, 1975: Influence of oxygen on photosynthesis and photorespiration in leaves of *Triticum aestivum* L. 1. Relationship between oxygen concentration, CO_2 compensation point, and intracellular resistance to CO_2 uptake. – Photosynthetica **9**, 16–23.

– and –, (1977): Influence of oxygen on photosynthesis and photorespiration in leaves of *Triticum aestivum* L. 3. Response of CO_2 gas exchange to oxygen at various temperatures. – Photosynthetica **11**, 29–37.

POSKUTA, J., 1969: Photosynthesis, respiration and post-illumination fixation of CO_2 by corn leaves as influenced by light and oxygen concentration. – Physiol. Plant. **22**, 76–85.

QUEBEDEAUX, B. and R. CHOLLET, 1977: Comparative growth analyses of *Panicum* species with differing rates of photorespiration. – Plant Physiol. **59**, 42–44.

SAYRE, R. T. und R. A. KENNEDY, 1977: Ecotypic differences in the C_3 and C_4 photosynthetic activity in *Mollugo verticillata*, a C_3–C_4 intermediate. – Planta **134**, 257–262.

ŠESTÁK, Z., 1977: Photosynthetic characteristics during ontogenesis of leaves. 1. Chlorophylls. – Photosynthetica **11**, 367–448.

SINCLAIR, T. R., J. GOUDRIAAN and C. T. DE WIT, 1977: Mesophyll resistance and CO_2 compensation concentration in leaf photosynthesis models. – Photosynthetica **11**, 56–65.

TING, I. P. and C. B. OSMOND, 1973: Photosynthetic phosphoenolpyruvate carboxylases. Characteristics of alloenzymes from leaves of C_3 and C_4 plants. – Plant Physiol. **51**, 439–447.

Kulturpflanze XXVI · 1978 · S. 99–103

Einfluß hoher Sauerstoffkonzentrationen auf den CO_2-Kompensationspunkt von C_4-Pflanzen

PETER APEL und MARTIN PEISKER

(Eingegangen am 6. Januar 1978)

Zusammenfassung

Bei 15 Arten mit C_4-Pathway der Photosynthese hat die Erhöhung der Sauerstoffkonzentration keinen oder nur einen geringen Einfluß auf den CO_2-Kompensationspunkt.

Die Berechnung des CO_2-Diffusionswiderstandes zwischen Mesophyll und Leitbündelscheiden aus anatomischen Daten ergab bei den 6 untersuchten Arten einander ähnliche Werte.

Einleitung

Bei C_3-Pflanzen zeigt der CO_2-Kompensationspunkt (Γ) eine lineare Abhängigkeit vom Sauerstoffgehalt des Meßgases. Bei der C_4-Pflanze *Zea mays* konnte dagegen eine Zunahme von Γ selbst dann nicht nachgewiesen werden, wenn die O_2-Konzentration auf 100% erhöht wurde (FORRESTER et al. 1966, POSKUTA 1969). Auf die möglichen Ursachen dieser Erscheinung, der für ein tieferes Verständnis der Funktion des C_4-pathway eine prinzipielle Bedeutung zukommt, ist an anderer Stelle eingegangen worden (PEISKER 1978). Es mußte als ein gewisser Mangel betrachtet werden, der die Verallgemeinerungsfähigkeit der Aussagen einschränkte, daß Messungen dieser Art bisher ausschließlich an *Zea mays* durchgeführt worden sind. Dies war der Grund, die O_2-Abhängigkeit von Γ bei einer größeren Zahl von C_4-Pflanzen zu untersuchen. Da in den Überlegungen über den geringen oder fehlenden Einfluß hoher Sauerstoffkonzentrationen anatomische Strukturen (Abmessungen der Leitbündelscheiden) eine Rolle spielen, wurden an einigen der untersuchten Arten auch anatomische Messungen vorgenommen.

Material und Methode

Die in Tab. 1 und 2 aufgezählten Pflanzen wurden in einem Gewächshaus in Erde kultiviert. Zur Messung gelangten jeweils vollentfaltete Blätter, deren Flächenwachstum abgeschlossen war.

Die Messung des CO_2-Gaswechsels erfolgte mittels Infrarot-Gasanalyse in einem offenen System. Die Blätter wurden hierzu in eine temperaturgeregelte Küvette eingeschlossen, ohne dabei von der Pflanze abgetrennt zu werden. Die Blattemperatur wurde durch Thermistore geringen Durchmessers (0,4 mm) erfaßt, die der Blattunterseite anlagen. Die Blattemperatur lag zwischen 23,0 °C und 24,0 °C.

Die Lichtintensität betrug 500 Mikroeinstein $m^{-1}s^{-1}$ im PhAR-Bereich.

Der CO_2-Gasanalysator (Typ URM 5, VEB Wissenschaftlicher Gerätebau, Leipzig) wurde täglich mit Hilfe von Wösthoff-Pumpen auf einen Meßbereich von 0–200 vpm geeicht.

Die CO_2-Kompensationskonzentration wurde aus der linearen Beziehung zwischen CO_2-Aufnahme und CO_2-Konzentration ermittelt, wobei in allen Fällen mindestens eine Messung mit CO_2-freiem Gas durchgeführt wurde. Die Ermittlung von Γ in dieser Weise erfolgte stets zuerst bei 21% O_2 und anschließend in reinem Sauerstoff. Die gewünschten CO_2-Konzentrationen wurden nach dem bei APEL (1966) beschriebenen Prinzip hergestellt.

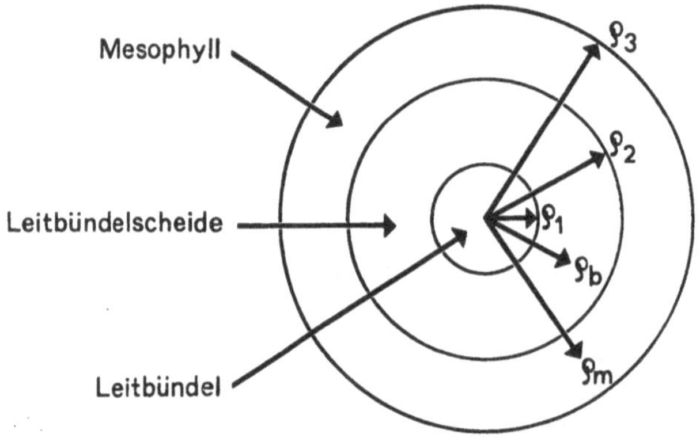

Abb. 1 Schematische Darstellung der für die meisten C_4-Pflanzen typischen Blattanatomie (Kranz-Anatomie)

Bei den in Tabelle 2 aufgezählten Arten wurde die Blattanatomie näher untersucht. In allen Fällen wurde die in Abbildung 1 schematisch dargestellte konzentrische Anordnung der Leitbündelscheidenzellen und der Mesophyllzellen um die Leitbündel („Kranz"-Anatomie) gefunden. Die mittleren Radien der beiden die Leitbündel umschließenden Zellschichten sind durch

$$\varrho_b = \frac{1}{2} (\varrho_1 + \varrho_2)$$

und

$$\varrho_m = \frac{1}{2} (\varrho_2 + \varrho_3)$$

gegeben. (ϱ_1 = Radius des Leitbündels, ϱ_2 = Radius der Grenzfläche zwischen Leitbündelscheidenzellen und Mesophyllzellen, ϱ_3 = äußerer Radius der Mesophyllschicht). Bezeichnet man den Quotienten aus der Gesamtlänge aller Leitbündel im Blatt und der Blattfläche mit $\frac{l}{A}$, dann läßt sich in Anlehnung an OSMOND (1971) der CO_2-Diffusionswiderstand zwischen Mesophyll und Leitbündelscheiden mit Hilfe der Formel

$$r = \frac{\ln \frac{\varrho_m}{\varrho_b}}{2\pi \cdot \frac{l}{A} \cdot D}$$

abschätzen (PEISKER 1978). Den Berechnungen liegt der von HATCH und OSMOND (1976) angegebene Wert der Diffusionskonstanten von $D = 10^{-5}\,cm^2s^{-1}$ zugrunde. Die Werte der anatomischen Parameter wurden unter Benutzung eines geeichten Okularmikrometers an Handschnitten von Frischmaterial ermittelt.

Ergebnisse und Diskussion

Die Erhöhung der O_2-Konzentration hat bei den meisten der untersuchten Arten keinen oder nur einen sehr geringen Einfluß auf den CO_2-Kompensationspunkt (Tab. 1). Bei 10 der untersuchten 15 Arten stieg beim Übergang von 21% O_2 zu 100% O_2 Γ nur um 2 vpm CO_2 oder weniger. Da Vertreter aus 7 Gattungen in die Untersuchungen einbezogen worden sind, dürfte diesem Ergebnis eine gewisse Allgemeingültigkeit für C_4-Pflanzen zukommen.

Tabelle 1

CO_2-Kompensationskonzentration (Γ) einiger Vertreter des C_4-pathway bei 21 % und 100 % O_2

Art	Γ (vpm CO_2)	
	21 % O_2	100 % O_2
Zea mays L.	0	0
Eleusine indica (L.) GAERTNER	6	9
Paspalum stoloniferum E. DESV.	3	8
Setaria italica (L.) BEAUV.	2	2
Setaria viridis (L.) BEAUV.	4	5
Pennisetum rueppeli STEUD.	2	4
Pennisetum villosum R. BR.	2	4
Panicum capillare L.	0	1
Panicum altissimum G. F. W. MEY.	4	14
Sorghum saccharatum MOENCH	1	3
Sorghum japonicum (HACKEL) ROSHEW	1	5
Sorghum durra (FORSK.) STAPF	1	2
Sorghum dochna (FORSK.) SNOWDEN	0	3
Sorghum halepense (L.) PERS.	3	1
Sorghum sudanense (PIPER) STAPF	0	2

Tabelle 2

Anatomische Parameter und die daraus berechneten Werte des CO_2-Diffusionswiderstandes r zwischen Mesophyll und Leitbündelscheiden bei einigen Vertretern des C_4-pathway (ϱ_1, ϱ_2, ϱ_3, ϱ_m, ϱ_b: s. Abb. 1; $\frac{l}{A}$: Länge der Leitbündel pro Blattflächeneinheit; $\frac{A_b}{A}$: Oberfläche der Leitbündelscheiden pro Blattflächeneinheit)

	ϱ_1	ϱ_2	ϱ_3	ϱ_m	ϱ_b	$\frac{l}{A}$	$\frac{A_b}{A}$	r
	(10^{-4} cm)					($cmcm^{-2}$)	(cm^2cm^{-2})	(scm^{-1})
Pennisetum rueppeli Steud.	11,2	27,4	54,5	41,0	19,3	92	1,58	131
Setaria italica (L.) Beauv.	16,6	39,6	58,3	49,0	28,1	86	2,13	103
Zea mays L.	14,3	43,3	63,0	53,2	28,8	79	2,16	123
Sorghum durra (Forsk.) Stapf	15,6	34,4	50,0	42,2	25,0	100	2,16	83
Panicum altissimum G. F. W. Mey.	12,6	27,0	40,7	33,9	19,8	123	2,08	70
Digitaria sanguinalis (L.) Scop.	4,0	10,4	50,0	30,2	7,2	100	0,65	228

Die bei *Panicum altissimum* beobachtete relativ große Zunahme von Γ beim Übergang zu 100 % O_2 steht etwas isoliert und bedarf weiterführender Untersuchungen. Das abweichende Verhalten bei dieser Art kann nicht auf Besonderheiten der Blattanatomie zurückgeführt werden. Der aus den anatomischen Daten berechnete Diffusionswiderstand zwischen Mesophyll und Leitbündelscheiden ist von ähnlicher Größe wie bei den anderen untersuchten Arten (Tab. 2). Der etwas höhere Diffusionswiderstand bei *Digitaria sanguinalis* erklärt sich daraus, daß die mittleren Durchmesser der Leitbündel und der Leitbündelscheiden ebenso wie der Quotient aus der Oberfläche der Leitbündelscheiden und der Blattfläche relativ klein sind. Es muß angenommen werden, daß die größere O_2-Abhängigkeit von Γ bei *Panicum altissimum* auf einer geringeren Aktivität der PEP-Karboxylase beruht. Dabei kann nicht ausgeschlossen werden, daß das physiologische Alter der Blätter zum Zeitpunkt der Messungen für diesen Effekt mitverantwortlich ist. Eine Verschiebung mehrerer Charakteristika von C_4-Pflanzen in Richtung zu dem C_3-Typ mit zunehmendem Blattalter ist mehrfach beschrieben worden (Kennedy 1976, Williams und Kennedy 1977). Allerdings ist bisher nicht geprüft worden, ob dies auch für die O_2-Abhängigkeit des CO_2-Gaswechsels zutrifft.

Summary

Influence of high oxygen concentrations on the CO_2 compensation concentration in C_4-plants.

In 15 species with the C_4-pathway of photosynthesis the CO_2-compensation concentration was not or only insignificantly influenced by high oxygen concentrations.

The CO_2-diffusion resistance between mesophyll and bundle sheath cells was calculated from anatomical data. It is of the same order of magnitude in six investigated species.

Краткое содержание

Влияние высоких концентраций кислорода на углекислотный компенсационный пункт у растений типа C_4

У 15 видов растений, у которых фотосинтез протекает по типу C_4, повышение концентрации кислорода или не оказывает влияния на углекислотный компенсационный пункт, или влияет очень слабо.

Диффузионное сопротивление CO_2 между мезофиллом и обкладкой проводящего пучка, вычисленное на основе анатомических данных, оказывается для 6 видов растений одного и того же порядка величин.

Literatur

APEL, P., 1966: Herstellung CO_2-haltiger Gasgemische für Photosynthesemessungen mit dem URAS. – Flora Abt. A **157**, 330–333.

FORRESTER, M. L., G. KROTKOV and C. D. NELSON, 1966: Effect of oxygen on photosynthesis, photorespiration and respiration in detached leaves. II. Corn and other monocotyledons. – Plant Physiol. **41**, 428–431.

HATCH, M. D. and C. B. OSMOND, 1976: Compartmentation and transport in C_4 photosynthesis. In: Encyclopedia of Plant Physiology, New Series, Volume 3. Transport in Plants III. (Edits. C. R. STOCKING and U. HEBER), pp. 143–184. – Springer-Verlag, Berlin-Heidelberg-New York.

KENNEDY, R. A., 1976: Relationship between leaf development, carboxylase enzyme activities and photorespiration in the C_4 plant *Portulaca oleracea* L. – Planta **128**, 149–154.

OSMOND, C. B., 1971: Metabolite transport in C_4 photosynthesis. – Aust. J. biol. Sci. **24**, 159–163.

PEISKER, M., 1978: Der Einfluß von Sauerstoff auf die CO_2-Kompensationskonzentration von C_3- und C_4-Pflanzen und von Intermediärformen. – Kulturpflanze **26**, 81–98.

POSKUTA, J., 1969: Photosynthesis, respiration and post-illumination fixation of CO_2 by corn leaves as influenced by light and oxygen concentration. – Physiol. Plant. **22**, 76–85.

WILLIAMS, L. E. and R. A. KENNEDY, 1977: Relationship between early photosynthetic products, photorespiration, and stage of leaf development in *Zea mays*. – Z. Pflanzenphysiol. **81**, 314–322.

Kulturpflanze XXVI · 1978 · S. 105–132

Zur Beurteilung des „subjektiven Fehlers" in der Deckungsgrad-Schätzmethode bei Herbizidprüfungen

GERHARD LERCH und FRANK FISCHER

(Eingegangen am 23. Januar 1978)

Zusammenfassung

Bei Beurteilung von 33 Herbizidprodukten durch 14 Versuchspersonen mit Hilfe der Deckungsgrad-Schätzmethode betrugen die mittleren Schätzwertabweichungen bei den geübten Mitarbeitern etwa fünf, bei den ungeübten Personen bis 20 Deckungsgradprozente. Bei relativer Bewertung der Prüfglieder durch Rangzahlen stimmten dagegen alle Versuchspersonen in hohem Grade überein. Im Deckungsbereich unter 50% waren die Schätzwertabweichungen merklich größer als bei hohem Deckungsgrad.

An je zehn Kombinationen geometrischer Figuren, auf Asphalt gemalt, sowie künstlich geformter Unkraut-Modellbestände wurde mit Hilfe von Fotografie und Planimeter der Deckungsgrad bestimmt. Schätzversuche von 17 Personen an den gleichen Objekten ergaben bei den geometrischen Figuren eine einheitlichere Beurteilung mit geringeren Schätzfehlern als bei den Unkrautbeständen, deren Ergebnisse der vorhergehenden Herbizidprüfung entsprachen.

Aus den Resultaten wurden Gesichtspunkte für Trainingsprogramme und Empfehlungen für die fotografische Methode zur Deckungsgradbestimmung abgeleitet.

1. Einleitung

Bei der Bewertung eines herbiziden Bekämpfungserfolges wird in Parzellenversuchen überwiegend die Methode des Deckungsgrad-Schätzens angewandt. Dabei wird visuell der prozentuale Anteil eines Unkrautbestandes innerhalb einer gegebenen Bodenfläche geschätzt. Die Methode hat nicht nur den Vorteil, daß sie keine speziellen Arbeitsmittel benötigt, sondern daß sie im Vergleich zu der früher bevorzugten Bestimmung der Unkraut-Trockenmasse einen wesentlich geringeren Zeit- und Arbeitsaufwand fordert.

FISCHER (1975) hat in einem ausführlichen Vergleich der beiden Methoden zusätzlich festgestellt, daß das Deckungsgrad-Schätzverfahren eine beträchtlich geringere Streuung der Versuchsdaten liefert und daher eine größere Genauigkeit in der Aussage gestattet.

Dennoch haftet dieser sonst so effektiven Methode ein prinzipieller Nachteil an: Da nichts gemessen oder gewogen, sondern nur visuell abgeschätzt wird, muß erwartet werden, daß bei verschiedenen Personen je nach dem individuellen Schätzvermögen die Angaben mehr oder minder voneinander abweichen. Dieser „subjektive" Fehler wird immer wieder als Vorbehalt gegen das Deckungsgradschätzen eingewendet, wurde jedoch bisher nur wenig auf seine quantitativen Ausmaße untersucht. Einige Daten über die Größe von Fehleinschätzungen bei Übungen mit Plastmodellen gibt Hollnagel (1973) wieder. Willard (1958) vertritt die Auffassung, daß bei der visuellen Klassifikation in Prozenten der subjektive Versuchsfehler bei verschiedenen Personen durch Versuchsanzahl und Wiederholungen kompensiert wird.

Die Zuverlässigkeit der Deckungsgradschätzmethode hängt jedoch wesentlich von einer genaueren Kenntnis dieses subjektiven Fehlers und dessen Auswirkungen ab, insbesondere wenn umfangreichere Prüfserien mit einem größeren Mitarbeiterkollektiv unternommen werden sollen, die mitunter sogar unabhängig voneinander, über weitere Entfernungen verteilt, arbeiten müssen. Aus diesem Grund wurde im Sommer 1975 am Institut für Grundlagen der tropischen Landwirtschaft „Alexander von Humboldt" der Kubanischen Akademie der Wissenschaften in Havanna eine Reihe vergleichender Untersuchungen vorgenommen, um Ausmaß und Variabilität der bei Schätzversuchen mit mehreren Personen auftretenden Abweichungen beurteilen zu können.

2. Methodik

Die Untersuchungen wurden in zwei getrennten Serien durchgeführt:

a) Schätzversuche mit natürlichen Unkrautbeständen

An 33 mit verschiedenen Produkten behandelten Versuchsparzellen (2×2,5 Meter) wurde die Herbizidwirkung zu drei unterschiedlichen Entwicklungsstadien der Unkräuter (3, 6 und 9 Wochen nach Behandlung) von 14 Personen unabhängig voneinander durch Schätzen des Deckungsgrades bewertet.

Die 14 Versuchspersonen (A bis O) besaßen folgende Erfahrungen in der genannten Methode:

A, B, C ... geübte Schätzer, die bereits mehrere Jahre zusammenarbeiten und oft gemeinsame Bewertungen vorgenommen haben.

D, E ... geübte Schätzer mit mehrjähriger Zusammenarbeit, jedoch aus einer anderen Arbeitsgruppe. Arbeitsgruppenleiter D stammt außerdem aus einem anderen Ausbildungszentrum der DDR als Arbeitsgruppenleiter A.

G ... ebenfalls geübter Schätzer
F, H, J ... theoretisch mit der Methode vertraut, jedoch ohne diese bis dahin praktisch angewandt zu haben
K bis O ... Anfänger, zum erstenmal vor eine solche Aufgabe gestellt.

Die beiden letztgenannten Gruppen erhielten vor Versuchsbeginn eine kurze methodische Unterweisung.

Da es bei diesen Untersuchungen vor allem darauf ankam, festzustellen, wie groß die Schätzwertabweichungen ausfallen, wenn mehrere Personen ein und dasselbe Objekt beurteilen, wurden die Daten der Versuchsperson A als Leitziffern herausgegriffen und als Bezugsgröße für die Berechnung der Differenzen zu den übrigen Personen verwendet.

b) Schätzversuche mit fotografischer Kontrolle

Hierbei sollte versucht werden, eine von den personengebundenen Schätzfehlern unabhängige Meßgröße in die Vergleiche einzubeziehen. Dazu bot sich die Möglichkeit an, die Versuchsobjekte zu fotografieren und die entsprechenden Flächen planimetrisch zu bestimmen.

Als erste Gruppe von Versuchsflächen wurden mit weißer Farbe auf einer Asphaltstraße zehn Quadrate von 2×2 m Seitenlänge markiert und mit verschiedenen geometrischen Figuren versehen (Tafel I). Die zweite Serie von Versuchsobjekten bestand ebenfalls aus zehn Quadraten (2×2 m), die mit Pflöcken und Schnüren in einem größeren Unkrautbestand abgesteckt wurden. Durch Aushacken wurden innerhalb jedes Quadrates ein oder mehrere kleinere Unkraut-Modellbestände willkürlich geformt (Tafel II). Von den Versuchsparzellen wurden zunächst Kleinbildaufnahmen angefertigt, diese auf Kopien im Format 18×18 cm vergrößert und hierauf die entsprechenden Flächen mit einem Planimeter (MOM, Budapest) ausgemessen. An diesen Versuchen nahmen 17 Personen teil, von denen 6 (P bis U) neu hinzukamen, sämtlich ohne jegliche vorherige Schätzerfahrung, während die übrigen schon an dem in Abschnitt a) beschriebenen Experiment teilgenommen hatten. Um die Möglichkeit einer vorherigen subjektiven Beeinflussung auszuschalten, wurden sowohl die geometrischen Figuren wie auch die künstlich umgeformten Unkrautbestände willkürlich und ohne Mitarbeit der Schätzer hergestellt; der genaue Deckungsgrad wurde erst nach Beendigung der Schätzungen planimetrisch aus den Fotografien bestimmt. Dieser so ermittelte „objektive" Deckungsgrad wurde als Bezugsgröße für den Vergleich mit den Schätzwerten der einzelnen Personen zugrunde gelegt.

Dabei ist zu beachten, daß dieser aus einer Fotografie ermittelte Deckungsgrad ebenfalls mit einem gewissen Fehler behaftet ist. Zwar wurde beim Fotografieren darauf geachtet, daß die Kamera sich in gleicher Höhe und Entfernung vor den Objekten befand wie die Augen der Versuchspersonen. Aus fototechnischen Gründen ergibt sich jedoch auf den Bildern unvermeidlich eine gewisse Verzerrung, die vor allem von der Position der Kamera und der Brennweite ihres Objektivs abhängt (so erscheinen z. B. in Tafel I

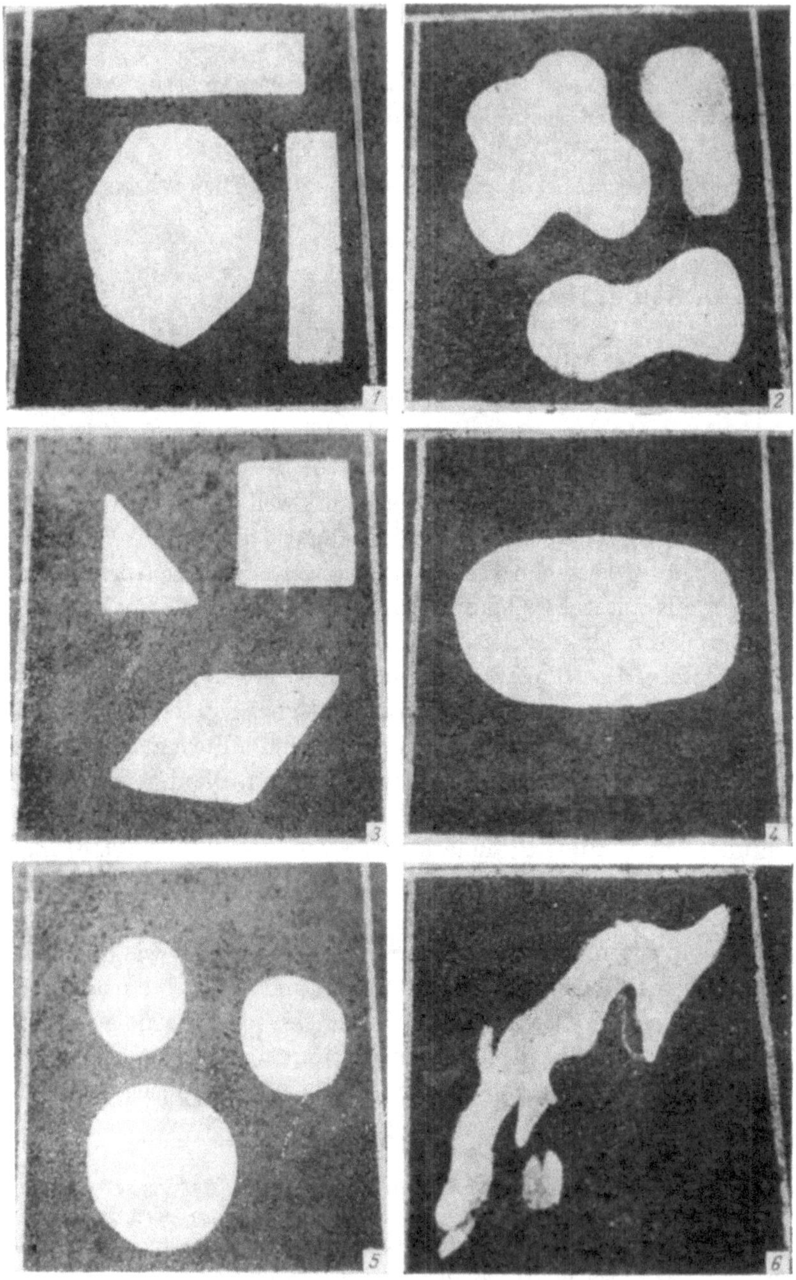

Tafel I Asphalt-Zeichnungen geometrischer Figuren für Deckungsgrad-Schätzübungen, in Quadraten von 2 Meter Seitenlänge. Numerierung entsprechend Tabelle 3

und II die quadratischen Umrißlinien als Trapeze). Bei ungleichmäßiger Verteilung der Bildobjekte im Vorder- und Hintergrund des Blickfeldes werden dann die Flächen-Relationen auf einem solchen Schrägfoto nicht genau proportional wiedergegeben, so daß die mit dem Planimeter auf der Fotografie ausgemessenen Flächen mehr oder minder vom wahren Deckungsgrad abweichen. Da dieser Fehler jedoch als geringfügig angenommen werden darf, wurde er zunächst für die Zwecke unserer ersten, orientierenden Versuche unberücksichtigt gelassen und eine genauere Prüfung des Problems späteren Untersuchungen vorbehalten.

Soweit bei Auswertung der Daten noch besondere Gruppierungen in Deckungsgradklassen vorgenommen wurden, werden die entsprechenden Angaben bei der Darstellung der Versuchsergebnisse berücksichtigt; ebenso werden in Abschnitt III die jeweils angewandten biometrischen Verfahren genannt.

Der Leitung des Institutes für Grundlagen der tropischen Landwirtschaft und insbesondere den Mitarbeitern des Fotolabors sei für ihre Unterstützung unserer Arbeiten gedankt.

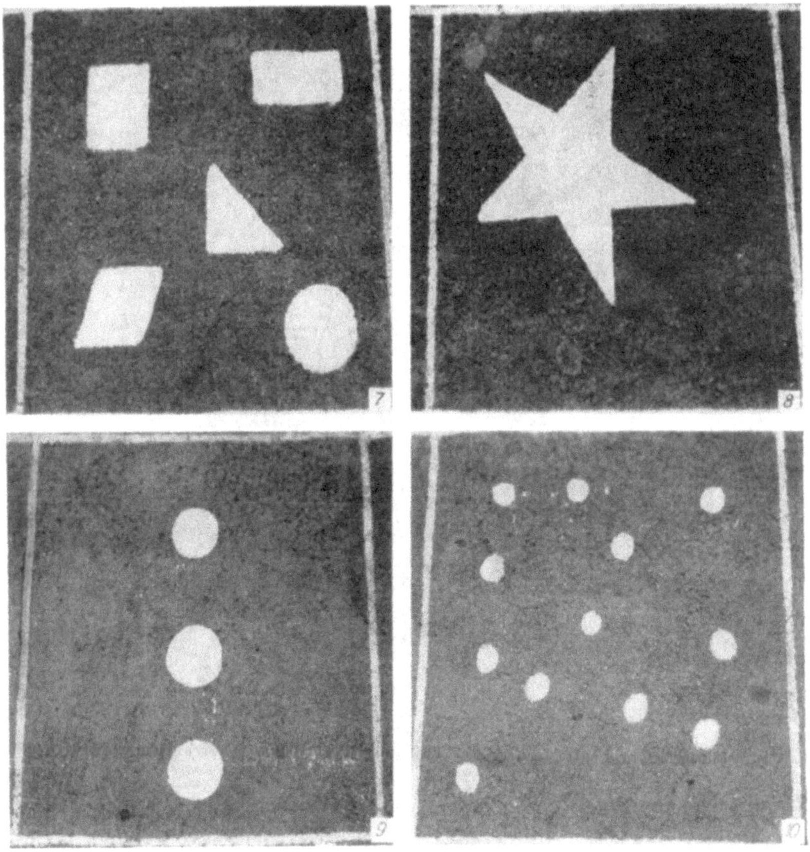

Fortsetzung Tafel I

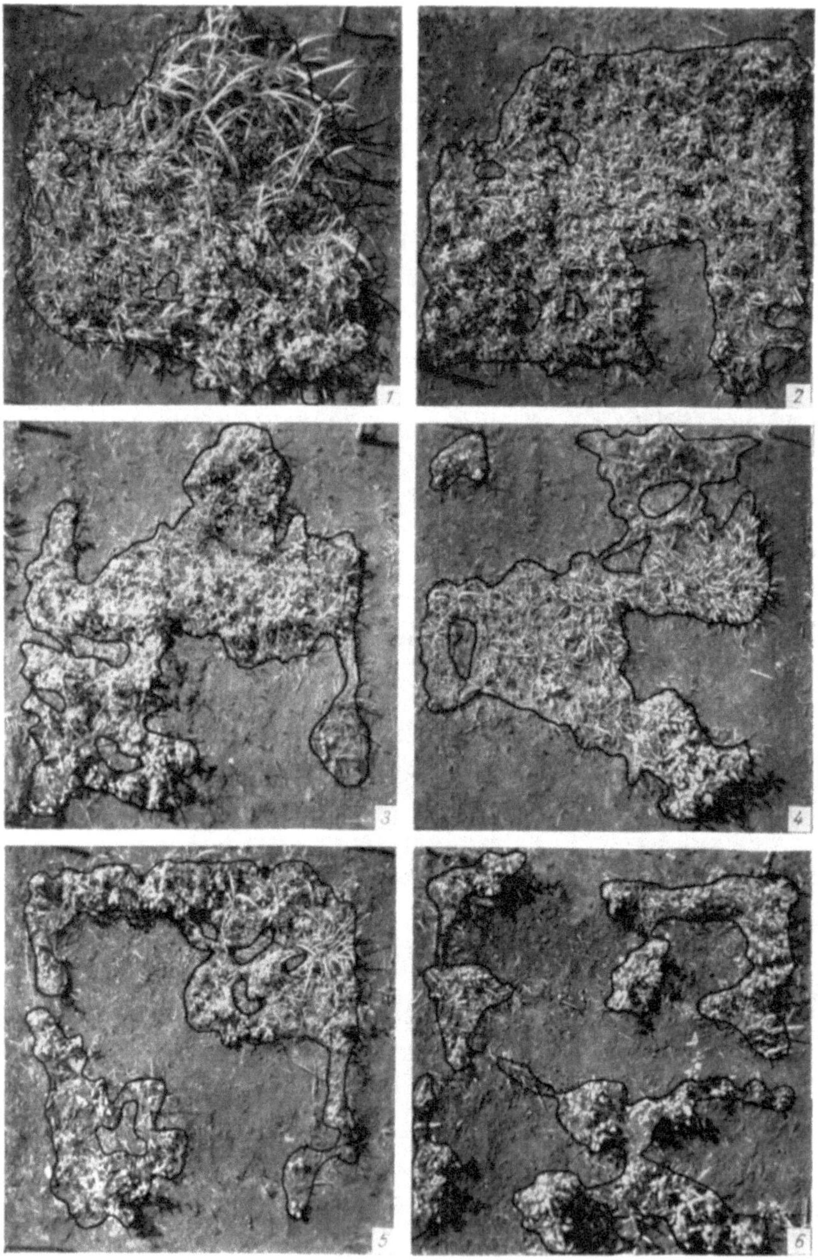

Tafel II Unkraut-Modellbestände in Quadraten von 2 Meter Seitenlänge für Deckungsgrad-Schätzübungen. Numerierung entsprechend Tabelle 5

3. Ergebnisse und Diskussion

3.1. Schätzversuch mit 33 Prüfprodukten

Die Wirkung der 33 geprüften Varianten wurde zu drei verschiedenen Entwicklungsstadien der Unkräuter jeweils gleichzeitig von den 14 Versuchspersonen durch Schätzung des Deckungsgrades bewertet. Von diesen drei Schätzversuchen, deren Ergebnisse in allen wesentlichen Gesichtspunkten übereinstimmten, soll die Analyse der dritten, abschließenden Bonitur hier als Beispiel vorgelegt werden.

Tabelle 1 gibt zunächst die Original-Schätzwerte wieder. Die Prüfglieder wurden in absteigender Reihenfolge ihres Deckungsgrades nach der Liste der Leitperson A geordnet. Erwartungsgemäß weichen die Schätzwerte der übrigen Personen mehr oder minder von den Vergleichsziffern der Spalte A ab. Diese Unterschiede waren grundsätzlich nach zwei Seiten hin zu analysieren:

a) Abweichungen in der absoluten Bewertung des Deckungsgrades, wie sie sich aus Vorzeichen und Größe der Differenzen zwischen den Schätzwerten ergeben;

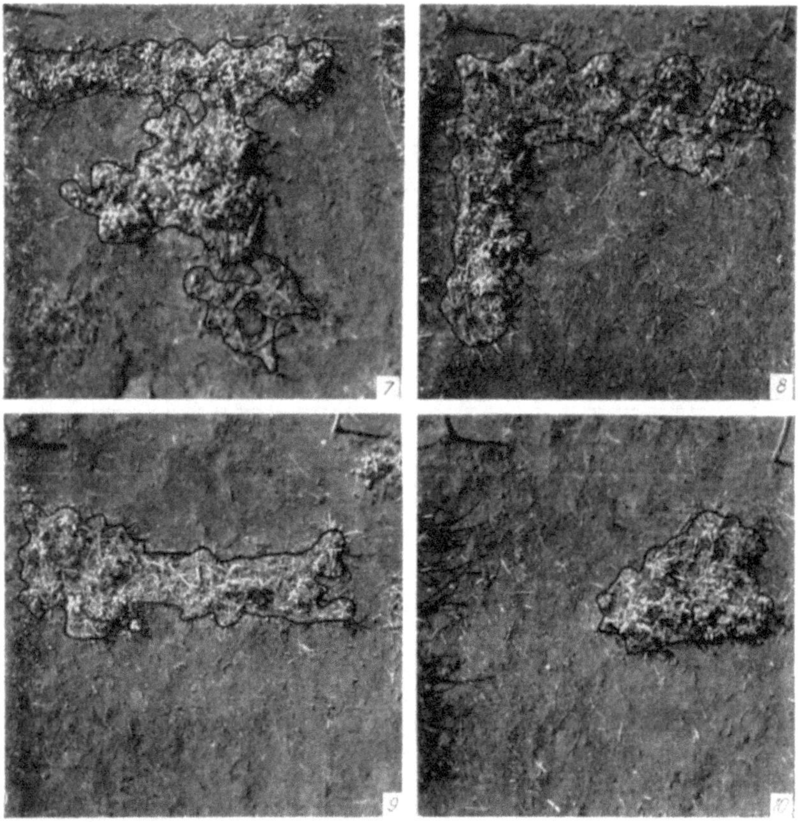

Fortsetzung Tafel II

Tabelle 1
Deckungsgrad-Schätzwerte von 14 Versuchspersonen (A–O) zur Wirkung verschiedener Herbizid-Prüfmittel (Nr. 1–33), 60 Tage nach Anwendung, Havanna, Cuba, Sommer 1975

Nr.	Personen													
	A	B	C	D	E	F	G	H	J	K	L	M	N	O
1	100	92	90	98	98	95	92	100	95	82	95	88	88	98
2	97	92	95	98	99	100	90	98	95	77	95	90	90	98
3	95	85	90	98	96	100	90	98	92	86	93	88	85	95
4	93	80	85	95	94	98	88	100	92	82	88	85	78	95
5	93	70	78	95	92	92	82	90	75	75	75	80	75	85
6	90	80	80	92	95	98	90	83	92	85	85	75	80	90
7	77	75	78	88	88	90	70	78	75	68	73	72	50	82
8	75	68	75	80	88	82	70	75	75	62	73	73	55	75
9	60	57	58	72	72	70	60	68	58	53	65	68	55	65
10	55	55	55	80	80	70	65	68	65	50	58	68	55	72
11	48	52	60	70	68	65	60	58	52	48	55	60	50	62
12	45	45	55	78	75	75	60	50	62	45	53	60	42	60
13	45	45	50	58	68	60	52	48	42	32	53	45	35	52
14	45	43	47	58	60	58	50	38	42	30	48	45	35	52
15	38	30	38	60	68	65	45	45	30	25	43	38	38	50
16	32	40	35	68	65	60	40	40	35	20	40	55	28	50
17	31	29	43	50	50	50	40	43	40	30	30	36	32	32
18	28	25	35	60	62	70	40	30	28	22	43	33	40	42
19	28	25	30	50	48	40	25	35	15	12	30	25	21	28
20	22	40	38	55	62	55	40	30	25	28	38	50	22	48
21	22	30	35	48	62	50	40	25	22	25	33	42	22	35
22	22	35	30	58	50	45	42	48	40	23	30	48	32	42
23	22	29	30	42	48	42	28	28	24	20	30	33	25	38
24	18	25	25	48	52	38	28	50	12	12	33	42	27	35
25	17	20	18	34	32	20	18	15	8	9	20	26	13	25
26	16	25	20	40	38	35	25	33	19	17	28	38	25	30
27	15	12	15	35	30	32	22	25	10	8	18	22	19	22
28	15	13	20	45	28	22	22	25	12	11	20	30	20	22
29	12	17	15	38	32	28	18	23	8	8	18	28	14	20
30	10	15	20	35	40	25	25	28	12	12	28	30	16	22
31	10	8	15	25	25	18	18	15	8	10	13	19	12	18
32	8	20	18	28	31	28	18	15	10	8	28	30	15	22
33	6	15	18	23	25	20	18	18	6	10	18	24	18	12

b) Fehleinschätzungen in der relativen Bewertung der Prüfglieder untereinander, d. h. Abweichungen in der Rangfolge der Deckungsgrad-Schätzwerte.

Zusätzlich mußte mit einer Wechselwirkung zwischen Deckungsgrad und subjektivem Fehler gerechnet werden; d. h., es war die Möglichkeit zu prüfen, ob bei verschieden hohem Deckungsgrad die Abweichungen zwischen den Schätzwerten in Größenordnung und Rangfolge unterschiedlich ausfallen.

a) Schätzwert-Abweichungen

Um die Unterschiede im Deckungsgrad-Schätzvermögen der einzelnen Versuchspersonen quantitativ beurteilen zu können, wurden die Differenzen zwischen allen Schätzwerten und den entsprechenden Bezugsdaten aus Spalte A der Tabelle 1 berechnet und unmittelbar miteinander verglichen.

Es wurde hier bewußt darauf verzichtet, die Abweichungen von der Vergleichsperson A als Relativwerte in Prozenten auszudrücken, weil die Bezugsgröße selbst keine Konstante, sondern eine Variable darstellt (vgl. HARTE 1955), und der Vergleich zwischen den direkt ermittelten Differenzen ein realistischeres Bild ergibt. Zur Gegenüberstellung: Angenommen, Versuchsperson A habe bei zwei Prüfungen einmal einen Deckungsgrad von 100, im zweiten Fall von 20 (Flächenprozenten) geschätzt; Versuchsperson B habe dagegen in beiden Fällen einen um fünf Einheiten niedrigeren Deckungsgrad angegeben. Dann würde bei einer prozentualen Wertung die gleiche, verhältnismäßig geringfügige Abweichung von 5 Deckungsgrad-Einheiten im ersten Fall einen Fehler von 5%, im zweiten Fall aber von 25% ergeben und damit ein unzulässig verschiedenes Gewicht bekommen.

Außerdem wurden die Daten der Tabelle 1 in fünf willkürliche Deckungsgrad-Klassen aufgeteilt:

Klasse I ... 0– 10%
Klasse II ... 11– 24%
Klasse III ... 25– 44%
Klasse IV ... 45– 74%
Klasse V ... 75–100%

(Zur Einschätzung von Herbizidwirkungen nach einer fünf- bzw. neunstufigen Skala vgl. auch FRYER und EVANS, 1968, sowie JOHANNES und SCHUH, 1971).

Die einzelnen Prüfglieder wurden nach dem in Spalte A geschätzten Deckungsgrad in diese Klassen eingeordnet. Die Mittelwerte der so gebildeten Stichproben unterschiedlichen Umfangs wurden in Abb. 1 vergleichend dargestellt.

Als hervorstechendstes Ergebnis zeigt Abb. 1a (in aufsteigender Reihenfolge der Personendurchschnittswerte angeordnet) nicht nur eine bemerkenswerte Vielfalt in den Abweichungen der einzelnen Versuchspersonen gegenüber A, sondern auch eine deutliche Wechselbeziehung zwischen dem Charakter dieser Schätzwert-Abweichungen und dem Deckungsgradbereich. Bei hohem Deckungsgrad liegt die Mehrzahl der Schätzwerte niedriger als bei A, umgekehrt bei niedrigem Deckungsgrad. Ganz allgemein nimmt auch die Größe der Abweichungen gegen die unteren Deckungsgrad-Klassen zu. Besonders letztere Tendenz prägte

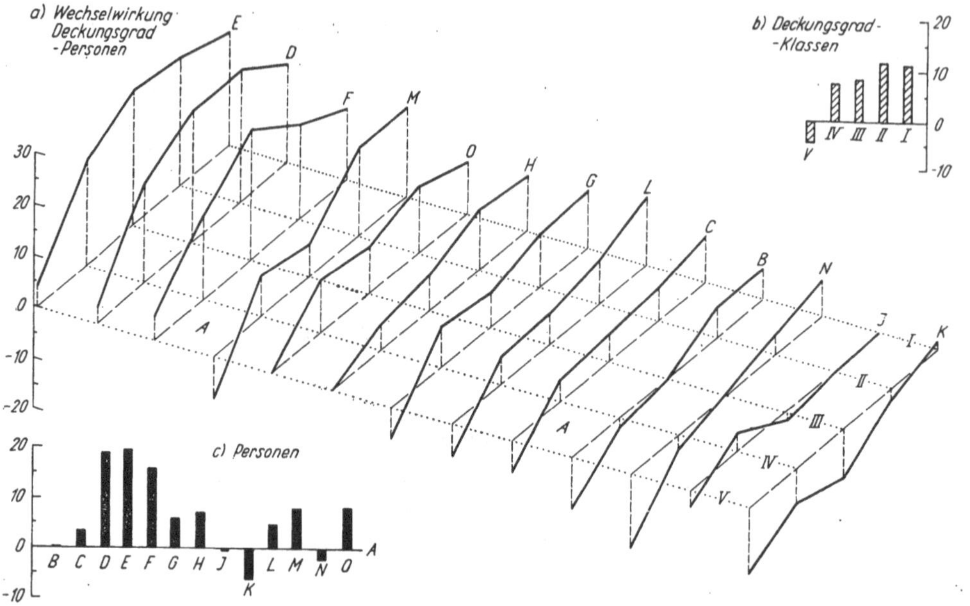

Abb. 1 Schätzwertabweichungen von 13 Versuchspersonen (B bis O) gegenüber der Leitperson A, bei Beurteilung der Herbizidwirkung von 33 Produkten, gruppiert nach fünf Deckungsgradklassen (I–V).
a) Mittelwerte für die Wechselwirkungen Personen – Deckungsgrad; b) Durchschnittswerte für die Deckungsgradklassen; c) Durchschnittswerte für die Personen

sich ziemlich gleichmäßig bei allen Personen aus und widerspiegelt sich in den Durchschnittswerten für die Deckungsgrad-Klassen (Abb. 1b).

Um die Unterschiede zwischen den Schätzwert-Abweichungen biometrisch auswerten zu können, wurden die Daten, weil Prozentangaben, zunächst über eine inverse Sinusfunktion transformiert (WEBER 1967, S. 326, Tabellen nach FISHER und YATES 1957), um eine ausreichende Annäherung an eine Normalverteilung zu erreichen. Ein mit den transformierten Daten durchgeführter BARTLETT-Test (WEBER 1967, S. 262f.) ergab keine signifikanten Differenzen zwischen den Gruppenvarianzen, so daß damit die Voraussetzungen für eine Anwendung der Varianzanalyse gegeben waren. Ihr Resultat und der mit dem DUNCAN-Test vorgenommene multiple Mittelwertvergleich (WEBER 1967, S. 252f.) ist in Abb. 2 dargestellt. Beim Vergleich unterschiedlich besetzter Stichproben wurde die Signifikanzprüfung nach dem Näherungsverfahren von KRAMER vorgenommen (WEBER 1967, S. 257).

Insgesamt ergibt sich folgendes Bild: Zwischen den Durchschnittswerten für die einzelnen Deckungsgrad-Klassen bestehen fast durchweg hochsignifikante Differenzen, mit nur zwei Ausnahmen: Im mittleren Deckungsbereich, zwischen 25 und 75% (Klasse III und IV), sind die Abweichungen praktisch einheitlich und liegen überwiegend zwischen 5 und 10 Flächenprozenten. Deutlich höher sind die Abweichungen bei niedrigem Deckungsgrad, mit nur schwach signifikantem Unterschied zwischen den Mittelwerten der Klassen I und II. Gänzlich andersartig, mit überwiegend kleineren Schätzwerten als bei der Leitperson A,

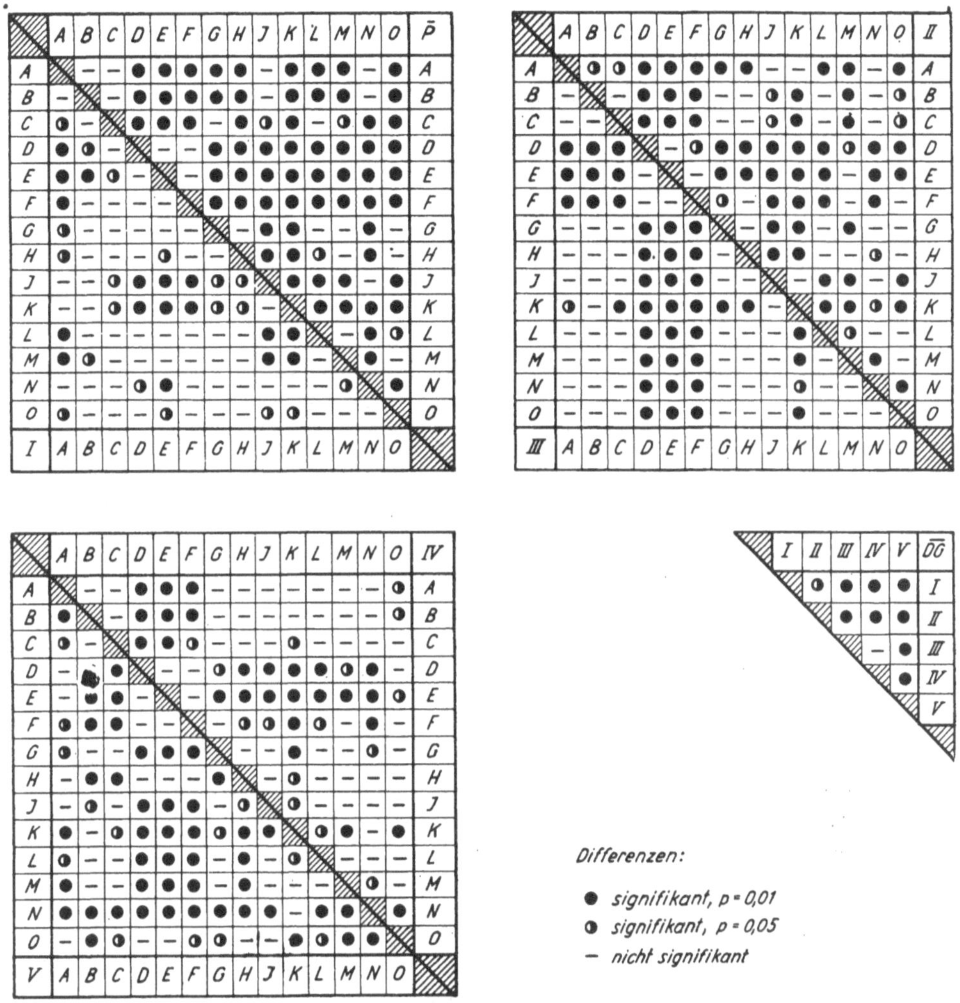

Abb. 2 Ergebnisse der Signifikanzprüfung für die Differenzen zwischen den Mittelwerten der Schätzwertabweichungen aus Abb. 1
$\overline{\text{P}}$ – Durchschnittswerte für die Personen, I bis V – Wechselwirkungen Personen – Deckungsgrad, $\overline{\text{DG}}$ – Durchschnittswerte für Deckungsgradklassen

ragt die Deckungsgradklasse V heraus, mit durchschnittlichen Abweichungen von etwa fünf Flächenprozenten. Für die praktischen Belange der Herbizidprüfungen ist diese Differenz unbedeutend, zumal bei so starkem Unkrautwuchs. Bedenklich sind dagegen die weit größeren Schätzwert-Abweichungen bei niedrigem Deckungsgrad, die im Durchschnitt mehr als 10% betragen, im Einzelfall bis nahe an 30 Flächenprozente ansteigen. Der Effekt wirksamer Herbizide prägt sich gerade in den unteren Deckungsgrad-Abstufungen aus, die deshalb in der internationalen Klassifikation immer detaillierter untergliedert und spezifisch charakterisiert werden (FRYER und EVANS 1968, JOHANNES und SCHUH 1971).

Ein Vergleich der Durchschnittswerte für die einzelnen Personen (Abb. 1c und Abb. 2) scheint auf den ersten Blick nur eine bunte Vielfalt zu bieten: Positive und negative Differenzen variieren ebenso wie die Höhe der Mittelwerte. Das Bild ändert sich jedoch, wenn man die Erfahrung der einzelnen Versuchspersonen berücksichtigt. Keine signifikanten Differenzen bestehen zwischen A, B und C, d. h. drei erfahrenen Schätzern, die bereits mehrere Jahre zusammenarbeiten (wo vereinzelt innerhalb der Deckungsgradklassen Unterschiede zwischen diesen drei Personen statistisch nachweisbar waren, ließen sie sich nur schwach sichern). Ebenso stimmen D und E praktisch völlig überein, wobei letzterer ein mehrjähriger Mitarbeiter von D ist. Bemerkenswert ist der starke Unterschied zwischen dieser Gruppe D/E und dem vorgenannten Kollektiv A/B/C; die Gruppenleiter A und D haben beide langjährige Erfahrung im Deckungsgradschätzen, kommen jedoch aus verschiedenen Ausbildungszentren. Die restlichen Versuchspersonen sind überwiegend Neulinge; es überrascht daher nicht, wenn die Resultate hier stärker streuen, von extrem niedrigen Werten (K) bis zu generell zu hohen Einschätzungen (F), und ebenso vielen Abstufungen zwischen zufällig fast völliger Übereinstimmung mit A (J), bis zu extrem starker Wechselwirkung, d. h. besonders hoher Überschätzung bei niedrigem Deckungsgrad und besonders tiefen Werten bei starkem Unkrautwuchs (M). All dies bestätigt einmal mehr die Erfahrung, daß Deckungsgradschätzen gelernt und geübt sein will, bevor mit praktischen Prüfungen begonnen wird. Insbesondere für großräumige Herbizid-Prüfserien, bei denen unter Umständen zahlreiche Einzelpersonen oder Arbeitsgruppen über größere Entfernungen verteilt werden und dort unabhängig voneinander arbeiten müssen, ist es eine unabdingbare und für den Erfolg des Unternehmens entscheidende Voraussetzung, daß alle Mitarbeiter, soweit sie die rationelle Schätzmethode anwenden sollen, sich vorher einem systematischen Training unter einheitlicher Ausbildungsleitung unterziehen müssen. Die heutigen statistischen Verfahren bieten ausreichende Möglichkeiten, die Ergebnisse eines solchen Trainings quantitativ zu bewerten, und im Endergebnis dürften nur solche Mitarbeiter zu selbständigen Schätzverfahren zugelassen werden, bei denen während der Vorausbildung die Schätzwertabweichungen keine signifikanten Unterschiede mehr zeigen. Auf diese Weise läßt sich der sonst so gefürchtete „subjektive Fehler" nicht nur unter konkrete Kontrolle bringen, sondern auch auf ein praktisch unbedenkliches Minimum herabdrücken.

b) Rangfolge-Abweichungen

Ebenso notwendig wie die Bestimmung des Deckungsgrades und für die Praxis oft noch wichtiger, ist die Aufstellung einer treffsicheren Rangordnung zwischen den Prüfmitteln. Gerade bei den industriellen Prüfverfahren für Pflanzenschutzmittel muß sehr häufig eine große Zahl von Produkten möglichst rasch und unter möglichst vielseitigen Bedingungen bewertet werden. Für die praktischen Zwecke solcher Herbizid-Screenings ist es dann oft vordringlicher, einfach festzustellen,

Tabelle 2
Rangzahlen für die Wirkung verschiedener Herbizid-Prüfmittel (Nr. 1–33), nach den Deckungsgrad-Schätzwerten von 14 Versuchspersonen (A–O) aus Tabelle 1

Nr.	Personen													
	A	B	C	D	E	F	G	H	J	K	L	M	N	O
1	33	32,5	31,5	32	32	29	33	32,5	32,5	30,5	32,5	31,5	32	32,5
2	32	32,5	33	32	33	32,5	31	30,5	32,5	29	32,5	33	33	32,5
3	31	31	31,5	32	31	32,5	31	30,5	30	33	31	31,5	31	30,5
4	29,5	29,5	30	29,5	29	30,5	29	32,5	30	30,5	30	30	29	30,5
5	29,5	27	27,5	29,5	28	28	28	29	27	28	28	29	28	28
6	28	29,5	29	28	30	30,5	31	28	30	32	29	28	30	29
7	27	28	27,5	27	26,5	27	26,5	27	27	27	27	26	23,5	27
8	26	26	26	25,5	26,5	26	26,5	26	27	26	25	27	26	26
9	25	25	24	23	23	23	23	24,5	23	25	26	24,5	26	24
10	24	24	22,5	25,5	25	23	25	24,5	25	24	24	24,5	26	25
11	23	23	25	22	21	20,5	23	23	22	23	23	22,5	23,5	23
12	21	21,5	22,5	24	24	25	23	21,5	24	22	21,5	22,5	22	22
13	21	21,5	21	17	21	18,5	21	19,5	20,5	21	21,5	17,5	18,5	20,5
14	21	20	20	17	15	17	20	15	20,5	19,5	20	17,5	18,5	20,5
15	19	15,5	17,5	19,5	21	20,5	19	18	16	16,5	18,5	13,5	20	18,5
16	18	18,5	15	21	19	18,5	15	16	17	12,5	17	21	15	18,5
17	17	13,5	19	13,5	12,5	14,5	15	17	18,5	19,5	11,5	12	16,5	11
18	15,5	10,5	15	19,5	17	23	15	11,5	15	14	18,5	10,5	21	15,5
19	15,5	10,5	12	13,5	10,5	11	9	14	10	9	11,5	4	9	9
20	12,5	18,5	17,5	15	17	16	15	11,5	14	18	16	20	10,5	17
21	12,5	15,5	15	11,5	17	14,5	15	7	12	16,5	14,5	15,5	10,5	12,5
22	12,5	17	12	17	12,5	13	18	19,5	18,5	15	11,5	19	16,5	15,5
23	12,5	13,5	12	9	10,5	12	11,5	9,5	13	12,5	11,5	10,5	12,5	14
24	10	10,5	10	11,5	14	10	11,5	21,5	8	9	14,5	15,5	14	12,5
25	9	7,5	5	4	6,5	2,5	3	2	3	4	5,5	5	2	8
26	8	10,5	8	8	8	9	9	13	11	11	8	13,5	12,5	10
27	6,5	2	2	5,5	4	8	6,5	7	5,5	2	3	2	7	5,5
28	6,5	3	8	10	3	4	6,5	7	8	7	5,5	8	8	5,5
29	5	6	2	7	6,5	6,5	3	5	3	2	3	6	3	3
30	3,5	4,5	8	5,5	9	5	9	9,5	8	9	8	8	5	5,5
31	3,5	1	2	2	1,5	1	3	2	3	5,5	1	1	1	2
32	2	7,5	5	3	5	6,5	3	2	5,5	2	8	8	4	5,5
33	1	4,5	5	1	1,5	2,5	3	4	1	5,5	3	3	6	1

ob Substanz *X* stärker oder schwächer wirkt als Substanz *Y*, ohne daß es in diesem Fall darauf ankommt, den Deckungsgrad des durch die beiden Produkte bedingten Unkrautbewuchses mit höchster Präzision festzustellen. Unter solchen Umständen ist es dann auch ohne Belang, wenn etwa Person A ständig höhere Deckungsgrad-Schätzwerte angibt als Person B, sofern auf den Listen dieser beiden Mitarbeiter die relative Bewertung der Prüfglieder untereinander, d. h. ihre Rangordnung, gleich bleibt.

Um unsere Daten auch unter diesem Gesichtspunkt zu prüfen, wurden die Deckungsgrad-Schätzwerte aus Tabelle 1 nach den statistischen Normen mit Rangzahlen versehen. Die entsprechenden 14 Reihen mit je 33 Rängen sind in Tabelle 2 zusammengestellt. Bereits ein flüchtiger Vergleich zeigt, daß innerhalb der einzelnen Prüfglieder die Rangzahlen weitgehend übereinstimmen. Kleinere Abweichungen in der Rangordnung sind häufig, größere jedoch äußerst selten. Zur genaueren biometrischen Auswertung wurden alle 14 Ranglisten untereinander paarweise nach dem Muster einer Rangkorrelation verglichen (Cavalli-Sforza 1964, Paradine und Rivett 1966).

Bei allen 91 Paarungen, die zwischen den 14 Rangreihen möglich sind, ergab sich ein hochsignifikanter Rangkorrelations-Koeffizient, mit Werten stets zwischen 0,90 und 0,98. Das bedeutet, daß hinsichtlich der Rangordnung zwischen den verwendeten Prüfgliedern die Angaben aller Versuchspersonen praktisch gleichwertig sind, ohne Rücksicht auf frühere Erfahrungen im Deckungsgrad-

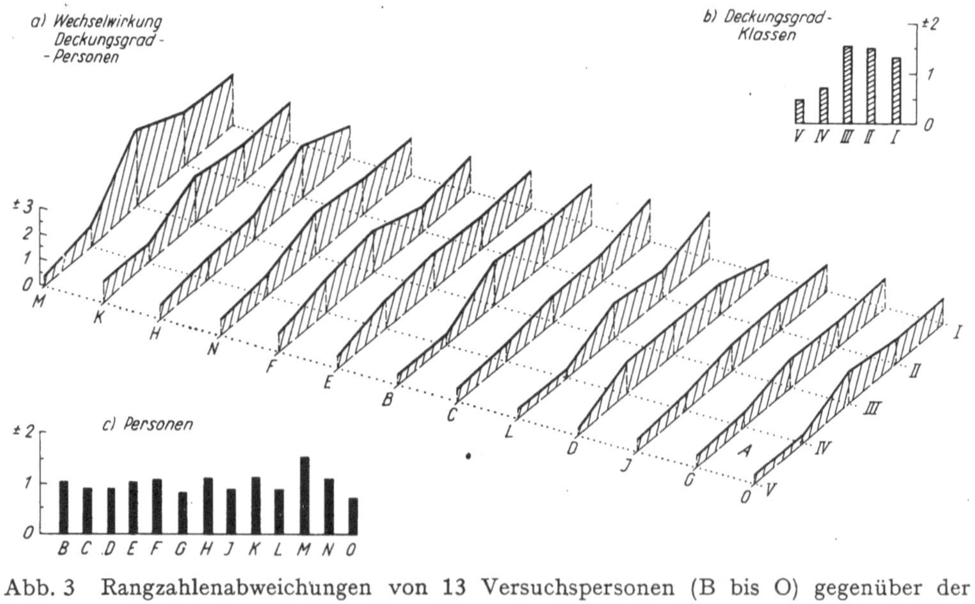

Abb. 3 Rangzahlenabweichungen von 13 Versuchspersonen (B bis O) gegenüber der Leitperson A, bei der relativen Beurteilung der Herbizidwirkung von 33 Produkten, gruppiert nach fünf Deckungsgradklassen (I–V).

a) Mittelwerte für die Wechselwirkungen Personen – Deckungsgrad; b) Durchschnittswerte für die Deckungsgradklassen; c) Durchschnittswerte für die Personen schätzen. Auch die bei der absoluten Deckungsgradschätzung so weit voneinander abweichenden Personen A und D gehen in der Bewertung der Rangfolge praktisch konform.

Trotz dieser hochgradigen Übereinstimmung im Gesamtbild der Prüfglieder-Rangordnung erscheinen die auftretenden Rangfolge-Abweichungen nicht gleichmäßig verteilt, und es lassen sich merkliche Unterschiede für die einzelnen Dekkungsgradbereiche feststellen. Während bei hohem Deckungsgrad nur ganz geringfügige Fehleinschätzungen vorkommen, weichen im niedrigen Deckungsbereich die Rangzahlen stärker voneinander ab.

Um diesen Gesichtspunkt näher zu prüfen, wurden die Absolutwerte für die Rangzahl-Abweichungen miteinander verglichen. Dabei wurden zunächst, analog den Schätzwertabweichungen, die Differenzen zur Leitperson A bestimmt. Diese Ergebnisse wurden in Abb. 3 zusammengestellt. Da es sich hier fast stets um Werte zwischen Null und Zehn handelt, wurde die varianzanalytische Auswertung mit Hilfe einer Quadratwurzel-Transformation vorgenommen (Weber 1967, S. 325). Das Ergebnis der Signifikanzprüfung zeigt Abb. 4.

Im Gegensatz zu Abb. 1 erscheinen hier die Kurven weit ausgeglichener und die Unterschiede zwischen den Durchschnittswerten für die einzelnen Versuchs-

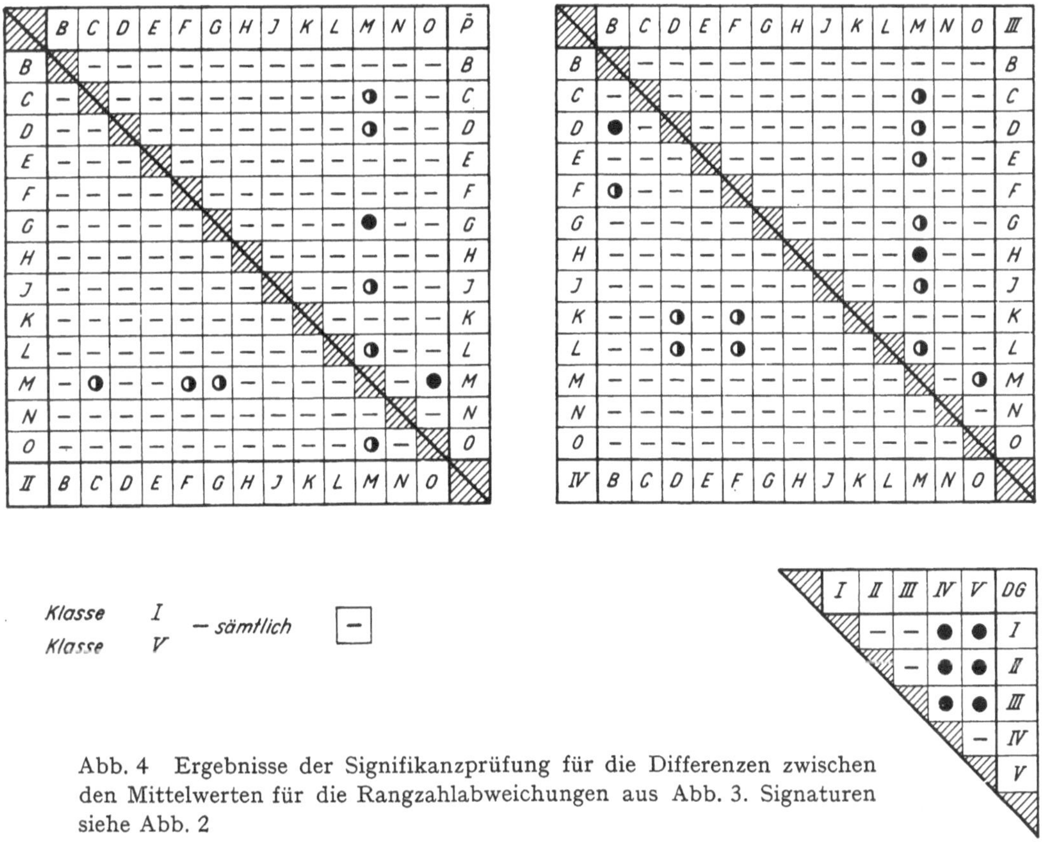

Abb. 4 Ergebnisse der Signifikanzprüfung für die Differenzen zwischen den Mittelwerten für die Rangzahlabweichungen aus Abb. 3. Signaturen siehe Abb. 2

personen bedeutend geringer. Tatsächlich ergab der varianzanalytische F-Test für den Personenvergleich keine signifikante Differenz. Mit dem DUNCAN-Test ließen sich in einigen wenigen Fällen, meist nur für die extrem herausragende Person M, signifikante Differenzen nachweisen, meist jedoch mit erhöhter Irrtumswahrscheinlichkeit von 5% (Abb. 4).

Beim Vergleich der Deckungsgrad-Klassen ergibt sich, daß hier, in den Rangzahl-Abweichungen gegenüber A, die Fehleinschätzungen bei einem Deckungsgrad von mehr als 45% (Klasse IV und V) gleichermaßen geringfügig sind (Mittelwert etwa 0,6 Rangeinheiten). Ebenso einheitlich, jedoch deutlich stärker, bleiben die Abweichungen bei niedrigerem Deckungsgrad (Klassen I, II und III), mit einem Mittelwert bei 1,4 Rangeinheiten (vgl. Abb. 3c).

Vergleicht man die Durchschnittswerte für die einzelnen Versuchspersonen (Abb. 3c), so erscheinen die vier erfahrenen Schätzer (B bis E) mit fast identischen Werten, während sich bei den ungeübten Personen (F bis O) erwartungsgemäß etwas größere Abweichungen zeigen, und besonders Versuchsperson M auch hier durch ihre ungewöhnlich starken Fehleinschätzungen auffällt.

Um nicht nur die Leitperson A als alleinige Bezugsgröße heranzuziehen, wurden für die Rangzahlabweichungen auch die Gesamtwerte ermittelt, d. h. für jede der 14 Versuchspersonen wurden die Abweichungen in der Rangfolgebewertung gegenüber allen anderen 13 Personen berechnet und diese Daten miteinander verglichen. Die Ergebnisse sind auf Abb. 5 und 6 dargestellt.

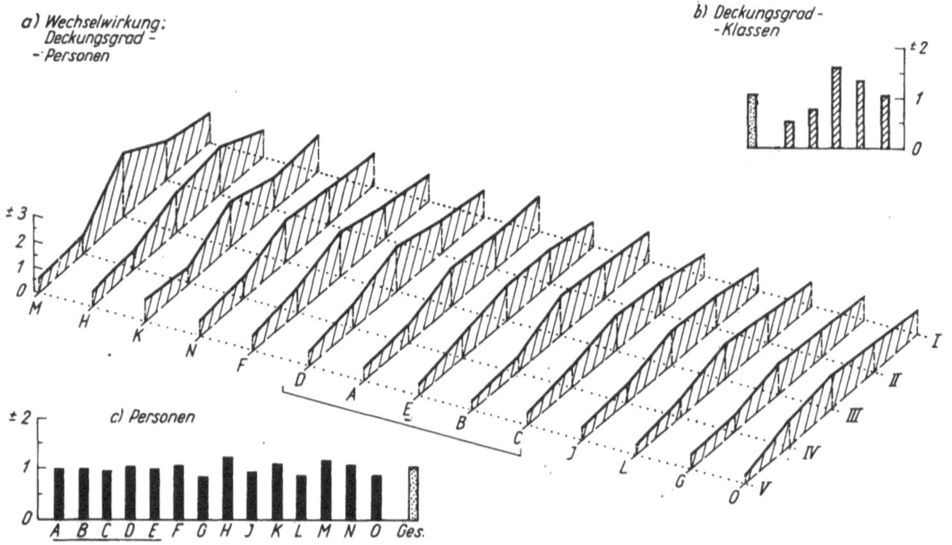

Abb. 5 Rangzahlabweichungen zwischen 14 Versuchspersonen (A bis O) untereinander, bei der relativen Beurteilung der Herbizidwirkung von 33 Produkten, gruppiert nach fünf Deckungsgradklassen (I–V).
a) Mittelwerte für die Wechselwirkungen Personen – Deckungsgrad; b) Durchschnittswerte für Deckungsgradklassen Ges. = Gesamtdurchschnitt (geübte Schätzer unterstrichen); c) Durchschnittswerte für Personen

Die bereits in Abb. 3 sich abzeichnende Wechselwirkung zwischen Deckungsgradbereich und Fehlergröße verstärkt sich hier, weil bei sämtlichen Versuchspersonen auftretend, so daß nunmehr zwischen den Mittelwerten aller fünf Deckungsgrad-Klassen hochsignifikante Differenzen bestehen (Abb. 5b). Am stärksten erscheinen die Fehleinschätzungen im mittleren Deckungsbereich (25 bis 45%). Doch bleiben auch hier die Durchschnittswerte für die Rangfolgeabweichungen stets kleiner als 2, bei höherem Deckungsgrad (Klasse IV, V) sogar kleiner als 1, und damit für praktische Belange äußerst geringfügig. Ganz vereinzelt gab es Abweichungen in der Größenordnung von 10 Rangstufen; sie kamen jedoch biometrisch nicht zur Geltung und konnten unter der erdrückenden Mehrheit der Übereinstimmungen oder geringfügigen Fehleinschätzungen in der

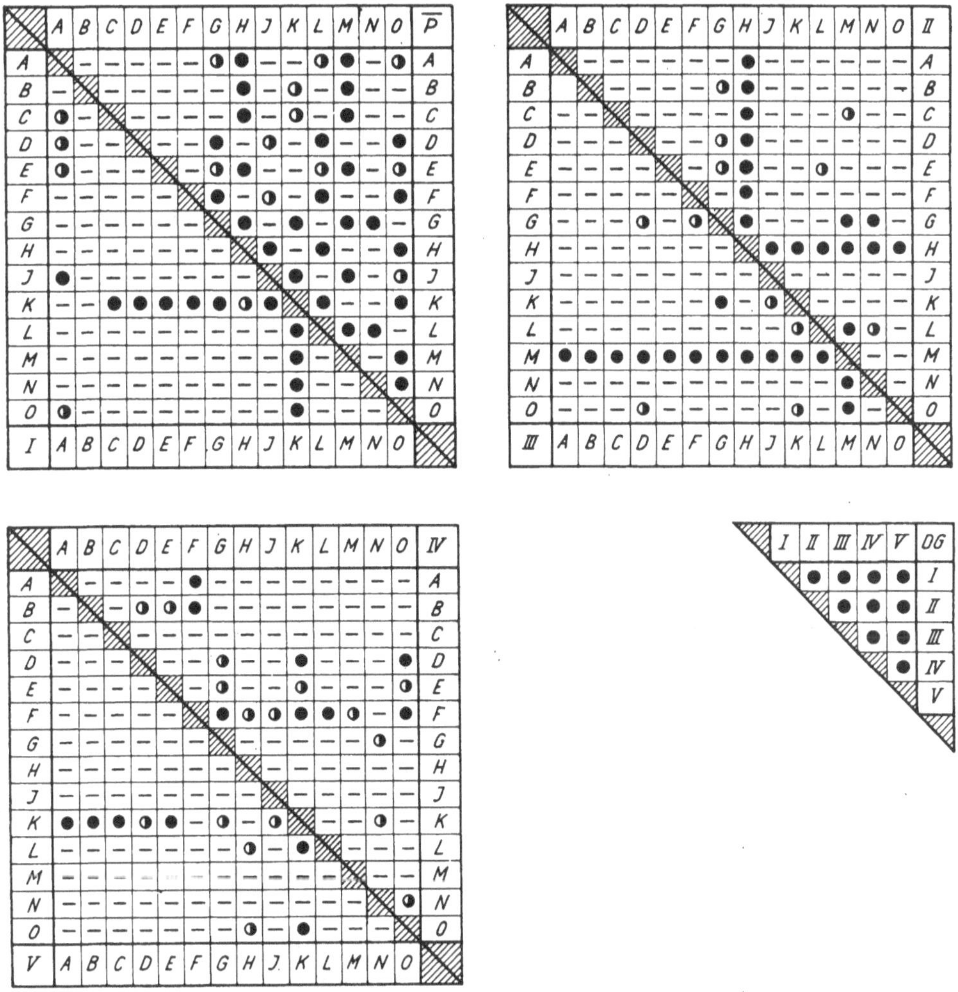

Abb. 6 Ergebnisse der Signifikanzprüfung für die Differenzen zwischen den Mittelwerten für die Rangzahlabweichungen aus Abb. 5. Signaturen siehe Abb. 2

Rangordnung die starke Korrelation zwischen allen Versuchspersonen nicht beeinträchtigen.

Die Mittelwerte für die Versuchspersonen (Abb. 5c) erscheinen bei diesem Gesamtvergleich noch stärker ausgeglichen als bei Gegenüberstellung mit A. Insbesondere stimmen die Daten für die fünf erfahrenen Schätzer (A bis E) fast völlig überein, ohne signifikante Differenzen untereinander, und die entsprechenden Kurven liegen eng benachbart im Mittelfeld der Abb. 5a (die ebenfalls nach aufsteigenden Durchschnittswerten geordnet sind), flankiert von stärkeren Abweichungen der übrigen, im Deckungsgradschätzen noch ungeübten Personen. Innerhalb der einzelnen Deckungsgradklassen ragen meist nur vereinzelte Personen durch besonders starke Fehleinschätzungen gegenüber allen anderen hervor, z. B. K in Klasse I und V, H in Klasse II, M in Klasse II, M in Klasse III und F in Klasse IV (vgl. Abb. 6). Diese Fälle seien als Beispiele für gröbere Fehleinschätzungen angeführt, die eindeutig und statistisch gut belegbar aus dem Gros der übrigen Versuchspersonen herausragen. Sollten sich in einem Ausbildungslehrgang bei wiederholten Versuchen derartige stärkere Abweichungen nicht korrigieren lassen, so dürften die entsprechenden Mitarbeiter nicht für Prüfserien mit Schätzverfahren eingesetzt werden.

Insgesamt blieben jedoch die Fehleinschätzungen hinsichtlich der Rangfolge überraschend niedrig. Der Gesamtmittelwert beträgt 1,0 Rangzahlen und ist damit genau identisch mit dem Durchschnittswert für die Abweichungen aller Personen gegenüber A, was den repräsentativen Charakter dieser Werte unterstreicht. Dieses Resultat ist umso bemerkenswerter, als zwei Drittel der Versuchspersonen im Deckungsgradschätzen unerfahren waren und trotzdem auf Anhieb sich im Durchschnitt nur um 1 bis 2 Rangstufen (bei einer Gesamtheit von 33 Rängen) verschätzten. Dieser Fehler darf für die praktischen Belange der Großversuche als unbedeutend betrachtet und so gut wie vernachlässigt werden.

3.2. Schätzversuche mit fotografischer Kontrolle

a) Geometrische Figuren

Tabelle 3 enthält die Schätzwerte der 17 Versuchspersonen für die zehn benutzten Kombinationen geometrischer Figuren (vgl. Tafel I), zusammen mit den aus den Fotografien planimetrisch bestimmten Werten für den Deckungsgrad. Von diesen fotografisch ermittelten Daten wurden die Schätzwert-Abweichungen für die einzelnen Personen berechnet und in Abb. 7a dargestellt, wobei die Gruppierung nach den bereits erwähnten fünf Deckungsgrad-Klassen beibehalten wurde (vgl. S. 113). Um die Versuche auf die für die Praxis wichtigen Deckungsbereiche zu konzentrieren, wurden die geometrischen Gebilde so gehalten, daß hier nur die unteren Deckungsgrad-Klassen zur Anwendung kamen. Da die varianzanalytische Auswertung hier keine signifikante Wechselwirkung zwischen Personen und Deckungsgrad-Klassen ergab, wurden in Abb. 8a nur die Durchschnittswerte

Tabelle 3

Deckungsgrad-Schätzwerte von 17 Versuchspersonen (A–U) an geometrischen Figuren (Nr. 1–10) und Vergleich mit Planimeterwert aus Fotografie (Tafel I)

Nr.	Foto	Personen																
		A	B	C	E	F	G	H	J	K	M	O	P	Q	R	S	T	U
1	44	60	55	50	60	50	55	45	55	45	45	50	45	60	75	65	60	45
2	43	50	45	40	50	50	50	45	45	45	45	50	50	50	65	60	40	40
3	34	35	40	35	40	35	45	40	40	35	30	40	25	40	45	35	40	40
4	31	35	30	25	30	40	40	25	35	35	30	30	30	40	45	35	30	30
5	28	30	30	30	40	35	35	30	35	20	35	35	30	35	60	40	30	30
6	22	30	30	20	25	25	25	25	35	35	30	30	20	35	40	35	30	20
7	17	25	25	20	25	20	30	20	25	30	25	25	15	30	35	25	20	15
8	15	20	20	15	20	20	15	20	15	25	20	20	20	25	25	20	10	25
9	5	8	10	10	15	15	10	15	10	10	5	15	5	10	8	15	15	5
10	4	5	10	8	10	15	15	10	5	8	3	10	3	10	20	8	10	5

Tabelle 4

Rangzahlen für die Deckungsgrad-Schätzwerte von 17 Versuchspersonen (A–U) an geometrischen Figuren (Nr. 1–10) aus Tabelle 3

Nr.	Foto	Personen																
		A	B	C	E	F	G	H	J	K	M	O	P	Q	R	S	T	U
1	10	10	10	10	10	9,5	10	9,5	10	9,5	9,5	9,5	9	10	10	10	10	10
2	9	9	9	9	9	9,5	9	9,5	9	9,5	9,5	9,5	10	9	9	9	8,5	8,5
3	8	7,5	8	8	7,5	6,5	8	8	8	7	6	8	6	7,5	6,5	6	8,5	8,5
4	7	7,5	6	6	6	8	7	5,5	6	7	6	5,5	7,5	7,5	6,5	6	6	6,5
5	6	5,5	6	7	7,5	6,5	6	7	6	3	8	7	7,5	5,5	8	8	6	6,5
6	5	5,5	6	4,5	4,5	5	4	5,5	6	7	6	5,5	4,5	5,5	5	6	6	4
7	4	4	4	4,5	4,5	3,5	5	3,5	4	5	4	4	3	4	4	4	4	3
8	3	3	3	3	3	3,5	2,5	3,5	3	4	3	3	4,5	3	3	3	1,5	5
9	2	2	1,5	2	2	1,5	1	2	2	2	2	2	2	1,5	1	2	3	1,5
10	1	1	1,5	1	1	1,5	2,5	1	1	1	1	1	1	1,5	2	1	1,5	1,5

für die Versuchspersonen und die einzelnen Deckungsbereiche aufgenommen sowie die Ergebnisse der Signifikanzprüfung für die entsprechenden Mittelwert-Differenzen.

Im Vergleich zu dem aus dem Foto ermittelten Deckungsgrad haben sich die meisten Versuchspersonen (ausgenommen P) nach oben hin verschätzt, doch blieben die Abweichungen relativ geringfügig und liegen im Durchschnitt meist unter 10 Flächenprozenten. Eine Ausnahme bildet Versuchsperson R (zum erstenmal vor eine solche Aufgabe gestellt), die mit einer mittleren Abweichung von 17,5 Deckungsgradeinheiten weit über die anderen Teilnehmer herausragt und darum beim Vergleich der Mittelwerte mit durchweg hochsignifikanten Differenzen auffällt (Abb. 8a). Die überwiegende Mehrzahl der insgesamt 136 Differenzen zwischen den Mittelwerten für die drei Deckungsgradklassen ist nicht signifikant; der Gesamtdurchschnitt der Schätzwertabweichungen betrug 5,6 Deckungsgrad-Einheiten (Flächenprozente).

Die Rangplazierungen ergaben eine noch größere Übereinstimmung (Tabelle 4). Die zwischen dem fotografisch ermittelten Deckungsgrad und den Schätzwerten der einzelnen Versuchspersonen berechneten Rangkorrelationskoeffizienten waren sämtlich hochsignifikant, mit Werten zwischen 0,900 und 0,995.

Die Absolutwerte für die Rangplatzabweichungen liegen in den Deckungsgrad-

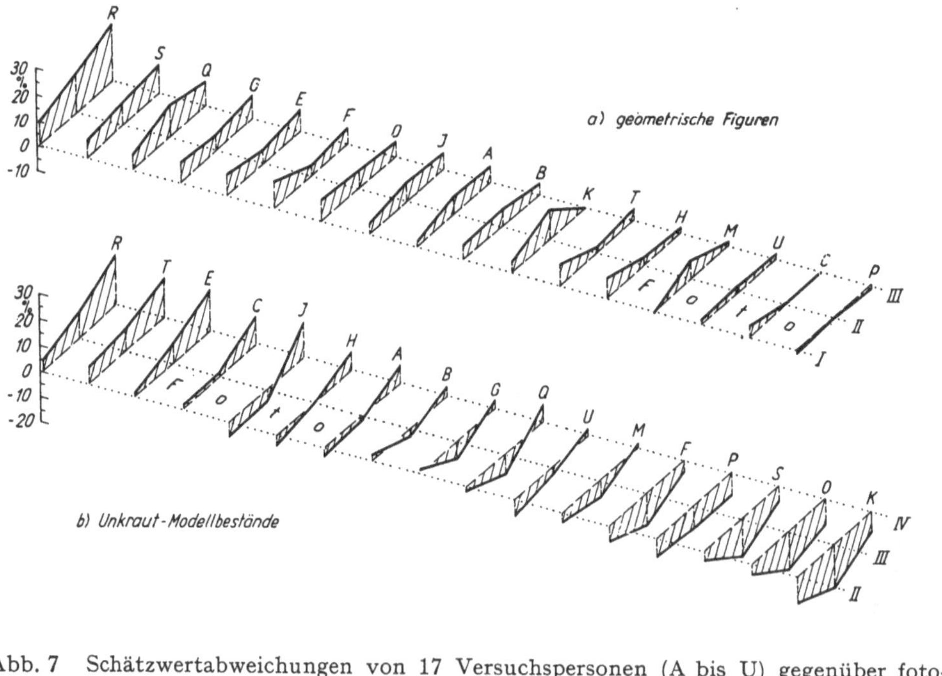

Abb. 7 Schätzwertabweichungen von 17 Versuchspersonen (A bis U) gegenüber fotografisch ermitteltem Deckungsgrad, gruppiert nach drei Deckungsgradklassen. Mittelwerte für die Wechselwirkungen Personen – Deckungsgrad.
a) bei Beurteilung von 10 Kombinationen geometrischer Figuren (Tafel I); b) bei Beurteilung von 10 Unkraut-Modellbeständen (Tafel II)

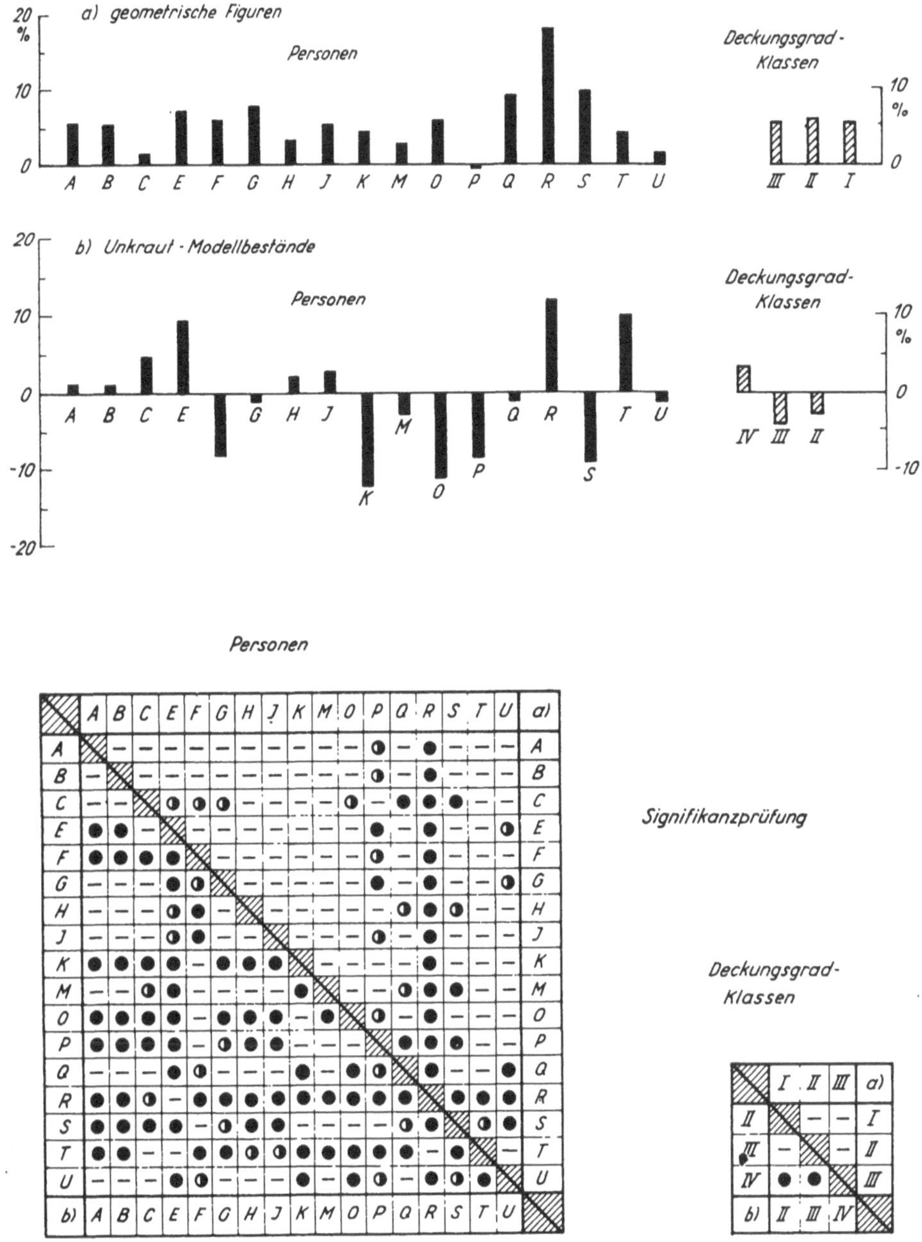

Abb. 8 Schätzwertabweichungen von 17 Versuchspersonen (A bis U) gegenüber fotografisch ermitteltem Deckungsgrad, gruppiert nach drei Deckungsgradklassen. Durchschnittswerte für Personen und Deckungsgradklassen, sowie Signifikanzprüfung für die Differenzen zwischen den Durchschnittswerten. a) Bei Beurteilung von 10 Kombinationen geometrischer Figuren (Tafel I); b) Bei Beurteilung von 10 Unkraut-Modellbeständen. Signaturen siehe Abb. 2

klassen II und III etwas höher als in Klasse I, wo sie überwiegend gleich Null waren (Abb. 9a). Insgesamt blieben die Rangzahlabweichungen in der überwiegenden Mehrheit kleiner als eins, nur in einem Fall gab es eine Abweichung von 3 Rangeinheiten. Signifikante Unterschiede zwischen den Mittelwerten für die einzelnen Personen gab es kaum (Abb. 10a), etwas stärker ragten nur K, P und U heraus. Am niedrigsten sind wiederum die Rangplatzabweichungen bei den erfahrenen Schätzern (A, B, C).

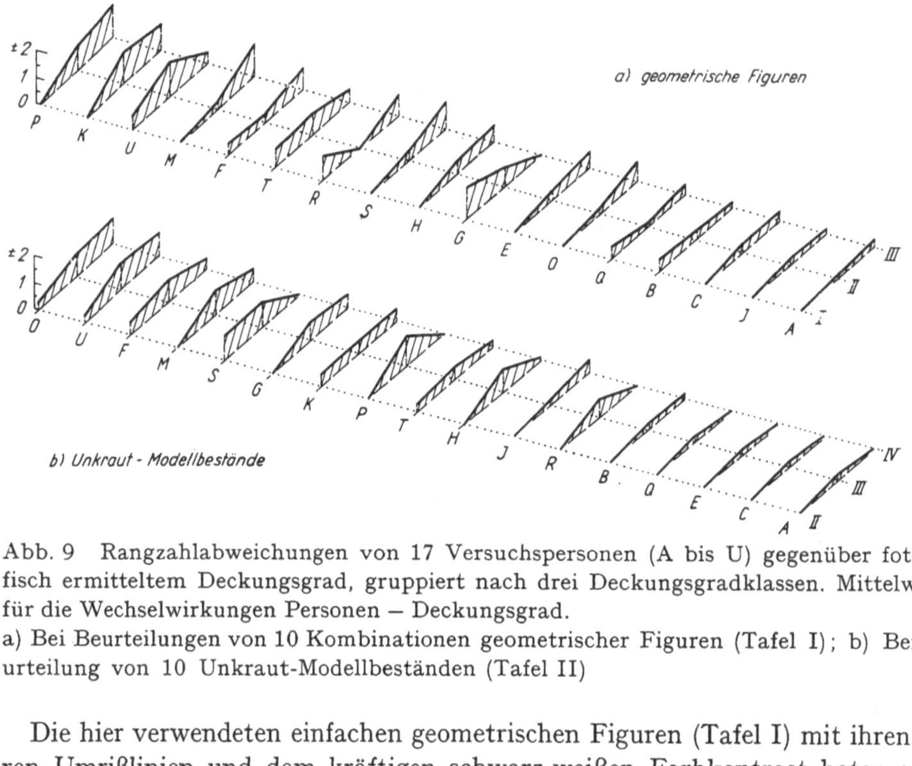

Abb. 9 Rangzahlabweichungen von 17 Versuchspersonen (A bis U) gegenüber fotografisch ermitteltem Deckungsgrad, gruppiert nach drei Deckungsgradklassen. Mittelwerte für die Wechselwirkungen Personen – Deckungsgrad.
a) Bei Beurteilungen von 10 Kombinationen geometrischer Figuren (Tafel I); b) Bei Beurteilung von 10 Unkraut-Modellbeständen (Tafel II)

Die hier verwendeten einfachen geometrischen Figuren (Tafel I) mit ihren klaren Umrißlinien und dem kräftigen schwarz-weißen Farbkontrast boten somit offensichtlich keine größeren Schwierigkeiten, und auch die Neulinge im Deckungsgradschätzen vermochten zum überwiegenden Anteil ein recht gutes Urteil abzugeben, das in seiner Treffsicherheit nur wenig hinter den erfahrenen Mitarbeitern zurückblieb. Der durchschnittliche Schätzfehler im Deckungsgrad von 5 bis 6 Prozent und von weniger als einer Rangzahl wäre für praktische Belange ohne Bedeutung.

b) Unkraut-Modellbestände

Die im Vergleich zu den geometrischen Figuren sehr viel unregelmäßigeren und kontrastärmeren Umrisse der Unkraut-Modellbestände lösten erwartungsgemäß eine weit vielschichtigere Beurteilung durch die einzelnen Versuchspersonen aus. Die Schätzwerte für die zehn benutzten Modelle (Tafel II) sind in Tabelle 5 zu-

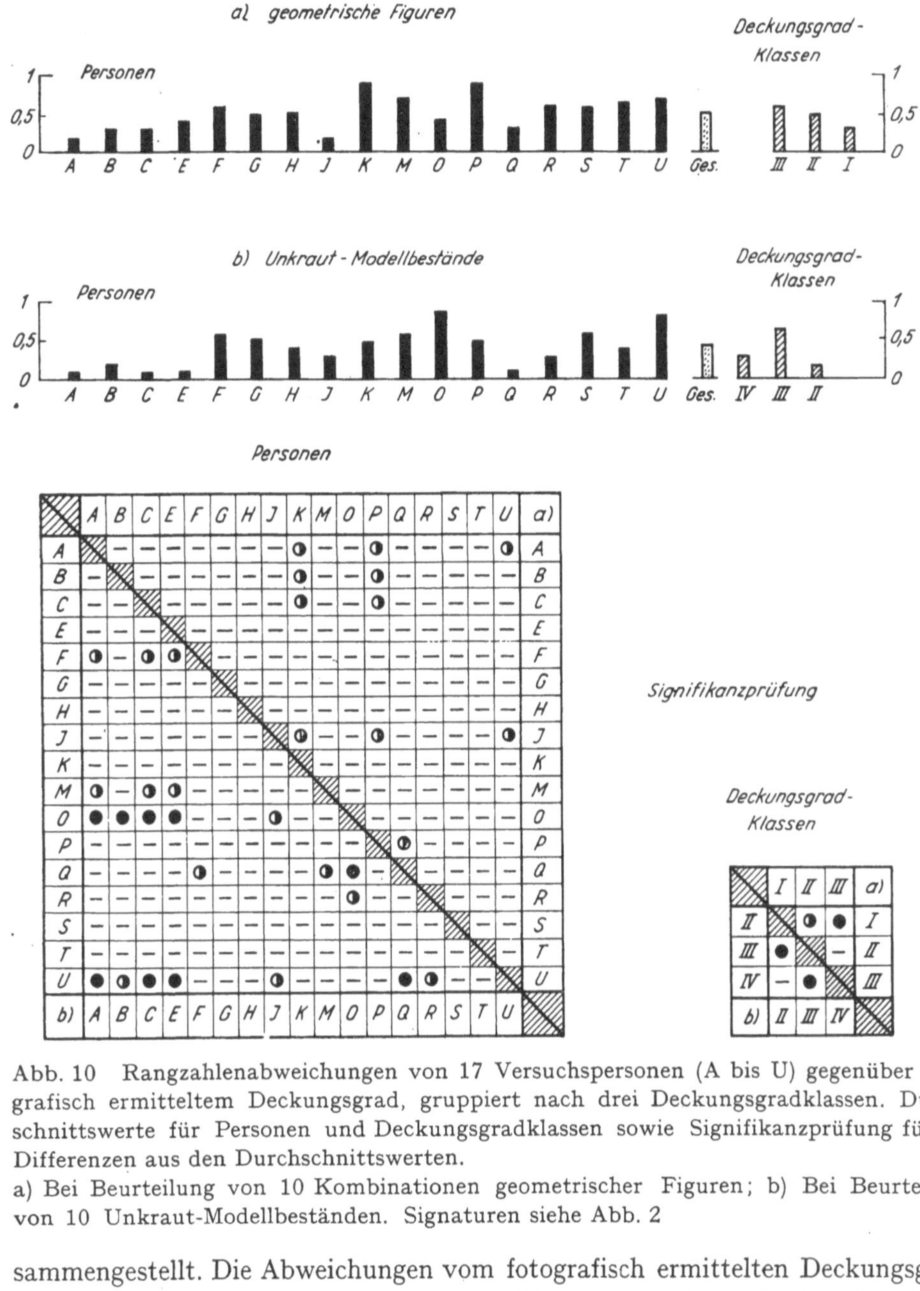

Abb. 10 Rangzahlenabweichungen von 17 Versuchspersonen (A bis U) gegenüber fotografisch ermitteltem Deckungsgrad, gruppiert nach drei Deckungsgradklassen. Durchschnittswerte für Personen und Deckungsgradklassen sowie Signifikanzprüfung für die Differenzen aus den Durchschnittswerten.
a) Bei Beurteilung von 10 Kombinationen geometrischer Figuren; b) Bei Beurteilung von 10 Unkraut-Modellbeständen. Signaturen siehe Abb. 2

sammengestellt. Die Abweichungen vom fotografisch ermittelten Deckungsgrad, mit ihrer Gruppierung in Deckungsgrad-Klassen, wurden auf Abb. 7b wiedergegeben, die in vielen Zügen der Abbildung Nr. 1 ähnelt.

Bemerkenswert niedrig (unterhalb von 5%) blieben auch hier die Schätzwertabweichungen bei den in dieser Tätigkeit erfahrenen Mitarbeitern (A, B, C, G) sowie auch bei einer Reihe von Neulingen (H, J, M, Q, U). Die übrigen Personen haben sich z. T. erheblich verschätzt, sowohl nach oben wie nach unten. Bei

Tabelle 5

Deckungsgrad-Schätzwerte von 17 Versuchspersonen (A–U) an Unkraut-Modellbeständen (Nr. 1–10) und Vergleich mit Planimeterwert aus Fotografie (Tafel II)

Nr.	Foto	Personen																
		A	B	C	E	F	G	H	J	K	M	O	P	Q	R	S	T	U
1	72	80	80	85	85	65	75	80	90	60	65	50	65	80	90	75	80	70
2	69	75	60	80	80	65	75	75	70	70	70	70	60	75	85	65	80	85
3	50	65	60	60	70	50	50	65	75	50	55	30	40	55	75	40	70	50
4	46	45	50	55	65	40	50	45	60	25	50	40	35	50	65	35	65	40
5	42	40	40	50	50	20	30	45	40	20	40	25	30	35	55	30	60	45
6	41	35	35	45	50	40	40	30	30	20	20	25	25	30	40	20	50	30
7	32	35	30	25	40	20	25	40	30	30	30	15	25	25	50	15	25	40
8	30	25	30	25	35	15	25	30	25	15	30	20	30	25	40	20	40	20
9	18	15	25	20	20	10	20	15	15	5	15	15	10	20	30	20	25	20
10	14	10	10	15	15	10	15	10	5	5	10	10	8	10	10	5	20	10

Tabelle 6

Rangzahlen für die Deckungsgrad-Schätzwerte von 17 Versuchspersonen (A–U) an Unkraut-Modellbeständen (Nr. 1–10) aus Tabelle 5

Nr.	Foto	Personen																
		A	B	C	E	F	G	H	J	K	M	O	P	Q	R	S	T	U
1	10	10	10	10	10	9,5	9,5	10	10	9	9	9	10	10	10	10	9,5	9
2	9	9	8,5	9	9	9,5	9,5	9	8	10	10	10	9	9	9	9	9,5	10
3	8	8	8,5	8	8	8	7,5	8	9	8	8	7	8	8	8	8	8	8
4	7	7	7	7	7	6,5	7,5	6,5	7	7	7	8	7	7	7	7	7	5,5
5	6	6	6	6	5,5	4,5	5	6,5	6	5	6	5,5	5,5	6	6	6	6	7
6	5	4,5	5	5	5,5	6,5	6	3,5	4,5	5	3	5,5	3,5	5	3,5	4	5	4
7	4	4,5	3,5	3,5	4	4,5	3,5	5	4,5	5	4,5	2,5	3,5	3,5	5	2	2,5	5,5
8	3	3	3,5	3,5	3	3	3,5	3,5	3	3	4,5	4	5,5	3,5	3,5	4	4	2,5
9	2	2	2	2	2	1,5	2	2	2	1,5	2	2,5	2	2	2	4	2,5	2,5
10	1	1	1	1	1	1,5	1	1	1	1,5	1	1	1	1	1	1	1	1

Einzelschätzungen gab es Abweichungen bis zu 25 Flächenprozenten, aber auch die Durchschnittswerte gehen in mehreren Fällen (K, O, R, S, T) über zehn Deckungsgradeinheiten hinaus. Die bereits in Abb. 1 auffallende Neigung von E zu stark erhöhten Schätzwerten zeigte sich auch hier erneut.

Diese sehr viel stärkere Variabilität in der Beurteilung des Deckungsgrades ergab auch bei der biometrischen Auswertung eine große Zahl hochsignifikanter Differenzen zwischen den Mittelwerten für die Versuchspersonen (Abb. 8b), wiederum mit Ausnahme der erfahrenen Schätzer (A, B, C und G).

Auch zwischen den einzelnen Deckungsgradklassen zeigten sich deutliche Unterschiede. Während im niedrigeren Deckungsbereich (Klassen II und III) die meisten Personen sich einheitlich nach unten hin verschätzten, gaben sie bei höherem Deckungsgrad (über 45%) meist zu große Werte an. Signifikante Wechselwirkungen zwischen Personen und Deckungsgradklasse waren auch hier durch die Varianzanalyse nicht nachweisbar.

Der biometrische Gesamtvergleich der Schätzwert-Abweichungen bei den Unkraut-Modellbeständen und geometrischen Figuren ergab nicht nur eine signifikante Differenz zwischen beiden entsprechenden Mittelwerten, sondern auch die Varianz des Versuchsfehlers (mit jeweils 119 Freiheitsgraden) erwies sich bei den Unkrautbeständen als wesentlich größer. Der F-Test ergab einen Varianzquotienten von 1,76, der den entsprechenden Tabellenwert von 1,55 (1 % Irrtumswahrscheinlichkeit) eindeutig überragt.

Die starken Unterschiede in den Schätzwert-Abweichungen verschwinden jedoch weitgehend, sobald man wieder die relative Einordnung mit Rangplätzen einführt (Tabelle 6). Die Rangkorrelationskoeffizienten zwischen den Schätzwerten der Versuchspersonen und den fotografisch ermittelten Bezugsdaten waren gleichfalls sämtlich hochsignifikant, mit Werten zwischen 0,930 und 0,997. Die Absolutwerte für die Rangplatzabweichungen (Abb. 9b) blieben verschwindend gering bei den erfahrenen Schätzern (A bis E), im Durchschnitt 0,1 bis 0,2 Rangeinheiten, aber auch die übrigen Personen wichen in keinem Fall um mehr als 2 Rangplätze von der Bezugsgröße ab.

So blieben auch die Mittelwerte für die Rangabweichungen der Versuchspersonen durchweg kleiner als eins, und signifikante Differenzen traten nur zwischen den extrem auseinanderliegenden Werten auf (Abb. 10b). Bei den Deckungsgradklassen ergaben sich wiederum die relativ stärksten Rangplatzabweichungen im Deckungsbereich zwischen 25 und 45% (Klasse III).

Vergleicht man die Gesamtheit der Rangzahlabweichungen für die geometrischen Figuren und die Unkrautmodellbestände, so ergibt sich weder für die Mittelwerte (0,51 und 0,41) noch für die Varianzen des Versuchsfehlers eine signifikante Differenz. Beide Datengruppen dürfen daher als praktisch gleichwertig betrachtet werden.

4. Schlußfolgerungen

Unsere Versuche hatten das Ziel, einen orientierenden Einblick in Ausmaß und Variationsbreite der Fehlbeurteilungen zu gewinnen, mit denen man rechnen muß, wenn mehrere Personen unabhängig voneinander die Wirkung von Herbiziden nach der Deckungsgradschätzmethode prüfen, deren höhere Effektivität gegenüber der Unkraut-Trockenmassebestimmung ansonsten außer Zweifel steht. Gleichfalls sollte versucht werden, mit Hilfe von Fotografie und Planimeter eine von personengebundenen Schätzfehlern unabhängige Methode zur Ermittlung des Deckungsgrades zu testen. Die aus den vorläufigen Resultaten ableitbaren Schlußfolgerungen lassen sich in sechs Punkten zusammenfassen:

(1) In der Bewertung der absoluten Höhe des Deckungsgrades wichen bei den ungeübten Personen die Angaben beträchtlich voneinander ab. Die Fehleinschätzungen erreichten hier stellenweise Werte bis über 20 Flächenprozente.

Bei den im Deckungsgradschätzen erfahrenen Mitarbeitern blieben die Schätzwertabweichungen bedeutend geringer und betrugen im Durchschnitt etwa 5 Flächenprozente. Der subjektive Schätzfehler läßt sich somit durch geeignetes Training bis auf ein praktisch unbedeutendes Minimum herabdrücken und vereinheitlichen.

(2) Weitaus einheitlicher zeigte sich die relative Bewertung der Prüfglieder durch Rangzahlen, die den jeweiligen Deckungsgrad-Schätzwerten zugeordnet wurden. Hier ergaben sich auch bei den ungeübten Personen nur geringfügige Abweichungen (meist kleiner als eine Rangeinheit), die für die Praxis größerer Prüfserien ohne Belang sind. Die Arbeit mit Rangzahlen sollte daher auf jeden Fall bei derartigen Prüfserien mit einbezogen werden.

(3) Die Fehlergröße bei Schätzung des Deckungsgrades wird von diesem selbst mitbestimmt. Die stärksten Schätzwertdifferenzen ergaben sich stets bei mittlerem und niedrigerem Deckungsgrad (unterhalb von 50 Flächenprozenten). Da aber gerade dieser Deckungsbereich für den Nachweis wirkungsvoller Herbizide von vorrangiger Bedeutung ist, muß bei einem Training besonderes Augenmerk darauf gelegt werden, das Schätzvermögen an kleinen Unkrautbeständen zu üben.

(4) Für das menschliche Auge ist es leichter, die Flächenausdehnung einfacher und kontrastreicher gegen die Umgebung abgesetzter geometrischer Gebilde zu beurteilen, als bei natürlichen Pflanzenbeständen mit ihren unregelmäßigen und kontrastarmen Umrissen. Dieser Gesichtspunkt ist bei einem Trainingsprogramm für Mitarbeiter an Schätzversuchen hinreichend zu berücksichtigen.

(5) Mit Hilfe fotografischer Methoden läßt sich ohne Zweifel der subjektive Schätzfehler von Personen ausschalten und ein objektives Verfahren zur Bestimmung des Deckungsgrades gewinnen, das außerdem den Arbeitsprozeß noch stärker zu rationalisieren gestattet, z. B. durch Verwendung lichtelektrischer Planimetrierungsverfahren. Hierzu bedarf es jedoch noch einer einheitlichen Arbeitsvorschrift und genormten Verfahrenstechnik, besonders hinsichtlich Kameratyp, Objektivbrennweite, Position der Kamera vor den Objekten, Vergrößerungsfaktoren usw. Um gegebenenfalls gewisse Korrekturfaktoren anwenden zu können, bedarf es außerdem noch spezieller Untersuchungen über die Fehlergröße in den Flächenproportionen, als Folge der bei Schrägfotos auftretenden Bildverzerrung.

(6) Insgesamt läßt sich der subjektive Schätzfehler bei einem gegebenen festen Mitarbeiterkollektiv ohne Schwierigkeiten quantitativ erfassen, statistisch aus-

werten und stellt somit keine unkontrollierbare Unbekannte bei der Deckungsgrad-Schätzmethode dar, die sich zu Recht einer immer breiteren und weltweiten Anwendung erfreut.

Summary

Subjective errors in cover-grade estimation methods with herbicide tests

33 herbicide products were tested by 14 persons using cover-rate estimation methods. Mean deviations between estimation values of trained personnel did not exceed 5% (cover-rate units), but reached up to 20% with untrained personnel. Relative estimation by range numbers yielded high conformity between all experimental persons. Within the range of 50% cover-grade, deviations proved to be greater than with high cover-grades.

With ten sets of white geometrical figures painted upon black pavement, as well as 10 artificially formed weed populations, cover grade was determined by photograph and planimeter. Estimation test with 17 persons on these objects yielded higher conformity with the geometrical figures rather than with the natural weed stands.

Some aspects for training courses and application of photographical method were attached.

Краткое содержание

К вопросу оценки субъективной ошибки в применении метода определения степени покрытия для испытания гербицидов

33 гербицида оценивались 14 сотрудниками методом определения степени покрытия. Средние значения отклонения оценок у тренированных сотрудников составляли около 5%, а у неопытных – до 20% степени покрытия. При относительной оценке площадок ранговыми числами существенных различий между испытуемыми сотрудниками не наблюдалось. В пределах степени покрытия ниже 50% расхождение оценок было заметно сильнее, чем при высоких степенях покрытия.

На 10 комбинациях геометрических фигур, нарисованных на асфальте, также как и на искусственно созданных модельных делянках с сорняками, степень покрытия определялась при помощи фотографирования и измерения планиметром. Оценочные опыты с 17 лицами на этих же объектах, при работе с геометрическими фигурами, дали более однородные оценки с меньшими ошибками, чем при работе с сорняками, дававшей результаты, сходные с таковыми при оценке гербицидов.

На основании этих данных даются рекомендации по тренировке персонала и применению фотографического метода для определения степени покрытия.

Literatur

CAVALLI-SFORZA, L., 1964: Grundbegriffe der Biometrie, insbesondere der statistischen Methoden bei der Wertbemessung biologisch wirksamer Substanzen. – Fischer, Jena.

FISCHER, F., 1975: Comparación de dos métodos de evaluación para determinar el grado de effectividad herbicida. – Rev. Agricultura (La Habana), **8** (1), 70–78.

FISHER, R. A. and F. YATES, 1957: Statistical tables for biological, agricultural and medical research. 5. Aufl. – Oliver & Boyd, Edinburgh.

FRYER, I. S. and S. A. EVANS, 1968: Weed control handbook. 5. Aufl. – Blackwell Scientific Publ., Oxford and Edinburgh.

HARTE, C., 1955: Variabilität und statistische Behandlung physiologischer Experimente. – In: W. RUHLAND (Hrsg.), Handb. f. Pflanzenphysiologie, Bd. **1**, 69–122. – Springer, Berlin-Göttingen-Heidelberg.

HOLLNAGEL, J., 1973: Übung der Deckungsgradschätzung von Unkräutern an einem Plastfolienmodell. – Arch. Phytopathol. und Pflanzenschutz, **9**, 341–343.

JOHANNES, H. und H. SCHUH, 1971: Das Bonitierungsschema 1–9. – In: European Weed Research Council (EWRC), Begbroke Hill, Kidlington, Oxford.

PARADINE, C. G. and B. H. P. RIVETT, 1966: Statistical methods for technologists. 4. Aufl. – English University Press, London.

WEBER, E., 1967: Grundriß der biologischen Statistik. 6. Aufl. – Fischer, Jena.

WILLARD, G. S., 1958: Rating scales for weed control experiments. – Weeds **6**, 327.

Kulturpflanze XXVI · 1978 · S. 133–161

Eiweißuntersuchungen am Getreide- und Leguminosen-Sortiment Gatersleben

Teil 1: Gehalt an Rohprotein und Lysin von Weizen sowie von Weizen-Art- und -Gattungsbastarden

CHRISTIAN O. LEHMANN, ARMIN RUDOLPH, KARL HAMMER, ARMIN MEISTER, KLAUS MÜNTZ und FRIEDRICH SCHOLZ

(Eingegangen am 23. Januar 1978)

Zusammenfassung

In den Jahren 1970–1973 wurde an einer Kollektion von 9706 Weizen aller Ploidiestufen und 153 Weizen-Art- und -Gattungsbastarden (Tab. 1) die Variabilität des Gehaltes an Rohprotein und der limitierenden essentiellen Aminosäure Lysin untersucht. Es zeigte sich eine erhebliche Variation in der Ausprägung dieser beiden Merkmale (Tab. 2). Für eine erneute Analyse kamen im Jahre 1974 1582 Weizen und 78 Weizen-Art- und -Gattungsbastarde zum Anbau. Aus ihnen wurden 150 Plusabweicher bestimmt. Es waren: Sippen mit einer Kombination von hohem Rohprotein- und absolutem Lysingehalt bzw. von einem mittleren Rohprotein- und hohem adjustiertem Lysingehalt sowie mit einem hohen Rohprotein-, absoluten Lysin- und relativen Lysingehalt (Tab. 13–17). Diese Plusabweicher bedürfen jedoch weiterer ausgedehnter Untersuchungen, bevor Aussagen über die genetische Fixierung dieser Merkmale getroffen werden können. Die Korrelationen zwischen den Merkmalen, einschließlich der Tausendkornmasse, sind angegeben (Tab. 7).

Einleitung

Die grünen Pflanzen sind infolge ihrer Fähigkeit zur autotrophen Kohlenstoff- und Stickstoffassimilation die wichtigsten Primärproduzenten für Eiweiße. Die Speicherung von Proteinen in den Samen zahlreicher Pflanzen ist die Ursache dafür, daß der Anteil der Samenproteine gegenwärtig etwa 70 Prozent an den von den Menschen indirekt – auf dem Wege über die Tierfütterung – oder durch direkten Verzehr genutzten Pflanzeneiweißen beträgt (KONAREV 1975, ULBRICHT 1975, JALIL und TAHIR 1973). Die Tatsache, daß pflanzliche Sameneiweiße eine im Vergleich zum tierischen Eiweiß ungünstigere und unbilanziertere Aminosäurezusammensetzung, insbesondere bei den essentiellen Aminosäuren, aufweisen, wirkt sich in entwickelten Ländern kaum unmittelbar auf den Menschen aus, sondern beeinflußt hauptsächlich die Tierernährung. In Entwicklungsländern, in denen der Anteil der Pflanzeneiweiße an der menschlichen Nahrung oft weit mehr als 50 Prozent des gesamten Nahrungseiweißes beträgt, können erhebliche direkte Auswirkungen auf die Ernährung auftreten.

In allen Teilen der Welt wird der Erhöhung des Eiweißgehaltes und der Eiweißqualität pflanzlicher Proteinträger, darunter vor allem der Getreide und Körnerleguminosen, entscheidende Bedeutung für die Lösung ernährungswirtschaftlicher Probleme beigemessen. Dabei ändern die in letzter Zeit auf der Grundlage neuerer Forschungsergebnisse vorgeschlagenen Korrekturen in den Standardwerten für den Mindestproteinanteil beziehungsweise die Mindestproteinqualität menschlicher Nahrung (Waterlow und Payne 1975, Haenel et al. 1976) grundsätzlich nichts an der Bedeutung pflanzlicher Samenproteine.

Unter den Maßnahmen zur Steigerung des Proteinaufkommens und der Proteinqualität nehmen die Steigerung der Körnererträge, der Eiweißerträge und des Gehaltes an essentiellen limitierenden Aminosäuren im Eiweiß der Samen eine vorrangige Stellung ein. Sowohl acker- und pflanzenbauliche als auch züchterische Maßnahmen werden angewandt, um den gewünschten Produktionszuwachs zu erreichen. Dabei sollen mit Hilfe des Acker- und Pflanzenbaues die Ertragspotenzen der Sorten in zunehmend besserem Maße ausgeschöpft werden. Für die Pflanzenzüchtung besteht das Ziel, die genetisch fixierten Grenzen für ertrags- und qualitätsbestimmende Merkmale zu günstigeren Werten in Hinsicht auf die Eiweißerträge und -qualität zu verschieben. Dabei kommt den züchterischen Lösungen für die Aufgabe, mehr und qualitativ verbessertes pflanzliches Sameneiweiß zu erzeugen, der Vorrang zu.

Voraussetzung für eine zielstrebige Arbeit zur Erhöhung des Proteinertrages und der Proteinqualität bildet eine planmäßige Charakterisierung der für die Züchtung in Frage kommenden Kulturpflanzensippen und die darauf fußende Auswahl von Plusabweichern in bezug auf das gewünschte Merkmal. Es kommt darauf an, solche Sippen zu finden, deren Proteingehalt erblich fixiert über dem Durchschnitt der gegenwärtig im Anbau befindlichen Sorten liegt, und die erwarten lassen, daß bei ihrer Nutzung in der Kombinationszüchtung Proteingehalt und -ertrag bei den selektionierten Nachkommen deutlich erhöht sind. Das gleiche gilt hinsichtlich der Proteinqualität, wobei der Gehalt an limitierenden essentiellen Aminosäuren, bei Getreide in erster Linie Lysin und bei Leguminosen SH-Aminosäuren bzw. Tryptophan, als Merkmale gewählt werden.

Aus diesen Gesichtspunkten ergab sich die Aufgabe, die Kollektionen der Gersten, Weizen und Ackerbohnen hinsichtlich der genetisch bedingten Variabilität von Eiweißgehalt und Gehalt an der jeweiligen limitierenden essentiellen Aminosäure zu untersuchen.

Der Weizen ist die wichtigste Getreideart; davon wurden im Jahre 1975 355,1 Mill. t auf der Welt produziert. – Etwa 90% der Weizenanbaufläche werden mit dem Saatweizen (*T. aestivum* L.), rund 10% mit dem Hartweizen (*T. durum* Desf.) bestellt. – Die züchterische Erhöhung des Eiweißgehaltes und seiner Qualität, die sich in einer Steigerung des Anteils der limitierenden essentiellen

Aminosäure Lysin ausdrückt, ist ein Weg zur Verbesserung der Ernährung von Menschen und Tieren. Der Erfolg hängt von dem Vorhandensein einer genetisch fixierten Variabilität des Protein- und Lysingehaltes ab. Einen Beitrag zur Kenntnis der (umwelt- und genetisch bedingten) Variabilität sollte die Untersuchung der Weizen (einschließlich der Weizen-Art- und -Gattungsbastarde) liefern, die bis zum Jahre 1973 in der Gaterslebener Kollektion zusammengetragen waren.

Material, Anbau und Methodik

In der Tabelle 1 sind die *Triticum*-Arten sowie die Weizen-Art- und -Gattungsbastarde mit der Anzahl der untersuchten Sippen zusammengestellt.

Das Material stammt aus den Ländern aller Erdteile. Neben den Landsorten aus dem Mannigfaltigkeitszentrum der Weizen (Kaukasusgebiet, Türkei, Israel, Irak, Iran, Afgha-

Tabelle 1
Übersicht der *Triticum*-Arten sowie der Weizen-Art- und -Gattungsbastarde

	Zahl der Sippen
Diploide Arten	
T. boeoticum Boiss.	17
T. urartu Tum.	2
T. monococcum L.	118
Tetraploide Arten	
T. araraticum Jakubz.	5
T. dicoccoides Körn.	18
T. timopheevi Zhuk.	10
T. dicoccon Schrank	131
T. ispahanicum Heslot	8
T. durum Desf.	1044
T. turgidum L.	125
T. carthlicum Nevski	18
T. turanicum Jakubz.	19
T. polonicum L.	40
T. georgicum Dekapr.	5
Hexaploide Arten	
T. zhukovskyi Men. et Eriz.	8
T. macha Dekapr. et Men.	11
T. spelta L.	103
T. vavilovii Jakubz.	4
T. aestivum L.	8007
T. sphaerococcum Perc.	12
T. petropavlovskyi Udazc. et Migush.	1
Art- und Gattungsbastarde	63
X Triticale	90
insgesamt	9859

nistan) kommen größere Kollektionen aus den Balkanländern, Nepal, Tibet und China. Etwa die Hälfte der gesamten Weizenkollektion besteht aus Landsorten. Besonders hervorzuheben sind die Sammlungen alter europäischer Zuchtsorten, die meistens aus europäischen Landsorten zu Beginn der Weizenzüchtung in den ersten Jahrzehnten des 20. Jahrhunderts ausgelesen wurden (vgl. LEHMANN 1972). Unter den Zuchtsorten sind Weizen aus etwa 60 Ländern vertreten.

In den einzelnen Jahren kamen zum Anbau:

	1970	1971	1973	1974
Saatweizen				
(*Triticum aestivum*)	6187	174	708	1122
Winterformen	3139	5	363	349
Sommerformen	3048	169	345	773
übrige Weizen-Arten,				
Art- u. Gattungsbastarde	1501	34	164	538
gesamt	7688	208	872	1660
Standards – Winterweizen	130	28	–	60
Standards – Sommerweizen	252	38	55	86

Im Jahre 1974 erfolgte ein Wiederholungsanbau ausgewählter Sippen zur Bestätigung von Analysenwerten.

In allen Jahren waren die Weizen (und Gersten) auf einer geschlossenen, einheitlichen Fläche des Versuchsfeldes angebaut.

Die Parzellengröße betrug in der Vegetationszeit 1969/70 $1^1/_2$ m^2, in den übrigen Jahren $2^1/_2$ m^2. Auf der $1^1/_2$ m^2 großen Parzelle wurden in zwei $2^1/_2$ m langen Reihen je 100 Körner einer Nummer, auf der Parzelle von $2^1/_2$ m^2 Größe in vier $2^1/_2$ m langen Reihen je 200 Körner einer Nummer ausgelegt (Reihenabstand 20 cm, in der Reihe 5 cm). Die Parzellen waren durch eine Leerreihe voneinander getrennt. Je 26 Parzellen (1969/70) beziehungsweise 16 Parzellen (in den anderen Jahren) bildeten ein Beet; auf ihm wechselten die Gersten- und Weizenparzellen miteinander, und jeweils ein Gersten- und Weizenstandard waren eingeschoben.

Infolge der größeren Anzahl von Weizen konnte dieser disjunktive Anbau von Gersten und Weizen auf den Beeten nicht vollständig durchgeführt werden. Auf den reinen Weizenbeeten wechselten morphologisch unterschiedliche Weizensippen miteinander, und es wurde jeweils nur der Weizenstandard ausgesät.

Die Standardsorten waren 'Pilot' (Winterweizen) und 'Carola' (Sommerweizen).

Der Rohproteingehalt in den lufttrockenen Proben wurde nach feuchter Veraschung durch Wasserdampfdestillation und Titration des Ammoniakgehaltes nach dem Kjeldahl-Verfahren bestimmt (SCHWARZE 1944, SCHOLZ 1960). Die Methode arbeitete mit einem Standardfehler von maximal ± 5 Prozent.

Die Lysinbestimmung geschah automatisch ionenaustauschchromatographisch nach dem Verfahren von SPACKMAN et al. (1958); es gestattet eine genaue und aminosäurespezifische Messung. Zur Verwendung kam der in der ČSSR entwickelte und von der Firma Mikrotechna hergestellte Analysator Typ 881. Für die Analysen wurden je Probe ca. 100 mg nach einheitlichen Verfahren hergestellten Mehls eingesetzt, 24 h bei 105 °C im Bombenrohr mit je 2 ml 6 N HCl hydrolysiert, anschließend die Salzsäure im Rotationsverdampfer beseitigt und die Proben in jeweils 10 ml Puffer, pH 2,2, aufgenommen. Von dieser Lösung kam eine aliquote Menge zur Trennung auf die Säule und wurde mit Elutionspuffer nach SPACKMAN et al. (1958), pH 5,28, eluiert.

Die Hydrolyseverluste lagen in Abwesenheit von Kohlenhydraten bei etwa 5 Prozent, durch die MAILLARD-Reaktion wurden sie auf durchschnittlich 8 bis 10 Prozent erhöht. Um diesen Betrag liegen die angegebenen Werte unter den tatsächlichen Werten.

Auf der Grundlage von Testanalysen, die pro Tag und Analysator regelmäßig ausgeführt worden sind, ergab sich für die Lysinbestimmungen ein Standardfehler von weniger als ±5 Prozent in 85 Prozent aller Fälle und für die restlichen 15 Prozent ein zwischen 5 und 10 Prozent liegender Standardfehler.

Einen besseren Vergleich des Lysingehaltes bei Sippen mit unterschiedlichem Rohproteingehalt erlaubt der adjustierte Lysingehalt, der von JOHNSON et al. (1973) eingeführt wurde. Die Idee dieses Verfahrens besteht darin, die relativen Lysin-Werte durch die Regressionskurve der Beziehung Lysin relativ/Rohprotein zu dividieren und auf einen durchschnittlichen Rohproteinwert zu normieren. Der so adjustierte Lysinwert ist dadurch vom Rohproteingehalt unabhängig.

Dazu wurde zunächst eine Ausgleichsparabel der folgenden Form berechnet (RP = Rohproteingehalt):

$$\text{Lysin relativ} = a_0 + a_1(\text{RP}) + a_2(\text{RP})^2$$

Die quadratische Regression erwies sich als ausreichend, um die Nichtlinearität des Zusammenhanges zu berücksichtigen. Ob das quadratische Glied einen signifikanten Beitrag liefert, wurde mit Hilfe des partiellen F-Testes nach Streuungszerlegung geprüft.

Der adjustierte Lysin-Wert ergibt sich mit den anfangs berechneten Koeffizienten a_i zu

$$\text{Lysin adj.} = \frac{a_0 + a_1 \cdot 13 + a_2 \cdot 13^2}{a_0 + a_1(\text{RP}) + a_2(\text{RP})^2} \cdot \quad (\text{Lysin rel.})$$

Ergebnisse

Gesamtvariationsbreite und Häufigkeitsverteilungen

Die Gesamtvariationsbreite des Gehaltes an Rohprotein, Lysin absolut (mg Lysin/1 g Mehl) und Lysin relativ (Prozent Lysin im Rohprotein), wird für die drei Ploidiestufen der Weizenarten sowie für die Art- und Gattungsbastarde getrennt dargestellt. Ihr liegen die Werte des im Jahre 1970 angebauten Materials zugrunde (Tab. 2).

Diploide Arten

Die meisten Sippen der diploiden Weizenarten wurden im Jahre 1970 angebaut. Ihr Rohproteingehalt lag in diesem Jahre zwischen 12,65 und 25,8%, der absolute Lysingehalt zwischen 1,93 und 5,66 mg sowie ihr relativer Lysingehalt zwischen 1,22 und 2,98%.

Tetraploide Arten

Von den tetraploiden Arten – außer *T. durum* – waren knapp 85% der Sippen im Jahre 1970 im Anbau. Die Werte dieses Jahres können daher als repräsentativ für die Gesamtvariationsbreite gelten. Sie lag bei Rohprotein zwischen 10,5 und

Tabelle 2

Gesamtvariationsbreite der di-, tetra- und hexaploiden Weizen sowie der Weizen-Art- und -Gattungsbastarde im Jahre 1970

	n	$\bar{X}$	σ	Min.	Max.	χ^2	FG
Diploide Arten							
Rohprotein	121	18,43	2,301	12,65	25,80	17,725	6
Lysin absolut	121	4,00	0,539	1,93	5,66	4,542	1
Lysin relativ	121	2,19	0,298	1,22	2,98	13,396	8
Tetraploide Arten							
T. durum							
Rohprotein	815	17,22	1,564	10,50	22,60	3,955	6
Lysin absolut	815	4,08	0,456	2,16	5,38	56,981	3
Lysin relativ	815	2,38	0,274	1,41	3,55	24,663	12
andere Arten							
Rohprotein	306	17,42	2,768	10,50	28,40	27,736	10
Lysin absolut	306	4,07	0,567	2,25	6,00	4,604	3
Lysin relativ	306	2,36	0,321	1,30	2,32	24,082	12
Hexaploide Arten							
T. aestivum							
Rohprotein	6227	15,69	1,954	10,10	23,60	164,609	10
Lysin absolut	6227	3,71	0,457	1,51	6,10	252,763	4
Lysin relativ	6227	2,39	0,314	0,87	3,95	141,672	17
andere Arten							
Rohprotein	114	17,60	2,059	11,60	26,30	4,477	5
Lysin absolut	114	3,68	0,561	2,64	6,94	6,123	2
Lysin relativ	114	2,10	0,304	1,47	3,15	16,762	8
Weizen-Art- und -Gattungs-bastarde							
Rohprotein	42	17,98	2,924	13,30	24,30	13,469	3
Lysin absolut	42	4,09	0,745	2,22	5,87	7,430	1
Lysin relativ	42	2,29	0,301	1,51	2,94	12,046	3
Triticale							
Rohprotein	63	17,56	2,213	12,80	24,60	3,956	4
Lysin absolut	63	4,44	0,808	2,03	5,56	14,554	3
Lysin relativ	63	2,55	0,454	1,06	4,01	14,999	6

28,4%, beim absoluten Lysingehalt zwischen 2,25 und 6,00 mg und beim relativen Lysingehalt zwischen 1,30 und 2,32%.

Von den 1044 Sippen der untersuchten Hartweizenkollektion (*T. durum*) standen 815 (>70%) im Jahre 1970 im Anbau. Die Gesamtvariationsbreite der Hartweizen bewegte sich bei Rohprotein zwischen 10,5 und 22,6%, beim absoluten Lysingehalt zwischen 2,16 und 5,38 mg, beim Gehalt von Lysin im Rohprotein zwischen 1,41 und 3,55%. Die Werte der Hartweizen lagen damit innerhalb der Variationsbreite der anderen tetraploiden Arten, lediglich im relativen Lysingehalt wurde die obere Grenze von ihnen überschritten.

Hexaploide Arten

Bei den hexaploiden Arten – ausgenommen *T. aestivum* –, von denen im Jahre 1970 etwa 90% der Sippen angebaut waren, variierte der Rohproteingehalt zwischen 11,6 und 26,3%, der absolute Lysingehalt zwischen 2,64 und 6,94 mg, der relative Lysingehalt zwischen 1,47 und 3,15%.

Die Variationsbreite bei den Saatweizen (*T. aestivum*) war im Jahre 1970 am größten. Der Rohproteingehalt bewegte sich zwischen 10,1 und 23,6%, der absolute Lysingehalt zwischen 1,51 und 6,10 mg und der Gehalt an Lysin im Rohprotein zwischen 0,87 und 3,95%. – Die teilweise sehr hohen Werte für χ^2 in der Tabelle weisen auf eine hochsignifikante Abweichung von der Normalverteilung hin und beruhen vermutlich auf der Heterogenität des untersuchten Materials.

Art- und Gattungsbastarde

Die Gesamtvariationsbreite der Art- und Gattungsbastarde – außer den Weizen-Roggenbastarden – lag beim Rohprotein etwa zwischen 13,0 und 24,3%, beim absoluten Lysingehalt zwischen 2,22 und 5,87 mg, beim relativen Lysingehalt zwischen 1,51 und 2,94%.

Bei den *Triticale*-Sippen variierte der Rohproteingehalt zwischen 12,8 und 24,6%, der absolute Lysingehalt zwischen 2,03 und 5,56 mg, der Gehalt an Lysin im Rohprotein zwischen 1,06 und 4,01%. Damit werden die bei den Saatweizen ermittelten oberen Grenzen des Rohprotein- und relativen Lysingehaltes nur geringfügig überschritten.

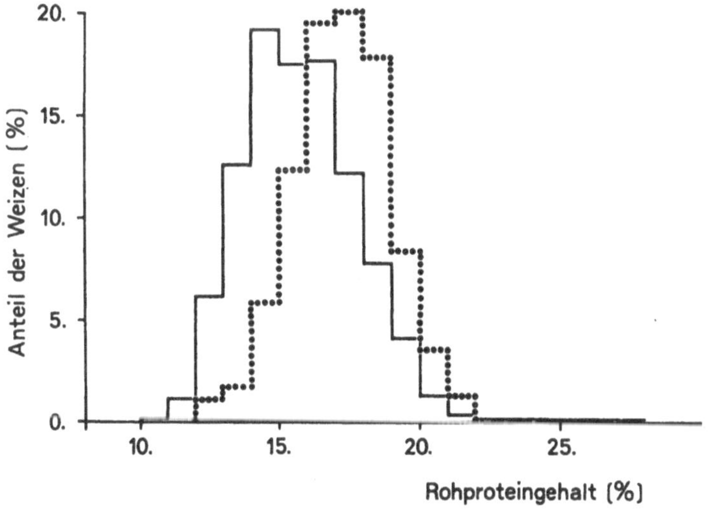

Abb. 1 Vergleich der Häufigkeitsverteilung des Rohproteingehaltes bei den im Jahre 1970 angebauten Saatweizen (———) und Hartweizen (. . . . .). – Saatweizen: $n = 6227$, $\bar{X} = 15{,}69\,\%$; Hartweizen: $n = 815$, $\bar{X} = 17{,}22\,\%$

In zwei Abbildungen ist die Gesamtvariation des Rohproteingehaltes (Abb. 1) und des relativen Lysingehaltes (Abb. 2) bei den Hart- und Saatweizen im Jahre 1970 vergleichend gezeigt. Aus den Diagrammen ist zu erkennen, daß (wie bei den Gersten) keine besondere Häufung in den oberen Werten vorhanden ist.

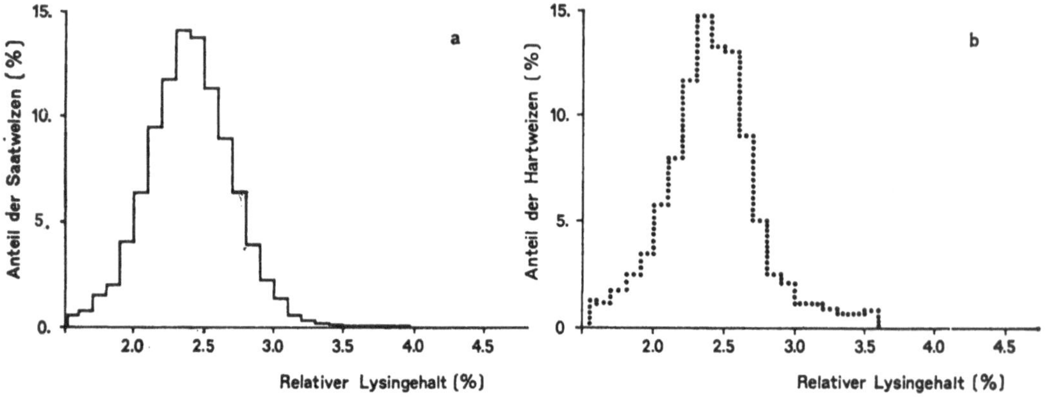

Abb. 2 Vergleich der Häufigkeitsverteilung des relativen Lysingehaltes bei den im Jahre 1970 angebauten Saatweizen (———) und Hartweizen (. . . . .). – Saatweizen: $n = 6227$, $\bar{X} = 2{,}39\,\%$; Hartweizen: $n = 815$, $\bar{X} = 2{,}38\,\%$

Die TKM variiert innerhalb der gesamten untersuchten Weizenkollektion erwartungsgemäß ganz beträchtlich. Sie schwankt bei den diploiden bespelzten Arten zwischen 10 und 50 g (Mittelwert um 25 g), beim Hartweizen zwischen 30 und 75 g (Mittelwert um 50 g), bei den Saatweizen zwischen 20 und 70 g (Mittelwert um 45 g) sowie bei den *Triticale*-Sippen zwischen 30 und 70 g (Mittelwert um 45 g).

Jahresschwankungen

Einen Eindruck von der Umweltabhängigkeit der biochemischen Merkmale geben die Ergebnisse der Untersuchung der Standardsorten. Die absolute Variationsbreite von 'Pilot' (Tab. 3)[1] und 'Carola' (Tab. 4) war in den vier Jahren (1970, 1971, 1973 und 1974) recht erheblich. Beispielsweise schwankte der Rohproteingehalt bei 'Pilot' jährlich um etwa 5%; bei 'Carola' variierte er jährlich zwischen vier und fünf Prozent, im Jahre 1974 allerdings um 13%, wobei jedoch der Mittelwert mit 13,80% kaum von den Werten der anderen Jahre (1973: 12,82%; 1970: 13,11%; 1971: 13,83%) abwich. Extrem hoch lag im Jahre 1974 mit 5,02 mg der Maximalwert für den absoluten Lysingehalt bei 'Carola', der damit um über

1 Das Fehlen einzelner χ^2-Werte in den Tabellen 3 und 4 und in den folgenden Übersichten ist darin begründet, daß infolge des kleinen Stichprobenumfanges oder der sehr geringen Variationsbreite des Merkmals in der Stichprobe die Zahl der Freiheitsgrade $N-3$ (N = Anzahl der Intervalle mit einem Erwartungswert > 5) kleiner als 1 wurde und damit eine Auswertung des χ^2-Testes unmöglich war.

Tabelle 3
Jährliche Variation der Standardsorte 'Pilot'

	n	$\bar{X}$	σ	Min.	Max.	χ^2	FG
Rohprotein							
1970	130	12,38	1,017	10,15	15,05	22,214	2
1971	28	13,03	1,210	11,25	15,50	1,093	1
1974	60	13,45	1,111	10,00	15,90	0,842	1
Lysin absolut							
1970	130	3,05	0,216	2,12	3,60	–	–
1971	28	3,33	0,210	3,05	3,94	–	–
1974	60	3,26	0,368	2,48	4,01	–	–
Lysin relativ							
1970	130	2,48	0,253	1,53	3,05	12,446	7
1971	28	2,57	0,210	2,13	3,00	–	–
1974	60	2,44	0,302	1,66	3,15	4,562	5

Tabelle 4
Jährliche Variation der Standardsorte 'Carola'

	n	$\bar{X}$	σ	Min.	Max.	χ^2	FG
Rohprotein							
1970	252	13,11	0,618	11,20	14,80	8,761	1
1971	38	13,83	0,925	11,80	15,60	–	–
1973	55	12,82	0,890	10,20	15,25	4,307	1
1974	86	13,80	2,477	10,30	23,20	43,470	6
Lysin absolut							
1970	252	3,28	0,271	2,16	3,97	–	–
1971	38	3,51	0,245	3,05	3,87	–	–
1973	55	3,18	0,346	2,50	3,80	–	–
1974	86	3,46	0,360	2,87	5,02	13,139	1
Lysin relativ							
1970	252	2,51	0,235	1,70	3,29	24,903	7
1971	38	2,54	0,229	2,05	2,96	0,349	2
1973	55	2,49	0,304	1,91	3,38	7,658	4
1974	86	2,55	0,276	1,75	3,34	3,858	6

ein Viertel den Extremwert des Jahres 1970 (3,97 mg) übertraf; der Mittelwert jedoch wich wiederum kaum von dem der anderen drei Jahre ab.

Diese beiden Maximalwerte des Rohprotein- und absoluten Lysingehaltes der Sorte 'Carola' überschritten im Jahre 1974 die untere Grenze, die für die Auswahl der Sippen für einen Wiederholungsanbau zur Bestätigung der Analysenwerte bei den Sommerweizen gesetzt wurde (Rohprotein 18,5%, absoluter Lysingehalt 4,5 mg) (s. S. 147). Bei dem relativen Lysingehalt wurde diese untere Grenze (3,1%) von den Maximalwerten im Jahre 1970 (3,29%), 1973 (3,38%) und 1974 (3,34%) überschritten.

Die Streuungen der Mittelwerte weisen bei 'Pilot' im Jahre 1974 bei dem absoluten Lysingehalt (0,368 gegenüber etwa 0,215 in den Jahren 1970 und 1971) und bei dem relativen Lysingehalt (0,302 gegenüber 0,253 im Jahre 1970 bzw. 0,210 im Jahre 1971) sowie bei 'Carola' vor allem beim Rohproteingehalt (2,477 gegenüber 0,618 im Jahre 1970 bzw. 0,925 im Jahre 1971) erhebliche Abweichungen auf.

Die großen Werte für die Streuung und für die Maximalwerte lassen sich vermutlich durch unterschiedliche Standorteinflüsse erklären, die doch auf der an sich einheitlichen Anbaufläche vorlagen.

Adjustierung der Lysinwerte

Zum besseren Vergleich des Lysingehaltes der Sippen mit unterschiedlichem Rohproteingehalt wurde eine Adjustierung der Lysinwerte zu einem Rohproteingehalt von 13,0% unter Verwendung der linearen oder quadratischen Regression von Lysin zu Rohprotein vorgenommen (vgl. JOHNSON et al. 1973).

Die Adjustierung des relativen Lysingehaltes geschah sowohl für die beiden Standardsorten als auch für die Sippen der einzelnen Gruppen (di-, tetra- und hexaploide Weizen, Weizen-Art- und -Gattungsbastarde).

Bei den Standards (Tab. 5) ergibt sich in den Jahren 1971 und 1974 eine Erhöhung, in den Jahren 1970 und 1973 eine geringfügige Senkung des Mittelwertes für den adjustierten relativen Lysingehalt gegenüber den Mittelwerten des relativen Lysingehaltes. In allen vier Jahren wird diese Erhöhung bzw. Senkung von einer Verringerung der Streuung bzw. der Variationsbreite der Minimal- und Maximalwerte begleitet.

Bei den di-, tetra- und hexaploiden Weizen sowie den Weizen-Art- und -Gattungsbastarden ergibt der Vergleich der Werte des relativen Lysingehaltes mit

Tabelle 5

Vergleich des relativen und adjustierten Lysingehaltes bei den Standards

	n	$\bar{X}$	σ	Min.	Max.	χ^2	FG
1970							
Lysin relativ	382	2,50	0,241	1,53	3,29	30,909	9
Lysin adjustiert	382	2,49	0,210	1,59	3,09	23,382	7
1971							
Lysin relativ	66	2,55	0,220	2,05	3,00	10,101	4
Lysin adjustiert	66	2,61	0,175	2,24	2,99	6,152	3
1973							
Lysin relativ	55	2,49	0,304	1,91	3,38	7,658	4
Lysin adjustiert	55	2,47	0,270	1,97	2,98	7,495	4
1974							
Lysin relativ	146	2,50	0,291	1,66	3,34	11,669	9
Lysin adjustiert	146	2,55	0,226	1,82	2,99	12,150	6

Tabelle 6

Vergleich des relativen und adjustierten Lysingehaltes bei den di-, tetra- und hexaploiden Weizen, Weizen-Art- und -Gattungsbastarden im Jahre 1970

	n	Lysin rel. $\bar{X}$	adj.	Lysin rel. σ	adj.	Lysin rel. Min.	adj.	Lysin rel. Max.	adj.	Lysin rel. χ^2	adj.	Lysin rel. FG	adj.
Diploide	121	2,19	2,63	0,298	0,315	1,22	1,37	2,98	3,33	13,396	11,205	8	8
Tetraploide													
T. durum	815	2,38	2,86	0,274	0,266	1,41	1,54	3,55	3,97	24,663	99,201	12	12
andere Arten	306	2,36	2,61	0,321	0,298	1,30	1,51	3,32	3,31	24,082	34,395	12	11
Hexaploide													
T. aestivum	6227	2,39	2,62	0,314	0,287	0,87	1,06	3,95	3,96	141,672	577,168	17	16
andere Arten	114	2,10	2,61	0,304	0,308	1,47	1,93	3,15	3,59	16,762	16,020	8	8
Art- und Gattungsbastarde	42	2,29	2,42	0,301	0,308	1,51	1,54	2,94	2,34	12,046	16,589	3	3
Triticale	63	2,55	2,81	0,454	0,473	1,06	1,22	4,01	4,02	14,499	11,672	6	6

Tabelle 7

Korrelationen

	n	Rohprotein/ Lysin relativ r	Rohprotein/ TKM r	Lysin absol./ TKM r	Lysin absol./ Rohprotein r	TKM/ Lysin adjust. r
Diploide	121	−0,462***	−0,316***	−0,329***	0,444***	−0,168
Tetraploide						
T. durum	815	−0,426***	0,005	−0,073*	0,397***	−0,289***
andere Arten	306	−0,548***	−0,393***	−0,255***	0,553***	−0,036
Hexaploide						
T. aestivum	6227	−0,520***	−0,009	−0,138***	0,443***	−0,101***
andere Arten	114	−0,396***	−0,079	−0,231*'	0,475***	−0,182
Art- und Gattungsbastarde	42	−0,249	−0,248	−0,160	0,705***	−0,005
Triticale	63	−0,283*	0,032	0,212	0,449***	0,215
Gesamt	7688	−0,499***	−0,019	−0,074	0,492***	−0,048***

denen des auf 13% Rohprotein adjustierten relativen Lysingehaltes im Jahre 1970, in dem die meisten Sippen angebaut wurden (Tab. 6),

- eine beträchtliche Erhöhung der Mittelwerte des adjustierten Lysins gegenüber denen des relativen Lysingehaltes, da der Bezugswert von 13,0% Rohprotein wesentlich unter dem tatsächlichen Mittelwert liegt (Tab. 2),
- eine Verringerung der Streuung des adjustierten Lysins bei den Sippen der tetraploiden Arten und des Saatweizens, während die Streuung des adjustierten Lysins gegenüber der des relativen Lysingehaltes bei den Sippen der anderen Gruppen vergrößert ist,
- teilweise beträchtliche Veränderungen der Extremwerte, so eine erhebliche Heraufsetzung der Minimum-Werte. Bei den Maximum-Werten tritt eine wesentlich geringere oder in einzelnen Fällen keine Erhöhung (Art- und Gattungsbastarde) oder gar eine Herabsetzung (tetraploide Arten außer *T. durum*) der Werte des adjustierten Lysins gegenüber dem relativen Lysingehalt auf.

Für die graphische Darstellung des Vergleichs von relativem und adjustiertem Lysingehalt wurden die Saatweizen ausgewählt (Abb. 3).

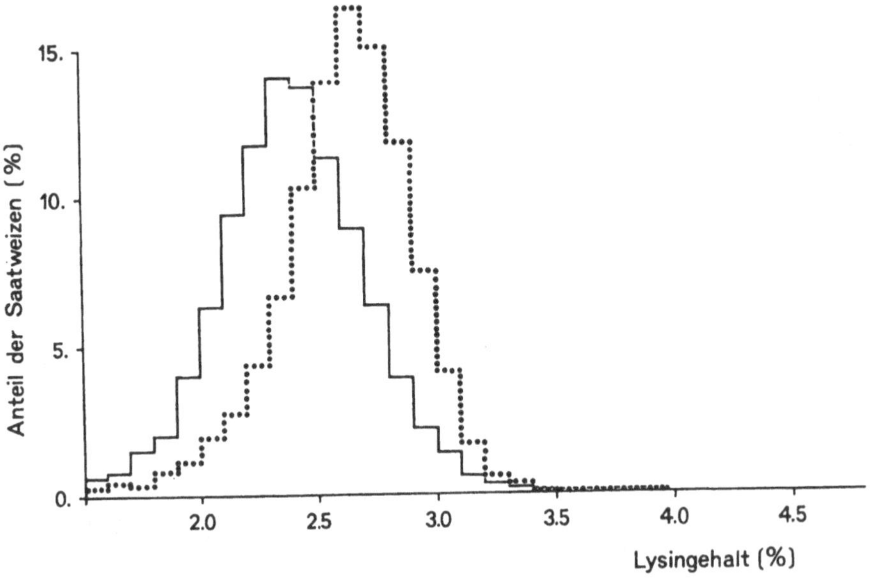

Abb. 3 Vergleich der Häufigkeitsverteilung des relativen (———) und adjustierten (. . . . .) Lysingehaltes bei den im Jahre 1970 angebauten Saatweizen. – Relativer Lysingehalt $\bar{X}$ = 2,39 %, adjustierter Lysingehalt $\bar{X}$ = 2,62 %

Korrelationen

Die Korrelationen für Rohprotein/relativer Lysingehalt, Rohprotein/TKM, absoluter Lysingehalt/TKM, absoluter Lysingehalt/Rohprotein und TKM/Lysin adjustiert sind in der Tabelle 7 für die im Jahre 1970 angebauten Weizen zusammengestellt.

Die negative Korrelation zwischen Rohprotein und relativem Lysingehalt ist für die Weizen aller Ploidiestufen erwartungsgemäß hoch signifikant gesichert. Eine Ausnahme bilden vermutlich infolge der geringen Zahl die Art- und Gattungsbastarde und *Triticale.*

Eine hoch gesicherte positive Korrelation liegt (wie bei den Gersten) zwischen dem absoluten Lysin- und dem Rohproteingehalt vor.

Die Korrelation Rohproteingehalt/TKM ist für beinahe alle Gruppen negativ, jedoch nur in einzelnen Fällen, beispielsweise für die Gruppe der di- und tetraploiden Weizenarten zu sichern.

Die Beziehungen zwischen dem absoluten Lysingehalt und der TKM sind nahezu immer negativ, signifikant sichern lassen sie sich jedoch nur für die di- und tetraploiden Arten sowie für den Saatweizen.

Eine fast immer negative Korrelation ergibt sich bei TKM/Lysin adjustiert. Gesichert ist sie jedoch nur bei der Gesamtheit der untersuchten Weizen sowie bei den Hart- und Saatweizen.

Regressionsmodelle

Bei den Berechnungen der Regressionsmodelle wird der Rohproteingehalt als Einflußgröße und der relative Lysingehalt als Zielgröße angenommen. In der Tabelle 8 sind die Regressionsmodelle für lineare und quadratische Anpassung bei der Gesamtheit der Weizen sowie für die einzelnen Gruppen getrennt zusammengestellt. Beim Übergang vom linearen zum quadratischen Modell ist häufig eine signifikante Zunahme der Anpassung zu verzeichnen (vgl. partielle *F*-Werte). Nur bei den tetraploiden Weizenarten, außer *T. durum*, dem *Triticale* sowie den Art- und Gattungsbastarden ergibt sich für das quadratische Modell keine signifikante Zunahme der Anpassung. Im Gegensatz zur Gerste ist für den Weizen auch bei einer relativ geringen Werteanzahl, wie z. B. bei den sonstigen hexaploiden

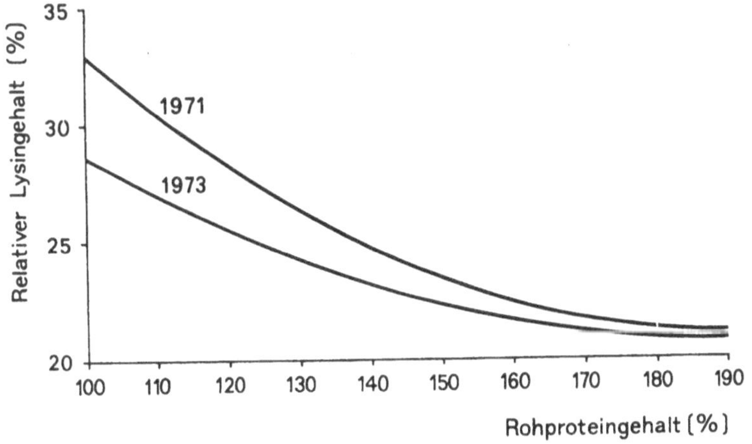

Abb. 4 Vergleich der quadratischen Regressionskurven für die im Jahre 1971 und 1973 angebauten Saatweizen

Tabelle 8
Regressionsmodelle

Gruppe	linear a_0	a_1	quadratisch a_0	a_1	a_2	r	F_1	F_2	R^2
Gesamt	3,31 ±0,016	−0,0586 ±0,00096	4,68 ±0,08	−0,224 ±0,009	0,00488 ±0,00028	−0,48	3830	313	0,25
diploide Weizen	2,95 ±0,134	−0,0394 ±0,0070	5,06 ±0,73	−0,254 ±0,073	0,00531 ±0,0018	−0,38	32,9	8,66	0,19
Triticum durum	3,53 ±0,067	−0,06724 ±0,0038	5,36 ±0,43	−0,278 ±0,049	0,00598 ±0,00140	−0,44	316	18,35	0,21
sonstige tetraploide Weizen	3,37 ±0,072	−0,0578 ±0,0040	4,01 ±0,34	−0,127 ±0,037	0,00148 ±0,00098	−0,54	210	3,55	0,30
Triticum aestivum	3,37 ±0,018	−0,0634 ±0,00108	5,08 ±0,095	−0,274 ±0,012	0,00635 ±0,00035	−0,51	3537	331	0,28
sonstige hexaploide Weizen	2,95 ±0,17	−0,04583 ±0,0095	7,35 ±0,78	−0,536 ±0,086	0,0135 ±0,0023	−0,36	28,1	32,9	0,27
Triticale	3,57 ±0,24	−0,0584 ±0,013	4,94 ±1,42	−0,217 ±0,161	0,00446 ±0,00454	−0,34	19,5	0,97	0,12
Art- und Gattungsbastarde	2,75 ±0,21	−0,0260 ±0,011	3,50 ±1,34	−0,105 ±0,141	0,00250 ±0,00363	−0,25	5,65	0,32	0,07

Weizen ($n=165$) oder den diploiden Weizen ($n=184$), das quadratische dem linearen Modell gegenüber signifikant besser angepaßt. In der Abbildung 4 ist das quadratische Modell für die Saatweizensippen (*Triticum aestivum*) graphisch dargestellt. Hier stehen sich die Ergebnisse der Jahre 1971 und 1973 gegenüber. Die Kurven stimmen mit denen von JOHNSON et al. (1973) gut überein, die die gleiche Art untersuchten. Zwischen den Jahren kann ein übereinstimmender Grundcharakter der Regressionsmodelle nachgewiesen werden, die in der Tendenz eine Ähnlichkeit zu den Modellen bei der Gerste zeigen, wenn auch die Unterschiede zwischen den Jahren deutlicher als bei der Gerste sind. Es ist daher beim Weizen nicht völlig ausgeschlossen (zumindest nicht für *Triticum aestivum*), mit einem auf einer genügend großen Werteanzahl berechneten Regressionsmodell in verschiedenen Jahren nach Korrelationsbrechern zu suchen.

Wiederholungsanbau ausgewählter Sippen

Aus dem Material des Anbaues in den Jahren 1970, 1971 und 1973 wurden Sippen zur Bestätigung der Analysenergebnisse für einen erneuten Anbau im Jahre 1974 ausgewählt, die einen verhältnismäßig hohen Rohprotein-, absoluten und relativen Lysingehalt hatten. Hinzu kamen sogenannte „Kombinationsformen", die bei einem Rohproteingehalt zwischen 14,0 und 15,0% einen verhältnismäßig hohen absoluten und relativen Lysingehalt aufwiesen.

Für die Auswahl wurden ohne Berücksichtigung der Gruppen (di-, tetra- und hexaploide Weizen sowie Weizen-Art- und -Gattungsbastarde) folgende untere Grenzen empirisch festgelegt

– Winterweizen

Rohprotein	>18,0%
Lysin absolut	> 4,5 mg
Lysin relativ	> 3,1%

– Sommerweizen

Rohprotein	>18,5%
Lysin absolut	> 4,5 mg
Lysin relativ	> 3,1%

– „Kombinationsformen"
(Winter- und Sommerweizen)

Rohprotein	14,0–15,0%
Lysin absolut	> 4,0 mg
Lysin relativ	> 2,71%

Die unterschiedlichen unteren Grenzen für den Rohproteingehalt bei den Winter- und Sommerweizen ergaben sich daraus, daß bei den Winterformen der Rohproteingehalt allgemein niedriger lag.

Insgesamt wurden 1660 Sippen ausgewählt, ihre Verteilung auf die einzelnen Gruppen ist aus der Tabelle 9 zu ersehen.

Es war zu prüfen, ob die ausgewählten Weizen auch beim Wiederholungsanbau

Tabelle 9
Verteilung der zum Wiederholungsanbau ausgewählten Sippen auf die Gruppen

	Anzahl der Sippen
Diploide	46
Tetraploide	
T. durum	251
andere Arten	140
Hexaploide	
T. aestivum	1122
andere Arten	23
Art- und Gattungsbastarde	20
Triticale	58
Gesamt	1660

im Jahre 1974 im Durchschnitt über den normalen Werten liegen. Dazu wurde als Bezugswert für 1974 ein korrigierter Standard nach der Formel

$\bar{X} = \bar{X}$ (Mittelwert der Standards im Jahre 1974) +
$\bar{X}$ (Mittelwert der gesamten Weizen im Jahre 1970) –
$\bar{X}$ (Mittelwert der Standards im Jahre 1970)

errechnet und zugrunde gelegt.

Die Wahl fiel auf dieses Verfahren, da es im Jahre 1974 für die gesamten Weizen keine Mittelwerte gibt, sondern nur für die nach den Werten der voraufgegangenen drei Jahre für einen Nachbau ausgewählten Sippen, die in diesen Jahren im oberen Teil der Normalverteilung lagen.

Nach dem *t*-Test für den Mittelwertsvergleich ergibt sich, daß die Mittelwerte für Rohprotein, für den absoluten und relativen Lysingehalt der im Jahre 1974 angebauten Weizen signifikant über dem korrigierten Standard liegen (Tab. 10). Daß bei den Kombinationsformen keine Sicherung vorliegt, ist vermutlich darauf zurückzuführen, daß die Auswahl nicht nach den Werten für den adjustierten relativen Lysingehalt erfolgte; sie waren damals noch nicht berechnet.

Plusabweicher

Die Analysenwerte des Materials des Wiederholungsanbaues im Jahre 1974 sind die Grundlage für die Prüfung, welche Sippen einen überdurchschnittlich hohen Rohprotein-, absoluten und relativen Lysingehalt haben. Es ist möglich, daß bei einem Teil von ihnen dieser hohe Gehalt genetisch fixiert ist. Sie werden im weiteren Plusabweicher genannt.

Die Grundlage für die Bestimmung der Plusabweicher waren die Analysenwerte der Standardsorten in den Jahren 1970 und 1974. Dabei wurde davon ausgegangen, daß sich die jahresbedingten Schwankungen in den Analysenwerten der Standardsorten widerspiegeln.

Tabelle 10
Mittelwertsvergleich mit dem t-Test

	Werte der im Jahre 1974 angebauten Weizen (ausgewählte Sippen)			Werte für den korrigierten Standard im Jahre 1974				
	n	$\bar{X}$	σ	n	$\bar{X}$	σ	t	FG
Rohprotein (nach dem Rohproteingehalt ausgewählte Weizen)	1006	18,39	2,278	146	16,82	2,032	7,884***	1150
davon Winterweizen	238	17,78	2,883	60	16,61	1,111	3,083**	296
Sommerweizen	768	18,58	2,020	86	16,96	2,477	6,882***	852
Lysin absolut (nach dem absoluten Lysingehalt ausgewählt)	405	4,34	0,574	146	3,96	0,375	7,445***	549
Lysin relativ (nach dem relativen Lysingehalt ausgewählt)	105	2,45	0,241	146	2,38	0,291	2,017*	249
Kombinationsformen	560	2,66	0,262	146[1]	2,70	0,226	1,688	704

[1] Lysin adjustiert

Rohproteingehalt

Der Mittelwert des Rohproteingehaltes beider Standardsorten lag im Jahre 1970 bei 12,86%, der Winterweizen 'Pilot' unterschied sich mit 12,38% nicht allzuviel von dem Sommerweizen 'Carola' mit 13,11%. Im Jahre 1974 lag der Mittelwert beider Standardsorten bei einer wesentlich größeren Streuung bei 13,66%; die Unterschiede zwischen der Sorte 'Pilot' und 'Carola' betrugen 0,35% (Tab. 3, 4 und 11).

Tabelle 11

Rohprotein-, absoluter Lysin-, relativer Lysin- und adjustierter Lysingehalt der Standards

	n	$\bar{X}$	σ	Min.	Max.	χ^2	FG
Rohproteingehalt							
1970	382	12,86	0,850	10,15	15,05	8,921	2
1971	66	13,49	1,210	11,25	15,6	1,760	2
1973	55	12,82	0,890	10,2	15,25	4,307	1
1974	146	13,66	2,032	10,0	23,2	46,947	6
Absoluter Lysingehalt							
1970	382	3,20	0,275	2,12	3,97	–	–
1971	66	3,43	0,246	3,05	3,94	–	–
1973	55	3,18	0,346	2,50	3,80	–	–
1974	146	3,38	0,375	2,48	5,02	5,827	1
Relativer Lysingehalt							
1970	382	2,50	0,241	1,53	3,29	30,909	9
1971	66	2,55	0,220	2,05	3,00	10,101	4
1973	55	2,49	0,304	1,91	3,38	7,658	4
1974	146	2,50	0,291	1,66	3,34	11,669	9
Adjustierter Lysingehalt							
1970	382	2,49	0,210	1,59	3,09	23,382	7
1971	66	2,61	0,175	2,24	2,99	6,152	3
1973	55	2,47	0,270	1,97	2,98	7,495	4
1974	146	2,55	0,226	1,82	2,99	12,150	6

Die für einen Wiederholungsanbau der Winterweizen festgelegte Grenze von 18,0% Rohproteingehalt entsprach etwa dem Mittelwert des Standards und seiner sechsfachen Streuung (18,48%). Der gleiche Maßstab für das Jahr 1974 angelegt, ergibt einen Rohproteingehalt von 20,11%.

Bei den Sommerweizen betrug die für einen Wiederholungsanbau ausgewählte Grenze 18,5% Rohproteingehalt, das ist im Jahre 1970 der Mittelwert des Standards und seine neunfache Streuung (18,67%). Dieses Maß im Jahre 1974 angelegt, hätte infolge der erheblichen Streuung von 2,477 einen Wert von 35,09% Rohproteingehalt ergeben. Es wurde daher die dreifache Streuung des Mittelwertes gewählt, die als untere Grenze für die Plusabweicher einen Rohproteingehalt von 21,23% ergab.

Absoluter Lysingehalt

Ein absoluter Lysingehalt von mehr als 4,5 mg war die Voraussetzung für die Auswahl zu einem erneuten Anbau von Winter- und Sommerweizenformen. Das entsprach etwa dem Mittelwert und der fünffachen Streuung der Standards im Jahre 1970: 4,58 mg (Tab. 11). Dieser Ansatz ergab im Jahre 1974 einen Wert von 5,26 mg als untere Grenze.

Relativer Lysingehalt

Für einen Wiederholungsanbau wurden die Sippen ausgewählt, deren relativer Lysingehalt über 3,1% lag. Im Jahre 1970 entsprach dieser Wert etwa dem Mittelwert und seiner dreifachen Streuung (3,22%) (Tab. 11). Dieses Maß hätte im Jahre 1974 einen Wert von 3,38% ergeben, wobei der Maximalwert aller wegen ihres relativen Lysingehaltes ausgewählten Sippen nur bei 3,15% lag. Es wurden daher als untere Grenze des relativen Lysingehaltes für die Plusabweicher 2,70% festgelegt.

Kombinationsformen

Der adjustierte relative Lysingehalt wurde für die Bestätigung der Kombinationsformen ausgewählt. Er weist bei den Standards im Jahre 1970 einen Mittelwert von 2,49% mit einer Streuung von 0,210 auf (Tab. 11). Der Mittelwert und seine einfache Streuung entspricht dem bei der Auswahl für die Kombinationsformen festgelegten relativen Lysingehalt (2,71%) – die adjustierten Werte für den relativen Lysingehalt lagen erst später vor.

Im Jahre 1974 wurde für die Kombinationsformen ein adjustierter relativer Lysingehalt von 3,2% festgelegt, da sich bei dem oben angeführten Maß ein Wert von 2,78% für ihn ergab. Unter diesen Umständen hätten etwa 160, d. h. knapp 30% der als Kombinationsformen ausgewählten Sippen, als bestätigt angesehen werden müssen.

Die Durchsicht der so ermittelten Plusabweicher (Tab. 12) ergibt:

1. Eine Kombination von einem hohen Rohprotein- mit einem hohen absoluten Lysingehalt als Ausdruck der positiven Korrelation findet man bei di-, tetra- und hexaploiden Weizen sowie bei Gattungsbastarden. Der Rohproteingehalt lag über 18,5% im ersten Anbaujahr und über 20,5% im Jahre 1974, der von absolutem Lysin im ersten Anbaujahr über 4,50 mg und im Jahre 1974 über 5,25 mg. Es sind zwei diploide, sechs tetraploide, ein hexaploider Weizen und sechs Gattungsbastarde. Beispiele sind in der Tabelle 13 aufgeführt.

2. Zu den Plusabweichern, die sich allein durch einen hohen Rohproteingehalt auszeichnen, gehören folgende Weizen: 11 diploide, 39 tetraploide (darunter 19 Hartweizen), 32 hexaploide (darunter 28 Saatweizen) sowie 18 Art- und Gattungs-

Tabelle 12

Anzahl der Plusabweicher

	Kombination Rohprotein- und absoluter Lysingehalt	Rohproteingehalt	absoluter Lysingehalt	relativer Lysingehalt	Kombinationsformen
Diploide	2	11	1	–	1
Tetraploide					
T. durum	2	19	2	–	7
andere Arten	4	20	2	1	–
Hexaploide					
T. aestivum	1	28	–	8	3
andere Arten	–	4	–	–	–
Art- und Gattungsbastarde	1	8	2	–	–
Triticale	5	10	2	1	5
Gesamt	15	100	9	10	16

bastarde (davon 10 Weizen-Roggenbastarde). Eine Auswahl ist in der Tabelle 14 zusammengestellt.

3. Auffällig gering ist mit neun Sippen die Zahl der Plusabweicher beim absoluten Lysingehalt. Es sind ein di- und vier tetraploide Weizen sowie vier Art- und Gattungsbastarde. Dabei findet man die positive Korrelation zwischen Rohprotein- und absolutem Lysingehalt bestätigt. Ihr Rohproteingehalt liegt in der Regel zwischen 18 und 22%, die unteren Grenzen des absoluten Lysingehaltes lagen im ersten Anbaujahr bei 4,5 mg, im Jahr des Bestätigungsanbaus bei 5,25 mg. Einige dieser Plusabweicher sind in der Tabelle 15 zu finden.

4. Den Hauptanteil der zehn Plusabweicher im relativen Lysingehalt bilden die acht Saatweizen, die beiden anderen sind ein Rauhweizen und ein Roggen-Weizenbastard. Ihr Rohproteingehalt lag im ersten Anbaujahr zwischen 10,7 und 12,85% – bei dem *Triticale* bei 15,5% – und unterschritt im Jahre 1974 kaum 12,0%, wobei das Maximum bei 15,4% (*Triticale* 16,9%) lag. Die Tabelle 16 enthält einige dieser Plusabweicher.

5. Unter den bestätigten Kombinationsformen, die sich auf Grund des adjustierten relativen Lysingehaltes ergaben, überwiegen die sieben Hart- und drei Saatweizen; hinzu kommen noch eine Sippe von *T. boeoticum* und fünf *Triticale*, darunter der kanadische 'Triticale Rosner'. Eine Auswahl ist in der Tabelle 17 zusammengestellt.

Tabelle 13

Plusabweicher. Kombination von hohem Rohprotein- mit hohem absolutem Lysingehalt

Bot. Determination (Art, Varietät)	Herkunft	Sommer-/ Winterform		Rohprotein %	Lysin absolut mg	Lysin relativ %	TKM g
Diploide							
T. boeoticum Boiss.							
var. *albinigrescens* Flaksb.	Bulgarien	Wi	(1973)	26,8	5,37	2,00	14,7
			(1974)	25,9	5,28	2,04	13,0
Tetraploide							
T. dicoccoides Körn.							
var. *safedicum* Jakubz.	Sort. Ottawa, Kanada	So	(1970)	27,5	6,00	2,18	35,0
			(1974)	26,6	5,90	2,22	36,7
T. dicoccon Schrank							
var. *immaturatum* Flaksb.	Israel	So	(1970)	23,6	4,99	2,11	35,0
			(1974)	23,8	5,54	2,33	31,3
T. durum Desf.							
var. *alboprovinciale* Flaksb.	Spanien	So	(1970)	20,2	4,48	2,22	49,3
			(1974)	22,7	5,27	2,32	49,0
Gattungsbastarde							
Aegilops ventricosa ×	Sort. Auderghem,	So	(1970)	23,3	5,43	2,33	26,7
T. durum	Belgien		(1974)	24,5	5,70	2,33	30,0
T. durum × *Secale kuprinanovii*	Sort. VIR Leningrad	So	(1973)	18,7	4,56	2,44	40,7
			(1974)	21,5	5,38	2,50	40,0
Triticale Meister	Sort. IHAR	Wi	(1970)	20,9	5,33	2,55	39,0
	Radzików, Polen		(1974)	20,1	5,37	2,67	40,7

Tabelle 14
Plusabweicher im Rohproteingehalt

Bot. Determination (Art, Varietät)	Sorte/Herkunft	Sommer-/ Winterform		Rohprotein %	Lysin absolut mg	Lysin relativ %	TKM g
Diploide							
T. boeoticum BOISS.							
var. *bornmülleri* FLAKSB.	Kleinasien	Wi	(1970)	25,8	3,62	1,40	16,3
			(1973)	19,8	5,46	2,76	18,0
			(1974)	23,2	4,85	2,09	19,0
var. *haussknechtii* FLAKSB.	Kleinasien	Wi	(1970)	22,6	4,94	2,19	14,0
			(1973)	20,8	4,28	2,06	18,7
			(1974)	22,3	4,93	2,21	18,0
var. *reuteri* FLAKSB.	Sort. E. SCHIEMANN	Wi	(1970)	22,1	5,37	2,43	17,0
			(1973)	22,6	4,73	2,09	19,3
			(1974)	24,3	5,06	2,08	20,0
T. monococcum L.							
var. *vulgare* KÖRN.	Sort. Leipzig	Wi	(1970)	19,9	3,55	1,78	20,3
			(1973)	23,5	5,26	2,24	23,0
			(1974)	20,7	4,17	2,01	23,3
Tetraploide							
T. araraticum JAKUBZ.	Sort. VIR Leningrad	So	(1970)	23,5	4,60	1,96	32,0
			(1973)	21,2	5,15	2,43	31,0
			(1974)	23,0	3,93	1,71	30,0
T. dicoccoides KÖRN.							
var. *spontaneovillosum* FLAKSB.	Sort. E. SCHIEMANN	So	(1970)	22,3	4,95	2,22	30,3
			(1974)	21,0	4,12	1,96	32,7
var. *spontaneonigrum* (FLAKSB.) PERC.	Sort. Köln-Vogelsang	So	(1971)	21,95	4,74	2,16	36,0
			(1974)	21,8	4,47	2,05	34,3
T. dicoccon SCHRANK							
var. *rufum* SCHÜBL.	Marokko	So	(1970)	23,6	5,18	2,19	40,0
			(1974)	21,9	4,62	2,11	40,3
var. *pycnurum* ALEF.	Sort. Schlanstedt	So	(1970)	20,7	4,66	2,25	50,0
			(1974)	23,7	4,36	1,84	42,7
T. durum DESF.							
var. *alboprovinciale* FLAKSB.	Iran	So	(1970)	20,4	4,32	2,12	50,0
			(1974)	21,3	4,98	2,34	43,0

var. *leucomelan* ALEF.	Iran		(1974)	21,4	5,52	2,58	40,0
var. *hordeiforme* (HOST) KÖRN.	Anatolien	So	(1970)	19,05	4,37	2,29	58,0
			(1974)	23,5	4,50	1,91	48,0
T. polonicum L. var. *levissimum* (HALL.) KÖRN.	Agrobot. Garten Szentes, Ungarn	So	(1970)	20,2	2,63	1,30	59,0
			(1974)	22,65	5,16	2,28	55,0
var. *novissimum* KÖRN.	Sort. Hohenheim	So	(1970)	19,2	4,21	2,13	40,0
			(1974)	22,2	5,30	2,39	39,0
Hexaploide *T. zhukowskyi* MEN. et ERIZ.	Sort. VIR Leningrad	So	(1970)	22,65	5,57	2,46	39,0
			(1974)	21,45	4,91	2,29	39,3
T. spelta L. var. *album* ALEF.	Sort. E. SCHIEMANN	So	(1970)	18,85	3,96	2,10	41,3
			(1974)	21,3	4,04	1,90	53,3
T. aestivum L. var. *erythrospermum* (KÖRN.) MANSF.	'Klein Puma' Argentinien	Wi	(1970)	21,3	4,19	1,97	46,0
			(1974)	20,0	3,46	1,73	50,0
var. *milturum* (ALEF.) MANSF.	Nordwest-Indien	So	(1970)	20,0	3,91	1,96	37,3
			(1974)	21,3	4,43	2,08	46,7
var. *erythrospermum* (KÖRN.) MANSF.	Nepal	So	(1970)	19,8	4,49	2,27	38,0
			(1974)	22,2	4,32	1,94	39,0
var. *heraticum* (KOB.) MANSF.	Tibet	So	(1970)	19,25	3,61	1,88	30,3
			(1974)	23,3	4,56	1,96	30,0
var. *graecum* (KÖRN.) MANSF.	Nordwest-Indien	So	(1970)	19,0	4,14	2,18	45,0
			(1974)	21,4	4,18	1,96	42,7
var. *erythrospermum-compactoides* (KOB.) MANSF.	China	So	(1970)	18,85	4,19	2,22	32,0
			(1974)	21,0	4,16	1,98	31,7
Art- und Gattungsbastarde *T. aestivum* × *Agropyron repens*	Bot. Gart. Potsdam	So	(1970)	20,3	5,02	2,47	28,0
			(1974)	21,2	4,88	2,30	29,7
T. aestivum × *Haynaldia villosa*	Bot. Gart. Brno, ČSSR	Wi	(1971)	21,5	4,50	2,09	29,3
			(1974)	20,85	4,53	2,23	37,4
Triticale Fleischmann	Ungarn	Wi	(1970)	24,6	5,50	2,24	56,7
			(1974)	21,3	4,24	1,99	53,7
Triticale Meister	Sowjetunion	Wi	(1970)	21,4	5,20	2,43	38,7
			(1974)	21,0	4,82	2,30	41,7
Triticale Taylor	England	Wi	(1970)	19,3	4,31	2,23	41,0
			(1974)	20,0	4,93	2,46	43,7

Tabelle 15
Plusabweicher im absoluten Lysingehalt

Bot. Determination (Art, Varietät)	Herkunft	Sommer-/ Winterform	Rohprotein %	Lysin absolut mg	Lysin relativ %	TKM g
Diploide						
T. boeoticum BOISS.						
var. *pseudoboeoticum* FLAKSB.	Sowjetunion	Wi (1973)	24,4	4,91	2,01	18,0
		(1974)	15,9	5,26	3,31	15,0
Tetraploide						
T. dicoccoides KÖRN.						
var. *spontaneovillosum* PERC.	Sort. E. SCHIEMANN	So (1970)	23,6	4,68	1,98	33,0
		(1974)	20,8	5,25	2,52	34,7
T. durum DESF.						
var. *alexandrinum* KÖRN.	Italien	So (1970)	19,8	4,83	2,44	59,0
		(1974)	19,1	5,29	2,77	42,0
Art- und Gattungsbastarde						
Aegilops ventricosa ×	Bot. Gart. Auderghem,	So (1970)	16,95	4,55	2,68	31,3
T. carthlicum	Belgien	(1974)	14,7	5,53	3,76	34,0
Triticale	Sort. IHAR Radzików,	Wi (1970)	13,05	5,23	4,01	38,7
	Polen	(1974)	20,9	5,37	2,57	43,7

Tabelle 16

Plusabweicher im relativen Lysingehalt

Bot. Determination (Art, Varietät)	Herkunft	Sommer-/ Winterform		Rohprotein %	Lysin absolut mg	Lysin relativ %	TKM g
Tetraploide							
T. turgidum L.							
var. *buccale* Alef.	Frankreich	Wi	(1970)	11,6	3,85	3,32	49,3
			(1974)	13,2	3,78	2,86	54,7
Hexaploide							
T. aestivum L.							
var. *turcicum* (Körn.) Mansf.	Iran	Wi	(1970)	11,7	4,15	3,55	40,0
			(1974)	14,75	4,07	2,76	56,3
var. *erythrospermum* (Körn.) Mansf.	Jugoslawien	Wi	(1970)	10,75	3,54	3,29	42,7
			(1974)	11,9	3,22	2,79	53,0
var. *submeridionale* (Vav.) Mansf.	Iran	So	(1971)	11,1	3,38	3,04	39,7
			(1974)	14,55	4,00	2,75	49,3
Art- und Gattungsbastarde							
Triticale rimpaui Wittm.	Sort. Schlanstedt	Wi	(1970)	15,15	4,61	3,04	45,7
			(1974)	16,9	4,94	2,92	59,7

Tabelle 17
Kombinationsformen

Bot. Determination (Art, Varietät)	Herkunft	Sommer-/ Winterform		Rohprotein %	Lysin absolut mg	Lysin relativ %	Lysin adjustiert %	TKM g
Tetraploide								
T. durum Desf.								
var. *lybicum* Körn.	Portugal	So	(1970)	14,7	5,24	3,56	3,83	45,3
			(1974)	19,2	4,98	2,59	3,21	38,7
var. *affine* Körn.	Sort. Schlanstedt	So	(1970)	15,3	4,52	2,95	3,25	46,0
			(1974)	18,2	4,82	2,65	3,21	33,7
var. *africanum* Körn.	Iran	So	(1970)	15,5	4,52	2,91	3,23	49,0
			(1974)	18,2	5,04	2,77	3,36	48,7
var. *fastuosum* (Lag.) Körn.	Anatolien	So	(1970)	15,9	4,21	2,65	2,99	34,3
			(1974)	17,8	4,92	2,76	3,31	34,0
Hexaploide								
T. aestivum L.								
var. *pyrothrix* (Alef.) Mansf.	Frankreich	So	(1970)	14,6	4,01	2,75	2,94	34,7
			(1974)	14,3	4,50	3,15	3,33	36,0
var. *meridionale* (Körn.) Mansf.	Iran	So	(1970)	13,2	3,76	2,85	2,89	29,3
			(1974)	15,1	4,96	3,28	3,57	40,3
Art- und Gattungsbastarde								
Triticale Rosner	Kanada	So	(1973)	15,0	5,01	3,34	3,49	44,3
			(1974)	15,65	4,93	3,15	3,34	42,0

Diskussion

Mit der Untersuchung des Rohproteingehaltes und des Gehaltes an der limitierenden essentiellen Aminosäure Lysin in den Weizen der Gaterslebener Kollektion wurde die Kenntnis ihrer Variationsbreite bei den Arten der Gattung *Triticum* L. vertieft. Das gilt vor allem für die Weizen der di- und tetraploiden Reihe, für die in der Literatur nur gelegentlich Einzelangaben vorliegen. Es ist allerdings zu berücksichtigen, daß sich die Ergebnisse und die auf ihrer Grundlage ermittelten Plusabweicher auf die Verhältnisse des Anbauortes Gatersleben beziehen. Bei der beträchtlichen Umweltabhängigkeit dieser biochemischen Merkmale sind weitere Untersuchungen unter möglichst unterschiedlichen ökologischen Bedingungen erforderlich. Dennoch ist es möglich, mit diesem Material theoretische und praktische Fragen der genetisch bedingten Ausprägung der Merkmale zu bearbeiten und die Züchtung zur Erhöhung des Proteinertrages und zur Verbesserung der Eiweißqualität fortzusetzen.

Ausgedehnte Durchmusterungen von Weizenkollektionen werden in den USA seit dem Jahre 1955 nach dem Gehalt an Rohprotein und seit 1966 nach der Aminosäurezusammensetzung durchgeführt. Die Ergebnisse der Untersuchung von 12613 Saatweizen und 3400 Hartweizen aus dem Material der World Wheat Collection des U.S. Department of Agriculture faßten JOHNSON et al. (1973) zusammen. In der Sowjetunion beziehen sich die Untersuchungen auf Sortimentsmaterial aus verschiedenen Anbaujahren und über die USSR verteilten unterschiedlichen Anbaugebiete. Die bisher bekannt gewordenen Teilergebnisse (Kataloge des VIR 1971, 1972, 1973, 1977) sind mit unseren, auf der Grundlage eines einheitlichen Anbaus gewonnenen Resultaten nur bedingt vergleichbar. In Schweden analysierte NILSSON (1976) an einer Kollektion von 6549 Weizen den Eiweiß- und Lysingehalt.

Die zusammenfassenden Angaben von JOHNSON et al. (1973) stimmen mit unseren Ergebnissen bei den Saatweizen (*T. aestivum*) in den oberen Grenzwerten im wesentlichen überein. In der in den USA untersuchten Kollektion variiert der Rohproteingehalt zwischen 6,0 und 23,0%, der relative Lysingehalt zwischen 2,2 und 4,2%, während die entsprechenden Werte in der Gaterslebener Kollektion (im Jahre 1970) zwischen 10,1 und 23,6% beziehungsweise 0,87 und 3,95% schwanken, was unter Berücksichtigung der Verluste bei der MAILLARD-Reaktion (s. S. 137) 0,96 bis 4,35% entspricht.

Die Regressionsmodelle zeigen bei dem Weizen (und der Gerste) einen negativen Zusammenhang zwischen dem Rohprotein- und dem relativen Lysingehalt. Ein interessanter Befund ergibt sich bei ihrer Gegenüberstellung. Für die Gerste ist beim Vergleich mehrerer Jahre eine gute Übereinstimmung der Regressionen zu beobachten und für den Weizen ist noch eine Übereinstimmung gegeben, obwohl sie nicht so deutlich ausgeprägt ist. Die Zunahme der Nichtübereinstimmung geht bei Gerste und Weizen in Richtung des erhöhten Rohprotein- und Aminosäuregehaltes. Eine Deutung der Erscheinung kann in diesem Zusammenhang nicht vorgenommen werden, aber möglicherweise spielt hier die Art der Befruchtungsverhältnisse eine Rolle – von der Gerste zum Weizen nimmt in der Tendenz die Neigung zur Allogamie zu.

Summary

Protein screening on the Gatersleben collection of cereals and pulses.
1. Protein and lysine content of wheats and their interspecific and intergeneric hybrids

In 1970–1973 the concentrations of protein and lysine, respectively, have been determined in the kernels of 9,706 wheats of the three ploidy levels – among them 1,044 *durum* and 8,007 common wheats – and of 153 interspecific and intergeneric wheat hybrids (table 1). The two biochemical characters exhibit a considerable variability; probably most of this variability is of non-genetic origin (table 2). On the basis of the first screening-round 1,582 wheats and 78 hybrids, respectively, with high protein and/or lysine contents have been selected for recultivation in 1974 with the aim to confirm the first screening results. On the basis of the second round of analyses 150 'plus variations' were selected, representing varieties with a combination of high protein and high absolute lysine contents, with high protein concentrations, high absolute and high relative lysine contents, respectively, or combinations of a more moderate protein content with a relatively high level of lysine in the protein (lysine adjusted to 13% protein). These 'plus variations' (tables 13–17) have to be investigated more profoundly before some of them may be confirmed as potential genetic sources of high protein and high lysine characters for breeding purposes. Correlations between the different characters, including thousand kernel weights, have been calculated (table 7).

Краткое содержание

Исследования белковости хлебных злаков и зерновых бобовых гатерслебенской коллекции. Часть 1: Содержание сырого протеина и лизина у пшениц и их межвидовых и отдалённых гибридов

В течение 1970–1973 гг. анализировались 9706 образцов пшеницы всех степеней плоидности и 153 межвидовых и отдалённых гибрида (табл. 1) на содержание сырого протеина и лимитирующей незаменимой аминокислоты, лизина. Была обнаружена сильная изменчивость в выражении обоих признаков (табл. 2). В 1974 г. высевались повторно 1582 образца и 78 гибридов. Среди этих образцов и гибридов было найдено 150 с положительным отклонением от среднего. Это были формы, у которых высокое содержание сырого протеина совмещалось с высоким абсолютным содержанием лизина, формы со средним содержанием сырого протеина и высоким (с поправкой!) содержанием лизина, а также формы с высоким содержанием сырого протеина при высоком абсолютном и относительном содержании лизина (табл. 13–17). Формы с этими положительными отклонениями нуждаются, однако, в продолжительных дополнительных испытаниях, прежде чем можно будет сделать заключение о генетическом постоянстве этих признаков. Приводятся также корреляции между исследованными признаками, включая и вес тысячи зёрен (табл. 7).

Literatur

Haenel, H., J. Proll und R. Noack, 1976: Empfehlungen zum physiologischen Eiweißbedarf. – Ernährungsforschung **21**, 182–186.

Jalil, M. E., and W. M. Tahir, 1973: World supplies of plant proteins. In: Proteins in Human Nitrition (Edits. J. W. Porter and B. A. Rolls). – Academic Press, New York.

Johnson, V. A., P. J. Mattern, J. W. Schmidt and J. E. Stroike, 1973: Genetic advances in wheat protein quantity and composition. In: Proc. 4th Intern. Wheat Genetics Symposium (Edits. E. R. Sears and L. M. S. Sears). – University of Missouri, Columbia.

Konarev, V. G., 1975: Probleme des Ernährungs- und Fütterungswertes pflanzlicher Eiweiße (russ.). In: Pflanzeneiweiße und ihre Biosynthese (Edit. V. L. Kretovich) Isd. Nauka, Moskau.

Lehmann, Chr. O., 1972: Das Kulturpflanzenweltsortiment des Zentralinstituts für Genetik und Kulturpflanzenforschung in Gatersleben, ein Genreservoir für die Pflanzenzüchtung in der DDR. – Arch. Züchtungsforsch. **2**, 100–127.

Nilsson, G., 1976: Undersökning av protein – och lysininnehåll i vete. – Sveriges Utsädesförenings Tidskrift **86**, 271–276.

Scholz, F., 1960: Qualitätsprobleme in der Futtergerstenzüchtung, dargestellt an Ergebnissen von Mutationsversuchen. – Z. Pflanzenzücht. **44**, 105–128.

Schwarze, P., 1944: Über die Methodik der Auslese eiweißreicher Zuchtstämme und die Variabilität der Eiweißqualität in Zuchtmaterial. – Z. Pflanzenzücht. **26**, 1–55.

Spackman, D. H., W. H. Stein and S. Moore, 1958: Automatic recording apparatus for use in chromatography of amino acids. – Analyt. Chem. **30**, 1190–1206.

Ulbricht, G., 1975: Einige Probleme der Welteiweißsituation. – Ernährungsforschung **20**, 14–18.

Waterlow, J. C., and P. R. Payne, 1975: The protein gap. – Nature **258**, 113–117.

Allunionsinstitut für Pflanzenbau (VIR), Katalog des charakteristischen Eiweiß-, Lysin- und Tryptophangehaltes von Weizen aus der Weltkollektion des VIR, Nr. **82**, Leningrad 1971 (russ.).

Allunionsinstitut für Pflanzenbau (VIR), Katalog des charakteristischen Eiweiß-, Lysin- und Tryptophangehaltes von Weizen aus der Weltkollektion des VIR, Nr. **100**, Leningrad 1972 (russ.).

Allunionsinstitut für Pflanzenbau (VIR), Katalog des charakteristischen Eiweiß-, Lysin- und Tryptophangehaltes von Weizen aus der Weltkollektion des VIR, Nr. **114**, Leningrad 1973 (russ.).

Allunionsinstitut für Pflanzenbau (VIR), Katalog der Weltkollektionen des VIR, Hartweizen (Neuzugänge mit der Charakteristik der technologischen Merkmale der Körner), Nr. **203**, Leningrad 1977 (russ.).

Statistisches Jahrbuch der Deutschen Demokratischen Republik 1977. Staatsverlag d. DDR, Berlin 1977.

Kulturpflanze XXVI · 1978 · S. 163–181

Eiweißuntersuchungen am Getreide- und Leguminosen-Sortiment Gatersleben.

Teil 2: Gehalt an Rohprotein und Lysin von Gersten (*Hordeum vulgare* L. s. l.)

Christian O. Lehmann, Armin Rudolph, Karl Hammer, Armin Meister, Klaus Müntz und Friedrich Scholz

(Eingegangen am 23. Januar 1978)

Zusammenfassung

In den Jahren 1970–1974 wurde an einer Kollektion von 5828 Saatgersten die Variabilität des Gehaltes an Rohprotein und der limitierenden essentiellen Aminosäure untersucht. Beide Merkmale zeigten in ihrer Ausprägung eine erhebliche Variation (Tab. 1). Für eine erneute Analyse kamen im Jahre 1975 1656 Gersten zum Anbau. Aus ihnen wurden 197 Plusabweicher bestimmt. Es waren Sippen mit einer Kombination von hohem Rohprotein- und absolutem Lysingehalt beziehungsweise von einem mittleren Rohprotein- und hohen adjustierten Lysingehalt sowie mit einem hohen Rohprotein-, absoluten Lysin- und relativen Lysingehalt (Tab. 10–14). Bevor Aussagen über die genetische Fixierung dieser Merkmale getroffen werden können, müssen sie allerdings noch weiter untersucht werden. Die Korrelationen zwischen den Merkmalen, einschließlich der Tausendkornmasse, sind angegeben (Tab. 5).

Einleitung

Die Gerste nimmt in der Weltproduktion bei den Getreidearten die vierte Stelle ein (1975: 155 Mill. t). Ihre Nutzung ist sehr verschiedenartig. In manchen Teilen der Welt gehört sie noch zu den Grundnahrungsmitteln. Für die Bierherstellung ist sie als Rohstoff unentbehrlich; es kann angenommen werden, daß dafür 10–15% der Welternte dienen (vgl. Plarre und Hoffmann 1963). In der Hauptsache werden jedoch die Körner (und das Stroh) als Viehfutter verwendet. Eine Steigerung des Eiweißgehaltes und die Verbesserung seiner Qualität, d. h. die Erhöhung des Gehaltes an der limitierenden essentiellen Aminosäure Lysin, in den Karyopsen sind für die direkte Eiweißversorgung der Menschen und für die Viehhaltung von erheblicher Bedeutung.

Für die Pflanzenzüchtung ist die Kenntnis der Variationsbreite von Rohprotein- und Lysingehalt notwendig, um geeignetes Ausgangsmaterial zur Erreichung der gestellten Zuchtziele auswählen zu können. Aus diesem Grunde wurden die im Jahre 1969 in der Gaterslebener Gerstenkollektion befindlichen Saatgersten analysiert. Das Ergebnis dieser Untersuchungen wird hier dargestellt.

Material, Anbau und Methodik

Über den Umfang und die Zusammensetzung der untersuchten Saatgersten-Kollektion gibt die folgende Übersicht Auskunft:

bespelzte Sippen	5132
davon Winterformen	927
Sommerformen	4205
nacktkörnige Sippen	696
davon Winterformen	14
Sommerformen	682
insgesamt	5828

Es sind Landsorten aus Europa (ČSSR, Österreich, südliche Teile der Sowjetunion, Bulgarien, Albanien, Griechenland, Süd-Italien), Asien (Anatolien, Iran, Afghanistan, Nord-Pakistan und Indien, Nepal, Tibet, Mongolei, China, Korea), Afrika (Äthiopien, Nordafrika), Mittel- und Südamerika, alte Zuchtsorten, die vorwiegend aus europäischen Landsorten ausgelesen wurden, und neue Zuchtsorten aus allen Ländern, in denen Gerste angebaut wird (vgl. LEHMANN 1972).

Der Anbau der Gersten (und Weizen) erfolgte in allen Jahren auf einer geschlossenen, einheitlichen Fläche des Versuchsfeldes.

In der Vegetationszeit 1969/70 betrug die Parzellengröße $1^1/_2$ m², auf der in zwei $2^1/_2$ m langen Reihen je 100 Körner einer Nummer ausgelegt wurden (Reihenabstand 20 cm, in der Reihe 5 cm); die Parzellen waren durch eine Leerreihe getrennt. Je 26 Parzellen bildeten ein Beet, auf dem sich Gersten- und Weizenparzellen miteinander abwechselten und jeweils ein Gersten- und Weizenstandard angebaut war.

Bei dem Anbau 1974/75 waren die Parzellen $2^1/_2$ m² groß, auf ihnen wurden in vier $2^1/_2$ m langen Reihen je 200 Körner einer Nummer, wie oben beschrieben, ausgelegt; eine Leerreihe trennte die Parzellen voneinander. Je 16 Parzellen bildeten ein Beet; auf ihm wechselten die Gersten- und Weizenparzellen miteinander, und jeweils ein Gersten- und Weizenstandard waren eingeschoben.

Die Standardsorte war bei den Wintergersten 'Xenia', bei den Sommergersten 'Astacus'.

Die Methoden der Rohprotein- und Lysinanalysen sowie die statistischen Berechnungen sind bei den Weizen beschrieben (LEHMANN et al. 1978).

Ergebnisse

Gesamtvariationsbreite und Häufigkeitsverteilungen

Bei der Darstellung der Gesamtvariationsbreite des Gehaltes an Rohprotein, Lysin absolut (mg Lysin/1 g Mehl) und Lysin relativ (Prozent Lysin im Rohprotein), die sich auf die Werte des Anbaues im Jahre 1970 gründen, wird zwischen den bespelzt- und nacktkörnigen Gersten unterschieden (Tab. 1).

Tabelle 1

Gesamtvariationsbreite der Spelz- und Nacktgersten

	$\bar{X}$	σ	Min.	Max.	χ^2	FG
Spelzgersten (n = 5132)						
Rohprotein	14,26	1,549	10,0	22,90	263,737	8
Lysin absolut	4,36	0,559	2,05	8,12	73,71	5
Lysin relativ	3,07	0,358	1,35	4,95	131,698	20
Nacktgersten (n = 696)						
Rohprotein	15,94	1,729	11,30	22,90	7,596	3
Lysin absolut	4,55	0,629	2,17	7,42	33,356	4
Lysin relativ	2,87	0,354	1,52	4,50	41,130	15

Der Rohproteingehalt der Spelzgersten schwankt von 10,0 bis 22,9%, ihr absoluter Lysingehalt von 2,05 bis 8,12 mg und der relative Lysingehalt von 1,35 bis 4,95%. Mit den von 11,3 bis 22,9% reichenden Werten ist der Rohproteingehalt der Nacktgersten im Mittel nur um ein geringes höher (1,7%) als bei den bespelzten Gersten, der absolute Lysingehalt liegt zwischen 2,17 und 7,42 mg, der relative zwischen 1,52 und 4,50%; die Werte befinden sich damit innerhalb der Grenzen der bespelzten Gersten.

Die teilweise sehr hohen Werte für χ^2, die in der Tabelle 1 und in den nachfolgenden auffallen, weisen auf eine hochsignifikante Abweichung von der Normalverteilung hin. Eine Erklärung dürfte vermutlich in der Heterogenität des untersuchten Materials liegen, die Werte für die Standardsorten sind erwartungsgemäß einheitlicher.

Die Abbildung 1 zeigt die Gesamtvariationsbreite des Rohprotein-, die Abbildung 2 die des relativen Lysingehaltes bei den Spelz- und Nacktgersten; die

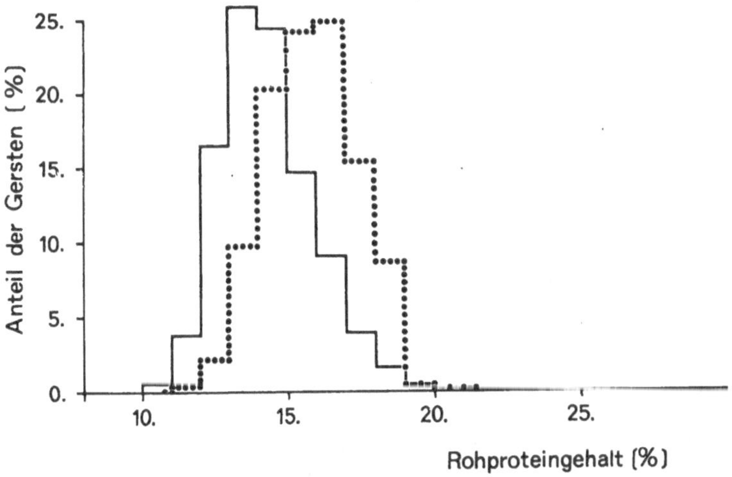

Abb. 1 Vergleich der Häufigkeitsverteilung des Rohproteingehaltes bei den im Jahre 1970 angebauten Spelzgersten (———) und Nacktgersten (. . . . .). – Spelzgersten: n = 5132, $\bar{X}$ = 14,26%; Nacktgersten: n = 696, $\bar{X}$ = 15,94%

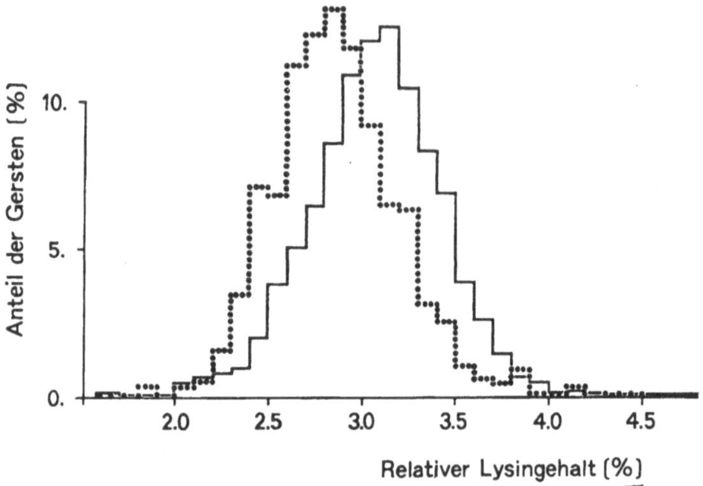

Abb. 2 Vergleich der Häufigkeitsverteilung des relativen Lysingehaltes bei den im Jahre 1970 angebauten Spelzgersten (———) und Nacktgersten (. . . . .). – Spelzgersten: $n = 5132$, $\bar{X} = 3{,}07\,\%$; Nacktgersten: $n = 696$, $\bar{X} = 2{,}87\,\%$

Häufigkeitsverteilung der einzelnen Werteklassen ist in Prozent der gesamten bespelzt- bzw. nacktkörnigen Gersten ausgedrückt. Aus den Diagrammen ist zu ersehen, daß es keine auffällige Häufung von Sippen in den oberen Bereichen gibt.

Die TKM variiert bei den bespelzten Gersten zwischen 25,2 und 69,3 g (Mittelwert 46,7 g), bei den nacktkörnigen von 19,9 bis 66,0 g, wobei der Mittelwert bei 39,4 g liegt.

Jahresschwankungen

Die Ergebnisse der Untersuchungen der Standardsorten vermitteln einen Einblick in die Modifikabilität und damit in die Umweltabhängigkeit der analysierten Merkmale. Die absolute Variationsbreite war in den beiden Jahren 1970 und 1975 erheblich (Tab. 2[1]). So schwankte beispielsweise der Rohproteingehalt bei 'Xenia' im Jahre 1970 von 11,6 bis 15,3%, beziehungsweise im Jahre 1975 von 9,15 bis 12,7%. Noch erheblicher, mit fast 5%, variierte er bei 'Astacus' (1970: 10,9–16,8%; 1975: 13,05–17,9%).

Die für einen Wiederholungsanbau zur Bestätigung der Analysenwerte gesetzten unteren Grenzen (bei Winter- 14,0%, bei Sommergerste 17,0%) (s. S. 171) wurden von den Extremwerten der Standards entweder überschritten oder sie glichen ihnen.

1 Das Fehlen von χ^2-Werten in der Tabelle 2 und in den folgenden Zusammenstellungen bedeutet, daß infolge des kleinen Umfangs der Stichproben oder der sehr geringen Schwankungsbreite des Merkmals in der Stichprobe die Zahl der Freiheitsgrade N–3 (N = Anzahl der Intervalle mit einem Erwartungswert > 5) kleiner als 1 wurde und damit eine Auswertung des χ^2-Testes nicht möglich war.

Tabelle 2
Jährliche Variation der Standardsorten

		n	$\bar{X}$	σ	Min.	Max.	χ^2	FG
Rohprotein								
Winterform	1970	58	14,07	0,714	11,6	15,3	–	–
('Xenia')	1975	21	11,19	1,152	9,15	12,7	–	–
Sommerform	1970	251	13,71	0,872	10,9	16,8	2,096	2
('Astacus')	1975	102	15,72	0,918	13,05	17,9	0,491	1
Lysin absolut								
Winterform	1970	58	4,56	0,262	3,98	5,07	–	–
('Xenia')	1975	21	4,12	0,287	3,62	4,67	–	–
Sommerform	1970	251	4,19	0,215	3,65	4,93	–	–
('Astacus')	1975	102	5,18	0,278	4,57	5,94	–	–
Lysin relativ								
Winterform	1970	58	3,25	0,219	2,72	4,01	6,764	4
('Xenia')	1975	21	3,70	0,321	2,99	4,26	–	–
Sommerform	1970	251	3,07	0,235	2,27	4,01	9,391	8
('Astacus')	1975	102	3,30	0,192	2,95	4,26	2,257	5

Die Streuungen der Mittelwerte weisen dagegen keine erheblichen Abweichungen auf, ausgenommen die des Rohproteingehaltes bei 'Xenia' im Jahre 1975 (1,152 gegenüber 0,714 im Jahre 1970) und des absoluten Lysingehaltes bei 'Astacus' (1970 0,215 gegenüber 1975 0,278).

Es bestätigte sich, daß der Rohproteinanteil in den Karyopsen und damit verbunden auch der absolute Gehalt an Lysin bei einem Rohproteingehalt um 15% stark umweltbeeinflußbar ist.

Adjustierung der Lysinwerte

Eine Adjustierung der Lysinwerte zu einem bestimmten Rohproteingehalt unter Verwendung der linearen oder quadratischen Regression von Lysin zu Rohprotein war von Johnson et al. (1973) bei Weizen vorgenommen worden. Sie erlaubt einen besseren Vergleich des Lysingehaltes der Sippen mit unterschiedlichem Rohproteingehalt. Die Adjustierung des Lysingehaltes auf 13,0% Rohprotein geschah sowohl für die Standardsorten als auch für die gesamten bespelzt- und nacktkörnigen Gersten.

Bei den Standards (Tab. 3) ist in den Jahren 1970 und 1975 für das adjustierte Lysin gegenüber den Werten des relativen Lysingehaltes eine Erhöhung des Mittelwertes bei einer gleichzeitigen Verringerung der Streuung beziehungsweise der Schwankungsbreite der Minimal- und Maximalwerte festzustellen.

Ähnliches findet man bei dem Vergleich der Werte des relativen Lysingehaltes mit dem adjustierten Lysin der bespelzt- und nacktkörnigen Gersten. Sie sind in der Tabelle 4 für die Werte des Jahres 1970 zusammengefaßt. Bei diesem gegen-

Tabelle 3

Vergleich des relativen und adjustierten Lysingehaltes bei den Standards

		n	$\bar{X}$	σ	Min.	Max.	χ^2	FG
1970	Lysin relativ	309	3,10	0,242	2,27	4,01	10,455	9
	Lysin adjustiert	309	3,18	0,210	2,46	3,94	12,110	7
1975	Lysin relativ	123	3,37	0,265	2,95	4,26	13,368	7
	Lysin adjustiert	123	3,51	0,183	2,98	3,94	5,730	5

Tabelle 4

Vergleich des relativen und adjustierten Lysingehaltes bei Spelz- und Nacktgersten im Jahre 1970

	n	$\bar{X}$	σ	Min.	Max.	χ^2	FG
Spelzgersten							
Lysin relativ	5132	3,07	0,358	1,35	4,95	131,698	20
Lysin adjustiert	5132	3,17	0,347	1,46	5,26	208,538	20
Nacktgersten							
Lysin relativ	696	2,87	0,354	1,52	4,50	41,130	15
Lysin adjustiert	696	3,07	0,358	1,58	4,61	34,415	16

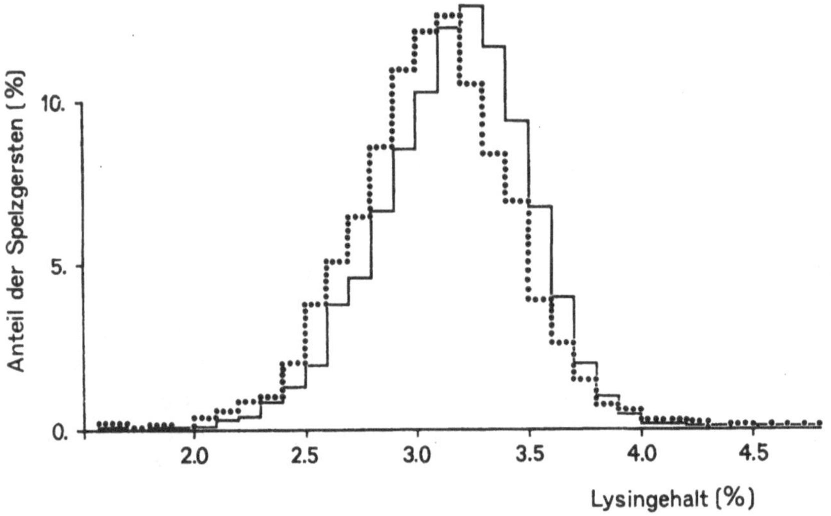

Abb. 3 Vergleich der Häufigkeitsverteilung des relativen (. . .) und adjustierten (———) Lysingehaltes bei den im Jahre 1970 angebauten Spelzgersten. – Relativer Lysingehalt $\bar{X} = 3{,}07\,\%$, adjustierter Lysingehalt $\bar{X} = 3{,}17\,\%$

über den Standards sehr heterogenen Material erhöhen sich vor allem die Maximalwerte, so bei den bespelzten Gersten von 4,95% bei Lysin relativ auf 5,26% Lysin adjustiert, beziehungsweise bei den Nacktgersten von 4,50% Lysin relativ auf 4,61% Lysin adjustiert. Für die graphische Darstellung des Vergleiches wurden die bespelzten Gersten ausgewählt (Abb. 3).

Korrelationen

In der Übersicht der Korrelationen (Tab. 5) sind die Korrelationskoeffizienten zusammengestellt. Sie beziehen sich getrennt nach den Jahren 1970 und 1975, sowie nach Standards, bespelzten und nacktkörnigen Gersten auf folgende Korrelationen: Rohprotein/Lysin relativ, Rohprotein/TKM, Lysin absolut/TKM, Lysin absolut/Rohprotein und TKM/Lysin adjustiert.

Sehr deutlich signifikant gesichert ist, wie es zu erwarten war, die negative Korrelation zwischen Rohprotein- und relativem Lysingehalt. Eine gesicherte positive Korrelation liegt zwischen dem absoluten Lysin- und dem Rohproteingehalt vor.

Eine schwache positive Sicherung ergibt sich bei den bespelzten Gersten für die Beziehung zwischen Rohproteingehalt und TKM, während die für die Nacktgersten vorliegenden negativen Werte dieser Korrelation nicht gesichert sind. Ähnliches trifft für die Korrelation Lysin absolut/TKM zu, deren positive Korrelation in beiden Jahren bei den Spelzgersten gesichert, während die für die Nacktgersten errechnete negative Korrelation nicht gesichert ist.

Nicht gesichert ist die Korrelation TKM/Lysin adjustiert bei den bespelzten und nacktkörnigen Gersten.

Regressionsmodelle

Bei der Adjustierung von Lysin waren Regressionsberechnungen notwendig, deren wesentliche Ergebnisse kurz vorgestellt werden sollen. Für die Berechnungen wird der Rohproteingehalt als Einflußgröße und der relative Lysingehalt als Zielgröße angenommen. Das quadratische Modell hat Ähnlichkeit mit den von Johnson et al. (1973) für den Weizen erzielten Befunden und verdeutlicht die negative Korrelation zwischen Ziel- und Einflußgröße. Der Verlauf der Kurve ist für die Gerste jedoch flacher. Er unterscheidet sich nicht wesentlich von der linearen Kurve.

Die Regressionsmodelle für lineare und quadratische Anpassung bei allen geprüften Gersten, für Spelz- und Nacktgersten getrennt sowie für die Jahre 1970 und 1975, sind in Tabelle 6 zusammengefaßt. Wie aus den partiellen F-Werten ersichtlich wird, ergibt sich fast in jedem Falle vom linearen zum quadratischen Modell eine Zunahme der Anpassung, deren Signifikanz wohl nur bei dieser beträchtlichen Anzahl der zur Verfügung stehenden Werte zu sichern ist. Bei den Spelzgersten des Jahres 1975 ist das quadratische Modell nicht signifikant. Der übereinstimmende Grundcharakter der Regressionsmodelle kann für die verschiedenen Gerstensippen sowie über die Jahre hinweg beobachtet werden (vgl. die Kurven für die Nacktgersten insgesamt, sowie getrennt nach den Jahren 1971 und 1975, Abb. 4). Hier zeigt sich eine deutlich andere Tendenz, als sie bei der Acker-

Tabelle 5
Korrelationen

	n	Rohprotein/ Lysin relativ r	Rohprotein/ TKM r	Lysin absol./ TKM r	Lysin absol./ Rohprotein r	TKM/ Lysin adj. r
Anbau 1970						
Standards	309	−0,6317***[1]	–	–	0,2079***	–
Spelzgersten	5132	−0,3534***	0,2249***	0,1290***	0,5119***	0,0012
Nacktgersten	696	−0,2978***	−0,0622	−0,0329	0,5323	−0,00161
Anbau 1975						
Standards	123	−0,753***	–	–	0,8579***	–
Spelzgersten	1406	−0,5464***	0,1633***	0,1234***	0,7474***	0,0327
Nacktgersten	250	−0,5198***	−0,0695	−0,0459	0,6541***	0,0194

[1] *** gesichert auf 0,1 %-Niveau

Tabelle 6
Regressionsmodelle

Gruppe	linear a_0	a_1	quadratisch a_0	a_1	a_2	r	F_1	F_2	R^2
gesamt	4,05 ±0,03	−0,0646 ±0,002	6,02 ±0,18	−0,328 ±0,024	0,00867 ±0,00080	−0,32	875	117	0,11
Spelzgersten	4,02 ±0,04	−0,0613 ±0,0025	6,56 ±0,23	−0,410 ±0,031	0,1176 ±0,00103	−0,28	590	129	0,10
Nacktgersten	3,58 ±0,09	−0,0404 ±0,0057	5,71 ±0,57	−0,298 ±0,068	0,00767 ±0,002	−0,23	50,7	14,5	0,06

Gruppe	linear a_0	a_1	quadratisch a_0	a_1	a_2	r	F_1	F_2	R^2
Spelzgersten 1970	4,25 ±0,042	−0,0831 ±0,0029	6,71 ±0,29	−0,421 ±0,039	0,0115 ±0,00134	−0,36	816	74	0,14
Nacktgersten 1970	3,83 ±0,12	−0,0603 ±0,0074	6,82 ±0,75	−0,434 ±0,0923	0,0115 ±0,00283	−0,30	68	16,5	0,11
Spelzgersten 1975	4,62 ±0,051	−0,0817 ±0,0033	4,64 ±0,274	−0,0841 ±0,0033	0,00008 ±0,0011	−0,53	596	0,005	0,28
Nacktgersten 1975	4,33 ±0,13	−0,0721 ±0,0075	6,32 ±0,96	−0,298 ±0,108	0,00632 ±0,003	−0,52	93,1	4,45	0,28

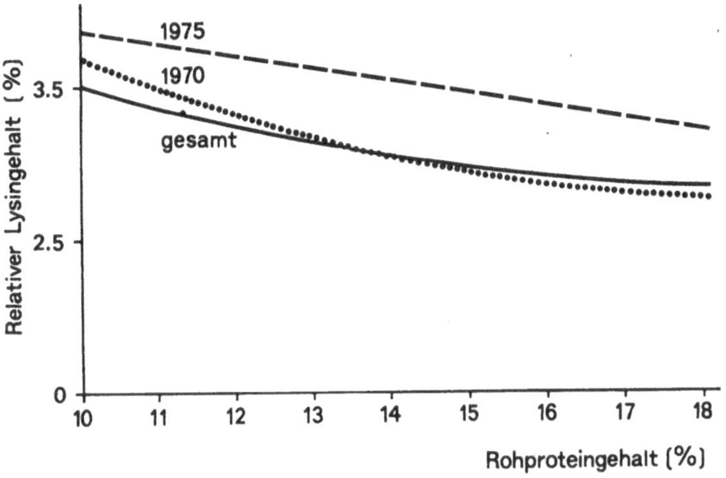

Abb. 4 Vergleich der quadratischen Regressionskurven für die gesamten sowie für die im Jahre 1970 und 1975 angebauten Nacktgersten

bohne zu beobachten ist. Bei der Gerste ist es nicht ausgeschlossen, mit einem auf einer genügend großen Wertezahl berechneten Regressionsmodell in verschiedenen Jahren nach Korrelationsbrechern zu suchen.

Wiederholungsanbau ausgewählter Sippen

Zur Bestätigung der Analysenwerte wurden aus dem Material des Anbaues 1970 Sippen für einen erneuten Anbau im Jahre 1975 in folgender Reihenfolge ausgewählt: Verhältnismäßig hohe Werte des Rohprotein- und des absoluten beziehungsweise relativen Lysingehaltes. Dazu kamen sogenannte „Kombinationsformen", die bei einem Rohproteingehalt zwischen 14,0 und 15,0% einen verhältnismäßig hohen Gehalt an Lysin (absolut und relativ) aufwiesen.

Die untere Grenze für die Auswahl wurde empirisch festgelegt. Sie lag bei den Wintergersten für den Rohproteingehalt um zwei Prozent niedriger als bei den Sommergersten, da er bei ihnen im Jahre 1970 deutlich geringer war. Die Grenzwerte betrugen bei den

- Wintergersten (bespelzt- und nacktkörnig)
  - Rohprotein >15,0%
  - Lysin absolut > 4,6 mg
  - Lysin relativ > 3,5%
- Sommergersten (bespelzt- und nacktkörnig)
  - Rohprotein >17,0%
  - Lysin absolut > 4,6 mg
  - Lysin relativ > 3,5%

– „Kombinationsformen" (bespelzt- und nacktkörnige Winter- und Sommergersten)

Rohprotein		14,0–15,0%
Lysin absolut	>	4,6 mg
Lysin relativ	>	3,3%

Es wurden insgesamt 1656 Sippen, davon 1406 bespelzt- und 250 nacktkörnige, ausgewählt.

Zur Prüfung, ob die ausgewählten Gersten auch im Jahre 1975 im Durchschnitt signifikant über dem Normalanbau liegen, wurde als Bezugswert für 1975 ein korrigierter Durchschnittswert nach der Formel

$\bar{X} = \bar{X}$ (Mittelwert der Standards im Jahre 1975) +
$\bar{X}$ (Mittelwert der gesamten Gersten im Jahre 1970) –
$\bar{X}$ (Mittelwert der Standards im Jahre 1970)

errechnet und zugrunde gelegt. Damit sollte ermittelt werden, ob die Bezugswerte von 1975 genausohoch über den Werten des Standards 1975 liegen, wie die der gesamten Gersten über denen des Standards 1970 lagen. Dieses Verfahren wurde gewählt, da es im Jahre 1975 keine Mittelwerte für die gesamten Gersten gibt, sondern nur für die für einen Nachbau ausgewählten Gersten, also die Sippen, die 1970 im oberen Teil der Normalverteilung lagen.

Nach dem *t*-Test für den Mittelwertsvergleich ergibt sich, daß die Mittelwerte für Rohprotein, Lysin absolut und relativ der nachgebauten Gersten im Jahre 1975 signifikant über dem korrigierten Standard liegen (Tab. 7). Bei den Kombinationsformen liegt keine Sicherung vor; es ist vermutlich darauf zurückzuführen, daß im Jahre 1970 die Auswahl nicht nach den damals noch nicht vorliegenden Werten für Lysin adjustiert erfolgte.

Plusabweicher

Auf der Grundlage der Analysenwerte der im Jahre 1975 erneut angebauten Gersten war zu prüfen, welche Sippen einen überdurchschnittlich hohen Rohprotein-, absoluten und relativen Lysingehalt aufweisen. Bei einem Teil von ihnen könnte dieser hohe Gehalt genetisch fixiert sein. Sie werden im weiteren Plusabweicher genannt.

Bei dieser Festlegung bildeten die Analysenwerte der Standardsorten in den Jahren 1970 und 1975 die Grundlage. Es wurde dabei davon ausgegangen, daß sich in den Analysenwerten der Standardsorten die jahresbedingten Schwankungen ausdrücken.

Rohproteingehalt

Der Mittelwert beider Standardsorten lag im Jahre 1970 bei 13,78%, wobei sich die Wintergerste 'Xenia' mit 13,71% nur wenig von der Sommergerste 'Astacus' (14,07)% unterschied. Ein anderes Bild ergab sich im Jahre 1975; bei einer wesent-

Tabelle 7
Mittelwertsvergleich mit dem t-Test

	Werte der im Jahre 1975 angebauten Gersten (ausgewählte Sippen)			Werte für den korrigierten Standard im Jahre 1975				
	n	$\bar{X}$	σ	n	$\bar{X}$	σ	t	FG
Rohprotein (nach dem Rohproteingehalt 1970 ausgewählte Gersten)	436	16,67	2,230	123	15,59	1,961	4,866***	557
davon Wintergersten	63	13,43	1,635	21	11,84	1,152	4,121***	82
Sommergersten	373	17,22	1,814	102	16,37	0,918	4,572***	473
Lysin absolut (nach dem absoluten Lysingehalt 1970 ausgewählt)	1421	5,23	0,560	123	5,12	0,485	2,111*	1542
Lysin relativ (nach dem relativen Lysingehalt 1970 ausgewählt)	450	3,46	0,317	123	3,32	0,265	4,487***	571
Kombinationsformen (nach den Werten 1970 ausgewählt)	204	3,53	0,255	123[1]	3,49	0,183	1,519	325

[1] Lysin adjustiert

Tabelle 8

Rohprotein-, absoluter Lysin-, relativer Lysin- und adjustierter Lysingehalt aller Standards im Jahre 1970 und 1975

	n	$\bar{X}$	σ	Min.	Max.	χ^2	FG
Rohproteingehalt							
1970	309	13,78	0,855	10,90	16,80	2,559	2
1975	123	14,94	1,961	9,15	17,90	44,779	5
absoluter Lysingehalt							
1970	309	4,26	0,266	3,65	5,07	–	–
1975	123	5,00	0,489	3,62	5,94	10,826	1
relativer Lysingehalt							
1970	309	3,10	0,242	2,27	4,01	10,455	9
1975	123	3,37	0,265	2,95	4,26	13,368	7
adjustierter Lysingehalt							
1970	309	3,18	0,21	2,46	3,94	12,110	7
1975	123	3,51	0,183	2,98	3,94	5,730	5

lich größeren Streuung lag der Mittelwert beider Standardsorten bei 14,94%, wobei er zwischen der Wintergerste (11,19%) und der Sommergerste (15,72%) um 4,53% schwankte (Tab. 2 und 8).

Die bei den Sommergersten für einen Wiederholungsanbau festgelegte Grenze von 17,0% Rohproteingehalt entsprach etwa dem Mittelwert des Standards und seiner vierfachen Streuung (17,2%). Ein gleicher Maßstab für das Jahr 1975 angelegt, ergibt einen Rohproteingehalt von 19,4% als untere Grenze für die Plusabweicher.

Bei den Wintergersten betrug die Grenze für die Auswahl zu dem Wiederholungsanbau 15,0% Rohprotein, d. h., Mittelwert des Standards und etwas mehr als die einfache Standardabweichung. Für die Auswahl der Plusabweicher wurde wie bei den Sommergersten der Mittelwert des Standards und seine vierfache Streuung gewählt (15,8%). Die Wintergersten mit einem Rohproteingehalt von mehr als 15,8% sind als Plusabweicher anzusehen.

Absoluter Lysingehalt

Für den erneuten Anbau wurden die Winter- und Sommergersten ausgewählt, die im Jahre 1970 einen absoluten Lysingehalt von mehr als 4,6 mg hatten. Das entsprach etwa dem Mittelwert des Standards und der zweifachen Streuung (Tab. 8). Dieser Ansatz ergab im Jahre 1975 6,0 mg. Die Plusabweicher im absoluten Lysingehalt müssen demnach mehr als 6,0 mg Lysin aufweisen.

Relativer Lysingehalt

Für einen Wiederholungsanbau wurden die Winter- und Sommergersten vorgesehen, die einen über 3,5% liegenden relativen Lysingehalt aufwiesen. Dieser Wert entsprach wie bei dem absoluten Lysingehalt etwa dem Mittelwert des Standards und der zweifachen Streuung (Tab. 8). Für das Jahr 1975 lag dieser Wert dann bei 3,9%, der zugleich der untere Grenzwert für die Plusabweicher im relativen Lysingehalt ist.

Kombinationsformen

Für die Auswahl der bestätigten Kombinationsformen liegt der adjustierte relative Lysingehalt zugrunde. Sein Mittelwert beträgt bei den Standards im Jahre 1970 3,18% (Tab. 8). Die untere Grenze des relativen Lysingehaltes war für die Kombinationsformen im Jahre 1970 auf 3,3% festgelegt, das ist etwa der Mittelwert des Standards und seine einfache Streuung (3,39%), – adjustierte Werte lagen damals noch nicht vor. Entsprechend den anderen Lysingehalten für die Analysenwerte des Jahres 1975 wurde die doppelte Streuung als Maß für die Plusabweicher gewählt; dabei ergab sich ein adjustierter relativer Lysingehalt von 3,85% als untere Grenze.

Tabelle 9

Anzahl der Plusabweicher

	Gesamt	davon Winterformen		Sommerformen	
		bespelzt	nacktkörnig	bespelzt	nacktkörnig
Kombination Rohprotein- und absoluter Lysingehalt	18	–	–	6	12
Rohprotein	31	3	4	2	22
Lysin absolut	92	–	–	75	14
Lysin relativ	33	20	–	13	–
Kombinationsformen	23	–	–	22	1

Die Durchsicht auf der diese Weise ermittelten Plusabweicher (Tab. 9) ergibt:

1. Es kommen Sommergersten vor, bei denen ein hoher Rohprotein- mit einem hohen absoluten Lysingehalt kombiniert ist (vgl. Korrelationen). Der Rohproteingehalt liegt über 17,1 (1970) beziehungsweise 19,7% (1975), der von Lysin absolut über 4,55 (1970) beziehungsweise 6,04 mg (1975). Eine Auswahl ist in der Tabelle 10 zusammengestellt.

2. Bei den Plusabweichern im Rohproteingehalt fällt unter den Winterformen ein Überwiegen von ostasiatischen Herkünften, bei den nacktkörnigen Sommergersten von Sippen aus Ostasien und Äthiopien auf. Ausgewählte Sippen sind in der Tabelle 11 aufgeführt.

Tabelle 10

Plusabweicher. Kombination von hohem Rohprotein- mit hohem absolutem Lysingehalt

Bot. Determination (Varietät)	Herkunft	Rohprotein % 1970	Rohprotein % 1975	Lysin absolut mg 1970	Lysin absolut mg 1975	Lysin relativ % 1970	Lysin relativ % 1975	TKM g 1970	TKM g 1975
Spelzgersten									
steudelii KÖRN.	Äthiopien	17,4	20,3	5,04	6,45	2,90	3,18	61,3	65,0
Nacktgersten									
nudifurcatum (REG.) MANSF.	Äthiopien	19,8	21,4	5,94	6,49	3,00	3,03	44,0	40,7
himalayense (RITT.) KÖRN.	Tibet	18,1	20,6	6,91	6,37	3,82	3,09	40,0	36,7
asiaticum (VAV.) MANSF.	Tibet	17,9	20,85	5,81	6,71	3,25	3,22	33,0	35,3
himalayense (RITT.) KÖRN.	Afghanistan	17,8	20,8	4,55	6,04	2,56	2,90	34,7	31,7

Tabelle 11

Plusabweicher im Rohproteingehalt

Bot. Determination (Varietät)	Herkunft	Rohprotein % 1970	Rohprotein % 1975	Lysin absolut mg 1970	Lysin absolut mg 1975	Lysin relativ % 1970	Lysin relativ % 1975	TKM g 1970	TKM g 1975
Wintergersten									
Spelzgersten									
erectum (RODE) ALEF.	Frankreich	16,7	17,3	4,79	5,18	2,87	2,99	50,0	52,0
hybernum VIB.	Japan	14,9	16,3	4,84	4,91	3,24	3,01	31,3	33,3
Nacktgersten									
coeleste L.	Korea	17,1	15,9	3,95	4,42	2,31	2,78	27,7	27,0
coeleste L.	Japan	15,15	18,9	5,24	4,72	3,46	2,50	28,3	28,7
Sommergersten									
Nacktgersten									
violaceum KÖRN.	Äthiopien	19,4	20,75	4,41	5,70	2,27	2,75	31,7	24,3
revelatum KÖRN.	Japan	19,3	19,55	4,80	5,11	2,49	2,62	28,7	31,7
revelatum KÖRN.	Japan	19,1	19,9	5,05	5,68	2,65	2,85	32,0	33,0
atroviolaceum MANSF.	Tibet	18,8	19,7	5,11	5,14	2,72	2,61	48,0	43,7
brevisetum REG.	Japan	17,9	20,05	4,51	5,91	2,52	2,95	27,0	31,0
brevisetum REG.	Japan	17,3	20,55	5,11	4,96	2,95	2,42	31,7	32,0

Tabelle 12

Plusabweicher im absoluten Lysingehalt

Bot. Determination (Varietät)	Sorte/Herkunft	Rohprotein % 1970	Rohprotein % 1975	Lysin absolut mg 1970	Lysin absolut mg 1975	Lysin relativ % 1970	Lysin relativ % 1975	TKM g 1970	TKM g 1975
Spelzgersten									
ibericum (Vav. et Orl.) Mansf.	Sort. E. Schiemann	16,4	17,35	7,21	6,26	4,40	3,61	42,0	38,0
parallelum Körn.	Äthiopien	18,2	17,4	6,52	6,13	3,58	3,52	51,7	46,7
hybernum Vib.	Iran	17,6	18,5	5,52	6,36	3,14	3,44	37,0	30,0
abyssinicum (Ser.) Körn.	Äthiopien	16,9	16,75	5,31	6,65	3,14	3,97	58,0	50,7
hybernum Vib.	Äthiopien	15,5	16,9	5,16	6,00	3,33	3,55	49,3	44,0
deficiens (Steud.) Körn.	Äthiopien	16,8	16,1	4,98	6,31	2,96	3,92	61,0	56,0
hybernum Vib.	Äthiopien	17,05	19,3	4,72	6,59	2,89	3,41	49,3	36,0
parallelum Körn.	'Sechszeilige Pumpergerste' Österreich.	13,1	16,5	4,85	6,17	3,70	3,74	39,7	30,0
hybernum Vib.	Äthiopien	18,0	14,1	4,60	6,00	2,56	4,26	46,7	48,0
Nacktgersten									
subatterbergii (Körn.) Mansf.	'Hiproly' Äthiopien	17,85	19,3	7,42	7,05	4,16	3,65	36,0	36,0
tibetanoides Mansf.	Tibet	15,55	19,25	5,63	6,37	3,62	3,21	41,0	40,0
revelatum Körn.	'Shiro Chinko' Japan	15,6	22,45	5,51	6,31	3,53	2,81	27,3	27,3
brevisetum Reg.	Japan	18,4	18,8	5,23	6,16	2,84	3,28	32,0	32,7
mongolicum (Vav. et Orl.) Mansf.	Mongolei	15,2	20,8	5,09	6,21	3,35	2,99	32,0	20,0
hadaka (Vav. et Orl.) Mansf.	Tibet	16,25	22,4	4,93	6,29	3,03	2,81	31,0	32,7

Tabelle 13
Plusabweicher im relativen Lysingehalt

Bot. Determination (Varietät)	Sorte/Herkunft	Rohprotein % 1970	Rohprotein % 1975	Lysin absolut mg 1970	Lysin absolut mg 1975	Lysin relativ % 1970	Lysin relativ % 1975	TKM g 1970	TKM g 1975
Wintergersten									
densum Ser.	Ungarn	12,9	11,9	4,90	4,72	3,80	3,97	37,0	43,0
hybernum Vib.	'Cenad 399' Rumänien	12,35	9,35	4,60	3,92	3,72	4,19	44,3	50,0
hybernum Vib.	'Strengs Dura' BRD	11,95	10,25	4,21	4,24	3,53	4,14	47,0	46,0
Sommergersten									
hybernum Vib.	Iran	11,8	8,7	4,75	3,87	4,03	4,45	32,0	37,3
hybernum-deficiens	Äthiopien	13,4	13,5	5,17	5,33	3,86	3,95	39,0	41,0
hybernum Vib.	Äthiopien	14,3	14,6	5,12	5,74	3,58	3,93	47,3	44,0

Tabelle 14
Kombinationsformen

Bot. Determination (Varietät)	Herkunft		Rohprotein %	Lysin absolut mg	Lysin relativ %	Lysin adjustiert %	TKM g
Spelzgersten							
deficiens (Steud.) Körn.	Äthiopien	(1970)	15,9	7,31	4,60	4,92	58,0
		(1975)	14,6	5,33	3,65	3,82	59,0
hybernum Vib.	Äthiopien	(1970)	14,6	5,31	3,64	3,82	53,0
		(1975)	13,5	5,10	3,78	3,86	46,0
deficiens (Steud.) Körn.	Äthiopien	(1970)	14,8	5,26	3,55	3,75	62,3
		(1975)	14,5	5,32	3,67	3,85	54,3
parallelum Körn.	Äthiopien	(1970)	14,6	5,06	3,47	3,65	58,0
		(1975)	12,65	4,90	3,88	3,86	41,3
deficiens-hybernum	Äthiopien	(1970)	15,5	5,21	3,36	3,59	52,0
		(1975)	15,05	5,80	3,86	4,09	43,0
hybernum Vib.	Afghanistan	(1970)	14,3	4,56	3,19	3,33	55,7
		(1975)	15,8	5,84	3,69	3,97	41,7

3. Die Plusabweicher im absoluten Lysingehalt sind zum überwiegenden Teil Sommergersten aus Äthiopien. In dieser Gruppe befindet sich auch die nacktkörnige 'Hiproly'. Sie konnte nicht in die Plusabweicher im Rohprotein- oder relativen Lysingehalt beziehungsweise in die Plusabweicherkombination Rohprotein- und absoluter Lysingehalt einbezogen werden, da im Jahre 1975 die Analysen ergaben, daß ihr Rohprotein- um 0,1% und ihr relativer Lysingehalt um 0,25% unter den entsprechenden Grenzwerten lag. Beispiele für die Plusabweicher im absoluten Lysingehalt finden sich in der Tabelle 12.

4. Die Plusabweicher im relativen Lysingehalt spiegeln ganz deutlich die negative Korrelation wider, die zwischen dem Rohprotein- und dem relativen Lysingehalt besteht. Eine Auswahl von Winter- und Sommergersten in der Tabelle 13 belegt es.

5. Bei den Kombinationsformen, die bei einem mittleren Rohproteingehalt (zwischen 14,0 und 15,5%) einen adjustierten Lysinwert von mehr als 3,85% aufwiesen, überwiegen die Gersten aus Äthiopien. Eine Auswahl ist in der Tabelle 14 zusammengestellt.

Diskussion

Die vorgelegten Ergebnisse der Reihenuntersuchungen an den Gersten geben einen Beitrag zur Kenntnis der Variationsbreite des Rohprotein- und Lysingehaltes sowie der Korrelationen zwischen den Merkmalen – unter den Bedingungen des Anbauortes Gatersleben im Jahre 1970 und 1975; dieser Gesichtspunkt ist auch bei den ermittelten Plusabweichern zu berücksichtigen. Wegen der großen Umweltabhängigkeit der beiden Merkmale sind weitere Untersuchungen unter möglichst unterschiedlichen ökologischen Bedingungen unbedingt erforderlich. Die Ergebnisse bieten jedoch bereits jetzt die Möglichkeit, mit diesem Material theoretische und praktische Fragen der genetischen Grundlagen des unterschiedlichen Gehaltes an Protein und der limitierenden essentiellen Aminosäure Lysin zu bearbeiten und die Züchtung zur Erhöhung des Proteinertrages und zur Verbesserung seiner Qualität fortzusetzen.

Bei dem Vergleich der ermittelten Variationsbreite mit den bisherigen Kenntnissen bietet sich das Ergebnis der von Hagberg und Karlsson (1969) untersuchten tausend Gersten an. Sie fanden für Rohprotein eine Variation zwischen 8,77 und 16,88%, während sie sich in unseren Untersuchungen (1970) zwischen 10,0 und 22,9% bewegt (Tab. 1). Vermutlich liegt die Ursache des Unterschiedes in der von Hagberg und Karlsson untersuchten geringen Anzahl von Gersten. Bemerkenswert ist die Übereinstimmung in dem hohen Anteil der nacktkörnigen Gersten unter den rohproteinreicheren Sippen. Bei einem Anteil von acht Prozent an den tausend analysierten Gersten waren bei Hagberg und Karlsson unter den als rohproteinreich ausgewählten Sippen 24% Nacktgersten. In der Gaterslebener Kollektion betrug der Anteil nacktkörniger Sippen knapp zwölf Prozent, unter den zum Wiederholungsanbau ausgewählten 15% und bei den Plusabweichern knapp 27%.

Der Gehalt an der limitierenden essentiellen Aminosäure ist überwiegend nur von einzelnen Gersten oder Gerstenmutanten (u. a. DOLL et al. 1974) mitgeteilt worden. Bei dem absoluten und relativen Lysingehalt stimmen sie in den oberen Werten mit unseren Befunden in etwa überein. Die von HAGBERG und KARLSSON (1969) angegebenen Werte für 'Hiproly' bestätigten sich in unseren Untersuchungen.

Das bekannte Vorliegen einer Kombination von einem hohen relativen Lysingehalt und einer geringen Samengröße war bei den entsprechenden Plusabweichern zu finden.

Bei den Regressionsmodellen ergibt sich im Gegensatz zu den Ackerbohnen (HANELT et al. 1978) ein übereinstimmender Grundcharakter für die einzelnen Anbaujahre. Es scheint nicht ausgeschlossen, daß man mit einem Regressionsmodell, das auf der Grundlage einer umfangreichen Anzahl von Werten berechnet wird, nach Korrelationsbrechern im Verhältnis zwischen Rohprotein- und relativem Lysingehalt suchen kann.

Summary

Protein screening on the Gatersleben collection of cereals and pulses.
2. Protein and lysine content of barleys (*Hordeum vulgare* L. s. l.)

Protein and lysine concentrations, respectively, have been determined in the kernels of 5,828 barleys, including 5,132 hulled and 696 naked varieties, in 1970–1974. The two biochemical characters exhibit a considerable variability; probably most of this variability is of non-genetic origin (table 1). On the basis of the first screening-round 1,656 barleys with high protein and/or lysine contents have been selected for re-cultivation in 1975 with the aim to confirm the first screening results. On the basis of the second round of analyses 197 'plus variations' were selected, representing varieties with a combination of high protein and high absolute lysine contents, with high protein concentrations, high absolute and high relative lysine contents, respectively, or combinations of a more moderate protein content with a relatively high level of lysine in the protein (lysine adjusted to 13% protein). These 'plus variations' (tables 10–14) have to be investigated more profoundly before some of them may be confirmed as potential genetic sources of high protein and high lysine characters for breeding purposes. Correlations between the different characters, including thousand kernel weights, have been calculated (table 5).

Краткое содержание

Исследования белковости хлебных злаков и зерновых бобовых гатерслебенской коллекции. Часть 2: Содержание сырого протеина и лизина у ячменя (*Hordeum vulgare* L. s. l.)

В течение 1970–1974 гг. анализировались 5828 образцов ячменя на содержание сырого протеина и лимитирующей незаменимой аминокислоты, лизина. Оба признака проявили сильную изменчивость (табл. 1). Для повторного анализа в 1975 г. высевались 1656 образцов. Среди них обнаружились 197 образцов с положительным отклонением от среднего. Это были формы, у которых совмещалось высокое содержание сырого протеина и высокое абсолютное содержание лизина, формы со средним содержанием сырого протеина и высоким (с поправкой!) содержанием лизина, а также формы с высоким содержанием сырого протеина при высоком абсолютном и относительном содержании лизина (табл. 10–14). Прежде чем сделать заключение о генетическом постоянстве этих признаков, придется ещё провести дополнительные испытания. Приводятся также корреляции между исследованными признаками, включая и вес тысячи зёрен (табл. 5).

Literatur

Doll, H., B. Køie and B. O. Eggum, 1974: Induced high lysine mutants in barley. – Radiat. Bot. **14**, 73–80.

Hagberg, A., and K.-E. Karlsson, 1969: Breeding for high protein content and quality in barley. In: New Approaches to Breeding for Improved Plant Protein. – Intern. Atomic Energy Agency, Vienna 1969.

Hanelt, P., A. Rudolph, K. Hammer, H.-W. Jank, K. Müntz und F. Scholz, 1978: Eiweißuntersuchungen am Getreide- und Leguminosensortiment Gatersleben. 3. Gehalt an Rohprotein und schwefelhaltigen Aminosäuren der Ackerbohnen (*Vicia faba* L.). – Kulturpflanze **26**, 183–212.

Johnson, V. A., P. J. Mattern, J. W. Schmidt and J. E. Stroike, 1973: Genetic advances in wheat protein quantity and composition. In: Proc. 4th Intern. Wheat Genetics Symposium (Edits. E. R. Sears and L. M. S. Sears). – University of Missouri, Columbia 1973.

Lehmann, Chr. O., 1972: Das Kulturpflanzenweltsortiment des Zentralinstituts für Genetik und Kulturpflanzenforschung in Gatersleben, ein Genreservoir für die Pflanzenzüchtung in der DDR. – Arch. Züchtungsforsch. **2**, 100–127.

–, A. Rudolph, K. Hammer, A. Meister, K. Müntz und F. Scholz, 1978: Eiweißuntersuchungen am Getreide- und Leguminosensortiment Gatersleben. 1. Gehalt an Rohprotein und Lysin von Weizen sowie von Weizen-Art- und -Gattungsbastarden. – Kulturpflanze **26**, 133–161.

Plarre, W., and W. Hoffmann, 1963: The development of barley growing and barley breeding in Europe. 1st Intern. Barley Genetics Symposium (Edit. S. Broekhuizen). – Wageningen 1963.

Statistisches Jahrbuch der Deutschen Demokratischen Republik 1977. Staatsverlag d. DDR, Berlin 1977.

Kulturpflanze XXVI · 1978 · S. 183–212

Eiweißuntersuchungen am Getreide- und Leguminosen-Sortiment Gatersleben.

Teil 3: Gehalt an Rohprotein und schwefelhaltigen Aminosäuren der Ackerbohnen (*Vicia faba* L.)

PETER HANELT, ARMIN RUDOLPH, KARL HAMMER, HANS-WOLFGANG JANK, KLAUS MÜNTZ und FRIEDRICH SCHOLZ

(Eingegangen am 12. Januar 1978)

Zusammenfassung

Die Ergebnisse von mehrjährigen Reihenuntersuchungen an einem fast 500 Sippen umfassenden Sortiment der Ackerbohne (*Vicia faba*) auf den Gehalt an Rohprotein und an S-haltigen Aminosäuren (Methionin, Cystein) werden mitgeteilt. Ungewöhnlich Eiweiß- oder Aminosäure-reiche Formen wurden nicht gefunden, jedoch waren etwa 5% des Materials auch nach einer wiederholten Prüfung der übrigen Kollektion signifikant hinsichtlich des Rohprotein- oder des absoluten beziehungsweise relativen Aminosäuregehalts überlegen; ein beachtlicher Teil dieser Abweicher entfällt auf großkörnige Vertreter der Art (var. *equina* und var. *faba*). Einige Formen besaßen in mehreren chemischen Eigenschaften signifikant höhere Werte. Die Umweltlabilität des Rohproteingehalts und seine intravarietale Variabilität ist beträchtlich; zwischen den Sorten bestehen aber deutliche Unterschiede in dieser Hinsicht. Die Korrelationen zwischen den verschiedenen chemischen Merkmalen sind ausgewiesen, eine Korrelation zwischen ihnen und der Korngröße besteht nicht

Einleitung

Die angespannte Eiweißsituation auf der Erde zwingt in vielen Ländern zu einem verstärkten Anbau von Körnerleguminosen und gleichzeitig zu einer Intensivierung der Arbeiten auf dem Gebiet der Pflanzenzüchtung und Züchtungsforschung dieser Arten. Dabei steht in der DDR wie in manchen anderen Staaten die Ackerbohne (*Vicia faba*) mit dem unter den gegebenen Bedingungen höchsten Eiweißertrags-Potential pro Fläche im Mittelpunkt des Interesses (vgl. u. a. NAGL 1976). Die Erhöhung des Eiweißgehalts der Samen sowie die Verbesserung der Eiweißqualität bei dieser Kulturart sind deshalb wichtige Zuchtziele, zu deren Erreichung die im folgenden beschriebenen Untersuchungen an dem Gaterslebener Ackerbohnen-Sortiment beitragen sollen. – Im Gegensatz zu den Getreiden stellen bei *Vicia faba* wie bei den anderen Körnerleguminosen nicht das Lysin sondern vor allem die schwefelhaltigen Aminosäuren Methionin, Cystein und Cystin die limitierenden Komponenten des Sameneiweißes dar und bedingen durch ihren geringen Anteil seine relativ niedrige biologische Wertigkeit; bei Verfütterung von reinem Ackerbohnen-Mehl kann z. B. bei Schweinen und Geflügel der Bedarf an den genannten Aminosäuren nur zu 50–60% gedeckt werden (Frölich et al. 1974). Deshalb wurde das Sortiment einer Analyse des Rohproteins und der S-haltigen Aminosäuren unterzogen.

Material, Anbau und Methodik

Über den Umfang und die Zusammensetzung des geprüften Materials der Ackerbohne informiert die folgende Zusammenstellung:

V. faba L.		
var. *minor* Peterm. em. Harz	324	Sortimentsnummern
var. *equina* Pers.	72	,,
var. *faba*	59	,,
fragl. Zugehörigkeit	2	,,
V. agg. *narbonensis* L.	25	,,
insgesamt	482	,,

Die Ackerbohnen-Kollektion wird durch neuere und neueste Zuchtsorten der verschiedensten Länder, durch alte, lange aus dem Anbau verschwundene Sorten (meist aus dem deutschen Raum), die aus den Sammlungen ehemaliger Sortenämter stammen, und durch Landsorten und Primitivformen repräsentiert, die das Ergebnis verschiedener Sammelreisen darstellen; unter ihnen ist u. a. besonders interessantes Material aus den Mannigfaltigkeitszentren der Art vom südlichen Teil der Balkanhalbinsel, von Kreta, von Italien, von Äthiopien, von Vorder- und Mittelasien, aber auch aus China zu erwähnen.

Der Anbau der Ackerbohnen erfolgte entsprechend der der Getreidekollektion (vgl. Teil 1 und 2); die Parzellengröße betrug 1,50 m × 0,90 m, je Parzelle wurden bei einem Reihenabstand von 30 cm 3 Reihen zu je 15 Korn (Pflanzenabstand 10 cm) ausgelegt; zwischen benachbarten Parzellen verblieb eine Leerreihe. Wie beim Getreide wurden Parzellen mit einer Standard-Sorte in die Anbaublocks eingestreut. Als Standard wurde die Sorte 'Fribo' angebaut.

Der Hauptanbau des Materials fand 1971 statt, er umfaßte 234 Nummern des damaligen *Vicia faba*-Sortiments von Gatersleben, das durch Material der Zuchtstation Boldebuck (89 Nummern), sowie durch Formen des Verwandtschaftskreises von *Vicia narbonensis* (s. o.) ergänzt wurde und zu dem 41 Standard-Parzellen gehörten. 1972 kamen die kleinkörnigen Formen (var. *minor*) der Ackerbohne zu einem Wiederholungsanbau, von dem später aber nur die Rohproteinwerte ermittelt wurden. 1974 wurden 134 inzwischen erhaltene und zwischenvermehrte Neuzugänge von *V. faba* mit 18 Standards (und den Plusabweichern, s. u.) für die Analysen angebaut.

Die wegen apparativer Schwierigkeiten verzögerte Fertigstellung der Aminosäureanalysen des Materials vom Anbau 1971 ließ erst 1974 einen nochmaligen Anbau bestimmter Nummern für eine Wiederholungsanalyse zu. Ein Nachbau überprüfungswerter Formen aus dem Zugangsmaterial von 1974 wurde 1975 durchgeführt.

Zur Untersuchung der Frage nach der standortbedingten Modifikabilität des Gehalts an Rohprotein und der untersuchten limitierenden Aminosäuren bei *V. faba* wurde in den Jahren 1973, 1974 und 1975 ein vierortiger Vergleichsanbau eines kleinen Sortiments von 11 Ackerbohnen-Sorten unter entsprechenden agrotechnischen Versuchsbedingungen durchgeführt. Das Material kam in Gatersleben, in Boldebuck, in Dornburg und in Gotha-Sundhausen zum Anbau; bei der Auswahl der Sorten wurden solche, die sich auf Grund der Analysen des Anbaumaterials 1971 als relativ eiweißreich herausgestellt hatten, bevorzugt. Es handelt sich dabei mit einer Ausnahme ('Mansholts Wierboon', var. *equina*) stets um kleinkörnige, ältere oder neuere Sorten von var. *minor*, die im folgenden zusammengestellt sind:

Standard: 'Fribo'
FAB 8 'Rosenhofer Ackerbohne' (1973 u. 1974)
FAB 48 'Breustedts Schladener Kleine Feldbohne' (1973 u. 1975)
FAB 88 'Mansholts Wierboon' (nur 1973)
FAB 96 'Parsower Feldbohne'
FAB 101 'Prausnitzer Pferdebohne'
FAB 103 'Rimpaus Bandelstorfer' (nur 1973)
FAB 104 'Rinal'
FAB 105 'Roschützer Feldbohne'
FAB 108 'Sinslebener Ovale Pferdebohne'
FAB 243 'Smolnicki'
FAB 93 'Oldambster' (1974 u. 1975)
FAB 198 'Lielplatonskij Mestnyj' (1974 u. 1975)
FAB 206 'Povázský' (1974 u. 1975)

Leider konnte nicht in allen drei Jahren ein völlig identischer Satz von Sorten geprüft werden, da die Bereitstellung von Saatgut für manche Nummern nicht kontinuierlich möglich war.

Der Rohproteingehalt in den luftfeuchten Samenmehlproben wurde nach feuchter Veraschung durch Wasserdampfdestillation und Titration des Ammoniakgehaltes nach dem Kjeldahl-Verfahren bestimmt (SCHWARZE 1944, SCHOLZ 1960). Der Standardfehler der Analysenwerte betrug maximal ±5 Prozent.

Die Bestimmung der schwefelhaltigen Aminosäuren, Methionin sowie Cystein/Cystin als Summe beider Aminosäuren, erfolgte in Anlehnung an das Verfahren von MOORE (1963; 24stündige Oxydation bei Zimmertemperatur, Zersetzung des überschüssigen Oxydationsgemisches mit HBr). Mehlproben von ca. 300 mg wurden 24 h bei Zimmertemperatur mit Perameisensäure oxydiert und anschließend 24 h mit je 20 ml 6N HCl am Rückfluß hydrolysiert, ehe die Proben im Rotationsverdampfer von HCl befreit und schließlich in 10 ml Puffer, pH 2,2, aufgenommen wurden. Die Oxydationsprodukte der schwefelhaltigen Aminosäuren, Methioninsulfon und Cysteinsäure, konnten in einem Trennungsgang an einer langen Kolonne des früher in den Werkstätten der Akademie der Wissenschaften der ČSSR hergestellten automatischen Aminosäureanalysators Typ 4020 durch Elution mit Puffer, pH 2,7, bestimmt werden. Unter den angegebenen Bedingungen verlief die Oxydation von Cystein/Cystin zu Cysteinsäure mit einer Wiederfindungsrate von 103 ±5,6% praktisch quantitativ, während für Methionin nur eine durchschnittliche Wiederfindungsrate von 83 ±7% ermittelt wurde. Die vorliegenden Methionin- und Cysteinwerte wurden jedoch nicht hinsichtlich dieser abweichenden Wiederfindungsraten korrigiert.

Auf der Grundlage von Testanalysen, die pro Arbeitstag und Analysator regelmäßig durchgeführt wurden, ergab sich für die Werte bei der Bestimmung der schwefelhaltigen Aminosäuren ein Standardfehler von ±5 Prozent.

Ebenso wie bei den Getreiden wurde auch bei *Vicia faba* die Beziehung zwischen Rohprotein (RP) einerseits und den essentiellen Aminosäuren Methionin (M) und Cystein (C) andererseits regressionsanalytisch untersucht.

Dabei wurde von folgendem Modell ausgegangen:

$$RP = A_0 + A_1C_a + A_2C_a^2 + A_3M_a + A_4M_a^2 + A_5Ca \cdot M_a + \\ + A_6C_r + A_7C_r^2 + A_8M_r + A_9M_r^2 + A_{10}C_r \cdot M_r$$

Der Index *a* bedeutet dabei den Absolutwert und *r* den Relativwert der betreffenden Aminosäure.

Dieses Modell ist eine Verallgemeinerung des für die Lysinuntersuchung bei Weizen benutzten Modells. Es ist quadratisch mit teilweisen Wechselwirkungen. Mit der vorhandenen Rechentechnik war es leider nicht möglich, das vollständige Modell auszuwerten.

Um den Einfluß einzelner Glieder des Modells auf das Bestimmtheitsmaß r^2 einschätzen zu können, wurden diese schrittweise eliminiert und die Veränderung von r^2 beobachtet. Hier ergab sich, daß man zwar in einem gegebenen Jahr das Modell stark reduzieren kann, ohne r^2 wesentlich zu verringern, jedoch stimmen die reduzierten Modelle verschiedener Jahre nicht überein. Darum sollte man das Modell nicht reduzieren.

Für die Ermittlung der Korrelationsbrecher wurden jeweils für die Standardwerte des betreffenden Jahres die Modellkoeffizienten ermittelt und das sich aus diesem Modell ergebende Vertrauensintervall für die zu testenden Sorten berechnet. Liegen die experimentell gefundenen Rohproteinwerte außerhalb des so berechneten Vertrauensintervalles, so kann man sagen, daß die betreffende Sorte, wenn sie vielleicht auch kein Korrelationsbrecher ist, so doch zumindest eine gelockerte Korrelation aufweist.

Für die Ermittlung der Sorten, die bezüglich eines bestimmten Merkmals eine erhöhte Leistung aufweisen, auch wenn sie sich bezüglich des Regressionsmodells als vollkommen normal erwiesen, wurde der einfache *t*-Test benutzt.

Auf der Grundlage von Mittelwert und Streuung des betreffenden Merkmals des Standards wurde das Konfidenzintervall für den Mittelwert konstruiert und geprüft, ob der experimentelle Wert der jeweiligen Sorte oberhalb des Konfidenzintervalls liegt. Wenn ja, so handelt es sich um einen Plusabweicher auf dem gewählten Vertrauensniveau.

Da aber der Grundcharakter der Modelle zwischen den Jahren grundsätzlich verschieden war, wurde wieder einmal die Erfahrung bestätigt, in jedem Jahr eine genügende Anzahl von Standards anbauen zu müssen, um überhaupt einen Vergleich über mehrere Jahre hinweg zu ermöglichen.

Ergebnisse

Gesamtvariationsbreite und Häufigkeitsverteilungen

Auf den ersten Abbildungen (Abb. 1–3) ist die Gesamtvariationsbreite des Untersuchungsmaterials für den Gehalt an Rohprotein, den relativen Methionin- und den relativen Cysteingehalt der Ackerbohnen-Samen und die Häufigkeitsverteilung der einzelnen Werteklassen auf Grund der Analysen des Hauptanbaues von 1971 zusammengestellt.

Der Rohproteingehalt schwankt von 21,0 bis 33,1%, der relative Gehalt an Methionin von 0,61 bis 0,99% und der an Cystein von 1,10 bis 1,73%. Mit einer Ausnahme (ein Rohproteinwert von 1974 in Höhe von 34,6%) liegen auch sämtliche Analysenwerte der folgenden Anbaujahre innerhalb der angegebenen Gesamtvariationsbreite der einzelnen biochemischen Merkmale, wenn auch die Häufig-

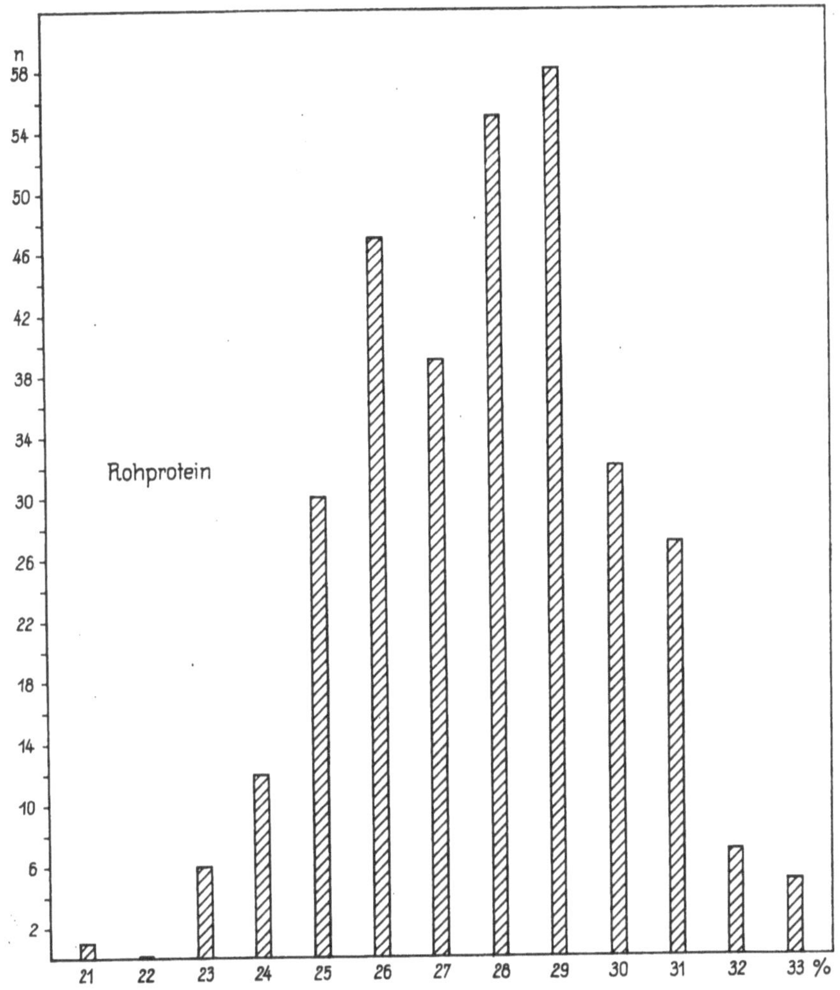

Abb. 1 Rohprotein-Gehalt der Ackerbohnen-Sippen: Häufigkeitsverteilung vom Sortimentsanbau 1971

keitsverteilung entsprechend den veränderten Standard-Mittelwerten geringfügig verschoben sein kann. Besonders der relative Methioningehalt ist sehr wenig variabel, aber auch bei den anderen Merkmalen liegt die überwiegende Mehrzahl der untersuchten Formen in einem sehr engen Schwankungsbereich (bei Methionin rel. z. B. liegen 91,1% der Sippen zwischen 0,66% und 0,85%).

Aus den Diagrammen ist ersichtlich, daß in dem betreffenden Material keine ungewöhnlich nach oben abweichenden Formen enthalten sind, nur mit Einschränkung könnte man manche der Formen mit hohem relativem Cysteingehalt so bezeichnen.

Auch der absolute Gehalt an den untersuchten Aminosäuren zeichnet sich nicht durch sehr große Variationsamplituden aus. Der absolute Methioningehalt reicht

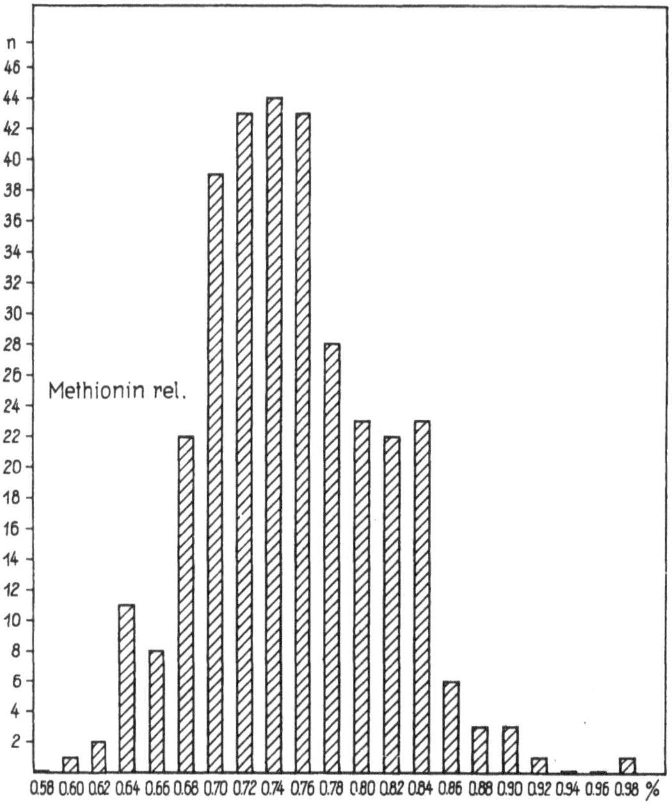

Abb. 2 Relativer Methionin-Gehalt der Ackerbohnen-Sippen: Häufigkeitsverteilung vom Sortimentsanbau 1971

von 1,75 bis 2,61 mg/g Mehl[1] und der absolute Cysteingehalt von 3,23 bis 4,52 mg/g Mehl; durch die Werte des Anbaues von 1974 werden diese Schwankungsbereiche etwas nach unten erweitert (Methionin bis 1,52 und Cystein bis 3,05 mg). Auch hierbei ergeben sich wieder sehr steile Häufigkeits-Verteilungskurven: 89,4% der Nummern liegen beim absoluten Methioningehalt im Bereich von 1,86 bis 2,30 mg/g und beim absoluten Cysteingehalt besitzen 88,2% zwischen 3,51 und 4,20 mg/g dieser Aminosäure.

Hervorgehoben werden muß, daß – während im allgemeinen die angegebenen Werte sich im Rahmen der bekannten Variationsbreite bewegen (für die Aminosäuren liegen allerdings kaum andere repräsentative Untersuchungen vor) – derartige negative Extremwerte für den Rohproteingehalt zwischen 21,0% und 22,0%, wie sie für einige italienische, balkanische und äthiopische Herkünfte (B 86, FAB 183, FAB 32, FAB 252) analysiert wurden, bisher nicht ermittelt worden waren.

1 Auf Grund der geringeren Wiederfindungsrate des Methionins (vgl. S. 185) bei den Analysen müßten die tatsächlichen Methioninwerte um 17% höher liegen.

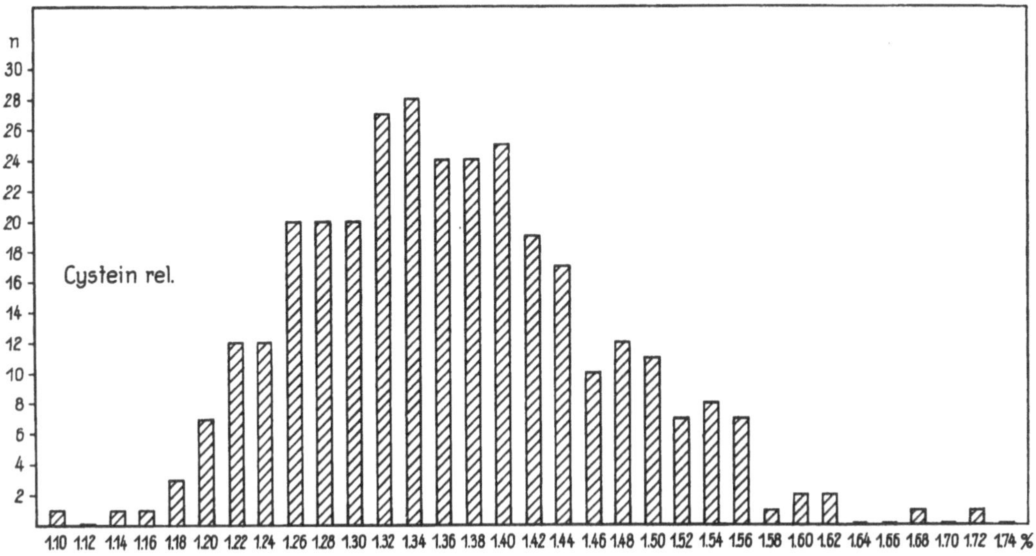

Abb. 3 Relativer Cystein-Gehalt der Ackerbohnen-Sippen: Häufigkeitsverteilung vom Sortimentsanbau 1971

Bei einer getrennten Berechnung der Analysenwerte für die drei, in erster Linie nach Form und Größe der Samen unterschiedenen Varietäten der Ackerbohne ergaben sich auf Grund des Materials vom Anbau 1971, wie aus der folgenden Zusammenstellung zu ersehen ist, außerordentlich gut übereinstimmende Werte (siehe S. 190 Tab. 1).

Bei den großkörnigen Varietäten var. *equina* und var. *faba* ist zwar eine geringfügige Steigerung der relativen Aminosäure-Werte zu verzeichnen, die auf Grund des umfangreichen Zahlenmaterials auch statistisch signifikant ist, jedoch haben diese Erhöhungen keine praktische Bedeutung. Die negative Korrelation, die zwischen Korngröße und Eiweißgehalt bei Getreide und wohl auch bei manchen Leguminosen (für *Phaseolus* vgl. Kaplan 1973) zu existieren scheint, besteht nach unseren Ermittlungen für die Ackerbohne nicht; damit stimmen unsere Befunde mit denen von Frölich et al. (1974) und Abdalla (1976) überein.

Das drückt sich auch darin aus, daß die – von wenigen Ausnahmen abgesehen – noch kleinsamigeren Vertreter der nah verwandten *Vicia narbonensis*-Gruppe einen gegenüber *V. faba* deutlich herabgesetzten Rohproteingehalt besaßen. Der überwiegende Teil der 1971 angebauten 25 Nummern dieser Gruppe hatte einen Eiweißgehalt zwischen 25,0% und 27,4%; das Maximum mit 27,8% erreichte nur eine Herkunft (V 274). Trotz dieser für Eiweiß wesentlich geringeren Variationsbreite bei der *V. narbonensis*-Gruppe war die Varitionsbreite hinsichtlich der Aminosäurewerte nahezu identisch (Methionin) mit derjenigen von *V. faba* beziehungsweise übertraf die des Ackerbohnensortiments deutlich (Cystein); beim relativen Cysteingehalt wurden Werte von 1,95% (NAR 5) erreicht. Unter den Formen dieser Gruppe befand sich eine ganze Reihe bezüglich des Aminosäure-

Tabelle 1

Analysenwerte für die Varietäten von *V. faba*

	var. *minor*	var. *equina*	var. *faba*
Rohprotein			
Mittelwert	28,3	28,0	28,3
Streuung	2,1	2,1	2,6
Variat. koeff.	7,4	7,6	9,2
Methionin abs.			
Mittelwert	2,1	2,2	2,2
Streuung	0,12	0,14	0,14
Variat. koeff.	5,6	6,3	6,5
Methionin rel.			
Mittelwert	0,74	0,77	0,79
Streuung	0,06	0,06	0,06
Variat. koeff.	7,7	7,3	7,5
Cystein abs.			
Mittelwert	3,8	3,9	4,0
Streuung	0,20	0,24	0,24
Variat. koeff.	5,3	6,3	6,2
Cystein rel.			
Mittelwert	1,36	1,38	1,41
Streuung	0,09	0,10	0,11
Variat. koeff.	7,0	7,4	8,1

anteils sehr wertvoller Typen; diese Sippen wurden jedoch später nicht weiter geprüft, da sich in jahrelangen Bemühungen herausgestellt hatte, daß dieser Verwandtschaftskreis wegen derzeit unüberbrückbarer Kreuzungsbarrieren nicht als Kombinationspartner für eine züchterische Verbesserung der Ackerbohne verwendbar ist (vgl. u. a. Schäfer 1973).

Jahresschwankungen

Die Untersuchung der Standards ermöglicht einen Einblick in die Modifikabilität der geprüften Merkmale und damit in ihre Umweltabhängigkeit. Die absolute Schwankungsbreite der Standards erwies sich vor allem für den Rohproteingehalt als relativ beträchtlich, sie reichte 1971 von 23,5% bis 31,5%, 1972 von 24,6% bis 28,9% und 1974 von 27,0% bis 31,3%. Sie ist dabei von dem jeweiligen „Proteinniveau“ des Jahres und von der Zahl der angebauten Standard-Parzellen abhängig. Die statistische Auswertung der Ergebnisse ist in der Tabelle 2 zusammengestellt.

Die Streuung der Mittelwerte ist im allgemeinen im Vergleich zu den Ergebnissen bei Gerste und Weizen beachtlich, sie ist stets für Rohprotein und für die auf den Rohproteingehalt bezogenen relativen Aminosäuregehalte höher als bei den

Tabelle 2
Untersuchungen der Standards bei Ackerbohnen

	1971 (n = 41)	1972 (n = 29)	1974 (n = 18)
Rohprotein (%)			
Mittelwert	28,3	27,0	29,3
Streuung	± 1,87	± 1,17	± 1,12
Varianz	± 3,5	± 1,34	± 1,26
Variat. koeff.	± 6,6 %	± 4,3 %	± 3,8 %
Methionin abs. (mg/g)			
Mittelwert	2,08		2,08
Streuung	± 0,086		± 0,064
Varianz	± 0,01		± 0,004
Variat. koeff.	± 4,2 %		± 3,1 %
Methionin relat. (% Prot.)			
Mittelwert	0,74		0,71
Streuung	± 0,056		± 0,032
Varianz	± 0,004		± 0,001
Variat. koeff.	± 8,3 %		± 4,5 %
Cystein abs. (mg/g)			
Mittelwert	3,77		3,81
Streuung	± 0,13		± 0,11
Varianz	± 0,02		± 0,012
Variat. koeff.	± 3,6 %		± 2,9 %
Cystein relat. (% Prot.)			
Mittelwert	1,34		1,30
Streuung	± 0,089		± 0,046
Varianz	± 0,008		± 0,002
Variat. koeff.	± 6,7 %		± 3,6 %

absoluten Aminosäuren-Werten (vgl. besonders die Variationskoeffizienten). Daraus ergibt sich, daß besonders der Rohproteinanteil der Samen umweltbeeinflußbar ist. Das wird durch den Vergleich der Standards aus verschiedenen Anbaujahren bestätigt, wobei sich vor allem beim Rohprotein und den rohproteinbezogenen Aminosäure-Werten deutliche jährliche Unterschiede ergeben, die varianzanalytisch eindeutig zu sichern sind.

Bei der Betrachtung der Tabelle fallen bestimmte Beziehungen zwischen den Gehalten an Rohprotein und den zugehörigen Aminosäurewerten auf, die später eingehender besprochen werden sollen.

Mehrortiger Vergleichsanbau

Zur weiteren Untersuchung der Frage nach der umweltbedingten Modifikabilität des Gehalts an Rohprotein und Aminosäuren wurde von 1973 bis 1975 ein vierortiger Vergleichsanbau mit jeweils 11 Sorten angelegt und ausgewertet; über die

Lage der Versuchsorte und die Zusammensetzung der geprüften Kollektion vergleiche S. 185.

Einige der Ergebnisse des Anbaues 1973 und 1974 sind auf den Abbildungen 4 und 5 dargestellt (die Befunde für den Anbau 1975 ergeben einen ähnlichen Kurvenverlauf wie die von 1974); berücksichtigt wurden dabei die Rohprotein- und die relativen Aminosäurewerte. Im Jahre 1973 sind sehr deutliche Unterschiede zwischen den Anbauorten, insbesondere zwischen Dornburg mit konstanten Höchstwerten und Sundhausen mit stets sehr niedrigen Gehalten an Rohprotein

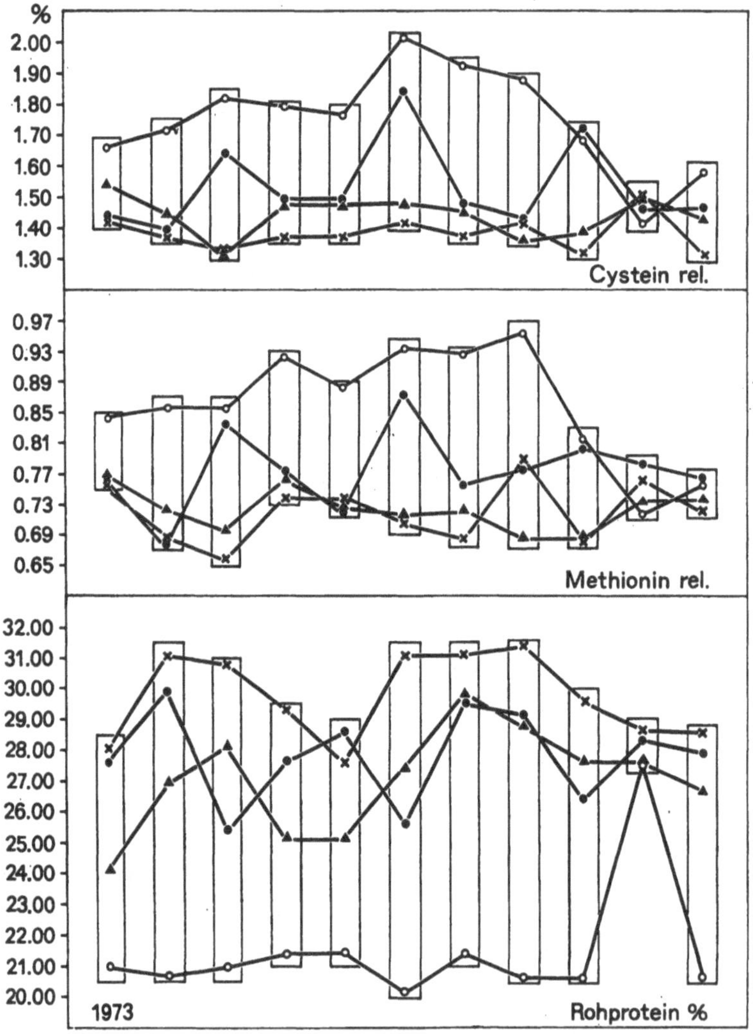

Abb. 4 Ergebnisse des mehrortigen Ackerbohnen-Vergleichsanbaues: Gehalt an Rohprotein, Methionin relativ und Cystein relativ 1973 (Su = Sundhausen, Bo = Boldebuck, Ga = Gatersleben, Do = Dornburg; Sortenbezeichnungen der geprüften Sippen vgl. S. 185)

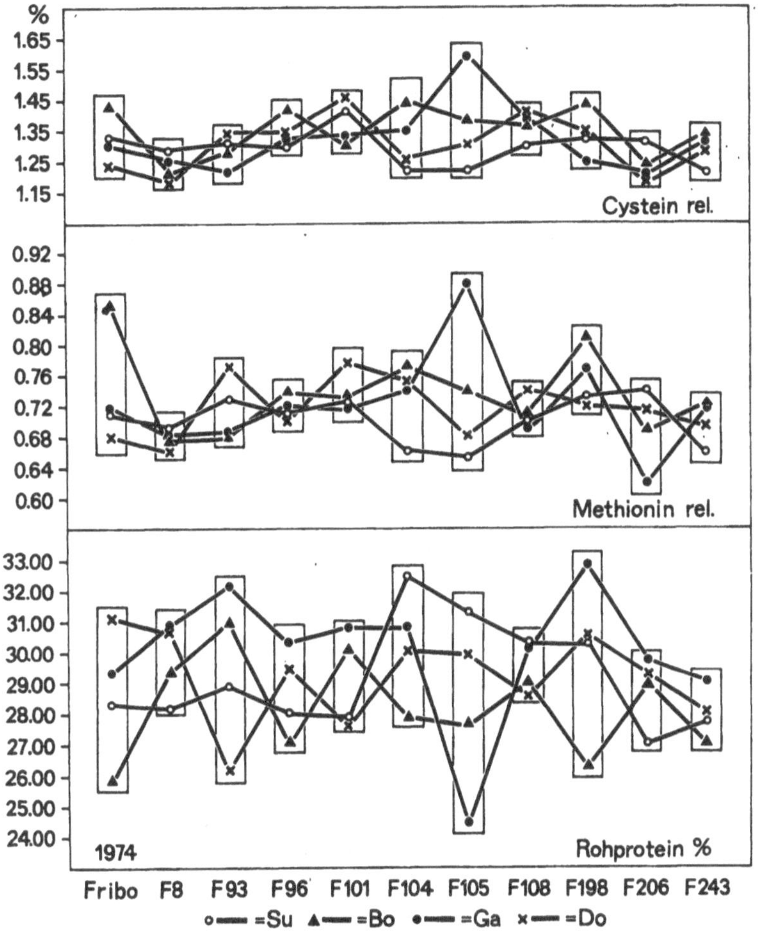

Abb. 5 Ergebnisse des mehrortigen Ackerbohnen-Vergleichsanbaues: Gehalt an Rohprotein, Methionin relativ und Cystein relativ 1974 (Abkürzungen wie Abb. 4)

zu verzeichnen, diese Rangfolge kehrt sich infolge der negativen Korrelationen (S. 195) dann für die relativen Methionin- beziehungsweise Cysteinwerte um. Die varianzanalytische Auswertung bestätigte klar den Eindruck, den diese Grafik zeigt: Alle Merkmale (im Durchschnitt der Sorten) waren hinsichtlich der Anbauorte signifikant unterschieden. Zwischen den Sorten ergaben sich über die Orte hinweg jedoch nur bei den absoluten Aminosäurewerten signifikante Differenzen und signifikante Wechselbeziehungen zwischen Anbauorten und Sorten traten nur bei den relativen Aminosäurewerten auf.

Enttäuschend abweichend sehen die Ergebnisse im Anbaujahr 1974 aus: Die Vorjahresergebnisse ließen sich keinesfalls bestätigen, eine ausgesprochene Rangfolge unter den Orten ist nicht ausgeprägt, die Variabilität ist gegenüber 1973 deutlich geringer (vor allem beim Rohprotein) und auch einzelne Sorten zeigen hinsichtlich des Verlaufs ihrer Wertekurven in den beiden Jahren ein abweichendes Verhalten. Bei der Varianzanalyse ergab sich, daß 1974 nur noch für den absoluten Cystein-Gehalt ein signifikanter Unterschied zwischen den Anbauorten nachzuweisen war. Hinsichtlich der Sorten wiederholte sich dagegen das Bild von 1973 (signifikante Differenzen bei den Aminosäuren).

Signifikante Wechselbeziehungen zwischen Sorten und Orten traten jedoch überhaupt nicht mehr auf.

Die Ergebnisse für den Anbau 1975 vermitteln in gewisser Hinsicht zwischen den geschilderten extremen Unterschieden: In der fehlenden klaren Rangfolge zwischen den Orten und der geringen Variabilität gleichen sie den Befunden von 1974. Im Durchschnitt der Sorten waren jedoch sämtliche Merkmale für alle Anbauorte signifikant unterschieden und ebenso traten signifikante Differenzen bei sämtlichen Aminosäure-Werten (hoch-signifikante bei den absoluten Werten) zwischen den Sorten auf, Wechselbeziehungen waren allerdings wiederum nicht nachweisbar.

Das ursprüngliche Vorhaben, auf Grund einer vermuteten gleichbleibenden Tendenz des Proteingehaltes und der anderen biochemischen Merkmale für die einzelnen Sorten in den verschiedenen Orten, eine entsprechende Rangfolge der Sorten beziehungsweise der Orte nachweisen zu können, war daher nicht zu realisieren. Diese Tendenz sollte mit Hilfe von Korrelationskoeffizienten zwischen den Orten berechnet werden. Für das Rohprotein ergab sich dabei lediglich zwischen Boldebuck und Dornburg ein signifikanter Koeffizient von 0,70; dieser Koeffizient war jedoch 1973 positiv und 1974 negativ (vgl. die entsprechenden Kurven in den Abb. 4 und 5)! 1975 war für Rohprotein eine positive Korrelation zwischen Dornburg und Sundhausen nachweisbar. Etwas weniger variabel verhielten sich die entsprechenden Werte für die Aminosäuren (absolut), die in der Mehrzahl – besonders 1974 – der Ortskombinationen deutlich positive Korrelationen zwischen 0,52 und 0,79 aufwiesen (Ausnahmen 1973: Methionin – Boldebuck/Sundhausen bzw. Boldebuck/Dornburg; Cystein – Gatersleben/Sundhausen bzw. Gatersleben/Dornburg und Gatersleben/Boldebuck; 1974: Cystein – Boldebuck/Dornburg; 1975: Methionin – Gatersleben/Sundhausen bzw. Gatersleben/Boldebuck, Boldebuck/Sundhausen; Cystein – Gatersleben/Boldebuck, Dornburg/Boldebuck, Dornburg/Sundhausen).

Die Korrelationskoeffizienten bei den relativen Aminosäuregehalten bleiben dagegen fast stets höchstens im schwach signifikanten positiven Bereich, da hierbei wieder die labileren Proteinwerte als Bezugsgröße Eingang gefunden haben (Ausnahmen 1973: Cystein – Dornburg/Boldebuck [+]; 1974: Methionin – Sundhausen/Gatersleben [–]; 1975: Methionin – Dornburg/Sundhausen [+]).

Die Ergebnisse dieses Mehrorts-Anbaues deuten also ebenfalls noch einmal die relativ starke Umweltabhängigkeit des Eiweißgehalts der Ackerbohnensamen an, geben aber Hinweis auf eine gewisse Konstanz der Methionin- und Cysteinwerte.

Ein wertvolles Ergebnis dieser Untersuchungen ist ferner die Erkenntnis, daß die Streubreite der untersuchten Merkmale unter dem Einfluß der unterschiedlichen Standortbedingungen bei den einzelnen Sorten sehr verschieden ist und daß es vor allem Formen mit einer relativ geringen Schwankungsbreite, d. h. mit einer ± ausgeprägten Umweltstabilität gibt (vgl. Abb. 4 u. 5). Unter den 1973 bis 1975 geprüften Sorten zeichnen sich in dieser Hinsicht die alte deutsche Sorte 'Sinslebener Ovale Pferdebohne' (FAB 108), in geringerem Maße auch die polnische Sorte 'Smolnicki' (FAB 243) – abgesehen von der für 1973 stärkeren Variabilität – und die Sorte 'Povázský' (FAB 206) aus der ČSSR aus. Bei diesen Sippen sind die Schwankungen innerhalb eines Jahres an den verschiedenen Orten als auch in den aufeinanderfolgenden Jahren relativ gering, eine Eigenschaft, die für die Züchtungsprogramme von großer Relevanz ist.

Korrelationen

Bereits aus der Zusammenstellung der Analysen für die Standards (Tab. 2) sowie aus den Abbildungen 4 und 5 über den Mehrortsanbau war zu ersehen, daß eine Erhöhung des Rohproteingehalts stets mit einer Verminderung des relativen Anteils der limitierenden Aminosäuren verbunden war. Durch Korrelationsberechnungen an dem umfangreichen Material des Vergleichsanbaus von 1971 wird diese Beobachtung bestätigt. Auf der folgenden Tabelle (Tab. 3) sind alle ermittel-

Tabelle 3

Korrelationen zwischen Rohprotein und Aminosäuren bei Ackerbohnen

	Cystein abs.	Methionin abs.	Cystein rel.	Methionin rel.
Rohprotein	+0,443; +0,307; +0,471; +0,448; +0,491;	+0,384; +0,188; +0,380; +0,468; +0,603;	−0,716; −0,877; −0,724; −0,641; −0,737;	−0,656; −0,774; −0,695; −0,550; −0,691;
Cystein abs.	–	+0,619; +0,206; +0,577; +0,617; +0,761;	+0,298; +0,182; +0,253; +0,395; +0,221;	+0,080; −0,122; −0,026; +0,209; +0,071;
Methionin abs.	–	–	+0,075; −0,083; +0,034; +0,056; −0,089;	+0,395; +0,349; +0,371; +0,340; +0,154;
Cystein rel.	–	–	–	+0,772; +0,739; +0,758; +0,758; +0,831;

Reihenfolge der Werte:
Gesamt; Standard
(n = 323) (n = 41)
var. *minor*; var. *equina*
(n = 214) (n = 58)
var. *faba*
(n = 49)

ten Korrelationskoeffizienten zusammengestellt und zwar sowohl jeweils für das Gesamtmaterial, für die Standards und getrennt für die drei Varietäten der Art. Abgesehen von den hoch-signifikanten negativen Korrelationen zwischen Protein und relativem Aminosäure-Gehalt ergeben sich hochsignifikante Korrelationen zwischen absolutem beziehungsweise relativem Cystein- und absolutem beziehungsweise relativem Methionin-Gehalt. Es wird daher verständlich, daß sich vielfach Formen mit einem herausragenden Methionin-Gehalt gleichzeitig als Plusabweicher hinsichtlich des Cysteins erweisen (s. S. 205). Eine schwächere positive Korrelation liegt zwischen Rohprotein und den absoluten Anteilen der untersuchten Aminosäuren vor. Die schwächere Signifikanz mancher Korrelationen bei den Standards verglichen mit dem Gesamtmaterial dürfte vermutlich auf die wesentlich geringere Zahl der untersuchten Nummern zurückgehen. Wahrscheinlich haben die kürzlich (FRÖLICH et al. 1974) veröffentlichten und im Gegensatz zu unseren Befunden stehenden nicht-signifikanten negativen Korrelationen zwischen Rohprotein und relativen Aminosäuregehalten bei *V. faba* ebenfalls ihre Ursache in der relativ geringen Zahl der analysierten Formen (35 Sorten).

Auffallenderweise zeichnen sich die großkörnigeren Varietäten der Art verglichen mit der kleinkörnigen var. *minor* fast stets durch höhere Korrelationskoeffizienten zwischen Rohprotein und den absoluten Aminosäurewerten sowie zwischen den beiden Aminosäuren aus.

Regressionsmodelle

Hinsichtlich des im Züchtungsprozeß auf Proteinqualität und -quantität anfallenden großen Analysenbedarfes erhebt sich die Frage, ob man eventuell auf die Untersuchung eines Inhaltsstoffes verzichten und trotzdem noch mit hoher Sicherheit eine Einschätzung des nicht untersuchten Merkmals vornehmen kann. Schon im vorigen Kapitel deutete sich eine negative Beantwortung dieser Frage an. Zusätzlich wurde ein Regressionsmodell folgendermaßen berechnet:

$$y = A_0 + \sum_{i=1}^{10} A_i X_i$$

Dabei sind:

y = Rohproteingehalt (Zielgröße)
x_1 = Methionin absolut
x_2 = Methionin relativ
x_3 = Cystein absolut
x_4 = Cystein relativ
$x_5 = x_1^2$
$x_6 = x_3^2$
$x_7 = x_1 \cdot x_3$
$x_8 = x_2^2$
$x_9 = x_4^2$
$x_{10} = x_2 \cdot x_4$

Dieses Modell wurde in Anlehnung an eine Abbildung des Verlaufs der Regressionsgeraden für Rohprotein und Lysin bei Weizen gebildet (JOHNSON et al. 1973) und stellt ein quadratisches Modell mit teilweisen Wechselwirkungen dar.

Einzelne Glieder der Grundgleichung wurden schrittweise eliminiert, um ihren Einfluß auf das Bestimmtheitsmaß r^2 einschätzen zu können (vgl. S. 186). Nach der Elimination von acht Gliedern ergibt sich für das Gesamtmaterial des Jahres 1971 (vgl. Tab. 4) noch ein $r^2=0{,}99228$ aus A_0, A_3 und A_4, bei Berechnung über A_0, A_1 und A_2 ein $r^2=0{,}92647$ und bei Berechnung über A_0, A_2 und A_4 ein $r^2=0{,}54862$.

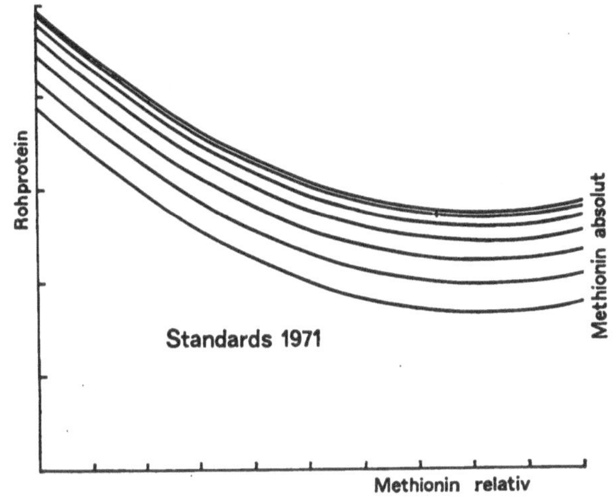

Abb. 6 Graphische Auswertung der vollständigen Regressionsmodelle für die Standards des Vergleichsanbaues 1971

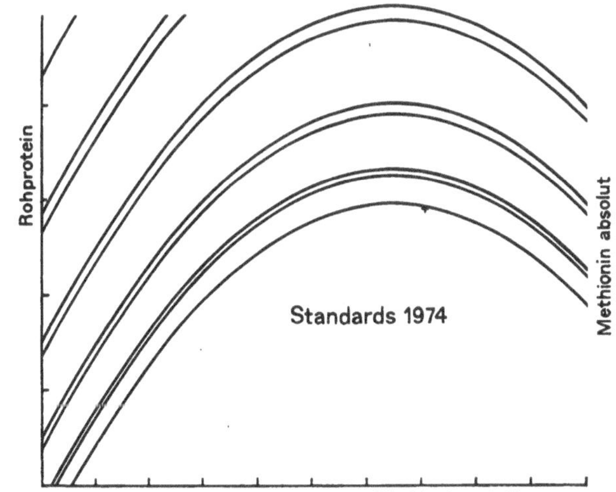

Abb. 7 Graphische Auswertung der vollständigen Regressionsmodelle für die Standards des Ackerbohnen-Anbaues 1974

Tabelle 4

Regressionsmodelle für das Gesamtmaterial Ackerbohnen 1971[1]

Modell	A_0	A_1	A_2	A_3	A_4	A_5
0	40,39201	11,05004	0,84543	−42,54531	−13,77961	−1,84842
1	39,21321	12,08377	− 0,27277	−45,38275	− 7,67711	−0,64406
2	38,92895	11,69824	0	−48,42882	0	−0,57993
3	27,87679	7,14270	0,19107	−20,25350	0,24155	0
4	28,09045	7,20833	0	−20,16476	0	0
5	36,24847	0	25,93711	0	−95,36742	0
6	27,22500	0	12,62480	0	−34,16906	0
7	59,24212	0	0	−53,49347	44,52157	0
8	60,04599	0	0	−52,28262	40,26035	0
9	55,24777	0	0	−14,97396	−14,69266	0
10	50,56033	0	0	−11,57726	− 8,58205	0
11	−40,96148	47,88645	−30,62373	0	0	−4,12042
12	−34,00328	46,60427	−34,75717	0	0	−5,64673
13	−23,7857	11,84475	18,61403	0	0	0
14	9,31616	3,22333	3,08331	0	0	0

[1] Die Modelle 1–14 sind aus dem Modell 0 abgeleitet worden, indem die entsprechenden Variablen von der Berechnung der Koeffizienten A_i eliminiert wurden (in der Tabelle durch 0 gekennzeichnet). Dabei zeichnen sich die Modelle 1–4 durch ein sehr hohes Bestimmtheitsmaß (r^2) aus, sollten also für eine vereinfachte Beschreibung des Datenmaterials gegenüber den anderen Modellen bevorzugt werden

Tabelle 5

Regressionsmodelle für die Zugänge Ackerbohnen 1974

Modell	A_0	A_1	A_2	A_3	A_4	A_5
0	50,211	8,756	3,877	−42,283	−37,797	−1,165
1	47,043	8,609	6,121	−42,697	−33,879	−0,355
2	43,747	11,211	0	−53,924	0	−0,537
3	37,131	0	28,455	0	−104,652	0
4	27,830	5,270	3,462	−14,855	− 9,148	0
5	27,909	7,111	0	−19,777	0	0
6	27,183	0	13,405	0	− 36,283	0
7	62,382	0	0	−26,733	− 9,689	0
8	43,033	0	0	−43,906	75,546	0
9	65,523	0	0	−18,723	− 33,152	0
10	53,447	0	0	−10,065	− 16,555	0
11	17,159	17,129	−34,295	0	0	−4,254
12	5,793	16,688	−22,474	0	0	−1,658
13	15,867	0,860	− 2,600	0	0	0
14	2,144	4,474	4,274	0	0	0

A_6	A_7	A_8	A_9	A_{10}	r^2
− 4,03612	4,58352	15,73103	29,94059	−25,48648	0,99709
0,12670	0	9,13819	4,86449	0	0,99691
0	0	10,18572	0	0	0,99676
0	0	0	0	0	0,99245
0	0	0	0	0	0,99228
− 3,05145	0	0	39,61131	0	0,93531
0	0	0	0	0	0,92647
0	0	18,76284	−23,73663	−12,64288	0,55652
0	0	14,80615	−32,30572	0	0,55635
0	0	0	0	4,40758	0,54884
0	0	0	0	0	0,54862
13,52044	−6,10707	0	0	0	0,23735
8,97248	0	0	0	0	0,23486
0	−4,03660	0	0	0	0,21609
0	0	0	0	0	0,21204

A_6	A_7	A_8	A_9	A_{10}	r^2
−3,173	2,980	10,759	26,491	− 5,501	0,97895
−0,915	0	9,437	18,683	0	0,97879
0	0	12,270	0	0	0,97815
−3,671	0	0	45,880	0	0,97641
0	0	0	0	0	0,97258
0	0	0	0	0	0,97220
0	0	0	0	0	0,96905
0	0	−34,893	−151,941	155,550	0,55787
0	0	12,214	− 62,447	0	0,53760
0	0	0	0	11,846	0,52474
0	0	0	0	0	0,52377
0,702	9,563	0	0	0	0,42209
6,838	0	0	0	0	0,41849
0	1,804	0	0	0	0,41252
0	0	0	0	0	0,41169

Tabelle 6

Regressionsmodelle für die Plusabweicher Ackerbohnen 1974

Modell	A_0	A_1	A_2	A_3	A_4	A_5
0	53,110	4,993	6,907	−34,843	− 48,791	2,890
1	49,784	4,217	8,539	−26,013	− 56,399	− 0,228
2	49,335	9,928	0	−58,835	0	− 0,343
3	41,303	0	17,165	0	− 83,901	0
4	29,629	2,597	8,648	− 8,263	− 24,483	0
5	29,146	0	13,480	0	− 39,192	0
6	29,870	7,300	0	−21,741	0	0
7	61,839	0	0	−88,387	106,954	0
8	60,545	0	0	−87,599	109,040	0
9	26,278	0	0	6,131	31,753	0
10	54,534	0	0	−14,935	−7,619	0
11	−97,012	81,676	−41,351	0	0	− 8,187
12	−93,500	84,841	−50,456	0	0	−10,505
13	−75,770	24,814	43,298	0	0	0
14	5,126	3,790	4,486	0	0	0

Für die gleichen reduzierten Modelle erhält man aus den Analysen der Zugänge (vgl. Tab. 5) und der Plusabweicher aus dem Anbau 1974 (vgl. Tab. 6) folgende Werte:

A_0, A_1, A_4	$r^2 = 0{,}9722$	$r^2 = 0{,}98918$
A_0, A_1, A_2	$r^2 = 0{,}96905$	$r^2 = 0{,}99260$
A_0, A_2, A_4	$r^2 = 0{,}52377$	$r^2 = 0{,}50502$

Es wird deutlich, daß im Jahre 1971 und bei den Zugängen von 1974 die Hauptinformation vom Cystein getragen wird, bei den Plusabweichern 1974 dagegen vom Methionin.

Eine graphische Auswertung der vollständigen Regressionsmodelle für das Gesamtmaterial und die Standards 1971 sowie die Plusabweicher und Standards 1974 zeigte den übereinstimmenden Grundcharakter der Regressionsmodelle innerhalb eines Jahres; zwischen den Jahren ist der Kurvenverlauf grundsätzlich verschieden (vgl. als Beispiel die Kurven in Abb. 6 und 7). Das Regressionsmodell der Standards von 1971 läßt sich für die Vorhersage von Werten für Sippen aus dem Anbau 1971 verwenden, und es können damit Korrelationsbrecher im Material des Jahres 1971 gesucht werden. Die Grafiken belegen aber, daß es nicht möglich ist, mit dem Korrelationsmodell des Jahres 1971 beispielsweise nach Korrelationsbrechern im Anbau des Jahres 1974 zu suchen. Daraus ergibt sich die Notwendigkeit, in jedem Jahr eine genügende Anzahl von Standards mitzuführen.

Ausgesprochene Korrelationsbrecher konnten mit diesen Regressionsmodellen nicht gefunden werden.

A_6	A_7	A_8	A_9	A_{10}	r^2
10,725	−11,495	−21,291	−85,566	113,330	0,99678
0,110	0	6,875	21,357	0	0,99619
0	0	13,998	0	0	0,99118
− 0,834	0	0	30,697	0	0,99462
0	0	0	0	0	0,99450
0	0	0	0	0	0,99260
0	0	0	0	0	0,98918
0	0	26,098	−86,077	6,662	0,52806
0	0	27,603	−81,338	0	0,52803
0	0	0	0	− 29,280	0,50724
0	0	0	0	0	0,50502
17,439	− 7,038	0	0	0	0,45610
13,117	0	0	0	0	0,45328
0	10,066	0	0	0	0,38940
0	0	0	0	0	0,36746

Wiederholungsanbau ausgewählter Sippen (Plusabweicher)

Formen mit verhältnismäßig hohen Werten aus dem ersten Analysengang wurden für eine nochmalige Prüfung ausgewählt und 1974 angebaut, während 1975 der Nachbau der 1974 geprüften und selektierten Neuzugänge erfolgte. Es wurden empirisch folgende Werte als untere Grenze für die Auswahl festgesetzt:

Rohprotein	>30 %
Methionin abs.	>2,30 mg/g Mehl
Methionin rel.	>0,85 % Protein
Cystein abs.	>4,20 mg/g Mehl
Cystein rel.	>1,60 % Protein

Nummern, bei denen die Analysen einen über dieser Grenze liegenden Wert ergaben, sind im folgenden als Plusabweicher bezeichnet. Nach den Analysenwerten des im Jahre 1971 angebauten Materials wurden ausgewählt:

Merkmal:	Zahl der ausgewählten Sippen	Anteil am Gesamtmaterial (%)
Rohprotein	71 (71)	22,0 (20,4)
Methionin abs.	24 (24)	7,3 (6,9)
Methionin rel.	16 (22)	4,9 (6,3)
Cystein abs.	14 (23)	4,3 (6,6)
Cystein rel.	5 (20)	1,5 (5,7)

Die Zahlen in Klammern geben die Werte für das Ackerbohnen-Sortiment einschließlich der mitgeprüften *Vicia narbonensis*-Kollektion an. Bei Rohprotein wurde die Grenze für die Auswahl offensichtlich etwas zu niedrig angesetzt, bei 31% Rohprotein-Gehalt würden etwa noch 10% des Materials oberhalb dieser Grenze liegen. Die Werte für die Aminosäuren wurden ursprünglich an Hand der gesamten Daten des Anbaues 1971 festgesetzt (einschl. *V. narbonensis*), nur auf das Ackerbohnensortiment bezogen erscheint der Grenzwert beim relativen Cystein-Gehalt zu hoch.

Unter den 1974 geprüften Neuzugängen kamen für einen erneuten Anbau zur Auswahl:

Merkmal	Zahl der ausgewählten Sippen	Anteil am Gesamtmaterial (%)
Rohprotein	25	18,7
Methionin abs.	1	0,7
Methionin rel.	4	3,0
Cystein abs.	9	6,8
Cystein rel.	3	2,3

Bei der Festlegung der Rohprotein-Grenze auf 31% würden knapp 13% des Materials über diesem Wert liegen. Vertreter der *V. narbonensis*-Gruppe waren nicht unter den Neuzugängen.

Die Analysenwerte dieser ausgewählten Sippen (Plusabweicher) wurden einer statistischen Prüfung in zweierlei Hinsicht unterzogen:

1. Das mit Hilfe einer mehrdimensionalen Regressionsanalyse ermittelte Regressionsmodell (vgl. S. 186), für das als Zielgröße der Rohproteingehalt und als Einflußgrößen die verschiedenen Aminosäurewerte dienten, wurde verwendet, um diejenigen Formen zu erfassen, die mit 1%- beziehungsweise 5%iger Irrtumswahrscheinlichkeit aus diesem Modell herausfallen. Auf diese Weise werden zwar keine Formen mit besonders hohen Werten der jeweiligen Merkmale selektiert, sondern solche, bei denen die Korrelationsbeziehungen zwischen Einfluß- und Zielgröße zumindest stark gelockert sind; eine derartige Eigenschaft ist zweifelsohne für die praktische Pflanzenzüchtung von besonderem Interesse.

Aus dem für das Material von 1971 berechneten Modell fiel dabei folgende Anzahl von Nummern heraus:

Merkmal	Zahl der Nummern	davon mit 1%iger Irrtumswahrscheinlichkeit
Rohprotein	2	1
Methionin abs.	16	14
Methionin rel.	5	5

Abweicher bei den Cysteinwerten waren nicht nachweisbar, während der hohe Anteil solcher Formen hinsichtlich des Methionin-Gehalts auffiel.

Enttäuschend waren die mit den Analysenwerten des Nachbaues 1974 (und zu einem geringeren Teil von 1972) durchgeführten Berechnungen. In keinem Fall konnte eine Bestätigung der „Abweicher-Natur" einer der Formen aus dem Anbau von 1971 erhalten werden; im Material von 1974 befanden sich überhaupt keine aus dem entsprechenden Modell herausfallenden Formen, was vermutlich mit der geringeren Streuung aller Einflußgrößen und der um einen niedrigeren Faktor verringerten und damit relativ größeren Streuung der Zielgröße in diesem Jahr in Zusammenhang steht. Unter den nur auf den Rohproteingehalt geprüften Nummern des Wiederholungsanbaues von 1972 befanden sich zwar 9 aus dem Modell abweichende Formen, sie waren jedoch nie mit entsprechenden Abweichern des Jahres 1971 identisch.

Eine entsprechende Prüfung des Nachbaues 1975 der unter den Neuzugängen (angebaut 1974) ausgewählten Sippen war wegen der zu geringen Zahl der Standards nicht möglich; nimmt man als Bezugspunkt das Gesamtmaterial des Anbaues 1975 (ausgewählte Sippen + Standards), ergeben sich ebenfalls keinerlei aus dem Modell herausfallende Formen und somit keine Bestätigung eventueller Abweicher von 1974.

Nach diesen Befunden können wir also unter den für einen Wiederholungsanbau als Plusabweicher ausgewählten Sorten oder Herkünften keine mit einer gebrochenen oder gelockerten Korrelation zwischen dem Rohprotein- und den Aminosäuregehalten nachweisen.

2. Der zweite statistische Test, dem die ausgewählten Sippen unterzogen wurden, bezog sich auf einen für Einzelwerte konstruierten *t*-Test, wobei die Vertrauensintervalle auf die jeweiligen Werte der Standards bezogen berechnet wurden. Diejenigen Nummern, die dann außerhalb des 1%- beziehungsweise 5%igen Vertrauensintervalls liegen, wurden als statistisch signifikante Plusabweicher bezeichnet.

Auf diese Weise konnten aus dem Material von 1971 die folgende Anzahl von Sippen ausgelesen werden:

Merkmal	Anzahl der signifikanten Plusabweicher	davon mit 1%igem Vertrauensintervall[1]
Rohprotein	9	0
Methionin abs.	20	20
Methionin rel.	10	3
Cystein abs.	13	13
Cystein rel.	5	4

Das bedeutet, daß von den empirisch zu einem Wiederholungsanbau ausgelesenen Plusabweichern sich für das Rohprotein nur 16% statistisch bestätigen ließen, dagegen fast sämtliche Aminosäure-Plusabweicher mit dem *t*-Test zu sichern waren.

1 Die bei diesen Berechnungen ermittelten Grenzwerte, oberhalb deren Formen als signifikant berücksichtigt wurden, liegen z. T. unter oder nahe der empirisch festgelegten Grenze, so daß die hohe Zahl der hoch-signifikanten Plusabweicher verständlich wird (vgl. unten).

Recht ähnliche Verhältnisse liegen für den Nachbau der ausgewählten Formen von 1974 (einschließlich der nur auf Rohprotein geprüften Nummern des Wiederholungsanbaues 1972) vor; für dieses Material ergab sich folgende Auslese:

Merkmal	Anzahl der signifikanten Plusabweicher	davon mit 1%igem Vertrauensintervall
Rohprotein	12	7
Methionin abs.	8	5
Methionin rel.	3	0
Cystein abs.	6	4
Cystein rel.	3	0

Der Anteil der statistisch zu sichernden Plusabweicher entsprach beim Rohprotein etwa dem für 1971 ermittelten Wert, für die absoluten Aminosäure-Gehalte betrug er ca. 50%, beim relativen Methioningehalt jedoch nur 25%, beim entsprechenden Cysteinwert aber 75% der empirisch selektierten Plusabweicher.

Unter den auf Grund des höheren Rohproteingehaltes ausgewählten Formen der 1974 angebauten Neuzugänge befanden sich insgesamt 6 signifikante Abweicher, davon 3 mit 1%igem Vertrauensintervall, der Anteil an der Gesamtheit der Plusabweicher entspricht daher den oben für die anderen Jahre angegebenen Prozentsätzen.

Vollkommen anders verhielten sich jedoch die Aminosäure-Werte. Bei den erst nach dem Analysendurchgang Ende 1975 durchgeführten Berechnungen stellte sich heraus, daß nach dem *t*-Test nachweisbare Abweicher sich nicht nur unter den nach den oben angegebenen Grenzwerten ausgelesenen Sippen für die einzelnen Merkmale sondern zu einem beachtlichen Teil auch unter den Formen befanden, deren absolute oder relative Aminosäuregehalte unter den Grenzwerten lagen. Diese konnten leider in dem Wiederholungsanbau 1975 nicht mehr berücksichtigt werden. Insgesamt wurden in dem Material der Neuzugänge 1974 folgende mit dem *t*-Test ermittelte Abweicher gefunden:

Merkmal	Anzahl der signifikanten Plusabweicher	davon mit 1%igem Vertrauensintervall
Methionin abs	13 (1)	6 (1)
Methionin rel.	30 (4)	9 (4)
Cystein abs.	25 (9)	14 (9)
Cystein rel.	52 (3)	24 (3)

Die Zahlen in Klammern geben diejenigen Nummern mit über dem empirischen Grenzwert für die Plusabweicher-Auswahl liegenden Werten an, die sich erwartungsgemäß alle unter Berücksichtigung eines 1%igen Vertrauensintervalls als abweichend erwiesen.

An dem Wiederholungsanbau 1975 der unter den Neuzugängen selektierten Plusabweicher, in den nachträglich auch einige aus dem Erstanbau von 1971 ausgewählte einbezogen wurden, stellte sich nach den Ermittlungen mit Hilfe des *t*-Tests folgende Anzahl von Nummern als signifikante Plusabweicher heraus:

Merkmal	Anzahl der signifikanten Plusabweicher	davon mit 1%igem Vertrauensintervall
Rohprotein	1	0
Methionin abs.	2	1
Methionin rel.	2	0
Cystein abs.	3	1
Cystein rel.	9	3

Bestätigte Plusabweicher

Interessant sind vor allem jene Nummern, bei denen sich in beiden Anbaujahren die positive Abweichung möglichst hochsignifikant bestätigen ließ, da man unter diesen Formen am ehesten genetisch fixierte günstige Rohprotein- beziehungsweise Aminosäure-Formen erwarten kann. Auf der folgenden Tabelle (Tab. 7) ist eine Auswahl dieser Nummern zusammengestellt.

Es handelt sich dabei um insgesamt 26 Nummern, unter denen die großkörnigen Typen (var. *equina* 6, var. *faba* 8) leicht überwiegen; der relative Anteil dieser beiden Varietäten ist jedoch wesentlich höher, wenn man die geringere Anzahl der zu diesen Sippen gehörenden Nummern des Untersuchungsmaterials einkalkuliert. Jeweils etwa die Hälfte dieser signifikanten Plusabweicher stellt Sorten meist west- bis zentraleuropäischer Länder dar (darunter auch ältere deutsche), der übrige Teil wird durch Herkünfte repräsentiert, unter denen die südeuropäischen überwiegen.

Züchterisch besonders interessant sind Kombinationstypen, bei denen sich der Plusabweicher-Charakter auf mehrere Merkmale bezieht:

Rohprotein- und absoluter Methionin- und/oder Cysteingehalt: 6 Nummern;
absoluter Methionin- und absoluter Cysteingehalt: 2 Nummern;
relativer Methionin- und relativer Cysteingehalt: 4 Nummern;
absoluter und relativer Cysteingehalt: 5 Nummern.

Gute Aminosäure-Typen zeichnen sich leider fast in allen Fällen durch einen äußerst niedrigen Rohproteingehalt aus.

Zur besseren Charakterisierung der ausgelesenen Nummern sind in der Tabelle auch die Analysenwerte von denjenigen Merkmalen aufgeführt, in denen sie sich nicht als Plusabweicher erwiesen haben; gleichzeitig sind die TKM – fast in allen Fällen der Durchschnittswert zweier während des screening-Zeitraumes liegender Anbaujahre – dieser Nummern angegeben.

Intravarietale Variabilität

Die bisher geschilderten Befunde bezogen sich auf Durchschnittswerte von Sorten und Herkünften. Um einen ersten Hinweis auf die Variabilität der untersuchten biochemischen Merkmale innerhalb einer Sippe zu bekommen, wurden bei *V. faba*,

Tabelle 7

Auswahl der bestätigten Plusabweicher bei Ackerbohnen

Varietät	Rohprotein (%)		Methionin absolut (mg/g)	relativ (%)	Cystein absolut (mg/g)	relativ (%)	TKM (g)
'Dreadnought'	(1971)	33,1*	2,32**	0,70	4,22**	1,28	1592
var. *faba*	(1974)	33,5**	2,29**	0,68	4,13**	1,23	
'Breustedts Sterntaler'	(1974)	33,4**	2,26*	0,68	4,27**	1,28	1077
var. *equina*	(1975)	31,3*	2,19**	0,70	3,82*	1,22	
Sort. Dornburg	(1971)	33,5**	2,38**	0,71	4,03	1,21	1697
var. *faba*	(1974)	32,4*	2,27**	0,70	3,99	1,23	
'Adrie'	(1971)	32,2*	2,43**	0,76	4,06	1,26	1629
var. *faba*	(1974)	33,1**	2,34**	0,71	4,00	1,21	
'Windsors Große Grüne'	(1971)	33,3*	2,29*	0,69	3,88	1,16	1939
var. *faba*	(1974)	34,6**	2,34**	0,68	3,98	1,15	
'Rinal'	(1971)	33,0*	2,26	0,69	4,37**	1,33	703
var. *minor*	(1972)	30,8**	2,42	0,79	4,24**	1,38	
Anatolien	(1971)	31,5	2,33**	0,74	4,19*	1,33	1129
var. *equina*	(1974)	31,3	2,29**	0,73	4,15**	1,33	
'Tiebener Marschbohne'	(1971)	31,1	2,34**	0,75	4,26**	1,37	920
var. *minor*	(1974)	27,7	2,23*	0,81	4,03*	1,45	
'Katowskij Swirskij'	(1971)	31,4	2,44**	0,78	4,39**	1,40	1343
var. *equina*	(1974)	31,3	2,23*	0,71	3,98	1,27	
Italien	(1971)	24,1	2,24	0,93	4,16*	1,73**	1520
var. *faba*	(1974)	29,4	2,16	0,73	4,13**	1,40*	
'Rebaya 34'	(1974)	28,4	2,22	0,78	4,23**	1,49**	607
var. *minor*	(1975)	25,9	2,01	0,78	4,00**	1,54**	
Dagestan	(1974)	31,3	2,33	0,75	4,54**	1,45**	524
var. *minor*	(1975)	27,1	1,98	0,73	3,82*	1,41*	
Nord-Griechenland	(1974)	23,0	2,05	0,89**	3,67	1,60**	1375
var. *faba*	(1975)	23,4	1,92	0,82*	3,44	1,47*	
'Tatransky'	(1971)	25,8	2,22	0,86*	3,97	1,54*	585
var. *minor*	(1972)	26,1	2,25	0,86*	3,98	1,52*	
Peloponnes	(1971)	25,3	2,18	0,86*	3,85	1,52*	541
var. *minor*	(1975)	23,0	1,89	0,84*	3,42	1,52**	
Sort. Boldebuck	(1971)	25,2	2,21	0,88*	3,61	1,43	1159
var. *equina*	(1974)	26,2	2,09	0,80**	3,68	1,40	

* nach dem t-Test mit 5%igem Vertrauensintervall signifikanter Plusabweicher

Tabelle 8
Einzelpflanzen-Analyse

	FAB 104/74					FAB 128/74				
	Rohpr. %	Meth. abs. mg/g	Meth. rel. %	Cyst. abs. mg/g	Cyst. rel. %	Rohpr. %	Meth. abs. mg/g	Meth. rel. %	Cyst. abs. mg/g	Cyst. rel. %
Pflz. 1	28,2	1,93	0,68	3,47	1,23	22,6	1,87	0,83	3,45	1,53
2	30,2	2,14	0,71	3,91	1,29	23,7	2,11	0,89	3,94	1,66
3	31,0	2,42	0,78	4,23	1,38	27,8	2,01	0,72	3,75	1,35
4	32,1	2,12	0,66	3,76	1,17	27,8	2,14	0,77	4,14	1,49
5	32,8	2,25	0,69	4,15	1,27	27,8	2,36	0,85	4,33	1,56
6	33,9	2,25	0,66	3,97	1,17	27,8	2,38	0,86	3,87	1,39
7	34,1	2,26	0,66	3,99	1,17	28,4	1,91	0,67	3,55	1,25
8	34,7	2,27	0,65	4,24	1,22	29,85	2,13	0,71	4,21	1,41
9	35,7	2,26	0,63	4,35	1,22	30,5	2,01	0,66	3,62	1,19
10	35,8	2,15	0,60	3,82	1,07	33,4	2,03	0,61	4,39	1,31
Mittel-wert	32,85	2,21	0,67	4,00	1,21	28,00	2,10	0,76	3,93	1,41
Varianz	6,17	0,015	0,0024	0,074	0,007	9,64	0,029	0,0094	0,111	0,022

die sich durch eine beachtliche – wenn auch innerhalb der Art unterschiedlich hohe – Fremdbefruchtungsrate von den Gersten und Weizen unterscheidet, in den Jahren 1974 und 1975 Einzelpflanzen geprüft.

Von jeweils fünf Sorten beziehungsweise Herkünften kamen die Samen von 10 Pflanzen zur Analyse. Dabei ergab sich eine deutliche, bei den einzelnen Nummern allerdings unterschiedlich große intravarietale Variabilität. Die Schwankungsbreite der Einzelwerte ist für das Rohprotein in extremen Fällen (z. B. FAB 128/74) fast identisch mit der Variationsamplitude des Gesamtanbaues von 1971, während die Aminosäurewerte demgegenüber eine etwas geringere, aber immerhin noch beachtliche Streuung aufweisen (Tab. 8). Gegenüber den Varianzen des Standards (Tab. 2) sind die Varianzen der einzelpflanzenweise analysierten Nummern deutlich erhöht (Rohprotein, Cystein absolut) oder haben annähernd übereinstimmende Größenordnungen (übrige Merkmale). Es lassen sich unter den geprüften Formen solche von besonders großer Variabilität mit hohen Varianzen (z. B. FAB 128, FAB 126, beide var. *equina*) von solchen mit nur halb so großen oder noch niedrigeren Varianz-Werten unterscheiden, ohne daß vorerst Beziehungen zwischen diesem unterschiedlichen Verhalten und der Herkunft, dem Status der Sippe oder der Allogamierate gemacht werden können.

In der Tabelle 8 sind zwei derartige gegensätzliche Vertreter mit den Einzelwerten und den zugehörigen Varianzen dargestellt.

Im Jahre 1975 wurden zwei Nummern einzelpflanzenweise geprüft, die bereits im Vorjahr analysiert waren. Beim Vergleich der Jahreswerte sieht man, daß sich beide Nummern recht unterschiedlich verhielten (Tab. 9): FAB 104 hatte trotz sehr unterschiedlicher absoluter Werte eine annähernd konstante Varianz aufzuweisen (ausgenommen bei Cystein relativ), während für FAB 133 bei ± entsprechenden Schwankungsbreiten der absoluten Analysenwerte in den zwei Jahren sehr unterschiedliche Varianzen berechnet wurden (1975 im Durchschnitt nur halb so hoch wie 1974, Ausnahme: Cystein relativ).

Es wäre interessant, an umfangreicherem Material zu prüfen, ob sich dieses grundsätzliche Verhalten in der Hinsicht verallgemeinern ließe, daß Zuchtsorten (wie FAB 104) stets durch eine größere „Konstanz" der Variabilität und Landsorten (wie FAB 133) durch deutliche jährliche Schwankungen der Variabilität gekennzeichnet werden können. Hierbei wäre auch eine Beziehung zur Allogamieneigung der Sippen denkbar.

Auch SJÖDIN et al. (1977) konstatierten eine beachtliche Variabilität im Rohproteingehalt der Samen zwischen Einzelpflanzen derselben Ackerbohnensorte. Sie übertraf deutlich intraindividuelle Schwankungen der Sameneiweiß-Werte, die sich aus der unterschiedlichen Position der Samen (in einer Hülse, in verschiedenen Hülsen derselben Infloreszenz, in Hülsen unterschiedlicher Infloreszenzen) ergaben. Da unser Untersuchungsmaterial aus einer sorgfältigen Mischung aller reifen Hülsen einer Pflanze bestand, müßten dadurch diese intraindividuellen Variationen nivelliert worden sein.

Diese ersten Befunde unterstreichen die – im allgemeinen bereits praktizierte

Tabelle 9
Ergebnisse von Einzelpflanzen-Analysen in aufeinanderfolgenden Jahren

	FAB 104 (Zuchtsorte, var. *minor*)		FAB 133 (Landsorte, var. *minor*)	
	1974	1975	1974	1975
Rohprotein				
abs. Schwankung	28,2 – 35,8	24,1 – 31,9	25,7 – 33,0	20,6 – 25,6
Mittelwert	32,9	27,8	28,5	23,6
Varianz	6,17	7,62	5,43	3,25
Methionin, absolut				
abs. Schwankung	1,93 – 2,42	1,87 – 2,24	1,85 – 2,16	1,74 – 2,03
Mittelwert	2,21	2,02	2,02	1,86
Varianz	0,015	0,015	0,012	0,006
Methionin, relativ				
abs. Schwankung	0,60 – 0,78	0,69 – 0,84	0,61 – 0,80	0,74 – 0,85
Mittelwert	0,67	0,73	0,71	0,79
Varianz	0,002	0,003	0,004	0,002
Cystein, absolut				
abs. Schwankung	3,47 – 4,35	3,31 – 4,23	3,31 – 4,22	3,15 – 3,82
Mittelwert	4,00	3,73	3,73	3,46
Varianz	0,074	0,074	0,071	0,035
Cystein, relativ				
abs. Schwankung	1,07 – 1,38	1,20 – 1,58	1,07 – 1,48	1,34 – 1,68
Mittelwert	1,21	1,35	1,32	1,48
Varianz	0,007	0,015	0,020	0,017

– Notwendigkeit, in der Züchtung zur Verbesserung des Eiweißgehaltes und seiner Qualität Analysen von Einzelpflanzen und Einzelpflanzennachkommen durchzuführen, wobei eine Einzelpflanzenselektion am ehesten bei Nummern mit einem relativ hohen Durchschnittsniveau der erwünschten Merkmale Erfolg verspricht.

Diskussion

Ziel der vorgestellten Reihenuntersuchungen an dem Gaterslebener Ackerbohnen-Sortiment war, zur Kenntnis der Variationsbreite der geprüften chemischen Merkmale beizutragen und damit Voraussetzungen für die Einbeziehung geeigneter Sippen in den Züchtungsprozeß bei der Schaffung von Sorten mit verbesserter Eiweißqualität und -quantität zu schaffen. Leider konnten in dem begrenzten, zur Verfügung stehenden Material keine in den untersuchten Eigenschaften derart herausragenden Formen gefunden werden, die eine Erreichung der genannten Zuchtziele in kurzer Frist gewährleisten könnten. Immerhin bieten die Ergebnisse Ansätze für eine vielfältige weitere Bearbeitung hinsichtlich theoretischer und praktischer Aspekte der Ackerbohnen-Züchtung, so vor allem in Bezug auf die genetischen Grundlagen des unterschiedlichen Gehalts an Rohprotein und limitierenden Aminosäuren, auf Arbeiten zur Erhöhung des Protein-Ertrages und zur Züchtung hochleistungsfähiger Ackerbohnensorten mit einem hohen Anteil an qualitativ verbessertem Samenprotein.

Weitere Untersuchungen sind wegen der großen Umweltabhängigkeit besonders des Proteingehalts erforderlich, wobei ein Parallelanbau unter möglichst unterschiedlichen ökologischen Bedingungen der zu prüfenden Sippen, z. B. der nach unseren Befunden als signifikante und bestätigte Plusabweicher bezeichneten Formen anzustreben ist.

Eine Eingliederung der ermittelten Daten in die bisherigen Kenntnisse stößt auf Schwierigkeiten, da umfangreiche Tests an einem größeren Material von *V. faba* hinsichtlich des Eiweißgehalts und der S-haltigen Aminosäuren in der Literatur noch nicht bekannt sind, vor allem der Gehalt an den limitierenden Aminosäuren ist bisher nur an einzelnen Proben untersucht worden. Unsere Ergebnisse stimmen in der allgemeinen Größenordnung jedoch gut mit den bereits vorliegenden Angaben überein. Entsprechende Variationsbreiten des Anteils an Rohprotein in den Samen werden z. B. von Bhatty (1974), Kaizuma u. Miura (1974) sowie von Frölich et al. (1974) angegeben. Die Übereinstimmung betrifft mitunter selbst die Analysenwerte einzelner Sorten (z. B. 'Erfordia': eigene Untersuchung – 27,4%; nach Bhatty – 27,0%). Auch die Prüfung einer 132 Nummern umfassenden Kollektion des Crop Development Centre der Universität von Saskatchewan (Kanada) ergab eine mit unseren Befunden weitgehend identische Streubreite des Eiweißgehalts (Rowland 1976/77, briefl. Mitt.).

Nicht bestätigen konnten wir allerdings die älteren Angaben von Muratova (1937) über einen relativ hohen Rohproteingehalt der äthiopischen Formen von *V. faba*, der nach dieser Autorin stets um 35% liegen sollte; die von uns geprüften Herkünfte dieses Gebietes wiesen stets einen relativ niedrigen Eiweißgehalt auf.

Interessant ist auch ein Vergleich des Regressionsmodells der Ackerbohne mit den in den ersten beiden Teilen der Arbeit vorgestellten Modellen für Gerste und Weizen.

Das Modell für die Ackerbohnen ist komplizierter gebaut, weil neben der Ermittlung der korrelativen Beziehungen zwischen Aminosäure- und Rohproteingehalt gleichzeitig versucht wurde, unter Verzicht auf die Untersuchung einer der beiden Aminosäuren mit hoher Sicherheit eine Einschätzung der Zielgröße vornehmen zu können, was nicht erreicht werden konnte. Ein Vergleich der verschiedenen Regressionsmodelle ergab bei der Gerste und in abgeschwächtem Maße auch beim Weizen eine gute Übereinstimmung der Modelle für verschiedene Anbaujahre, dagegen zeigen die Regressionskurven bei der Ackerbohne zwischen den Jahren einen unterschiedlichen, z. T. gegensinnigen Verlauf, so daß es hier nicht möglich ist, mit einem Korrelationsmodell aus einem Jahr nach Korrelationsbrechern im Material eines anderen Anbaujahres zu suchen. Durch das verwendete kompliziertere Regressionsmodell wird dieses Phänomen allerdings zusätzlich etwas verstärkt. Diese gegenläufige Tendenz nimmt bei steigenden Protein- und Aminosäurewerten noch zu. Eine Deutung dieser Erscheinung kann vorerst nicht vorgenommen werden, möglicherweise wird sie von den unterschiedlichen Fortpflanzungsverhältnissen, besonders von der von Gerste über Weizen zur Ackerbohne deutlich steigenden Neigung zur Allogamie beeinflußt.

Dieser relativ hohe, wenn auch bei den verschiedenen Formen der Art unterschiedliche Anteil an Fremdbefruchtung wird sich ebenso wie die Umweltlabilität des Eiweißgehalts erschwerend auf die Herstellung proteinreicher Ackerbohnen-Linien auswirken.

Summary

Protein screening of the Gatersleben collection of cereals and pulses
3. Protein and SH-amino contents of field beans (*Vicia faba* L.)

In 1971–1975 approximately 500 different strains of the Gatersleben field bean collection (*Vicia faba* L.) have been screened with respect to the crude protein and SH-amino acid concentrations of the seeds. Outstanding samples extremely rich in protein and SH-amino acids, respectively, have not been found, but approximately 5 percent of the collection exhibited protein and SH-amino acid values which were superior to those of the remaining strains. A considerable number of these 'plus variations' belongs to the medium and large seeded botanical varieties var. *equina* and var. *faba*, respectively. Only few samples are characterized by a combination of high values of several protein and amino acid characters.

The variability of the protein concentrations seems to be preferentially induced by non-genetic environmental factors. Protein values also exhibit a considerable intra-varietal variability, but there are differences between the strains in this respect. Correlations between the different biochemical characters have been calculated. No correlations have been found between biochemical values and seed sizes.

Краткое содержание

Исследования белковости хлебных злаков и зерновых бобовых гатерслебенской коллекции. Часть 3: Содержание сырого протеина и серусодержащих аминокислот у конских бобов (*Vicia faba* L.)

Сообщается о многолетних серийных анализах гатерслебенской коллекции конских бобов (*Vicia faba*), насчитывающей около 500 образцов, на содержание сырого протеина и серусодержащих аминокислот (метионин, цистеин). Формы, особенно богатые белком или аминокислотами найдены не были; однако, около 5% образцов оказались по содержанию сырого протеина и по абсолютному или относительному содержанию аминокислот достоверно превосходящими весь остальной материал коллекции, что подтвердилось и повторными анализами. Значительная часть этих высокобелковых образцов приходится на долю крупносемянных представителей вида (var. *equina*, var. *faba*). Некоторые формы достоверно превосходили прочие по нескольким химическим свойствам. Непостоянство содержания сырого протеина под влиянием среды и его внутрисортовая изменчивость – значительны; но по этим признакам наблюдается заметная разница между сортами. Приводятся корреляции между различными химическими признаками; между этими признаками и величиной зерна корреляции не наблюдалось.

Literatur

ABDALLA, M. M. F., 1976: Natural variability and selection in some local and exotic populations of field beans, *Vicia faba* L. – Z. Pflanzenzüchtg. **76**, 334–343.

BHATTY, R. S., 1974: Chemical composition of some Faba bean cultivars. – Canad. J. Plant Sci. **54**, 413–421.

FRÖLICH, W. G., W. G. POLLMER and W. CHRIST, 1974: Variation of the contents of protein and of methionine and cystine in *Vicia faba* L. – Z. Pflanzenzüchtg. **72**, 160–165.

JOHNSON, V. A., P. J. MATTERN, J. W. SCHMIDT and J. E. STROIKE, 1973: Genetic advances in wheat protein quantity and composition. – In: Proc. 4th Int. Wheat Genetics Symposium (Eds.: E. R. SEARS and L. M. S. SEARS), 547–556. – Univ. Missouri, Columbia, Miss.

KAIZUMA, N., and SH. MIURA, 1974: Variation of seed protein percentage and sulfur-containing amino acid content among various leguminous species. – Jap. J. Breed. **24** (3), 125–132.

KAPLAN, L., 1973: Ethnobotanical and nutritional factors in the domestication of American beans. In: C. E. SMITH jr. (Ed.), Man and his Foods, 75–85. – Univ. Alabama Press, Alabama.

MOORE, S., 1963: On the determination of cystine as cystic acid. – J. biol. Chem. **238**, 235–237.

MURATOVA, V. S., 1937: *Vicia* L. – Vika. – In: E. V. VUL'F (Ed.), Kulturnaja flora SSSR, **4**, 75–124. – Moskva-Leningrad.

NAGL, K., 1976: Neue Wege in der Pferdebohnenzüchtung (*Vicia faba* var. *minor*) (Eine Übersicht). – Jb. Bundesanstalt Pflanzenbau und Samenprüfung Wien **1975**, 173–218.

ROWLAND, G. G., 1976 und 1977: Briefl. Mitteilung (Faba Bean Collection Data).

SCHÄFER, H., 1973: Zur Taxonomie der *Vicia narbonensis*-Gruppe. – Kulturpflanze **21**, 211–273.

SCHOLZ, F., 1960: Qualitätsprobleme in der Futtergerstenzüchtung, dargestellt an Ergebnissen von Mutationsversuchen. – Z. Pflanzenzücht. **44**, 105–128.

SCHWARZE, P., 1944: Über die Methodik der Analyse eiweißreicher Zuchtstämme und die Variabilität der Eiweißqualität in Zuchtmaterial. – Z. Pflanzenzücht. **26**, 1–55.

SJÖDIN, J., P. MÅRTENSSON and T. MAGYAROSI, 1977: (The variation in crude protein content and seed weight within field bean plants (*Vicia faba* L.) analysed with the half-seed technique). – Sver. utsädesf. tidskr. **1977** (1/2), 33–42.

Kulturpflanze XXVI · 1978 · S. 213–260

Resistenzeigenschaften im Gersten- und Weizensortiment Gatersleben. 21. Prüfung von Weizen auf ihr Verhalten gegen Gelbrost (*Puccinia striiformis* West.)

Ilse Nover[1] und Christian O. Lehmann

(Eingegangen am 24. Januar 1978)

Zusammenfassung

In den Jahren 1955 bis 1974 wurden 5100 Weizen sowie Weizen-Art- und -Gattungsbastarde (Tab. 2) mit den Rassengruppen 2, 8, 27/53, 54 und 60 von *Puccinia striiformis* geprüft.

Gegen alle Rassen resistent waren 36 Sippen von *T. monococcum*, 15 von tetraploiden und 126 von hexaploiden Arten sowie vier *Haynaltricum* und zwei *Triticale* (Tab. 3–6). Als widerstandsfähig gegen einzelne der Rassen erwiesen sich 10 diploide, 65 tetraploide und 236 hexaploide Weizen (Tab. 7). In sieben Prozent der untersuchten Weizen, d. h. in 348 Sorten und Herkünften waren neben völlig anfälligen auch widerstandsfähige Pflanzen enthalten, während reichlich 83% als anfällig bewertet wurden.

In Zusammenhang mit diesen Ergebnissen wird auf die Literatur zur Genetik der Gelbrostresistenz und auf Kombinationen mit anderen Resistenzmerkmalen eingegangen.

Einleitung

Die Widerstandsfähigkeit gegen Gelbrost spielt in der Weizenzüchtung besonders West- und Mitteleuropas für die Sicherung der Erträge eine große Rolle. Mit dem Weizengelbrost führten bereits Anfang unseres Jahrhunderts Biffen (1907, 1911/12) in England und Nilsson-Ehle (1911) in Schweden die ersten Versuche zur Vererbung der Krankheitsresistenz durch. Seiner Bedeutung entsprechend haben wir diesen Erreger, neben *Erysiphe graminis* DC. und *Puccinia recondita* Rob. ex Desm., auch in unsere Untersuchungen stets einbezogen. Die Ergebnisse der im Jahre 1955 begonnenen und 1974 abgeschlossenen Prüfungen der Weizen mit *P. striiformis* werden hier vorgelegt.

1 Sektion Pflanzenproduktion der Universität Halle.

Material und Methodik

Bei der Infektion kamen die Rassengruppen 2, 8, 27/53 und 54 zur Anwendung. Um innerhalb der Resistenzkombinationen genauer zu differenzieren, wurden gelegentlich andere Isolate, z. B. aus den Rassengruppen 3/55 und 60, hinzugezogen.

Die Bewertung des Befalls erfolgte durch die Bestimmung des Infektionstyps nach der Skala von 0 (hochresistent) bis 4 (hochanfällig) (Gassner und Straib 1933). Als hochanfällige Kontrollen dienten die Wintersorten 'Michigan Amber' und 'Omar' bzw. die Sommersorte 'Findling'.

Tabelle 1

Verhalten der Testsorten gegenüber den verwendeten Rassen von *Puccinia striiformis* (A: anfällig, R: resistent, I: mäßig resistent bis mäßig anfällig)

	Testsortiment international							zusätzlich in Europa							
Gelbrostrassen	'Suwon 92'/'Omar'	'Strubes Dickkopf'	'Moro'	'Vilmorin 23'	'Heines Kolben'	'Lee'	'Chinese 166'	'Heine VII'	'Spaldings Prolific'	'Carsten V'	'Compair'	'Nord Desprez'	'Heines Peko'	'Reichersberg 42'	'Hybrid 46'
7/8	R	A	R	R	R	R	R	R	R	I	R	R	R	R	R
27	R	A	R	R	R	R	I	R	R	A	R	R	R	R	R
3/55	R	A	R	A	R	R	R	I	R	I	R	A	R	R	R
2	R	A	R	A	R	R	R	I	A	I	R	A	R	R	I
54	R	A	R	R	A	R	R	A	R	A	R	R	A	R	R
60	R	A	R	R	A	R	A	A	R	A	R	R	A	R	R

Die jeweils zu prüfende Serie wurde während zwei Vegetationsperioden in dem mit einem Rassengemisch künstlich verseuchten Infektionsgarten beobachtet. Die Infektion mit der im Jahre 1966 in England isolierten Rasse 60 (Macer und Doling 1966) beschränkte sich auf das im Gewächshaus angezogene Material[2]. Alle Weizen, die im Feld keine Anzeichen von Resistenz erkennen ließen, bewerteten wir als anfällig.

Im Gewächshaus wurden die anderen im Keimpflanzenstadium weitergeprüft. Das geschah durch Aufpinseln der Uredosporenaufschwemmung in Wasser auf die ersten Blattspreiten etwa zehn Tage alter Pflanzen. Sie standen danach 48 Stunden in der dunklen Feuchtkammer und anschließend bis zur Beurteilung des Befallstyps 14–18 Tage p. i., bei 14–18 °C und Zusatzbeleuchtung durch Quecksilberdampf-Lampen auf den mit feuchtem Torf belegten Gewächshaustischen. Die Infektion geschah zunächst wieder mit dem Rassengemisch. Dabei verhielt sich ein Teil der Sippen einheitlich stark anfällig. Sofern diese Bewertung für sie auch aus einem der Anbaujahre im Infektionsgarten vorlag, zählten solche Sippen ebenfalls zu den anfälligen. Von allen übrigen wurde ihr Verhalten gegenüber den einzelnen Rostrassen bestimmt.

2 Herrn Dr. R. Johnson, Plant Breeding Institute Cambridge, England, danken wir für die freundliche Überlassung der Rasse 60.

Ergebnisse

Zur Prüfung kamen 2898 Sommer- und 2202 Winterweizen der Weizenkollektion (Tab. 2). Resistenz gegen die Gelbrostrassen 2, 8, 27/53, 54 und 60 zeigten 183 oder knapp 4% von ihnen. Es sind 36 Sippen von *T. monococcum* (Tab. 3), 15 von tetraploiden (Tab. 4) und 126 von hexaploiden Arten (Tab. 5), ferner vier *Haynaltricum* und zwei *Triticale* (Tab. 6).

Gegen einzelne der verwendeten Rassen waren 19 diploide, 65 tetra- und 236 hexaploide oder sechs Prozent der untersuchten Weizen widerstandsfähig. In der Tabelle 7 sind sie nach ihrem rassenspezifischen Verhalten gruppiert. Die Tabellen 3 bis 7 enthalten zu jeder Sippe auch Angaben über ihre Anfälligkeit für Braunrost und Mehltau.

Gemische von resistenten und anfälligen Pflanzen lagen in sieben Prozent aller Weizen vor, während reichlich 83% als anfällig bewertet wurden.

Tabelle 2
Verteilung der resistenten und anfälligen Weizen auf die Arten (geprüft mit *Puccinia striiformis*, Rassengruppen 2, 8, 27 und 54)

Triticum-Arten	resistent gegen alle Rassen	resistent gegen einzelne Rassen	Gemisch resistenter mit anfälligen Pflanzen	anfällig	gesamt
T. boeoticum Boiss.	–	1	1	6	8
T. monococcum L.	36	18	14	34	102
T. araraticum Jakubz.	–	–	–	1	1
T. dicoccoides Körn.	4	1	1	4	10
T. timopheevi Zhuk.	3	–	3	2	8
T. dicoccon Schrank	3	2	2	62	69
T. ispahanicum Heslot	–	–	–	3	3
T. durum Desf.	1	62	50	497	610
T. aethiopicum Jakubz.	4	–	2	2	8
T. turgidum L.	–	5	–	79	84
T. polonicum L.	–	14	5	15	34
T. turanicum Jakubz.	–	–	–	6	6
T. carthlicum Nevski	–	–	–	12	12
T. spelta L.	13	–	5	62	80
T. macha Dekapr. et Men.	1	–	1	–	2
T. zhukowskyi Men. et Eriz.	1	–	–	–	1
T. sphaerococcum Perc.	–	–	–	10	10
T. aestivum L.	111	217	264	3440	4032
T. timonovum Heslot et Ferrary	–	–	–	1	1
Artbastarde	–	–	–	3	3
Gattungsbastarde	6	–	–	10	16
insgesamt	183	318	348	4251	5100

Tabelle 3

Gelbrostresistente diploide Weizen

Sortimentsnummer Gatersleben	Sorte/Herkunft	Morphologische Gruppe	Sommer-/Winterform		Bemerkungen zur Resistenz *Puccinia recondita*	*Erysiphe graminis*
		Triticum monococcum L.				
TRI 7130	Sort. Prag-Ruzyně	var. *albo-hornemanni* Flaksb.	So	mr	r	r
TRI 3409	Sort. Weihenstephan	var. *albo-hornemanni* Flaksb.	So		r	r
TRI 4308	Vorarlberg Sort. E. Schiemann	var. *flavescens* Körn.	So		r	r
TRI 580	Sort. Hadmersleben	var. *flavescens* Körn.	So		mr	r
TRI 4275	Balkan Sort. Weihenstephan	var. *hornemanni* Clem.	Wi		r + a	r
TRI 2001	Sort. Halle	var. *hornemanni* Clem.	So		(r)	r
TRI 2004	Sort. Halle	var. *hornemanni* Clem.	So		(r)	r
TRI 2005	Sort. Halle	var. *hornemanni* Clem.	So		(r)	r
TRI 895	Sort. Schlanstedt	var. *hornemanni* Clem.	So	mr	r	mr
TRI 1558	Sort. E. Schiemann	var. *hornemanni* Clem.	So		r	r
TRI 2126	Südbulgarien- Sort. Halle	var. *macedonicum* Papag.	So		r	r
TRI 4320	Marokko Sort. E. Schiemann	var. *macedonicum* Papag.	So		(r)	r
TRI 1509	Albanien Balkan 1941: 188, Vjossa-Tal	var. *nigricultum* Flaksb.	So		r	r
TRI 1510	Albanien Balkan 1941: 188, Vjossa-Tal	var. *nigricultum* Flaksb.	So		r	r
TRI 613	Albanien Balkan 1941: 188, Vjossa-Tal	var. *sofianum* Stranski	Wi		(r)	r
TRI 1998	Südbulgarien Sort. Halle	var. *vulgare* Körn.	So		mr	r
TRI 2923	Südbulgarien Sort. Halle	var. *vulgare* Körn.	So		r	r
TRI 1991	Albanien Balkan 1941: 1545, Lis	var. *vulgare* Körn.	So		(r)	a

TRI 1511	Albanien Balkan 1941: 188, Vjossa-Tal	var. *vulgare* KÖRN.	So		mr	r
TRI 1557	Albanien Balkan 1941; 173, Belsh	var. *vulgare* KÖRN.	So		r	r
TRI 1985	Albanien Balkan 1941: 2475, Guribardhe	var. *vulgare* KÖRN.	So		(r)	r
TRI 1990	Albanien Balkan 1941: 149, Prens	var. *vulgare* KÖRN.	So		r	r
TRI 1992	Albanien Balkan 1941: 2481, Matja-Becken	var. *vulgare* KÖRN.	So		r	mr
TRI 644	Nordgriechenland Balkan 1941: 1133, Ptolomais	var. *vulgare* KÖRN.	So	enthält anfällige Pflanzen	r + a	r
TRI 645	Nordgriechenland Balkan 1941: 1398, Versuchsstat. Joanina	var. *vulgare* KÖRN.	So	enthält anfällige Pflanzen	r	r
TRI 1989	Nordgriechenland Balkan 1941: 1398, Versuchsstat. Joanina	var. *vulgare* KÖRN.	So		r	r
TRI 566	Sort. Halle	var. *vulgare* KÖRN.	So		r	mr
TRI 1993	Sort. Halle	var. *vulgare* KÖRN.	So		r	mr
TRI 2008	Sort. Halle	var. *vulgare* KÖRN.	So		r	mr
TRI 1995	Sort. Halle	var. *vulgare* KÖRN.	So		r	r
TRI 2381	Sort. Halle	var. *vulgare* KÖRN.	Wi		r	r
TRI 3435	'Schwedisches Einkorn' Sort. Köln-Vogelsang	var. *vulgare* KÖRN.	So	mr	r	r
TRI 2018	Bot. Garten Berlin-Dahlem	var. *vulgare* KÖRN.	So		(r)	mr
TRI 4351	Agrobot. Garten Szentes, Ungarn	var. *vulgare* KÖRN.	Wi		r	r
TRI 5384	Sort. Tápiószele, Ungarn	var. *vulgare* KÖRN.	So		r	r
TRI 1512	Sort. E. SCHIEMANN	var. *vulgare* KÖRN.	So		r	r

Zeichenerklärung:
a: anfällig, (r): resistent gegen einzelne Rassen, mr: mäßig resistent, r: resistent, r + a: enthält resistente und anfällige Pflanzen

Besprechung der Ergebnisse

Für die Resistenz der Sorten ist die Virulenz der Rassen kennzeichnend. Deshalb sind die in dieser Prüfung benutzten Rassen durch die Reaktion der Differentialsorten nach Johnson et al. (1972) näher beschrieben (Tab. 1).

Die Rassengruppe 7/8 zeigt die geringste Virulenz. Sie hat seit dem Beginn der Untersuchungen zur physiologischen Spezialisierung von *P. striiformis* in Mittel- und Nordeuropa über drei Jahrzehnte eine Rolle gespielt (Gassner und Straib 1933, Nover et al. 1963, Fuchs 1965). Relativ einfache Rassen wie diese gestatten leichter einen Einblick in die genetische Konstitution der Resistenz als die mit sehr komplexer Virulenz.

Die Rasse 27 kommt seltener vor. Unsere Kultur ist die konstant gebliebene Linie, die Becker im Jahre 1940 aus der Herkunft 571 von 'Chinese 166' isolierte (Becker 1942). Verglichen mit der Rasse 7/8 hat sie offenbar zusätzlich ein Virulenzgen, das den mäßigen Befall dieser Testsorte ermöglicht (Straib 1939a, Nover et al. 1963). Mit der häufigen Verwendung des Winterweizens 'Chinese 166' in der Züchtung gewann die Rasse an Interesse (Macer und Doling 1966, Fuchs 1967, Macer 1967).

Die Rasse 2 steht der weit verbreiteten und in der DDR vorherrschenden Rassengruppe 3/55 nahe. Sie hat aber ein höheres Virulenzniveau, denn sie befällt – im Gegensatz zu 3/55 – zusätzlich den Differentialwirt 'Spaldings Prolific' und derartige Sorten, wie sie in der Tabelle 7 der teilresistenten Weizen der Sortengruppe V vorangestellt sind. Kennzeichnend für die Rassen 2 und 3 ist ihre Virulenz für zahlreiche französische Züchtungen, deren Abstammung auf eine in Frankreich 'Noé' genannte Landsorte aus Odessa zurückgeht (Vilmorin 1951). In ihren Nachkommen bestimmen Allele der Loci *Yr3* und *Yr4* die Gelbrostresistenz (Lupton und Macer 1962, Macer 1972).

In der Rasse 54 sind Virulenzgene für *Yr6* (in 'Heines Kolben') und *Yr2* (in 'Heines VII') wirksam. Diese Kombination wird in der Rasse 60 durch die *Yr1* (in 'Chinese 166') entsprechende Virulenz noch ergänzt.

Resistenz gegen die Gelbrostrassen 2, 8, 27 und 54 liegt in einem Drittel der diploiden Weizen vor (Tab. 3). Dieselben Sippen von *T. monococcum* sind, mit einer Ausnahme, ebenfalls gegen *Erysiphe graminis* widerstandsfähig (Nover 1962, Nover und Lehmann 1964, 1969) und zeigen mehr oder weniger ausgeprägte Resistenz gegen *Puccinia recondita* (Nover et al. 1967, 1972). Darüberhinaus blieben sie in unseren Infektionsversuchen mit einer lokalen Population von *Ustilago nuda* (Jens.) Rostr. befallsfrei (unveröfftl.); wir infizierten allerdings nur die Sommerformen.

Bei den tetraploiden Weizen (Tab. 4) wurden vier der zehn untersuchten Sippen der Art *T. dicoccoides* von den Gelbrostrassen nicht befallen. Davon könnten jedoch die drei der Varietät *spontaneovillosum* Perc. aus dem Sortiment E. Schiemann identisch sein; das übereinstimmende mäßig resistente Verhalten gegenüber

Gelbrostresistente tetraploide Weizen

Sortimentsnummer Gatersleben	Sorte/Herkunft	Morphologische Gruppe	Sommer-/Winterform	Bemerkungen zur Resistenz *Puccinia recondita*	*Erysiphe graminis*
		Triticum dicoccoides Körn.			
TRI 7118	Bot. Garten Brno, ČSSR	var. *pseudojordanicum* Jakubz.	So	a	r
TRI 676	Sort. E. Schiemann	var. *spontaneovillosum* Perc.	So enthält anfällige Pflanzen	a	mr
TRI 4310	Sort. E. Schiemann	var. *spontaneovillosum* Perc.	So	a	mr
TRI 4347	Sort. E. Schiemann	var. *spontaneovillosum* Perc.	So	a	mr
		Triticum timopheevi Zhuk.			
TRI 5351	Sort. Braunschweig: BBA 7057	var. *timopheevi*	So	r	r
TRI 5352	Sort. Braunschweig: BBA 7058	var. *timopheevi*	So als Keimpflanzen: mr, Feld: r	r	r
TRI 4349	Agrobot. Garten Szentes, Ungarn	var. *timopheevi*	Wi als Keimpflanzen: mr, Feld: r	r	r
		Triticum dicoccon Schrank			
TRI 4277	Sort. Weende	var. *ficte-semicanum* Flaksb.	Wi	a	r
TRI 4352	Sort. Weende	var. *immaturatum* Flaksb.	Wi	a	r
TRI 4413	Sort. VIR Leningrad Kat. VIR: 5173	var. *rufomagnum* Flaksb.	So	a	a
		Triticum durum Desf.			
TRI 7112	'Timilia' Italien	var. *reichenbachii* Körn.	So	a	a
TRI 7222	Agrobiol. Institut Greifswald	*Triticum aethiopicum* Jakubz.	So	a	a
TRI 7294	Agrobiol. Institut Greifswald	*Triticum aethiopicum* Jakubz.	So	a	a
TRI 7295	Sort. VIR Leningrad Kat. VIR: 19056	*Triticum aethiopicum* Jakubz.	So	ma	a
TRI 7298	Bot. Garten Budapest	*Triticum aethiopicum* Jakubz.	So	a	a

Zeichenerklärung:
a: anfällig, ma: mäßig anfällig, mr: mäßig resistent, r: resistent

Tabelle 5
Gelbrostresistente hexaploide Weizen

Sortimentsnummer Gatersleben	Sorte/Herkunft	Morphologische Gruppe	Sommer-/Winterform		Bemerkungen zur Resistenz *Puccinia recondita*	*Erysiphe graminis*
		Triticum spelta L.				
TRI 982	Sort. Langenstein	var. *album* ALEF.	So		a	a
TRI 581	Sort. Hadmersleben	var. *album* ALEF.	So		a	a
TRI 1549	Bot. Garten Halle	var. *album* ALEF.	So		a	a
TRI 474	Sort. Halle („Spelz aus Tzaribrod")	var. *album* ALEF.	So		a	a
TRI 3238	Sort. Internat. Institut f. Landwirtschaft, Rom	var. *album* ALEF.	So		a	a
TRI 3665	Sort. E. SCHIEMANN	var. *album* ALEF.	So		a	a
TRI 5309	Sort. Braunschweig: BBA 1885	var. *duhamelianum* KÖRN.	So		a	a
TRI 2258	Bot. Garten Cluj	var. *duhamelianum* KÖRN.	So		a	(r)
TRI 3309	Bot. Garten Halle	var. *duhamelianum* KÖRN.	So		a	a
TRI 564	Sort. Halle („Roter Sommerkolben")	var. *duhamelianum* KÖRN.	So		a	a
TRI 3443	Sort. Hohenheim	var. *duhamelianum* KÖRN.	So		a	a
TRI 3429	Sort. Köln-Vogelsang („Roter Kolbenspelz")	var. *duhamelianum* KÖRN.	So		a	a
TRI 3086	Sort. Sacavem, Portugal	var. *duhamelianum* KÖRN.	So		a	a
		Triticum macha DEKAPR. et MEN.				
TRI 1868	Sort. Zürich-Oerlikon	var. *subletshchumicum* DEKAPR. et MEN.	Wi		a	a
TRI 7258	Kat. VIR Leningrad: 43063	*Triticum zhukowskyi* MEN. et ERIZ.	So		r	r
		Triticum aestivum L.				
TRI 4636	'Adlikon' Sort. Braunschweig: BBA 859	var. *lutescens* (ALEF.) MANSF.	Wi	enthält anfällige Pflanzen	a	a
TRI 3807	'Admont V. 40' Sort. Hadmersleben	var. *lutescens* (ALEF.) MANSF.	Wi		a	a

TRI 6842	'Alcy-Cambier' Frankreich	var. *lutescens* (ALEF.) MANSF.	Wi		a	a
TRI 3627	'Apex' Kanada	var. *lutescens* (ALEF.) MANSF.	So	mäßig resistent	a	a
TRI 6321	'Asosan' Japan Sort. Beltsville: C.I. 12665	var. *erythrospermum* (KÖRN.) MANSF.	So	mäßig resistent	a	(r)
TRI 8452	'Avrora' Sowjetunion	var. *lutescens* (ALEF.) MANSF.	Wi	enthält anfällige Pflanzen	(r)	(r)
TRI 9325	'Bezostaja 2' Sowjetunion	var. *lutescens* (ALEF.) MANSF.	Wi		(r)	(r)
TRI 6728	'Bi-Ma 1' China	var. *graecum* (KÖRN.) MANSF.	Wi		a	a
TRI 435	'C.T. 304' USA Sort. Halle	var. *lutescens* (ALEF.) MANSF.	So		a	a
TRI 437	'C. T. 501' USA Sort. Halle	var. *lutescens* (ALEF.) MANSF.	So		a	a
TRI 6848	'Chambord' Frankreich	var. *lutescens* (ALEF.) MANSF.	Wi		a	a
TRI 5277	'Chengchou Nr. 2' China	var. *graecum* (KÖRN.) MANSF.	So		a	a
TRI 5278	'Chengchou Nr. 3' China	var. *graecum* (KÖRN.) MANSF.	So		a	a
TRI 5280	'Chengchou Nr. 5' China	var. *lutescens* (ALEF.) MANSF.	So		a	a
TRI 545	'Chinesischer Weizen 6' Sort. Halle	var. *erythrospermum* (KÖRN.) MANSF.	So		a	a
TRI 2422	'Chinesischer Weizen 8' Sort. Halle	var. *erythrospermum* (KÖRN.) MANSF.	So		a	a
TRI 2272	'Chinesischer Weizen 9' Sort. Halle	var. *erythrospermum* (KÖRN.) MANSF.	So	enthält anfällige Pflanzen	a	a
TRI 9330	'Clement' Holland	var. *lutescens* (ALEF.) MANSF.	Wi		(r)	(r)
TRI 7286	'Conley' Sort. Beltsville: C. I. 13157	var. *erythrospermum* (KÖRN.) MANSF.	So		(r)	a
TRI 7739	'Cypress' Kanada	var. *lutescens* (ALEF.) MANSF.	So		a	a

Fortsetzung Tabelle 5

Sortimentsnummer Gatersleben	Sorte/Herkunft	Morphologische Gruppe	Sommer-/Winterform		Bemerkungen zur Resistenz *Puccinia recondita*	*Erysiphe graminis*
TRI 404	'DC 2303' Sort. Halle	var. *lutescens* (ALEF.) MANSF.	So		a	a
TRI 5477	'Erythrospermum 25' Bulgarien	var. *erythrospermum* (KÖRN.) MANSF.	Wi		a	a
TRI 5478	'Erythrospermum 134' Bulgarien	var. *erythrospermum* (KÖRN.) MANSF.	Wi		a	a
TRI 5390	'Erythrospermum 954' Bulgarien	var. *erythrospermum* (KÖRN.) MANSF.	So	mäßig resistent	a	a
TRI 4625	'Erythrospermum 1616' Bulgarien	var. *erythrospermum* (KÖRN.) MANSF.	Wi		a	a
TRI 7884	'Extra Legland' Frankreich	var. *lutescens* (ALEF.) MANSF.	Wi		a	a
TRI 7723	'Flevina' Holland	var. *lutescens* (ALEF.) MANSF.	Wi		a	a
TRI 5393	'Funo' Italien	var. *erythrospermum* (KÖRN.) MANSF.	Wi		a	a
TRI 7611	'Garovskaja' Sowjetunion	var. *ferrugineum* (ALEF.) MANSF.	Wi		a	a
TRI 8208	'Goblet' Mexiko	var. *erythrospermum* (KÖRN.) MANSF.	So		(r)	a
TRI 7211	'Hope *X* Timstein Minn. 2776' Sort. Beltsville: C. I. 12488	var. *erythrospermum* (KÖRN.) MANSF.	So		(r)	a
TRI 7537	'Huamantla Rojo' Mexiko	var. *ferrugineum* (ALEF.) MANSF.	So	enthält anfällige Pflanzen	a	a
TRI 5166	'Hybrid 46' England	var. *lutescens* (ALEF.) MANSF.	Wi	Rasse 2: mr Rasse 3/55: a	a	a
TRI 7354	'Jubilar III' Bulgarien	var. *erythrospermum* (KÖRN.) MANSF.	Wi		a	a
TRI 8453	'Kavkaz' Sowjetunion	var. *lutescens* (ALEF.) MANSF.	Wi		(r)	(r)

TRI 7581	'Kenya Hunter' Kenya	var. *lutescens* (ALEF.) MANSF.	So		a	(r)
TRI 8095	'Ke-Zhunag' China	var. *erythrospermum* (KÖRN.) MANSF.	Wi		a	a
TRI 9324	'Lovrin 10' Rumänien	var. *lutescens* (ALEF.) MANSF.	Wi	enthält anfällige Pflanzen	(r)	(r)
TRI 9323	'Mildress' USA	var. *lutescens* (ALEF.) MANSF.	Wi		(r)	(r)
TRI 9331	'Mironovskaja 10' Sowjetunion	var. *lutescens* (ALEF.) MANSF.	Wi	enthält anfällige Pflanzen	(r)	(r)
TRI 9322	'Orlando' DDR	var. *lutescens* (ALEF.) MANSF.	Wi		(r)	(r)
TRI 7494	'Pembina' Kanada	var. *lutescens* (ALEF.) MANSF.	Wi		r + a	(r)
TRI 7543	'Penjamo 62' Mexiko	var. *erythrospermum* (KÖRN.) MANSF.	So	enthält anfällige Pflanzen	r + a	a
TRI 9327	'Perseus' BRD	var. *lutescens* (ALEF.) MANSF.	Wi		(r)	(r)
TRI 5285	'Pima-Hsiao-Mai' China	var. *graecum* (KÖRN.) MANSF.	So		a	a
TRI 6730	'Pin-Juj 50' China	var. *erythrospermum* (KÖRN.) MANSF	Wi		a	a
TRI 8101	'Pin-Poan 50' China	var. *lutescens* (ALEF.) MANSF.	Wi		a	a
TRI 8018	'Riebesel St. 47/51' Sort. Hadmersleben	var. *erythrospermum* (KÖRN.) MANSF.	Wi		(r)	a
TRI 3910	'Ruivo (Tardia A)' Sort. Sacavem, Portugal	var. *plenoferrugineum* (FLAKSB.) MANSF.	So	enthält anfällige Pflanzen	a	a
TRI 7144	'Russell' Sort. Beltsville: C. I. 12484	var. *erythrospermum* (KÖRN.) MANSF.	So		a	(r)
TRI 9329	'Saladin' DDR	var. *lutescens* (ALEF.) MANSF.	Wi		(r)	(r)
TRI 3810	'Salzmünde 14/44' Sort. Hadmersleben	var. *erythrospermum-compactoides* (KOB.) MANSF.	Wi		(r)	(r)
TRI 8105	'San-Uo-Chuan' China	var. *erythrospermum* (KÖRN.) MANSF.	Wi		a	a

Fortsetzung Tabelle 5

Sortimentsnummer Gatersleben	Sorte/Herkunft	Morphologische Gruppe	Sommer-/Winterform		Bemerkungen zur Resistenz *Puccinia recondita*	*Erysiphe graminis*
TRI 8110	'Sun-Hua-Hiang Nr. 1' China	var. *lutescens* (Aleef.) Mansf.	Wi		a	a
TRI 7120	'Suzanne Favereau' Frankreich	var. *lutescens* (Alef.) Mansf.	So	enthält anfällige Pflanzen	a	a
TRI 4532	'Thatcher' Kanada	var. *lutescens* (Alef.) Mansf.	So		a	a
TRI 3528	'Touzelle Bell Abic' Sort. Sacavem, Portugal	var. *lutescens* (Alef.) Mansf.	So	mäßig resistent	a	a
TRI 6873	'Touzelle Rouge de la Drôme' Frankreich	var. *milturum* (Alef.) Mansf.	So		a	a
TRI 3123	'Uruguay de Espiga Branca' Sort. Sacavem, Portugal	var. *lutescens* (Alef.) Mansf.	So	mäßig resistent	a	a
TRI 7421	'Weique' BRD	var. *lutescens-compactoides* (Kob.) Mansf.	Wi		(r)	a
TRI 9328	'Winnetou' DDR	var. *lutescens* (Alef.) Mansf.	Wi	enthält anfällige Pflanzen	(r)	(r)
TRI 9326	'Zorba' BRD	var. *lutescens* (Alef.) Mansf.	Wi	enthält anfällige Pflanzen	(r)	(r)
TRI 1871	Kreta Balkan 1942: 253, Ambeluzos	var. *lutescens* (Alef.) Mansf.	So	mäßig resistent	a	a
TRI 2198	Anatolien	var. *hostianum-compactum* (Gökg.) Mansf.	So		a	a
TRI 3315	Anatolien	var. *icterinum* (Alef.) Mansf.	So	mäßig resistent	a	a
TRI 4073	Afghanistan Sort. O. Volk, Würzburg	var. *barbarossa* (Alef.) Mansf.	So		a	r + a
TRI 2575	Afghanistan (Nuristan) Deut. Hindukusch-Exp. 1935: 2072 a, Petsch-Tal	var. *erythrospermum* (Körn.) Mansf.	So	enthält anfällige Pflanzen	a	a
TRI 3945	Afghanistan (Nuristan) Deut. Hindukusch-Exp. 1935: 2410, Baschgal-Tal	var. *erythrospermum* (Körn.) Mansf.	So		a	a

TRI 2410	Afghanistan Deut. Hindukusch-Exp. 1935: HE 604	var. *erythrospermum* (KÖRN.) MANSF.	Wi		[illegible]	[illegible]
TRI 3372	Afghanistan Deut. Hindukusch-Exp. 1935: HE 610	var. *erythrospermum* (KÖRN.) MANSF.	Wi		a	a
TRI 3298	Afghanistan Deut. Hindukusch-Exp. 1935: HE 469	var. *erythrospermum* (KÖRN.) MANSF.	So		a	a
TRI 3537	Afghanistan Deut. Hindukusch-Exp. 1935: HE 570, Kabul	var. *meridionale* (KÖRN.) MANSF.	So	enthält anfällige Pflanzen	a	a
TRI 2598	Kashmir Deut. Hindukusch-Exp. 1935: 3524, bei Udampur	var. *ferrugineum* (ALEF.) MANSF.	So		a	a
TRI 2604	Kashmir Deut. Hindukusch-Exp. 1935: 3524, bei Udampur	var. *ferrugineum* (ALEF.) MANSF.	So		a	a
TRI 4345	Kashmir Deut. Hindukusch-Exp. 1935: 3524, bei Udampur	var. *heraticum* (KOB.) MANSF.	So		a	(r)
TRI 3594	Kashmir Deut. Hindukusch-Exp. 1935: 3524, bei Udampur	var. *nigromelanopogon* (GÖKG.) MANSF.	So		a	a
TRI 4052	Kashmir Deut. Hindukusch-Exp. 1935: 3524, bei Udampur	Trauerform	So		a	a
TRI 3399	Kashmir Deut. Hindukusch-Exp. 1935: 3542, bei Jammu	Trauerform	So		a	a
TRI 2714	Pakistan Deut. Hindukusch-Exp. 1935: 4203, bei Lyallpur	var. *glaucolutescens* (VATZ.) MANSF.	So	enthält anfällige Pflanzen	a	ma
TRI 3375	Pakistan Deut. Hindukusch-Exp. 1935: 4203, bei Lyallpur	var. *hostianum* (CLEM.) MANSF.	Wi		r	r + a
TRI 4169	Pakistan Deut. Hindukusch-Exp. 1935: 4203, bei Lyallpur	var. *leucospermum* (KÖRN.) MANSF.	So		a	a

Fortsetzung Tabelle 5

Sortimentsnummer Gatersleben	Sorte/Herkunft	Morphologische Gruppen	Sommer-/Winterform	Bemerkungen zur Resistenz		
					Puccinia recondita	*Erysiphe graminis*
TRI 3625	Pakistan Deut. Hindukusch-Exp. 1935: 4203, bei Lyallpur	var. *lutescens* (Alef.) Mansf.	So		a	a
TRI 2842	Pakistan Deut. Hindukusch-Exp. 1935: 4203, bei Lyallpur	var. *pyrothrix* (Alef.) Mansf.	So		a	a
TRI 3539	Pakistan Deut. Hindukusch-Exp. 1935: 4199, bei Lyallpur	Trauerform	So		a	ma
TRI 2730	Pakistan Deut. Hindukusch-Exp. 1935: 3704, westl. Lahore	var. *pseudohostianum* (Flaksb.) Mansf.	So		a	a
TRI 2729	Pakistan Deut. Hindukusch-Exp. 1935: Punjab	var. *pseudohostianum* (Flaksb.) Mansf.	So		a	a
TRI 2497	Deut. Hindukusch-Exp. 1935: HE 467	var. *erythrospermum* (Körn.) Mansf.	So		a	a
TRI 2563	Nordwest-Indien NW-Indien u. Nepal 1937/38: Te 403, Nagri	var. *lutescens* (Alef.) Mansf.	So		a	a
TRI 4027	Nordwest-Indien NW-Indien u. Nepal 1937/38: Te 385, Nagri	var. *villosum* (Alef.) Mansf.	So	mäßig resistent	a	a
TRI 2457	Nordwest-Indien NW-Indien u. Nepal 1937/38: Te 388, Tehri	var. *erythrospermum* (Körn.) Mansf.	So	enthält anfällige Pflanzen	a	a
TRI 2470	Nordwest-Indien NW-Indien u. Nepal 1937/38: A 455, bei Almora	var. *lutescens* (Alef.) Mansf.	So		(r)	a
TRI 2640	Nordwest-Indien NW-Indien u. Nepal 1937/38: A 438, bei Almora	var. *milturum* (Alef.) Mansf.	So		a	a
TRI 3361	Nordwest-Indien NW-Indien u. Nepal 1937/38: A 438, bei Almora	var. *milturum* (Alef.) Mansf.	Wi	enthält anfällige Pflanzen	a	a

	NW-Indien u. Nepal 1937/38: A 443, bei Almora				
TRI 2674	Nepal	var. *aureum* (LINK) MANSF.	So	a	a
	NW-Indien u. Nepal 1937/38: N 297, bei Khatmandu				
TRI 2677	Nepal	var. *aureum* (LINK) MANSF.	So	a	a
	NW-Indien u. Nepal 1937/38: N 298, bei Khatmandu				
TRI 4564	China	var. *graecum* (KÖRN.) MANSF.	So	a	a
TRI 5268	China	var. *lutescens* (ALEF.) MANSF.	So	a	a
	China 1956: 82, Hopei, Landw. Forschungsinst.				
TRI 6307	China	var. *suberythrospermum* (VAV.) MANSF.	So	a	a
	China 1956: 81, Hopei, Landw. Forschungsinst.				
TRI 6308	China	var. *suberythrospermum* (VAV.) MANSF.	So	a	a
	China 1956: 85, Hopei, Landw. Forschungsinst.				
TRI 5269	China	var. *suberythrospermum-compactoides* (GÖKG.) MANSF.	So	a	a
	China 1956: 83, Hopei, Landw. Forschungsinst.				
TRI 5275	China	var. *lutescens* (ALEF.) MANSF.	So	a	a
	China 1956: 91, Hopei, Landw. Forschungsinst.				
TRI 958	Sort. Langenstein	var. *lutescens* (ALEF.) MANSF.	So	a	a
TRI 970	Sort. Langenstein	var. *lutescens* (ALEF.) MANSF.	So	a	a
TRI 3689	Sort. Langenstein	var. *lutescens* (ALEF.) MANSF.	So	a	a
TRI 3691	Sort. Langenstein	var. *lutescens* (ALEF.) MANSF.	Wi	a	a
TRI 7065	Sort. Braunschweig: BBA 1359	var. *erythroleucon* (KÖRN.) MANSF.	Wi	a	a
TRI 3158	Sort. Sacavem, Portugal	var. *plenoferrugineum* (FLAKSB.) MANSF.	So	a	a
TRI 3645	Sort. Sacavem, Portugal	var. *erythrospermum* (KÖRN.) MANSF.	So	a	a
TRI 4386	Agrobot. Garten Szentes, Ungarn	var. *aureum* (LINK) MANSF.	So	a	a

Zeichenerklärung:
a: anfällig, ma: mäßig anfällig, (r): resistent gegen einzelne Rassen, r: resistent, r + a: enthält resistente und anfällige Pflanzen

Mehltau würde dafür sprechen. Gerechter-Amitai und Stubbs (1970) fanden unter mehr als 50 Wildemmer-Populationen aus Israel die Sippe 'G 25', die fast nur aus gelbrostwiderstandsfähigen Individuen bestand. In Kreuzungen mit anfälligen Partnern des Hart- bzw. Saatweizens vererbte 'G 25' die Resistenz monogen dominant (Gerechter-Amitai und Grama 1974, Grama und Gerechter-Amitai 1974). Auch bei den tetraploiden Arten ist eine komplexe Resistenz vorhanden. In den Sippen von *T. dicoccoides* und den beiden Winterformen von *T. dicoccon* wirkt sie gegen Gelbrost, Mehltau und Flugbrand, in den von *T. timopheevi* außerdem gegen Braunrost (Nover 1962, Nover und Lehmann 1967, 1969, Nover et al. 1972).

Zu den gelbrostresistenten Hexaploiden (Tab. 5) gehören 13 der insgesamt 80 geprüften Spelzweizen (*T. spelta*). Von diesen Sommerformen, die zu den Varietäten *album* Körn. und *duhamelianum* Alef. gehören, sind vermutlich etliche identisch. Nachdem Straib (1933) auf die hohe Widerstandsfähigkeit eines *T. spelta* ('Emmer aus Tzaribrod') aufmerksam gemacht hatte, fanden derartige Spelzweizen Eingang in zahlreiche Zuchtstationen und bestätigten ihre Resistenz auch gegen die später identifizierten Rassen von *P. striiformis* (Roemer 1942, Zeven et al. 1968). Das Merkmal ist monogen bedingt und wird in Kreuzungen mit anfälligen Partnern dominant vererbt (Straib 1934, 1939b). Das zugrunde liegende Gen erhielt das Symbol *Yr5* (Macer 1966).

In der Tabelle 5 sind weiterhin drei Prozent der widerstandsfähigen Saatweizen angeführt. Einer davon, die Sorte 'Garovskaja', geht auf eine Kreuzung der Landsorte 'Gjurgjany' aus Aserbaidshan mit einem Spelz zurück. Für die Resistenz der anderen Sorten zeichnen sich fünf Quellen ab:

1. Die Sorte 'Thatcher' mit dem Gen *Yr7* (Macer 1966) auf dem Chromosom 2 B (Johnson et al. 1969, 1970). Sie entstand aus der Kreuzung ('Marquis' × 'Jumillo') × ('Kanred' × 'Marquis'), die zum Ziel hatte, verschiedene Arten der Widerstandsfähigkeit gegen Schwarzrost zu kombinieren (Stakman und Harrar 1957). Der *T. durum* 'Jumillo' ist im Sortiment Gatersleben zwar nicht vorhanden, aber 'Marquillo' (TRI 398), das Kreuzungsprodukt aus 'Marquis' × 'Jumillo'. Es erwies sich, ebenso wie 'Kanred' (TRI 1280) und 'Marquis' (TRI 397), als anfällig. Doch zeigt der Stamm 'DC 2303' (TRI 404), der als 'Thatcher' im Jahre 1934 in den Handel kam, bereits die Gelbrostresistenz. Sie wird das Verhalten von Abkömmlingen dieser Sorte bestimmen, beispielsweise von 'Apex', 'Cypress', 'Erythrospermum 134', 'Pembina', 'Penjamo 62' und 'Russel'. In 'Admont V. 40' (TRI 3807) könnte diese Resistenzquelle ebenfalls vorliegen.

2. Die Sorte 'Lee', in der wegen der Ähnlichkeit der rassenspezifischen Anfälligkeit mit der von 'Thatcher' Stubbs et al. (1974) auch das Vorhandensein des Locus *Yr7* für wahrscheinlich halten. Erste Aufspaltungsergebnisse bestätigen diese Annahme (Johnson und Taylor 1975). Als Abstammung von 'Lee' wird die Kombination 'Hope' ('Marquis' × 'Yaroslav Emmer') × 'Minnesota 2776' ('Timstein') angegeben (Stakman und Harrar 1957, Briggle und Reitz 1963). Inzwischen ist geklärt, daß 'Timstein' nicht aus *T. timopheevi* × 'Steinwedel',

sondern aus ('Gular' × *T. durum* 'Gaza') × 'Gular' hervorging (McINTOSH 1973). Unklar bleibt jedoch wie bei 'Thatcher', woher diese Gelbrostresistenz eigentlich kommt, denn sie war weder in 'Hope' (TRI 4939) noch in 'Timstein' (TRI 7215) oder der Schwestersorte 'Gabo' (TRI 7244) zu finden. Aus Kombinationen mit 'Lee' stammen 'Kenya Hunter', 'Huamantla Rojo', 'Flevina' und 'Conley'; zu den Eltern der beiden letzten Sorten gehören auch die Resistenzträger 'Heines VII' bzw. 'Thatcher'.

3. Das Roggenchromosom V (=1 R), ein Gen (LESOVOJ und PANTELEEV 1972, 1973, ANPILOGOVA und KRAEVA 1974) gekoppelt mit *Lr/Sr* (BARTOŠ et al. 1973). Nach den Ergebnissen zytologischer Untersuchungen liegt das Roggenchromosom als ganzes oder als Segment in verschiedenen 1B/1R Substitutions- bzw. Translokationslinien vor (WIENHUES 1965, SASTROSUMARJO und ZELLER 1970, BARTOŠ und BAREŠ 1971, ZELLER und FISCHBECK 1971, ZELLER 1972, ZELLER und SASTROSUMARJO 1972, BARTOŠ et al. 1973, BLÜTHNER und METTIN 1973, ZELLER 1973). Die Weizensorten, in denen es das Verhalten gegen Gelbrost bestimmt, sind an der Kopplung mit Resistenz gegen Schwarz- und Braunrost zu erkennen. Sie haben die Eigentümlichkeit, daß gelegentlich einzelne vollanfällige Pflanzen herausspalten. Mit dem Roggenchromosom wird in vielen Fällen auch Mehltauresistenz übertragen. Bisher dienten Rassen von *P. recondita* und *E. graminis* mit 1 R-spezifischer Virulenz zum einfachen Nachweis dieser Resistenzquelle (NOVER 1956, NOVER et al. 1964, BARTOŠ und BAREŠ 1971, PETRAUSKAS 1971, ŠOPINA 1971, ŠKODENKO und LESOVOJ 1972, NOVER et al. 1972, VORONKOVA und SIDORINA 1974, KRAEVA und ALEKSEEVA 1975); als Beispiele seien die Sorten 'Avrora', 'Bezostaja 2', 'Clement', 'Kavkaz', 'Lovrin 10', 'Mildress', 'Mironovskaja 10', 'Orlando', 'Perseus', 'Riebesel 47/51', 'Saladin', 'Salzmünde 14/44', 'Weique' und 'Zorba' genannt.

Neuerdings gibt es auch von *P. striiformis* derartige Isolate aus Westeuropa (FUCHS pers. Mitt., HASSEBRAUK und RÖBBELEN 1975). Für die Ergänzung der europäischen Differentialsorten mit einem entsprechenden Resistenzträger wäre 'Salzmünde 14/44' geeignet, weil die Sorte wahrscheinlich keine anderen Gene für Gelbrostresistenz hat.

4. Weizen französischer Abstammung. In solchen Sorten wurden Allele der Loci *Yr3* und *Yr4* und der Locus *Yr2* festgestellt (LUPTON und MACER 1962, MACER 1966, McINTOSH 1973):

Yr3a, Yr4a	in 'Cappelle Desprez' aus 'Vilmorin 27' × ('Hâtif Inversable' × 'Vilmorin 23')
Yr3b, Yr4b	in 'Hybrid 46' aus der Kreuzung von 'Bonoist 40' mit „anderen Hybriden"
Yr3c	in 'Minister' aus 'Bonoist 40' × ('Panzer III' × 'Vilmorin 23')
Yr2	in 'Heines VII' aus 'Hybride à Courte Paille' × 'Svalöfs Kronen'
	in 'Merlin' aus 'Derenburger Silber' × 'Heines VII'
	in 'Soissonais Desprez' aus 'Hybride à Courte Paille' × 'Mon Desir'

Über 'Hâtif Inversable' lassen sich diese Träger von *Yr*-Genen alle auf die um das Jahr 1870 nach Frankreich eingeführte russische Landsorte 'Noé' zurückverfolgen, die in mehr als 90 Prozent der französischen Züchtungen enthalten ist (Jonard 1951, Wienhues und Giessen 1957). Sie hat einen Komplex von Genen für Gelbrostresistenz mitgebracht. Andere Stammeltern, englische und französische Landsorten, werden ebenfalls zu dem Merkmal beigetragen haben. So fanden wir hohe Widerstandsfähigkeit gegen die Rassen 2, 8, 27, 54 und 60 bei einer Landsorte aus dem Südosten Frankreichs, 'Touzelle Rouge de la Drôme' (TRI 6873). Die Resistenz der Sorten 'Alcy-Cambier', 'Chambord' (Slovenčíková et al. 1972, Slovenčíková 1974, Stubbs et al. 1974), 'Extra Legland' (Slovenčíková 1969, 1972), 'Suzanne Favereau' und dem bulgarischen Winterweizen 'Jubilar III' aus der Kreuzung ('Noé' × 'Ciflic 16') × 'Mentana' ist der Erfolg einer gezielten Kombinationszüchtung.

5. Chinesische Weizen. Das Gen *Yr1* auf Chromosom 2A steuert nach Macer (1966) das Verhalten der Differentialsorte 'Chinese 166', die seit Jahrzehnten als Resistenzquelle von Bedeutung ist (Roemer et al. 1938). Sie reagiert auf viele Rassen hochresistent mit dem Befallstyp „0". Ihre intermediäre Reaktion gegenüber dem Isolat Halle von Rasse 27 (Tab. 1), das auf anderen Sorten, beispielsweise der teilresistenten Gruppe II in Tabelle 7, den anfälligen Infektionstyp „4" hervorruft, weist darauf hin, daß hier ein zweites Gen nicht auszuschließen ist. Dafür würden auch die Spaltungsverhältnisse einiger früherer Kreuzungsanalysen sprechen (Isenbeck 1931, Rudorf und Job 1934, Straib 1934). In mehreren der 19 Weizen aus China (Tab. 5) liegt wahrscheinlich *Yr1* vor, kombiniert mit einem (mehreren?) anderen Gen, das die Resistenz gegen Rasse 60 bewirkt.

Die Sippen aus dem Material der Deutschen Hindukusch-Expedition und der Sammelreise in Nordwest-Indien und Nepal seien schließlich noch als potentielle Spender bisher nicht genutzter Resistenz gegen Virulenzgene des Erregers in Europa erwähnt.

Die Tabelle 7 enthält teilresistente Sorten, die für einzelne der verwendeten Rassen anfällig sind. 'Bussard', 'Ibis' und 'Rothwell Perdix' gingen aus eng verwandten Stämmen hervor, deren Verhalten gegen *P. striiformis* die Kombination von *Yr1* aus 'Chinese 166' bzw. 'Chinese 165' mit *Yr2* aus 'Heine VII' (Lupton und Macer 1962) maßgeblich beeinflußt. Ihre rassenspezifische Resistenz gegen *E. graminis* ähnelt der von 'Hope', einem Träger des Gens *Pm5*.

Anfälligkeit für die Rasse 54 haben die Sorten der Gruppe III gemeinsam mit den Differentialwirten 'Heines Kolben' und 'Peko', in denen Macer (1966) das Gen *Yr6* bestimmte. 'Heines Kolben' wurde gegen Ende des 19. Jahrhunderts aus dem französischen Landweizen 'Saumur de Mars' ausgelesen (Jonard 1951). Er ist als Elter in mehreren dieser Sorten nachweisbar, so in 'Peko' aus der Kreuzung des anfälligen 'Peragis Sommerweizen' mit 'Heines Kolben', 'Breustedts Teutonen' ('R 1004' × 'Heines Kolben'), 'Koga II' ('Heines Kolben' × 'Garnet'), ferner in 'Heines 8080', 'Fasan', 'Remo', der mit 'Peko' praktisch identisch ist, und 'Rokicka', einer Selektion aus 'Koga'. Gegen die Gelbrostrassen ähnlich reagiert auch der französische Sommerweizen 'Normandie'. Er ist in dem Material

Tabelle 6
Gelbrostresistente Gattungsbastarde

Sortimentsnummer Gatersleben	Herkunft	Morphologische Gruppe	Sommer-/Winterform		Bemerkungen zur Resistenz *Puccinia recondita*	*Erysiphe graminis*
TRI 3322	Agrobot. Garten Debrecen-Pallag, Ungarn	× *Haynaltricum*	So		a	r
TRI 6318	Sort. VIR Leningrad Kat. VIR: 38259	× *Haynaltricum*	So	enthält anfällige Pflanzen	a	r
TRI 4914	Bot. Garten Uppsala	× *Haynaldotricum hungaricum* HYL.	So		a	r
TRI 6317	Bot. Garten Kopenhagen	„*Triticum dicoccon* × *Triticum villosum*“	So		a	r
TRI 7266	Japan Sort. VIR Leningrad Kat. VIR: 43234	× *Triticale*	So		a	r
TRI 1318	'Triticale rimpaui' Sort. Schlanstedt	× *Triticale*	Wi	enthält anfällige Pflanzen	a	r

Zeichenerklärung:
a: anfällig, r: resistent

Tabelle 7
Gelbrost-teilresistente Weizen

Sortimentsnummer Gatersleben	Sorte/Herkunft	Morphologische Gruppe	Sommer-/Winterform		Bemerkungen zur Resistenz *Puccinia recondita*	*Erysiphe graminis*
Gruppe I: resistent gegen die Rassen 2, 8, 27, 54						
		Triticum aestivum L.				
TRI 7781	'Bussard' BRD	var. *lutescens* (ALEF.) MANSF.	Wi	Rasse 60: a	a	r+a
TRI 7417	'Ibis' BRD	var. *lutescens* (ALEF.) MANSF.	Wi	Rasse 60: a	a	(r)
TRI 7605	'Rothwell Perdix' England	var. *lutescens* (ALEF.) MANSF.	Wi	Rasse 60: a	a	(r)
Gruppe II: resistent gegen die Rassen 2, 8, 54						
		Triticum monococcum L.				
TRI 2125	Südbulgarien	var. *vulgare* KÖRN.	So		r	r
TRI 3637	Bot. Garten Budapest	var. *vulgare* KÖRN.	So		(r)	r+a
		Triticum aestivum L.				
TRI 568	'5 K 1' Sort. Halle	var. *erythroleucon – compactoides* (KOB.) MANSF.	So		a	a
TRI 1272	'Chinesischer 160' Sort. Schlanstedt	var. *subgraecum* (VAV.) MANSF.	Wi		a	a
TRI 7986	'Kirgizkaja 3' Sort. VIR Leningrad Kat. VIR: 43734	var. *erythrospermum* (KÖRN.) MANSF.	Wi		a	a
TRI 4501	'Pseudo-Meridionale 122' Sowjetunion	var. *pseudomeridionale* (KÖRN.) MANSF.	Wi		a	(r)
TRI 3782	'Russischer Winterweizen' Sort. Langenstein	var. *lutescens* (ALEF.) MANSF.	Wi		a	a
TRI 2520	Afghanistan Deut. Hindukusch-Exp. 1935	var. *nigroerythrospermum* (JAKUSCHK.) MANSF.	So		a	a
TRI 2411	Afghanistan Deut. Hindukusch-Exp. 1935: HE 634	var. *erythrospermum* (KÖRN.) MANSF.	Wi		a	a

Gruppe III: resistent gegen die Rassen 2, 8, 27

		Triticum aestivum L.				
TRI 4077	'Bajka' Bot. Garten Bydgoszcz	var. *lutescens* (ALEF.) MANSF.	So		a	a
TRI 5423	'Barrukan M. A.' Sort. Braunschweig: BBA 1633	var. *erythrospermum* (KÖRN.) MANSF.	So		a	a
TRI 3403	'Breustedts Teutonen' Sort. Schlanstedt	var. *lutescens* (ALEF.) MANSF.	So		a	a
TRI 3060	'Cervaro Strampelli' Sort. Sacavem, Portugal	var. *lutescens* (ALEF.) MANSF.	So		a	a
RTI 4934	'Colotana' Brasilien	var. *ferrugineum* (ALEF.) MANSF.	So		(r)	a
TRI 5310	'Eureka' Sort. Braunschweig: BBA 1630	var. *erythrospermum* (KÖRN.) MANSF.	So		a	a
TRI 7517	'EUREKA F. C. S.' Argentinien	var. *erythrospermum* (KÖRN.) MANSF.	So		a	a
TRI 5163	'Flamingo' BRD	var. *aureum* (LINK) MANSF.	Wi		a	a
TRI 4773	'Florio' Sort. Braunschweig: BBA 1132	var. *subhostianum* (VAV.) MANSF.	Wi		a	a
TRI 946	'Germania × Carsten' Sort. Schlanstedt	var. *lutescens* (ALEF.) MANSF.	So		a	a
TRI 5475	'Heine VII' BRD	var. *lutescens* (ALEF.) MANSF.	Wi	Rassen 2, 3: mr, zusätzliche Testsorte in Europa	a	a
TRI 952	'Heines 8080' Sort. Langenstein	var. *lutescens* (ALEF.) MANSF.	So		a	a
TRI 4931	'Heines Fasan' BRD	var. *lutescens* (ALEF.) MANSF.	So		a	a
TRI 4937	'Heines Koga II' Sort. Wageningen	var. *lutescens* (ALEF.) MANSF.	So		a	a
TRI 3404	'Heines Kolben' Sort. Hadmersleben	var. *lutescens* (ALEF.) MANSF.	So	Testsorte	a	a
TRI 3257	'Heines Peko' Sort. Hadmersleben	var. *lutescens* (ALEF.) MANSF.	So		a	a

Fortsetzung Tabelle 7

Sortimentsnummer Gatersleben	Sorte/Herkunft	Morphologische Gruppe	Sommer-/Winterform	Bemerkungen zur Resistenz *Puccinia recondita*	*Erysiphe graminis*
TRI 3915	'Mocho de Espiga Ruiva' Sort. Sacavem, Portugal	var. *milturum* (ALEF.) MANSF.	So enthält anfällige Pflanzen	a	a
TRI 7132	'Nadgoplanka' Polen	var. *lutescens* (ALEF.) MANSF.	So	a	a
TRI 980	'Normandie' Sort. Langenstein	var. *erythrospermum* (KÖRN.) MANSF.	So	(r)	(r)
TRI 788	'Peragis R. G. 655' Sort. Schlanstedt	var. *lutescens* (ALEF.) MANSF.	So	a	a
TRI 7544	'Pitic 62' Mexiko	var. *erythrospermum* (KÖRN.) MANSF.	So	ma	a
TRI 7730	'Remo' DDR	var. *lutescens* (ALEF.) MANSF.	So	a	a
TRI 3927	'Rio Negro×Litoral Precoz' Sort. La Estanzuela, Uruguay	var. *erythrospermum* (KÖRN.) MANSF.	So	(r)	a
TRI 3925	'Rio Negro×Litoral Precoz' Sort. La Estanzuela, Uruguay	var. *erythrospermum* (KÖRN.) MANSF.	So	(r)	a
TRI 5440	'Rokicka' Polen	var. *lutescens* (ALEF.) MANSF.	So	a	a
TRI 3069	'Rubi' Sort. Sacavem, Portugal	var. *lutescens* (ALEF.) MANSF.	So	a	a
TRI 5432	'Standard F. C. S.' Sort. Braunschweig: BBA 1632	var. *erythrospermum* (KÖRN.) MANSF.	So	a	a
TRI 7531	'Tacuari INTA' Argentinien	var. *erythrospermum* (KÖRN.) MANSF.	So	r+a	a
TRI 1792	'Weißspelziger Winter-Igelweizen' Sort. Weihenstephan	var. *icterinum* (ALEF.) MANSF.	Wi	a	a
TRI 4113	Afghanistan Deut. Hindukusch-Exp. 1935: HE 705	var. *erythrospermum-compactoides* (KOB.) MANSF.	So	a	a

TRI 2895	Pakistan Deut. Hindukusch-Exp. 1935: Punjab	var. *meridionale* (KÖRN.) MANSF.	So	enthält anfällige Pflanzen	a	a
TRI 3339	NW-Indien NW-Indien u. Nepal 1937/38: A 438, bei Almora	var. *ferrugineum* (ALEF.) MANSF.	Wi	enthält anfällige Pflanzen	a	a
TRI 3581	Tibet-Exp. 1938/39: Ti 231, Kongkha	var. *pyrothrix* (ALEF.) MANSF.	So		a	a
TRI 959	Sort. Langenstein	var. *lutescens* (ALEF.) MANSF.	So		a	a
TRI 960	Sort. Langenstein	var. *lutescens* (ALEF.) MANSF.	So		a	a
TRI 967	Sort. Langenstein	var. *lutescens* (ALEF.) MANSF.	So		a	a
TRI 971	Sort. Langenstein	var. *lutescens* (ALEF.) MANSF.	So		a	a
TRI 943	Sort. Schlanstedt	var. *lutescens* (ALEF.) MANSF.	So		a	a
TRI 3352	Sort. Schlanstedt	var. *erythrospermum* (KÖRN.) MANSF.	Wi		a	a
TRI 3564	Sort. Sacavem, Portugal	var. *ferrugineum* (ALEF.) MANSF.	So		a	a
TRI 4549	Sort. SCHWABE, Chile	var. *lutescens* (ALEF.) MANSF.	So		a	a
TRI 4328	Sort. E. SCHIEMANN	var. *lutescens* (ALEF.) MANSF.	So		a	a
Gruppe IV: resistent gegen die Rassen 2, 27, 54						
		Triticum monococcum L.				
TRI 2012	Sort. Halle	var. *macedonicum* PAPAG.	So		(r)	a
TRI 2009	Kleinasien Sort. Halle	var. *macedonicum* PAPAG.	So		a	r
Gruppe V: resistent gegen die Rassen 8, 27, 54						
		Triticum aestivum L.				
TRI 1129	'Clovers Red' Sort. Schlanstedt	var. *milturum* (ALEF.) MANSF.	Wi	Rasse 3: r	a	a
TRI 4740	'Double Standard' Sort. Braunschweig: BBA 1379	var. *lutescens* (ALEF.) MANSF.	Wi	Rasse 3: r	a	a
TRI 210	'Vilmorin 728/37' Sort. Halle	var. *milturum* (ALEF.) MANSF.	Wi	Rasse 3: r	a	a
		Triticum dicoccoides KÖRN.				
TRI 3421	Sort. Köln-Vogelsang	var. *spontaneonigrum* (FLAKSB.) PERC.	So		a	r
		Triticum dicoccon SCHRANK				
TRI 4935	Sort. Weihenstephan	var. *subfarrum* SIMON	So		a	a

Fortsetzung Tabelle 7

Sortimentsnummer Gatersleben	Sorte/Herkunft	Morphologische Gruppe	Sommer-/Winterform	Bemerkungen zur Resistenz *Puccinia recondita*	*Erysiphe graminis*
		Triticum durum DESF.			
TRI 3246	'Argelino' Sort. Sacavem, Portugal	var. *reichenbachii* KÖRN.	So	a	a
TRI 3482	'Beladi 118' Sort. Weihenstephan	var. *hordeiforme* (HOST) KÖRN.	So	a	a
TRI 7555	'Candeal' Sort. Oeiras, Portugal	var. *leucurum* ALEF.	So	a	a
TRI 7514	'Candeal Durumbuck' Argentinien	var. *leucurum* ALEF.	So	r + a	a
TRI 8002	'Choranka 46' Sowjetunion Sort. VIR Leningrad Kat. VIR: 38353	var. *leucurum* ALEF.	Wi	(r)	a
TRI 8004	'Džafari' Sowjetunion Sort. VIR Leningrad Kat. VIR: 40194	var. *leucurum* ALEF.	Wi	a	a
TRI 5312	'Fideos' Sort. Braunschweig: BBA 1747	var. *leucurum* ALEF.	So	a	a
TRI 2225	'Griechischer Weizen 3' Sort. Schladen	var. *reichenbachii* KÖRN.	So enthält anfällige Pflanzen	(r)	r
TRI 7111	'Grifoni' Bot. Inst. Ferrara	var. *africanum* KÖRN.	So	a	a
TRI 3563	'Jenah Retifah 1' Sort. Sacavem, Portugal	var. *coerulescens* (BAYLE) KÖRN.	So	a	a
TRI 4049	'Medeah' Algerien Sort. Sacavem, Portugal	var. *coerulescens* (BAYLE) KÖRN.	So	(r)	a
TRI 3493	'Pelissier' Sort, Ottawa: C, A, N, 1461	var. *leucomelan* ALEF.	So	a	a

TRI 460	'Rudorf 3672' Argentinien Sort. Halle	var. *alexandrinum* KÖRN.	So		a	a
TRI 7532	'Taganrog Buck Balcarce' Argentinien	var. *leucurum* ALEF.	So		(r)	a
TRI 5253	Italien Italien 1950: 515, Prov. Salerno	var. *affine* KÖRN.	Wi		a	a
TRI 3518	Italien Italien 1950: 7, Vers.-Stat. Catania	var. *alexandrinum* KÖRN.	So		a	a
TRI 3856	Italien Italien 1950: 9, Vers.-Stat. Catania	var. *alexandrinum* KÖRN.	So		ma	a
TRI 3877	Italien Italien 1950: 330, Prov. Catanzano	var. *alexandrinum* KÖRN.	So		(r)	a
TRI 3855	Italien Italien 1950: 8, Vers.-Stat. Catania	var. *leucurum* ALEF.	So		ma	a
TRI 3520	Italien Italien 1950: 12, Vers.-Stat. Catania	var. *provinciale* ALEF.	So		(r)	a
TRI 1854	Nordgriechenland Balkan 1941: 1266, Halbinsel Magnesia	var. *hordeiforme* (HOST) KÖRN.	So	enthält anfällige Pflanzen	r + a	a
TRI 1866	Nordgriechenland Balkan 1941: 1323, Platikambos	var. *leucurum* ALEF.	So		a	a
TRI 623	Nordgriechenland Balkan 1941: 2204, Nea Anchialos	var. *leucurum* ALEF.	So		(r)	a
TRI 1629	Nordgriechenland Balkan 1941: 2205, Nea Anchialos	var. *leucurum* ALEF.	Wi		(r)	a
TRI 1500	Nordgriechenland Balkan 1941: 1283, Welostinos	var. *leucurum* ALEF.	So		(r)	a

Fortsetzung Tabelle 7

Sortiments-nummer Gatersleben	Sorte/Herkunft	Morphologische Gruppe	Sommer-/Winter-form	Bemerkungen zur Resistenz *Puccinia recondita*	*Erysiphe graminis*
TRI 1818	Peloponnes Balkan 1942: 14, Bissia	var. *affine* KÖRN.	So	a	r + a
TRI 1826	Peloponnes Balkan 1942: 105, Bekianka	var. *affine* KÖRN.	So enthält anfällige Pflanzen	a	a
TRI 3349	Peloponnes Balkan 1942: 241, Mina	var. *affine* KÖRN.	Wi	a	a
TRI 1877	Peloponnes Balkan 1942: 1107, bei Kalawrita	var. *reichenbachii* KÖRN.	So	a	r
TRI 1819	Peloponnes Balkan 1942: 14, Bissia	var. *reichenbachii* KÖRN.	So	a	a
TRI 673	Peloponnes Balkan 1942: 1094, Karteri	var. *reichenbachii* KÖRN.	So	(r)	r
TRI 1928	Peloponnes Balkan 1942: 45, Nea Epidavros	var. *reichenbachii* KÖRN.	So	a	mr
TRI 1806	Kreta Balkan 1942: 36, Sitia	var. *leucomelan* ALEF.	So	a	a
TRI 4333	Anatolien	var. *affine* KÖRN.	So	a	a
TRI 2166	Anatolien	var. *hordeiforme* (HOST) KÖRN.	So	(r)	a
TRI 2182	Anatolien	var. *hordeiforme* (HOST) KÖRN.	So	a	a
TRI 2191	Anatolien	var. *leucurum* ALEF.	So	(r)	a
TRI 3243	Ost-Anatolien	var. *leucurum* ALEF.	So	a	a
TRI 745	Anatolien	var. *murciense* KÖRN.	So enthält anfällige Pflanzen	a	a
TRI 1908	Sort. Langenstein	var. *reichenbachii* KÖRN.	So	(r)	r
TRI 898	Sort. Schlanstedt	var. *alboobscurum* FLAKSB.	So	ma	mr
TRI 3414	Sort. Weihenstephan	var. *africanum* KÖRN.	So	a	a
TRI 3481	Sort. Weihenstephan	var. *fastuosum* (LAG.) KÖRN.	So	a	a
TRI 3310	Sort. Sacavem, Portugal	var. *affine* KÖRN.	So enthält anfällige Pflanzen	a	a
TRI 3230	Sort. Sacavem, Portugal	var. *affine* KÖRN.	So	r + a	a

TRI 3302	Sort. Sacavem, Portugal	var. *leucurum* ALEF.	So	mr	a
TRI 3047	Sort. Sacavem, Portugal	var. *murciense* KÖRN..	So	(r)	a
TRI 3038	Sort. Sacavem, Portugal	var. *triste-leucomelan* GÖKG.	So	(r)	a
TRI 3236	Sort. Debrecen-Pallag, Ungarn	var. *leucurum* ALEF.	So	a	a
TRI 4382	Agrobot. Garten Szentes, Ungarn	var. *apulicum* KÖRN.	So	ma	a
TRI 4371	Agrobot. Garten Szentes, Ungarn	var. *hordeiforme* (HOST) KÖRN.	So	a	a
TRI 3574	Agrobot. Garten Budapest	var. *affine* KÖRN.	So	a	a
TRI 4314	Marokko Sort. E. SCHIEMANN	var. *aegyptiacum* KÖRN.	So	ma	a
TRI 4315	Algier Sort. E. SCHIEMANN	var. *italicum* ALEF.	So	a	a
TRI 678	Sort. E. SCHIEMANN	var. *leucurum* ALEF.	So	a	a
		Triticum turgidum L.			
TRI 4241	'Blé Géant de Sainte Hélène' Sort. Weihenstephan	var. *dinurum* ALEF.	Wi	a	a
TRI 4809	'Heines Rauhweizen' Sort. Braunschweig: BBA 5207	var. *dinurum* ALEF.	Wi	a	a
TRI 4868	'Matty' Sort. Braunschweig: BBA 589	var. *dinurum* ALEF.	Wi	a	a
TRI 4886	'Paines Defiance' Sort. Braunschweig: BBA 583	var. *dinurum* ALEF.	Wi	a	a
TRI 4810	'Rivet bearded' Sort. Braunschweig: BBA 758	var. *dinurum* ALEF.	Wi	a	a
		Triticum polonicum L.			
TRI 3597	'Dometzkoer' Sort. Hohenheim	var. *chrysospermum* KÖRN.	So	a	r+a
TRI 1896	'Schliephakes Riesenpolonicum' Sort. Schlanstedt	var. *chrysospermum* KÖRN.	So	a	a
TRI 768	Sort. Schlanstedt	var. *chrysospermum* KÖRN.	So	a	r+a
TRI 889	Sort. Schlanstedt	var. *chrysospermum* KÖRN.	So	a	a

Fortsetzung Tabelle 7

Sortiments-nummer Gatersleben	Sorte/Herkunft	Morphologische Gruppe	Sommer-/Winter-form	Bemerkungen zur Resistenz *Puccinia recondita*	*Erysiphe graminis*
TRI 893	Sort. Schlanstedt	var. *chrysospermum* KÖRN.	So	(r)	ma
TRI 1950	Sort. Schlanstedt	var. *levissimum* (HALL.) KÖRN.	So	a	a
TRI 891	Sort. Schlanstedt	var. *submuticum* LINK	So	(r)	a
TRI 2233	Sort. Hadmersleben	var. *levissimum* (HALL.) KÖRN.	So	a	a
TRI 3440	Sort. Hohenheim	var. *chrysospermum* KÖRN.	So	a	a
TRI 4342	Agrobot. Garten Szentes, Ungarn	var. *chrysospermum* KÖRN.	So	(r)	a
TRI 4344	Agrobot. Garten Szentes, Ungarn	var. *levissimum* (HALL.) KÖRN.	So	(r)	a
TRI 3550	Bot. Gart. Rom	var. *levissimum* (HALL.) KÖRN.	So	a	a
		Triticum aestivum L.			
TRI 6838	'Abondance-Lepeuple' Frankreich	var. *lutescens* (ALEF.) MANSF.	Wi	a	a
TRI 7002	'Alex' Frankreich	var. *lutescens* (ALEF.) MANSF.	Wi	a	a
TRI 6705	'Alma' Frankreich	var. *lutescens* (ALEF.) MANSF.	Wi	a	a
TRI 7880	'Arromanches' Frankreich	var. *lutescens* (ALEF.) MANSF.	Wi	a	a
TRI 6706	'Aurele Gaby' Frankreich	var. *lutescens* (ALEF.) MANSF.	Wi	a	a
TRI 5297	'Bergers Ottersdorfer' Sort. Braunschweig: BBA 2011	var. *lutescens* (ALEF.) MANSF.	So	a	a
TRI 6329	'Breustedts Bordeaux' Sort. Braunschweig: BBA 1798	var. *milturum* (ALEF.) MANSF.	So	a	a
TRI 4932	'Breustedts Densi' Sort. Schladen	var. *lutescens* (ALEF.) MANSF.	So	a	a
TRI 4688	'Breustedts Werla' Sort. Braunschweig: BBA 300	var. *lutescens* (ALEF.) MANSF.	Wi	a	a

TRI 5245	'Cappelle Desprez' Frankreich	var. *lutescens* (ALEF.) MANSF.	Wi	a	a
TRI 7333	'Champlein' Frankreich	var. *lutescens* (ALEF.) MANSF.	Wi	a	a
TRI 7415	'Cleo' Holland	var. *lutescens* (ALEF.) MANSF.	Wi	a	a
TRI 7336	'Coutiches' Frankreich	var. *lutescens* (ALEF.) MANSF.	Wi	a	a
TRI 9321	'Delphin' DDR	var. *lutescens* (ALEF.) MANSF.	Wi	a	a
TRI 8019	'Directeur Journée' Belgien	var. *lutescens* (ALEF.) MANSF.	Wi	a	a
TRI 4256	'Dreadnought' Neuseeland	var. *lutescens* (ALEF.) MANSF.	Wi	a	a
TRI 7883	'Eureka-Tourneur' Frankreich	var. *lutescens* (ALEF.) MANSF.	Wi	a	a
TRI 5239	'Evolution' Sort. Hohenheim	var. *milturum* (ALEF.) MANSF.	Wi	a	a
TRI 5246	'Felix' BRD	var. *milturum* (ALEF.) MANSF.	Wi	a	a
TRI 6849	'Fertyl-Cambier' Frankreich	var. *lutescens* (ALEF.) MANSF.	Wi	a	a
TRI 8020	'Fleuron' Belgien	var. *lutescens* (ALEF.) MANSF.	Wi	a	a
TRI 6982	'Gilma' Frankreich	var. *lutescens* (ALEF.) MANSF.	So	a	a
TRI 507	'Griechischer Weizen 9' Sort. Halle	var. *erythrospermum* (KÖRN.) MANSF.	So	a	a
TRI 7343	'Hybride 40' Frankreich	var. *lutescens* (ALEF.) MANSF.	Wi	a	a
TRI 7005	'Hybride de Bersée' Frankreich	var. *lutescens* (ALEF.) MANSF.	So	a	a
TRI 7342	'Hybride de la Nouë' Frankreich	var. *lutescens* (ALEF.) MANSF.	Wi	a	a
TRI 7344	'Idéal-Bataille' Frankreich	var. *lutescens* (ALEF.) MANSF.	Wi	a	a
TRI 6987	'Innovation Bataille 30' Frankreich	var. *lutescens* (ALEF.) MANSF.	So	a	a

Fortsetzung Tabelle 7

Sortiments-nummer Gatersleben	Sorte/Herkunft	Morphologische Gruppe	Sommer-/Winter-form	Bemerkungen zur Resistenz *Puccinia recondita*	*Erysiphe graminis*
TRI 561	'Japhet (Heines)' Sort. Halle	var. *lutescens* (ALEF.) MANSF.	So	a	a
TRI 801	'Japhet (Mansholt's)' Sort. Schlanstedt	var. *lutescens* (ALEF.) MANSF.	So	a	a
TRI 6895	'Liberator' Frankreich	var. *lutescens* (ALEF.) MANSF.	Wi	a	a
TRI 6854	'Lille Desprez' Frankreich	var. *lutescens* (ALEF.) MANSF.	Wi	a	a
TRI 5231	'Magdalena' Frankreich	var. *lutescens* (ALEF.) MANSF.	Wi	a	a
TRI 6855	'Maître-Pierre' Frankreich	var. *lutescens* (ALEF.) MANSF.	Wi	a	a
TRI 6896	'Marival' Frankreich	var. *lutescens* (ALEF.) MANSF.	Wi	a	a
TRI 6857	'Miche' Frankreich	var. *lutescens* (ALEF.) MANSF.	Wi	a	a
TRI 5165	'Minister' Frankreich	var. *lutescens* (ALEF.) MANSF.	Wi	a	a
TRI 6989	'Molinel' Frankreich	var. *lutescens* (ALEF.) MANSF.	Wi	a	a
TRI 6897	'Nord-Desprez' Frankreich	var. *lutescens* (ALEF.) MANSF.	Wi	a	a
TRI 6860	'Normandie-Leblond' Frankreich	var. *lutescens* (ALEF.) MANSF.	Wi	a	a
TRI 4890	'Pax' Sort. Braunschweig: BBA 1035	var. *lutescens* (ALEF.) MANSF.	Wi	a	a
TRI 6861	'Petit-Quinquin' Frankreich	var. *lutescens* (ALEF.) MANSF.	Wi	a	a
TRI 6862	'Pia' Frankreich	var. *lutescens* (ALEF.) MANSF.	Wi	a	a
TRI 6863	'Pilote'	var. *lutescens* (ALEF.) MANSF.	Wi	a	a

TRI 6865	'Poncheau' Frankreich	var. *lutescens* (ALEF.) MANSF.	Wi		a	a
TRI 7894	'Prelude' Kanada	var. *lutescens* (ALEF.) MANSF.	Wi		a	a
TRI 7893	'Primépi' Frankreich	var. *lutescens* (ALEF.) MANSF.	Wi		a	a
TRI 7347	'Provins' Frankreich	var. *lutescens* (ALEF.) MANSF.	Wi		a	a
TRI 6723	'Renfort' Frankreich	var. *aureum* (LINK) MANSF.	Wi		a	a
TRI 7886	'Rial' Frankreich	var. *lutescens* (ALEF.) MANSF.	Wi		a	a
TRI 6869	'Rudest' Frankreich	var. *lutescens* (ALEF.) MANSF.	Wi		a	a
TRI 5455	'Selectas Bastard' Sort. Braunschweig: BBA 5334	var. *lutescens* (ALEF.) MANSF.	Wi		a	a
TRI 6899	'Sillon d'Or' Frankreich	var. *lutescens* (ALEF.) MANSF.	Wi		a	a
TRI 6993	'Superhâtif' Frankreich	var. *aureum* (LINK) MANSF.	Wi		a	a
TRI 7889	'Thermidor-Vilmorin' Frankreich	var. *lutescens* (ALEF.) MANSF.	Wi		a	a
TRI 7063	'Vilmorin 23' Frankreich	var. *lutescens* (ALEF.) MANSF.	Wi	Testsorte	a	a
TRI 6726	'Vilmorin 27' Frankreich	var. *lutescens* (ALEF.) MANSF.	Wi		a	a
TRI 8034	'Wieselburger Standard' Österreich	var. *lutescens* (ALEF.) MANSF.	Wi		a	a
TRI 6886	'Yga-Blondeau' Frankreich	var. *lutescens* (ALEF.) MANSF.	Wi	Rasse 27: mr	a	a
TRI 3333	Frankreich	var. *lutescens* (ALEF.) MANSF.	Wi		a	a
TRI 4145	Italien Italien 1950: 348, Prov. Cosenza	var. *erythrospermum* (KÖRN.) MANSF.	So	enthält anfällige Pflanzen	a	a
TRI 1884	Albanien Balkan 1941: 1480	var. *lutescens* (ALEF.) MANSF.	So	enthält anfällige Pflanzen	a	a

Fortsetzung Tabelle 7

Sortiments-nummer Gatersleben	Sorte/Herkunft	Morphologische Gruppe	Sommer-/ Winter-Form		Bemerkungen zur Resistenz *Puccinia recondita*	*Erysiphe graminis*
TRI 4034	Afghanistan Deut. Hindukusch-Exp. 1935: HE 533	var. *erythrospermum* (KÖRN.) MANSF.	So		a	ma
TRI 2877	Afghanistan Deut. Hindukusch-Exp. 1935	var. *introitum* (VAV. et JAKUBZ.) MANSF.	So		a	ma
TRI 961	Sort. Langenstein	var. *lutescens* (ALEF.) MANSF.	So		r + a	a
TRI 963	Sort. Langenstein	var. *lutescens* (ALEF.) MANSF.	So		a	a
TRI 941	Sort. Schlanstedt	var. *lutescens* (ALEF.) MANSF.	So		a	a
TRI 3116	Sort. Sacavem, Portugal	var. *lutescens* (ALEF.) MANSF.	So		a	a
TRI 4553	Sort. Valdivia, Chile	var. *lutescens* (ALEF.) MANSF.	So	enthält anfällige Pflanzen	a	a
TRI 4547	Sort. Valdivia, Chile	var. *milturum* (ALEF.) MANSF.	So		r + a	a
TRI 4548	Sort. Valdivia, Chile	var. *milturum* (ALEF.) MANSF.	So		a	a
Gruppe VI: resistent gegen die Rassen 8 und 27						
		Triticum aestivum L.				
TRI 5244	'Apollo' Holland	var. *lutescens* (ALEF.) MANSF.	Wi	Rasse 27: mr	a	a
TRI 4924	'Aubers' Frankreich	var. *lutescens* (ALEF.) MANSF.	So	Rasse 27: mr	(r)	(r)
TRI 798	'Bergers Giersdorfer' Sort. Schlanstedt	var. *lutescens* (ALEF.) MANSF.	So		a	a
TRI 4925	'Champ Joli' Frankreich	var. *lutescens* (ALEF.) MANSF.	So		a	a
TRI 6712	'Champagne' Frankreich	var. *lutescens* (ALEF.) MANSF.	Wi		a	a
TRI 7338	'Elite Lepeuple' Frankreich	var. *lutescens* (ALEF.) MANSF.	Wi		a	a
TRI 3808	'Fanal' DDR	var. *lutescens* (ALEF.) MANSF.	Wi	Rasse 27: mr	a	a
TRI 5156	'Frio' DDR	var. *lutescens* (ALEF.) MANSF.	Wi		a	a

TRI 5475	'Heine VII' BRD	var. *lutescens* (ALEF.) MANSF.	Wi	Rassen 6, 26: r Rassen 3, 27: mr zusätzl. Test- sorte in Europa	a	a
TRI 5404	'Hoa-Chon' China Sort. Bernburg	var. *lutescens* (ALEF.) MANSF.	So		a	r
TRI 4545	'Kärntner Stamm A' Sort. Valdivia, Chile	var: *erythorspermum* (KÖRN.) MANSF.	So	Rasse 27: mr	a	a
TRI 3131	'Luigia Strampelli' Sort. Sacavem, Portugal	var. *lutescens* (ALEF.) MANSF.	So		a	a
TRI 7346	'Marne-Desprez' Frankreich	var. *lutescens* (ALEF.) MANSF.	Wi		a	a
TRI 7528	'Pergamino Gaboto M.A.G.' Argentinien	var. *ferrugineum* (ALEF.) MANSF.	So		(r)	a
TRI 4401	'Svenno 4808' Agrobot. Garten Szentes, Ungarn	var. *lutescens* (ALEF.) MANSF.	So		a	a
TRI 6876	'Vilmorin 53' Frankreich	var. *lutescens* (ALEF.) MANSF.	Wi		a	a
TRI 7798	'Wodan' Holland	var. *lutescens* (ALEF.) MANSF.	Wi		a	a
TRI 4283	Sort. Martonvásár, Ungarn	var. *lutescens* (ALEF.) MANSF.	Wi		a	a
TRI 4325	Sort. E. SCHIEMANN	var. *creticum* (MAZZ.) MANSF.	So		a	a
Gruppe VII: resistent gegen die Rassen 8 und 54						
		Triticum monococcum L.				
TRI 620	Albanien Balkan 1941: 188, Vjossa-Tal	var. *macedonicum* PAPAG.	So		r	r
TRI 615	Albanien Balkan 1941: 188, Vjossa-Tal	var. *macedonicum* PAPAG.	So		r	r
		Triticum dicoccon SCHRANK				
TRI 2884	'Tanger I' Sort. Schlanstedt	var. *alboliguliforme* MANSF.	So		a	ma

Fortsetzung Tabelle 7

Sortimentsnummer Gatersleben	Sorte/Herkunft	Morphologische Gruppe	Sommer-/Winterform	Bemerkungen zur Resistenz *Puccinia recondita*	*Erysiphe graminis*
		Triticum durum DESF.			
TRI 7651	'Šark' Sowjetunion Kat. VIR Leningrad: 38270	var. *leucurum* ALEF.	Wi	(r)	r
TRI 8008	'Sevindž' Sowjetunion Kat. VIR Leningrad: 40585	var. *hordeiforme* (HOST) KÖRN.	Wi	a	a
TRI 668	Peloponnes Balkan 1942: 1003, Magira	var. *affine* KÖRN.	So	a	mr
TRI 710	Anatolien	var. *leucurum* ALEF.	So	(r)	a
TRI 741	Anatolien	var. *melanopus* ALEF.	So	(r)	a
TRI 6328	Sort. Braunschweig: BBA 1873	var. *niloticum* KÖRN.	So	a	a
		Triticum polonicum L.			
TRI 3203	Sort. Hohenheim	var. *novissimum* KÖRN.	So	a	a
TRI 3248	Agrobot. Garten Budapest	var. *levissimum* (HALL.) KÖRN.	So	a	a
		Triticum aestivum L.			
TRI 3153	'Alentejano' Sort. Sacavem, Portugal	var. *milturum* (ALEF.) MANSF.	So	a	a
TRI 6970	'Barbu de Crussol' Frankreich	var. *ferrugineum* (ALEF.) MANSF.	Wi	a	a
TRI 932	'Blé à l'étude' Sort. Schlanstedt	var. *lutescens* (ALEF.) MANSF.	So	a	a
TRI 7438	'Floress-Cambier' Frankreich	var. *lutescens* (ALEF.) MANSF.	Wi	a	a
TRI 6850	'Frigor' Frankreich	var. *lutescens* (ALEF.) MANSF.	Wi	a	a
TRI 8037	'Kaštická Osinatka' ČSSR	var. *erythrospermum* (KÖRN.) MANSF.	Wi	a	a
TRI 7742	'Selkirk' Kanada	var. *lutescens* (ALEF.) MANSF.	So	(r)	(r)

TRI 6792	'Tadžiskaja 16' Sowjetunion Kat. VIR Leningrad: 40703	var. *lutescens* (ALEF.) MANSF.	Wi	r + a	a
TRI 7784	'Titus' BRD	var. *lutescens* (ALEF.) MANSF.	Wi	a	a
TRI 1668	Albanien Balkan 1941: 1485, Lashi	var. *erythrospermum* (KÖRN.) MANSF.	Wi	a	a
TRI 2099	Albanien Balkan 1941: 1485, Lashi	var. *erythrospermum* (KÖRN.) MANSF.	So	a	a
TRI 3986	Pakistan Deut. Hindukusch-Exp. 1935: 4203, bei Lyallpur	var. *turcicum* (KÖRN.) MANSF.	So	a	r + a
TRI 3312	Nordwest-Indien NW-Indien u. Nepal 1937/38: Te 403, bei Tehri	var. *delfii* (KÖRN.) MANSF.	So	a	a
TRI 2738	Nordwest-Indien NW-Indien u. Nepal 1937/38: Te 397, bei Tehri	var. *delfii* (KÖRN.) MANSF.	So	a	a
TRI 2760	Nepal NW-Indien u. Nepal 1937/38: N 303, Nawokot	var. *leucospermum* (KÖRN.) MANSF.	So	a	a
Gruppe VIII: resistent gegen Rasse 2					
		Triticum monococcum L.			
TRI 1490	Albanien Balkan 1941: 1486, Kavajë	var. *macedonicum* PAPAG.	So	r	r + a
TRI 1491	Albanien Balkan 1941: 1486, Kavajë	var. *macedonicum* PAPAG.	So	r	ma
Gruppe IX: resistent gegen Rasse 8					
		Triticum durum DESF.			
TRI 4133	Italien Italien 1950: 169, Prov. Reggio Calabria	var. *leucurum* ALEF.	So	a	a
		Triticum aestivum L.			
TRI 7578	'Africa-Mayo' Sort. Njoro, Kenya	var. *erythrospermum* (KÖRN.) MANSF.	So	a	(r)
TRI 6815	'Antti' Finnland	var. *milturum* (ALEF.) MANSF.	Wi	a	a

Fortsetzung Tabelle 7

Sortimentsnummer Gatersleben	Sorte/Herkunft	Morphologische Gruppe	Sommer-/Winterform	Bemerkungen zur Resistenz *Puccinia recondita*	*Erysiphe graminis*
TRI 6845	'Artois-Desprez' Frankreich	var. *lutescens* (Alef.) Mansf.	Wi	a	a
TRI 7915	'Bonus' Holland	var. *albidumcompactoides* (Kob.) Mansf.	Wi	a	a
TRI 3676	'Brauner Fuchs' Sort. Langenstein	var. *ferrugineum* (Alef.) Mansf.	Wi	a	a
TRI 5424	'Ceres Red Pirovana' Sort. Braunschweig: BBA 1634	var. *erythrospermum* (Körn.) Mansf.	So	a	a
TRI 919	'Engelens Sommerweizen' Sort. Schlanstedt	var. *milturum* (Alef.) Mansf.	So	a	a
TRI 7432	'Erla Kolben' Österreich	var. *lutescens* (Alef.) Mansf.	Wi	a	a
TRI 7562	'Gredos' Spanien	var. *milturum* (Alef.) Mansf.	So	a	a
TRI 4803	'Hanna Morovan' Sort. Braunschweig: BBA 5335	var. *aureum* (Link) Mansf.	Wi	a	a
TRI 8082	'He-Zuo Nr. 4' China Sort. Tápiószele, Ungarn	var. *erythrospermum* (Körn.) Mansf.	Wi	a	a
TRI 4814	'Hercuter White' Sort. Braunschweig: BBA 5338	var. *lutescens* (Alef.) Mansf.	Wi	a	a
TRI 5445	'Janetzkis Probat' Österreich	var. *lutescens* (Alef.) Mansf.	So	a	a
TRI 4839	'Klein Aniversario' Argentinien	var. *erythrospermum* (Körn.) Mansf.	Wi	(r)	a
TRI 7330	'Leone' Italien	var. *erythrospermum* (Körn.) Mansf.	Wi	a	a
TRI 2237	'Lichti' Sort. Marktredwitz	var. *lutescens* (Alef.) Mansf.	So	a	a

TRI 3183	'Litoral Precoz' Sort. La Estanzuela, Uruguay	var. *erythrospermum* (KÖRN.) MANSF.	So	a	a
TRI 6780	'Mocinave' Sowjetunion Kat. VIR Leningrad: 42155	var. *erythrospermum* (KÖRN.) MANSF.	Wi	a	a
TRI 583	'NOS Nordgau' Sort. Marktredwitz	var. *milturum* (ALEF.) MANSF.	So	a	a
TRI 7399	'Norin 62' Japan	var. *subferrugineum* (VAV.) MANSF.	Wi	a	a
TRI 7331	'O. 10' Italien	var. *erythrospermum* (KÖRN.) MANSF.	Wi	a	a
TRI 4492	'Odesskaja 3' Sowjetunion Kat. VIR Leningrad: 3841	var. *erythrospermum* (KÖRN.) MANSF.	Wi	r + a	a
TRI 7375	'Orlandi' Italien	var. *erythrospermum* (KÖRN.) MANSF.	Wi	a	a
TRI 3754	'Peragis Reform' Sort. Kleinwanzleben	var. *lutescens* (ALEF.) MANSF.	Wi	a	a
TRI 4425	'Red Bobs' Agrobot. Garten Szentes, Ungarn	var. *milturum* (ALEF.) MANSF.	So	a	a
TRI 7545	'Sonora 64' Mexiko	var. *erythrospermum* (KÖRN.) MANSF.	So	(r)	a
TRI 6326	'Stankas Sommerweizen 402' Sort. Braunschweig: BBA 7119	var. *alborubrum* (KÖRN.) MANSF.	So	a	a
TRI 827	'Strubes Bordeaux' Sort. Schlanstedt	var. *milturum* (ALEF.) MANSF.	So	a	a
TRI 2998	'Strubes Roter Schlanstedter' Sort. Schlanstedt	var. *milturum* (ALEF.) MANSF.	So	a	a
TRI 5434	'Svalöfs Diamant' Sort. Braunschweig: BBA 1721	var. *lutescens* (ALEF.) MANSF.	So	a	a
TRI 5347	'Svalöfs Ella' Sort. Braunschweig: BBA 7115	var. *lutescens* (ALEF.) MANSF.	So	a	a

Fortsetzung Tabelle 7

Sortimentsnummer Gatersleben	Sorte/Herkunft	Morphologische Gruppe	Sommer-/Winterform	Bemerkungen zur Resistenz *Puccinia recondita*	*Erysiphe graminis*
TRI 5349	'Svalöfs Rubin' Sort. Braunschweig: BBA 7051	var. *ferrugineum* (ALEF.) MANSF.	So	a	a
TRI 7049	'Tabertshausener A. R.' Sort. Braunschweig: BBA 960	var. *lutescens* (ALEF.) MANSF.	Wi	a	a
TRI 5444	'Triesdorfer Opal' BRD	var. *lutescens* (ALEF.) MANSF.	So	a	a
TRI 6943	'Triumph' Sort. Beltsville: C. I. 12132	var. *erythrospermum* (KÖRN.) MANSF.	Wi	a	a
TRI 6314	'Verna' Italien	var. *milturum* (ALEF.) MANSF.	So	a	a
TRI 4944	'Weibulls Svenno' Schweden	var. *lutescens* (ALEF.) MANSF.	So	a	a
TRI 7913	'Weibulls Virtus' Schweden	var. *lutescens* (ALEF.) MANSF.	Wi	a	a
TRI 4016	Italien Italien 1950: 332, Prov. Cosenza	var. *erythrospermum* (KÖRN.) MANSF.	So	(r)	a
TRI 3396	Afghanistan Deut. Hindukusch-Exp. 1935: HE 565	var. *erythrospermum* (KÖRN.) MANSF.	Wi	a	a
TRI 2690	Nordwest-Indien NW-Indien u. Nepal 1937/38: A 429, bei Almora	var. *aureum* (LINK) MANSF.	So	a	a
TRI 4026	Nordwest-Indien NW-Indien u. Nepal 1937/38: Te 385, bei Tehri	var. *aureum* (LINK) MANSF.	So	a	a
TRI 2784	Nordwest-Indien NW-Indien u. Nepal 1937/38: Te 384, bei Tehri	var. *leucospermum* (KÖRN.) MANSF.	So	a	a

TRI 4154	Nordwest-Indien NW-Indien u. Nepal 1937/38: Te 403, bei Tehri	var. *meridionale* (KÖRN.) MANSF.	So	a	a
TRI 4415	Nepal NW-Indien u. Nepal 1937/38: N 357, Mandau	Trauerform	So	a	a
TRI 3974	Tibet Tibet-Exp. 1938/39: Ti 71, Dechen	var. *erythrospermum-compactoides* (KOB.) MANSF.	So	a	a
TRI 3190	Tibet Tibet-Exp. 1938/39: Ti 137, Daktuka	var. *lutescens* (ALEF.) MANSF.	So	a	a
TRI 3778	Sort. Langenstein	var. *lutescens* (ALEF.) MANSF.	Wi	a	a
TRI 3781	Sort. Langenstein	var. *lutescens* (ALEF.) MANSF.	Wi	a	a
Gruppe X: resistent gegen Rasse 27					
		Triticum aestivum L.			
TRI 6877	'Aa-Blondeau' Frankreich	var. *lutescens* (ALEF.) MANSF.	Wi	a	(r)
TRI 1198	'Kadolzer Winterweizen III' Sort. Schlanstedt	var. *erythrospermum* (KÖRN.) MANSF.	Wi	a	a
TRI 1205	'Tschermaks Non plus Ultra' Sort. Schlanstedt	var. *erythrospermum* (KÖRN.) MANSF.	Wi	a	a
TRI 3619	Bot. Gart. Cluj, Rumänien	var. *creticum* (MAZZ.) MANSF.	So	a	a
Gruppe XI: resistent gegen Rasse 54					
		Triticum boeoticum BOISS.			
TRI 4305	Angora, Türkei Sort. E. SCHIEMANN	var. *reuteri* FLAKSB.	So	a	r
		Triticum monococcum L.			
TRI 612	Albanien Balkan 1941: 188, Vjossa-Tal	var. *sofianum* STRANSKI	So	(r)	r
TRI 611	Albanien Balkan 1941: 188, Vjossa-Tal	var. *vulgare* KÖRN.	So	r	r
TRI 577	Sort. Dornburg	var. *vulgare* KÖRN.	So	r	r
TRI 2011	Sort. Halle	var. *vulgare* KÖRN.	So	r	r

Fortsetzung Tabelle 7

Sortiments-nummer Gatersleben	Sorte/Herkunft	Morphologische Gruppe	Sommer-/Winter-form	Bemerkungen zur Resistenz *Puccinia recondita*	*Erysiphe graminis*
TRI 4324	Baden Sort. E. Schiemann	var. *flavescens* Körn.	So	r	r
TRI 4327	Schweiz Sort. E. Schiemann	var. *hornemanni* Clem.	So	r	r
TRI 4323	Sort. E. Schiemann	var. *flavescens* Körn.	So	r + a	r + a
TRI 4312	Sort. E. Schiemann	var. *macedonicum* Papag.	So	r	r
TRI 4316	Sort. E. Schiemann	var. *vulgare* Körn.	So	r	r
TRI 3635	Bot. Garten Göttingen	var. *vulgare* Körn.	So	r + a	r + a
		Triticum aestivum L.			
TRI 3844	'Galego Rabado' Sort. Sacavem, Portugal	var. *milturum* (Alef.) Mansf.	So	a	a
TRI 6866	'Proqual' Frankreich	var. *lutescens* (Alef.) Mansf.	Wi	a	a
TRI 7378	'Salto' Italien	var. *lutescens* (Alef.) Mansf.	Wi	a	a
TRI 4268	Italien Italien 1950: 204, Prov. Reggio Calabria	var. *lutescens* (Alef.) Mansf.	Wi	a	a
TRI 3733	Italien Italien 1950: 306, Prov. Catanzaro	var. *milturum* (Alef.) Mansf.	Wi	a	a
TRI 3975	Tibet Tibet-Exp. 1938/39: Ti 71, Dechen	var. *lutescens* (Alef.) Mansf.	So	a	a

Zeichenerklärung:
a: anfällig, ma: mäßig anfällig, (r): resistent gegen einzelne Rassen, r: resistent, r + a: enthält resistente und anfällige Pflanzen

aus der ehemaligen Pflanzenzuchtstation Halle oft enthalten (ISENBECK 1931, BECKER 1933, 1942), denn er hat außerdem die Gene *Pm1* und *Pm2* für Mehltauresistenz, von denen *Pm1* noch mit *Lr20* und *Sr15* für Braunrost- bzw. Schwarzrostresistenz gekoppelt ist (PUGSLEY und CARTER 1953, WATSON und LUIG 1966).

Für das Verhalten von TRI 3925 und TRI 3927 in dieser Gruppe, Linien der Kreuzung 'Rio Negro'×'Litoral Precoz', sind offenbar andere Gene als *Yr6* verantwortlich. SINGH und DHILLON (1963) beschrieben ein Gen für Keimlingsresistenz der brasilianischen Sorte 'Rio Negro'. Die Sorte ist außerdem wegen ihrer allgemeinen Feldresistenz bekannt, die wir auch an den beiden Linien beobachten konnten. Den Partner 'Litoral Precoz' (TRI 3183) findet man bei den gegen Rasse 8 resistenten Weizen (Gruppe IX). Auf zwei Gene läßt die F_2-Spaltung (37 resistent: 544 anfällig) aus der Kombination 'Pitic 62' mit dem anfälligen Winterweizen 'Stepnaja 135' (TRI 6789) schließen (ANPILOGOVA und KRAEVA 1974).

Die Sippen der Gruppe V stimmen in der Anfälligkeit für die Rasse 2 und die Widerstandsfähigkeit gegen die Rassen 8, 27, 54 und 60 überein. Die vorangestellten Sorten 'Clovers Red', 'Double Standard' und 'Vilmorin 728/37' zeichnet eine zusätzliche Resistenz gegen die Rasse 3 aus und unterscheidet sie dadurch von allen folgenden Weizen dieser Gruppe. Die rassenspezifische Reaktion der drei Sorten gleicht derjenigen des Differentialwirts 'Spaldings Prolific' in der Tabelle 1 (GASSNER und STRAIB 1933, STRAIB 1933, FUCHS 1965).

Auffallend ist, daß zu dieser Gruppe 90 Prozent der teilresistenten Sippen tetraploider Arten (*T. durum*, *T. turgidum* und *T. polonicum*), aber keine von den diploiden Weizen gehören. Könnte das einen Hinweis dafür geben, daß die Steuerung dieses Verhaltens gegen Gelbrost im B-Genom zu vermuten ist? Bei den hier erscheinenden Saatweizen sind zwar Gene registriert – *Yr3a* und *Yr4a* für 'Cappelle Desprez' und *Yr3c* für 'Minister' – aber noch nicht bestimmten Chromosomen zugeordnet.

Sorten französischer Herkunft treten besonders zahlreich in der Gruppe V auf. Sie enthalten sehr oft 'Hâtif Inversable' als Resistenzträger (WIENHUES und GIESSEN 1957, HERMSEN 1963). Nach JONARD (1951) ist 'Dreadnought' ein Synonym dieser um die Jahrhundertwende entwickelten Sorte. Seine Angabe erklärt unseren Befund für den Winterweizen 'Dreadnought' (TRI 4256) aus Neuseeland. 'Hâtif Inversable' entstammt der Kreuzung 'Gros bleu', einer Auslese aus 'Noé', mit 'Chiddam d'automne a épi blanc' (VILMORIN 1951). 'Chiddam' ist vermutlich eine unkorrekte Schreibweise der alten Sorte 'Chidham', die nach PERCIVAL (1934) bei dem gleichnamigen Ort in Sussex ausgelesen und von 1800 bis 1880 in England angebaut wurde. 'Gros bleu' reagierte auf die Rassen 1 bis 14 wie die Testsorte 'Vilmorin 23' (GASSNER und STRAIB 1933). Sie steht ebenfalls in der Gruppe V, hat aber nicht 'Gros bleu' in ihrem Stammbaum, sondern ist eine andere Selektion aus 'Noé', nämlich 'Japhet'. Sowohl 'Heines Japhet' (TRI 561) wie 'Mansholts Japhet' (TRI 801) verhielten sich gegenüber den von uns verwendeten Erregerrassen wie 'Vilmorin 23'.

Ergänzend sei erwähnt, daß in französischem Material gute Gelbrost-Feldresistenz zu finden ist. Das bestätigten Beobachtungen anderer Autoren in Europa (BATTS 1957, SLOVENČÍKOVÁ 1969, LUPTON und JOHNSON 1970, SLOVENČÍKOVÁ et al. 1972, JOHNSON und LAW 1975, STUBBS et al. 1974) und Argentinien (VALLEGA und CENÓZ 1961). Inwieweit diese Erscheinung mit dem Nekrosegen zusammenhängt, das 'Noé' auf viele Nachkommen vererbte (HERMSEN 1963, ZEVEN 1965, 1967), ist eine noch nicht untersuchte interessante Frage.

Der Gruppe VI fehlt die Widerstandsfähigkeit gegen die Rasse 54, ihre 19 Vertreter sind für die Rassen 2 und 54 (und 60) anfällig. Wiederum ist mehr als die Hälfte der Sorten französischen Ursprungs. Das gilt auch für die Winterweizen 'Apollo' ('Alba' × 'Criewener 192'), 'Fanal' syn. 'Hadmerlebener VIII' ('Vilmorin 27' – 'Tom Pouce' – 'Svalöfs Kronen' – 'Derenburger Silber'), 'Frio' syn. 'Eros', der über 'Heine II' auf 'Strubes Kreuzung 56' und damit schließlich auf 'Noé' zurückgeht, und für 'Wodan' ('Minister' × 'Heine VII').

Die Gruppe VII, anfällig für die Rassen 2 und 27, enthält die beiden wahrscheinlich identischen Sippen von *T. monococcum*, neun tetraploide (*T. dicoccon, T. durum* und *T. polonicum*) sowie 15 hexaploide Weizen. Unter den Saatweizen ist die bemerkenswerte kanadische Züchtung 'Selkirk'; in ihr sind außer der Teilresistenz gegen *P. striiformis* vereinigt die Gene *Sr6*, *Sr7b*, *Sr9d*, *Sr17* und *Sr23* für die Resistenz gegen *P. graminis*, *Lr10* und *Lr16* gegen *P. recondita*, *Pm5* gegen *E. graminis* (ANDERSON 1961, MCINTOSH et al. 1967, MCINTOSH und LUIG 1973, ROELFS 1974) sowie Widerstandsfähigkeit gegen *Tilletia*-Arten und *Ustilago nuda* (BRIGGLE und REITZ 1963, KRIVČENKO et al. 1971, RICHTER 1972). Die Sorte hat diese Merkmale zum Teil von ihrem tetraploiden Vorfahren 'Yaroslav Emmer' geerbt.

Die Weizen in den letzten Gruppen zeigen nur gegen jeweils eine der vier Rassen ausgeprägte Resistenz. Sie betrifft die Rasse 2 bei den zwei Einkornsippen einer Sammelprobe albanischer Herkunft, aus denen die Gruppe VIII besteht. Beide Sippen neigen zu chlorotisch-nekrotischen Blattverfärbungen des infizierten Keimlings. Bei den älteren Pflanzen im Infektionsgarten blieben die Blätter frei von Befall und ohne Flecke.

Die Mehrzahl der teilresistenten Diploiden, elf von insgesamt 19 Sippen, kennzeichnet Widerstandsfähigkeit gegen die Rasse 54 (Gruppe XI). Bei den Saatweizen war dieses Verhalten selten zu beobachten.

Eine Resistenz gegen die Rasse 27 allein trat sehr selten auf. Sie liegt anscheinend bei vier Sorten von *T. aestivum* vor (Gruppe X). Dagegen ist die Widerstandsfähigkeit gegen die Rasse 8 relativ häufig und verbreitet. Über 40 Prozent aller teilresistenten Saatweizen entfallen in diese Gruppe (IX). Sie unterscheiden sich in ihrer Abstammung und geographischen Herkunft erheblich. Die schwedischen Sorten, soweit sie überhaupt Keimlingsresistenz zeigen – wie 'Svalöfs Diamant', 'Ella' und 'Rubin', 'Weibulls Svenno' und 'Virtus' – gehören hierher. Erwähnenswert ist in diesem Zusammenhang, daß in Schweden, wo *P. striiformis* nur ausnahmsweise erheblichen Schaden verursacht, die Rasse 8 von jeher vorherrschte (Gassner und Straib 1933, 1934, Straib 1935, 1937, Becker 1942, Fuchs 1965, Stubbs et al. 1967, 1968a, 1968b, 1970).

Summary

Resistance in the barley and wheat collection Gatersleben. 21. Testing wheats for their reaction to stripe rust (*Puccinia striiformis* West.)

During the years 1955–1974 5100 wheats including interspecific and intergeneric hybrids of the Gatersleben collection (table 2) were tested with races 2, 8, 27/53, 54 and 60 of *Puccinia striiformis*.

36 strains of *T. monococcum*, 15 land races and cultivars of tetraploid and 126 of hexaploid wheat species and four *Haynaltricum* and two *Triticale* proved to be resistant to all these races (tables 3–6). Resistance to some of the races was shown by 10 diploid, 65 tetraploid and 236 hexaploid wheats (table 7). They are listed in the tables with additional notes on their reaction to leaf rust and mildew. Seed stocks of seven per cent of the total, that are 348 samples, were heterogeneous for stripe rust reaction. More than 83 per cent of these wheats were classified as susceptible.

In connection with these results literature on stripe rust resistance, sources of resistance in old and recent cultivars and the combination with resistance to other diseases are discussed.

Краткое содержание

Устойчивость гатерслебенской коллекции ячменя и пшеницы. 21. Испытание пшениц на их поражаемость жёлтой ржавчиной (*Puccinia striiformis* West.)

В течение 1955–1974 гг. испытывались 5100 образцов пшеницы и её межвидовых и отдалённых гибридов на их поражаемость группами рас 2, 8, 27/53, 54 и 60 *Puccinia striiformis*.

Устойчивыми ко всем расам оказались 36 образцов *T. monococcum*, 15 образцов тетраплоидных и 126 гексаплоидных видов пшениц, а также 4 формы *Haynaltricum* и две *Triticale*. Устойчивыми к отдельным расам оказались 10 образцов диплоидных, 65 тетраплоидных и 236 гексаплоидных пшениц. 7% исследованных образцов (т. с. 348 сортов и форм) состояли как из сильно восприимчивых, так и из устойчивых растений. Свыше 83% образцов оказались поражаемыми жёлтой ржавчиной.

В связи с этими результатами рассматриваются литературные данные по генетике устойчивости к жёлтой ржавчине и возможности комбинирования разных признаков устойчивости.

Literatur

Anderson, R. G., 1961: The inheritance of leaf rust resistance seven varieties of common wheat. – Canad. J. Plant Sci. **41**, 342–359.

Anpilogova, L. K., i G. A. Kraeva, 1974: Nasledovanie ustojčilosti k želtoj ržavčine u sortov pšenicy v fazu prorostkov. (Vererbung der Gelbrostresistenz von Weizensorten im Keimlingsstadium). – Genetika (Moskva) **10** (11), 32–36.

Bartoš, P., and I. Bareš, 1971: Leaf and stem rust resistance of hexaploid wheat cultivars Salzmünder Bartweizen and Weique. – Euphytica **20**, 435–440.

–, i J. Šebesta, 1971: Fyziologická specializace *Puccinia recondita* Rob. ex Desm. f. sp. *tritici* (Eriks.) v Československu v letech 1966 az 1969. (Physiologische Spezialisierung von *Puccinia recondita* Rob. ex Desm. f. sp. *tritici* (Eriks.) in den Jahren 1966–1969 in der Tschechoslowakei). – Genet. šlecht. **7** (44), 23–28.

–, J. Valkoun, J. Kosner and V. Slovenčíková, 1973: Rust resistance of some European wheat cultivars derived from rye. – In: Proc. 4th Intern. Wheat Genetics Symposium (Edits. E. R. Sears and L. M. S. Sears). University of Missouri, Columbia, 145–146.

Batts, C. C. V., 1957: The reaction of wheat varieties to yellow rust, *Puccinia glumarum* 1951–1956. – J. nat. Inst. agric. Bot. **8**, 7–18.

Becker, H., 1933: Zur Immunitätszüchtung des Weizens gegen *Puccinia glumarum* und *Puccinia triticina*. – Kühn-Arch. **38**, 293–305.

–, 1942: Ergebnisse und Erfahrungen bei der Resistenzzüchtung gelbrost-widerstandsfähiger Weizen. – Z. Pflanzenzücht. **24**, 539–568.

Biffen, R. H., 1907: Studies in the inheritance of disease-resistance. – J. Agric. Sci. **2**, 109–128.

–, 1911/1912: Studies in the inheritance of disease resistance. II. – J. Agric. Sci. **4**, 421–429.

Blüthner, W.-D., und D. Mettin, 1973: Über weitere Fälle von spontaner Substitution des Weizenchromosoms 1 B durch das Roggenchromosom 1 R (V). – Arch. Züchtungsforsch. **3**, 113–119.

Briggle, L. W., and L. P. Reitz, 1963: Classification of *Triticum* species and of wheat varieties grown in the United States. – U.S. Dept. Agric., Techn. Bull. **1278**.

Fuchs, E., 1965: Untersuchungen über die physiologische Spezialisierung des Weizengelbrostes (*Puccinia striiformis* West. f. sp. *tritici* Erikss. et Henn.) in den Jahren 1959–1964 und über das Anfälligkeitsverhalten einiger Weizensorten. – Nachrichtenbl. Dt. Pflanzenschutzdienstes (Braunschweig) **17**, 161–176.

–, 1967: Vorläufige Mitteilung über das Auftreten einer neuen und gefährlichen Weizengelbrostrasse. – Nachrichtenbl. Dt. Pflanzenschutzdienstes (Braunschweig) **19**, 77–78.

Gassner, G., und W. Straib, (1932), 1933: Die Bestimmung der biologischen Rassen des Weizengelbrostes (*Puccinia glumarum* f. sp. *tritici* [Schmidt] Erikss. u. Henn.). – Arb. Biol. Reichsanst. Land- u. Forstwirtsch. **20**, 141–163.

– und –, (1934) 1936: Weitere Untersuchungen über biologische Rassen und über die Spezialisierungsverhältnisse des Gelbrostes *Puccinia glumarum* (Schm., Erikss. und Henn.). – Arb. Biol. Reichsanst. Land- u. Forstwirtsch. **21**, 121–145.

Gerechter-Amitai, Z. K., and A. Grama, 1974: Inheritance of resistance to stripe rust (*Puccinia striiformis*) in crosses between wild Emmer (*Triticum dicoccoides*) and cultivated tetraploid and hexaploid wheats. I. *Triticum durum*. – Euphytica **23**, 387–392.

– and R. W. Stubbs, 1970: A valuable source of yellow rust resistance in Israeli populations of wild Emmer, *Triticum dicoccoides* Koern. – Euphytica **19**, 12–21.

Grama, A., and Z. K. Gerechter-Amitai, 1974: Inheritance of resistance to stripe rust (*Puccinia striiformis*) in crosses between wild Emmer (*Triticum dicoccoides*) and cultivated tetraploid and hexaploid wheats. II. *Triticum aestivum*. – Euphytica **23**, 393–398.

HASSEBRAUK, K., und G. RÖBBELEN, 1975: Der Gelbrost, *Puccinia striiformis* WEST. IV. Epidemiologie. – Bekämpfungsmaßnahmen. – Mitt. Biol. Bundesanst. Land- u. Forstwirtsch. Berlin-Dahlem, Heft **164**.

HERMSEN, J. G. TH., 1963: Sources and distribution of the complementary genes for hybrid necrosis in wheat. – Euphytica **12**, 147–160.

ISENBECK, K., 1931: Vererbungsstudien an einigen Weizenkreuzungen in bezug auf die Widerstandsfähigkeit gegenüber *Puccinia glumarum tritici* und *Puccinia triticina*. – Z. Pflanzenzücht. **16**, 82–104.

JOHNSON, R., and C. N. LAW, 1975: Genetic control of durable resistance to yellow rust (*Puccinia striiformis*) in the wheat cultivar Hybride de Bersée. – Ann. appl. Biol. **81**, 385–391.

–, R. W. STUBBS, E. FUCHS and N. H. CHAMBERLAIN, 1972: Nomenclature for physiologic races of *Puccinia striiformis* infecting wheat. – Trans. Brit. mycol. Soc. **58**, 475–480.

–, and A. J. TAYLOR, 1975: – In: Rep. Plant Breed. Inst. Cambridge 1974, 139–142.

–, M. S. WOLFE and P. R. SCOTT, 1969: – In: Rep. Plant Breed. Inst. Cambridge 1968, 113–123.

–, – and –, 1970: – In: Rep. Plant Breed. Inst. Cambridge 1969, 133–145.

JONARD, P., 1951: Les Blés tendres cultivées en France. – Inst. Nat. de la Rech. Agron. (INRA), Paris.

KRAEVA, G. A., i T. P. ALEKSEEVA, 1975: Specializacija *Puccinia triticina* Eriks. na severnom Kavkaze. (Spezialisierung von *Puccinia triticina* ERIKS. im Nord-Kaukasus). – Mikol. Fitopatol., Leningrad **9**, 245–246.

KRIVČENKO, V. I., D. V. MJAGKOVA, L. K. ŠČELKO, V. N. SOLDATOV i Z. V. TIMOŠENKO, 1971: Katalog po izučeniju ustojčivosti zerpovych kul'tur k vidom golovni. (Prüfungen der Flugbrandresistenz von Getreide. Verzeichnis der Ergebnisse). – Katalog VIR, Leningrad, No. **72**.

LESOVOJ, M. P., i V. K. PANTELEEV, 1972: Vzaimodejstvie meždu genetičeskimi sistemami *Puccinia triticina* ERIKSS. i sortami pšenicy. (Interaktion zwischen den genetischen Systemen von *Puccinia triticina* ERIKSS. und Weizensorten). – Proc. Europ. and Medit. Cereal Rusts Conf. Prague **2**, 163–166.

– i –, 1973: O nasledovanii ustojčivosti k vozbuditelju buroj ržavčiny sortov Avrora i Kavkaz. (Über die Vererbung der Resistenz der Sorten Avrora und Kavkaz gegen den Braunrosterreger). – Selekc. semen. Heft 4, 28–31.

LUPTON, F. G., and R. JOHNSON, 1970: Breeding for mature-plant resistance to yellow rust in wheat. – Ann. appl. Biol. **60**, 137–143.

–, and R. C. F. MACER, 1962: Inheritance of resistance to yellow rust (*Puccinia glumarum* ERIKSS. et HENN.) in seven varieties of wheat. – Trans. Brit. mycol. Soc. **45**, 21–45.

MACER, R. C. F., 1966: The formal and monosomic genetic analysis of stripe rust (*Puccinia striiformis*) resistance in wheat. – Hereditas, Suppl. **2**, 127–143.

–, 1967: The occurence of a virulent and genetically stable physiologic race of *Puccinia striiformis*. – Trans. Brit. mycol. Soc. **50**, 305–310.

–, 1972: The resistance of cereals to yellow rust and its exploitation by plant breeding. – Proc. Roy. Soc. London ser. B **181**, 281–301.

– and D. A. DOLING, 1966: Identification and possible origin of a race of *Puccinia striiformis* isolated in 1966. – Nature **212**, 643.

McINTOSH, R. A., 1973: A catalogue of gene symbols for wheat. In: Proc. 4th Intern. Wheat Genetics Symposium (Edits. E. R. SEARS and L. M. S. SEARS). – University of Missouri, Columbia, 893–937.

–, and N. H. LUIG, 1973: Linkage of genes for reaction to *Puccinia graminis* f. sp. *tritici* and *P. recondita* in Selkirk wheat and related cultivars. – Austral. J. biol. Sci. **26**, 1145–1152.

MCINTOSH, R. A., and E. P. BAKER, 1967: Genetic and cytogenetic studies of stem rust, leaf rust, and powdery mildew resistances in Hope and related wheat cultivars. – Austral. J. biol. Sci. **20**, 1181–1192.

NILSSON-EHLE, H., 1911: Kreuzungsuntersuchungen an Hafer und Weizen. – Lunds Univ. Årsskr. N. F. Afd. 2, **7** (6), 82 S.

NOVER, I., 1956: Sechsjährige Beobachtungen über die physiologische Spezialisierung des Echten Mehltaus (*Erysiphe graminis* DC.) von Weizen und Gerste in Deutschland. – Phytopath. Z. **31**, 85–107.

–, 1962: Resistenzeigenschaften im Gersten- und Weizensortiment Gatersleben. 4. Prüfung von Winterweizen auf ihr Verhalten gegen *Erysiphe graminis* DC. f. sp. *tritici* MARCHAL. – Kulturpflanze, Beiheft **3**, 86–92.

–, M. KLINKOWSKI und I. SIMON, 1963: Ergebnisse der in Halle seit dem Jahre 1945 durchgeführten Forschungsarbeiten über Gelbrost (*Puccinia striiformis* WEST. = *P. glumarum* [SCHM.] ERIKSS. et HENN.). – In: 100 Jahre Landwirtschaftliche Institute der Universität Halle, 247–263.

–, – und –, 1964: Ergebnisse der in Halle seit 1945 durchgeführten Arbeiten über den Weizenbraunrost (*Puccinia triticina* ERIKSS. = *P. recondita* ROB. ex DESM.). – Z. Pflanzenkrankh. **71**, 74–89.

–, und CHR. O. LEHMANN, 1964: Resistenzeigenschaften im Gersten- und Weizensortiment Gatersleben. 5. Prüfung von Sommerweizen auf ihr Verhalten gegen *Erysiphe graminis* DC. f. sp. *tritici* MARCHAL. – Kulturpflanze **12**, 265–275.

– und –, 1967: –. 8. Prüfung von Weizen auf ihr Verhalten gegen *Puccinia triticina* ERIKSS. (*P. recondita* ROB. ex DESM.). – Kulturpflanze **15**, 181–198.

– und –, 1969: –. 12. Prüfung von Weizen-Neuzugängen auf ihr Verhalten gegen Mehltau (*Erysiphe graminis* DC. f. sp. *tritici* MARCHAL). – Kulturpflanze **17**, 241–251.

–, – und I. SIMON, 1972: –. 16. Prüfung von Weizen-Neuzugängen auf ihr Verhalten gegen Braunrost (*Puccinia recondita* ROB. ex DESM., syn. *P. triticina* ERIKSS.). – Kulturpflanze **20**, 173–190.

PERCIVAL, J., 1934: Wheat in Great Britain. Reading.

PETRAUSKAS, P. JU., 1971: Identifikacija ras mučnistoj rosy pšenicy b uslovijach Litovskoj SSSR. (Bestimmung von Rassen des Weizenmehltaus in der Litauischen SSR). – Bjull. Vses. naučno-issled. Inst. Zašč. Rast. No. **21**, 44–49.

PUGSLEY, A. T., and M. V. CARTER, 1953: The resistance of twelve varieties of *Triticum vulgare* to *Erysiphe graminis tritici*. – Austral. J. biol. Sci. **6**, 335–346.

RICHTER, K., 1972: Untersuchungen zur Resistenz gegen Weizenflugbrand, *Ustilago tritici* (PERS.) ROSTR., in Hinsicht auf die Hybridweizenzüchtung. – Diss. Akad. Landwirtschaftswiss. DDR zu Berlin.

ROELFS, A. P., 1974: Evidence for two populations of wheat stem and leaf rust in the U.S.A. – Plant Dis. Reptr. **58** (9), 806–809.

ROEMER, TH., 1942: Ausgangsmaterial für die Resistenzzüchtung bei Getreide. – Z. Pflanzenzücht. **24**, 304–332.

–, W. H. FUCHS und K. ISENBECK, 1938: Die Züchtung resistenter Rassen der Kulturpflanzen. – Kühn-Archiv **45**, 427 S.

RUDORF, W., und M. JOB, 1934: Untersuchungen bezüglich der Spezialisierung von *Puccinia graminis tritici*, *Puccinia triticina* und *Puccinia glumarum tritici*, sowie über Resistenz und ihre Vererbung in verschiedenen Kreuzungen. – Z. Pflanzenzücht. **19**, 333–365.

SASTROSUMARJO, S., und F. J. ZELLER, 1970: Chromosomensubstitution und Desynapsis in der Weizensorte Zorba (W 565). – Z. Pflanzenzücht. **63**, 185–195.

SINGH, G., and P. S. DHILLON, 1963: Inheritance of yellow rust resistance in wheat. – Indian Agr. **7** (1/2), 65–71.

ŠKODENKO, V. I., i M. P. LESOVOJ, 1972: Biotipy rasy 77 griba *Puccinia triticina* ERIKSS. i specializacija ich na sortach pšenicy. (Biotypen der Rasse 77 des Pilzes *Puccinia triticina*

ERIKSS. und ihre Spezialisierung auf Weizensorten). – Proc. Europ. and Medit. Cereal Rusts Conf. Prague **2**, 239–242.

SLOVENČÍKOVÁ, V., 1969: Odolnost pšenic k rasám 54 x a 3/55 rzi plevaé ve skleníkových a polních testech. (Resistenz von Weizen gegen die Rassen 54 x und 3/55 des Gelbrostes bei Prüfungen im Gewächshaus und im Feld). – Genet. šlecht. **5**, 215–220.

–, 1972: Hodnocení reakce pšenic ve fázi 1–3 listů k rase 60 rzi plevaé. (Verhalten von Weizen in der 1–3–Blattphase gegen Rasse 60 des Gelbrostes). – Ochr. rostl. **8** (45), 1–4.

–, 1974: The variable stripe rust reaction of the wheat cultivar Chambord. – Cereal Rusts Bull. **2** (2), 25–27.

–, P. BARTOŠ a I. BAREŠ, 1972: Odolnost francouzských pšenic ke rzím c Československu. (Resistenz französischer Weizen gegen Rost in der Tschechoslowakei). – Ochr. rostl. **8** (45), 241–248.

ŠOPINA, V. V., 1971: Immunologičeskaja charakteristika sortov pšenic po poražaemosti buroj ržavčinoj. (Resistenzeigenschaften von Weizensorten gegenüber Braunrostbefall). – Vestn. sel'skochoz. nauki, Moskva No. **8**, 63–64.

STAKMAN, E. C., and J. G. HARRAR, 1957: Principles of Plant Pathology. – Roland Press Co., New York.

STRAIB, W., 1933: Über Gelbrostanfälligkeit und -resistenz in den verschiedenen *Triticum*-Reihen. – Z. Pflanzenzücht. **18**, 223–240.

–, 1934: Untersuchungen zur Genetik der Gelbrostresistenz des Weizens. – Phytopath. Z. **7**, 427–477.

–, (1935) 1936: Auftreten und Verbreitung biologischer Rassen des Gelbrostes (*Puccinia glumarum* [SCHM.] ERIKSS. et HENN.) im Jahre 1934. – Arb. Biol. Reichsanst. Land- u. Forstwirtsch. **21**, 455–466.

–, (1937) 1939a: Untersuchungen über das Vorkommen physiologischer Rassen des Gelbrostes (*Puccinia glumarum*) in den Jahren 1935/36 und über die Aggressivität einiger neuer Formen auf Getreide und Gräsern. – Arb. Biol. Reichsanst. Land- u. Forstwirtsch. **22**, 91–119.

–, 1939b: Die Faktorenbezeichnungen im Verhalten des Weizens gegen verschiedene Gelbrostrassen. – Z. indukt. Abstammungs- u. Vererbungslehre **77**, 18–62.

STUBBS, R. W., E. FUCHS, H. VECHT and E. J. W. BASSET, 1974: The international survey of factors of virulence of *Puccinia striiformis* WESTEND. in 1969, 1970 and 1971. – Ned. Graan-Centrum, Wageningen, Techn. Ber. Nr. **21**.

–, H. VECHT and E. FUCHS, 1967: Report on 'The Yellow Rust Trials Project' in 1965. – Ned. Graan-Centrum, Wageningen, Techn. Ber. Nr. **16**.

–, – and –, 1968a: Report on 'The Yellow Rust Trials Project' in 1966. – Ned. Graan-Centrum, Wageningen, Techn. Ber. Nr. **18**.

–, – and –, 1968b: Report on 'The Yellow Rust Trials Project' in 1967. – Ned. Graan-Centrum, Wageningen, Techn. Ber. Nr. **19**.

–, – and –, 1970: Report on 'The Yellow Rust Trials Project' in 1968. – Ned. Graan-Centrum, Wageningen, Techn. Ber. Nr. **20**.

VALLEGA, J., y H. P. CENÓZ, 1961: Comportamiento de variedades de trigo respecto a la roya amarilla (*Puccinia glumarum*) en la República Argentina, observado entre 1944 y 1958 en el Valle de El Bolsón (provincia del Río Negro). – Rev. Invest. Agric. **15**, 113–137.

VILMORIN, M. de, 1951: Cent ans de sélection généalogique et cinquante ans de génétique appliquée à Verrières. – Z. Pflanzenzücht. **29**, 288–301.

VORONKOVA, A. A., i L. I. SIDORINA, 1974: Osobennosti rasovogo sostava i pričiny sil'noj epifitotii buroj ržavčiny pšenicy. (Besonderheiten der Rassenzusammensetzung und Ursachen der schweren Weizenbraunrost-Epidemie). – Vestn. sel'skochoz. nauki, Moskva. No. **1**, 25–28.

WATSON, I. A., and N. H. LUIG, 1966: *Sr15*, a new gene for use in classification of *Puccinia graminis* var. *tritici*. – Euphytica **15**, 239–247.
WIENHUES, A., 1965: Cytogenetische Untersuchungen über die chromosomale Grundlage der Rostresistenz der Weizensorte Weique. – Züchter **35**, 352–354.
WIENHUES, F., und J.-E. GIESSEN, 1957: Die Abstammung europäischer Weizensorten. – Z. Pflanzenzücht. **37**, 217–230.
ZELLER, F. J., 1972: Cytologischer Nachweis einer Chromosomensubstitution in dem Weizenstamm Salzmünde 14/44 (*T. aestivum* L.). – Z. Pflanzenzücht. **67**, 90–94.
–, 1973: 1B/1R wheat-rye chromosome substitutions and translocations. In: Proc. 4th Intern. Wheat Genetics Symposium (Edits. E. R. SEARS ad L. M. S. SEARS). – University of Missouri, Columbia, 209–221.
– und G. FISCHBECK, 1971: Cytologische Untersuchungen zur Identifizierung des Fremdchromosoms in der Weizensorte Zorba (W 565). – Z. Pflanzenzücht. **66**, 260–265.
– und S. SASTROSUMARJO, 1972: Zur Cytologie der Weizensorte Weique (*T. aestivum* L.). – Z. Pflanzenzücht. **68**, 312–321.
ZEVEN, A. C., 1965: First supplementary list of genotypes of hybrid necrosis of wheat varieties. – Euphytica **14**, 239–243.
–, 1967: Second supplementary list of genotypes of hybrid necrosis of wheat varieties. – Euphytica **16**, 18–22.
–, L. J. TURKENSTEEN and R. W. STUBBS, 1968: Spelt (*Triticum spelta* L.) as a possible source of race-non-specific resistance to yellow rust (*Puccinia striiformis* WEST.). – Euphytica **17**, 381–384.

Kulturpflanze XXVI · 1978 · S. 261–270

Bericht über eine Reise in die ČSSR 1977 zur Sammlung autochthoner Sippen von Kulturpflanzen

Karl Hammer

(Eingegangen am 12. Januar 1978)

Für die Züchtung ertragsstabiler Hochleistungssorten von Nahrungs- und Futterpflanzen stellen autochthone Landsorten mit den ihnen eigenen wichtigen Eigenschaften (z. B. Resistenz- und Qualitätsmerkmale) eine wertvolle Grundlage dar. Weltweite Bestrebungen sind deshalb im Gange, den Fonds an Landsortenmaterial zu erfassen und in großen Sortimenten zu erhalten.

Der Anbau von Landsorten ist in einem außerordentlich schnellen Rückgang begriffen, so daß sie in weiten Gebieten äußerst selten geworden sind. Landsorten sind an die kleinbäuerliche Agrarstruktur gebunden. Für das dichtbesiedelte Mitteleuropa mit überwiegender Bewirtschaftung großer Felder und einer hoch entwickelten Pflanzenzüchtung hatte man lange Zeit ein völliges Erlöschen ihres Anbaus angenommen. Die Erfahrungen der letzten Jahre haben aber gezeigt, daß man beispielsweise in gebirgigen Teilen der ČSSR (Kühn et al. 1976), der VR Polen (Hanelt und Hammer 1977) und auch in der subalpinen Region Österreichs (Schachl 1976) mit einem Anbau von Landsorten landwirtschaftlicher Kulturen rechnen kann. Einige Landsorten gärtnerischer Kulturen wurden sogar für die DDR nachgewiesen (Hammer et al. 1977).

Aussichtsreich erschien deshalb eine Sammelreise in östliche und nordöstliche Teile der ČSSR, die als Fortsetzung einer langfristigen Zusammenarbeit mit Dr. F. Kühn (Brno) geplant und durchgeführt wurde. Sie fand vom 8. bis 26. August 1977 statt. Die Organisation der Feldarbeit übernahm Dr. F. Kühn. Über dieses Sammelgebiet lagen im Gegensatz zu den im Jahre 1974 bereisten Teilen Mährens und der Slowakei noch keine Erfahrungen über das Vorkommen von Landsorten und Reliktkulturen vor. Der Erfolg ließ sich deshalb von vornherein nur schwer abschätzen, weil eine erhebliche Zeit für die Erkundung der Standorte vorgesehen werden mußte.

Die Finanzierung erfolgte durch die Akademie der Wissenschaften der DDR. Für die Fahrten ins Sammelgebiet stand ein Jeep (GAS) vom Zentralinstitut für Genetik und Kulturpflanzenforschung in Gatersleben zur Verfügung.

Die Teilnehmer waren:

Doc. Dr. F. KÜHN, Landwirtschaftliche Hochschule, Brno
Dr. K. HAMMER, Gatersleben, und als bewährter Fahrer
F. WERNER, Gatersleben

Am 8. 8. trafen die Teilnehmer aus der DDR mit dem Jeep abends in Brno ein. Am folgenden Tag begann die Sammelreise. Zwei längere Tagesfahrten führten bis nach Košice, in dessen weiterer Umgebung die ersten größeren Sammlungen erfolgten. Anschließend wurde weiter östlich in der Umgebung von Snina und Svidník gesammelt. Dabei besuchten wir besonders die abgelegenen Teile der Ostbeskiden. Der östlichste Punkt der Reise lag bei Zboj in den Ostbeskiden. Nach der intensiven Besammlung dieses Gebietes ging die Fahrt wieder ohne größeren Aufenthalt an den Ausgangsort Brno zurück. Die genaue Route und den Verlauf der Sammlungen zeigt die folgende Zusammenstellung (vgl. auch Abb. 1):

Reiseverlauf zur Sammlung und zum Studium von Landsorten in verschiedenen Gebieten der Slowakei (8. 8.–26. 8. 77)

8. 8. Gatersleben – Brno über Cínovec – Mělník – Ml. Boleslav – Kolín – Jihlava

9. 8. Brno – Uh. Hradiště – Bánovce – Zvolen – Lučenec; Sammeln besonders bei Starý Hrozenkov an der Grenze von Mähren zur Slowakei in den Weißen Karpaten (Bílé Karpaty) und bei Podkriván am Südrand des Slowakischen Erzgebirges (Slovenské Rudohorie)

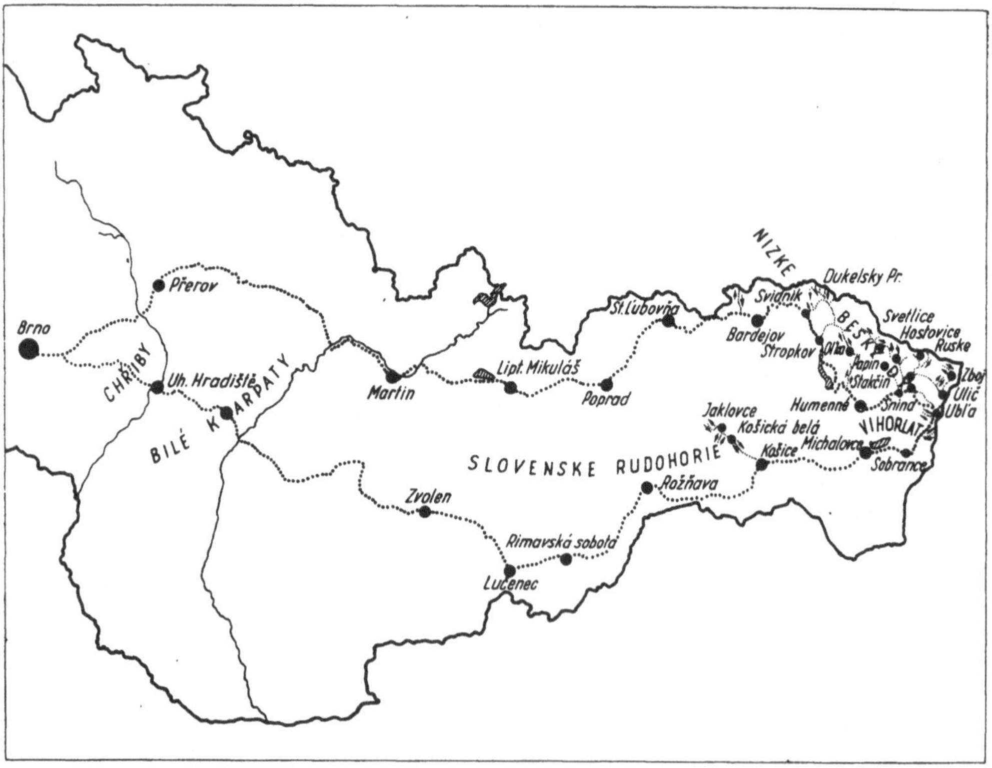

Abb. 1 Reiseroute

10\. 8. Lučenec – Rimavská Sobota – Kečovo – Silická Prezová – Rožňava – Košice; Sammeln besonders bei Silická Prezová im Slowakischen Karst nahe der ungarischen Grenze

11\. 8. Diskussion mit dem Ethnologen Dr. M. Markuš in Košice über Gebiete, in denen noch Landsorten zu erwarten sind; Košice – Kojšov – Žakarovce – zurück nach Košice; Sammeln in den östlichen Gebieten des Slowakischen Erzgebirges

12\. 8. Košice – Michalovce – Sobrance – Beňatina – Inovec – Ubľa – Kolonica – Snina; Sammeln besonders bei Inovec und Kolonica

13\. 8. Snina – Starina – Jalová – Ruský Potok und zurück nach Snina; Sammeln in den Ostbeskiden (Vichodní Beskydy), wie auch an den folgenden Tagen, besonders bei Jalová und Ruský Potok

14\. 8. Sammeln in der Umgebung von Snina; Präparieren und Trocknen des Sammelmaterials

15\. 8. Snina – Starina – Zvala – Ruské und zurück; Sammeln vor allem in der näheren Umgebung von Starina, bei Zvala und Ruské

16\. 8. Snina – Starina – Zboj – Uličské Krivé – Nová Sedlica und zurück; Sammeln besonders bei Uličské Krivé

17\. 8. Snina – Kalná Roztoka – Ubľa – Hrabová Roztoka und zurück; Sammeln bei Kalná Roztoka und Hrabová Roztoka (Übergang zum Vihorlat-Gebirge)

18\. 8. Snina – Hostovice – Osadné – Svetlice – Výrava – Ol'šinkov – Ňagov – und zurück über Papín – Pichne; Sammeln vor allem bei Výrava, Ol'šinkov und Svetlice

19\. 8. Snina – Humenné – Ruská Poruba – Stropkov – Svidník; im Gebiet wenige Landsorten, nur gelegentliche Probenahme

20\. 8. Svidník – Ladomirova–Krajné Čierno–Príkra–Mirol'a–Bystrá–Varechovce–zurück über Makovce–Stropkov; Sammeln vor allem bei Krajné Čierno, Mirol'a und Bystrá

21\. 8. Svidník–Krajná Porubka–Šarbov–Korejovce–Dukla–Paß–Havranec und zurück; nur wenige Landsorten im Gebiet, Proben von meist gärtnerischen Kulturen bei Krajná Porubka, Šarbov und Korejovce entnommen

22\. 8. Svidník–Bardejov–Cigel'ka–Poprad–Martin; Sammeln vor allem bei Cigel'ka, nahe der polnischen Grenze

23\. 8. Martin–Rožnov–Brno; Präparieren und Trocknen des Sammelmaterials

24\. 8. Brno; Präparieren, Trocknen und Teilen des Sammelmaterials

25\. 8. Brno; Verpacken des Materials, Einholung der phytosanitären Zertifikate zur Ausfuhr des Pflanzenmaterials; Besuch des Botanischen Gartens in Brno

26\. 8. Rückfahrt nach Gatersleben

Ergebnisse

Das Ergebnis der Reise war gut. Überraschend häufig konnte noch ein Anbau von Landsorten nachgewiesen werden. Insgesamt wurden 312 Samenproben gesammelt, die im folgenden nach Kulturarten und Kulturartengruppen zusammengestellt sind:

Triticum aestivum, Weizen	20 Proben
Hordeum vulgare, Gerste	30 „
Avena spp., Hafer	68 „
Secale cereale, Roggen	31 „
Setaria spp., *Panicum* spp., Hirsen	5 „
Fagopyrum esculentum, Buchweizen	23 „
Mischproben mehrerer Getreide	15 „

Getreide insgesamt		192 Proben
Phaseolus spp., Bohnen	9 Proben	
Pisum sativum, Erbsen	12 „	
Vicia faba, Ackerbohne	12 „	
Mischproben mehrerer Körnerleguminosen	3 „	
Körnerleguminosen insgesamt		36 Proben
Linum usitatissimum, Lein	2 Proben	
Papaver somniferum, Mohn	17 „	
Lactuca sativa, Salat	4 „	
Brassica spp., Kohl	2 „	
Allium spp., Zwiebeln, Knoblauch, Schnittlauch	9 „	
sonstige Gemüse-, Futter- und Heilpflanzen	19 „	
Öl-, Gemüse-, Futter- und Heilpflanzen insgesamt		53 Proben
Unkräuter und Wildpflanzen		31 Proben
insgesamt		312 Proben

Ein beträchtlicher Teil dieser Sammelnummern setzt sich aus mehreren Kulturarten oder verschiedenen Formen einzelner Kulturpflanzenarten zusammen, so daß sich die effektive Zahl der Proben noch wesentlich erhöhen wird.

An Herbarmaterial wurden 209 Nummern in 332 Bögen eingelegt. 297 Bögen davon verblieben in Brno zur weiteren Bearbeitung des Expeditionsmaterials durch Dr. F. KÜHN bzw. für pflanzensoziologische Untersuchungen von Ackerunkrautgesellschaften. Die Herbarnahme und -aufarbeitung war mit erheblichen Schwierigkeiten verbunden, die sich aus der extrem nassen Witterung ergaben.

An seltenen Reliktkulturen wurden vor allem Buchweizen (*Fagopyrum esculentum*) und sein begleitendes Unkraut, das auch zuweilen kultiviert wird, der Tata-

Abb. 2 Der Anbau von Buchweizen (*Fagopyrum esculentum*) konnte in den Ost beskiden noch relativ häufig beobachtet werden, wie hier bei Kalná Roztoka

rische Buchweizen (*F. tataricum*) gefunden. Der Buchweizenanbau (Abb. 2) nahm nach dem Osten, sowohl im Flächenanteil als auch in der Variabilität der Bestände, deutlich zu. Buchweizen dient hier der menschlichen Ernährung meist in Form von Piroggen, die in der Regel mit Quark gefüllt sind.

Im äußersten Osten wurden noch die früher für die Brandrodung charakteristischen Hirsearten gefunden (*Setaria italica, Panicum miliaceum*); in einem Fall war sogar erstere Art, die von der einheimischen Bevölkerung als „bor" bezeichnet wird, nach dieser alten Kulturmethode im Anbau (Abb. 3). Die Population zeichnet sich durch eine sehr große Variabilität aus (Abb. 4).

Die Brandrodekultur war in der ČSSR als äußerst seltenes Ackerbauverfahren nur noch in extremen Lagen zu finden (vgl. PODOLÁK 1972). Ein weiterer Nachweis aus den letzten Jahren ist uns nicht bekannt geworden. Das beobachtete Verfahren soll deshalb hier kurz beschrieben werden. Nach dem Fällen der Bäume und dem Abtransport des Nutzholzes werden die dünnen Baumäste und das Gesträuch über die zukünftige Feldfläche verteilt (Abb. 5) und abgebrannt. Im Folgejahr wird das Feld mit Hirse, anschließend mit Kartoffeln, im dritten Jahr mit Roggen und schließlich ein oder zwei Jahre lang mit Hafer bestellt. Mehrere Brandrodungsflächen konnten gefunden werden.

Abb. 3 *Setaria italica* auf einer Brandrodungsfläche bei Uličské Krivé. Im Bestand stehen noch die verkohlten Stubben

Abb. 4 Äußerst variable *Setaria-italica*-Population von einer Brandrodungsfläche bei Uličské Krivé. Größte Rispenlänge – 12,5 cm

Abb. 5 Für die Brandkultur vorbereitetes Waldstück bei Uličské Krivé

Bei Nová Sedlica war auf einer solchen Fläche ein Roggen angebaut, bei dem es sich möglicherweise um den Johannisroggen (*Secale cereale* var. *multicaule*) handeln könnte. Das ist ein Staudenroggen, der früher auch in anderen Gebieten häufig nach der Brandrodung eingesät wurde, jetzt aber fast vollständig aus dem Anbau verschwunden ist. Bisher hatten wir auf den Sammelreisen Johannisroggen vergeblich gesucht. Der Staudencharakter dieses Roggens hat in neuerer Zeit wieder züchterisches Interesse gefunden, so daß unserer Aufsammlung besondere Bedeutung beizumessen ist.

Als seltene Beimengung in Saathafer konnte der Rauhafer, *Avena nuda* (*A. strigosa*) nachgewiesen werden. Schließlich sei das relativ häufige Vorkommen von Schüttmohn (*Papaver somniferum*) erwähnt. Mohn war oft in andere Kulturen, wie z. B. Futterrüben oder Kopfkohl (Abb. 6), eingestreut.

Abb. 6 Variabler Kopfkohlbestand mit eingestreuten Mohnpflanzen am Ortsrand von Inovec

Besonders formenreiche Landsorten waren bei Weizen, Gerste, Hafer, Roggen und Körnerleguminosen zu finden. Sie fielen meist wegen ihrer Variabilität aber auch wegen eines typischen Unkrautbesatzes auf. (Zuweilen waren ebenfalls die Samenunkräuter wie *Agrostemma githago*, *Lolium temulentum* und *Bromus secalinus* sehr variabel.) Die hier genannten Gruppen von Landsorten sind neben den Gemüsen die wertvollsten Aufsammlungen.

Der in vielen Gebieten beobachtete Rückgang im Landsortenanbau ist besorgniserregend. In manchen Gegenden, wie dem östlichen Slowakischen Erzgebirge, war der überwiegende Teil der höher gelegenen Felder aufgelassen. Zuweilen ist es uns noch gelungen, Pflanzen der Restkulturen bereits aufgelassener Felder aus den vergangenen Jahren sicherzustellen (z. B. Roggen in Žakarovce). Aber auch in den Ostbeskiden zeichnete sich diese Tendenz ab (vgl. Abb. 7).

Abb. 7 Zur Nachreife aufgestellte Weizengarben in der für die Ostbeskiden typischen Weise. Die Felder im Hintergrund sind aufgelassen

Der Zeitpunkt für die Sammelreise lag verhältnismäßig günstig. Zumeist standen die Getreide als Garben auf den Feldern (Abb. 8), nur wenige Bestände waren bereits vollständig abgeerntet. Die Reise wäre ohne die ausgeprägt kühle und feuchte Witterung dieses Jahres etwas zu spät angesetzt gewesen. Beim Festlegen des Reisezeitpunktes gingen wir von den Erfahrungen des Jahres 1974 aus (KÜHN et al. 1976), als viele Bestände in den höheren Lagen für die Sammlung noch nicht reif genug waren. In den Ostbeskiden wird aber der Ackerbau meist nur in Höhen bis etwa 400 m NN (meist 200 bis 300 m NN) betrieben; folglich ist mit einer früheren Reife zu rechnen.

In den Ostbeskiden war der Anbau autochthoner Landsorten oft mit den ukrainischen Bevölkerungsgruppen der Bojken (östlichste Gebiete) und Lemken (im

Westen daran anschließend) verbunden, die ihre traditionelle Wirtschaftsweise noch vereinzelt beibehalten hatten. Hauptkulturen waren neben der Kartoffel Gerste, Hafer und Roggen. Der Buchweizenanbau ist im Rückgang begriffen. Die in früheren Zeiten verbreitete Leinkultur konnte nicht mehr beobachtet werden. Lediglich wenige Leinpflanzen als Beimischung in Buchweizen wurden im äußersten Nordosten gefunden. Weizen, der im Sammelgebiet deutlich seltener

Abb. 8 Spätsommerlicher Aspekt einzelbäuerlicher Getreidefelder bei Kalná Roztoka. Die hellen Streifen im Mittelgrund hintei der Straße sind blühende Buchweizenfelder

anzutreffen war als Gerste, wird überwiegend in begünstigten dorfnahen Tallagen angebaut. Als Grund dafür wurde die Anfälligkeit dieser Kultur gegenüber Wildschweinen genannt.

Die wissenschaftliche Bearbeitung des Materials erfolgt gemeinsam durch die Teilnehmer der Reise in Gatersleben und Brno. Die Aufarbeitung des Materials und der Anbau werden so vorgenommen, daß für das Jahr 1978 die Bestände in Gatersleben einer eingehenden Bearbeitung zugänglich sind.

Der Erfolg der Sammelreise bestätigte die nach unserer ersten gemeinsamen Unternehmung in der ČSSR im Jahre 1974 geäußerte Vermutung, daß auch in Gebieten der Ostslowakei mit wertvollem Landsortenmaterial gerechnet werden kann (Hanelt und Hammer 1975). Das rapide Fortschreiten der Generosion war überall deutlich zu bemerken. Deshalb sollten auch in den bisher noch nicht bereisten Gebieten der ČSSR die verschwindenden Landsorten möglichst schnell gesammelt werden. Als besonders aussichtsreich werden das Vorland der Hohen Tatra sowie die Große und Kleine Fatra angesehen.

HAMMER, K.

Report on a travel for the collection of indigenous taxa of cultivated plants to ČSSR in 1977

ХАММЕР, К.

Отчет об экспедиции 1977 г. в ЧССР для сборов автохтонных форм культурных растений

Literatur

HAMMER, K., P. HANELT und C. TITTEL, 1977: Sammlung autochthoner Kulturpflanzen auf dem Gebiet der DDR. – Kulturpflanze **25**, 89–99.

HANELT, P. und K. HAMMER, 1975: Bericht über eine Reise nach Ostmähren und der Slowakei 1974 zur Sammlung autochthoner Sippen von Kulturpflanzen. – Kulturpflanze **23**, 207–215.

– und –, 1977: Bericht über eine Reise nach der VR Polen 1976 zur Sammlung autochthoner Sippen von Kulturpflanzen. – Kulturpflanze **25**, 33–44.

KÜHN, F., K. HAMMER und P. HANELT, 1976: Botanische Ergebnisse einer Reise in die ČSSR 1974 zur Sammlung autochthoner Landsorten von Kulturpflanzen. – Kulturpflanze **24**, 283–347.

PODOLÁK, J., 1972: Alte Brandrodungsverfahren und Brandwirtschaft in der Slowakei. – In: I. BALASSA (Herausgeber), Getreidebau in Ost- und Mitteleuropa, pp. 143–177. – Akad. Kiadó, Budapest.

SCHACHL, R., 1976: Refugia of Austrian land varieties in the subalpine region. – Barley Genetics III, Proc. Third Intern. Barley Genetics Symp., Garching, pp. 70–75. – Thiemig, München.

Kulturpflanze XXVI · 1978 · S. 271–282

Blütenökologische Merkmale und Reproduktionssystem von *Aegilops tauschii* Coss. (syn. *Ae. squarrosa* L.)

Karl Hammer

(Eingegangen am 12. Januar 1978)

Zusammenfassung

Bei Untersuchungen an 114 *Aegilops tauschii*-Sippen konnten zwei deutlich getrennte blütenökologische Gruppen anhand der Merkmale Antherenlänge, Pollenanzahl je Anthere und des Verhältnisses von produziertem Pollen zur Anzahl der Samenanlagen gefunden werden. Die blütenökologischen Ergebnisse machen eine Beteiligung der Sippen mit langen Antheren an der Evolution von *Triticum aestivum* wahrscheinlich.

Die infraspezifische Differenzierung ging offenbar von diesen noch fakultativ allogamen Sippen mit langen Antheren und gut entwickelten anderen Anemophiliemerkmalen aus. Als abgeleitet werden die streng autogamen Sippen mit kurzen Antheren eingeschätzt. Unterschiede in der geographischen Verbreitung der beiden Gruppen sind zu beobachten, es ist jedoch nicht möglich, sie einer der beiden Subspezies der Art beizuordnen. In der Tendenz ihrer Merkmalsausprägung aber neigen die Formen mit langen Antheren mehr zu ssp. *strangulata* und die abgeleiteten Formen zu ssp. *tauschii*.

Einleitung

Verglichen mit anderen Spezies der Gattung ist *Aegilops tauschii* Coss. eine wenig variable Art (Eig 1929). Bei einigen quantitativen Merkmalen, wie beispielsweise der Grannenlänge, der Größe der Pflanzen sowie der Breite, Länge und Anzahl der Ährchen, sind aber Unterschiede zu beobachten, die ihren Ausdruck in der Aufstellung infraspezifischer Kategorien – ssp. *tauschii* var. *tauschii*, var. *meyeri* (Griseb.) Tzvel., var. *anathera* (Eig) Hammer n. comb.[1] und ssp. *strangulata* (Eig) Tzvel. – finden. Diese Sippen sind durch eine Reihe von Übergangsformen miteinander verbunden.

1 *Aegilops tauschii* Coss. ssp. *tauschii* var. *anathera* (Eig) Hammer n. comb. Basionym: *Aegilops squarrosa* L. ssp. *eusquarrosa* Eig var. *anathera* Eig, Monogr.-krit. Übers. *Aegilops*, in: Rep. spec. nov. reg. veg. *55* (1929) 90.

Die bisherigen Vorstellungen über das Reproduktionssystem und die Bestäubungsökologie von *Ae. tauschii* lassen sich folgendermaßen zusammenfassen: Die Art ist autogam. Ihre bestäubungsökologischen Merkmale sind zwar von der Anlage her noch deutlich anemophil, – die Pollen dieser Art gehören z. B. zu den kleinsten der Gattung (FRITSCH et al. 1977) –, zeigen jedoch mit der Evolution der Autogamie einhergehende Reduktionen. Die Anthese erfolgt meist bei geschlossenen Spelzen. Die in der Regel kleinen Antheren öffnen sich durch einen Längsschlitz, sitzen auf kurzen Filamenten und enthalten nur wenige Pollenkörner. Die Narben sind kurz und ragen auch bei Chasmogamie nicht über den Spelzenraum hinaus.

Eine große Variabilität dieser Merkmale war auf Grund der einheitlichen Autogamietendenz und der wenig variierenden anderen morphologischen Merkmale wenig wahrscheinlich. Vermutlich sind deshalb auch bisher noch keine Untersuchungen zur Variabilität blütenökologischer Merkmale bei dieser Art unternommen worden.

Die Anregung zur intensiveren Untersuchung gab eine Arbeit zur Antherenmorphologie der Weizen und einiger verwandter Sippen (DHALIWAL und JOHNSON 1976). Danach weisen zwar alle Antherenstrukturen auf die Entstehung des Saatweizens (*Triticum aestivum* L.) aus der Kreuzung *Triticum dicoccon* Schrank × *Ae. tauschii* hin, nur das Merkmal Antherenlänge unterstützt diese Annahme nicht. Die Bedeutung von *Ae. tauschii* für die Entstehung des Saatweizens rechtfertigt eine eingehendere Untersuchung.

Material und Methoden

Nach Voruntersuchungen im Jahre 1974 standen 1976 46 und 1977 114 *Ae. tauschii*-Sippen aus dem Gaterslebener Sortiment mit überwiegend bekannter Spontanherkunft für die Versuche zur Verfügung. (Ein beachtlicher Teil dieser Kollektion wurde uns freundlicherweise vom Allunionsinstitut für Pflanzenbau [VIR] „N. I. Vavilov", Leningrad, überlassen.)

Der Anbau in Gatersleben erfolgte auf jeweils 1 m × 2 m großen Parzellen. Kurz vor der Anthese wurden je Sippe 10 noch nicht dehiszierte Antheren und 10 Fruchtknoten mit den entwickelten Narben entnommen und auf Objektträgern in Vaseline eingebettet. Die Vermessung der Länge und Breite der Antheren sowie der Länge der Narben erfolgte unter dem Präpariermikroskop mit einem Netzmikrometer. Die Merkmale Pflanzenhöhe, Anzahl der Ährchen je Ähre und Hüllspelzenlänge wurden direkt in den Beständen gemessen bzw. ausgezählt. Die Bestimmung des Pollengehaltes der Antheren erfolgte im Jahre 1977 bei unterschiedlich begrannten (vgl. Abb. 1) Sippen an je 30 vor der Dehiszenz entnommenen Antheren. Die Anzahl der Pollen je Anthere wurde in Anlehnung an die besonders bei Gramineen verwendeten Methoden von JOPPA et al. (1968) und D'SOUZA (1970) nach HAMMER (1978) geschätzt.

Die Korrelationen zwischen den verschiedenen Merkmalen wurden berechnet und Regressionsanalysen mit den Zielgrößen Pollen je Anthere und Antherenlänge durchgeführt.

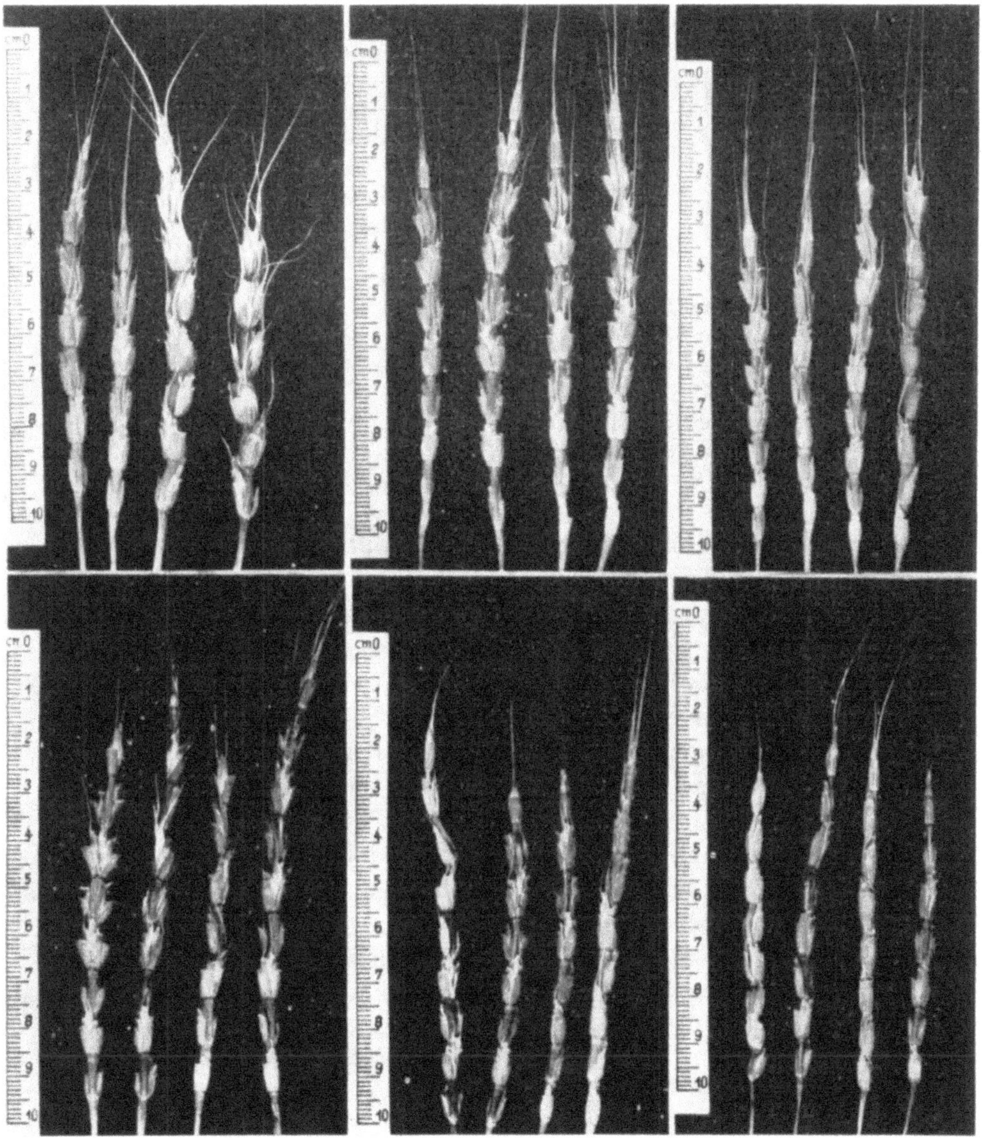

Abb. 1 Untersuchungsmaterial für das Merkmal Pollen je Anthere (AE 207 ist nicht abgebildet). Oben v. l. n. r. AE 250, AE 192 und AE 227, unten v. l. n. r. AE 218, AE 145 und AE 184. Zu beachten ist die unterschiedliche Reduktion der Grannen. Manche Sippen zeigen eine deutliche Neigung zur Chasmogamie (Herkunft des Materials in Tab. 1)

Ergebnisse und Diskussion

Das Pollenbildungsvermögen von *Ae. tauschii* ist trotz der Entwicklung zur Autogamie relativ hoch (Tab. 1), so daß bei den hier untersuchten Sippen durchaus noch Potenzen für die Windbestäubung vorhanden sind. Zur besseren Charak-

Tabelle 1

Durchschnittliche Ausprägung des Merkmals Anzahl Pollen je Anthere bei ausgewählten *Aegilops tauschii*-Sippen im Jahre 1977

Sort.-Nr.	Herkunftsgebiet	Pollen je Anthere	Abstand des Wertes von der errechneten Regressions-geraden	Pollen je Samenanlage
AE 218	Aserbaidshanische SSR	2218 ± 1162	– 31	6654
AE 207	Aserbaidshanische SSR	2261 ± 765	– 44	6783
AE 184	Iran	2364 ± 809	– 50	7092
AE 192	Dagestanische ASSR	2542 ± 901	–113	7526
AE 145	Aserbaidshanische SSR	2552 ± 658	– 94	7656
AE 227	Aserbaidshanische SSR	2687 ± 717	+164	8041
AE 250	Turkmenische SSR	2708 ± 755	+168	8124

terisierung der Bestäubungsökologie Anemophiler (POHL 1937, KUGLER 1970:45) sowie auch ihres Reproduktionssystems (CRUDEN 1977) wird das Verhältnis von produziertem Pollen zur Anzahl der Samenanlagen herangezogen. Gräser mit einer hohen Pollenanzahl je Samenanlage sind allogam, während Sippen, bei denen dieses Verhältnis relativ kleine Werte liefert, autogam sind. Innerhalb der Gattungen *Briza* L. (MURRAY 1974) und *Hordeum* L. (HAMMER 1976a) findet diese Aussage ihre Bestätigung. Beim Vergleich der Ergebnisse von *Ae. tauschii* mit denen von *Hordeum* zeigt sich, daß die *Ae. tauschii*-Sippen in ihrer Pollenproduktion im Bereich von *Hordeum vulgare*-Formen liegen, die deutlich ausgeprägte Anemophiliemerkmale zeigen (*H. vulgare* ist im allgemeinen streng autogam). Das ist ein weiterer Hinweis für ihre an die Windbestäubung angepaßten blütenbiologischen Merkmale.

Die Zusammenstellung aller untersuchten Merkmale für die sieben Sippen (Tab. 2) zeigt relativ lange Antheren. [DHALIWAL und JOHNSON (1976) geben die Antherenlänge von *Ae. tauschii* mit 1,5 mm an; ŽUKOVSKIJ (1928) – Abb. 6, S. 427 – bildet eine Sippe mit einer Antherenlänge von ca. 1,8 mm ab.] Die

Tabelle 2

Durchschnittliche Ausprägung von Merkmalen bei 7 ausgewählten *Aegilops-tauschii*-Sippen im Jahre 1977

Merkmal	Antheren-länge (mm)	Antheren-breite (mm)	Narben-länge (mm)	Hüllspelzen-länge (mm)	Pflanzen-höhe (cm)	Ährchen-anzahl je Ähre	Pollen je Anthere
Mittelwert	2,54	0,40	1,09	7,14	64,29	8,86	2476
Streuung	± 0,203	± 0,011	± 0,188	± 0,748	± 3,45	± 1,069	± 197
Variations-koeffizient (%)	8,0	2,72	17,2	10,5	5,37	12,1	7,95

Pflanzen sind im Durchschnitt recht groß, haben viele Ährchen je Ähre und lange Hüllspelzen. Diese Merkmale wurden deshalb mit in die Untersuchungen einbezogen, weil sie für die infraspezifische Klassifizierung von *Ae. tauschii* Bedeutung haben. CVELEV (1976: 155) gibt beispielsweise für die Hüllspelzenlänge bei ssp. *tauschii* 4,5 bis 6,5 mm und bei ssp. *strangulata* 6,5 bis 8,5 mm an.

Von den korrelativen Beziehungen zwischen den Merkmalen (Tab. 3) sind besonders jene interessant, die sich auf das Merkmal Pollen je Anthere beziehen. Eine hohe Pollenanzahl je Anthere kommt bei den Sippen vor, die lange Antheren

Tabelle 3

Korrelationsmatrix von Merkmalen bei 7 ausgewählten *Aegilops tauschii*-Sippen im Jahre 1977

	Antheren-breite	Narben-länge	Hüllspel-zenlänge	Pflanzen-höhe	Ährchen/ Ähre	Pollen/ Anthere
Antherenlänge	−0,348	0,504	0,241	0,500	0,246	0,481
Antherenbreite		0,286	0,309	−0,548	0,196	0,122
Narbenlänge			0,815+	0,348	−0,272	0,321
Hüllspelzenlänge				0,369	−0,179	0,479
Pflanzenhöhe					−0,484	0,493
Ährchen/Ähre						0,230

[diese positive Korrelation wurde auch bei *Triticum aestivum* beobachtet (z. B. JOPPA et al. 1968, MILOHNIĆ und JOŠT 1976] und Hüllspelzen besitzen und hochwüchsig sind. Weniger eng ist der Zusammenhang zwischen den Merkmalen Pollen je Anthere und Antherenbreite, Ährchen je Ähre sowie Narbenlänge. Der Aufwand für die Bestimmung des Merkmals Pollen je Anthere ist sehr hoch. Deshalb wurde in Anlehnung an frühere Untersuchungen (HAMMER 1976b, 1977) versucht, mittels einer Regressionsanalyse, die leichter zu erfassenden Merkmale als Einflußgrößen einzusetzen und sie in ihrem gemeinsamen Einfluß auf die Zielgröße (Pollen je Anthere – P/A) zu prüfen. Der Ausgang der Überlegungen war dabei, daß eine lineare Regression die Beziehungen im vorliegenden Falle ausreichend genau wiedergibt. Die aus der Korrelationsmatrix erhaltenen, nicht sehr relevanten Einflußgrößen Antherenbreite und Narbenlänge blieben unberücksichtigt, so daß das Regressionsmodell aus den Variablen Antherenlänge (AL), Hüllspelzenlänge (HL), Pflanzenhöhe (PH) und Ährchenanzahl je Ähre (ÄZ) wie folgt errechnet wurde:

$P/A = -1{,}913 - 1{,}187\ AL + 0{,}094\ HL + 0{,}047\ PH + 0{,}136\ ÄZ$ Das Bestimmtheitsmaß für diese Regressionsgleichung beträgt $B = 0{,}648$. Mit dieser Gleichung können aus den leicht zu erfassenden Einflußgrößen hinreichend genaue Aussagen über die Pollenanzahl je Anthere erfolgen, die, wie oben ausgeführt, Hinweise auf das Reproduktionssystem einer Art zuläßt. Um aus der Gleichung auf den tatsächlichen Wert für die Pollen je Anthere zu gelangen, muß das Ergebnis mit dem Faktor 1000 multipliziert werden. Die Abweichungen der bei den sieben

Tabelle 4
Durchschnittliche Ausprägung von Merkmalen bei 105 *Aegilops tauschii*-Sippen im Jahre 1977

	Sippen mit langen Antheren ($n = 61$)			Sippen mit kurzen Antheren ($n = 44$)			Sippen insgesamt ($n = 105$)		
	Mittelwert	Streuung	Variationskoeffizient	Mittelwert	Streuung	Variationskoeffizient	Mittelwert	Streuung	Variationskoeffizient
Antherenlänge (mm)	2,38	±0,20	8,3	1,55	±0,23	15,0	2,03	± 0,46	19,8
Antherenbreite (mm)	0,41	±0,03	7,4	0,38	±0,06	16,9	0,40	± 0,05	12,3
Narbenlänge (mm)	1,26	±0,21	16,4	1,26	±0,24	18,8	1,26	± 0,22	17,3
Hüllspelzenlänge (mm)	6,95	±0,66	9,5	6,45	±0,71	10,9	6,74	± 0,68	10,1
Pflanzenhöhe (cm)	63,11	±7,20	11,4	46,48	±9,44	20,3	56,14	±14,29	25,4
Anzahl Ährchen je Ähre	8,16	±0,94	11,5	7,41	±0,75	12,8	7,85	± 0,99	12,7

Sippen ausgezählten Ergebnisse von der errechneten Regressionsgeraden sind in Tabelle 1 angegeben. Von einer weiteren Reduzierung der Anzahl der Einflußgrößen wurde abgesehen, weil dann das Bestimmtheitsmaß zu kleine Werte annimmt.

Aus diesen Ergebnissen stellen sich die Merkmalsausprägungen für die Sippen von *Ae. tauschii* als relativ einheitlich dar. Die oben zitierten Angaben aus der Literatur, die sich von unseren Werten beträchtlich unterscheiden, weisen auf eine größere Variabilität hin. Bei der Betrachtung eines umfangreichen Materials aus dem Jahre 1977 zeigt sich, daß die sieben Formen einer recht homogenen Gruppierung angehören (Tab. 4).

Für die Gesamtheit der untersuchten Sippen können nach dem Merkmal Antherenlänge deutlich zwei Gruppen unterschieden werden; die eine weist Werte über 2 mm (Häufigkeitsschwerpunkt 2,25 bis 2,55 mm), die andere unter 2 mm (Häufigkeitsschwerpunkt 1,35 bis 1,65 mm) auf. Damit wird ein infraspezifischer Differenzierungsprozeß sichtbar. Den allgemeinen Gesetzmäßigkeiten bei der Entwicklung zur Autogamie [vgl. z. B. die Untersuchungen an *Lycopersicon pimpinellifolium* (JUSL.) MILL. von RICK et al. 1977] folgend, müssen die Sippen mit den kurzen Antheren als abgeleitet angesehen werden. Die Formen mit langen Antheren sind die noch besser an die Anemophilie angepaßten Ausgangssippen. Um der Differenzierung Rechnung zu tragen, werden, außer den Gesamtmittelwerten, auch beide Gruppen einzeln dargestellt (Tab. 4). Neben der Antherenlänge sind sie auch stark im Merkmal Pflanzenhöhe und noch deutlich in den Merkmalen Anzahl Ährchen je Ähre und Hüllspelzenlänge voneinander unterschieden. Zwischen den übrigen Merkmalen bestehen nur geringfügige Differenzen.

Im Anschluß an die Varianzanalyse wurden die Variationskoeffizienten berechnet. Für die Gesamtheit der untersuchten Sippen zeigen sie die variabelsten Merkmale auf, die offenbar sehr plastisch auf Einflüsse von außen reagieren können, wie z. B. Pflanzenhöhe und Antherenlänge. So zeigt sich, daß die untersuchten quantitativen Merkmale, die durch einen besonders hohen Variationskoeffizienten charakterisiert sind, stark von den Umweltbedingungen beeinflußt werden. Im Jahre 1976 lagen die Gesamtmittelwerte für Antherenlänge (1,64 mm) und Narbenlänge (1,17 mm) weit unter den Werten des Folgejahres. Nach der Antherenlänge ließen sich wiederum zwei voneinander getrennte Gruppen aufstellen. Ihre Häufigkeitsschwerpunkte liegen bei 1,20 bis 1,50 mm bzw. zwischen 2,00 bis 2,30 mm und der Grenzwert beider Gruppen bei 1,70 mm. Nur in einem Fall fand sich eine Sippe in einer anderen Gruppe als im Folgejahr wieder; sie lag allerdings auch 1977 im Übergangsbereich beider Gruppen.

Nach der oben ausgewiesenen Regressionsgleichung wurden die durchschnittlichen Pollenzahlen je Anthere für den Anbau 1977 geschätzt. Für die Gruppe mit langen Antheren ergab sich ein Durchschnittswert von 2550 Pollen je Anthere, die Formen mit kurzen Antheren hatten im Durchschnitt 1590 Pollen je Anthere. Das Maximum der Pollenbildung (ca. 2700 Pollen je Anthere) ist schon mit bei den speziell untersuchten sieben Sippen erfaßt (vgl. Tab. 1), während das Minimum bei 670 Pollen je Anthere (AE 282 – Herkunft Afghanistan) liegt. Damit ergeben sich Werte für das Merkmal Pollen je Samenanlage zwischen 2000 und 8000. Hier zeigt sich besonders das Ausmaß der infraspezifischen Differenzierung. Ähnlich große Unterschiede wurden auch bei verschiedenen *Plantago media* L.-Sippen beobachtet (HAMMER 1978). Definitionsgemäß besitzt die Regressionsgleichung nur für den Bereich Gültigkeit, aus dem die Meßwerte stammen. Gesetzmäßigkeiten der Evolution zur Autogamie erlauben aber Rückschlüsse auf den Verlauf der Regressionsgeraden auch in gewissen Grenzen außerhalb des definierten Bereichs. Allerdings stellen die Zahlenangaben für die Sippen mit kurzen Antheren nur Richtwerte dar.

Die Unterschiede zwischen beiden Gruppen betreffen auch die Korrelationsstruktur (Tab. 5). Die korrelativen Beziehungen zwischen Antherenlänge sowie Antherenbreite, Narbenlänge und Pflanzenhöhe divergieren für beide Gruppen beträchtlich. Je kleiner die Pflanzen bei der abgeleiteten Gruppe sind, desto geringer sind auch in der Tendenz Antherenlänge und Antherenbreite. Hier findet eine zunehmende Autogamieneigung ihren Ausdruck. Der Komplex der Anemophiliemerkmale wird durch Umweltbedingungen gleichsinnig beeinflußt. Bei der Entwicklung zur Autogamie kann aber die Reduktion der Narbenstrukturen nicht in dem Maße vonstatten gehen, wie die der Antheren, denn gut ausgebildete Narben sind für den Samenansatz auch bei autogamen Sippen von erheblicher Bedeutung (vgl. HAMMER 1975). Insgesamt sind alle signifikanten Korrelationen

Tabelle 5

Korrelationsmatrix von Merkmalen bei *Aegilops tauschii*. Sippen mit langen Antheren ($n = 61$, jeweils erster Wert); Sippen mit kurzen Antheren ($n = 44$, jeweils zweiter Wert).

	Antherenbreite		Narbenlänge		Hüllspelzenlänge		Pflanzenhöhe		Ährchen/Ähre	
Antherenlänge	−0,047	$0,450^{++}$	−0,235	$0,295^{+}$	$0,392^{++}$	$0,318^{+}$	0,206	$0,689^{+++}$	$0,253^{+}$	$0,366^{++}$
Antherenbreite			$0,452^{+++}$	0,406	−0,104	0,004	0,145	$0,466^{++}$	−0,151	0,255
Narbenlänge					−0,018	0,247	−0,028	0,157	−0,163	−0,183
Hüllspelzenlänge							0,172	0,071	0,127	−0,163
Pflanzenhöhe									$0,417^{++}$	$0,503^{+++}$

Tabelle 6

Verteilung des Merkmals Antherenlänge von *Aegilops tauschii*-Sippen aus verschiedenen Herkunftsgebieten

Herkunftsgebiet	Aserbaidshanische SSR	Dagestanische ASSR	Iran	Turkmenische SSR	Usbekische SSR	Armenische SSR	Georgische SSR	Tadshikische SSR	Kirgisische SSR	Afghanistan
Sippen mit langen Antheren (%)	91,4	33,3	33,3	21,5	20	16,7	0	0	0	0
Anzahl Sippen spontaner Herkunft	52	3	3	14	5	6	1	3	2	8
Sippen mit kurzen Antheren, durchschnittliche Antherenlänge	1,70	1,41	1,55	1,51	1,54	1,74	1,74	1,54	1,84	1,34
Sippen mit langen Antheren, durchschnittliche Antherenlänge	2,38	2,52	2,34	2,31	2,18	2,65	–	–	–	–

aus der Gruppe mit langen Antheren auch bei der abgeleiteten Sippe signifikant. Mit zunehmender Entwicklung zur Autogamie wird der korrelative Zusammenhang der Merkmale enger. Regressionsanalysen mit der Zielgröße Antherenlänge unterstützen diese Aussage. In der Gruppe mit langen Antheren ergibt sich eine multiple Bestimmtheit von B = 0,244 und bei der abgeleiteten Sippe von B = 0,375. Die letztgenannte Gruppe zeigt einen engeren korrelativen Zusammenhang der Merkmale, die jedoch in sich variabler sind als die der Ursprungssippe (vgl. Variationskoeffizienten in Tab. 4).

Die diskutierten Ergebnisse zeigen, daß beide Gruppen auf infraspezifische Differenzierung vor allem des Reproduktionssystems zurückzuführen sind. Aus Tabelle 6 ergeben sich auch Unterschiede beider Gruppen in der geographischen Verbreitung. Ein sehr hoher Prozentsatz der Formen mit langen Antheren findet sich in der Aserbaidshanischen SSR. Eig (1929) legt das Zentrum der Formenmannigfaltigkeit von *Ae. tauschii* in die südkaspischen Gebiete. Anhand des Merkmals Antherenlänge findet diese Annahme Unterstützung; Sippen mit den durchschnittlich längsten Antheren finden sich in der Armenischen SSR, der Dagestanischen ASSR und der Aserbaidshanischen SSR. Für die Georgische SSR können wegen der für unsere Untersuchungen fehlenden Sippen noch keine Schlußfolgerungen gezogen werden. Die eine Form mit kurzen Antheren aus diesem Gebiet entspricht aber in ihrer Merkmalsausprägung jenen aus der Armenischen SSR. Die hier aufgeführten Regionen kommen damit als Ausgangsgebiete für die Ausbreitung der Art in Frage. Von hier ausstrahlend muß die Verbreitung und gleichzeitig die Evolution der abgeleiteten Gruppe vor sich gegangen sein. Die Ergebnisse zeigen, daß die Autogamie für die Besiedlung der östlichen und südöstlichen Arealteile einen Selektionsvorteil darstellt.

Es lassen sich nicht nur Differenzierungen im Reproduktionssystem von *Ae. tauschii* aufzeigen, sondern es gibt auch eine Tendenz ihrer geographischen Verbreitung, die die infraspezifische Differenzierung fördert. Zwischenformen mit vielerlei Übergängen bestehen, wie auch schon für die infraspezifischen Kategorien der Art ausgeführt wurde. Die bestäubungsökologisch unterschiedenen Gruppen können nicht ohne weiteres einer schon beschriebenen Subspezies beigeordnet werden. Es besteht aber eine gewisse Übereinstimmung in der Merkmalsausprägung der primitiven Formen mit der ssp. *strangulata*, während die abgeleiteten Sippen mehr der ssp. *tauschii* zuneigen.

Einer Zusammenstellung von Migušova (1975) ist zu entnehmen, daß eine Reihe von Argumenten für die Beteiligung der ssp. *strangulata* an der Evolution von *T. aestivum* spricht. Was läßt sich aus unseren Ergebnissen für die Evolution von *T. aestivum* ableiten? Weitgehend einheitliche Auffassungen bestehen darüber, daß das D-Genom des Saatweizens von *Ae. tauschii* stammt (vgl. z. B. Chen et al. 1975, Fritsch et al. 1977). Als Donor der Genkombination AB wird *Triticum dicoccon* angesehen. Innerhalb der *Triticinae* ist festgestellt worden, daß Amphidiploide in ihren morphologischen Merkmalen quantitativ und qualitativ zwischen den Ausgangssippen liegen (Sears 1941). Auch die Antherenlänge wird intermediär vererbt; das zeigen einmal Kreuzungen von Weizen und Roggen (D'SOUZA 1970 und 1972, ATHWAL und KIMBER 1970, KISS 1970, YEUNG und LARTER 1972), zum anderen Kreuzungen innerhalb der Gattung *Triticum* (DHALIWAL und JOHNSON 1976). Die Gruppe der tetraploiden Weizen hat im Durchschnitt eine Antherenlänge von 3,1 mm (DHALIWAL und JOHNSON 1976). Der Unterschied in der Antherenlänge der verschiedenen Saatweizenformen ist recht groß. Nach Angaben von CAHN (1925), KHERDE et al. (1967) sowie ATHWAL und KIMBER (1970) wurden in Abhängigkeit von den Umweltbedingungen Werte von 2,83 mm bis 4,41 mm für die Antherenlänge gemessen.

Für die Entstehung von *T. aestivum* kommen nur *Ae. tauschii*-Sippen in Frage, die ausgeprägte Anemophiliemerkmale aufweisen. Hypothetisch errechnet sich für eine Kreuzung mit der von uns gefundenen *Ae tauschii*-Sippe, die die längsten Antheren zeigt (AE 145, Aserbaidshan – AL = 2,86 mm), zusammen mit den Angaben für tetraploide Weizen, ein Durchschnittswert von 2,98 mm für ein synthetisches *T. aestivum*, der mit dem von DHALIWAL und JOHNSON (1976) beobachteten Resultat (3,0 mm) und mit der oben diskutierten Variationsbreite des Saatweizens recht gut übereinstimmt. MERFERT (1976) fand bei ausgewähltem Zuchtmaterial von *T. aestivum* 2380 bis 3960 Pollen je Anthere. Auch in diesem Merkmal liegt der Saatweizen signifikant näher zu den *Ae. tauschii*-Sippen mit langen Antheren (vgl. Tab. 1). Für die Saatweizenevolution kommen damit nur die primitiven Sippen von *Ae. tauschii* mit langen Antheren in Betracht. Dieser Befund erhält auch durch die fakultative Allogamie innerhalb dieser Gruppe Unterstützung, die die Wahrscheinlichkeit für eine spontane Bastardierung der beiden Ausgangseltern erhöht. Die hier diskutierten Ergebnisse unterstützen in der Tendenz die Argumente von MIGUŠOVA (1975) und liefern eine blütenbiologische Begründung.

Summary

Characters of pollination ecology and breeding systems in *Aegilops tauschii* Coss. (*Ae. squarrosa* L.)

114 races of *Aegilops tauschii* were examined. Two clearly distinct groups concerning pollination ecology could be detected when testing the characters anther length, pollen grains per anther, and the pollen-ovule ratios. The hypothesis most compatible with observations proposes that the biotypes with long anthers participated in the evolution of *Triticum aestivum*.

Infraspecific differentiation apparently started from these forms with long anthers and well developed further anemophilous characters which are still facultatively allogamous. The strongly autogamous biotypes with short anthers are reckoned as derived forms. Differences were found within the geographic distribution of both groups. However it is not possible to put them clearly into one of the two subspecies of *Ae. tauschii*. But the characters of pollination ecology show that the biotypes with long anthers tend to ssp. *strangulata* and the derived forms to ssp. *tauschii*.

Краткое содержание

Признаки биологии цветения и репродуктивная система *Aegilops tauschii* Coss. (*Ae. squarrosa* L.)

При исследовании 114 образцов *Aegilops tauschii* были обнаружены две экологические группы, чётко различающиеся по признакам экологии цветения: длина пыльников, число пыльцевых зерен в пыльнике и отношение количества пыльцы к числу семяпочек. Результаты изучения биологии цветения допускают вероятность участия формы с длинными пыльниками в эволюции *Triticum aestivum*.

Внутривидовое дифференцирование пошло, очевидно, от факультативно аллогамных форм с длинными пыльниками и другими хорошо развитыми признаками анемофилии. Строго автогамные формы с короткими пыльниками следует считать вторичными. Наблюдаются различия и в географическом распространении обеих форм, но их нельзя отнести ни к одному из обоих подвидов вида. Однако, по тенденции выражения их признаков, формы с длинными пыльниками приближаются скорей к ssp. *strangulata*, а вторичные — к ssp. *tauschii*.

Literatur

ATHWAL, R. S. and G. KIMBER, 1970: Anther size and pollen longevity in wheat/rye addition lines. – Wheat Inform. Serv., Kyoto, **30**, 30–32.

CAHN, E., 1925: A study of fertility in certain varieties of common wheat with respect to anther length and amount of pollen in parents and offspring. – J. Amer. Soc. Agron. **17**, 591–595.

CHEN, K., J. C. GRAY and S. G. WILDMAN, 1975: Fraction 1 protein and the origin of polyploid wheats. – Science **190**, 1304–1305.

CRUDEN, R., 1977: Pollen-ovule ratios: a conservative indicator of breeding systems in flowering plants. – Evolution **31**, 32–46.

CVELEV, N. N., 1976: Zlaki SSSR. – „Nauka", Leningrad.

DHALIWAL, H. S. and B. L. JOHNSON, 1976: Anther morphology and the origin of the tetraploid wheats. – Amer. J. Bot. **63**, 363–368.

D'SOUZA, L., 1970: Untersuchungen über die Eignung des Weizens als Pollenspender, verglichen mit Roggen, *Triticale* und *Secalotricum*. – Z. Pflanzenzüchtg. **63**, 73–82.

–, 1972: A comparative study of size and receptivity of the stigma in wheat, rye, *Triticale*, and *Secalotricum*. – Z. Pflanzenzüchtg. **68**, 73–82.

EIG, A., 1929: Monographisch-kritische Übersicht der Gattung *Aegilops*. – Repert. spec. nov. reg. veg., Beih. **55**, 1–228.

FRITSCH, R., J. KRUSE, H. OHLE und H. I. SCHÄFER, 1977: Vergleichend-anatomische Untersuchungen im Verwandtschaftskreis von *Triticum* L. und *Aegilops* L. (*Gramineae*). – Kulturpflanze **25**, 155–265.

HAMMER, K., 1975: Die Variabilität einiger Komponenten der Allogamieneigung bei der Kulturgerste (*Hordeum vulgare* L. s. l.). – Kulturpflanze **23**, 167–180.

–, 1976a: Zur Allogamieneigung der Kulturgerste (*Hordeum vulgare* L.). – Tag.-Ber., Akad. Landwirtsch.-Wiss. DDR **143**, 221–226.

–, 1976b: Vorschlag für einen Index der Allogamieneigung bei der Kulturgerste (*Hordeum vulgare* L. s. l.). – Kulturpflanze **24**, 213–220.

–, 1978: Entwicklungstendenzen blütenökologischer Merkmale bei *Plantago*. – Flora **166**, 41–56.

JOPPA, L. R., F. H. MCNEAL and M. A. BERG, 1969: Pollen production of hard red spring (*Triticum aestivum* L. em. THELL.) and durum (*T. durum* DESF.) wheats. – Crop Sci. **8**, 487–490.

KHERDE, M. K., M. I. ATKINS, O. G. MERKLE and K. G. PORTER, 1967: Cross pollination studies with male sterile wheats of three cytoplasms, seed size on F_1-plants, and anther size of 45 pollinators. – Crop Sci. **7**, 389–394.

KISS, A., 1970: Spontaneous crossing between hexaploid *Triticale* ROSNER and *Triticale* No. 64. – Wheat Inform. Serv., Kyoto **31**, 24–25.

KUGLER, H., 1970: Blütenökologie. – VEB Fischer, Jena.

MERFERT, W., 1976: Hybridweizen und Allogamie. – Arch. Züchtungsforsch. **6**, 251–260.

MIGUŠOVA, Ė. F., 1975: K voprosu o proischoždenii genomov pšenicy. – Trudy prikl. bot., genet. selekc. **55**, 3–26.

MILOHNIĆ, J. and M. JOŠT, 1976: Pollen production and anther extrusion of wheat (*Triticum aestivum* L. em. THELL.). – Poljoprivredna Znanstvena Smotra **38**, 105–111.

MURRAY, B. G., 1974: Breeding systems and floral biology in the genus *Briza*. – Heredity **33**, 285–292.

POHL, F., 1937: Die Pollenerzeugung der Windblütler. Untersuchungen zur Morphologie und Biologie des Pollens VI. – Beih. Bot. Cbl. **56**, 365–470.

RICK, C. M., J. F. FOBES and M. HOLLE, 1977: Genetic variation in *Lycopersicon pimpinellifolium*: evidence of evolutionary change in mating systems. – Plant Syst. Evol. **127**, 139–170.

SEARS, E. R., 1941: Amphiploids in the seven-chromosome *Triticinae*. – Res. Bull. Missouri Agric. Exp. Sta. **336**, 1–46.

YEUNG, K. C. and E. N. LARTER, 1972: Pollen production and dissemination properties of *Triticale* relative to wheat. – Canad. J. Plant Sci. **52**, 569–574.

ŽUKOVSKIJ, P. M., 1928: Kritiko-sistematičeskij obzor vidov roda *Aegilops* L. – Trudy prikl. bot., genet. selekc. **18**, 417–609.

Kulturpflanze XXVI · 1978 · S. 283–292

Standortbedingte Unterschiede bei bestäubungsökologischen Merkmalen von Wintergersten (*Hordeum vulgare* L. s. l.)

HRISTO GORASTEV[1] und KARL HAMMER

(Eingegangen am 12. Januar 1978)

Zusammenfassung

In Karnobat (VR Bulgarien) und Gatersleben (DDR) wurden mit 20 Wintergerstensippen parallel dreijährige Versuche durchgeführt, um standortbedingte Unterschiede bei bestäubungsökologischen Merkmalen zu erfassen. Folgende Merkmale wurden geprüft: Antherenejektion, Antherenlänge, Antherenbreite, Stigmataspreizung, Stigmatahöhe und Stigmatafläche.

Unter den klimatischen Bedingungen Karnobats neigt die Gerste mehr zur Allogamie, und die Voraussetzungen für eine Hybridsaatgutproduktion sind günstig. In Gatersleben zeigen die Gersten eine Tendenz zur Autogamie, so daß hier mit der Sortimentserhaltung weniger Probleme verbunden sind. Die Unterschiede zwischen beiden Anbauorten werden besonders auf die Lufttemperatur und die photoperiodischen Verhältnisse zurückgeführt.

Bestäubungsökologische Untersuchungen bei der Gerste sind besonders im Zusammenhang mit der Erhaltung größerer Sortimente und für die Hybridforschung bedeutsam. Während die sortenreine Erhaltung durch eine möglichst geringe Allogamieneigung erleichtert wird, muß für eine lohnende Hybridsaatgutproduktion eine durchschnittliche Fremdbefruchtungsrate von mehr als 50% erreicht werden (SUNESON 1962). Viele Gerstensippen, und hier besonders die Winterformen (KÖCHLING 1966, KAUL u. SINGH 1968, OMAROV 1973, GORASTEV 1973, KÄSTNER u. UMBREIT 1974), sind fakultativ allogam, und ihre bestäubungsökologischen Merkmale werden in erheblichem Maße von den Umweltbedingungen beeinflußt (HAMMER 1975, 1977). Sie sind also für beide Zielstellungen geeignet, wenn eine Umwelt mit entsprechenden Bedingungen gefunden bzw. induziert werden kann.

Im folgenden soll versucht werden, aus den Ergebnissen eines zweiortigen Sortimentsanbaus von Wintergersten zu Aussagen über die Ausprägung der bestäubungsökologischen Merkmale unter verschiedenen Umweltbedingungen zu gelangen.

1 Institut für Gerste, Karnobat, VR Bulgarien.

Material und Methoden

Als Versuchsorte wurden Karnobat (VR Bulgarien) und Gatersleben (DDR) ausgewählt. An beiden Orten befinden sich größere Gerstensortimente, und es lagen Erfahrungen mit bestäubungsökologischen Problemen bei Gerste vor (vgl. z. B. GORASTEV 1976, HAMMER 1976b). Karnobat liegt im flachen Ostteil Bulgariens ca. 100 km vom Schwarzen Meer entfernt, Gatersleben im Trockengebiet des nördlichen Harzvorlandes (westlicher Teil der DDR). Klimadaten der Versuchsorte zeigt Tabelle 1. Die Klimawerte sind deshalb

Tabelle 1
Klimadaten der Versuchsorte für den Monat Mai

	Durchschnittstemperatur (°C)		durchschnittliche Luftfeuchte (%)		Niederschläge (mm)	
	Karnobat	Gatersleben	Karnobat	Gatersleben	Karnobat	Gatersleben
1974	14,8	11,3	70	79	52,1	69,3
1975	16,1	12,4	79	72	103,9	62,3
1976	14,3	13,4	69	66	34,2	52,3

für den Mai aufgeführt, weil in diesem Monat sowohl in Karnobat als auch in Gatersleben die Hauptblütezeit der Wintergerste liegt. In Karnobat beginnt die Blütezeit etwa zwei Wochen früher. Als Untersuchungsmaterial standen 20 Wintergersten zur Verfügung (Tab. 2), die zu gleichen Teilen beiden Sortimenten entstammen. Alle Sippen hatten in Voruntersuchungen eine relativ hohe Neigung zur Allogamie gezeigt. Bei den Formen aus Karnobat (HOR 4932 bis C 3054) handelt es sich meist um jüngeres Zuchtmaterial. Die Sippen aus Gatersleben zeigten häufig deutliche morphologische Unterschiede (HOR 981–HOR 4432). Nach Voruntersuchungen im Jahre 1973 wurden die 20 ausgewählten Sippen dreijährig in den Jahren 1974 bis 1976 an beiden Orten auf jeweils 2,5 m² großen Parzellen angebaut und folgende blütenökologische Merkmale erfaßt: Antherenejektion, Antherenlänge, Antherenbreite, Stigmataspreizung, Stigmatahöhe und Stigmatafläche. Zur Beschreibung der Vermessungsmethoden vgl. HAMMER (1975). Lediglich die Fixierung von Antheren und Stigmata wurde unterschiedlich vorgenommen: In Gatersleben wurden diese Organe in Vaseline eingebettet, während in Karnobat zur Konservierung ein Gemisch aus Alkohol und Eisessig Verwendung fand.

Ergebnisse und Diskussion

Die Mittelwerte für die einzelnen bestäubungsökologischen Merkmale unterscheiden sich für beide Anbauorte deutlich (Tab. 3). Unter den Bedingungen Karnobats ist die Chasmogamie, deren Ausdruck das Merkmal Antherenejektion ist, weitaus besser ausgeprägt. Nur ein sehr geringer Prozentsatz der Antheren wird hier während der Anthese nicht ejektiert und verbleibt folglich zwischen den Spelzen. Die Variabilität dieses Merkmals innerhalb eines Jahres und auch zwischen den Jahren ist gering (vgl. niedrige Variationskoeffizienten). Die Umweltbedingungen von Karnobat garantieren eine gleichmäßig hohe Chasmogamie. Dagegen ist die

Tabelle 2
Gemeinsam untersuchtes Material

Sort.-Nr. Gatersleben	Ähren-dichte[1]	Morphologische Gruppe	Sorte bzw. Stamm/Herkunft
Aus Gatersleben bereitgestelltes Material			
HOR 981	1	convar. *vulgare* var. *hybernum* VIB.	Balkan-Sammlung, 1941, Nr. 1154, Nordgriechenland
HOR 1109	1	convar. *vulgare* var. *hybernum* VIB.	'Lingby', Dänemark
HOR 1361	3	convar. *vulgare* var. *densum* SÉR.	Sortiment E. Schiemann, Berlin-Dahlem
HOR 2041	1	convar. *distichon* (L.) ALEF. var. *nutans* (RODE) ALEF.	'Ackermann's Tschermaks', Österreich
HOR 3152	1	convar. *vulgare* var. *hybernum* VIB.	'Tennessee Winter C.I. 3546', USA
HOR 3175	1	convar. *vulgare* var. *hybernum* VIB.	'Ager', Frankreich
HOR 4112	1	convar. *vulgare* var. *hybernum* VIB.	'California Coast C.I. 6115', USA
HOR 4224	2	convar. *vulgare* var. *parallelum* KÖRN.	'Aizn Coiled Necn', Japan
HOR 4274	1	convar. *vulgare* var. *hybernum* VIB.	'Xenia', DDR
HOR 4432	1	convar. *vulgare* var. *hybernum* VIB.	'Vogelsanger Gold', BRD
Aus Karnobat bereitgestelltes Material			
HOR 4932	1	convar. *distichon* (L.) ALEF. var. *nutans* (RODE) ALEF.	17 – 145 – 3, Bulgarien
HOR 4933	1	convar. *vulgare* var. *hybernum* VIB.	7 F, Bulgarien
HOR 4934	1	convar. *vulgare* var. *hybernum* VIB.	21 F, Bulgarien
HOR 4935	1	convar. *vulgare* var. *hybernum* VIB.	32 F, Bulgarien
HOR 4936	1	convar. *vulgare* var. *hybernum* VIB.	84 F, Bulgarien
HOR 4937	1	convar. *vulgare* var. *hybernum* VIB.	85 F, Bulgarien
HOR 4938	1	convar. *vulgare* var. *hybernum* VIB.	M – 14 – 1241 – 8, Bulgarien
HOR 4939	1	convar. *distichon* (L.) ALEF. var. *nutans* (RODE) ALEF.	No. 14, Bulgarien
C 3053	1	convar. *vulgare* var. *hybernum* VIB.	'Ager', Frankreich
C 3054	1	convar. *distichon* (L.) ALEF. var. *nutans* (RODE) ALEF.	'Weibulls 1100', Schweden

[1] Ährendichte 1 = locker
„ 2 = dicht
„ 3 = sehr dicht

Tabelle 3

Mittelwerte, Streuungen und Variationskoeffizienten bestäubungsökologischer Merkmale von jeweils 20 Wintergerstensippen

	Karnobat 1974	Gatersleben	Karnobat 1975	Gatersleben	Karnobat 1976	Gatersleben
Antherenejektion[1]						
$m \pm s$	2,79 ±0,11	2,20 ±0,237	2,80 ±0,107	1,68 ±0,431	2,79 ±0,094	2,24 ±0,306
v (%)	3,93	10,76	3,82	25,61	3,37	13,63
Antherenlänge (mm)						
$m \pm s$	3,80 ±0,304	3,39 ±0,218	3,96 ±0,301	3,33 ±0,252	3,52 ±0,306	2,92 ±0,244
v (%)	8,02	6,42	7,60	7,57	8,70	8,35
Antherenbreite (mm)						
$m \pm s$	0,63 ±0,069	0,61 ±0,080	0,70 ±0,058	0,59 ±0,103	0,73 ±0,113	0,48 ±0,110
v (%)	10,87	13,11	8,24	17,45	15,47	22,98
Stigmataspreizung (mm)						
$m \pm s$	2,70 ±0,392	3,72 ±0,330	2,71 ±0,506	3,58 ±0,451	2,22 ±0,542	3,93 ±0,419
v (%)	14,53	8,88	18,67	12,60	24,46	10,66
Stigmatahöhe (mm)						
$m \pm s$	1,19 ±0,196	1,55 ±0,195	1,17 ±0,194	1,59 ±0,205	1,20 ±0,193	1,48 ±0,199
v (%)	16,47	12,56	16,66	12,89	16,11	13,48
Stigmatafläche (mm^2)						
$m \pm s$	3,25 ±0,846	5,79 ±0,983	3,25 ±0,906	5,70 ±0,556	2,68 ±0,864	5,89 ±1,230
v (%)	26,05	12,56	16,98	13,08	32,27	20,90

[1] Unter Antherenejektion wird die durchschnittliche Anzahl ejektierter Antheren je Blütchen verstanden. Der Wert für dieses Merkmal kann demnach zwischen O (Kleistogamie) und 3 (völlig offenes Blühen) liegen.

Antherenejektion in Gatersleben deutlich niedriger und variiert stark in Abhängigkeit vom Anbaujahr und zwischen den Sippen. Der hohe Variationskoeffizient für die Antherenejektion von Gatersleben weist aus, daß hier gute Bedingungen für offenes Blühen nur für eine geringe Anzahl der Sippen gegeben sind, während die anderen eine große Neigung zum geschlossenen Abblühen zeigen.

Eine ähnliche Tendenz wie bei der Antherenejektion zeichnet sich auch für Antherenlänge und Antherenbreite ab.

Dagegen scheint für die Stigmatamerkmale eine gegenläufige Erscheinung zu bestehen; denn die Variabilität der Stigmatamerkmale ist unter den Bedingungen Karnobats deutlich höher als in Gatersleben. Die bestäubungsökologischen Merkmale bilden bei der Gerste einen Komplex. Nach unseren bisherigen Erfahrungen sind sie gleichsinnig umweltbedingten Veränderungen unterworfen (vgl. Hammer 1976b), d. h., günstige Bedingungen führen zu einer Vergrößerung bzw. Verbesserung aller Merkmale, wenn auch in unterschiedlichem Maße, und umgekehrt wird der Komplex der blütenökologischen Merkmale bei ungünstigen Einflüssen insgesamt reduziert. Die hier vorliegenden Ergebnisse bei den Stigmatamerkmalen scheinen gegen die Gültigkeit dieser These für die weibliche Seite zu sprechen. Es ist jedoch anzunehmen, daß sie ihre Ursache in den unterschiedlichen Fixierungsmethoden (vgl. unter Material und Methoden) haben.

Bei der Gegenüberstellung der einzelnen Sippen (Tab. 4) ergeben sich ebenfalls die eingangs beschriebenen Relationen. In Karnobat ist eine ausgeprägte Chasmogamie bei allen Formen sichtbar, in Gatersleben gibt es beträchtliche Unterschiede. Der Maximalwert der Antherenejektion für Gatersleben beträgt 2,46, während das Minimum von Karnobat bei 2,59 liegt. Trotz des auf Allogamieneigung ausgewählten Materials, ist in Gatersleben zwischen den Sippen eine große Variabilität vorhanden. Die Unterschiede können nicht auf morphologische Merkmale zurückgeführt werden, denn sowohl die Gruppe der dichtährigen (Karnobat Antherenejektion (AE) = 2,75, Gatersleben AE = 2,03) als auch die zweizeiligen Formen (Karnobat AE = 2,75, Gatersleben AE = 2,09) unterscheiden sich nicht signifikant vom Durchschnitt aller Sippen (Karnobat AE = 2,80, Gatersleben AE = = 2,05). Auf Grund des geringen Materialumfangs und wegen der Auswahl besonders chasmogamer Formen darf hier nicht der Schluß gezogen werden, daß Ährendichte und Zeiligkeit bei der Gerste keinen Einfluß auf das Offenblühen haben. Untersuchungen an einem größeren Material zeigten eindeutig eine geringere Antherenejektion bei zweizeiligen und dichtährigen Sippen (Hammer 1975). Es gibt jedoch unter diesen Gersten einzelne Sippen, die beträchtlich zum Offenblühen neigen, d. h., deren recht gut funktionierender Blühmechanismus, trotz ungünstiger morphologischer Voraussetzungen bzw. eines entsprechenden genetischen Hintergrundes, wirksam wird.

Bei der Antherenlänge liegen die Mittelwerte für die zweizeiligen bzw. dichtährigen Sippen signifikant über (Karnobat 4,08 mm, Gatersleben 3,38 mm) bzw. unter (Karnobat 3,44 mm, Gatersleben 2,96 mm) dem Gesamtdurchschnitt (Karnobat 3,79 mm, Gatersleben 3,18 mm). Diese Tendenz entspricht vollständig

Tabelle 4

Mittelwerte bestäubungsökologischer Merkmale aus 3 Versuchsjahren für einzelne Wintergerstensippen

	Antherenejektion		Antherenlänge		Antherenbreite		Stigmata-spreizung		Stigmatahöhe		Stigmatafläche	
	K	G	K	G	K	G	K	G	K	G	K	G
HOR 981	2,59	2,11	4,11	3,41	0,67	0,47	2,52	3,66	1,29	1,47	3,35	5,32
HOR 1109	2,88	2,35	3,86	3,44	0,72	0,55	2,04	3,44	1,10	1,53	2,22	5,16
HOR 1361	2,74	1,81	3,32	2,84	0,67	0,59	2,52	3,44	0,94	1,45	1,39	4,63
HOR 2041	2,59	2,04	3,84	3,37	0,77	0,47	2,85	3,68	1,03	1,65	3,90	6,02
HOR 3152	2,88	2,08	3,57	3,03	0,69	0,51	2,28	3,57	1,09	1,43	2,48	5,09
HOR 3175	2,86	2,25	3,47	3,02	0,65	0,54	2,15	3,34	1,26	1,17	2,69	3,89
HOR 4112	2,82	2,16	3,52	2,61	0,71	0,53	2,16	3,51	1,27	1,55	2,46	5,95
HOR 4224	2,77	2,26	3,57	3,09	0,67	0,50	2,32	3,30	1,17	1,63	3,11	5,37
HOR 4274	2,86	1,99	4,07	3,33	0,78	0,56	2,90	3,93	1,15	1,53	3,37	5,93
HOR 4432	2,85	2,28	3,83	3,05	0,65	0,58	2,43	3,81	1,11	1,57	2,72	5,99
HOR 4932	2,77	2,11	3,95	3,25	0,81	0,56	2,72	3,34	1,23	1,49	3,34	5,54
HOR 4933	2,84	1,47	3,78	3,22	0,56	0,64	2,14	3,83	1,23	1,67	2,63	6,41
HOR 4934	2,82	1,64	3,71	3,20	0,60	0,61	3,90	3,93	1,36	1,89	4,18	7,48
HOR 4935	2,81	2,05	3,68	3,17	0,61	0,56	2,74	3,76	1,23	1,60	3,45	6,33
HOR 4936	2,74	1,91	3,85	3,30	0,73	0,60	2,87	4,11	1,26	1,77	3,62	7,32
HOR 4937	2,79	1,61	3,75	3,28	0,69	0,65	2,94	3,93	1,33	1,66	3,89	6,42
HOR 4938	2,88	2,15	3,70	3,10	0,69	0,45	2,85	4,25	1,24	1,55	3,55	6,56
HOR 4939	2,87	2,21	4,47	3,28	0,85	0,58	1,99	3,72	0,96	1,48	1,89	5,47
C 3053	2,91	2,46	3,61	3,04	0,64	0,60	2,03	3,40	1,02	1,39	2,06	4,66
C 3054	2,78	2,02	4,07	3,61	0,72	0,62	3,20	4,24	1,24	1,44	3,98	6,11
Mittelwert	2,80	2,05	3,79	3,18	0,69	0,56	2,54	3,71	1,18	1,55	2,99	5,78
Streuung	±0,09	±0,25	±0,26	±0,22	±0,07	±0,06	±0,38	±0,29	±0,12	±0,15	±0,75	±0,87
Variations-koeffizient (%)	3,13	12,43	6,94	7,01	10,26	10,17	15,16	7,95	10,27	9,75	25 18	15,10

K = Karnobat
G = Gatersleben

den Ergebnissen an einem größeren Material (HAMMER 1975). Der Variationskoeffizient der Antherenlänge liegt bei beiden Anbauvarianten in der gleichen Größenordnung und relativ niedrig. Möglicherweise läßt sich das daraus erklären, daß die Entwicklung der Antheren ein längerdauernder Prozeß ist, der unter entsprechenden klimatischen Bedingungen bei den verschiedenen Gersten in ähnlicher Weise abläuft. Der Reiz zur Antherenejektion geht dagegen wohl größtenteils von kürzer dauernden, über Schwellenwerte wirkenden Klimaeinflüssen aus, wobei eine größere Wahrscheinlichkeit für Variationen besteht. (Solche Schwellenwerte sind schon lange bekannt. GODRON (1873) beobachtete z. B. für *Hordeum bulbosum* eine Mindesttemperatur für offenes Blühen bei 16 °C.) Unterstützung findet dieser Befund auch durch einen Vergleich der entsprechenden Merkmale (Tab. 3) und der Klimadaten (Tab. 1). Offenbar fördern hohe Temperaturen und ein hoher Niederschlag, der über die Versorgung des Bodens mit Wasser und über die Erhöhung der Luftfeuchte wirkt, die Neigung zur Allogamie. Für Karnobat ist in dem warmen und niederschlagsreichen Jahr 1975 zwar nur eine geringfügige Erhöhung der Chasmogamie und auch der Stigmataspreizung zu beobachten, jedoch eine deutliche Zunahme in der Antherenlänge. In Gatersleben zeigt die Temperaturzunahme bei gleichzeitiger Reduzierung des Niederschlages über die drei Versuchsjahre wenig Einfluß auf die Antherenejektion. Es ist aber ein Rückgang in Antherenlänge und Antherenbreite festzustellen. Für die länger dauernde Entwicklung der Antheren ist hier die Versorgung mit Wasser ins Minimum geraten, und die zur Formierung der reproduktiven Organe an sich günstige Temperaturerhöhung konnte lediglich als Auslösereiz für das Offenblühen wirksam werden. Ähnlich sind auch die Ergebnisse von SERGEEV (1968) zu erklären, der eine hohe positive Korrelation zwischen offenem Blühen und Luftfeuchte von $r = +0{,}89$ und eine hohe negative Korrelation zwischen offenem Blühen und Temperatur ($r = -0{,}80$) fand.

Aus einem globalen Vergleich können natürlich keine detaillierten Schlüsse, die Ausprägung der bestäubungsökologischen Merkmale in Abhängigkeit vom Witterungsverlauf betreffend, gezogen werden. Die wesentlichen Unterschiede zwischen Karnobat und Gatersleben lassen sich nach den Klimadaten (Tab. 1) auf die insgesamt höheren Temperaturen des ersten Anbauortes zurückführen. OMAROV (1976) bestätigt mit seinen Ergebnissen diesen Befund, denn er fand in der Dagestanischen ASSR unter Flachlandbedingungen ein deutlich offeneres Blühen als in der Vorgebirgszone. Außerdem wirken noch photoperiodische Erscheinungen, denn Beobachtungen aus den Ursprungsländern der Gerste (z. B. ZOHARY 1971), die im Kurztagsbereich liegen, geben eine erhöhte Neigung zur Chasmogamie an.

Korrelationskoeffizienten wurden errechnet (Tab. 5), um die Übereinstimmung der Rangfolgen zwischen den entsprechenden Merkmalsausbildungen in den beiden Orten zu überprüfen. Überraschend gering ist der Korrelationskoeffizient bei der Antherenejektion. Das erklärt sich zum Teil daraus, daß die Werte für die Antherenejektion in Karnobat alle recht hoch und relativ dicht nebeneinander-

Tabelle 5

Korrelationskoeffizienten zwischen Meßreihen bestäubungsökologischer Merkmale aus Karnobat und Gatersleben

Antheren-ejektion	Antheren-länge	Antheren-breite	Stigmata-spreizung	Stigmatahöhe	Stigmatafläche
$r = 0{,}214$	$r = 0{,}7094^{++}$	$r = -0{,}268$	$r = 0{,}6757^{++}$	$r = 0{,}334$	$r = 0{,}685^{++}$

liegen. Sie unterscheiden sich meist nicht signifikant. Durch die ungünstigeren Umweltbedingungen für Chasmogamie in Gatersleben sind die Ergebnisse hier weiter aufgefächert und zeigen oft signifikante Differenzen. Eine Korrelation der Werte beider Meßreihen für die Antherenejektion ist daher stark zufallsbedingt. Vergleicht man die einzelnen Sippen in ihrer Rangfolge, so ergibt sich daraus folgendes Bild: 8 Formen nehmen in beiden Orten einen identischen oder benachbarten Rangplatz ein, 6 unterscheiden sich um 3 bis 6 Rangplätze und 6 um 8 bis 11 Rangplätze. Die Tendenz in der Ausprägung des Merkmals Antherenejektion ist demnach doch deutlicher, als sie sich aus dem Korrelationskoeffizienten ableiten läßt. Für Antherenlänge, Stigmataspreizung und Stigmatafläche lassen sich signifikant positive Korrelationen erkennen. Hier besteht ein engerer Zusammenhang zwischen den Werten der Meßreihen und damit der Reihenfolge der Sippen beider Orte.

Die Merkmale Antherenejektion, Antherenlänge und Stigmatafläche sind in ihrem gemeinsamen Einfluß auf den Fremdbefruchtungsansatz untersucht und zu einem Index zusammengefaßt worden, der Aussagen zur potentiellen Eignung der entsprechenden Gerstensippen für die Fremdbefruchtung zuläßt (Hammer 1976a). Dieser Index der Allogamieneigung wurde hier für die Sippen mit der durchschnittlich höchsten Antherenejektion errechnet. 'Ager' (C 3053) hat in Karnobat einen Index von 48,29 und in Gatersleben von 50,32, für 'Lingby' (HOR 1109) lagen die entsprechenden Werte bei 51,21 bzw. 53,84. Auf Grund der geringen Werte für die Stigmatamerkmale in Karnobat wurden für den Index der Allogamieneigung nur unwesentliche Unterschiede zwischen beiden Orten gefunden. Als beste zweizeilige Gerste stellte sich HOR 4939 heraus (Karnobat 54,76, Gatersleben 50,98). Diese Sippen wären als Pollenspender und auch als Ausgangsmaterial für die Entwicklung von männlich-sterilen Linien, die in der Hybridsaatgutproduktion Verwendung finden können, sehr geeignet. Auf die zweizeilige Form unter den Wintergersten mit hoher Neigung zur Allogamie wird besonders hingewiesen; die zweizeiligen Sippen sind bestäubungsökologisch besser an die Fremdbefruchtung angepaßt, weil bei ihnen die Behinderung des Pollenfluges durch die Grannen weniger stark wirksam werden kann, als bei mehrzeiligen begrannten Gersten. Diesen Befund bestätigten Hockett und Eslick (1970) für weibliche Hybridpartner. Sie fanden auf mehrzeiligen ms-Pflanzen signifikant weniger Kornansatz als auf zweizeiligen und sehen deshalb zweizeilige Gersten als geeigneter für die Hybridsaatgutproduktion an. Andererseits bedürfen solche

Sippen besonderer Aufmerksamkeit in der Sortimentserhaltung. Bestimmte Isolationsmaßnahmen sind für die ausgeprägt chasmogamen Formen, aber auch bis zu einem gewissen Grade für das übrige hier geprüfte Sortiment, bei beiden Anbauorten notwendig.

Es ergeben sich aus den zweiortigen Prüfungen folgende Schlußfolgerungen: Unter den Umweltbedingungen Karnobats neigt die fakultativ allogame Wintergerste stark zur Chasmogamie (vgl. auch Gorastev 1976 sowie Gorastev und Popova 1977). Die bestäubungsökologischen Voraussetzungen für eine Hybridsaatgutproduktion sind unter diesen klimatischen Verhältnissen günstig. Eine sortenechte Erhaltung ist für viele Sippen ohne Isolationsmaßnahmen nicht gewährleistet.

In Gatersleben zeigen die Wintergersten im allgemeinen eine deutlichere Tendenz zur Autogamie, d. h. die bestäubungsökologischen Voraussetzungen für eine Hybridsaatgutproduktion wären nicht so günstig. Nur besonders chasmogame Sippen müssen zur sortenechten Erhaltung isoliert werden, so daß der Sortimentsführung keine schwerwiegenden Probleme erwachsen.

Summary

Environmental influences on characters of pollination ecology in winter barley (*Hordeum vulgare* L. s. l.)

In Karnobat (Bulgaria) and Gatersleben (GDR) an experiment was conducted during three years (1974–1976) to demonstrate environmental influences on characters of pollination ecology in barley. The following characters were studied: anther extrusion, anther length, anther width, stigma width, stigma height and stigmatic surface area. Under the climatic conditions of Karnobat barley tends to open flowering and that's why there are good possibilities for hybrid seed production. In Gatersleben barley shows a stronger tendency to autogamy. Less problems are connected here with the maintaining of large collections. Differences between the two localities are attributed to air temperature and photoperiodic conditions mainly.

Краткое содержание

Различия экологических признаков опыления озимого ячменя (*Hordeum vulgare* L. s. l.), обусловленные местом возделывания

В Карнобате (НР Болгария) и Гатерслебене (ГДР) в течение 3 лет проводились параллельные опыты с 20 формами озимого ячменя для выявления различий экологических признаков опыления в зависимости от места возделывания.

Учитывались следующие признаки: вскрытие пыльников, длина и ширина пыльников, ширина и величина рылец и их поверхность.

В климатических условиях Карнобата ячмень проявляет заметную склонность к аллогамии и здесь предпосылки для получения семенного материала гибридных сортов – лучше. В Гатерслебене ячмень – более автогамен, так что сохранение сортимента в чистоте оказывается здесь менее проблематичным. Различия внешних условий между обоими местами возделывания сводятся, главным образом, к температуре воздуха и фотопериодизму.

Literatur

GODRON, A., 1873: De la floraison des Graminées. – Mém. Soc. Sc. Nat. Cherbourg **17**, 105–197.

GORASTEV, HR., 1973: Character of flowering of fertile and pollen sterility barley forms in the conditions of Karnobat. – Breeding and productivity of barley, Proc. Intern. Symp., pp. 347–357, Kroměříž 1972.

–, 1976: Studies on flower morphology and flowering biology in connection with winter barley heterosis breeding. (Bulg., Engl. summary). – Aftoreferat, Karnobat.

– und Z. POPOVA, 1977: Fremdbefruchtung bei Wintergerste im südöstlichen Bulgarien (bulg.) – Genetika i Selekcija (Sofia), **10**, 414–419.

HAMMER, K., 1975: Die Variabilität der Komponenten der Allogamieneigung bei der Kulturgerste (*Hordeum vulgare* L. s. l.). – Kulturpflanze **23**, 167–180.

–, 1976a: Vorschlag für einen Index der Allogamieneigung bei der Kulturgerste (*Hordeum vulgare* L. s. l.). – Kulturpflanze **24**, 213–220.

–, 1976b: Zur Allogamieneigung der Kulturgerste (*Hordeum vulgare* L.). – Tag.-Ber., Akad. Landwirtsch.-Wiss. DDR, Berlin **143**, 221–226.

–, 1977: Fragen der Eignung des Pollens der Kulturgerste (*Hordeum vulgare* L. s. l.) für die Windbestäubung. – Kulturpflanze **25**, 13–23.

HOCKETT, E. A. and R. F. ESLICK, 1970: Natural outcrossing on genetic male sterile barley. – Crop Sci. **10**, 152–154.

KÄSTNER, H. F. und H. UMBREIT, 1974: Ergebnisse zu Chasmogamieuntersuchungen an Wintergerste. – Tag.-Ber., Akad. Landwirtsch.-Wiss. DDR, Berlin **127**, 177–185.

KAUL, C. L. and S. P. SINGH, 1968: Studies in male sterile barley. I. Floral morphology, pollination and seed set. – Agr. Univ. J. Res. **17**, 45–52.

KÖCHLING, J., 1966: Die Ausnutzung der „freien Bestäubung" für die Sortenkreuzung bei selbstbefruchtenden Getreiden. – Züchter **36**, 87–89.

OMAROV, D. S., 1973: Freie Windbestäubung bei Wintergerste (russ.). – Sel'skochoz. Biol. **8**, 374–377.

–, 1976: Some selective genetic aspects of the biology of flowering and fertility in barley. – Barley Genetics III, Proc. Third Intern. Barley Genetics Symp., Garching: pp. 802–804, Thiemig, München.

SERGEEV, A. V., 1968: Sortenbastardierungen bei Gerste durch freie Windbestäubung (russ.). – Selekc. i Semenovod. **75**.

SUNESON, C. A., 1962: Hybrid barley promises high yields. – Crop Sci. **2**, 410–411.

ZOHARY, D., 1971: The fate of natural „hybrid swarms" between *Hordeum spontaneum* and *H. vulgare*. – In: Barley Genetics II, pp. 63–64. Proc. of Second International Barley Genetics Symposium 1969, Pullmann, Washington.

Kulturpflanze XXVI · 1978 · S. 293—302

Über die Schätzung der Heritabilität im weiteren Sinne mit der anschaulichen Methode der Pfadanalyse

IGOR GREBENŠČIKOV

(Eingegangen am 11. Januar 1978)

Zusammenfassung

Für die Schätzung der Heritabilität im weiteren Sinne von 7 Ertragsmerkmalen bei Mais wird die Methode der Pfadanalyse vorgeschlagen. Die nach dieser Methode geschätzten Werte werden mit jenen verglichen, die in den früheren Arbeiten des Autors bei zweijähriger Wiederholung varianzanalytisch nach LEIN (1960) ermittelt wurden. Der statistische Vergleich ergab keine signifikanten Unterschiede zwischen beiden Methoden. Die maximale Abweichung (für Korngröße) überschreitet nicht 14%. Die durchschnittliche Differenz liegt unter 5%.

Während der „Untersuchungen zu Heterosis-Leistungsabfall-Beziehungen bei Mais" (GREBENŠČIKOV 1977a) wurden unter anderem sowohl die Korrelationskoeffizienten für einzelne Merkmale zwischen den Generationen (P, F_1, F_2) wie auch die Werte der Heritabilität im weiteren Sinne (h_w^2) für dieselben Merkmale nach der varianzanalytischen Methode von LEIN (1960) geschätzt. Als h_w^2-Werte bezeichnen wir die genotypischen Streuungsanteile, d. h. die Anteile der genotypischen Varianz an der Totalvarianz: $s_g^2/(s_g^2+s_u^2+s_{gu}^2)$; ausführlicher darüber bei GREBENŠČIKOV (1964, 1972, 1974). Ein solcher Heritabilitätskoeffizient gibt für ein Merkmal „Aufschluß darüber, welcher Erfolg bezüglich der Verbesserung der Leistungshöhe einer Population züchterisch erreicht werden kann ... Ist h_w^2 sehr klein (z. B. $<0{,}05$), so ist züchterisch kaum eine Verbesserung erreichbar. Eine Leistungssteigerung wird dann hauptsächlich durch Verbesserung der Umweltbedingungen möglich sein" (STAHL et al. 1969, S. 149). Wegen der Wichtigkeit dieser Werte und unter Berücksichtigung der Tatsache, daß die verschiedenen Schätzmethoden oft zu unterschiedlichen Werten führen, haben wir uns vorgenommen, unsere Werte durch einen Vergleich mit den Werten, die nach einer anderen Methode ermittelt sind, zu überprüfen.

Wir wählten die Pfadanalyse, weil diese Methode (zuerst von WRIGHT 1918, ausführlicher 1921 vorgeschlagen) manche Vorteile besitzt, die ihr, besonders für Nichtmathematiker, vor anderen Methoden einen Vorrang geben. Obwohl die Pfadanalyse stärker und häufiger als die Varianzanalyse von mathematisch-philosophischer Seite kritisiert wurde (darüber bei STERN 1957), besteht der Vorteil der Pfadanalyse nach den treffenden Worten von RASCH (in STAHL et al. 1969, S. 137) jedoch gerade darin, „daß sie geeignet ist, eine Brücke zwischen dem Streben der Tierzüchter nach Anschaulichkeit und mathematischen Abstraktionen zu schlagen". Dasselbe Streben haben natürlich auch die Pflanzenzüchter! Doch die pflanzenzüchterische Literatur ist an Darstellungen und Anwendung der Pfadanalyse arm. Trotz Anregung von STERN (1957) in der „Zeitschrift für Pflanzenzüchtung" wurde die Analyse nur selten benutzt: z. B. bei O'SVÁTH (1965, 1966, auch einige Vorträge), ŠATOVIĆ (1975), einigen Autoren in „Crop Science". So viel uns bekannt ist, wurde sie für die Schätzung der Heritabilität in der Pflanzenzüchtungsforschung noch nicht angewandt. Bei den Tierzüchtern ist sie hauptsächlich für die Ermittlung der Inzuchtkoeffizienten in Gebrauch. Die meisten allgemeinen Darstellungen sind entweder von Tierzüchtern oder für sie geschrieben, so z. B. LE ROY (1960, 1966), PIRCHNER (1964), NIKORO et al. (1968), STAHL et al. (1969) u. a. Noch 1967 konnte LE ROY einen Artikel „Kennen Sie die Methode des Pfadkoeffizienten?" betiteln, obwohl die Methode etwa gleichaltrig mit der Varianzanalyse ist und ebenso breite Anwendungsmöglichkeiten hat. In dem Artikel weist der Autor darauf hin, daß die Pfadanalyse in der Anwendung noch wenig bekannt ist, und bringt dabei die wesentlichen Regeln ihrer Handhabung. Nach LE ROY hat diese Methode den Vorteil, „daß die kausalen Beziehungen jeweils symbolisch in Form eines Pfadkoeffizientendiagrammes aufgezeichnet werden müssen und dadurch eine eindeutige Hypothese in anschaulicher Form fixiert wird".

Hier ist kein Platz, die Methode ausführlich zu erläutern: wir verweisen auf die zitierten Arbeiten sowie auf die Lehrbücher der „mathematischen –" oder Populationsgenetik, wie etwa LI (1955), WEBER (1967), ROKICKIJ (1974) u. a. Es sei nur gesagt, daß der Pfadkoeffizient, meist als p bezeichnet, den Pfad von einer Kausalvariablen zu einer Wirkungsvariablen charakterisiert; er ist eine Form von standardisiertem (d. h. auf die entsprechende Varianz bezogenen) partiellem Regressionskoeffizienten; er ist von der Richtung des Einflusses der Variablen abhängig und dimensionslos. Doch in der Praxis genügt es, nur die Korrelationskoeffizienten zwischen den bekannten Faktoren zu kennen und die Richtungen der kausalen Zusammenhänge festzulegen, um die Pfadkoeffizienten ermitteln zu können.

Für unsere Zwecke eignet sich formal das Modell 4 von LE ROY (1966, 1967), doch wir benutzen dabei eine einfachere Schreibweise der Formeln, die PIRCHNER und NIKORO verwenden. Sachlich steht unserer Aufgabe am nächsten das Schema von PIRCHNER (1964, Abb. 1.7). Doch ein wesentlicher Unterschied besteht darin, daß er die Einflüsse von Mutter- und Vatertieren neben dem Umwelteinfluß auf ihre unmittelbaren Nachkommen schätzt, während bei uns (Abb. 1) die Einflüsse von der Großelterngeneration ($\overline{P}$) und Elterngeneration (F_1), ebenfalls neben dem unbekannten Umwelteinfluß (Rest), auf die Enkelgeneration (F_2) geschätzt werden. So weit zur Methode.

Als Versuchsmaterial dienten 83 F_2-, ebensoviele entsprechende F_1-Generationen sowie ihre 89 Eltern, wobei – anders als in unserer Arbeit von 1977b – hier die Korrelationen nicht für die Einzeleltern (P), sondern für die jeweiligen Elternmittelwerte ($\overline{P}$) ermittelt wurden, damit die Anzahl der „Eltern" der Anzahl der F_1- und F_2-Generationen entspricht. Diese 89 Eltern – von welchen die meisten mehr als einmal als Mutter oder als Vater, aber immer in anderen Kombinationen verwendet worden waren – sind Maisherkünfte des Gaterslebener Sortimentes randomisiert gekreuzt. Ihr durchschnittlicher Inzuchtgrad betrug etwa 4 Jahre. Alle drei Generationen standen auf dem Felde in den Jahren 1971 und 1972. Alle Versuchsparzellen hatten in jedem Jahr 28 Pflanzen (1 Pflanze je Pflanzstelle in einem Abstand von 60×30 cm). Die üblichen phänotypischen Korrelationen wurden für die einzelnen Jahre geschätzt. Es wurden nicht die Einzelpflanzen-, sondern die Parzellenwerte zugrunde gelegt. Es handelt sich hier also nicht um die Korrelationen innerhalb kleiner Sippen, sondern um solche, die geeignet sind, eine größere infraspezifische Gruppe zu charakterisieren und allgemeine Gesetzmäßigkeiten aufzudecken (vgl. GREBENŠČIKOV 1977b).

Die Korrelationen zwischen $\overline{P}$ und F_1, zwischen F_1 und F_2 sowie zwischen $\overline{P}$ und F_2 sind in der vorliegenden Arbeit für folgende 7 Ertragsmerkmale geschätzt worden:

KrG (Korngewicht): **Kornertrag** als Gewicht der lufttrockenen reifen Körner von 10 Pflanzen (also kein Flächenertrag!), in kg.

PG (Pflanzengewicht): **Grünmasse** als Gewicht von 10 siloreifen Pflanzen, in kg.

KL **Kolbenlänge**: durchschnittliche Länge der reifen Kolben, die von 10 Pflanzen geerntet waren, in cm.

PH **Pflanzenhöhe**: durchschnittliche Pflanzengröße je Parzelle, in cm.

HKG (Hundertkorngewicht): **Korngröße**. Durchschnitt aus 3 Proben von je 100 Körnern, in g.

KrR **Körnerreihen**: ihre durchschnittliche Anzahl an den Kolben der 10 geernteten Pflanzen.

RP (Rohprotein): **Rohproteingehalt** als Durchschnitt von 3 Kjeldahlanalysen von je 1 g lufttrockener Körner, in %.

10 Pflanzen einer Maisparzelle wurden in siloreifem Zustande abgeerntet (zur Ermittlung der Grünmasse), weitere 10 bei der Kornreife.

Diese Merkmale ergaben im Durchschnitt aller drei Generationen die in Tabelle 1 aufgeführten Jahresmittelwerte. Der Heterosisindex *HET* % (GREBENŠČIKOV 1972a), als Mittelwert der beiden Jahre, zeigt die Heterosisneigung der einzelnen Merkmale in der F_1 an. Der Heritabilitätskoeffizient (h^2_w %) ist ebenfalls als Mittelwert der beiden Jahre (zweijährige Wiederholung in der Varianzanalyse) und aller drei Generationen zu betrachten. Es sei dabei bemerkt, daß die Vegetationszeit des Maises (Juni–September) im Jahre 1971 mäßig warm und trocken (173 mm Niederschlag), 1972 etwas kühler und wesentlich feuchter (314 mm) war (Tab. 1).

Die geschätzten Korrelationskoeffizienten (r) stellen wir in Tabelle 2 als kleine Korrelationsmatrizen für jedes einzelne Merkmal dar, wobei die obere Zahl die

Tabelle 1

Die Merkmalsmittelwerte der Versuchsjahre nebst ihrem Heterosisindex und ihrer Heritabilität i. w. S. nach Lein

Merkmal	1971	1972	*HET* %	h_w^2 %
KrG kg	0,910	0,763	43	31
PG kg	6,27	8,18	32	46
KL cm	15,0	15,5	21	80
PH cm	157	177	20	75
HKG g	27,2	22,1	19	59
KrR Anz.	10,8	10,8	3	87
RP %	9,93	10,52	−8	11

Schätzung des Jahres 1971 ist, die untere die von 1972. Alle r sind positiv und hochsignifikant, mit Ausnahme der r für Rohproteingehalt, bei welchen die übliche Signifikanzbezeichnung gegeben ist. Die Anzahl der Freiheitsgrade betrug für jeden Korrelationskoeffizienten $n-2=81$ Parzellenwerte (Tab. 2).

Tabelle 2

Die Korrelationen (r) zwischen den Generationen für beide Versuchsjahre (obere Zahl für 1971, untere für 1972)

	F_1	F_2	F_1	F_2	F_1	F_2
$\overline{P}$	0,41	0,49	0,44	0,60	0,69	0,66
	0,30	0,49	0,61	0,52	0,69	0,73
F_1		0,54		0,59		0,85
		0,58		0,65		0,79
	Kornertrag (KrG)		Grünmasse (PG)		Kolbenlänge (KL)	
$\overline{P}$	0,72	0,77	0,75	0,73	0,83	0,85
	0,77	0,77	0,78	0,76	0,89	0,88
F_1		0,92		0,86		0,89
		0,93		0,81		0,92
	Pflanzenhöhe (PH)		Korngröße (HKG)		Körnerreihen (KrR)	
$\overline{P}$	0,06 n. s.	0,20*				
	0,37**	0,06 n. s.				
F_1		0,17 n. s.				
		0,22*				
	Rohproteingehalt (RP)					

Als Beispiel der Ermittlung der Pfadkoeffizienten für unser Material sei das Merkmal Grünmasse (PG) analysiert (Abb. 1).

Wir betrachten also die F_2-Generation als Effekt der Wirkung (oder der Einflüsse) von F_1 (hier als Elterngeneration) und $\overline{P}$ (Großelterngeneration). Dieser Wirkung, welche als genotypische bezeichnet werden kann, stellen wir die Restwirkung gegenüber, welche in erster Annäherung als Umweltwirkung (einschließlich Fehler) interpretiert werden kann. Um die Schreibweise der Formeln zu erleichtern, geben wir allen Faktoren durchgehende Nummern: 1 für F_2, 2 für F_1, 3 für $\bar{P}$ und 4 für den Rest. Die Korrelationskoeffizienten sind als r mit entsprechenden Indizes bezeichnet, die Pfadkoeffizienten als p, wobei als Index nur die Nummer des einwirkenden Faktors angegeben wird (bei uns p_2, p_3 und p_4). Durch die einfachen Pfeile sind die vom Experimentator festgelegen Einflußrichtungen gezeigt, durch den Doppelpfeil die korrelative Beziehung zwischen den bekannten Faktoren (r_{23}). Es wird dabei angenommen, daß keine Korrelation zwischen Eltern und Umwelt besteht (vgl. PIRCHNER l. c., Abb. 1.7). Um die Pfadkoeffizienten durch Auflösung unseres Systems zu ermitteln, muß man alle (als linear angenommenen) Korrelationen zwischen 1, 2 und 3 kennen (vgl. Abb. 1 und Tab. 2).

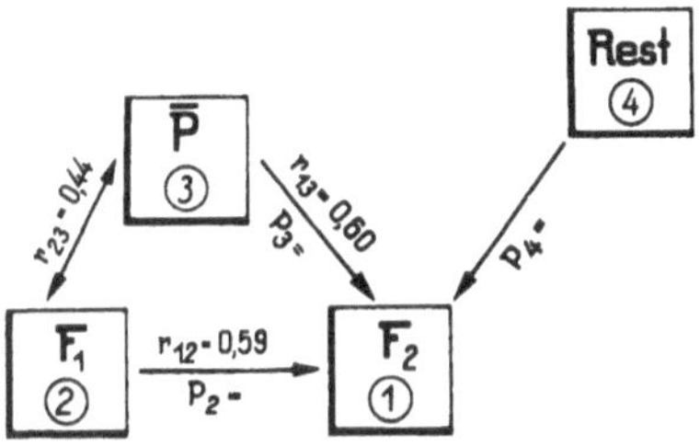

Abb. 1 Pfadkoeffizientendiagramm für das Merkmal „Grünmasse" im Jahre 1971 als Beispiel für die Methode der Pfadanalyse; r sind die experimentell geschätzten Korrelationskoeffizienten; p sind die zu ermittelnden Pfadkoeffizienten

Nach den Regeln der Pfadanalyse lassen sich die Korrelationen r_{12} und r_{13} folgendermaßen „zerlegen":

$$r_{12} = p_2 + r_{23} p_3;$$
$$r_{13} = p_2 r_{23} + p_3;$$

daraus ergibt sich:

$$p_2 = r_{12} - r_{23} p_3; \quad \text{(I)}$$
$$p_3 = r_{13} - r_{23} p_2; \quad \text{(II)}$$

nachdem diese zwei Gleichungen mit zwei Unbekannten aufgelöst und die beiden p bekannt geworden sind, wird die Determinations- oder Bestimmtheitsgleichung geschrieben:

$$p_2^2 + p_3^2 + 2 p_2 r_{23} p_3 + p_4^2 = 1; \quad \text{(III)}$$

Analog dem Bestimmtheitsmaß eines Korrelationskoeffizienten (r^2) werden auch die Quadrate der Pfadkoeffizienten (p^2) zum Maß ihrer „Bestimmtheit", die die Einflußanteile der Faktoren 2, 3 und 4 bestimmen. Das Gleichungsglied $2 p_2 r_{23} p_3$ charakterisiert den gemeinsamen (oder indirekten) Einfluß der Faktoren 2 und 3. Es bleibt uns nur noch, das unbekannte Glied p_4^2 aus Gleichung III zu berechnen. Eine Begründung für diese Gleichung wäre etwa folgende: Wir nehmen an, daß die Variabilität von Faktor 1 (F_2) vollständig durch die Variabilität von den bekannten Faktoren 2 und 3 (F_1 und $\bar{P}$) sowie von dem unbekannten Faktor 4 (Umwelt im weiteren Sinne) bestimmt wird und somit keine anderen Einflußfaktoren im Spiele sind; dann können wir die Summe der Glieder gleich eins setzen.

Für unser Beispiel (Abb. 1) können die Gleichungen wie folgt geschrieben werden:

$$p_2 = 0{,}59 - 0{,}44 p_3; \qquad \text{(I)}$$

$$p_3 = 0{,}60 - 0{,}44 p_2; \qquad \text{(II)}$$

daraus $p_2 = 0{,}4043$ und $p_3 = 0{,}4221$; $2p_2 r_{23} p_3 = 0{,}1502$; dann:

$$(0{,}4043)^2 + (0{,}4221)^2 + 0{,}1502 + p_4^2 = 1; \qquad \text{(III)}$$
$$p_4^2 = 1 - 0{,}4919 = 0{,}5081;$$

In unserer Interpretation wird die F_2-Generation also beeinflußt:

von F_1 =	$p_2^2 = 0{,}1635$	~16%
von $\overline{P}$ =	$p_3^2 = 0{,}1782$	~18%
gemeinsam von F_1 und $\overline{P}$ =	$2p_2 r_{23} p_3 = 0{,}1502$	~15%
von dem Rest (Umwelt) =	$p_4^2 = 0{,}5081$	~51%
Gesamteinfluß auf F_2 =	1,0000	100%

(16 + 18 + 15) ergeben **49%**, die als genotypischer Streuungsanteil (h_w^2 %) anzusehen sind; für den Rest, der hier als Umwelt im weiteren Sinne interpretiert wird, bleiben **51%**.

In dieser Weise haben wir alle 7 Merkmale in beiden Versuchsjahren untersucht. Um einen Vergleich mit den genotypischen Streuungsanteilen durchführen zu können, die wir varianzanalytisch nach LEIN (h_w^2-LEIN) bei zweijähriger Wiederholung geschätzt haben, und die ein Ergebnis der beiden Jahre sind, müssen wir aus den Streuungsanteilen, die jetzt mit Hilfe der Pfadanalyse für jedes Jahr einzeln gewonnen sind (h_w^2-PFAD), einen arithmetischen Mittelwert bilden, der ebenfalls für beide Jahre Gültigkeit hat (die Versuchsanlage war in beiden Jahren identisch). Doch zuerst sollen die Ergebnisse von 1971 und 1972 verglichen werden. Die Werte und die Differenzen sind in Tabelle 3 (auf ganze Prozente abgerundet) zusammengestellt.

Bereits auf den ersten Blick sehen die Differenzen zwischen den Jahren in Tab. 3 unwesentlich aus. Die mittlere Jahresdifferenz beträgt nicht einmal 2% (1,9%), wobei die größte Differenz für PG (Grünmasse) leicht zu erklären ist: die Vegetationszeit des Jahres 1972 war relativ kühl und feucht, was eine besonders starke Entwicklung der Grünmasse begünstigte und dadurch die Korrelationen des relativ wärmeren, aber sehr trockenen Jahres 1971 verschob; dieselbe Ursache kann als Erklärung für die Differenz beim Kornertrag (KrG) dienen. Schwerer ist die drittgrößte Jahresdifferenz, für die Korngröße, zu deuten. Die übrigen Jahresdifferenzen sind ganz unbedeutend. Auch die statistische Prüfung mit dem nichtparametrischen Wilcoxon-Test für Paardifferenzen (nach SACHS 1972) ergibt auf dem 5%-Niveau keinen signifikanten Unterschied für die Medianwerte der beiden Jahresspalten.

Tabelle 3

Die Heritabilitätswerte (h_w^2 %) für beide Versuchsjahre, geschätzt mit der Pfadanalyse und mit Varianzanalyse nach LEIN, sowie ihre Differenzen

Merkmal	h_w^2-PFAD 1971	h_w^2-PFAD 1972	Diff.	h_w^2-PFAD 1971/72	h_w^2-LEIN 1971/72	Diff.
KrG	38	45	− 7	41	31	10
PG	49	65	−16	57	46	11
KL	73	69	4	71	80	− 9
PH	88	87	1	87	75	12
HKG	76	70	6	73	59	14
KrR	83	86	− 3	85	87	− 2
RP	7	5	2	6	11	− 5
$\bar{x}$	59,1	61,0	1,9	60,0	55,6	4,4

Wenn man mit demselben Test die Differenzen zwischen den beiden Methoden (h_w^2-PFAD und h_w^2-LEIN) prüft, so läßt sich ebenfalls im Durchschnitt kein signifikanter Unterschied nachweisen, obwohl die mittlere Differenz hier größer als bei den Jahren ist. Eine Tendenz (60,0 > 55,6) zu den etwas höheren Werten aus der Pfadanalyse ist wahrscheinlich dadurch zu erklären, daß bei dieser Methode die sog. „Kreuzungsheritabilität" geschätzt wurde, die nach PIRCHNER (1964, S. 183) im allgemeinen größer als die Heritabilität derselben Eigenschaft in Reinzucht sein sollte, während die varianzanalytischen Werte (h_w^2-LEIN) innerhalb von einzelnen Generationen ermittelt waren (vgl. auch GREBENŠČIKOV 1972b, Abb. 2). Andererseits könnte dieser Unterschied noch stärker dadurch verwischt werden, weil, wie gesagt, in den beiden Methoden etwas unterschiedliche Elternwerte verwendet wurden: für die Pfadanalyse (um die Anzahl der Korrelationspaare der Anzahl der Kreuzungen anzugleichen) nahmen wir die Elternmittelwerte ($\overline{P}$), für die Varianzanalyse aber die Werte der Einzeleltern (P); es scheint also, als ob das keine großen Folgen hatte. Jedenfalls überschreiten die Differenzen der beiden h_w^2-Werte nicht 14% und liegen im Durchschnitt unserer Merkmale unter 5% (4,4%). Diese Feststellung ermutigt uns, die beiden Methoden als im Ergebnis gleichwertig anzusehen.

Als Beitrag zur Diskussion über die züchterischen Möglichkeiten der Steigerung des Rohproteingehaltes (RP) sei darauf hingewiesen, daß die mit der Methode der Pfadanalyse geschätzte Heritabilität dieses Merkmals – zwar nicht signifikant, aber in der Tendenz – noch niedriger ausgefallen ist als bei der früheren Methode.

Man kann weiterhin (mit Hilfe des nichtparametrischen Friedman-Testes) die drei Spalten in unserer Tabelle 3, h_w^2-PFAD 1971, h_w^2-PFAD 1972 und h_w^2-LEIN 1971/72 auf die Homogenität ihrer Werte prüfen: signifikante Unterschiede sind nicht nachzuweisen. Der Test besagt, daß die Medianwerte aller drei Spalten mit einer Wahrscheinlichkeit von 99% zu einer gemeinsamen Grundgesamtheit gehören können. Dementsprechend könnte man „im Notfall" auf das zweite Versuchsjahr verzichten, um die ersten orientierenden Angaben über die Heritabilität im weiteren Sinne mit Hilfe der Pfadanalyse ohne große Rechenarbeit abzuschätzen. Sehr wichtig ist dabei, daß in diesem Prüfjahr keine extremen Umweltbedingungen herrschen.

Abschließend möchten wir noch einige Fragen beantworten, die uns bei der Diskussion über die Anwendbarkeit des von uns gewählten Modells für das gegebene Problem gestellt worden sind. Unser Ziel (GREBENŠČIKOV 1977a) bei der Schätzung der Streuungsanteile war speziell auf die Beeinflussung von F_2 gerichtet. Deswegen zielen alle drei Pfade auf diesen Faktor (Abb. 1). In dem Verhältnis der Faktoren 2 und 3 interessiert uns nur die Stärke ihres Zusammenhanges als Korrelationskoeffizient r_{23}. Daß sowohl der Faktor 2 (F_1) wie auch der Faktor 3 ($\overline{P}$) einen Einfluß auf den Faktor 1 (F_2) ausüben, wird wohl von keinem Kritiker angezweifelt. Auch der Einfluß des unbekannten Faktors 4 (Rest) bei der Annahme eines determinierten Systems ist kaum bestreitbar. Nur die Interpretation des „Restes" kann bei verschiedenen Versuchsanstellern bis zu einem gewissen Grade verschieden ausfallen; doch daß er keine genotypische Natur hat und somit zur „Umwelt" im weiteren Sinne des Wortes, also einschließlich Fehler, gehört, kann ebenfalls nicht bestritten werden. Die gemeinsame Wirkung von Genotyp und Umwelt, die manche Autoren als Wechselwirkung oder Interaktion bezeichnen (GREBENŠČIKOV 1974), ist aus unserem Modell nicht ersichtlich. Dagegen können wir hier die gemeinsame oder indirekte Wirkung der beiden bekannten Faktoren abschätzen ($2p_2r_{23}p_3$), die für manche züchterische Fragestellung von Nutzen sein kann.

Die Frage, die uns immer gestellt wurde, ist: „Wie kommt es, daß in Ihrem Beispiel der Einfluß von $\overline{P}$ (also der Großelterngeneration) stärker als der der F_1 (also der Elterngeneration) ausfällt?" Darauf kann man folgende Antwort geben. Das Wort „Einfluß" im genetischen Sinne ist nur eine Umschreibung für die Besonderheiten der Übertragung von genetischer Information. Nicht alle Gene, die die $\overline{P}$-Generation besitzt, müssen sich in der F_1 manifestieren. Besonders deutlich wird ein „stärkerer Einfluß" (hier vielleicht besser als „größere Ähnlichkeit" bezeichnet) dann, wenn das betreffende Merkmal – wie Grünmasse in unserem Beispiel in Abbildung 1 – zu Heterosis neigt. In solchen Fällen, wo also ein quantitatives Merkmal einen Sprung nach oben in der heterotischen F_1-Generation macht, um in der F_2 wieder zu sinken, ist die F_2 im Durchschnitt natürlich der $\overline{P}$-Generation ähnlicher als den eigentlichen Eltern (F_1).

Eine andere Frage, warum in unserem Schema der Faktor 4 seinen Einfluß nur auf den Faktor 1, und nicht auf die Faktoren 2 und 3 zeigt, hat überhaupt wenig Sinn, denn alle drei Generationen waren zu verschiedenen Zeiten angelegt und waren dabei verschiedenen nicht genotypischen Einflüssen (also verschiedenen Resteinflüssen) ausgesetzt. Wir haben unsere Aufmerksamkeit eben dem Faktor 1 geschenkt: für die Schätzung anderer Einflüsse, die nicht mit einfachen Pfeilen im Schema der Abbildung 1 gezeichnet sind, ist weder unser Modell noch unsere Versuchsanlage geeignet.

Summary

Estimation of heritability in the broad sense by means of the illustrative method of path analysis

The method of path analysis is proposed for estimating the heritability in the broad sense of seven yield characteristics of maize. The values estimated by this method were compared with those obtained in former papers by this author, by means of analysis of variance according to LEIN (1960) with two-years-replication. The statistical comparison did not show significant differences between the two methods. The maximum deviation (for grain size) does not exceed 14%. The average difference is less than 5%.

Краткое содержание

Об оценке наследуемости в широком смысле слова наглядным методом путевого анализа

Для оценки наследуемости (в широком смысле слова) семи признаков урожайности кукурузы предлагается метод путевого анализа. Полученные этим методом оценки сравниваются с соответствующими величинами, полученными в прежних работах автора при помощи дисперсионного анализа с двухлетней повторностью (LEIN 1960). Сравнение результатов показэло, что различия оценок этими методами статистически недостоверны. Максимальное расхождение было обнаружено для признака „величина зерна" (14%). Средняя разница оценок оказалась ниже 5%.

Literatur

GREBENŠČIKOV, I., 1964: Zur quantitativ-genetischen Analyse der Ertragskomponenten beim Kürbis. Teil 2. – Kulturpflanze **12**, 93–106.

–, 1972a: Über einige Fragen der Heterosis und des Leistungsabfalls bei den Ertragsmerkmalen von Mais. – Kulturpflanze **19**, 151–162.

–, 1972b: Über die Stabilität der Heritabilitätskoeffizienten (im weiteren Sinne) am Beispiel von Kürbis und Mais. – Kulturpflanze **20**, 129–150.

–, 1974: Zur Problematik der Schätzung des genotypischen Streuungsanteils am Beispiel von südbalkanischen Maisformen. – Kulturpflanze **22**, 77–86.

–, 1977a: Untersuchungen zu Heterosis-Leistungsabfall-Beziehungen bei Mais. – Abschlußbericht zur Aufgabe des Forschungsthemas „Genetik von Hybrideffekten". (Nicht veröffentlicht).

–, 1977b: Über einen positiven Hybrideffekt in der Korrelation zwischen Rohproteingehalt und Kornertrag je Pflanze beim Mais. – Kulturpflanze **25**, 25–31.

LEIN, A., 1960: Zur relativen Bewertung von Streuungsanteilen auf Grund der Varianzanalyse. – Züchter **30**, 352.
LE ROY, H., 1960: Statistische Methoden der Populationsgenetik. – Birkhäuser, Basel.
–, 1966: Elemente der Tierzucht. – Bayerischer Landwirtschaftsverlag, München.
–, 1967: Kennen Sie die Methode des Pfadkoeffizienten? Einige Regeln und Anwendungsmöglichkeiten. – Biom. Z. **9**, 84–96.
LI, C. C., 1955: Population Genetics. – University of Chicago Press, Chicago.
NIKORO, Z., STAKAN, G., CHARITONOVA, Z., VASIL'EVA, L., GINZBURG, E., REŠETNIKOVA, N., 1968: Teoretičeskie osnovy selekcii životnych. – „Kolos", Moskva.
O'SVÁTH, J., 1965: The yield-component-analysis of a winter wheat manuring experiment with path-analysis. – Acta Agronom. Hung. **14**, 139–143.
–, 1966: Die Pfadkoeffizientenmethode in faktoriellen Versuchen. – Biom. Z. **8**, 179–191.
PIRCHNER, F., 1964: Populationsgenetik in der Tierzucht. – Paul Parey, Hamburg und Berlin.
ROKICKIJ, P. F., 1974: Vvedenie v statističeskuju genetiku. – „Višejšaja škola", Minsk.
SACHS, L., 1972: Statistische Auswertungsmethoden. 3. Aufl. – Springer, Berlin, Heidelberg, New York.
ŠATOVIĆ, F., 1975: Proizvodna važnost osnovnich komponenata priroda zrna kukuruza etc. – Poljopr. Znanstv. Smotra (Zagreb), **34**, 79–98.
STAHL, W., RASCH, D. ŠILER, R., VACHAL, J., 1969: Populationsgenetik für Tierzüchter. – VEB Dtsch. Landwirtschaftsverlag, Berlin-Prag.
STERN, K., 1957: Die Pfadkoeffizienten – Methode und ihre Anwendung. – Z. Pflanzenzüchtg. **38**, 337–356.
WEBER, E., 1967: Mathematische Grundlagen der Genetik. – VEB Gustav Fischer, Jena.
WRIGHT, S., 1921: Correlation and causation. – J. Agric. Res. **20**, 557–585.

Kulturpflanze XXVI · 1978 · S. 303–327

Untersuchungen zur Entwicklung der apomiktischen Fortpflanzungsweise bei Futtergräsern

III. Beziehungen zwischen apomiktischer bzw. amphimiktischer Samenausbildung, vegetativer Leistung und Chromosomenzahl bei *Poa pratensis* L.

KURT GRÖBER, FRITZ MATZK und MARTIN ZACHARIAS

(Eingegangen am 23. Januar 1978)

Zusammenfassung

In Ergänzung zu den in Teil I dieser Serie mitgeteilten Beobachtungen bei *Poa pratensis* werden Ergebnisse über Beziehungen zwischen züchterisch wichtigen Merkmalen und der Art der Samenausbildung mitgeteilt. Sie lassen sich wie folgt zusammenfassen:

1. In dem untersuchten Material besteht keine Korrelation zwischen der Eigenleistung der Pflanzen und der Art ihrer Fortpflanzungsweise. Die aus sexuell entstandenen Samen stammenden Nachkommen sind jedoch deutlich schwachwüchsiger als die Pflanzen, die aus apomiktisch ausgebildeten Samen aufgezogen worden sind.
2. Die für die Beziehung „Chromosomenzahl" und „Ertrag" ermittelten Korrelationskoeffizienten $r_S = +0{,}19$ und $r_S = -0{,}04$ sind nicht signifikant. In dem gesamten erfaßten Chromosomenzahlenbereich von $2n = 36$ bis $2n = 118$ sind schwachwüchsige Pflanzen zu finden. Die Chromosomenzahlen der starkwüchsigen Hybriden sind bevorzugt in dem Bereich zwischen $2n = 70$ und $2n = 94$ anzutreffen.
3. Apomiktische (nichtspaltende) Pflanzen und amphimiktische (spaltende) Pflanzen treten über einen größeren Chromosomenzahlenbereich auf. Die Mittelwerte für beide Gruppen sind nicht signifikant verschieden.
4. Für die Beziehung „Art der Fortpflanzungsweise" und „Frequenz Polyembryonen" wurden signifikante Korrelationskoeffizienten von $r_S = -0{,}24$ und $-0{,}32$ erhalten. Aus der Tatsache, daß nach dem *t*-Test die Zwillingsfrequenz zwischen apomiktischen und amphimiktischen Pflanzen nicht signifikant verschieden ist, muß jedoch angenommen werden, daß mittels Erfassung der Polyembryonen nicht auf den Grad der sexuellen bzw. asexuellen Samenausbildung geschlossen werden kann.
5. Im Vergleich zu einer dreimaligen Samenvermehrung ohne Selektion trat bei den Hybriden von *Poa pratensis* nach dreimaliger vegetativer Vermehrung ein beachtlicher Ertragsabfall auf, der offensichtlich nicht, soweit erfaßt, durch Krankheiten verursacht wurde.

1. Einleitung

Zur Klärung spezieller Fragen bei den Arbeiten zur experimentellen Entwicklung der apomiktischen Fortpflanzungsweise ist von Beginn an die apomiktische Wiesenrispe (*Poa pratensis*) in die Untersuchungen einbezogen worden. Dies ist in der Absicht erfolgt, die erforderlichen genetischen, zytologischen und methodischen Grundlagen für ein gezieltes Vorgehen bei der Entwicklung apomiktischer Formen bei wirtschaftlich wichtigen sexuellen Futtergräsern zu erarbeiten.

Die Wiesenrispe ist im gemäßigten Klimabereich die einzige Kulturpflanze mit größerer wirtschaftlicher Bedeutung, deren Vermehrung durch Karyopsen erfolgt, die auf apomiktischem Wege entstehen. Sie ist eine pseudogam apospore Art, bei der für eine normale Endosperm- und Samenentwicklung die Befruchtung des sekundären Embryosackkerns erforderlich ist. Soweit bekannt, sind alle bisher untersuchten Unterarten von *Poa pratensis* und Rassen der Wiesenrispe fakultativ apomiktisch mit einer ± starken Tendenz zur Samenausbildung auf sexuellem Wege. Dieser Fortpflanzungsmodus ist eine der Ursachen für die Entstehung von Aberranten und für die Erhaltung des beobachteten Formenreichtums dieser Art.

In den seit 1970 laufenden Arbeiten mit *Poa pratensis* wurde eine Reihe von Merkmalen bzw. Merkmalskomplexen erfaßt und versucht, Beziehungen zur Fortpflanzungsbiologie dieser Art herzustellen. Wie bei den meisten anderen Apomikten sind auch bei der Wiesenrispe die Kenntnisse über die genetischen und zytologischen Verhältnisse lückenhaft oder so divergierend, daß eine planmäßige züchterische Bearbeitung erschwert ist.

Aus allgemein biologischer Sicht und speziell für die eigenen Arbeiten mit sterilen, aber vegetativ leistungsfähigen Gräserbastarden war zu klären, ob bei *P. pratensis* nach Vermehrung durch asexuell (apomiktisch) entstandene Karyopsen oder nach vegetativer Vermehrung ein Leistungsabfall zu beobachten ist. Die Planung eines entsprechenden Versuches steht mit der Beobachtung im Zusammenhang, daß bei den meisten Pflanzen nach vegetativer Vermehrung innerhalb weniger Generationen Wachstumsdepressionen auftreten, die nach Samenvermehrung nicht in dem Maße erkennbar sind.

Zur Klärung dieser und einer Reihe weiterer Fragen eignet sich die Wiesenrispe besonders gut. Bei ihr ist es ohne Schwierigkeiten möglich, jeden heterozygoten Genotyp sowohl über Samenvermehrung als auch durch Klonung konstant über mehrere Generationen zu erhalten und zu vergleichen.

2. Material und Methoden

Für die Untersuchungen wurden folgende apomiktische Sorten bzw. Zuchtstämme von *Poa pratensis* verwendet:

Delft,	Bernburg 406/66,
Hohenheimer,	Bernburg 415/66,
Kutzlebener,	Salzmünde 3/308,
Skandia 46,	Neugatterslebener Typ 5.

Für spezielle Untersuchungen und Vergleiche mit apomiktischen Sorten bzw. für Kreuzungen standen ferner Nachkommen von sexuellen Pflanzen aus der Sorte 'Rožnovska' aus Hladké Životíce (ČSSR) zur Verfügung.

Zur Schaffung der für die Versuche erforderlichen Formenmannigfaltigkeit in Samennachkommenschaften der apomiktischen Sorten wurden vorgetrocknete Samen mit Röntgenstrahlen (10 kr) behandelt und hiervon 16000 M_1-Pflanzen aufgezogen. Der größte Teil dieser M_1-Pflanzen blühte frei ab; in geringem Umfang wurde versucht, Hybriden aus gezielten Kreuzungen zwischen den verschiedenen Sorten und Zuchtstämmen herzustellen.

Nach Frühselektion spaltender Nachkommenschaften (aberrante Jungpflanzen in der Pikierkiste) wurden insgesamt 15700 Pflanzen aus 347 Einzelpflanzennachkommenschaften ausgepflanzt. Hiervon sind 251 morphologisch von den Ausgangsformen abweichende und stark wüchsige Pflanzen für Mikroleistungsprüfungen selektiert worden.

Ferner wurden Kreuzungen mit sexuellen Pflanzen aus der Sorte 'Rožnovska' als mütterlicher Elter und den apomiktischen Sorten bzw. Zuchtstämmen als Bestäuber durchgeführt. Von 3200 Einzelpflanzen aus 124 Kreuzungsnachkommenschaften sind 16 Hybriden für die Mikroleistungsprüfungen selektiert worden.

Mit den selektierten Hybriden wurden parallel zueinander drei Mikroleistungsprüfungen nach vegetativer und drei nach Samenvermehrung (I–VI) angelegt. Für eine weitere Mikroleistungsprüfung (VII) sind neben neuen Hybriden die besten Stämme aus den ersten Versuchen wiederholt ausgesät worden. Insgesamt wurden 267 Hybriden gemeinsam mit den Ausgangssorten und -stämmen geprüft. Die Mikroleistungsprüfungen waren jeweils als Dreisatzgitter in einfacher Wiederholung angelegt. Nähere Angaben über diese Versuche sind in Tabelle 1 enthalten.

In einer Vergleichsprüfung mit jeweils drei vegetativen und drei Samenvermehrungsstufen von 4 Hybriden sollte untersucht werden, inwieweit der Ertrag bzw. bestimmte Ertragskomponenten durch die fortschreitende Vermehrung beeinflußt werden. Die Entstehung der einzelnen Vermehrungsstufen ist aus folgendem Schema ersichtlich:

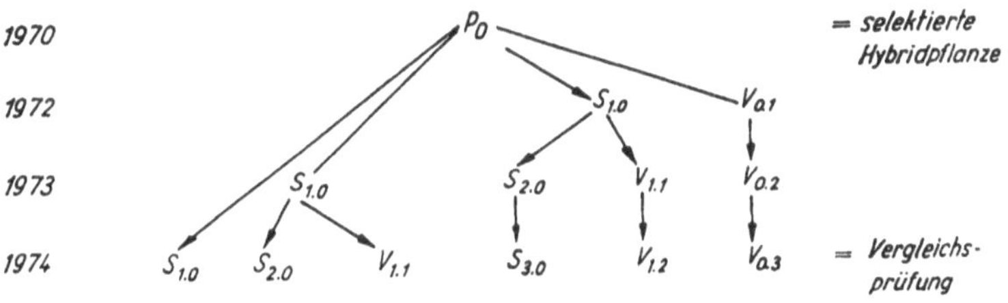

S = Samenvermehrung, V = vegetative Vermehrung, 1. Zahl = Anzahl Samenvermehrungen, 2. Zahl = Anzahl vegetativer Vermehrungen

In den Prüfungen sind folgende Merkmale erfaßt worden:

Grünmasseerträge	(in jeder Prüfung 4–6 Aufwüchse über 2 Jahre)
Pflanzenhöhe	(nur in der Vergleichsprüfung, viermal je Parzelle gemessen)
Triebzahl	(nur in der Vergleichsprüfung, je Parzelle 2 Teilstücke von 35 × 7 cm ausgezählt)
Frühjahrsentwicklung	(bonitiert Note 1 = beste Entwicklung, Note 9 = schlechteste Entwicklung)
Grad der Spaltung	(bonitiert Note 1 = keine Spaltung, Note 9 = starke Spaltung)
Nachwuchsgeschwindigkeit	(bonitiert Note 1 = stärkster Nachwuchs, Note 9 = schwächster Nachwuchs)
Mehltaubefall	(bonitiert Note 1 = kein Befall, Note 9 = starker Befall)
Rostbefall	(bonitiert Note 1 = kein Befall, Note 9 = starker Befall).

In allen Prüfungen wurden zu den einzelnen Aufwüchsen 80 kg N/ha gedüngt.

Tabelle 1

Angaben zu den Mikroleistungsprüfungen I–VII und zur Vergleichsprüfung

	Mikroleistungsprüfungen I	II	III	IV	V	VI	VII	Vergleichsprüfung
Vermehrung	vegetativ	Samen	vegetativ	Samen	vegetativ	Samen	Samen	vegetativ und Samen
Datum der Aussaat bzw. Verklonung	4. 8. 71	2. 8. 71	4. 8. 71	2. 8. 71	25. 7. 72	9. 8. 72	31. 7. 73	30. 7. 74
Pflanztermin	5. 10. 71	26. 10. 71	5. 10. 71	26. 10. 71	2. 10. 72	26. 10. 72	25. 10. 73	12. 11. 74
Versuchsanlage – Dreisatzgitter	11 × 11	11 × 11	7 × 7	7 × 7	10 × 10	10 × 10	6 × 6	5 × 5
Anzahl Hybriden	114	114	47	47	86	86	20	4
Pflanzenzahl je Parzelle	12	12	12	12	16	16	33	33
Parzellengröße in m²	3	3	3	3	3	3	4	4
Pflanzabstände in cm	62,5 × 40	62,5 × 40	62,5 × 40	62,5 × 40	62,5 × 30	62,5 × 30	62,5 × 20	62,5 × 20
Nutzungsjahre	1972 + 73	1972 + 73	1972 + 73	1972 + 73	1973 + 74	1973 + 74	1974 + 75	1975 + 76
Anzahl Schnitte	4	4	4	4	5	5	6	5

Zur Ermittlung der Merkmalsbeziehungen sind bei den Hybriden der Mikroleistungsprüfung V die Anzahl polyembryoner Karyopsen, die Chromosomenzahl und die Art der Samenausbildung erfaßt worden. Die Anzahl von Polyembryonen wurde nach Aussaat von 300 Karyopsen in der Pikierkiste im Sämlingsstadium ermittelt. Alle zytologischen Beobachtungen erfolgten in der Meiose an PMZ mit Hilfe der Quetschtechnik.

Die Grünmasseerträge sind mit Hilfe der Varianzanalyse verrechnet worden. Die Merkmalsbeziehungen wurden mit dem Rang-Korrelationskoeffizienten nach SPEARMAN geprüft, da diese Analyse nicht die Normalverteilung der Einzelwerte voraussetzt.

3. Ergebnisse

3.1. Ertragsleistungen der selektierten intraspezifischen Hybriden

Für den vorliegenden Zweck wurden die von der Ausgangsform abweichenden, stark wüchsigen Einzelpflanzen selektiert und deren Nachkommen im Feldversuch geprüft. Die in den Mikroleistungsprüfungen ermittelte Ertragsverteilung ist aus Tabelle 2 ersichtlich. Von den 267 geprüften Hybriden erreichten bzw. übertrafen 22 die Ertragsleistung der Standardsorte 'Delft'. Gegenüber ihren Ausgangssorten bzw. -stämmen waren jedoch weit mehr der erzeugten Hybriden im Grünmasseertrag überlegen.

Tabelle 2

Verteilung der geprüften Hybriden in Ertragsklassen (Gesamtgrünmasseerträge von 2 Jahren)

Ausgangssippe	Anzahl geprüfter Hybriden	Ertragsklassen (rel. zu „Delft") <70	70–79	80–89	90–99	100–109	110–119
Delft	39	16	5	5	8	4	1
Hohenheimer	46	18	19	4	4	1	
Kutzlebener	30	24	4	2			
Skandia 46	23	17	6				
Bernburg 406/66	33	18	9	4	2		
Bernburg 415/66	44	8	5	7	9	11	4
Salzmünde 3/308	15	14	1				
Neugatterslebener Typ 5	21	8	6	5	1	1	
Rožnovska	16	12	3	1			
insgesamt	267	135	58	28	24	17	5

Die Hybriden mit den höchsten Erträgen wurden in Stammprüfungen überführt und erneut in die in den folgenden Jahren angelegten Mikroleistungsprüfungen einbezogen. Acht Stämme lieferten in den verschiedenen Jahren und Prüfungen höhere Grünmasseerträge als die Sorte 'Delft'. Dabei erwiesen sich Hybriden aus dem 'Bernburger Stamm 415/66' in verschiedenen Prüfjahren mit

Tabelle 3

Erträge und Ertragskomponenten von 4 Hybriden in jeweils 3 Vermehrungsstufen nach Samenvermehrung und nach vegetativer Vermehrung

Prüfglied Nr. [1]	Wüchsigkeit[2] 1/75 (1–9)	Grünmasseerträge[3] 2/75 (rel.)	1/76 (rel.)	2/76 (rel.)	gesamt 75 + 76 (rel.)	Wüchsigkeit 3/76 (1–9)	Triebzahl 1/76 (rel.)	Pflanzenhöhe 1/76 (rel.)	Rost 2/75 (1–9)	Mehltau 2/75 (1–9)	Spaltung (1–9)
1S1	4	100	100	100	100	5	100	100	5	5	3
1S2	4	91	95	98	94	5	101	95	6	3	4
1S3	3	97	88	101	94	5	105	96	6	4	4
1V1	3	112	100	114 +	107	5	120 +	106	4	4	1
1V2	5	77 ○○	103	107	96	5	85	107 +	4	3	1
1V3	5	74 ○○	87	106	87 ○○	6	92	103	4	4	2
2S1	3	100	100	100	100	4	100	100	6	4	3
2S2	3	92	89	100	93	5	104	102	6	4	4
2S3	3	84 ○	96	100	93	5	76 ○○	104	7	4	3
2V1	2	93	100	109	100	4	96	104	5	5	3
2V2	4	75 ○○	83 ○	109	87 ○○○	6	78 ○	100	4	5	2
2V3	4	71 ○○○	73 ○○○	107	81 ○○○	6	84	101	4	5	2
3S1	4	100	100	100	100	5	100	100	3	5	3
3S2	5	100	85 ○	94	91 ○	5	86	98	5	3	3
3S3	4	105	83 ○○	94	92 ○	5	97	102	5	3	3
3V1	2	96	79 ○○○	82 ○○	85 ○○○	6	80 ○	99	3	4	2
3V2	4	80 ○	84 ○○	91	84 ○○○	6	84	100	3	4	2
3V3	5	652 ○○○	66 ○○○	95	69 ○○○	7	76 ○○	106	4	2	2
4S1	4	100	100	100	100	4	100	100	4	4	2
4S2	5	111	87 ○	96	96	5	91	97	4	5	2
4S3	3	103	77 ○○○	100	89 ○○	4	88	92 ○	4	4	2
4V1	3	109	85 ○○	102	95	5	101	94	3	4	2
4V2	4	66 ○○○	74 ○○○	107	78 ○○○	6	89	99	2	2	3
4V3	4	70 ○○○	82 ○○	100	82 ○○○	7	77 ○	100	3	4	3

$\bar{x}$ S1	3,7	100	100	100	100	4,5	100	100	4,5	4,5	2,8
$\bar{x}$ S2	4,3	98	89	97	94	5,0	95	98	5,2	3,8	3,2
$\bar{x}$ S3	3,3	97	85	99	92	4,8	91	99	5,5	3,8	3,0
$\bar{x}$ V1	2,5	102	90	101	97	5,0	98	101	3,8	4,2	2,0
$\bar{x}$ V2	4,2	75	85	103	86	5,8	84	102	3,2	3,5	2,0
$\bar{x}$ V3	4,5	67	77	102	80	6,5	82	103	3,8	3,8	2,2
$\bar{x}$ S	3,8	100	100	100	100	4,8	100	100	5,1	4,0	3,0
$\bar{x}$ V	3,8	83	92	103	92	5,7	92	103	3,6	3,8	2,1

[1] vordere Zahl = Hybridnummer, S = Samenvermehrung, V = vegetative Vermehrung, hintere Zahl = Generation
[2] Aufwuchs/Jahr
[3] Signifikanzzeichen + = dem Standard unterlegen, O = dem Standard überlegen, (ein, zwei oder drei Signifikanzzeichen für P = 5 %, P = 1 % oder P = 0,1 %)

P < 0,1% bzw. < 1% dem Standard überlegen. Die Samennachkommenschaften der betreffenden Bastarde weisen eine geringe oder keine Spaltung auf, was bedeutet, daß diese sexuell entstandenen Hybriden auf apomiktischem Wege Samen ausbilden.

3.2. Erträge und Ertragskomponenten nach mehrmaliger Klonung und Samenvermehrung

Von verschiedenen Autoren wird die Ansicht vertreten, daß die Vermehrung über Samen einen Verjüngungseffekt bewirkt, der eine durch die vegetative Vermehrung hervorgerufene Schwächung oder Alterung des Gewebes aufhebt (Rutishauser 1969, Heslop-Harrison 1972). Durch eine Vergleichsprüfung mit 4 Hybriden in jeweils drei aufeinanderfolgenden Vermehrungsstufen nach Samenvermehrung und nach Verklonung sollte dieser Frage nachgegangen werden.

Die Ergebnisse, die in Tabelle 3 zusammengefaßt sind, lassen erkennen, daß mit jeder Stufe der vegetativen Vermehrung ein Leistungsabfall eintritt. Dies zeigte sich sowohl bei den Bonituren der Wüchsigkeit vom 1. Aufwuchs 1975 und vom 3. Aufwuchs 1976 als auch in den Differenzen zwischen den Grünmasseerträgen, die oft signifikant sind. Lediglich beim 2. Aufwuchs im Jahre 1976 lagen bei den vegetativen Vermehrungsstufen keine deutlichen Ertragsunterschiede vor, da infolge der extremen Trockenheit einheitlich nur niedrige Erträge erreicht wurden.

Zwischen den einzelnen Stufen der Samenvermehrung bestanden insgesamt geringere Ertragsunterschiede. Der Ertragsabfall, der in einzelnen Fällen signifikant war, ist offenbar darauf zurückzuführen, daß die Samenvermehrung ohne Selektion über drei Generationen durchgeführt wurde, und die Minusabweicher bei der vorliegenden geringen Spaltung sich nachteilig auf den Grünmasseertrag auswirkten.

Ähnliche Ergebnisse wie für den Ertrag wurden für die Triebzahl erzielt. Für die Merkmale „Pflanzenhöhe" und „Mehltaubefall" waren keine klaren Differenzen zwischen Samen- oder Verklonungsstufen feststellbar. Der Rostbefall und die Spaltung waren bei den Samennachkommenschaften insgesamt höher als bei den vegetativ vermehrten Prüfgliedern; innerhalb der vegetativen und Samenvermehrungsstufen waren keine eindeutigen Unterschiede zu erkennen (s. auch Abb. 1 und 2). Die erzielten Ergebnisse bestätigen die Theorie vom Verjüngungs-

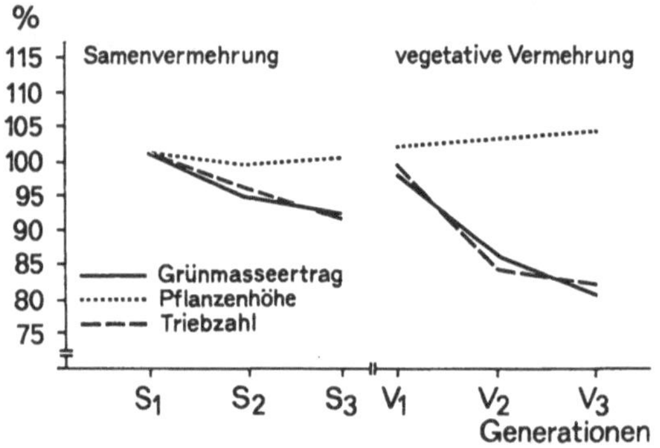

Abb. 1 Ertrag, Pflanzenhöhe und Triebzahl in drei vegetativen und drei Samenvermehrungsstufen (Mittel von 4 Hybriden; rel. zu S_1)

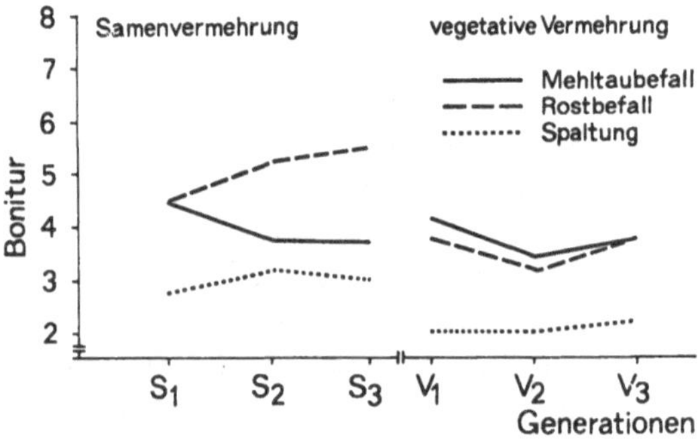

Abb. 2 Krankheitsbefall und Spaltung bei den Hybriden in drei vegetative und drei Samenvermehrungsstufen (Mittel von 4 Hybriden)

effekt nach Samenvermehrung. Der Ertragsabfall nach vegetativer Vermehrung war jedenfalls nicht durch erhöhten Krankheitsbefall bedingt, wie es als Erklärung häufig herangezogen wird.

Neben der Vergleichsprüfung wurden auch die Mikroleistungsprüfungen sowohl nach Samenvermehrung als auch nach vegetativer Vermehrung der Hybriden durchgeführt. Damit war es möglich, Beziehungen zwischen den Erträgen, der Art der Samenausbildung, der Chromosomenzahl u. a. Merkmalen zu erfassen. Zwischen den Grünmasseerträgen der Hybriden nach vegetativer und nach Samenvermehrung liegen positive Korrelationen vor. Die Korrelationskoeffizienten variieren zwar nur zwischen +0,30 und +0,44, sind aber stets signifikant (s. Tab. 4). Dies deutet darauf hin, daß die Hybriden in der Regel einheitlich auf die Verklonung reagieren.

3.3. Beziehungen zwischen Art der Samenausbildung, Ertrag, Chromosomenzahl und anderen Merkmalen

Die Erfassung von Merkmalsbeziehungen ist sowohl für die praktische Züchtung der Wiesenrispe als auch für die Arbeiten zur Entwicklung der apomiktischen Vermehrungsweise bei bisher sexuellen Futtergräsern von Interesse. In einer Reihe älterer Veröffentlichungen (Ernst 1918, Schnarf 1929) über die apomiktische Fortpflanzungsweise wird die Ansicht vertreten, daß apomiktische Pflanzen einen totalen Geschlechtsverlust erlitten haben und nur noch auf asexuellem Wege Nachkommen erzeugen. Es ist festgestellt worden (Rutishauser 1967), daß nur sehr wenige Arten obligate Apomikten sind, und in den meisten Fällen ein geringer Teil der Samen auf sexuellem Wege entsteht.

Stebbins (1950) und Clausen (1954) deuten dies als eine Balance zwischen Apomixis und Sexualität, die durch Genotyp und Umwelt beibehalten bzw. gestört wird; dadurch wird unter bestimmten Bedingungen apomiktische Embryoentwicklung und unter anderen sexuelle Entstehung von Embryonen initiiert. Über einige bei *Poa pratensis* erfaßte Merkmale und ihre Beziehungen zueinander wird im folgenden berichtet.

3.3.1. Beziehungen zwischen Ertrag der Hybriden nach vegetativer bzw. Samenvermehrung und dem Grad der Spaltung in den Samennachkommenschaften

Hinweise auf die Art der Fortpflanzungsweise und den Ertrag der betreffenden samenbildenden Pflanze sind in der Literatur mehrfach zu finden, eine klare Aussage liegt bis heute aber nicht vor (z. B. Müntzing 1940, Åkerberg 1942, Juhl-Noodt 1955, Pommer 1972). Fehlinterpretationen sind wohl in erster Linie durch unterschiedliche Maßstäbe entstanden, mit denen die Einstufung bzw. die Analyse der Nachkommen vorgenommen worden ist. Ferner ist nicht selten die Beziehung „Art der Samenausbildung" zu „Ertrag der samenbildenden Pflanze" mit der Beziehung „Art der Samenausbildung" zu „Ertrag der Samennachkommenschaft" verwechselt worden. Im folgenden werden die Ergebnisse der eigenen Untersuchungen für diese beiden Merkmalsbeziehungen gegenübergestellt.

Zwischen dem Ertrag der Hybriden aus der Mikroleistungsprüfung V und dem Grad der Spaltung ihrer Samennachkommenschaften in der Mikroleistungsprüfung VI wurde ein schwacher positiver Zusammenhang festgestellt (s. Tab. 4). Der Rangkorrelationskoeffizient von +0,19 ist jedoch nicht signifikant. Die Hybriden dieser Prüfungen wurden außerdem nach dem Grad der Spaltung in ihren Samennachkommenschaften in apomiktische (Spaltung = 1 und 2) und in sexuelle Pflanzen (Spaltung = 7 bis 9) getrennt. Die Erträge dieser beiden Gruppen unterschieden sich nach dem t-Test ebenfalls nicht signifikant (s. Tab. 5).

Tabelle 4

Rangkorrelationskoeffizienten (r_S) der untersuchten Merkmalsbeziehungen

Merkmalsbeziehungen	Anzahl Werte-paare	r_S-Werte	Signifi-kanz
1. Ertrag (vegetative Vermehrung) und Ertrag (Samenvermehrung)			
Ertrag in MI[1] (vegetativ): Ertrag in MII (Samen)	121	+0,44	**
Ertrag in MIII „ : Ertrag in MIV „	49	+0,30	*
Ertrag in MV „ : Ertrag in MVI „	63	+0,38	**
2. Ertrag (vegetative oder Samenvermehrung) und Spaltung (Samenvermehrung)			
Ertrag in MI (vegetativ): Spaltung in MII (Samen)	78	−0,10	n. s.
Ertrag in MIII „ : Spaltung in MIV „	33	−0,17	n. s.
Ertrag in MV „ : Spaltung in MVI „	63	+0,19	n. s.
Ertrag in MVI (Samen) : Spaltung in MVI „	63	−0,54	**
3. Ertrag (vegetative Vermehrung) und Chromosomenzahl (vegetative Vermehrung)			
Ertrag der Ausgangsformen: Chromosomenzahl	8	−0,04	n. s.
Ertrag der Hybriden in MV: Chromosomenzahl	39	+0,19	n. s.
4. Chromosomenzahl (vegetative Vermehrung) und Spaltung (Samenvermehrung)			
Chromosomenzahl in MV: Spaltung in MVI	39	+0,28	n. s.
5. % Polyembryonen und Spaltung (Samenvermehrung)			
% Polyembryonen in MI + MIII: Spaltung in MII + MIV	157	−0,24	**
% Polyembryonen in MV : Spaltung in MVI	64	−0,32	*

[1] MI–MVI = Mikroleistungsprüfungen I bis VI

Bei den Hybriden der Mikroleistungsprüfungen I und III wurden zwischen dem Ertrag der vegetativ vermehrten Pflanzen und am Grad der Spaltung in den Samennachkommenschaften negative Korrelationskoeffizienten von $r_S = -0{,}10$ und $r_S = -0{,}17$ errechnet, die ebenfalls nicht signifikant waren. Die Art der Samenausbildung ist damit unabhängig von der Eigenleistung der Hybriden.

Tabelle 5

t-Test zwischen „apomiktischen" (Spaltung 1–2) und „sexuellen" (Spaltung 7–9) Hybriden für Ertrag, Chromosomenzahl und % Polyembryonen

Merkmal	apomiktisch		sexuell		Differenz	P %
	n	$\bar{x}$	n	$\bar{x}$		
Ertrag (veget. Verm.)	20	36,96	15	41,37	4,41 n. s.	14,3
Ertrag (Samenverm.)	20	39,14	15	28,22	10,92***	<0,1
Chromosomenzahl	16	71	9	80	9 n. s.	37,8
% Polyembryonen	21	1,95	13	1,20	0,75 n. s.	27,9

Demgegenüber besteht eine enge Beziehung zwischen der Art der Fortpflanzungsweise und dem Ertrag der Samennachkommenschaften. Mit zunehmendem Grad der Spaltung sinkt die Massenwüchsigkeit der betreffenden Samennachkommenschaften. Der Korrelationskoeffizient ist mit $r_S = -0{,}54$ hoch signifikant (Tab. 4). Auch mittels des *t*-Testes ist nachgewiesen worden, daß sexuell entstandene Nachkommenschaften (Bonitur 7 bis 9 = starke Spaltung) mit P = < 0,1% den muttergleichen Nachkommen (Bonitur 1 und 2 = keine oder geringe Spaltung) deutlich unterlegen sind (s. Tab. 5).

3.3.2. Beziehungen zwischen Chromosomenzahl und Ertrag

Für *Poa pratensis* werden in der Literatur Chromosomenzahlen von $2n = 38$ bis 147 angegeben (NYGREN 1967). Den Züchter interessiert, inwieweit die Anzahl der Chromosomen für die Ertragsleistung von Bedeutung ist und welches der optimale Ploidiegrad ist.

Für die in den vorliegenden Untersuchungen verwendeten Ausgangssorten bzw. -stämme wurden die in Tabelle 6 angegebenen Chromosomenzahlen ermittelt. Die Mittelwerte streuen zwischen $2n = 73$ ('Neugatterslebener Typ 5') und $2n = 106$ ('Salzmünde 3/308').

Bei den geprüften Hybriden wurden Chromosomenzahlen von $2n = 36$ bis 118 ermittelt, wobei am häufigsten Pflanzen mit $2n = 70$ bis 91 Chromosomen gefunden wurden. Damit liegen bei diesen Hybriden die Chromosomenzahlen im mittleren Bereich von den Ausgangsformen, und es kann angenommen werden, daß sie durch Befruchtung reduzierter Eizellen entstanden sind. Eine Pflanze, die vom Stamm 'Bernburg 415/66' ($2n = 95$) abstammte und $2n = 45$ Chromosomen besaß, dürfte jedoch aus einer reduzierten Eizelle ohne Befruchtung hervorgegangen sein. Von der Sorte 'Hohenheimer' ($2n = 81$) wurden zwei Pflanzen gefunden, die $2n =$ 118 Chromosomen besaßen und offensichtlich durch Befruchtung von Eizellen aposporer Embryosäcke entstanden sind.

Außer der großen Variation in der Chromosomenzahl zwischen verschiedenen Hybriden konnte festgestellt werden, daß auch innerhalb der apomiktischen Sorten die mittlere Chromosomenzahl bei phänotypisch identischen Pflanzen

Tabelle 6

Chromosomenzahlen ($2n$) und Erträge (Mittel von 3 Prüfungen) der Ausgangsformen

Ausgangsform	Chromosomenzahlen Anzahl Pfl.	$\bar{x}$	Variation zw. d. Pfl. von – bis	Erträge rel.
Delft	4	93	87 – 100	100
Bernburg 415/66	10	95	85 – 114	105
Skandia 46	9	82	61 – 112	92
Neugattersleb. Typ 5	28	73	65 – 78	92
Bernburg 406/66	9	74	66 – 82	85
Hohenheimer	13	81	70 – 119	81
Kutzlebener	2	84	84 – 84	75
Salzmünde 3/308	4	106	101 – 110	63

variiert (z. T. um mehr als 30 Chromosomen). Selbst innerhalb der einzelnen Pflanzen wurden Differenzen von mehr als 20 Chromosomen nachgewiesen. Bei den Korrelationsberechnungen wurde für die einzelnen Hybriden stets die mittlere Chromosomenzahl von etwa 4–30 Zellen zugrunde gelegt.

In Tabelle 6 sind für die bei den Untersuchungen verwendeten Ausgangsformen neben den Chromosomenzahlen auch die mittleren relativen Erträge der Mikroleistungsprüfungen II, IV und VI nach Samenvermehrung aufgeführt. Die relativen Erträge der Ausgangssorten und -stämme stehen in keinem Zusammenhang zu den ermittelten Chromosomenzahlen, der Korrelationskoeffizient beträgt $r_S = -0{,}04$.

Auch bei den Hybriden der Mikroleistungsprüfung V zeigte sich, daß der Ertrag unabhängig von der Chromosomenzahl variierte. Der Rangkorrelationskoeffizient $r_S = +0{,}19$ ist nicht signifikant (s. Tab. 4).

3.3.3. Beziehungen zwischen Chromosomenzahl und Fortpflanzungsweise

Ein höherer Ploidiegrad kann sowohl die Ursache als auch die Folge der apomiktischen Samenausbildung sein. Es wurde deshalb die Frage geprüft, ob zwischen Chromosomenzahl und Art der Samenausbildung ein Zusammenhang besteht.

Es ist zu erwarten, daß Pflanzen mit hohen Chromosomenzahlen (mehr als 70) stärkere Störungen in der Meiose aufweisen und Samen bevorzugt auf apomiktischem Wege ausbilden. Dennoch können auch hochpolyploide Pflanzen durch die Befruchtung aposporer Embryosäcke oder durch parthenogenetische Entwicklung reduzierter Eizellen spaltende Nachkommenschaften hervorbringen. Andererseits ist erwiesen, daß bei Pflanzen mit relativ niedrigen Chromosomenzahlen (35–50) Samen sowohl auf apomiktischem als auch auf sexuellem Wege entstehen.

Der für die Merkmale „Chromosomenzahl der Hybriden" und „Spaltung der Hybriden" in den Samennachkommenschaften errechnete Rangkorrelationskoeffizient von +0,28 ist nicht signifikant (s. Tab. 4). Ebenso liegen die Differenzen der Chromosomenzahlen von apomiktischen (Spaltung 1 und 2) und sexuellen Pflanzen (Spaltung 7 bis 9) nach dem *t*-Test im Zufallsbereich (s. Tab. 5). Es fällt jedoch auf, daß die Nachkommenschaften von den drei Pflanzen mit mehr als $2n = 100$ Chromosomen nicht spalten. Im Bereich von $2n = 36$–94 Chromosomen treten dagegen Hybriden auf, deren Nachkommenschaften sich im Grad der Spaltung stark unterscheiden. Hier sind sowohl Pflanzen mit apomiktischer als solche mit sexueller Samenausbildung zu finden.

Der größte Teil der sexuell entstandenen Hybriden, die den gesamten Bereich von $2n = 36$–118 Chromosomen umfassen, bildeten wieder auf apomiktischem Wege Samen aus (Spaltung 1 und 2). Dies trifft auch für die selektierten „haploiden" Pflanzen ($2n = 45$, Spaltung = 1) vom 'Bernburger Stamm 415/66' ($2n = 95$) und für die zwei „triploiden" Pflanzen ($2n = 118$, Spaltung = 1 und 2) von der Sorte 'Hohenheimer' ($2n = 81$) zu.

3.3.4. Beziehungen zwischen Anteil Polyembryonen und Art der Samenausbildung

Bei Untersuchungen an fakultativ apomiktischen Arten ist es nicht selten erforderlich, den Grad der apomiktischen bzw. sexuellen Samenausbildung zu ermitteln. Drei Möglichkeiten stehen dafür prinzipiell zur Verfügung:

1. Ermittlung aberranter Pflanzen in den Samennachkommenschaften. Dieses Verfahren kann stets nur mit einer begrenzten Anzahl von Nachkommen durchgeführt werden und erfordert viel Anzuchtfläche und mindestens eine Vegetationsperiode.
2. Die histologische bzw. zytologische Kontrolle der Embryosackausbildung. Diese Methode kommt bei *Poa* und sicherlich auch bei den meisten anderen Apomikten für umfangreichere Untersuchungen nicht in Betracht; ihr Anwen-

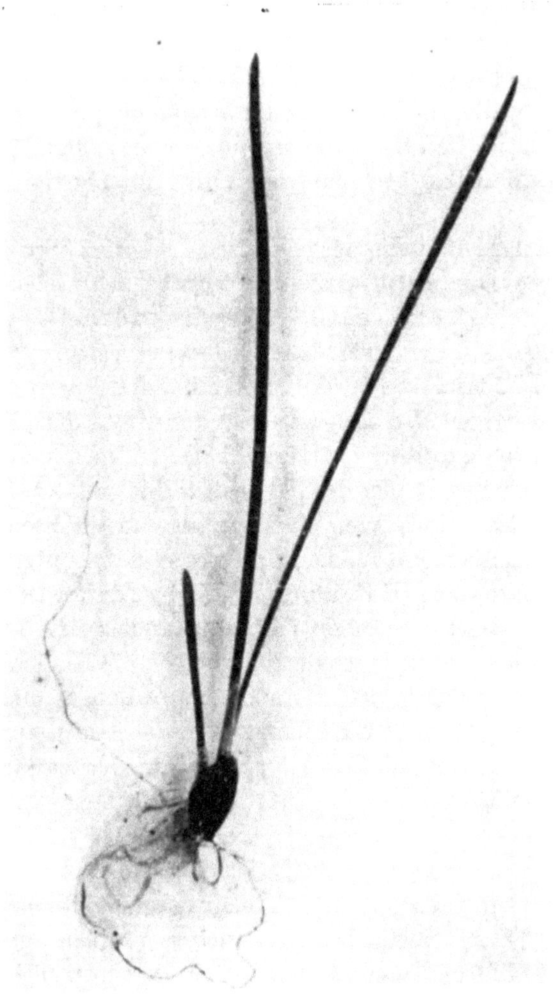

Abb. 3 Polyembryone Karyopse 28 Tage nach der Aussaat auf Filterpapier (Vergr.: 3 ×)

dungsgebiet dürfte sich auf die Klärung spezieller embryologischer Probleme beschränken.

3. Die Erfassung von polyembryonen Karyopsen in der Samennachkommenschaft apomiktischer Arten. Bei *Poa pratensis* treten nicht selten Zwillinge und Mehrlinge auf. Sie verdanken ihre Entstehung der Ausbildung von zwei bzw. mehreren Embryosäcken in einer Samenanlage (Abb. 43).

Am eigenen Material wurde untersucht, inwieweit die Ausbildung von polyembryonen Karyopsen mit der apomiktischen Fortpflanzungsweise in Beziehung steht

Der Rangkorrelationskoeffizient zwischen der Häufigkeit der Polyembryonen und dem Grad der Spaltung in den Nachkommenschaften von 64 Hybriden der Mikroleistungsprüfung V beträgt $-0{,}32$ und ist signifikant (s. Tab. 4). Auch bei den Hybriden der Mikroleistungsprüfungen I und III wurde ein signifikanter negativer Korrelationskoeffizient für die Merkmale „% Polyembryonen" und „Grad der Spaltung" errechnet ($r_S = -0{,}24^{**}$). Der Rangkorrelationskoeffizient $r_S = 0{,}32$ ergibt das Bestimmtheitsmaß $B = 0{,}10$. Es bedeutet, daß 10% der Variation der Spaltung direkt mit der Variation des Anteils Polyembryonen in Beziehung stehen. Nach dem *t*-Test waren die Differenzen zwischen dem prozentualen Anteil von Polyembryonen im Saatgut der apomiktischen Pflanzen (Spaltung = 1 oder 2) und der sexuellen Pflanzen (Spaltung = 7 bis 9) nicht signifikant verschieden (s. Tab. 5).

Aus den Samennachkommenschaften von neun ausgewählten Hybriden (Spaltung 6 bis 9) wurden 344 Zwillingspaare aus teilweise mehreren Erntejahren selektiert und aufgezogen. An diesem Material wurde geprüft, inwieweit an der Ausbildung polyembryoner Karyopsen neben apospor auch sexuell entstandene Embryonen beteiligt sind (Tab. 7). Es konnte festgestellt werden, daß bei drei Pflanzen bevorzugt konkordante Zwillinge auftraten, bei drei Pflanzen überwogen diskordante Zwillinge, und bei dem Rest waren die Zahlenverhältnisse zu klein bzw. unklar. Der Anteil konkordanter Zwillinge ist bei den Hybriden 2052 und 2077, bei denen auch der höchste Prozentsatz Polyembryonen auftrat, am größten. Von den insgesamt geprüften 344 Zwillingen, die von neun Hybriden abstammten, wurden 202 Zwillinge (58,7%) als konkordant, 67 Zwillinge (19,5%) als diskordant und 75 Zwilllinge (21,8%) als unklar eingestuft. Dieses Verhältnis ändert sich bei Berücksichtigung von nur acht Hybriden (ohne Hybride 2052 mit 274 Zwillingen) zu 31,4% konkordanten (22 Zwillinge), 47,1% diskordanten (33 Zwillinge) und 21,4% unklaren (15 Zwillinge) Paaren. Obwohl bei Pflanze 2052 die Samen aus zwei Erntejahren mit unterschiedlichem Anteil Polyembryonen zur Verfügung standen, ist das Verhältnis von konkordanten zu diskordanten Zwillingen in beiden Jahren gleich.

Bei 33 Zwillingspaaren aus dem Gesamtmaterial wurde auch die Chromosomenzahl bestimmt. Es ist festgestellt worden, daß von den 16 konkordanten Zwillingspaaren 14 Paare gleiche und zwei Paare verschiedene Chromosomenzahlen aufwiesen. Bei den 17 diskordanten Zwillingspaaren sind bei zwei Paaren gleiche und bei 15 Paaren verschiedene Zahlen gefunden worden. Soweit bei diskordanten Paaren gleiche Chromosomenzahlen vorliegen, sind die phänotypischen Unterschiede sicherlich die Folge von Rekombinationsvorgängen. Wenn allerdings in der Gruppe von Zwillingen, die phänotypisch als konkordant beschrieben worden sind, in zwei Fällen je ein Partner gefunden wird, dessen Chromosomenzahl um etwa 40 höher liegt (bei Pflanze 2052), dann ist das ein Hinweis darauf, wie problematisch die morphologische Analyse ist. Zur genauen Erfassung des Anteils sexuell entstandener Nachkommen ist neben der mehrmaligen morphologischen Beschreibung der Pflanzen die Bestimmung der Chromosomenzahl erforderlich.

Tabelle 7

Phänotypische Beurteilung von Zwillingen auf Homogenität

Nummer Pfl./Jahr	% Polyembryonen	Anzahl Zwillingspaare insges.	konkordant	diskordant	unklar
2034/73	0,1	6	2	3	1
2035/74	0,2	5	0	3	2
2045/73	0,1	3	3	0	0
2045/74	0,1	3	1	0	2
2048/73	0,4	10	1	9	0
2052/73	10,6	221	158	29	34
2052/74	5,4	53	22	5	26
2064/73	0,4	1	0	1	0
2064/74	0,6	17	0	14	3
2077/73	1,2	22	13	2	7
2092/73	0,1	1	1	0	0
2096/73	0,1	2	1	1	0

Aus den in Tabelle 8 zusammengefaßten Daten ist zu entnehmen, daß die Mehrzahl der aposporen Embryosäcke den Embryo parthenogenetisch ausbildet, nicht selten aber auch Befruchtung der unreduzierten Eizelle in solchen Embryosäcken erfolgt (Pflanze 2035 und Pflanze 2052). Andererseits kann beobachtet werden, daß Embryosäcke das Ergebnis einer Reduktionsteilung sind, und die Eizellen sich parthenogenetisch zu einem haploiden Embryo entwickeln (Pflanze 2064 bzw. Pflanze 2048). An der Entstehung von Zwillingssamen können sowohl unreduzierte apospore Embryosäcke als auch reduzierte Embryosäcke getrennt oder gemeinsam beteiligt sein, die beide sowohl parthenogenetisch als auch erst nach Befruchtung zur Embryobildung führen. Die haploiden Zwillingspartner sind ein Hinweis darauf, daß die Tendenz zur parthenogenetischen Entwicklung der Eizelle bei *Poa pratensis* auch in sexuell entstandenen Embryosäcken ausgeprägt ist. Der bei Pflanze 2045 beobachtete Fall, daß sich zwei haploide Eizellen parthenogenetisch weiterentwickelten, ist am vorliegenden Material von besonderem Interesse.

Die in diesem Versuch verwendeten Pflanzen sind als stark spaltende, d. h. partiell sexuelle Pflanzen selektiert worden. Wie weit aberrante Phänotypen, die

Tabelle 8

Mittlere Chromosomenzahlen ($2n$) und wahrscheinliche Entstehung der Zwillingsembryonen (unter Berücksichtigung der phänotypischen Beurteilung)

Pflanzen-nummer	Chromosomenzahlen Ausgangs-pflanze	Zwillingspfl. a	Zwillingspfl. b	Häufigkeit	Wahrscheinliche Entstehung der Zwillingsembryonen $n♀$	$n♀+n♂$	$2n♀$	$2n♀+n♂$	Phänotyp
2045	92	42	45	1	a, b				konkordant
2048	73	73	70	1			a, b		
2052	–	74	74	11			a, b		
		70	114	2			a	b	
2096	36	38	38	1			a, b		
2035	76	70	105	1			a	b	diskordant
		102	108	1				a, b	
2048	73	39	63	2	a		b		
2052	–	71	75	1		a	b		
		74	110	6			a	b	
		·74	121	1			a	b	
2064	94	45	88	3	a		b		
		46	106	1	a		b?	b?	
2096	36	48	56	1		a		b	

von solchen Pflanzen abstammen, tatsächlich das Ergebnis vollständiger Sexualvorgänge sind, müßte in jedem Einzelfall geprüft werden. Die hier gewonnenen Ergebnisse müssen unter diesem Aspekt bewertet werden und sind nicht ohne weiteres auf die Verhältnisse bei *Poa*-Sorten zu übertragen, die im Normalfall einen Apomeiosegrad von mehr als 95% aufweisen.

4. Diskussion

Trotz zahlreicher Untersuchungen an Apomikten sind Teilprozesse der apomiktischen Samenausbildung und ihre Abhängigkeit von Genotyp und Umwelt bis heute noch nicht geklärt (RUTISHAUSER 1969, NYGREN 1967, GRÖBER, MATZK ZACHARIAS, 1974). Insbesondere an apomiktischen Kulturpflanzen sind deshalb in den letzten Jahren (*Poa, Pennisetum, Malus*-Unterlagen) Arbeiten durchgeführt worden, die mit dem Bestreben im Zusammenhang stehen, die apomiktische Fortpflanzungsweise züchterisch zu nutzen (SCHMIDT 1964, 1970a, b, POMMER 1972 und BASHAW 1974). Untersuchungen über die Stabilität der apomiktischen Fortpflanzungsweise sowie über die zytogenetischen und physiologischen Grundlagen der Apomixis standen dabei im Vordergrund (RAGHAVAN 1976, JASSEM 1976). Aber auch Beziehungen zwischen der apomiktischen Samenausbildung und morphologischen und zytologischen Merkmalen werden, wie in den eigenen Arbeiten, von mehreren Autoren beschrieben (KRAMER 1947, NISSEN 1950, JUHL-NOODT 1955, SPECKMAN und VAN DIJK 1972, STÄHLIN und EREN 1973).

Die morphologische Variabilität nach Samenvermehrung wurde bei *Poa pratensis* von verschiedenen Autoren untersucht (ÅKERBERG 1939, SMITH und NIELSEN 1945, GRAZI et al. 1961). Bei frei abgeblühten Pflanzen wurden von ÅKERBERG und NYGREN (1959) im Mittel 1,6% Aberranten gefunden. Die Frequenz der entstehenden Aberranten ist umweltabhängig und kann in einzelnen Jahren unterschiedlich sein (NYGREN 1953). An Wildmaterial verschiedener Lokalitäten in Bayern hat POMMER (1972) Schwankungen zwischen 0% und 35% abweichender Pflanzen in Samennachkommenschaften gefunden. Aus allen diesen Untersuchungen geht hervor, daß die innerhalb eines Jahres auftretenden Differenzen in der Frequenz der apomiktisch bzw. sexuell gebildeten Samen genetisch bedingt sind, und es demnach Pflanzen mit unterschiedlichem Grad der Sexualität gibt.

Nach ÅKERBERG (1942) und CLAUSEN (1952) sind in Übereinstimmung mit eigenen Beobachtungen die Samennachkommenschaften von sexuellen Pflanzen in der Regel weniger wüchsig als die Nachkommen von Pflanzen mit apomiktischer Samenausbildung. Dieses Ergebnis ist damit zu erklären, daß eine heterozygote, leistungsstarke Pflanze nach sexueller Vermehrung infolge der Rekombination überwiegend schwachwüchsige Nachkommen hervorbringt. JUHL-NOODT (1955), PEPIN und FUNK (1974) interpretieren diese Beobachtungen in dem Sinne, daß die sexuellen Pflanzen von *Poa pratensis* schwachwüchsiger sind als solche, die vorwiegend oder ausschließlich Samen auf apomiktischem Wege ausbilden. Es ist am eigenen Material nachgewiesen worden, daß es wichtig ist, zwischen der Eigenleistung der Mutterpflanze und der Leistung der Samennachkommenschaft zu unterscheiden. Eindeutig konnte festgestellt werden, daß zwischen apomiktischer bzw. sexueller Samenausbildung und der vegetativen Leistungsfähigkeit keine Beziehung besteht. Sowohl bei den sexuellen als auch bei den apomiktischen Individuen wurde die gleiche Variation bezüglich der Eigenleistung beobachtet. Nielsen (1945), Julen (1960) und Pommer (1972) kommen ebenfalls zu der Feststellung, daß sexuelle Pflanzen in der Regel nicht schwachwüchsiger sind als ihre apomiktischen Geschwister. Bestätigt wird dieser Befund auch durch die Beobachtung, daß die von *Poa pratensis* existierenden schwachwüchsigen Rasentypen einen ebensohohen Apomixiegrad aufweisen wie starkwüchsige Sorten zur Futternutzung. Die Gegenüberstellung von apomiktischen und sexuellen Arten innerhalb der Gattung *Poa* zeigt ebenfalls, daß Apomixis nicht unbedingt mit höherer vegetativer Leistungsfähigkeit verbunden ist. Der selektive Vorteil, den Apomikten zweifellos besitzen, ist offenbar darauf zurückzuführen, daß die hohe Leistungsfähigkeit einzelner Hybriden auch in den Samennachkommenschaften erhalten bleibt.

Hinsichtlich der Merkmale „Chromosomenzahl" und „Ertrag" hat Löve (1952) bei *Poa pratensis* ssp. *irrigata* einen engen positiven Zusammenhang ermittelt. Allerdings waren die Chromosomenzahlen in seinem Material ausgesprochen hoch ($2n = 82-147$), und er weist auf diese und andere Differenzen zwischen der ssp. *irrigata* und der ssp. *eupratensis* ausdrücklich hin. Die eigenen Ergebnisse für *Poa pratensis* ssp. *eupratensis* stimmen mit denen von Müntzing (1940), Kramer (1947) und Nissen (1950) überein, wonach keine signifikante Beziehung zwischen dem Ertrag und der Chromosomenzahl festzustellen ist. Es wurden Rang-Korrelationskoeffizienten von $r_S = +0{,}19$ (bei den Hybriden) und $r_S = -0{,}04$ (beim Ausgangsmaterial) errechnet. Die schwachwüchsigen Formen sind über den gesamten erfaßten Chromosomenzahlenbereich von $2n = 36$ bis $2n = 118$ verteilt, die starkwüchsigen Hybriden sind bevorzugt in dem Bereich von $2n = 70$ bis $2n = 94$ Chromosomen zu finden.

Ähnliche Beziehungen wie zwischen Ertrag und Chromosomenzahl sind bei den geprüften Hybriden zwischen Chromosomenzahl und Spaltung zu erkennen. Der Korrelationskoeffizient von $r_S = +0{,}28$ ist nicht signifikant. Die Hybriden mit nichtspaltenden Nachkommenschaften sind über die gesamte Spanne von $2n = 36$ bis $2n = 118$ Chromosomen verteilt. Unter den Hybriden mit starkspaltenden Nachkommenschaften befinden sich keine Pflanzen mit niedrigen oder besonders hohen Chromosomenzahlen. Im Chromosomenzahlenbereich von $2n = 70$ bis 94 sind rein apomiktische bis stark sexuelle Hybriden vertreten. Die Chromosomenzahlen der sexuellen und apomiktischen Hybriden sind nicht signifikant verschieden. Åkerberg (1942), Julen (1960), Rutishauser (1967) und Pommer (1972) weisen ebenso darauf hin, daß kein Zusammenhang zwischen Chromosomenzahl und Art der Fortpflanzungsweise existiert. Nach Světlik und Fojtik (1972) besitzen allerdings die sexuellen Typen von *Poa pratensis* weniger Chromosomen als die apomiktischen.

Die Ergebnisse der zytologischen Untersuchungen deuten darauf hin, daß für *Poa pratensis* ssp. *eupratensis* der optimale Chromosomenzahlenbereich zwischen $2n=70$ und 95 liegt. In diesem Bereich wird offenbar eine im Zuchtmaterial optimale Ausprägung wichtiger Kulturmerkmale bei gleichzeitiger Stabilisierung der apomiktischen Samenausbildung erreicht. Im Vergleich dazu vertritt POMMER (1972) die Ansicht, daß für *Poa pratensis* etwa 60 Chromosomen optimal sind. Nach ÅKERBERG (1942) scheint die optimale Chromosomenzahl zwischen 95 und 100 zu liegen, und nach PEPIN und FUNK (1974) sollte die optimale Chromosomenzahl kleiner als 100 sein.

Erstaunlich ist die große Variabilität der Chromosomenzahl bei *Poa pratensis*. Im vorliegenden Material traten Chromosomenzahlen zwischen $2n=36$ und $2n=118$ auf. Diese hohe Variabilität in der Chromosomenzahl ist weder bei anderen Arten innerhalb der Gattung *Poa* noch bei Apomikten anderer Familien bekannt geworden. Differenzen von mehr als 20 Chromosomen werden selbst innerhalb einer Pflanze, d. h. zwischen verschiedenen PMZ einer Blüte bzw. Anthere gefunden. Auch STÄHLIN und EREN (1973), WILTON (1973) und MIROSHNICHENKO und AVRASINA (1975) führen starke Aneusomie an. Bei SPECKMAN und VAN DIJK (1972) variierte die Chromosomenzahl innerhalb von Jungpflanzen maximal um 9, in Keimwurzeln jedoch soll nach BLIXT (zit. SPECKMAN und VAN DIJK 1972) die Chromosomenzahl in allen Zellen konstant sein.

Die Beobachtungen zeigen, daß die Chromosomenzahl variieren kann, ohne daß dies phänotypisch sichtbar ist. Von den aus der Sorte 'Hohenheimer' mit $2n=81$ Chromosomen hervorgegangenen zwei Hybriden mit $2n=118$ Chromosomen war eine Pflanze phänotypisch nicht von der Ausgangssorte zu unterscheiden. Ebenso wurden einige Zwillingspaare als konkordant beschrieben, obwohl die Chromosomenzahlen stark differierten. Offensichtlich üben bei diesen hohen Ploidiestufen Chromosomenzahlenänderungen nur noch einen geringen Einfluß auf den Phänotyp bei *Poa pratensis* aus. Dies erklärt die z. T. widersprüchlichen Beziehungen, die von den verschiedenen Autoren zwischen der Chromosomenzahl und morphologischen Merkmalen ermittelt wurden (NIELSEN 1946, KRAMER 1947, SPECKMAN und VAN DIJK 1972, WILTON et al. 1972, STÄHLIN und EREN 1973, MIROSHNICHENKO 1974). Von ÅKERBERG (1942), GRAZI et al. (1961), POMMER (1972) oder SPECKMAN und VAN DIJK (1972) wurde übereinstimmend zu den eigenen Untersuchungen festgestellt, daß aneuploide Chromosomenzahlen bei *Poa pratensis* nicht seltener auftreten als euploide; unseres Erachtens auch ein Hinweis dafür, in welchem Maße in dieser Art Chromosomenzahlenabweichungen toleriert werden.

Die in der Literatur vorliegenden und eigene Ergebnisse machen deutlich, daß zur Analyse der Spaltung in Samennachkommenschaften bei *Poa pratensis* sowohl morphologische als auch zytologische Beobachtungen erforderlich sind. Weder die eine noch die andere Prüfung allein ist ausreichend. Bei den durchgeführten

Untersuchungen sind nur solche Pflanzen als „Hybriden" erfaßt worden, die entweder morphologisch oder in der Chromosomenzahl eindeutig von der Mutterpflanze abwichen.

In diesem Zusammenhang soll klargestellt werden, was die in den vorhergehenden Abschnitten erwähnte Gruppierung in „sexuelle" und „apomiktische" Hybriden auf Grund von Spaltungsbonituren beinhaltet. Als apomiktisch wurden nur solche Hybriden eingestuft, die muttergleiche Nachkommen hervorbringen (Note 1 und 2). Hier kamen also nur apospore Embryosäcke ohne Befruchtung zur Entwicklung. In der sexuellen Gruppe sind Pflanzen mit stark spaltenden Nachkommen enthalten (Note 7 bis 9). Spaltung kann bei *Poa pratensis* durch Verschmelzung von zwei reduzierten Gameten verursacht werden, sie kann andererseits aber auch auf Befruchtung unreduzierter Eizellen aus aposporen Embryosäcken oder auch auf parthenogenetische Weiterentwicklung reduzierter Eizellen zurückgehen. Damit wird verständlich, daß z. T. Pflanzen mit mehr als 90 Chromosomen und starken Störungen in der Meiose in der sexuellen Gruppe zu finden waren und daß kein signifikanter Zusammenhang zwischen Chromosomenzahl und Spaltung besteht. Wichtig erscheint die Beobachtung, daß z. T. bei Hybriden, die durch parthenogenetische Entwicklung reduzierter Eizellen oder aus befruchteten aposporen Eizellen entstanden sind, wieder apomiktische Samenausbildung vorlag.

Beim Vergleich der Chromosomenzahlen der Hybriden mit denen der Ausgangsformen ist zu erkennen, daß die Hybriden überwiegend auf die Verschmelzung zweier haploider Gameten zurückgehen. Nur selten entstehen sie aus parthenogenetisch entwickelten haploiden Eizellen oder aus befruchteten aposporen Eizellen.

Die Untersuchung der Zwillingspflanzen ergab, daß häufig beide Partner aus aposporen Embryosäcken ohne Befruchtung hervorgehen und folglich konkordant sind. Bei den diskordanten Zwillingen ist bis auf wenige Ausnahmen stets eine Pflanze muttergleich. Der andere Partner erwies sich als haploid, diploid oder triploid und entstand somit durch parthenogenetische Entwicklung reduzierter Eizellen, aus befruchteten reduzierten Eizellen oder aus befruchteten aposporen Eizellen. Der nicht seltene Fall, daß haploide Pflanzen auftreten, ist ein Hinweis darauf, wie ausgeprägt bei *Poa pratensis* die Tendenz zur parthenogenetischen Weiterentwicklung auch bei sexuellen Embryosäcken ist. Die eigenen Ergebnisse stehen in Übereinstimmung mit den Angaben von ÅKERBERG (1939), NIELSEN (1946), NISSEN (1950), OSTAZESKI et al. (1973) und WILTON (1973), wonach unter Zwillingen häufiger aberrante Pflanzen zu finden sind als unter Einzelsämlingen.

Von verschiedenen Autoren ist nachgewiesen worden, daß Zwillinge und Mehrlinge bei Apomikten häufiger vorkommen als bei sexuellen Arten (MÜNTZING 1940, ÅKERBERG 1942, NIELSEN 1945, RUTISHAUSER 1967). Auf Grund dieser Beobachtung hat BASHAW (1962) vorgeschlagen, die Erfassung polyembryoner Samen zur Selektion stark apomiktischer Pflanzen zu nutzen. JUHL-NOODT (1955) und GRAZI et al. (1961) stellten jedoch fest, daß es nicht möglich ist, vom Grad der Zwillingsbildung auf die Art der Fortpflanzungsweise zu schließen. Am eigenen

Material wurden Korrelationskoeffizienten von $r_S = -0{,}24$ und $r_S = -0{,}32$ zwischen % Polyembryonen und Spaltung ermittelt. Trotz der Signifikanz dieser Korrelationswerte ist die Merkmalsbeziehung züchterisch nur bedingt nutzbar. Die Differenzen im Anteil Polyembryonen zwischen der „apomiktischen“ und „sexuellen“ Gruppe sind nicht signifikant. Sowohl Pflanzen mit 0% Polyembryonen als auch solche mit der höchsten Polyembryoniefrequenz zeigten apomiktische Samenausbildung. Sexuelle Pflanzen mit einem hohen Anteil Polyembryonen traten allerdings nicht auf. Es sollte deshalb bei sexuellen Pflanzen möglich sein, auftretende Veränderungen in der Art der Samenausbildung, sei es nach mutagener Behandlung oder nach Behandlung mit pflanzlichen Wirkstoffen, mit Hilfe dieser Methode zu erfassen.

Die spezielle Frage über den Leistungsabfall nach vegetativer Vermehrung im Vergleich zur Samenvermehrung ist in einem weiteren Versuch geprüft worden. Von vegetativ vermehrten Kulturpflanzen ist bekannt, daß nach mehrmaliger Verklonung ein Ertragsabfall eintreten kann, der, so nimmt man an, u. a. durch erhöhten Krankheitsbefall verursacht wird. Auch bei der hier durchgeführten Vergleichsprüfung mit vier Hybriden in je drei vegetativen und drei Samenvermehrungsstufen zeigte sich ein deutlicher Ertragsabfall nach zwei- bzw. dreimaliger Verklonung. Dieser Ertragsabfall war jedoch nicht von erhöhtem Rost- oder Mehltaubefall begleitet. Es konnte vielmehr festgestellt werden, daß sich die Triebzahl je Flächeneinheit nach jeder vegetativen Vermehrungsstufe auffällig verringerte. CANODE und LAW (1975) führen an, daß sich bei *Poa pratensis* mit zunehmendem Alter sowohl die Grünmasse- als auch die Samenertragsleistung verschlechtern. Nach HESLOP-HARRISON (1972) hat eine Reproduktion über Samen gegenüber der vegetativen Vermehrung den Vorteil, daß physiologisch ein Verjüngungseffekt eintritt und die Übertragung von Krankheiten weitgehend vermieden wird.

Bei sterilen *Citrus*-Hybriden, die sich durch Nuzellarembryonie vermehrten, also unter Umgehung des Kernphasenwechsels, hat SWINGLE diesen Effekt bereits 1927 beobachtet. Er hat diesen Verjüngungseffekt als „Neophysis“ bezeichnet und schreibt die Verjüngung dem Einfluß des Embryosackes zu.

Die durchgeführten Mikroleistungsprüfungen führten zur Selektion neuer Hybriden, die sowohl den Ausgangsformen als auch der Standardsorte überlegen sind, und die nach Samenvermehrung phänotypisch konstant bleiben. Neun solcher Hybriden werden gegenwärtig in Stammprüfungen weiter geprüft. Auch FUNK und HAN (1967), FUNK und AHMED (1973) oder SVETLIK und FOJTIK (1972) gelang es, durch Kreuzungen zwischen sexuellen und apomiktischen Pflanzen von *Poa pratensis* neue, leistungsstarke intraspezifische Hybriden zu schaffen. Aus gezielten intraspezifischen Kreuzungen wurden bereits neue Sorten zur Rasennutzung gezüchtet (FUNK et al. 1974, PETERSON et al. 1975).

In der Annahme, daß die meisten existierenden Sorten bzw. Zuchtstämme von *Poa pratensis* fixierte „F_1-Hybriden“ darstellen, ist es nicht erstaunlich, daß der überwiegende Teil der sexuell entstandenen Nachkommen schwächer wüchsig ist als die Eltern. Von den als aberrante und gut wüchsige Einzelpflanzen vorselektierten 267 Hybriden waren in den Mikroleistungsprüfungen 245 Hybriden der Sorte 'Delft' im Ertrag unterlegen.

Sowohl für die Evolution als auch für eine erfolgreiche Neuzüchtung ist bei apomiktischen Arten partielle Sexualität erforderlich. Unter den aberranten Nachkommen bei *Poa* werden stets einzelne Pflanzen auftreten, die züchterisch interessant sind und auf apomiktischem Wege Samen ausbilden.

Summary

Studies on the development of apomictic reproduction in forage grasses.
III. Relations between apomictic or amphimictic reproduction, vegetative performance, and number of chromosomes in *Poa pratensis* L.

In addition to the previously reported observations results are presented on relations between essential breeding characteristics and the way of seed formation in *Poa pratensis*. The findings can be summarized as follows:

1. Within the studied material no correlations are existing between the own performance (yield of green matter) of the plants and the way of their reproduction. However, seed descendants of amphimictic individuals are distinctly more weak in growth than those out of apomictic plants.
2. The correlation coefficients between "number of chromosomes" and "yield", $r_S = +0{,}19$ and $r_S = -0{,}04$, are not significant. Weak plants occurred within the total range of number of chromosomes recorded ($2n=36$ to $2n=118$). The hybrids strong in growth may be found mainly in the range between $2n=70$ and $2n=94$ chromosomes.
3. Apomictic (non-segregating) as well as amphimictic (segregating) plants occurred over a wide range of number of chromosomes. The mean values of both groups do not differ significantly.
4. The correlation coefficients between "way of reproduction" and "frequency of polyembryos", $r_S = -0{,}24$ and $r_S = -0{,}32$, are significant. The t-test showed, however, that the frequencies of twins between descendants of apomictic and amphimictic plants do not differ significantly. Therefore it must be supposed that the registration of polyembryos does not give a reliable measure for recognizing the degree of apomictic or amphimictic seed formation, respectively.
5. In comparison between hybrids of *Poa pratensis* which were propagated by apomictically arisen seeds or vegetativly a remarkable yield depression could be observed after triplicate vegetative propagation which was obviously not caused by the recorded diseases.

Краткое содержание

Опыты по индукции апомиксиса у кормовых трав. III. Связь между вегетативной продуктивностью, числом хромосом и апомиктическим или амфимиктическим образованием семян у *Poa pratensis*

В дополнение к наблюдениям над *Poa pratensis*, о которых уже сообщалось в первой части этой работы, рассматриваются связи между признаками важными для селекции и типом образования семян. Результаты сводятся к следующему.

1. В пределах исследованного материала, корреляции между вегетативной продуктивностью растений и типом их размножения, не найдено. Однако растения из семян, завязавшихся половым путём, оказываются заметно слабее в росте, чем растения выросшие из семян, образовавшихся апомиктически.
2. Коэффициенты корреляции между числом хромосом и урожаем, $r_S = +0{,}19$ и $r_S = -0{,}04$, не отличаются достоверно от нуля. Малорослые растения обнаружены во всём исследованном материале с числом хромосом от $2n = 36$ до $2n = 118$. Рослые гибриды встречаются среди растений с хромосомными числами между $2n = 70$ и $2n = 94$.
3. Апомиктические (не дающие расщепления) и амфимиктические (дающие расщепляющееся потомство) растения обнаруживаются в очень широком диапозоне хромосомных чисел. Средние значения обеих групп не показывают статистически достоверного различия.
4. Для связи между типом размножения и частотой проявления полиэмбрионии получены, достоверно отличающиеся от нуля, коэффициенты ранговой корреляции, $r_S = -0{,}24$ и $r_S = -0{,}32$. Поскольку частота «двойней» у апомиктических и амфимиктических растений не различаются достоверно (тест t), следует считать, что путём учёта полиэмбрионии нельзя делать заключений о половом или бесполом образовании семян.
5. В сравнении с растениями, возникшими путём апомиксиса у гибридов *Poa pratensis* после троекратного вегетативного размножения наблюдался значительный спад урожайности, который очевидно не был обусловлен зарегистрированными болезнями.

Bei der Betreuung und Auswertung des Versuchsmaterials waren uns die Assistentinnen Isburga Hoffmann und Herta Waldert wiederum eine wertvolle Hilfe. Wir danken ihnen für die überaus interessierte und umsichtige Mitarbeit.

Literatur

Åkerberg, E., 1939: Apomictic and sexual seed formation in *Poa pratensis*. – Hereditas **25**, 359–370.

–, 1942: Cytogenetic studies in *Poa pratensis* and its hybrid with *Poa alpina*. – Hereditas **28**, 1–126.

ÅKERBERG, E., und A. NYGREN, 1959: *Poa pratensis, trivialis, palustris, compressa* und verwandte Arten. – Handbuch der Pflanzenzüchtung Bd. **IV**. 2. Auflage, 392–418. Parey, Berlin-Hamburg.

BASHAW, E. C., 1962: Apomixis and sexuality in buffelgrass. – Crop Science **2**, 412–415.

–, 1974: The potential of apomictic mechanisms in grass breeding. – Plant Introduction, Breeding and Seed Production. XII. International Grassland Congress, Moscow, 14–20.

CANODE, C. L. and A. G. LAW, 1975: Seed production of Kentucky bluegrass associated with age of stand. – Agronomy J. **67**, 790–794.

CLAUSEN, J., 1952: New bluegrasses by combining and rearranging genomes of contrasting *Poa species*. – Proc. Sixth International Grassland Congress Vol. **1**, 216–221.

–, 1954: Partial apomixis as an equilibrium system in evolution. – Caryologia **1**, 469 bis 479.

ERNST, A., 1918: Bastardierung als Ursache der Apogamie im Pflanzenreich. – G. Fischer-Verlag, Jena, 665 S.

FUNK, C. R. and M. K. AHMED, 1973: Breeding grasses for turf purposes. – Proc. of Scotts Turfgrass Res. Conf. 4, 1–7. Ref.: Plant Breeding Abstracts **44** (1974), 320.

–, R. E. ENGEL, G. W. PEPIN, A. M. RADKO and R. J. PETERSON, 1974: Registration of Bonnieblue Kentucky Bluegrass. – Crop Science **14**, 906.

– and S. J. HAN, 1967: Recurrent intraspecific hybridization: a proposed method of breeding Kentucky bluegrass, *Poa pratensis*. – Rep. turfgrass research at Rutgers University, Bull. NJ. agric. Exp. Sta. Nr. **818**, 3–14. Ref.: Plant Breeding Abstracts **39** (1969), 764.

GRAZI, F., M. UMEARUS and E. ÅKERBERG, 1961: Observations on the mode of reproduction and the embryology of *Poa pratensis*. – Hereditas **47**, 489–541.

GRÖBER, K., F. MATZK und M. ZACHARIAS, 1974: Untersuchungen zur Entwicklung der apomiktischen Fortpflanzungsweise bei Futtergräsern. I. Art- und Gattungskreuzungen. – Kulturpflanze **22**, 159–180.

HESLOP-HARRISON, J., 1972: Sexuality of Angiosperms. In: Plant Physiology (Edit. F. C. STEWARD) Vol. VIC, S. 133–289. Acad. Press, New York and London.

JASSEM, B., 1976: Embryology and genetics of apomixis in the section *Corollinae* of the genus *Beta*. – Acta Biol. Cracoviensia, Ser. Bot. Vol. **XIX**, 149–172.

JUHL-NOODT, H., 1955: Apomixis und umweltbedingte Variation bei *Poa pratensis* L. – Züchter **25**, 80–86.

JULEN, G., 1960: The effect of X-raying on the apomixis in *Poa pratensis*. – Genet. Agrar. **13**, 60–66.

KRAMER, H. H., 1947: Morphologic and agronomic variation in *Poa pratensis* L. in relation to chromosome numbers. – J. Amer. Soc. Agric. **39**, 181–191.

LÖVE, A., 1952: Preparatory studies for breeding icelandic *Poa irrigata*. – Hereditas **38**, 11–32.

MIROSHNICHENKO, E. Y., 1974: Die Ausnutzung der Apomixis bei der Züchtung von *Poa pratensis* – Chromosomenzahlen und Merkmale apomiktischer Biotypen von *Poa pratensis* (russ.). – In: Apomiktičeskoe razmnozenie; geterosis. Hrsg. D. F. PETROW, „Nauka", Novosibirsk, S. 169–184.

– and J. V. AVRASINA, 1975: Karyological polymorphism of Sibirian biotypes of *Poa pratensis* L. (russ.) – Genetica **11**, (3), 45–49.

MÜNTZING, A., 1940: Further studies on apomixis and sexuality in *Poa* – Hereditas **26**, 115–190.

NIELSEN, E. L., 1945: Cytology and breeding behavior of selected plants of *Poa pratensis*. – Bot. Gaz. **106**, 357–382.

–, 1946: Breeding behavior and chromosome numbers in progenies from twin and triplet plants of *Poa pratensis*. – Bot. Gaz. **108**, 26–40.

NISSEN, Ö., 1950: Chromosome numbers, morphology and fertility in *Poa pratensis* from Southeastern Norway. – Agron. J. **42**, 136–144.

NYGREN, A., 1953: How to breed Kentucky bluegrass, *Poa pratensis* L. – Hereditas **39**, 51–56.

–, 1967: Apomixis in the Angiosperms. – Handbuch d. Pflanzenphysiologie, hg. v. W. RUHLAND, Bd. XVIII, 551–596. Springer, Berlin-Heidelberg-New York.

OSTAZESKI, S. A., T. E. POOLE, A. C. WILTON and J. J. MURRAY, 1973: Polyembryony in Kentucky bluegrass as a source of variation in disease reaction. – Crop Science **15**, 820–821.

PEPIN, G. W. and C. R. FUNK, 1974: Evaluation of turf, reproductive, and disease-response characteristics in crossed and selfed progenies of Kentucky bluegrass. – Crop Science **14**, 356–359.

PETERSON, R. J., G. W. PEPIN and C. R. FUNK, 1975: Registration of majestic Kentucky bluegrass. – Crop Science **15**, 885.

POMMER, G., 1972: Untersuchungen zur Züchtung der Wiesenrispe, *Poa pratensis* L., unter besonderer Berücksichtigung der Art der Samenbildung. – Z. Pflanzenzüchtung **67**, 279–304.

RAGHAVAN, V., 1976: Experimental Embryogenesis in Vascular Plants. – Academic Press, London, 603 S.

RUTISHAUSER, A., 1967: Fortpflanzungsmodus und Meiose apomiktischer Blütenpflanzen. – Protoplasmatologia VI/F/**3**, Springer-Verlag, Wien-New York, 245 S.

–, 1969: Embryologie und Fortpflanzungsbiologie der Angiospermen. – Springer-Verlag, Wien-New York, 163 S.

SCHMIDT, B., 1964: Beiträge zur Züchtung apomiktischer Apfelunterlagen I. Zytogenetische und embryologische Untersuchungen. – Z. Pflanzenzüchtung **52**, 27–102.

–, 1970a: Beiträge zur Züchtung apomiktischer Apfelunterlagen II. Dauer der juvenilen Periode in *Malus*-Kreuzungen. – Z. Pflanzenzüchtung **63**, 89–101.

–, 1970b: Beiträge zur Züchtung apomiktischer Apfelunterlagen III. Ihre Affinität mit Kultursorten in Abhängigkeit vom Virusgehalt. – Z. Pflanzenzüchtung **63**, 214–226.

SCHNARF, K., 1929: Embryologie der Angiospermen. – Handb. Pflanzenanatomie, II. Abt.; 2. Teil. Gebr. Borntraeger, Berlin, 689 S.

SMITH, D. C. and E. L. NIELSEN, 1945: Morphological variation in *Poa pratensis* L. as related to subsequent breeding behavior. – J. Amer. Soc. Agr. **37**, 1033–1040.

SPECKMAN, G. J. and G. E. VAN DIJK, 1972: Chromosome number and plant morphology in some ecotypes of *Poa pratensis* L. – Euphytica **21**, 171–180.

STÄHLIN, A. und A. EREN, 1973: Beziehungen zwischen Standortfaktoren, morphologischen Merkmalen und physiologischen Eigenschaften sowie der Chromosomenzahl bei Wiesenrispe (*Poa pratensis* L.). – Z. Acker- und Pflanzenbau **138**, 197–219.

STEBBINS, G. L., 1950: Variation and evolution in plants. – Columbia Univ. Press, New York, 643 S.

SVETLIK, V. und A. FOJTIK, 1972: Sexualformen des Rispengrases (*Poa pratensis* L.) und Möglichkeiten ihrer Ausnutzung bei der Züchtung (tschech.) – Genetika a šlechtěni **8**, 195–200.

SWINGLE, W. T., 1927: Seed production in sterile *Citrus* hybrids – its scientific explanation and practical significance. – Mem. Hort. Soc. N. Y. **3**, 19–21.

WILTON, A. C., E. WISEMAN and J. J. MURRAY, 1972: Chromosome and genetic constancy in *Poa pratensis* L. cultivar. – Crop. Science **12**, 736–738.

–, 1973: Inter- and intra-plant variation in chromosome number of *Poa pratensis* L. – In: Proc. Twentysecond Western Grass Breeders Work Planning Conference. Swift Current, Saskatchewan, Canada, 27–28.

Kulturpflanze XXVI · 1978 · S. 329–337

Anwendung numerisch-taxonomischer Methoden zur Ermittlung von Korrelationsbrechern beim Saatweizen (*Triticum aestivum* L.)

JÜRGEN SCHULTZE-MOTEL

(Eingegangen am 20. Januar 1978)

Zusammenfassung

Für die Ermittlung von Korrelationsbrechern beim Saatweizen werden Methoden der numerischen Taxonomie herangezogen und zwar der Ähnlichkeitskoeffizient von GOWER in Verbindung mit einem Cluster-Verfahren (unbewichtete Paargruppen-Methode mit arithmetischen Mittelwerten). Das Verfahren ist auch auf andere Kulturpflanzen anwendbar.

Das Studium von Korrelationen bei Kulturpflanzen spielt für deren Ausnutzung in der Pflanzenzüchtung eine große Rolle. Dies kommt in einer umfangreichen Literatur zum Ausdruck. Auch für die Gattung *Triticum* und insbesondere für den Saatweizen (*Triticum aestivum* L.) liegen zahlreiche Untersuchungen vor. Es konnten eine Reihe von mehr oder weniger engen Beziehungen zwischen den verschiedenartigsten Merkmalen festgestellt werden. Im Mittelpunkt der Untersuchungen steht dabei die Ermittlung von Beziehungen zwischen dem Ertrag und ertragsbestimmenden Merkmalen. Die bei diesen Untersuchungen gewonnenen Ergebnisse lassen sich kaum verallgemeinern, da das Ausgangsmaterial verschieden war, die Umweltbedingungen variierten und vor allem die Zahl der untersuchten Pflanzen oder Sorten meist nur gering war. Bei diesen Arbeiten stieß man aber auch bei sehr häufig untersuchten Merkmalen und deren gegenseitigen Beziehungen auf eindeutig negative Korrelationen, die für die weitere Verwendung eine Barriere darstellten. Um so stärker war das Bestreben, Einzelformen aufzufinden, bei denen die sonst negative Korrelation nicht vorhanden ist, die somit sog. Korrelationsbrecher darstellen. Das Entdecken derartiger Formen ist mit großen Schwierigkeiten verbunden, zumal zu ihrem Auffinden die Durchsicht eines möglichst großen Ausgangsmaterials notwendig ist. Entsprechende Untersuchungen lassen sich nur in umfangreichen Weltsortimenten von Kulturpflanzen durchführen. Derartige Sortimente einerseits und das Vorhandensein der elektronischen Datenverarbeitung andererseits eröffnen die Möglichkeit, erfolgreich nach entsprechenden Formen zu fahnden.

Eine bei vielen Untersuchungen von verschiedenen Autoren festgestellte negative Korrelation besteht zwischen dem Rohproteingehalt der Getreidekörner und dem Lysinanteil. Da die Getreide in weiten Teilen der Erde die Grundnahrungsmittel darstellen, unternimmt man große Anstrengungen, um die Quantität und Qualität des Eiweißes der Getreide zu erhöhen und damit die auf der Erde bestehende Eiweißlücke schließen zu helfen. So haben entsprechende Durchmusterungen von Sortimenten zur Auffindung von Korrelationsbrechern bei der Gerste geführt. Hier fand man im Welt-Gerstensortiment die Form „Hiproly" (CI 3947), die hohen Eiweißgehalt mit hohem Lysinanteil verbindet. Diese Form stammt aus Äthiopien (Munck et al. 1970). Auch bei der Mohrenhirse, *Sorghum bicolor* (L.) Moench, die für etwa 300 Millionen Menschen in Afrika, Ost-Asien und Indien das Hauptnahrungsmittel darstellt, konnten unter etwa 9000 Formen zwei Muster entdeckt werden, die bei außergewöhnlich hohem Lysingehalt einen relativ hohen Eiweißgehalt aufweisen. Auch diese Formen sind in Äthiopien beheimatet (Singh und Axtell 1973). Beim Mais konnten ebenfalls entsprechende Korrelationsbrecher gefunden werden (Mertz et al. 1964, Nelson et al. 1965).

Auch beim Weizen ist es erforderlich, nach derartigen Formen zu suchen. So sind in mehreren Ländern Suchprogramme durchgeführt worden, so z. B. in den USA, wo durch das U.S. Department of Agriculture und die University of Nebraska mehr als 7000 Weizenmuster auf Protein- und Lysingehalt untersucht wurden (Schmalz 1973; Vogel et al. 1975, 1976). Weiter haben sowjetische, polnische und schwedische Forscher die Problematik untersucht (vgl. Jakubciner und Pokrovskaja 1971; Pokrovskaja et al. 1971; Čmeleva et al. 1972; Brežnev 1975; Gruszowska et al. 1974; Nilsson 1976). Auch in der DDR wird in dieser Richtung gearbeitet (Schmalz 1973; Veckenstedt 1974). Besonders Schmalz betont die Notwendigkeit, auch beim Weizen die Suche nach drastischen Korrelationsbrechern bzw. deren Induktion voranzutreiben.

Im folgenden soll über einige Erfahrungen berichtet werden, derartige Korrelationsbrecher in einem großen Material aufzufinden, wobei es nicht so sehr darauf ankommt, bestimmte Formen zu entdecken, sondern die Methodik dieser Suche zu beleuchten.

Das eigene Material besteht aus 1212 Weizenformen aus dem Iran. Im Rahmen langjähriger Untersuchungen wurde an diesem Material eine Analyse der infraspezifischen Formenmannigfaltigkeit unter Anwendung der elektronischen Datenverarbeitung vorgenommen, wobei praktische und theoretische Fragestellungen verfolgt wurden. Für mehr als 100 Merkmale wurden Daten aufgenommen und diese auf verschiedene Korrelationen geprüft sowie numerisch-taxonomische Untersuchungen durchgeführt. Bei der Untersuchung der Korrelationen wurden in erster Linie solche zwischen dem Ertrag (Ährengewicht, Körnergewicht) und ertragsbestimmenden Merkmalen in den Vordergrund gestellt. Über die Ergebnisse dieser Untersuchungen soll an anderer Stelle berichtet werden.

In der vorliegenden Untersuchung geht es um die Methodik der Auffindung von Korrelationsbrechern. Mit Rücksicht auf die praktische Bedeutung wurde bei den eigenen Arbeiten die Korrelation zwischen Rohproteingehalt (Anteil der gesamten Eiweiße im Korn in %) und dem Lysinanteil (Anteil des Lysins am Rohprotein in %) als Beispiel untersucht. Bei allen diesen Arbeiten liegen die entsprechenden Ausgangswerte bereits vor, sie sind in Listen, Versuchsprotokollen und Karteiblättern neben zahlreichen anderen Angaben enthalten. Nach entsprechender Aufbereitung dieser Daten erfolgte ihre Einspeicherung in den Rechner.

Die einfachste, wenn auch sehr aufwendige Methode besteht darin, die Werte in ein Koordinatensystem einzutragen (vgl. Abb. 1). Die resultierende Punkt-Wolke läßt sich zu einer abfallenden Geraden verdichten, die die bekannte negative Korrelation zwischen beiden Merkmalen verdeutlicht. Alle von dieser Geraden mehr oder weniger stark abweichenden Werte sind sofort wahrnehmbar und so könnten an dieser Darstellung auch Korrelationsbrecher erkannt werden. Erwünschte Korrelationsbrecher, also solche Formen, die bei hohem Eiweißgehalt auch einen ± hohen Lysinanteil aufweisen, müßten im rechten oberen Quadranten der Darstellung zu finden sein. Selbstverständlich wären auch solche Korrelationsbrecher zu erkennen, die sich durch geringen Proteingehalt und geringen Lysinanteil auszeichnen, Formen, die natürlich nicht von Belang sind. Unter den von

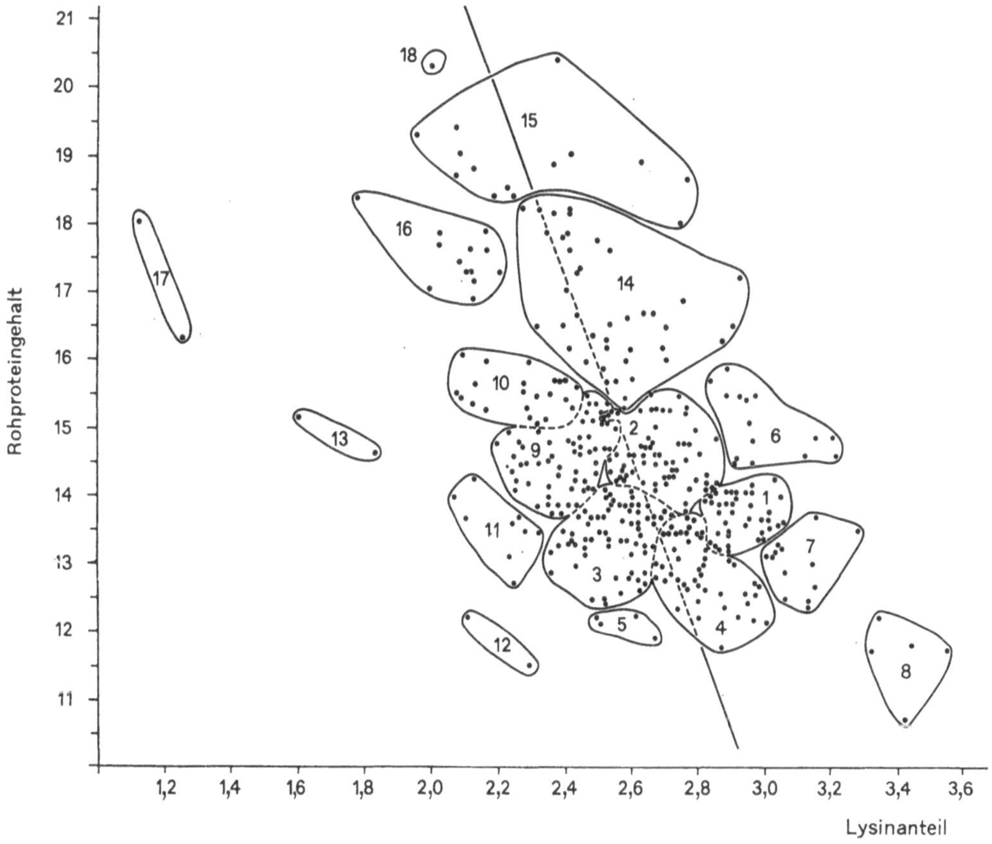

Abb. 1 Rohproteingehalt und Lysinanteil bei 423 Weizenformen. Die Gruppen entsprechen den Gruppen im Dendrogramm in Abb. 2

uns auf Eiweißgehalt und Lysinanteil untersuchten 423 Formen sind nun leider keine drastischen Korrelationsbrecher, doch sind immerhin einige Sippen bzw. Gruppen für unsere Problemstellung bemerkenswert. Die Abbildung 1 zeigt die in ein Koordinatensystem eingetragenen Werte, wobei aus Platzgründen die dazugehörenden Nummern hier weggelassen wurden.

Es sind 18 Gruppen zu unterscheiden, die den (weiter unten) mit Methoden der numerischen Taxonomie ermittelten Gruppen entsprechen. Die überwiegende Menge der Werte ist in den Gruppen 1–4 sowie 9 und 10 zu finden, die einen sehr engen Zusammenhang zeigen. In der Abbildung 1 ist dies dadurch zum Ausdruck gebracht, daß die Grenzen zwischen den Gruppen gestrichelt wiedergegeben sind. Dagegen setzen sich eine Reihe von Gruppen in mehr oder weniger starkem Maße von den anderen ab. Als auffälligste sind zunächst die Gruppen 17 und 18 zu nennen, von denen Gruppe 18 nur aus einer, die Gruppe 17 lediglich von 2 Sippen gebildet wird. Aber auch die Gruppen 12 und 13 sowie 8 sind von den anderen Gruppen stärker abgesondert und stellen Formen dar, die zwar nicht die gewünschten Korrelationsbrecher sind, aber doch aus der Masse der anderen Sippen herausfallen, indem z. B. die Werte beider Vertreter der Gruppe 13 für den Rohproteingehalt ziemlich niedrig und für den Lysinanteil sehr gering sind. Die Gruppe 8 wiederum, die sich aus 5 Vertretern zusammensetzt, ist dadurch charakterisiert, daß alle Sippen einen sehr hohen Lysinanteil haben, doch ist der Rohproteingehalt dagegen sehr gering. Wenn hier auch keine Korrelationsbrecher vorliegen, so sind die Vertreter dieser Gruppe und damit auch die ganze Gruppe sehr stark von den anderen Sippen abgesetzt. Die einzige Sippe, die man allenfalls als Korrelationsbrecher bezeichnen könnte, die also einigermaßen diskutable Werte sowohl für den Rohproteingehalt als auch für den Lysinanteil aufweist, ist die Sippe mit der Nr. 409. Sie gehört zur Gruppe 14, in der sie am weitesten rechts steht. Wären die Rohprotein- und Lysinwerte für diese Sippe noch etwas höher ausgefallen, so würde sie aus dieser Gruppe heraustreten und zu einer eigenen Gruppe werden. So steht sie zwar noch in Gruppe 14, nimmt hier aber bereits eine Randstellung ein (vgl. weiter unten).

Selbstverständlich kann man zur Auffindung von extremen Formen auch Sortierläufe durchführen und die Werte für den Rohproteingehalt und den Lysinanteil vom Rechner in absteigender Reihenfolge ausdrucken lassen. Die beiden resultierenden Zahlenreihen kann man relativ leicht miteinander vergleichen und auf diese Weise die entsprechenden Korrelationsbrecher entdecken, indem diese in beiden Zahlenreihen relativ an der Spitze stehen müßten. In unserem Material ist dies lediglich die schon erwähnte Nr. 409, wie die folgende Tabelle zeigt.

Die Nr. 409 steht in der Werte-Reihe des Rohproteingehaltes an 40. Stelle, in der des Lysinanteils an 55. Stelle.

Ein Sortierlauf für das Merkmal Rohproteingehalt würde die entsprechenden Werte, wie sie in der Abbildung 1 vermerkt sind, gewissermaßen in eine senkrechte Linie bringen, d. h. auf die x-Achse projizieren, und dann von oben nach unten ablesen, so daß an erster Stelle der Zahlenreihe der oberste Wert aus der Gruppe 15

Tabelle 1

Laufende Nr.	Schlüssel-Nr.	Protein-Gehalt	laufende Nr.	Schlüssel-Nr.	Lysinanteil
1	436	20,40	1	365	3,55
2	442	20,30	2	50	3,44
3	232	19,40	3	380	3,42
4	458	19,30	4	75	3,34
5	401	19,00	5	348	3,32
.			.		
.			.		
.			.		
39	431	17,30	51	358	2,94
40	409	17,20	52	414	2,94
41	415	17,15	53	282	2,92
42	449	17,05	54	287	2,92
43	454	17,05	55	409	2,92

stünde, gefolgt von dem einzigen Wert der Gruppe 18 usw. Ein Sortierlauf für das Merkmal Lysinanteil würde die auf die y-Achse projizierten Werte von rechts nach links ablesen, also zuerst die Werte der Gruppe 8, zum Schluß die der Gruppe 17. Es wäre auch ein Programm denkbar, nach dem der Rechner Werte aus beiden Reihen kombiniert, die eine jeweils vorgegebene Grenze überschreiten, so daß man auf diese Weise entsprechende Korrelationsbrecher ermitteln könnte. Bei diesem Verfahren würde man aber die Stellung der einzelnen Formen zueinander und insbesondere auch die Stellung der extremen Werte oder Korrelationsbrecher zu den anderen Werten nicht im Zusammenhang sehen können. Dies ist aber bei dem nun zu beschreibenden Verfahren möglich. Es beruht auf Methoden der numerischen Taxonomie, einer Disziplin, die seit Anfang der sechziger Jahre in zunehmendem Maße in der Biologie und anderen Wissenschaften zur Klassifikation eingesetzt wird. Auch in der Taxonomie der Kulturpflanzen wird sie verwendet. Hier benutzt man sie, um Systeme aufzustellen, wobei man eine möglichst große Anzahl von Merkmalen heranzieht. So werden die Ähnlichkeiten zwischen den einzelnen Sippen miteinander verglichen und auf der Grundlage dieser Ähnlichkeiten wird eine Gruppierung der Sippen vorgenommen. Der Vorteil dieser Methode besteht u. a. darin, daß große Datenmengen verarbeitet werden können. Die Verwendung großer Datenmengen ist wiederum dazu angetan, die Aussagen über die einzelnen Sippen beweiskräftiger zu machen. Bei diesen Untersuchungen findet häufig der Ähnlichkeitskoeffizient von GOWER (general similarity coefficient of GOWER) Verwendung, der es gestattet, gemischte Daten zu verarbeiten, also qualitative und quantitative Daten (vgl. SNEATH und SOKAL 1973). Auf der Grundlage dieses Koeffizienten wird eine Ähnlichkeitsmatrix aufgestellt und nach dieser Matrix werden mit Hilfe einer Cluster-Methode Gruppen gebildet und diese Gruppen und ihre Stellung zueinander in einem Dendogramm zum Ausdruck gebracht. Das am häufigsten benutzte Cluster-Verfahren ist die unbewichtete

Paargruppen-Methode mit arithmetischen Mittelwerten (unweighted pair-group method using arithmetic averages, UPGMA, vgl. Sneath und Sokal 1973). Dieses Verfahren wurde auch von uns in Verbindung mit dem GOWER-Koeffizienten für quantitative Merkmale verwendet.

Den eigenen Arbeiten liegt der Gedanke zugrunde, die Ähnlichkeit zwischen zahlreichen Sippen eines Materials nun nicht auf Grund von vielen Merkmalen festzustellen, sondern nur anhand von zwei Merkmalen. Der Informationsgehalt der einzelnen Sippen ist also auf die Angaben für den Rohproteingehalt und den Lysinanteil reduziert. Wenn man nun diese Sippen dem oben beschriebenen Verfahren unterwirft, so ergibt sich ein Dendrogramm, das auf einen extrem kleinen Ausschnitt der Merkmale dieser Sippen begründet ist, dafür aber ohne Überlagerung durch die Einflüsse der anderen Merkmale die Ähnlichkeiten in bezug auf die zwei Merkmale Rohproteingehalt und Lysinanteil wiedergibt. Das resultierende Dendrogramm ist im Ausschnitt in Abbildung 2 dargestellt. Es erlaubt einen guten Einblick in die gebildeten Gruppen ebenso wie die Erkennung von ± abweichenden Formen. Besonders auffällig sind die Gruppen 17 und 18 von den anderen abgesetzt (vgl. Abb. 1), indem sie zu diesen eine geringe Ähnlichkeit zeigen. Die Gruppen 12 und 13 heben sich ebenfalls gut von den anderen ab (vgl. wiederum Abb. 1). Auch die Gruppe 8 (in unserem Dendrogrammausschnitt nicht enthalten) ist scharf von den anderen Gruppen getrennt. Aber es sind nicht nur abweichende Gruppen zu erkennen, sondern auch solche Sippen, die innerhalb einer Gruppe eine Randstellung einnehmen, wie z. B. die oben diskutierte Nr. 409, die der Gruppe 14 zugehört. Sie steht in der Abbildung 1 am weitesten rechts in der Gruppe 14. In der Abbildung 2 bildet sie den letzten „Ast" des Dendrogrammteiles 14, sie ist innerhalb dieser Gruppe am meisten abgesetzt.

Nach dieser Methode wären somit ± abweichende Formen oder Gruppen und damit besonders die erwünschten Korrelationsbrecher leicht zu erkennen.

Die hier beschriebene Methode zur Erkennung von Extremformen bzw. Korrelationsbrechern in einem großen Material mag gegenüber Sortierläufen umständlich erscheinen, doch muß man bedenken, daß so die Beziehungen der Sippen und der Gruppen zueinander klar zum Ausdruck kommen. So wäre z. B. denkbar, daß sich bei der Suche nach Extremformen oder Korrelationsbrechern eventuell ein Zusammenhang zwischen einer Gruppe und bestimmten geographischen Räumen ergibt, so daß danach eine entsprechende Suche vorgenommen werden könnte.

Mit der wachsenden Notwendigkeit, das Potential unserer Kulturpflanzen stärker als bisher zu nutzen und für die praktische Pflanzenzüchtung zu verwenden, müssen wir nach geeigneten Erschließungsmethoden für Datensammlungen suchen. Der weitere Ausbau von Datenbanken, die den Inhalt von Kulturpflanzensortimenten widerspiegeln, wird die Möglichkeit eröffnen, Korrelationen zwischen verschiedenen Merkmalen festzustellen und vor allem auch erwünschte Korrelationsbrecher zu ermitteln, um deren Träger der Pflanzenzüchtung zur Verfügung zu stellen. Eine Verwendung der beschriebenen Methode ist natürlich

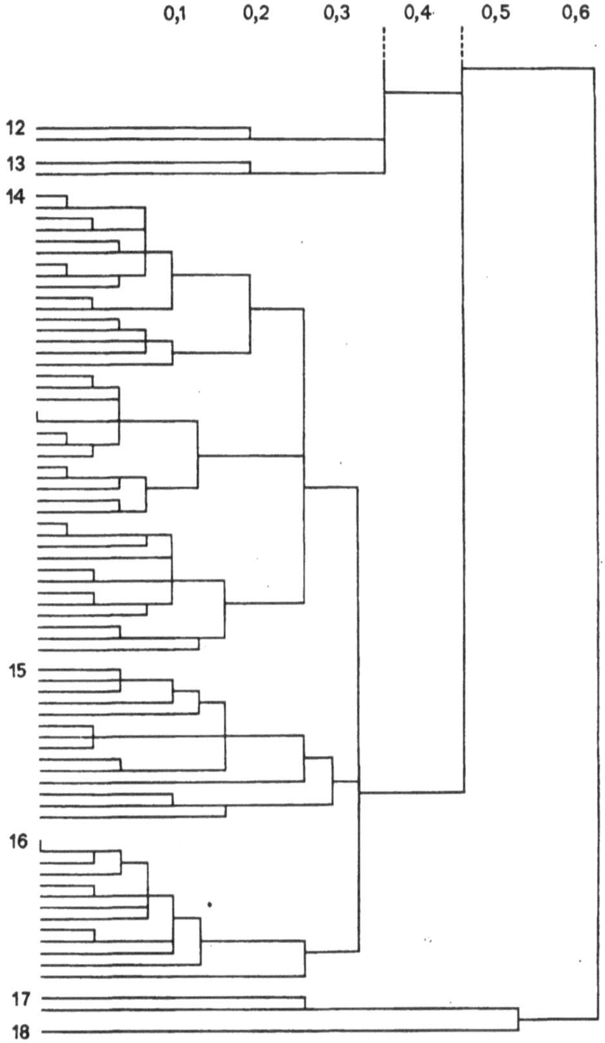

Abb. 2 Ausschnitt eines Dendrogramms von 423 Weizenformen auf Grund der Merkmale Rohproteingehalt und Lysinanteil (Erläuterung siehe Text)

auch bei anderen Kulturpflanzen möglich. Ein sinnvoller Einsatz scheint aber nur dann gegeben zu sein, wenn möglichst große Datensammlungen zur Verfügung stehen. Eine derartige Datenbank für Kulturpflanzen ist im Zentralinstitut für Genetik und Kulturpflanzenforschung in Gatersleben im Aufbau.

Sämtliche Rechenarbeiten wurden von den Herren Dipl.-Math. E. Tabbert und M. Cerulla vom VEB Datenverarbeitungszentrum Schwerin durchgeführt, denen für ihre unschätzbare Hilfe auch an dieser Stelle herzlich gedankt sei.

Für die Zeichenarbeit danke ich Herrn R. Pertack.

Summary

Use of methods of numerical taxonomy for detecting correlation breakers in common wheat (*Triticum aestivum* L.)

For detecting correlation breakers in common wheat methods of numerical taxonomy are used namely the general similarity coefficient of Gower combined with a clustering method (unweighted pair-group method using arithmetic averages, UPGMA). The method is also applicable to other cultivated plants.

Краткое содержание

Применение методов численной таксономии для выявления форм с аномальным значением корреляций у мягкой пшеницы (*Triticum aestivum* L.)

Для выявления форм мягкой пшеницы, резко отклоняющихся от средней корреляции применялись методы численной таксономии. Коэффициент сходства Гауера (Gower) комбинировался с методом кластерного анализа (метод невзвешенных парных групп с арифметическими средними). Этот способ можно применять и для других культурных растений.

Literatur

Breżnev, D. D., 1975: [World plant resources: the main source for improving the content and quality of protein]. In: Probl. belka v s.kh., Kolos, Moscow, 28–43.

Čmeleva, Z. V., S. L. Tjuterev i M. I. Rudenko, 1972: Charakteristika vysokokačestvennych pšenic po soderžaniju belka i lizina. [Characteristics of high-quality wheats in respect of protein and lysine contents]. – Bjull. VIR, Leningrad **24**, 42–45.

Gruszowska, T., O. Lubkiewicz., B. Mazurkiewicz, 1974: Zmienność zawartości białka i lizyny w pszenicy jarej i ozimej. [Variation in protein and lysine contents in spring and winter wheats]. – Biuletyn Instituta Hodowli i Aklimatyzacji Roślin No. 1/2, 49–52.

Jakubciner, M. M., N. F. Pokrovskaja, 1971: Biochimičeskaja charakteristika zerna diploidnych pšenic. [The biochemical characteristics of grains of diploid wheats]. – Sel'skochoz. biol. **6**, 669–675.

Mertz, E. T., L. S. Bates and O. E. Nelson, 1964: Mutant gene that changes protein composition and increases lysine content of maize endosperm. – Science **145**, 279–280.

Munck, L., K. E. Karlsson, A. Hagberg, B. O. Eggum, 1970: Gene for improved nutritional value in barley seed protein. – Science **168**, 985–987.

Nelson, O. E., E. T. Mertz and L. S. Bates, 1965: Second mutant gene affecting the amino acid pattern of maize endosperm proteins. – Science **150**, 1469–1470.

Nilsson, G., 1976: Undersökning av protein- och lysininnehall i vete. ([Investigation of protein and lysine content in wheat]. – Sveriges Utsädesförenings Tidskrift **86**, 271–278.

POKROVSKAJA, N. F., V. I. BARTAŠEVIČ, V. I. CHOREVA, 1971: Soderžanie belka, lizina i triptofana v zerne ozimych pšenic. [Contents of protein, lysine and tryptophane in the grain of winter wheats]. – Bjull. VIR, Leningrad **19**, 14–16.

SCHMALZ, H., 1973: Die Züchtung auf erhöhten Proteingehalt beim Weizen unter besonderer Berücksichtigung von Kugelkornlinien und *Sphaerococcoid*-Mutanten. – Tagungsbericht Akad. Landwirtschaftswiss. DDR **122**, 299–308.

SINGH, R. and J. A. AXTELL, 1973: High lysine mutant gene (hl) that improves protein quality and biological value of grain sorghum. – Crop Sci. **13**, 535–539.

SNEATH, P. H. A. and R. R. SOKAL, 1973: Numerical Taxonomy. The Principles and Practice of Numerical Classification. – W. H. Freeman and Comp., San Francisco.

VECKENSTEDT, J., 1974: Zur Züchtung von Getreide auf hohen Eiweiß- und Lysingehalt. – Feldwirtschaft **15**, 306–308.

VOGEL, K., V. A. JOHNSON, P. J. MATTERN, 1975: Reevaluation of common wheats from the USDA world wheat collection for protein and lysine content. – Res. Bull., Agric. Exp. Sta., Univ. Nebraska No. **272**, 36 pp.

VOGEL, K. P., V. A. JOHNSON and P. J. MATTERN, 1976: Protein and lysine content of grain, endosperm, and bran of wheats from the USDA World Wheat Collection. – Crop Sci. **16**, 655–660.

Kulturpflanze XXVI · 1978 · S. 339–348

Die Perlzwiebeln des Gaterslebener Sortiments und Bemerkungen zur Systematik und Karyologie dieser Sippe

PETER HANELT und HARALD OHLE

(Eingegangen am 19. Januar 1978)

Zusammenfassung

Das Gaterslebener Perlzwiebel-Sortiment umfaßt 32 Herkünfte, meist von einem Kleingartenanbau aus den Bezirken Halle und Magdeburg. Die systematische Stellung dieser Kultursippe wird diskutiert, morphologische Merkmale belegen die Zugehörigkeit zum Sippenkomplex um *A. ampeloprasum* L. Die erstmals mitgeteilten cytologischen Befunde, die Zahl der Chromosomen ($2n = 32$) und ihre Morphologie weisen auf enge Beziehungen zwischen Perlzwiebel und Porree hin. Eingehende cytotaxonomische Untersuchungen des gesamten Komplexes sind dringend erforderlich.

Die Perlzwiebel gehört heute wegen des mit ihrem Anbau verbundenen hohen Aufwands an manueller Arbeit zu den fast vergessenen Kultursippen. Selbst den Verfassern der Monographie über Botanik, Anbau und Nutzung der *Allium*-Arten (JONES und MANN 1963) war es nicht gelungen, lebendes Material dieser Sippe zu erhalten. Freilich muß ihre Kultur immer nur eine sekundäre Bedeutung gehabt haben; ihr Areal ist beschränkt, ein Anbau ist nur aus Italien und von dem Territorium des früheren Deutschen Reichs bekannt (JONES und MANN, l. c.). Auch innerhalb dieses Gebietes kann die Kultur nur lokal verbreitet und vorzugsweise für den Eigenverbrauch bestimmt gewesen sein. Ein kommerzieller Anbau wird von BECKER-DILLINGEN (1950) nur von Seebach (Kreis Langensalza) und von Lübbenau im Spreewald angegeben.

Die relativ geringe Verbreitung trifft auch für weiter zurückliegende Zeiten zu: Perlzwiebeln werden in dem bekannten Werk „Landwirthschaftliche Flora" von ALEFELD (1866) nicht aufgeführt und noch früher klagte bereits 1778 LUEDER hinsichtlich seines „Perllauchs" . . . „ich finde dessen in keinem einzigen Gartenbuch gedacht" (p. 170).

Für das Gaterslebener Kulturpflanzenweltsortiment gelang es in den fünfziger Jahren J. HELM, dem früheren Bearbeiter der *Allium*-Kollektion, drei Perlzwiebel-Herkünfte von Gartenliebhabern aus Gatersleben selbst, aus Quedlinburg und aus Queis (Saalkreis) zu bekommen, die dort in Kleingärten noch kultiviert

Tabelle 1

Herkunft der Perlzwiebel-Proben

Anbauorte	Zahl der Proben	DDR-Sorten-sammlg.-Nr.
Bezirk Halle		
Halle/S.	1	381
Altenburg, Krs. Bernburg	1	276
Merseburg	1	419
Mücheln	1	271
Raguhn	1	388
Spören, Krs. Bitterfeld	1	409
Weissenfels	2	405, 436
Wittenberg	1	389
Bezirk Magdeburg		
Magdeburg	3	278, 398, 415
Osterweddingen	1	473
Salzwedel	1	587
Schönebeck	1	422
Bezirk Leipzig		
Borsdorf	1	420
Brodau, Krs. Delitzsch	1	272/73
Leipzig	2	386, 400
Markkleeberg	1	417

Anbauorte	Zahl der Proben	DDR-Sorten-sammlg.-Nr.
Bezirk Erfurt		
Erfurt	2	429, 461
Gotha	1	275
Nordhausen	1	407
Bezirk Karl-Marx-Stadt		
Geringswalde, Krs. Rochlitz	1	441
Schönau/Vogtland	1	426
Bezirk Gera		
Neustadt/Orla	1	379
Bezirk Potsdam		
Fohrde, Krs. Brandenburg	1	277

wurden. Diese Nummern[1] sowie eine Herkunft aus dem Forschungsinstitut für Gemüsebau in Olomouc (ČSSR) werden seitdem in Gatersleben erhalten und vermehrt. Nicht zuletzt das inzwischen wieder rege gewordene Interesse der Konservenindustrie an der Perlzwiebel war der Anlaß, diese Sippe in eine Aktion zur Sammlung selten gewordener Kultursippen oder alter Sortentypen innerhalb der DDR einzubeziehen (Hammer, Hanelt und Tittel 1977).

Der Erfolg dieses Vorhabens war sowohl in allgemeiner Hinsicht wie auch in bezug auf die Perlzwiebel sehr groß. Insgesamt 28 Korrespondenten übersandten 1975/76 z. T. recht umfangreiche Pflanzgutproben, die ebenfalls in die Gaterslebener Kollektion übernommen wurden. Vielfach wurde dabei gleichzeitig auf die ausgeübte Anbaupraktik hingewiesen, die im Prinzip mit dem in Gartenbüchern angegebenen Verfahren (vgl. z. B. Becker-Dillingen 1950) übereinstimmten. Die Proben stammten ausschließlich aus Klein- und Hausgärten und das Erntegut wurde ausnahmslos für den Eigenbedarf gebraucht und nur gelegentlich davon geringe Mengen an Interessenten abgegeben. Sofern bei den Sendungen die Dauer des Anbaues vermerkt war, wurde fast stets angegeben, daß die Kultur und eine eigene Vermehrung bereits seit Jahrzehnten erfolgt (so von den Einsendern H. v. Arnstedt, Salzwedel, L. Schädlich, Schönau, L. Paul, Neustadt). Obwohl nur von wenigen Korrespondenten mitgeteilt, dürfte die Verarbeitung und Verwendung der Perlzwiebeln weitgehend übereinstimmend vor sich gehen: Die geernteten Zwiebeln werden gesäubert, gesalzen oder in Salzwasser gelegt, danach oder zuvor von der äußeren Hülle befreit und anschließend mit gewürztem, heißem Essig übergossen oder darin gekocht und so als feines Essiggemüse konserviert.

Die Tabelle 1 gibt die Orte an, aus denen wir Perlzwiebel-Proben erhalten haben. Deutlich zeichnet sich unter den Einsendungen eine Konzentration des Anbaues im Bereich des früheren Landes Sachsen-Anhalt einschließlich unmittelbar benachbarter Gebiete ab; nur wenige Proben hatten ihren Ursprung außerhalb dieses Bereichs im Thüringer Becken oder im Vogtland. Der sich an die genannte Suchaktion anschließende Briefwechsel hat gezeigt, daß das Interesse an der Perlzwiebel weit verbreitet und ihre Kenntnis vielfach noch von früheren Generationen her vorhanden ist; inzwischen wurde bereits Material dieser Zwiebel an eine Reihe von Gartenliebhabern abgegeben.

Es ist erstaunlich, daß für diese alte Kultursippe in der Literatur nur schwer eine wissenschaftliche Benennung zu finden ist. Becker-Dillingen (1950) erwähnt die unter Gärtnern übliche Bezeichnung *A. porrum* var. *sectivum*. Nach eingehenden Literaturrecherchen kann als erster Autor dieses Namens F. H. H. Lueder (1778) gelten, der in seinem 3-bändigen Werk auch die Perlzwiebel abhandelt und schreibt . . . „eine Abart des *Allium porrum*, die ich zum Unterschiede noch *sectivum* nenne“. Ein den Regeln entsprechender Name der Zwiebel wäre also *A. porrum* L. var. *sectivum* F. H. H. Lueder, Briefe üb. d. Bestellung eines Küchengartens 1 (1778) 170.

[1] K 834, K 924, K 835.

Bis in jüngste Zeit herrscht auch über die systematische Einordnung der Perlzwiebel keine endgültige Klarheit. Früher wurde sie mitunter zu *Allium sativum* L. (Knoblauch) gestellt oder mit manchen der Formen dieser Art verwechselt, vor allem mit var. *ophioscorodon* (Link) Döll, der echten Rockenbolle (so z. B. bei Hegi 1939). Helm (1956), der die Perlzwiebel bei der Darstellung der kultivierten *Allium*-Arten weitgehend ausklammerte, spricht sie als „eine rein vegetativ vermehrte Sippe von *A. porrum*" an, und auf die engen Beziehungen dieser beiden Kultursippen haben auch früher schon andere Autoren aufmerksam gemacht (u. a. Ascherson und Graebner 1905). Unterstrichen wird diese Übereinstimmung durch die Möglichkeit, bei *A. porrum* durch frühes Dekapitieren des Infloreszenzschaftes die Bildung von mit Perlzwiebeln weitgehend übereinstimmenden Nebenzwiebeln zu provozieren (vgl. vor allem Helm 1956, p. 141).

In der Monographie von Jones und Mann (1963) sind alle hierhergehörenden Kulturformen von *Allium* zu *A. ampeloprasum* L. gezogen; sie sind in dieser Art zu drei taxonomisch-informalen infraspezifischen Gruppen zusammengefaßt. Diese sind: (1) *Great-headed Garlic Group* – Pferdeknoblauch, Sommerlauch; diese Sippe entspricht *A. ampeloprasum* L. var. *ampeloprasum* bei Helm 1956 p. 138 (non *A. ampeloprasum* L.), sie ist Bestandteil des *A. ampeloprasum* L. proles *holmense* Aschers. et Graebn. (1905) p. 105; (2) *Leek Group* – Porree, *A. porrum* L., und (3) *Kurrat Group* – *A. kurrat* Schweinf. ap. Krause. – Die Perlzwiebel wird mit Vorbehalt von den beiden Autoren zur ersten Gruppe gestellt und auch Purseglove (1972) läßt offen, ob sie in diese oder die Porree-Gruppe einbezogen werden muß.

Keine Zweifel bestehen jedoch einerseits über die engen taxonomischen Beziehungen von *A. porrum* zur *A. ampeloprasum*-Gruppe sowie andererseits über die Zugehörigkeit der Perlzwiebel zu diesem Komplex von Wild- und Kultursippen. Alle diesen charakterisierenden Merkmale finden wir auch bei den Perlzwiebeln vor: Es handelt sich bei ihnen ebenfalls um relativ robuste Pflanzen (Sproßhöhe oft über 50 cm) mit flachen, unterseits etwas gekielten Blättern (Blattbreite maximal bis 1 cm, selten etwas mehr), einem aufrechten, nicht gekrümmten oder eingerollten, soliden Blütenschaft, mit einer relativ großen ± kugeligen Infloreszenz die anfangs von einer lang-geschnäbelten Spatha (Schnabel wesentlich länger als die Hochblattspreite) umhüllt ist und die als Ganzes vor der Anthese abgeworfen wird. Die vielen, lang-gestielten Blüten (Pedicellen unterschiedlich lang) sind breit-, glocken- bis urnenförmig (nicht weit geöffnet), die Kronblätter sind nicht auffallend gefärbt (weißlich mit grünem Mittelnerv, später oft etwas rötlich überlaufen) und am Kiel körnelig-rauh; die Staubblätter überragen die Krone etwas (in der Länge der Antheren), die inneren sind drei-spitzig, wobei die etwa gleichlangen, schmallinealischen Mittel- und Seitenzipfel nur halb so lang wie der breite ungeteilte Basalabschnitt der Filamente sind, die Seitenzipfel sind in eine kapillarartige Spitze ausgezogen (wie beim Porree); der Griffel ist anfangs kürzer als die Staubblätter, ragt aber ebenfalls etwas über die Krone hinaus und streckt sich schließlich etwas über die Stamina. Brutzwiebeln werden in der Infloreszenz

Abb. 1 Zwei Perlzwiebel-Pflanzen (Spätsommer) mit ihren im Laufe der Vegetationsperiode gebildeten Zwiebelnestern; Seitenzwiebeln z. T. bereits wieder austreibend

nicht entwickelt, was gleichfalls dem in der *A. ampeloprasum*-Gruppe vorherrschenden Verhalten entspricht.

Eine Samenbildung ist möglich, kann aber nicht regelmäßig jedes Jahr beobachtet werden. Die Bildung von Blütensprossen erfolgt überhaupt vorzugsweise bei Pflanzen, die aus relativ großen Zwiebeln hervorgegangen sind und bei einer Trennung der geernteten Zwiebeln in unterschiedliche Größenklassen sind meist im folgenden Jahr nur die Parzellen in Blüte, die auf der Auslese von mittleren bis großen Zwiebeln einer Nummer beruhten.

Die reichliche Seitenzwiebel-Bildung, das Fehlen einer deutlichen Hauptzwiebel und die silbrigen Zwiebelhüllen sind sowohl für die Perlzwiebel wie die Sippen von *A. ampeloprasum* (nicht aber für *A. porrum* und *A. kurrat*) typisch und die Struktur der Zwiebeln, die aus einem ± derben Hüll-Blatt und nur aus einem einzigen Speicherblatt, einer Blattscheide entsprechend, bestehen, ist wiederum für den gesamten Sippenkomplex charakteristisch.

Cytologische Untersuchungen bestätigten diese Befunde: Die somatische Chromosomenzahl in den Wurzelspitzenzellen[2] der Perlzwiebel beträgt stets $2n = 32$ (Abb. 2); diese Zahl fand sich bei sämtlichen oben angegebenen Nummern des Gaterslebener Perlzwiebel-Sortimentes. Die Perlzwiebel stimmt daher in dieser Hinsicht mit dem gleichfalls tetraploiden Porree überein. In den von uns untersuchten Perlzwiebelherkünften konnte darüber hinaus mitunter eine wechselnde Anzahl (meist 1–4) B-Chromosomen beobachtet werden. Sie wurden in vorliegender Studie aber nicht berücksichtigt. Als Basis für die morphologische Beschreibung der somatischen Chromosomen der Perlzwiebel legen wir die Karyogramme von vier Herkünften zugrunde (407, 409, 473, K 924), die so gleichförmig gestaltet sind, daß sich die Darstellung eines Mittelwert-Karyogrammes erübrigt hat.

Das vollständige Karyogramm (Abb. 3a) zeigt eine Reihe sich kontinuierlich in der Länge verringernder Chromosomen mit mehr oder weniger medianen Insertionsstellen. Bei nur wenigen der längeren Chromosomenpaare liegt das Centromer in einem submedianen Bereich (Paare 1 und 7, Abb. 3b). Unter den kürzeren

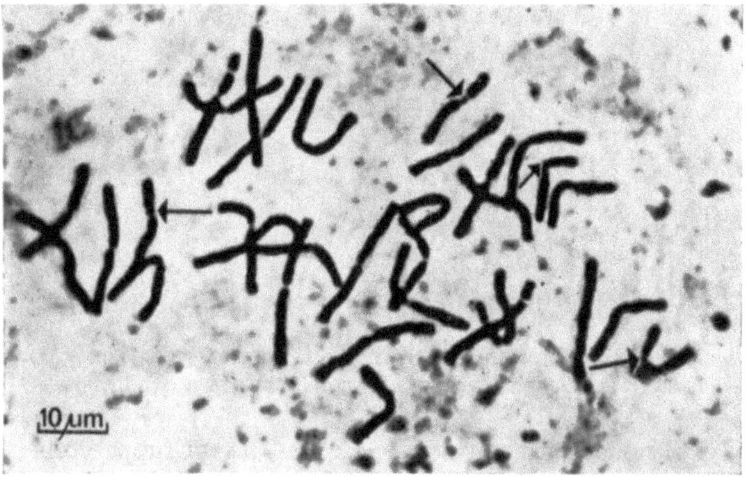

Abb. 2 Perlzwiebel (Nr. 473), Mitose-Metaphase aus der Wurzelspitze $2n = 32$ (Pfeile weisen auf interkalare Pseudosatelliten hin)

2 Zur Untersuchung wurden treibende Perlzwiebeln ausgegraben und auf perforierten Styroporplatten über Leitungswasser bei Zimmertemperatur bewurzelt. Zur Stauchung der sehr langen Mitosechromosomen wurden die Wurzelspitzen vor der Fixierung 90 Minuten mit gesättigter Paradichlorbenzol-Lösung vorbehandelt. Die Präparation des mit Karmin gefärbten Materials und die Herstellung von Euparal-Dauerpräparaten erfolgte in üblicher Weise. Zur Sichtbarmachung feinerer Details auf den Chromosomen wurde variabler Phasenkontrast angewendet. Die Vermessung der Chromosomen auf Zeichenspiegelabbildungen erfolgte in relativen Längeneinheiten mittels eines Kurvimeters.

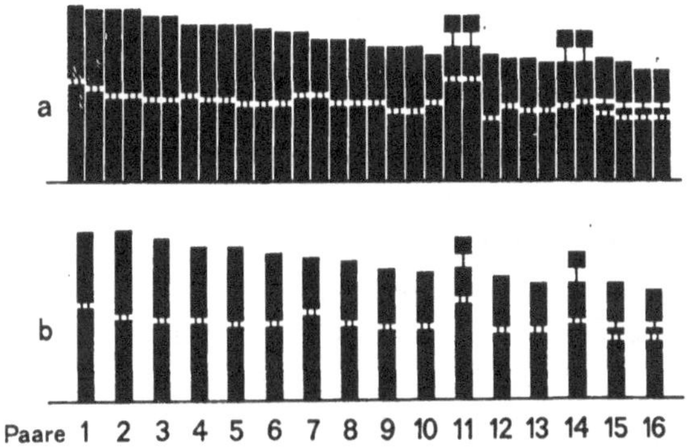

Abb. 3 Karyogramm des Chromosomenbestandes der Perlzwiebel (Nr. 479) a) Somatischer Chromosomenbestand b) Gametischer Chromosomenbestand (Mittelwerte der Paare)

Chromosomen sind vor allem die Satellitenchromosomen heterobrachial. Sie unterscheiden sich in ihrer gesamten Länge, in der Länge ihrer kurzen Schenkel sowie der der Satelliten. Relativ kurze Satelliten besitzen die Paare 11 und 14; die kurzen Arme dieser Chromosomen sind aber stets gut zu erkennen. Dagegen weisen die kleinsten Chromosomen des Satzes (Paare 15 und 16) relativ lange (lineare) Satelliten auf; die kurzen Chromosomen-Schenkel sind aber nur punkt- oder schmal-bandförmig und im Mikroskop oft schwierig zu erkennen (Abb. 1, Pfeile). Diese Chromosomen werden als hyperheterobrachial bezeichnet (MURIN 1964).

Für alle Chromosomen des Karyogramms kann an eine paarweise Zusammenordnung gedacht werden, wofür vor allem die unterschiedlichen Längen der Satellitenchromosomen (Paare 11 und 14) sprechen. Eine Gruppenbildung zu jeweils vier gleichartigen Chromosomen stößt zumindest bei der Berücksichtigung der Centromerlagen auf Schwierigkeiten. Aus Mittelwerten jeweils zweier Chromosomen resultiert daher die Darstellung des gametischen Chromosomenbestandes der Abbildung 3b, in der auch die Lage der Satelliten zu den Chromosomen schematisch dargestellt ist.

Vergleiche unserer Perlzwiebelkaryogramme mit den cytologischen Befunden bei *Allium porrum* L. und verwandten Sippen ergeben gewisse Übereinstimmungen. Es muß betont werden, daß sich die cytologischen Verhältnisse in diesem Verwandtschaftskreis keineswegs vollständig gleichen (KADRY und KAMEL 1955; MURIN 1964; KOUL und GOHIL 1970; TAHBAZ 1976). MURIN (1964) erwähnt das Vorkommen von vier heterobrachialen Chromosomen mit interkalaren Pseudosatelliten, die unseren Chromosomenpaaren 15 und 16 (Abb. 3b) entsprechen. Daneben findet er vier subterminale Satellitenchromosomen gleicher Gestalt (bei uns die Paare 11 und 14). Beide Chromosomentypen kann man auch in einem Karyogramm einer iranischen Porreeform (TAHBAZ 1976) beobachten, ersteren allerdings in geringerer Zahl. In dem von KOUL und GOHIL (1970) dargestellten Karyogramm sind aber beide Satellitenchromosomentypen gar nicht vertreten.

MURIN (1964) stellt die in seinen Porree-Sippen gefundenen Chromosomen stets zu vollkommen gleichförmigen Vierergruppen zusammen und plädiert wie LEVAN (1940) und KADRY und KAMEL (1955) für eine autopolyploide Entstehungsweise dieser Kulturpflanze. Dagegen kommen KOUL und GOHIL (1970) auf Grund ihrer cytologischen Studien an *A. ampeloprasum* s. l.-Sippen zu der Schlußfolgerung, daß zur Herausbildung ihres Chromosomenbestandes drei unterschiedliche Genome beigetragen haben. Auch bei der Perlzwiebel liegen nicht auf Autopolyploidie hindeutende Chromosomengruppen vor, was ebenfalls eher an einen amphidiploiden Entstehungsmodus denken läßt.

Die mitgeteilten morphologischen und cytologischen Daten belegen klar die engen verwandtschaftlichen Beziehungen zwischen Perlzwiebel und Porree und lassen an eine Einbeziehung der Perlzwiebel als infraspezifische Sippe in *A. porrum* denken. Bei einer sehr weiten Artauffassung in dieser Gruppe (wie etwa bei Jones und Mann 1963) müßte die Perlzwiebel zu *A. ampeloprasum* s. l. gestellt und hier als zusätzliche infraspezifische Gruppe (*Pearl Onion Group*) ausgewiesen werden; sie vermittelt dabei zwischen der gleichfalls tetraploiden *Leek*- und *Kurrat Group* ohne ausgeprägte vegetative Vermehrung und der in der Seitenzwiebel-Bildung und vorherrschenden vegetativen Vermehrung mit der Perlzwiebel übereinstimmenden *Great-headed Garlic Group*, die aber nach den Angaben von Jones und Mann (1963) eine hexaploide Sippe mit 48 somatischen Chromosomen darstellt. Eine endgültige Entscheidung über die Berechtigung einer derartig weiten oder einer engeren Artumgrenzung wird jedoch erst nach weiteren intensiven Studien der Kulturpflanzen-Sippen des Formenkreises sowie vor allem nach eingehenden cytotaxonomischen Untersuchungen der spontanen Taxa der *A. ampeloprasum*-Gruppe aus allen Teilen des Areals möglich sein; bisher liegen derartige Bearbeitungen nur für wenige Gebiete vor (Ägäis, v. Bothmer 1974; Israel, Kollmann 1971).

Summary

The pearl onions of the Gatersleben collection and notes on taxonomy and karyology of this taxon

The Gatersleben pearl onion collection includes 32 strains mostly from a local and small-scale cultivation within the districts of Halle and Magdeburg. The systematics of this cultivated plant has been discussed, morphological characters are indicating that it belongs to the *A. ampeloprasum* complex. The chromosome number and their morphology, here firstly described, strengthen a close relationship between pearl onion and leek. Further cytotaxonomical research of whole the complex is urgently needed.

Краткое содержание

Жемчужный лук гатерслебенской коллекции и заметки по систематике и кариологии этой формы

Гатерслебенская коллекция, так называемого, жемчужного лука насчитывает 32 образца, по большей части из частных садово-огородных участков округов Галле и Магдебурга. Обсуждение систематического положения этой культурной формы на основании морфологических признаков говорит в пользу её принадлежности к группе форм *A. ampeloprasum* L. Впервые приводимые кариологические данные – число хромосом ($2n=32$), их морфология – указывают на тесную связь между жемчужным луком и луком-пореем. Весь комплекс форм нуждается в солидной кариологическо-таксономической обработке.

Für die Anzucht des Pflanzenmaterials, die Herstellung der mikroskopischen Präparate, der Zeichnungen und Fotos danken wir Fr. I. Hahn, Fr. M. Matthes, Fr. U. Nagel, Fr. U. Scholz, Fr. H. Selbig, Fr. B. Sperling, Fr. G. Terpe und Herrn R. Pertack.

Literatur

Alefeld, F., 1866: Landwirthschaftliche Flora. – Wiegandt & Hempel, Berlin.

Ascherson, P., und P. Graebner, 1905: Synopsis der mitteleuropäischen Flora, III. – W. Engelmann, Leipzig.

Battaglia, E., 1955: Chromosome morphology and terminology. – Caryologia **8**, 179–187.

Becker-Dillingen, J., 1950: Handbuch des gesamten Gemüsebaues, 5. Aufl. – Parey, Berlin-Hamburg,.

Bothmer, R. von, 1974: Studies in the Aegean Flora. XXI. Biosystematic studies in the *Allium ampeloprasum* complex. – Opera bot. **34**, 104 pp.

Hammer, K., P. Hanelt und C. Tittel, 1977: Sammlung autochthoner Kulturpflanzen auf dem Gebiet der DDR. – Kulturpflanze **25**, 89–99.

Hegi, G., 1939: Illustrierte Flora von Mittel-Europa, 2. Aufl., **2**. – C. Hanser, München-Berlin.

Helm, J., 1956: Die zu Würz- und Speisezwecken kultivierten Arten der Gattung *Allium* L. – Kulturpflanze **4**, 130–180.

Jones, H. A., and L. K. Mann, 1963: Onions and their allies. Botany, cultivation and utilization. – Leonard Hill, London-New York.

Kadry, R., and S. A. Kamel, 1955: Cytological studies in the two tetraploid species *Allium kurrat* SCHWEINF. and *A. porrum* L. and their hybrid. – Svensk Bot. Tidskr. **49**, 314–324.

Kollmann, F., 1971: *Allium ampeloprasum* – a polyploid complex I. Ploidy levels. – Isr. J. bot. **20**, 13–20.

Koul, A. K., and R. N. Gohil, 1970: Cytology of the tetraploid *Allium ampeloprasum* with chiasma localization. – Chromosoma **29**, 12–19.

Levan, A., 1940: Meiosis in *Allium porrum*, a tetraploid species with chiasma localization. – Hereditas **26**, 454–462.

Lueder, F. H. H., 1778: Briefe über die Bestellung eines Küchengartens, 1. Teil. – Verl. Holwingischen Hofbuchhandlung, Hannover.

Murin, A., 1964: Chromosome study in *Allium porrum* L. – Caryologia **17**, 575–578.

Purseglove, J. W., 1972: Tropical crops – Monocotyledons 1. – Longman, London.

Tahbaz, F., 1976: Étude comparée des caryotypes de 2 *Allium* du groupe *Ampeloprasum* cultivés en Iran. – Compt. Rend. Acad. Sci. Paris **283**, Ser. D, 1185–1188.

Kulturpflanze XXVI · 1978 · S. 349—362

Literatur über archäologische Kulturpflanzenreste (1976/1977)

JÜRGEN SCHULTZE-MOTEL

(Eingegangen am 9. Januar 1978)

Zusammenfassung

In Fortsetzung von Bibliographien über archäologische Kulturpflanzenreste wurde die einschlägige Literatur der Jahre 1976/1977 zusammengestellt und der Inhalt der erfaßten 101 Arbeiten kurz kommentiert.

Im folgenden wird die Bibliographie über archäologische Kulturpflanzenreste fortgesetzt (vgl. SCHULTZE-MOTEL 1968, 1971, 1972a, 1972b, 1973, 1975a, 1975b, 1976, 1977). Die vorliegende zehnte Ausgabe dieser Bibliographie versucht die entsprechende Literatur der Jahre 1976 und 1977 zu erfassen. Wie in den vorangegangenen Ausgaben sind auch Arbeiten aus früheren Jahren aufgenommen worden, die bisher übersehen worden waren oder nicht früher beschafft werden konnten.

Wie immer haben mich Frau V. SCHNEIDER, Bibliothekarin, Herr Dr. H. BEHRENS Direktor, und Herr W. MATTHIAS, wissenschaftlicher Mitarbeiter (alle Landesmuseum für Vorgeschichte Halle/S.), bei der Auffindung und Bereitstellung der weit verstreuten Literatur tatkräftig unterstützt. Dafür sage ich auch hier meinen herzlichen Dank.

Es folgen die Einzelangaben zu den alphabetisch angeordneten Arten.

Avena L., Hafer

Haferkörner (entweder *A. sativa* oder *A. fatua*) fanden sich als Beimengung eines eisenzeitlichen Gerstenfundes von Eketorp, Schweden (HELBAEK 1973). Körner von *Avena sativa* wurden in mittelalterlichen Schichten von Wrocław, VR Polen, festgestellt (KOSINA 1975).

Cajanus cajan (L.) MILLSP., Straucherbse

Reste dieser Art wurden in Schichten der Sātavāhana-Periode (etwa 2. Jh. v. u. Z. – 3. Jh. u. Z.) in Bhokardan, Indien, nachgewiesen (KAJALE 1974b; vgl. KAJALE 1974a).

Camelina sativa (L.) CRANTZ, Leindotter

Leindotter-Reste fanden sich in Schichten der römischen Kaiserzeit von Bentumersiel/Unterems (BEHRE 1977).

Cicer arietinum L., Kichererbse

Samen der Kichererbse hat KAJALE (1974b) in Schichten der Sātavāhana-Periode (etwa 2. Jh. v. u. Z. – 3. Jh. u. Z.) von Bhokardan, Indien, nachgewiesen (vgl. KAJALE 1974a).

Ein Samen aus der Eisenzeit (7. Jh. v. u. Z.) von Monte Irsi, Süd-Italien, wird mit Vorbehalt zu dieser Art gestellt (HJELMQVIST 1977).

Cucurbita L., Kürbis

WATSON and YARNELL (1966) beschrieben Reste von *Cucurbita pepo* L. aus der Zeit um 1100 v. u. Z. aus einer Höhle in Kentucky, USA. Die Ausbreitung der *Cucurbita*-Arten wird von CUTLER und BLAKE (1971) dargestellt und WHITAKER und BEMIS (1975) behandeln Entstehung und Evolution der kultivierten *Cucurbita*-Arten.

Dioscorea L., Yamswurz

Mit der Entstehung und Domestizierung der Yamswurz-Arten in Afrika setzt sich COURSEY (1976) auseinander.

Dolichos L.

Reste von *Dolichos lablab* L. und *Dolichos biflorus* L. wurden im Chalkolithikum von Inamgaon, Indien (KAJALE 1977) und im Ghod Valley (Maharashtra, Indien) um 1600 v. u. Z. nachgewiesen (KAJALE, BADAM und RAJAGURU 1976). *Dolichos lablab* fand sich auch in Bhokardan (Indien) in Schichten der Sātavāhana-Periode, etwa 2. Jh. v. u. Z.–3. Jh. u. Z. (KAJALE 1974b, vgl. KAJALE 1974a).

Eleusine coracan (L.) GAERTN., Korakan

HILU und DE WET (1976) behandeln die Domestizierung des Korakans und diskutieren auch die wenigen archäologischen Funde. KAJALE (1974a) nennt archäologische Korakan-Funde aus Indien. Die von VISHNU-MITTRE (1971) aus Hallur (Indien) als *Eleusine coracan* und *Eleusine indica* beschriebenen Reste gehören nach HILU und DE WET (1976) nicht zur Gattung *Eleusine*.

Ficus carica L., Echter Feigenbaum

Reste dieser Art fanden sich in bronzezeitlichen Schichten von Monte Leoni, Val Parma (AMMERMAN et al. 1977).

Gossypium L., Baumwolle

Archäologische Reste der Baumwolle sind aus Peru beschrieben worden (STEPHENS 1975, STEPHENS und MOSELEY 1974). Mit dem Problem der transozeanischen Ausbreitung der neuweltlichen *Gossypium*-Arten setzte sich STEPHENS (1971) auseinander.

Helianthus annuus L., Sonnenblume

WATSON und YARNELL (1966) beschrieben Sonnenblumen-Reste aus der Zeit um 1100 v. u. Z. aus einer Höhle in Kentucky, USA. In seinem Buch über die

Sonnenblume behandelt HEISER (1976) auch die archäologischen Reste dieser Art.

Hordeum vulgare L., Saatgerste

Gerste konnte an folgenden Orten gefunden werden: Sarup, Dänemark, Trichterbecherkultur (JØRGENSEN 1977); Swifterbant, Niederlande, Neolithikum (CASPARIE et al. 1977); Nowa Huta-Zesławice, VR Polen, Neolithikum (GLUZA 1970); Ammerbuch-Reusten, Kr. Tübingen, Spätneolithikum, Michelsberger Kultur (SCHLICHTHERLE 1977); „Schlößlesfeld", Markung Ludwigsburg, Schussenrieder Siedlung (HOPF 1977b); Inamgaon, Indien, Chalkolithikum (KAJALE 1977); Ghod Valley, Maharashtra, Indien, um 1600 v. u. Z. (KAJALE et al. 1976); Szczecin-Niemierzyn, VR Polen, Bronzezeit (KLICHOWSKA 1976b); Fiavè, Nord-Italien, Bronzezeit (JARMANN und GAMBLE 1975); Monte Leoni, Val Parma, Bronzezeit (AMMERMAN et al. 1977); Monte Irsi, Süd-Italien, Eisenzeit, 7. Jh. v. u. Z. (HJELMQVIST 1977); Eketorp, Schweden, Eisenzeit (HELBAEK 1973); Bentumersiel/Unterems, römische Kaiserzeit (BEHRE 1977). VISHNU-MITTRE (1969/70) bespricht archäologische Gersten-Funde aus Indien (vgl. KAJALE 1974a). Die Ur- und Frühgeschichte der Gerste hat VAN ZEIST (1973) kurz dargestellt.

Ipomoea batatas (L.) POIR., Süßkartoffel

In ihren Arbeiten über Entstehung und Ausbreitung der Süßkartoffel erwähnen BRAND (1971) und YEN (1971) auch archäologische Reste dieser Art.

Lagenaria siceraria (MOL.) STANDLEY, Flaschenkürbis

WATSON und YARNELL (1966) beschrieben Reste des Flaschenkürbis aus der Zeit um 1100 v. u. Z. aus einer Höhle in Kentucky, USA. WHITAKER (1971) hat die präkolumbianische Ausbreitung des Flaschenkürbis dargestellt.

Lathyrus sativus L., Saat-Platterbse

Die Art wurde im Chalkolithikum von Inamgaon, Indien (KAJALE 1977) sowie in Schichten der Sātavāhana-Periode (etwa 2. Jh. v. u. Z.–3. Jh. u. Z.) in Bhokardan, Indien, nachgewiesen (KAJALE 1974b, vgl. KAJALE 1974a).

Lens culinaris MEDIK., Linse

Linsen fanden sich an folgenden Orten: Selevac, Jugoslawien, Vinča-Kultur (HOPF 1977a); Inamgaon, Indien, Chalkolithikum (KAJALE 1977); Ghod Valley, Maharashtra, Indien, um 1600 v. u. Z. (KAJALE et al. 1976); Bhokardan, Indien, Sātavāhana-Periode, etwa 2. Jh. v. u. Z.–3. Jh. u. Z. (KAJALE 1974b, vgl. KAJALE 1974a); Wrocław, VR Polen, Mittelalter (KOSINA 1975).

Linum usitatissimum L., Lein, Flachs

Leinreste fanden sich in bandkeramischen Schichten von Langweiler, Kr. Düren (KNÖRZER 1977), im Äneolithikum (Kultur mit kannelierter Keramik, 2300–2100 v. u. Z.) in Levice, ČSSR (HAJNALOVÁ 1977b) und in Schichten der römischen Kaiserzeit von Bentumersiel/Unterems (Behre 1977). Die archäologischen Funde des Leins in den Niederlanden haben Buurman und Pals (1976) zusammengestellt.

Malus sylvestris Mill., Apfelbaum

Aus einer linearbandkeramischen Siedlung von Poigen, Nieder-Österreich, beschreibt Hopf (1977c) einige verkohlte Apfelhälften, die zum Wildapfel zu stellen sind. Weitere Apfelfunde stammen aus Langweiler, Kr. Düren, Bandkeramik (Knörzer 1977), Swifterbant, Niederlande, Neolithikum (Casparie et al. 1977) und Monte Leoni, Val Parma, Bronzezeit (Ammerman et al. 1977).

Olea europaca L., Ölbaum

Mit der Frühgeschichte des Ölbaums, besonders in Griechenland, setzte sich Boardman (1976) auseinander.

Oryza sativa L., Reis

Archäologische Reisreste wurden aus Thailand und Kambodscha (Watabe et al. 1970), Burma (Watabe et al. 1976) und Indien (Watabe und Toshimitsu 1974; Kajale 1974a, 1974b, 1975a, 1977; Vishnu-Mittre 1971) beschrieben. Vermeintliche Reisreste aus Kalibangan (Rajasthan, Indien) gehören dagegen nach anatomischer Prüfung der Spelzen-Kutikula zu *Triticum* sp. (Vishnu-Mittre und Savithri 1975). Ho (1975) bespricht archäologische Reis-Funde aus China und Chang (1976) behandelt Urgeschichte und Evolution des Reises.

Panicum miliaceum L., Rispenhirse

Reste der Rispenhirse wurden von folgenden Orten beschrieben: Monte Leoni (Val Parma), Bronzezeit (Ammerman et al. 1977); Szczecin-Niemierzyn, Bronzezeit (Klichowska 1976b); Bentumersiel/Unterems, römische Kaiserzeit (Behre 1977); Enschede, Niederlande, 14.–16. Jh. (Buurman 1976); Wrocław, VR Polen, Mittelalter (Kosina 1975); Lauf, Ortsflur Saugarten, Alter? (Hofmann 1976).

Papaver setigerum Dc., Borstenmohn

In bandkeramischen Schichten von Langweiler, Kr. Düren, konnte Knörzer (1977) einige Samen des Borstenmohns nachweisen.

Paspalum scrobiculatum L.

Archäologische Funde dieser Art aus Indien nennt Kajale (1974a; vgl. Vishnu-Mittre 1971).

Pennisetum L. C. Rich., Perlhirse

Mit der Domestizierung der Perlhirse haben sich Brunken et al. (1977) auseinandergesetzt. Kajale (1974a) nennt archäologische Funde aus Indien.

Phaseolus L., Bohne

Samen von *Phaseolus vulgaris* wurden in Cross County, Arkansas, aus der Zeit um 1050 u. Z. gefunden (Brose und Ford 1976). Kajale (1975a) beschreibt einen *Phaseolus*-Samen aus Ter (Dist. Osmanabad, Indien), der entweder zu *Ph. aureus* ROXB. oder *Ph. mungo* L. gehört (Zeitstellung 1. Jh. v. u. Z.–3. Jh. u. Z.). Ähnliche, nicht näher bestimmbare Reste liegen aus Inamgaon, Indien, aus dem Chalkolithikum vor (KAJALE 1977). *Phaseolus mungo* fand sich auch in Schichten der Sātavāhana-Periode (etwa 2. Jh. v. u. Z.–3. Jh. u. Z.) in Bhokardan, Indien (KAJALE 1974b). KAJALE (1974a) hat die archäologischen Funde von *Ph. mungo* und *Ph. aureus* in Indien zusammengestellt.

Mit den Entstehungsgebieten der neuweltlichen Bohnen-Arten hat sich KAPLAN (1971) beschäftigt. BERGLUND-BRÜCHER und BRÜCHER (1976) besprechen die südamerikanische Wildbohne, *Phaseolus aborigineus* BURK. als Vorfahr der Gartenbohne.

Pisum sativum L., Erbse

Erbsen konnten an folgenden Orten gefunden werden: Langweiler, Kr. Düren, Bandkeramik (KNÖRZER 1977); Ost-Slowakei, Neolithikum (HAJNALOVÁ 1977a); Valač, Jugoslawien, Vinča-Kultur (HOPF 1977a); Inamgaon, Indien, Chalkolithikum (KAJALE 1977); Ghod Valley, Maharashtra, Indien, um 1600 v. u. Z. (KAJALE et al. 1976); Bhokardan, Indien, Sātavāhana-Periode, etwa 2. Jh. v. u. Z.–3. Jh. u. Z. (KAJALE 1974b, vgl. KAJALE 1974a); Wrocław, VR Polen, Mittelalter (KOSINA 1975).

Mit der Biosystematik und der Domestikation der Erbse hat sich WAINES (1975) auseinandergesetzt.

Prunus domestica L., Pflaume

Einige Steine der ssp. *insititia* (JUSL.) SCHNEIDER, Haferpflaume, beschreibt FREDSKILD (1977) aus einem Grabe des 10. Jh. u. Z. von Langeland, Dänemark.

Psidium L.

Die Frucht einer Art der Gattung *Psidium* (Guava) fand sich in einem Gefäß der frühen Ming-Zeit (15. Jh.) in Bolinao, Pangasinan, auf der Philippinen-Insel Luzon (GUTIERREZ 1975).

Secale cereale L., Roggen

Roggen wurde an folgenden Orten festgestellt: Eketorp, Schweden, Eisenzeit (HELBAEK 1973); Württemberg, Mittelalter (KÖRBER-GROHNE 1977); Wrocław, VR Polen, Mittelalter (KOSINA 1975).

Sorghum vulgare PERS. s. l.

Archäologische Funde dieser Art aus Indien nennt KAJALE (1974a). HARLAN und STEMLER (1976) besprechen die Domestizierung dieser Art in Afrika.

Triticum aestivum L., Saatweizen

Reste des Saatweizens fanden sich in mittelalterlichen Schichten von Wrocław (KOSINA 1975).

Triticum compactum HOST, Binkelweizen

Im Pfahlbau Wangen am Bodensee wurden große Mengen vom Binkelweizen (Ähren und Körner) geborgen (SCHLICHTHERLE und TORKE 1976). Weitere Funde: Sarup, Dänemark, Trichterbecherkultur (JØRGENSEN 1977), „Schlößlesfeld", Markung Ludwigsburg, Schussenrieder Siedlung (HOPF 1977b), Indien (KAJALE 1974a) und Wrocław, VR Polen, Mittelalter (KOSINA 1975).

Triticum dicoccon SCHRANK, Emmer

Diese Weizen-Art wurde an zahlreichen Orten nachgewiesen: Swifterbant, Niederlande, Neolithikum (CASPARIE et al. 1977); Ost-Slowakei, Neolithikum (HAJNALOVÁ 1977a); Piadena, Italien, unteres Neolithikum (CASTELLETTI 1975); Sarup, Dänemark, Trichterbecherkultur (JØRGENSEN 1977); Langweiler, Kr. Düren, Bandkeramik (KNÖRZER 1977); „Schlößlesfeld", Markung Ludwigsburg, Schussenrieder Siedlung (HOPF 1977b); Deiringsen/Ruploh, Rössener Kultur (HOPF 1976); Ammerbuch-Reusten, Kr. Tübingen, Spätneolithikum, Michelsberger Kultur (SCHLICHTHERLE 1977); Poigen, Nieder-Österreich, Linearbandkeramik (HOPF 1977c); Priština, Vinča und Gornja Tuzla, Jugoslawien, Vinča-Kultur (HOPF 1977a); Sant'Ilario d'Enza, Reggio Emilia, Becherkultur (BARFIELD et al. 1975); Nowa Huta-Pleszów, VR Polen, Neolithikum (GLUZA 1971); Nowa Huta-Zesławice, VR Polen, Neolithikum und frühe Bronzezeit (GLUZA 1970); Monte Leoni, Val Parma, Bronzezeit (AMMERMAN et al. 1977); Fiavè, Nord-Italien, Bronzezeit (JARMANN und GAMBLE 1975); Monte Irsi, Süd-Italien, Eisenzeit, 7. Jh. v. u. Z. (HJELMQVIST 1977); Bentumersiel/Unterems, römische Kaiserzeit (BEHRE 1977).

Triticum durum DESF., Hartweizen

Der Abdruck eines Weizenkornes aus der Zeit um 1600 v. u. Z. von Hala Sultan Tekke (Zypern) gehört möglicherweise zu *Triticum durum* (HJELMQVIST 1976).

Triticum monococcum L., Einkorn

Reste des Einkorns wurden an folgenden Orten gefunden: Piadena, Italien, unteres Neolithikum (CASTELLETTI 1975); Sarup, Dänemark, Trichterbecherkultur (JØRGENSEN 1977); Ost-Slowakei, Neolithikum (HAJNALOVÁ 1977a); Poigen, Niederösterreich, Linearbandkeramik (HOPF 1977c); Staro Selo/Selevac und Gornja Tuzla, Jugoslawien, Vinča-Kultur (HOPF 1977a); Nowa Huta-Pleszów, VR Polen, Neolithikum (GLUZA 1971); Nowa Huta-Zesławice, VR Polen, Neolithikum und frühe Bronzezeit (GLUZA 1970); Langweiler, Kr. Düren, Bandkeramik (KNÖRZER 1977); „Schlößlesfeld", Markung Ludwigsburg, Schussenrieder Siedlung (HOPF 1977b); Deiringsen/Ruploh, Rössener Kultur (HOPF 1976); Ammerbuch-Reusten, Kr. Tübingen, Spätneolithikum, Michelsberger Kultur (SCHLICHTHERLE 1977).

Triticum spelta L., Spelz

Ein Ährchen-Abdruck in Hüttenlehm aus der Michelsberger Kultur von Ammerbuch-Reusten, Kr. Tübingen, wird mit Vorbehalt zu dieser Art gestellt (SCHLICHTHERLE 1977).

Triticum sphaerococcum PERCIVAL, Indischer Kugel- oder Zwergweizen

KAJALE (1974a) nennt Funde dieser Art aus Indien.

Vicia ervilia (L.) WILLD., Erve

HJELMQVIST (1977) beschreibt Samen der Erve aus eisenzeitlichen Schichten (7. Jh. v. u. Z.) von Monte Irsi, Süd-Italien.

Vicia faba L., Ackerbohne

Die Art wurde an folgenden Stellen nachgewiesen: Monte Leoni, Val Parma, Bronzezeit (AMMERMAN et al. 1977); Monte Irsi, Süd-Italien, Eisenzeit, 7. Jh. v. u. Z. (HJELMQVIST 1977); Bentumersiel/Unterems, römische Kaiserzeit (BEHRE 1977); Wrocław, Mittelalter (KOSINA 1975).

Vicia sativa L., Saatwicke

Reste dieser Art wurden in mittelalterlichen Schichten von Wrocław gefunden (KOSINA 1975).

Vitis vinifera L., Weinrebe

Reste der Weinrebe fanden sich in Schichten der Becherkultur von Sant'Ilario d'Enza, Reggio Emilia (BARFIELD et al. 1975) und in der Bronzezeit von Monte Leoni, Val Parma (AMMERMAN et al. 1977). OPRAVIL (1977) bespricht das Vorkommen der Weinrebe auf dem Gebiet der ČSSR in urgeschichtlicher Zeit und DIECK (1975/76) diskutiert die Funde der Spätbronze- und Latènezeit an der Mittelweser.

Zea mays L., Mais

MANGELSDORF und CÁMARA-HERNÁNDEZ (1967a, b, c) beschreiben urgeschichtliche Maisreste von drei Fundstellen in Peru (Huarmey, Huaca Prieta, Ica Valley). Auch für Ekuador konnte eine intensive Maiskultur in sehr früher Zeit nachgewiesen werden (ZEVALLOS et al. 1977). Einige Maisreste aus der Zeit um 1050 u. Z. aus Cross County, Arkansas, wurden von BROSE und FORD (1976) beschrieben. Von archäologischen Maiskörnern aus Nordost-Arizona konnten die Proteine extrahiert und mit denen von modernen Sorten verglichen werden (DERBYSHIRE et al. 1977). Die Ausbreitung des Maises wird von CUTLER und BLAKE (1971) dargestellt. GALINAT (1975) behandelt die Evolution des Maises und WILKES (1977) beschreibt archäologische Nachweise der Hybridisierung von Mais und Teosinte.

Ziziphus jujuba Mill., Gemeine Jujube

Reste dieser Art wurden aus Indien beschrieben (Kajale 1974b, 1975a, 1975b, 1977).

Nach diesen Einzelangaben sollen nun einige zusammenfassende Arbeiten bzw. solche allgemeinen Inhaltes besprochen werden.

Helbaek (1972) diskutiert die Bedeutung anatomischer Untersuchungen für kulturhistorische Forschungen. Eine Feldmethode zur Auffindung von archäologischen Pflanzenresten wird von Núñez und Vuorela (1976) beschrieben.

Grundlagen und Entwicklungstendenzen der frühgeschichtlichen Agrarproduktion hat Lange (1976) aus botanischer Sicht dargestellt. Horwitz (1973) entwickelt eine neue Hypothese, nach der in Süd-Skandinavien der Ackerbau nicht lediglich aus dem Südosten eingeführt wurde, sondern im Lande selbst begann, indem z. B. verschiedene Gramineen und Chenopodiaceen zunächst genutzt und später kultiviert wurden.

Die Domestikation von Pflanzen im Nahen Osten begann nach Wright (1976) vor etwa 11000 Jahren, nachdem die Wildgetreide in dieses Gebiet eingewandert waren. Mit der Entwicklungsdynamik der Getreidedomestikation setzte sich de Wet (1975) auseinander. Anhand mehrerer Beispiele hat Harlan (1976) die Verbreitung von Pflanzen und Tieren in Beziehung zur Domestikation untersucht.

In seinem Buch über tropische Leguminosen bringt Smartt (1976) eine kurze Übersicht über die Entstehung des Ackerbaus und gibt kurze Zusammenfassungen über unsere Kenntnis der Evolution von *Phaseolus*, *Glycine*, *Vigna*, *Arachis*, *Voandzeia*, *Kerstingiella*, *Cicer*, *Vicia faba*, *Pisum*, *Lens* und *Lathyrus*.

Die archäologischen Kulturpflanzenfunde aus dem Kaukasusgebiet und dem Nahen Osten haben Lisicyna und Priščepenko (1977) in verdienstvoller Weise zusammengestellt. Klichowska (1976a) bringt eine Übersicht über die Pflanzenfunde des Neolithikums und der Bronzezeit auf polnischem Boden.

Mit der Entstehung des Ackerbaus in Mexiko beschäftigte sich Bushnell (1976) und Hammond (1976) diskutiert die Urgeschichte des Ackerbaus in Amerika. Hutchinson (1976) setzt sich mit der ackerbaulichen Geschichte Indiens auseinander und gibt eine kurze Übersicht über die archäologischen Nachweise der Kulturpflanzen in Indien. Peuke (1977) diskutiert archäologische Befunde zum frühen Getreideanbau in Indien.

In ihrer Arbeit über die frühe Domestikation von Pflanzen in Süd- und Südost-Asien setzen sich Vishnu-Mittre und Guzder (1975) kritisch mit den Funden aus der Spirit Cave in Thailand auseinander und vertreten die Ansicht, daß diese Funde ein fortgeschrittenes Stadium des Sammelns von Pflanzen, jedoch keine Domestikation widerspiegeln (vgl. auch Ho 1975 und Flannery 1973).

Mit dem Beginn des Ackerbaus in China beschäftigte sich Ho (1975) und Kimber (1976) untersuchte für Zentral-Australien die Beziehungen zwischen Mensch, Pflanze und Tier im Hinblick auf einen Beginn des Ackerbaus.

Die Entstehung der Pflanzendomestikation in Afrika wurde in einem Buch von Harlan et al. (1976) ausführlich dargestellt. In diesem Buch führt Shaw (1976) die archäologischen Nachweise von afrikanischen Kulturpflanzen auf, die freilich bis jetzt nicht eben zahlreich sind.

Die Entstehung des Ackerbaus hat FLANNERY (1973) diskutiert. Eine ausführliche Darstellung dieses Themas hat schließlich HARLAN (1975) unter dem Titel „Crops and Man" gegeben.

Summary

Literature on archaeological remains of cultivated plants (1976/1977)

The publications of 1976 and 1977 on archaeological remains of cultivated plants were put together and the contents of the 101 references briefly discussed.

Краткое содержание

Литература об археологических находках остатков культурных растений (1976/1977 гг.)

Продолжение библиографии работ об археологических находках остатков культурных растений. Дается список соответствующей литературы за 1976 и 1977 годы. Кратко комментируется содержание 101 работы.

Literatur

AMMERMAN, A., J. BUTLER, G. DIAMOND, P. MENOZZI, J. PALS, J. SEVINK, A. SMIT, A. VOORRIPS, 1977: Rapporto sugli scavi a Monte Leoni: Un insediamento dell'età del bronzo in Val Parma. – Preistoria Alpina **12**, 1–28.

BARFIELD, L. H., M. CREMASCHI and L. CASTELLETTI, 1975: Stanziamenti del vaso campaniforme a Sant'Ilario d'Enza (Reggio Emilia). – Preistoria Alpina **11**, 155–199.

BEHRE, K.-E., 1977: Acker, Grünland und natürliche Vegetation während der römischen Kaiserzeit im Gebiet der Marschensiedlung Bentumersiel/Unterems. – Probleme der Küstenforschung im südlichen Nordseegebiet **12**, 67–84, Taf. 1–2.

BERGLUND-BRÜCHER, O. und H. BRÜCHER, 1976: The South American wild bean (*Phaseolus aborigineus* BURK.) as ancestor of the common bean. – Econ. Bot. **30**, 257–272.

BOARDMAN, J., 1976: The olive in the Mediterranean: its culture and use. – Phil. Trans. Roy. Soc., London B. **275**, 187–196, Plates 3 & 4.

BRAND, D. D., 1971: The sweet potato: An exercise in methodology. (pp. 343–365). In: C. L. RILEY, J. C. KELLEY, C. W. PENNINGTON, R. L. RANDS (eds.), Man across the Sea. Problems of Pre-Columbian Contacts. – Univ. of Texas Press, Austin & London, XVII + 552 pp.

BROSE, D. S. and R. I. FORD, 1976: Some Mississippian ceramics from Arkansas in the Cleveland Museum of Natural History with an analysis of the carbonized plant remains. – Kirtlandia **21**, 1–11.

Brunken, J., J. M. J. de Wet and J. R. Harlan, 1977: The morphology and domestication of pearl millet. – Econ. Bot. **31**, 163–174.
Bushnell, G. H. S., 1976: The beginning and growth of agriculture in Mexico. – Phil. Trans. Roy. Soc., London B. **275**, 117–120.
Buurman, J., 1976: Botanisch onderzoek van een Middeleeuwse stadsgracht te Enschede.– 't Inschien **8**, 59–61.
– and J. P. Pals, 1976: Some remarks on prehistoric flax in the Netherlands. – Berichten van de Rijksdienst voor het Oudheidkundig Bodemonderzoek **24**, 1974, 107–111.
Casparie, W. A., B. Mook-Kamps, R. M. Palfenier-Vegter, P. C. Struijk and W. van Zeist, 1977: The palaeobotany of Swifterbant. A preliminary report. – Helinium **17**, 28–55.
Castelletti, L., 1975: Resti vegetali macroscopici di Campo Ceresole – Vhò di Piadena (neolitico inferiore). – Preistoria Alpina **11**, 125–126.
Chang, T.-T., 1976: The rice cultures. – Phil. Trans. Roy. Soc., London B. **275**, 143–157.
Coursey, D. G., 1976: The origins and domestication of yams in Africa (pp. 383–408). In: Harlan, J. R., J. M. J. de Wet, and A. B. L. Stemler (eds.), Origins of African Plant Domestication. – Mouton Publishers, The Hague-Paris.
Cutler, H. C. and L. W. Blake, 1971: Travels of corn and squash. (pp. 366–375). In: C. L. Riley, J. C. Kelley, C. W. Pennington, R. L. Rands (eds.), Man across the Sea. Problems of Pre-Columbian Contacts. – Univ. of Texas Press, Austin & London XVII +552 pp.
Derbyshire, E., N. Harris, D. Boulter and E. M. Jope, 1977: The extraction, composition and intra-cellular distribution of protein in early maize grains from an archaeological site in N. E. Arizona. – New Phytol. **78**, 499–504, Plate 1–2.
Dieck, A., 1975/76: Weinvorkommen an der Mittelweser in der Spätbronzezeit, Frühlatènezeit und Spätlatènezeit. – Die Kunde N. F. **26/27**, 89–91.
Flannery, K. V., 1973: The origins of agriculture. – Ann. Rev. Anthropol. **2**, 271–310.
Fredskild, B., 1977: Blommestenene fra Langeland. [Plum stones from Langeland, Denmark]. – Urt, Medlemsblad for Dansk Botanisk Forening **1**, 25–26.
Galinat, W. C., 1975: The evolutionary emergence of maize. – Bull. Torrey Bot. Club **102**, 313–324.
Gluza, I., 1970: Odciski roślin z osady neolitycznej i z wczesnej epoki brązu, odkrytej na stan. III w Nowej Hucie-Zeslawicach. Les empreintes de plantes provenant de la colonie néolithique et de la première période de l'âge du Bronze découverte sur la station III à Nowa Huta-Zesławice. – Materiały Archeologiczne **11**, 127–130, Tab. I, II.
–, 1971: Odciski roślin z neolitycznej osady kultury ceramiki promienistej odkrytej na stanowisku Nowa Huta-Pleszów. (p. 234–235). In: E. Rook, Materiały kultury ceramiki promienistej odkryte na stanowisku Nowa Huta-Pleszów (badania w latach 1954–1963) – Materiały Archeologiczne **13**, Seria A, Materiały Archeologiczne Nowej Huty 4, 111–237.
Gutierrez, H. G., 1975: An archaeological find in the Philippines: A fruit of the genus *Psidium* (Guava). – Philipp. J. Sci. **102**, 1973, 143–145.
Hajnalová, E., 1977 a: Odtlačky kultúrnych rastlín z neolitu na východnom Slovensku. Abdrücke von Kulturpflanzen auf neolithischer Keramik und Hüttenlehm in der Ostslowakei. – Archeologické rozhledy **29**, 121–136, 233–237 (=Tab. I–V).
–, 1977b: Zuhol'natené rastlinné zvyšky v eneolitickej nádobe z Levíc. Verkohlte Pflanzenreste in einem äneolithischen Gefäß aus Levice. – Slovenská Archeólogia **25** (1), 7–12.
Hammond, N., 1976: The early history of American agriculture: recent research and current controversy. – Phil. Trans. Roy. Soc., London B. **275**, 120–128.
Harlan, J. R., 1975: Crops and Man. – American Society of Agronomy and Crop Science

Society of America, Madison, Wisconsin, XI +295 pp. (Foundations for Modern Crop Science Series).
HARLAN, J. R., 1976: Plant and animal distribution in relation to domestication. – Phil. Trans. Roy. Soc., London B. **275**, 13–25.
– and A. STEMLER, 1976: The races of *Sorghum* in Africa. (pp. 465–478). In: HARLAN, J. R., J. M. J. DE WET, and A. B. L. STEMLER (eds.), Origins of African Plant Domestication. – Mouton Publishers, The Hague-Paris.
–, J. M. J. DE WET, A. B. L. STEMLER (eds.), 1976: Origins of the African Plant Domestication. – Mouton Publishers, The Hague-Paris, XIII +498 pp., 10 plates.
HEISER, C. B., Jr., 1976: The Sunflower. – Univ. of Oklahoma Press, Norman, XXVI + 198 pp.
HELBAEK, H., 1972: Plant anatomy in culture-historical research (pp. 19–32, Pl. I & II). In: A. K. M. GHOUSE and M. YUNUS (eds.), Research Trends in Plant Anatomy. – Bombay-New Delhi.
–, 1973: Eketorp Grain 1971. (pp. 19–20). In: Vor- und Frühformen der europäischen Stadt im Mittelalter. Bericht über ein Symposium in Reinhausen bei Göttingen vom 18. bis 24. April 1972. Teil II. – Abhandl. Akad. Wiss. Göttingen, Phil.-Hist. Kl. **III/84.**
HILU, K. W. and J. M. J. DE WET, 1976: Domestication of *Eleusine coracana*. – Econ. Bot. **30**, 199–208.
HJELMQVIST, H., 1976: Grain impressions from Hala Sultan Tekke, Cyprus. (pp. 120–122). In: P. ÅSTRÖM, D. M. BAILEY, V. KARAGEORGHIS et al., Hala Sultan Tekke 1. – Studies in Mediterranean Archaeology **45** (1).
–, 1977: Economic plants of the Italian Iron Age from Monte Irsi. (Appendix 2: pp. 274–281, Fig. 1). In: A. SMALL (ed.), Monte Irsi, Southern Italy. The Canadian Excavations in the Iron Age and Roman Sites, 1971–1972. – British Archaeol. Rep., Suppl. Ser. **20.**
HO, P.-T., 1975: The Cradle of the East. An Inquiry into the Indigenous Origins of Techniques and Ideas of Neolithic and Early Historic China, 5000–1000 B. C. – The Chinese University of Hong Kong and The University of Chicago Press, XXI +440 pp., Pl. 1–4.
HOFMANN, R., 1976: Die Identifizierung eines vorgeschichtlichen Getreidefunds. – Natur und Mensch, Jahresmitt. Naturhist. Ges. Nürnberg e. V., 75–79.
HOPF, M., 1976: Dreschrückstände in Hüttenlehm von Deiringsen/Ruploh. – Bodenaltertümer Westfalens **16**, 48–50, Taf. 23–26.
–, 1977a: Pflanzenreste aus Siedlungen der Vinča-Kultur in Jugoslawien. – Jahrb. Röm.-German. Zentralmus. Mainz **21**, 1974, 1–11, Taf. 1–2 (Festschrift HANS-JÜRGEN HUNDT, Teil 1: Vorgeschichte).
–, 1977b: Sämereien und Holzkohlefunde. (pp. 91–96, Taf. 143 u. 144). In: LÜNING, J. und H. ZÜRN, Die Schussenrieder Siedlung im „Schlößlesfeld", Markung-Ludwigsburg. – Forschungen und Berichte zur Vor- und Frühgeschichte in Baden-Württemberg **8.**
–, 1977c: Pflanzenreste aus der linearbandkeramischen Siedlung Poigen, Ger.-Bez. Horn, NÖ. (pp. 97–99, Abb. 9–11, Taf. 38 u. 39). In: E. LENNEIS, Siedlungsfunde aus Poigen und Frauenhofen bei Horn. – Anthropol. Ges. Wien, Prähist. Forschungen Heft **8.**
HORWITZ, J., 1973: Early Agriculture in Southern Scandinavia: A New Model. – Norwegian Archaeol. Rev. **6**, 53–58.
HUTCHINSON, J., 1976: India: local and introduced crops. – Phil. Trans. Roy. Soc., London B. **275**, 129–141.
JARMANN [JARMAN], H. N. and C. GAMBLE, 1975: Plant remains from Fiavè: Preliminary report. – Preistoria Alpina **11**, 75–76.
JØRGENSEN, G., 1977: Et Kornfund fra Sarup. Bidrag til Belysning af Tragtbaegerkulturens Agerbrug. A corn-hoard from Sarup. A contribution to the agriculture of the TRB Culture. – Kuml **1976**, 47–64.

Kajale, M. D., 1974a: Ancient grains from India. – Bull. Deccan College Res. Inst. **34**, 55–74.

–, 1974b: Plant Economy at Bhokardan. (Appendix A: pp. 217–224, Pl. LVII–LXIII). In: Deo, S. B. (ed.), Excavations at Bhokardan (Bhogavardhana) 1973. – Nagpur University and Marathwada University.

–, 1975a: A note on grain remains from excavations at Ter (Dist. Osmanabad) in 1975. – Bull. Deccan College Res. Inst. **35**, 62–64, Pl. III.

–, 1975b: Plant Economy at Kayatha. (p. 164). In: Z. D. Ansari, and M. K. Dhavalikar, Excavations at Kayatha. – Deccan College Postgraduate and Res. Inst., Poona.

–, 1977: Plant Economy at Inamgaon. – Man and Environment **1**, 54–56, 60, Plate V–VI.

–, G. L. Badam and S. N. Rajaguru, 1976: Late Quaternary History of the Ghod Valley, Maharashtra. – Geophytology **6**, 122–132, Pl. 1 and 2.

Kaplan, L., 1971: *Phaseolus*: Diffusion and centers of origin. (pp. 416–427). In: C. L. Riley, J. C. Kelley, C. W. Pennington, R. L. Rands (eds.), Man across the Sea. Problems of Pre-Columbian Contacts. – Univ. of Texas Press, Austin & London, XVII +552 pp.

Kimber, R. G., 1976: Beginnings of Farming? Some Man-Plant-Animal Relationships in Central Australia. – Mankind **10**, 142–150.

Klichowska, M., 1976a: Aus paläoethnobotanischen Studien über Pflanzenfunde aus dem Neolithikum und der Bronzezeit auf polnischem Boden. – Archaeologia Polona **17**, 27–67.

–, 1976b: Ślady roślin z osady ludności kultury łużyckiej z IV–V okresu epoki brązu w Szczecinie-Niemierzynie. Die Spuren von Pflanzen aus der Siedlung [der] Lausitzer Kultur vom IV.–V. Zeitalter der Bronze in Szczecin-Niemierzyn. – Materiały Zachodniopomorskie **19**, 1973, 43–47.

Knörzer, K.-H., 1977: Pflanzliche Großreste des bandkeramischen Siedlungsplatzes Langweiler 9. (pp. 279–303). In: R. Kuper, H. Löhr, J. Lüning, P. Stehli, A. Zimmermann, Der bandkeramische Siedlungsplatz Langweiler 9, Gemeinde Aldenhoven, Kreis Düren. – Rheinland-Verlag GMBH Bonn.

Körber-Grohne, U., 1977: Mittelalterliche Roggenfunde aus Württemberg. – Fundberichte aus Baden-Württemberg **3**, 579–584.

Kosina, R., 1975: Paleoetnobotanika (pp. 221–231). In: J. Kaźmierczyk, J. Kramarek, C. Lasota, Badania na Ostrowie Tumskim we Wrocławiu w 1973 roku. Archäologische Forschungen auf der Dominsel in Wrocław im Jahre 1973. – Silesia Antiqua **17**, 183–231.

Lange, E., 1976: Grundlagen und Entwicklungstendenzen der frühgeschichtlichen Agrarproduktion aus botanischer Sicht. – Z. Archäol. **10**, 75–120, Karte 1–2.

Lisicyna, G. N. i L. V. Priščepenko, 1977: Paleoėtnobotaničeskie nachodki Kavkaza i Bližnego Vostoka. – Izdatel'stvo „Nauka", Moskva, 128 pp.

Mangelsdorf, P. C. and J. Cámara-Hernández, 1967a: Prehistoric maize from a site near Huarmey, Peru. – Maize Genetics Co-operation Newsletter **41**, 47–48.

–, 1967b: Prehistoric maize from Huaca Prieta, Peru. – Maize Genetics Co-operation Newsletter **41**, 48.

–, 1967c: Prehistoric maize from the Ica Valley, Peru. – Maize Genetics Co-operation Newsletter **41**, 49.

Núñez, M. G. and I. Vuorela, 1976: A field method for the retrieval of plant remains from archaeological sites. – Memoranda Societatis pro Fauna et Flora Fennica **52**, 19–22.

Opravil, E., 1977: Vinná réva na uzemí Československa v pravěku. Die Weinrebe auf dem Gebiete der ČSSR in der Vorzeit. – Archeologické rozhledy **29**, 361–365.

Peuke, H.-J., 1977: Archäologische Befunde zum frühen Getreideanbau in Indien. – Ethnogr.-Archäol. Z. **18**, 197–206.

SCHLICHTHERLE, H., 1977: Abdrücke in Hüttenlehm aus Michelsberger Gruben bei Ammerbuch-Reusten, Kreis Tübingen. – Fundber. aus Baden-Württemberg **3**, 107–114.
– und W. TORKE, 1976: Neue Untersuchungen im Pfahlbau Wangen am Bodensee. – Archäol. Nachr. aus Baden **17**, 3–13.
SCHULTZE-MOTEL, J., 1968: Literatur über archäologische Kulturpflanzenreste (1965–1967). – Kulturpflanze **16**, 215–230.
–, 1971: Literatur über archäologische Kulturpflanzenreste (1968). – Jahresschr. mitteldt. Vorgesch. **55**, 55–63.
–, 1972a: Literatur über archäologische Kulturpflanzenreste (1969). – Kulturpflanze **19**, 265–282.
–, 1972b: Literatur über archäologische Kulturpflanzenreste (1970/1971). – Kulturpflanze **20**, 191–207.
–, 1973: Literatur über archäologische Kulturpflanzenreste (1971/1972). – Kulturpflanze **21**, 61–76.
–, 1975a: Literatur über archäologische Kulturpflanzenreste (1972/1973). – Kulturpflanze **22**, 1974, 61–76.
–, 1975b: Literatur über archäologische Kulturpflanzenreste (1973/1974). – Kulturpflanze **23**, 189–205.
–, 1976: Literatur über archäologische Kulturpflanzenreste (1974/1975). – Kulturpflanze **24**, 159–178.
–, 1977: Literatur über archäologische Kulturpflanzenreste (1975/1976). – Kulturpflanze **25**, 71–88.
SHAW, T., 1976: Early crops in Africa: A review of the evidence. (pp. 107–153). In: J. R. HARLAN, J. M. J. DE WET, and A. B. L. STEMLER (eds.), Origins of African Plant Domestication. – Mouton Publishers, The Hague-Paris.
SMARTT, J., 1976: Tropical Pulses. – Longman, London, IX + 348 pp.
STEPHENS, S. G., 1971: Some problems of interpreting transoceanic dispersal of the New World cottons. (pp. 401–415). In: C. L. RILEY, J. C. KELLEY, C. W. PENNINGTON, R. L. RANDS (eds.), Man across the Sea. Problems of Pre-Columbian Contacts. – Univ. of Texas Press, Austin & London, XVII + 552 pp.
–, 1975: A reexamination of the cotton remains from Huaca Prieta, north coastal Peru. – American Antiquity **40**, 406–419.
–, and M. E. MOSELEY, 1974: Early domesticated cottons from archaeological sites in central coastal Peru. – American Antiquity **39**, 109–122.
VISHNU-MITTRE, 1969–70: Status of barley in Indian archaeobotany with remarks on the Aryan hypothesis. – Purãtattva, Bull. Indian Archaeol. Soc. **3**, 1–2.
–, 1971: Ancient Plant Economy at Hallur. (pp. 125–133, Pl. XVII–XVIII). In: NAGA-WRAJA RAO, M. S., Protohistoric Cultures of the Tungabhadra Valley.
and S. GUZDER, 1975: The early domestication of plants in South and Southeast Asia – – a critical review. – Palaeobotanist **22**, 1973, 83–88.
and R. SAVITHRI, 1975: Supposed remains of rice (*Oryza* sp.) in the terracotta cakes and – pai at Kalibangan, Rajasthan. – Palaeobotanist **22**, 1973, 124–126, Pl. 1–3.
AINES, J. G., 1975: The biosystematics and domestication of peas (*Pisum* L.). – Bull. Torrey Bot. Club **102**, 385–395.
WATABE, T., T. AKIHAMA and O. KINOSHITA, 1970: The alteration of cultivated rice in Thailand and Cambodia. – Tonan Ajia Kenkyu (The Southeast Asian Studies) **8** (1), 36–45.
–, K. TANAKA and KOUNG NYUNT, 1976: Ancient rice grains recovered from ruins in Burma – A study on the alteration of cultivated rice. – Preliminary Report of the Kyoto University Scientific Survey to Burma, 1974, 1–18, Photos 1 and 2.
– and. K. TOSHIMITSU, 1974: Morphological properties of old rice rains recovered from ruins

in Indian Sub-Continent – A study on the alterations of cultivated rice. – Preliminary Rep. Tottori Univ. Scient. Survey 1971, **2**, 1–18.

WATSON, P. J., and R. A. YARNELL, 1966: Archaeological and paleoethnobotanical investigations in Salts Cave, Mammoth Cave National Park, Kentucky. – American Antiquity **31**, 842–849.

WET, J. M. J. DE, 1975: Evolutionary dynamics of cereal domestication. – Bull. Torrey Bot. Club **102**, 307–312.

WHITAKER, T. W., 1971: Endemism and pre-Columbian migration of the bottle gourd, *Lagenaria siceraria* (MOL.) STANDL. (pp. 320–327). In: C. L. RILEY, J. C. KELLEY, C. W. PENNINGTON, R. L. RANDS (eds.), Man across the Sea. Problems of Pre-Columbian Contacts. – Univ. of Texas Press, Austin & London, XVII + 522 pp.

– and W. P. BEMIS, 1975: Origin and Evolution of the Cultivated *Cucurbita*. – Bull. Torrey Bot. Club **102**, 362–368.

WILKES, H. G., 1977: Hybridization of maize and teosinte, in Mexico and Guatemala and the improvement of maize. – Econ. Bot. **31**, 254–293.

WRIGHT, H. E., Jr., 1976: The environmental setting for plant domestication in the Near East. Wild cereal grains may not have entered the Near East until the end of the Pleistocene 11,000 years ago. – Science **194** (4263), 385–389.

YEN, D. E., 1971: Construction of the hypothesis for distribution of the sweet potato. (pp. 328–342). In: C. L. RILEY, J. C. KELLEY, C. W. PENNINGTON, R. L. RANDS (eds.), Man across the Sea. Problems of Pre-Columbian Contacts. – Univ. of Texas Press, Austin & London, XVII + 552 pp.

ZEIST, W. VAN, 1973: Gerst in vroeger tijd. – 37e NIBEM Jaarboekje, 29–41.

ZEVALLOS M., C., W. C. GALINAT, D. W. LATHRAP, E. R. LENG, J. G. MARCOS, K. M. KLUMPP, 1977: The San Pablo Corn Kernel and Its Friends. There is evidence for intensive maize agriculture in the Early Formative stage of Ecuador. – Science **196** (4288), 385–389.

Kulturpflanze XXVI · 1978 · S. 363–381

Taxonomie und Evolution der Kulturpflanzen: Literaturübersicht 1975–1977

JÜRGEN SCHULTZE-MOTEL, REINHARD FRITSCH, KARL HAMMER, PETER HANELT, JOACHIM KRUSE, HARALD OHLE und HELGA I. SCHÄFER

(Eingegangen am 17. Januar 1978)

Zusammenfassung

Wichtige Arbeiten über Taxonomie und Evolution der Kulturpflanzen aus den Jahren 1975–1977 wurden zusammengestellt und kurz kommentiert. Diese Literaturübersicht soll in regelmäßigen Abständen fortgesetzt werden.

In allen Zweigen der Wissenschaften ist ein Ansteigen der Zahl einschlägiger Veröffentlichungen zu verzeichnen. Trotz des Vorhandenseins von Dokumentationsstellen, Referateorganen und Bibliographien wird es immer schwieriger, selbst in Spezialgebieten zu einem Überblick zu gelangen oder sich diesen zu erhalten. Daher halten wir es für angebracht, wenn sich Vertreter einzelner Fächer in den Dienst der Literaturerschließung stellen.

Mit der vorliegenden Veröffentlichung beginnen wir den Versuch, in regelmäßigen Zeitabständen wichtige Fakten aus dem Gebiet der Taxonomie und Evolution der Kulturpflanzen zusammenzustellen und kurz zu kommentieren. Diese Arbeit steht in Verbindung mit der Vorbereitung einer Neuauflage des Verzeichnisses der Kulturpflanzen von R. MANSFELD. Wir hoffen dabei, daß diese Arbeit den Fachkollegen von Nutzen ist und erbitten gleichzeitig deren Unterstützung bei der Durchführung dieses Vorhabens durch entsprechende Literaturhinweise und Zusendung einschlägiger Arbeiten als Sonderdrucke. Die Übersicht kann selbstverständlich keinen Anspruch auf Vollständigkeit erheben.

Fungi

Volvariella SPEG.

Die erst vor rund 200 Jahren in China von Mönchen entwickelte Speisepilz-Kultur auf Stroh (u. a. *Volvariella volvacea* (BULL. ex FR.) SING.) wird von CHANG (1977) besprochen und auf erste Versuchskulturen in Europa und USA hingewiesen.

Araliaceae

Panax L.

Eine nützliche Faktensammlung (SHIU YING HU 1976) bereichert die spärliche taxonomische Literatur über asiatische *Panax*-Arten. Die Arbeit enthält Bestimmungsschlüssel für die Arten und deren Produkte sowie Angaben zu medizinischen Nutzungen und Verarbeitungsmethoden.

Cactaceae

Die kultivierten Kakteenarten (mit Ausschluß von Zierpflanzen) hat HAMMER (1976) unter Berücksichtigung der Nomenklatur zusammengestellt.

Chenopodiaceae

Beta L.

Taxonomie und Evolution von *Beta vulgaris* L. untersuchen FORD-LLOYD und WILLIAMS (1975). Die Art wird in 8 Subspecies gegliedert. Die Evolution der eigentlichen Kultursippen ging wahrscheinlich von der ssp. *provulgaris* FORD-LLOYD et WILLIAMS aus, unter der Sippen mit fleischiger, aber verzweigter Rübe zusammengefaßt werden, die in der Türkei spontan vorkommen und z. T. kultiviert werden. Taxonomie und Nomenklatur des in Indien weit verbreiteten Blattgemüses *Beta vulgaris* var. *orientalis* (ROTH) MOQ. werden von NAYAR und RAMAMURTHY (1977) kurz vorgestellt. Untersuchungen von BASU und MUKHERJEE (1975) sprechen für den Artrang dieser Sippe (*Beta palonga* BASU et MUKHERJEE).

Compositae

Dahlia CAV.

Für die drei Sektionen der Gattung *Dahlia* bestätigt GIANNASI (1975) anhand von Inhaltsstoffen (Flavonole und Flavone) das früher mit anderen Methoden erarbeitete Evolutionsmuster, in das auch die Kultursorten der Sektion *Dahlia* einfügbar sind.

Helianthus L.

In monographischer Form faßt HEISER (1976) seine über 30jährigen Erfahrungen mit der Gattung *Helianthus* in einem Buch zusammen, in dem sehr viele Daten zur Geschichte der Domestikation, Verbreitung, Morphologie, Taxonomie, Evolution, Pflanzenzüchtung und Nutzung der verschiedenen Arten und Pflanzenteile enthalten sind.

Corylaceae

Corylus L.

KOVAL (1976) gibt einen Überblick über den derzeitigen Kentnisstand zur Verbreitung der europäischen und vor allem kaukasischen *Corylus*-Sippen sowie über die phylogenetische Verwandtschaft und Entwicklung der Arten zweier Sektionen, der amerikanisch-asiatischen und der europäischen Taxa.

Cruciferae

Brassica L.

DENFORD (1975) untersuchte die Samen-Isoenzyme bei 9 *Brassica*-Taxa (mit 10 Chromosomen). Nach dem Vorkommen der Isoenzyme schließt er auf 3 Hauptentwicklungszentren: Indo-Europa, China und das Mittelmeergebiet.

MITCHELL (1976) informiert über Wildsippen von *B. oleracea* auf den Britischen Inseln. Möglicherweise spielen Seevögel eine Rolle bei ihrer Verbreitung.

Raphanus L.

Eine morphologisch-systematische Studie über die Formenmannigfaltigkeit von Radieschen und Rettich legte DULIN (1976) vor.

Cucurbitaceae

Cucurbita L.

Über Abstammung und Evolution der kultivierten (5) Kürbisarten berichten WHITAKER und BEMIS (1975). Sie nehmen an, daß der Art *C. moschata* eine Schlüsselrolle bei der Entstehung der Gattung zukommt.

Dioscoreaceae

Dioscorea L.

LAWANI und ODUBANJO (1976) stellten eine Bibliographie über die Gattung *Dioscorea* (1562 Titel) zusammen.

Gramineae

Avena L.

Mit Taxonomie und Evolution von *Avena macrostachya* setzten sich BAUM und RAJHATHY (1976) auseinander. Als erstes Stadium einer Domestikation der tetraploiden Wildhafer *Avena magna* MURPHY et TERRELL und *Avena murphyi* LAD. wurde ein Gen für nichtabfallende Ährchen durch Kreuzung mit *Avena sativa* L. in diese Arten eingeführt. Beide Arten sind wegen ihres hohen Proteingehaltes für die Züchtung von großem Interesse (LADIZINSKY und FAINSTEIN 1977). YABUNO und NISHIYAMA (1975) haben sich mit der Verwandtschaft der Chromosomen in interspezifischen *Avena*-Kreuzungen beschäftigt und kommen zu dem Schluß, daß die verschiedenen Genome von einem gemeinsamen Ausgangsgenom herrühren dürften.

Unter Verwendung numerisch-taxonomischer Methoden hat BAUM (1977) eine Monographie der Gattung *Avena* erarbeitet, die als Musterbeispiel für eine moderne taxonomische Bearbeitung einer Pflanzengattung gelten kann.

Eleusine GAERTN.

Die Frage der Domestikation der Fingerhirse haben HILU und DE WET (1976a) untersucht. Die Kulturform, *Eleusine coracan* (L.) GAERTN. ssp. *coracan*, stammt von ssp. *africana* (KENNEDY-O'BYRNE) HILU et DE WET (=*Eleusine africana*

KENNEDY-O'BYRNE) ab. Beide Formen haben die gleiche Chromosomenzahl ($2n=36$), wogegen die bisher als Vorfahr betrachtete *Eleusine indica* (L.) GAERTN. diploid ist ($2n=18$). Diese und andere Befunde lassen den Schluß zu, daß die Fingerhirse zuerst in Afrika (und nicht in Indien) in Kultur genommen wurde. Dieselben Autoren (HILU und DE WET 1976b) haben sich mit der infraspezifischen Taxonomie von *Eleusine coracan* ssp. *coracan* beschäftigt.

Hordeum L.

Die Entstehung der Gerste wird von KIHARA (1975) kurz behandelt.

Oryza L.

KIHARA (1975) bespricht kurz die Entstehung des Reises.

Paspalum L.

FOSBERG (1977) erörtert die Typisierung von *Paspalum distichum* L.

Pennisetum

BRUNKEN (1977) unterscheidet in seiner taxonomischen Bearbeitung der Sektion *Pennisetum* nur 2 Arten, *P. purpureum* SCHUMACH. und *P. americanum* (L.) LEEKE mit den Unterarten subsp. *americanum* (kultiviert), subsp. *monodii* (MAIRE) BRUNKEN (wild) und subsp. *stenostachyum* (KLOTZSCH) BRUNKEN (segetal.) Eine ausführlichere Begründung und Diskussion dieses Gliederungsvorschlags und damit zusammenhängender Vorstellungen über die Domestikation dieser Hirse-Art werden in einer weiteren Arbeit gegeben (BRUNKEN et al. 1977).

Eine Zusammenfassung bisheriger Kenntnisse und Meinungen zu Taxonomie und Evolution enthalten die entsprechenden Kapitel in der *Pennisetum*-Monographie von FERRARIS (1973).

Secale L.

Mit der Systematik und Phylogenie der Gattung *Secale* setzt sich KOBYLJANSKIJ (1975) auseinander. Die Mannigfaltigkeit dieser Gattung wird von ihm in 4 Arten gegliedert: *S. silvestre* HOST, *S. iranicum* KOBYL. (neu)!, *S. montanum* GUSS. s. l. (4 Unterarten) und *S. cereale* L. s. l. (5 Unterarten). GANDILJAN (1976, 1977) behandelt die *Secale*-Arten Armeniens sowie ihre innerartliche Gliederung und KUCKUCK (1976) beschreibt spontane Kreuzungen zwischen *Secale vavilovii* GROSSH. und *Secale cereale* L.

Sorghum

Die Untersuchungen von STEMLER et al. (1975) führten zu dem Schluß, daß Äthiopien wohl nur ein Evolutionszentrum der an das feucht-kühle Klima einzelner Landesteile angepaßten *durra-bicolor*-Übergangstypen gewesen ist, während die *durra*-Hirse viel wahrscheinlicher in Indien entstanden ist.

Die Möglichkeiten zur Identifizierung der 5 Hauptgruppen von *S. bicolor* subsp. *bicolor* anhand der elektrophoretischen Auftrennung der Samenproteine wurde von SHECHTER (1975) nachgewiesen.

Triticum L.

Kreuzungen von *Triticum urartu* mit bestimmten Linien von *T. aestivum* lassen erkennen, daß *T. urartu* nicht der Donor des B-Genoms der tetraploiden und hexaploiden Weizen sein kann (DVOŘÁK 1976). Mit der Evolution des Weizens befassen sich auch Arbeiten von JOHNSON und DHALIWAL (1976) sowie von BELEA und FEJÉR (1977). Die letztgenannten Autoren plädieren für einen polyphyletischen Ursprung von *T. aestivum*. Mit der Frage der Herkunft der Weizengenome beschäftigte sich MIGUŠOVA (1975) und KONAREV et al. (1976) beleuchten diese Frage auf Grund von immunochemischen und elektrophoretischen Untersuchungen. KIHARA (1975) gibt eine Übersicht über das Wissen von der Entstehung des Saatweizens (*Triticum aestivum*).

FILATENKO und KURKIEV (1975) beschreiben eine neue diploide Weizen-Art, *Triticum sinskajae*, die sich von *T. monococcum* vor allem durch Nacktkörnigkeit unterscheidet. Eine Übersicht der Weizenform Uzbekistans gibt UDAČIN (1975) und beschreibt dabei einige neue Varietäten von *Triticum* aestivum.

FRITSCH et al. (1977) haben 46 Arten der Gattungen *Triticum* und *Aegilops* vergleichend-anatomisch untersucht. Ein genauer Hinweis auf den möglichen Donor des B-Genoms läßt sich an hand der untersuchten anatomischen Merkmale nicht geben. Zahlreiche anatomische Merkmale sind durch eine so große infraspezifische Variabilität gekennzeichnet, daß sie keine phylogenetischen Aussagen zulassen. In einem Buch über die Weizen der Welt werden die einzelnen Arten – einschließlich der in neuester Zeit beschriebenen – vorgestellt sowie Züchtungsergebnisse und gegenwärtige Probleme diskutiert (BREŽNEV 1976).

Zea L.

In seiner vorzüglichen Monographie über den Mais beschäftigte sich MANGELSDORF (1974) ausführlich mit der Evolution dieser Art und versuchte anhand zahlreicher Argumente seine bekannte Theorie zu untermauern, daß ein ursprünglicher Mais und nicht Teosinte die Ausgangsform war. Teosinte und Mais haben aber wahrscheinlich einen gemeinsamen Ursprung. Zum gleichen Ergebnis kam auch RANDOLPH (1976) in einer viele Gesichtspunkte berücksichtigenden Analyse, während sich GALINAT (1975) sowie DE WET und HARLAN (1976) vor allem anhand zytogenetischer Befunde für eine Evolution des Maises von einem teosinteähnlichen Vorfahren aussprechen.

WILKES (1977) beschrieb die in einigen Gebieten spontan auftretende Hybridisierung von Teosinte mit Mais und leitet daraus ab, daß es im Laufe der Domestikation auf diesem Weg zu einer Verbesserung des Maises gekommen sein dürfte.

In der Arbeit von CHANDRAVADANA und GALINAT (1976) wird mittels morphologischer Analyse der Pachytän-Chromosomen ein geringerer Verwandtschaftsgrad von Mais mit *Tripsacum* festgestellt als mit einigen Arten der Andropogoneae.

Die wichtigsten der in den Tropen als Futter- und Weidepflanzen kultivierten Arten der Gräser hat BOGDAN (1977) zusammengestellt und damit eine für praktische und theoretische Fragen gleicherweise wichtige Übersicht geschaffen.

Die Vorgänge bei der Domestikation der Getreide, vor allem der Effekt von agrotechnischen Maßnahmen auf die Wandlung physiologischer und morphologischer Merkmale, werden von DE WET (1975) diskutiert.

Labiatae

Mentha L.

Mit Taxonomie und Evolution der Gattung *Mentha* setzten sich HARLEY und BRIGHTON (1977) auseinander, wobei es ihnen vorrangig um die Ermittlung der Chromosomenzahlen von Wild- und Kultursippen einschließlich der Bastarde (157 Populationen) ging.

Salvia L.

Bei cytotaxonomischen Untersuchungen der *Salvia officinalis*-Gruppe fand AFZAL-RAFII (1976) unterschiedliche Chromosomenzahlen. Sie nimmt an, daß die Sippen mit der Basiszahl $x=7$ die ursprünglicheren sind, von denen sich diejenigen mit der Basiszahl $x=8$ ableiten.

Leguminosae

Anthyllis L.

Eine sorgfältige taxonomische Revision des polymorphen *A. vulneraria*-Komplexes stammt von CULLEN (1976), der die hierhergehörenden Taxa in *A. vulneraria* L. zusammenfaßt und sie in 35 Unterarten gliedert; Kulturformen gehören zu den ssp. *polyphylla* (DC.) NYM. und ssp. *carpatica* (PANT.) NYM.

Arachis L.

BANKS (1976) referiert über die in lebenden Kollektionen erhaltene genetische Variabilität der Erdnuß, *A. hypogaea* L., und weist auf die bisher noch ungenügend bekannten Wildarten der Gattung hin, die für die Züchtung insbesondere als Träger von Resistenzmerkmalen zukünftig stärker zu nutzen sind.

Cicer L.

Bastardierungsexperimente (LADIZINSKY und ADLER 1976a) zwischen *C. arietinum* L. und zwei erst in jüngster Zeit beschriebenen annuellen Wildarten der SO-Türkei sowie cytologische Untersuchungen bestätigen eindeutig die von den Autoren bereits früher (1975) auf Grund biochemischer Daten vorgenommene Postulierung des *C. reticulatum* LADIZ. als spontane Ausgangsform der Kulturart; beide Sippen lassen sich leicht kreuzen und ergeben fertile Nachkommen. Eine Ausdehnung dieser Studien auf fast alle annuellen Arten der Gattung (LADIZINSKY und ADLER 1976b) führt nach den Kreuzungs- und Fertilitätsbeziehungen zur Aufstellung von drei Artengruppen, von denen die erste sich aus den beiden oben genannten sowie *C. echinospermum* DAVIS zusammensetzt. Zur zweiten gehören Arten wie *C. judaicum* BOISS., die bislang als die der Kulturart am nächsten verwandt galten. Zwischen den Gruppen existieren unüberwindliche Kreuzungsbarrieren.

Glycine L.

WANG (1976) schlägt für *Gl. max* (L.) MERR. (unter Einbeziehung von *Gl. gracilis* SKVORTZ.) eine taxonomisch informale Klassifikation u. a. unter Berücksichtigung der Vegetationslänge vor und zitiert als Beispiele seiner 9 Gruppen nordostchinesische Sorten.

Phaseolus L.

Von IVANOV und BUDANOVA (1976) stammt eine zusammenfassende Betrachtung der Entstehung der kultivierten amerikanischen Arten dieser Gattung; es werden die zwei Entstehungszentren in Südmexiko/Guatemala (*Ph. vulgaris* L., *Ph. coccineus* L. und *Ph. lunatus* L.) bzw. in Nordmexiko/SW-USA (*Ph. acutifolius* GRAY) herausgestellt.

In einer Literaturübersicht über *Ph. angularis* (WILLD.) WIGHT (SACKS 1977) sind auch die Arbeiten zur Evolution und Taxonomie berücksichtigt, die verwirrte Geschichte der Benennung dieser Art ist eingehend wiedergegeben.

Pisum L.

Über Artumgrenzung und genetische Beziehungen in dieser Gattung bestehen weiterhin unterschiedliche Auffassungen. Während FOUZDAR und TANDON (1976) auf Grund von Kreuzungsversuchen und karyologischen Befunden für eine Reihe von Sippen (auch *P. arvense* L. und *P. elatius* (M. B.) STEV.) den Artrang beibehalten wollen, spricht sich WAINES (1975) in einem morphologische, archäologische, cytogenetische und biochemische Daten berücksichtigenden Referat für die Anerkennung von nur zwei biologischen Arten (*P. fulvum* SIBTH. et SM., *P.* agg. *sativum* L.) in der Gattung aus; wegen der relativ geringen Variabilität der Samenproteine kann dieses Merkmal wenig zur Klärung der genannten Problematik beitragen. Es liefert aber Hinweise (TARLAKOVSKAJA 1975) für die Berechtigung der Abspaltung der perennen Art *P. formosum* (STEV.) ALEF. als selbständige monotypische Gattung, die zwischen *Pisum* L. und *Lathyrus* L. vermittelt.

Psophocarpus NECK.

HYMOWITZ und BOYD (1977) stellen die Arten der Gattung *Psophocarpus* zusammen und geben auf Grund der bisher bekannten, sehr spärlichen Daten als Entstehungsgebiet (oder zumindest als Mannigfaltigkeitszentrum) der in den humiden Tropen verbreiteten Kulturart *Ps. tetragonolobus* (L.) DC. Papua/New Guinea an.

Vicia L.

Taxonomie und Evolution von *V. faba* L. sind weiterhin Gegenstand von Untersuchungen. LADIZINSKY (1975a, b) bestätigt frühere Arbeiten über die starke genetische Isolierung dieser Art (er befürwortet eine generische Abtrennung) sowie über die Existenz mehrerer reproduktiv-isolierter Sippen des *V. narbonensis*-Komplexes im östlichen Mittelmeergebiet, von denen aber keine (u. a. auf Grund der Analyse der Samenproteine) als Ausgangsform der Ackerbohne in Frage kommt. Afghanistan und benachbarte Gebiete werden als vermutliches Entstehungszentrum dieser Art wegen der geringen Samengröße und der vorherrschenden Autogamie der dortigen Formen angesehen. DEMINA (1976) referiert die historische Entwicklung der infraspezifischen Klassifikation von *V. faba* und publiziert eine bislang nicht veröffentlichte Gliederung von MURATOVA 1946, die die Art nach Merkmalen des Sprosses, der Hülsen, der Samen und der geographischen Verbreitung in 6 Unterarten zerlegt.

Vigna Savi

RAWAL (1975) weist in W-Afrika bei *Vigna unguiculata* (L.) WALP. s. l. eine auch bei anderen Kulturpflanzen anzutreffende Differenzierung in echte Wildformen von ausdauerndem Wuchs mit einem Vorkommen in Wäldern und Savannen, in verschiedene überwiegend annuelle Unkraut- und in Kulturformen nach. Letztere sind oft mit Unkrauttypen der Art vergesellschaftet, auf Grund uneingeschränkter Kreuzbarkeit existieren zwischen beiden gleitende Übergänge; primär dürften die Kulturformen von unkrautartigen Typen abzuleiten sein, die gestörte Standorte an Flußufern usw. kolonisieren. Zwischen den eigentlichen Wildformen von *V. unguiculata* und den Kulturformen (und in geringerem Maße auch den Unkrauttypen im engeren Sinne) sind dagegen gewisse Kreuzungsbarrieren ausgebildet (RAWAL et al. 1976), die sich in einer verringerten Größe der F_1-Samen mit schlecht entwickelten Kotyledonen und dadurch einer mangelnden Vitalität der F_1-Pflanzen äußern.

Zusammenfassende Werke über tropische Körnerleguminosen (SMARTT 1976) und tropische Weide- und Futterpflanzen (BOGDAN 1977) enthalten auch Abschnitte zur Taxonomie und Evolution der angebauten oder kulturwürdigen Sippen. Dabei sind im Buch von BOGDAN sehr gut die Ergebnisse neuerer taxonomischer Untersuchungen eingearbeitet, während die diesbezüglichen Angaben bei SMARTT nicht immer dem letzten Kenntnisstand entsprechen.

BRÜCHER (1976a) geht in einer Arbeit über eiweißreiche, zukünftig stärker zu nutzende Leguminosen auch auf die morphologische und biochemische Variabilität z. T. wenig bekannter amerikanischer Kulturarten der Gattungen *Canavalia, Lupinus*, *Pachyrrhizus* und *Phaseolus* ein.

Liliaceae

Allium L.

Nach chromosomenmorphologischen Untersuchungen vermutet TAHBAZ (1976) bei Porree-Sippen aus dem Iran alloploide Entstehung und nicht die Autoploidie dieser tetraploiden Taxa.

Phormium FORST.

Die Kulturvarietäten des Neuseeländischen Flachses (*Ph. tenax* FORST.) werden meist nach mehr oder weniger nutzungsorientierten morphologischen Blattmerkmalen klassifiziert; diese Merkmale stellt FUENTEALBA (1975) anhand älterer Literatur zusammen und diskutiert ihre Bedeutung für die Taxonomie.

Malvaceae

Gossypium L.

Die Evolution innerhalb der Tribus Gossypieae verlief von verholzenden zu krautigen Sippen. Baumwolle stammt wahrscheinlich von *Thespesia*-Arten ab, denen sie auch genetisch nahesteht, und wird als am weitesten fortgeschrittene Gattung der Gossypieae angesehen, die in der Periode vom Eozän bis zum Pleistozän entstanden sein soll (Dariev und Abdullaev 1975). Elektrophoretische Untersuchungen an Samenproteinen neuweltlicher Baumwollen lassen den Schluß auf eine polyphyletische Entstehung dieser Sippen zu (Johnson 1975). Die Ergebnisse sprechen für ein Entstehen von *G. barbadense* L. im nördlichen Südamerika aus *G. herbaceum* L. × *G. raimondii* Ulbr. Die Kultursippen von *G. hirsutum* L. lassen sich auf unterschiedlich intensive Introgression von *G. barbadense* L. in den mexikanischen *G. hirsutum*-Komplex (einschließlich *G. palmeri* Watt) zurückführen.

Ein vorbildliches Verzeichnis der Nomenklatur von *Gossypium* hat Fryxell (1976) zusammengestellt.

Moraceae

Cannabis L.

Der Wert morphologischer Unterschiede der *Cannabis*-Früchte wird von Small (1975) anhand wilder und domestizierter Pflanzen eingeschätzt und die Hypothese formuliert, daß der Grad der Domestikation in gewisser Beziehung zur Ausbildung von Fruchtmerkmalen steht.

Small und Cronquist (1976) unternehmen bei *Cannabis* den Versuch, auf Grund des geographisch abhängigen Rauschgiftgehaltes und von Fruchtmerkmalen ein System der Kultur- und Wildformen aufzustellen, das auch praktischen Erfordernissen weitgehend gerecht wird.

Musaceae

Musa L.

Mit der Taxonomie der Wildbananen von Papua Neu-Guinea beschäftigt sich Argent (1976). Dieses Gebiet stellt ein wichtiges Mannigfaltigkeitszentrum wilder Bananen dar, die für die Züchtung Bedeutung erlangen können. Die Arbeit ist mit ausführlichen Bestimmungsschlüsseln, Beschreibungen, Abbildungen und Verbreitungskarten versehen.

Myrtaceae

Psidium L.

Rotman (1976) legte eine Revision der Gattung *Psidium* in Argentinien vor (10 Arten, darunter 2 kultivierte).

Pandanaceae

Pandanus L. f.

Die 5 zur Sektion *Pandanus* und 6–7 zu *Freycinetia* gehörenden Pandanaceen-Arten der Neuen Hebriden stellt Stone (1976) mit Bestimmungsschlüsseln (einschließlich subspezifischer Taxa) systematisch dar. Besondere Beachtung auch in phylogenetischer und chorologischer Sicht verdient die neue Art *P. halleorum* STONE mit in der Gattung einzigartigen, rispenartigen staminaten Infloreszenzen.

Papaveraceae

Papaver L.

42 Jahre nach ihrer ersten taxonomischen Bearbeitung von *P. somniferum* L. legte VESELOVSKAJA (1975) erneut eine infraspezifische Gliederung vor. Sie unterscheidet 7 Unterarten mit insgesamt 41 Varietäten. *P. setigerum* DC. ($2n=44$) wird als eigene Art betrachtet. Als Ausgangssippe des Schlafmohns ($2n=22$) soll die ssp. *somniferum* in Frage kommen. HAMMER und FRITSCH (1977) dagegen fanden diploide *P. setigerum*-Sippen. Damit entfällt ein wichtiger Grund, der gegen die Annahme von *P. setigerum* als potentielle Stammart für den Kulturmohn sprach. Sie stellen *P. setigerum* als Unterart zu *P. somniferum.*

Polygonaceae

Rumex L.

Von 18 Arten der Gattung *Acetosa* MILL. untersuchte DEGRAEVE (1976) die Karyotypen und versuchte, Evolutionsbeziehungen sowohl innerhalb von *Acetosa* als auch von *Rumex* sensu lato darzustellen.

Rosaceae

Malus MILL.

PONOMARENKO (1975) setzt sich kritisch mit der nomenklatorisch zweifelhaften Handhabung des Namens *Malus pumila* MILL. für Sippen von *Malus domestica* BORKH. auseinander.

Prunus L.

Basierend auf einem früher publizierten Klassifikationsversuch für Kirschenvarietäten legen JUSEV und SAROVA (1976) neue Daten über Inhaltsstoffe der Früchte vor, die das gegebene System weitgehend bestätigen.

Rubus L.

Wie für viele andere Rosaceen-Obstgattungen veröffentlicht DEBOR (1975) eine Zusammenstellung der in mehreren Jahren erschienenen genetisch, züchterisch und taxonomisch orientierten Publikationen der Welt über die Brombeeren und ihre Kultur.

Rutaceae

Citrus L.

SCORA (1975) gibt einen kurzen Überblick über die Taxonomie und die Ausbreitung der Gattung *Citrus* in historischer Zeit sowie über das Areal nahe verwandter Gattungen. Der Autor untersucht die Verwandtschaftsbeziehungen der kultivierten *Citrus*-Arten und gelangt unter Berücksichtigung morphologischer, genetischer und biochemischer Befunde zu der Auffassung, daß die anderen kultivierten *Citrus*-Arten polyphyletisch aus den Arten *Citrus grandis* (L.) OSBECK, *Citrus medica* L. und *Citrus reticulata* BLANCO hervorgegangen sein müßten.

KAPANADZE und TAVADZE (1976) berichten über das Vorkommen polyploider Formen bei den Gattungen *Citrus* L., *Fortunella* SW. und *Poncirus* RAF. sowie verschiedener Gattungs- und Arthybriden und diskutieren die Verwendbarkeit polyploider Formen für züchterische Zwecke.

Solanaceae

Capsicum L.

Genetische und biochemische Untersuchungen unterstützen stark die Hypothese einer polyphyletischen Entstehung der vier bisher bekannten domestizierten *Capsicum*-Arten. Die Kultursippen *C. annuum* L. var. *annuum*, *C. chinense* JACQ., *C. baccatum* L. var. *pendulum* (WILLD.) ESHBAUGH und *C. pubescens* RUIZ. et PAV. werden (in gleicher Reihenfolge) auf folgende Wildarten zurückgeführt: *C. annuum* L. var. *aviculare* (DIERB.) D'ARCY et ESHB., *C. frutescens* L., *C. baccatum* L. var. *baccatum* und *C. eximium* HUNZIKER/*C. cardenasii* HEISER et SMITH (ESHBAUGH 1975).

Lycopersicon MILL.

Die Evolution des Reproduktionssystems von *Lycopersicon pimpinellifolium* (JUSL.) MILL., die als Ausgangsmaterial für die Züchtung der Kulturtomate (*Lycopersicon esculentum* MILL.), ebenso wie die neubeschriebenen peruanischen *L. chmielowskii* und *L. parviflorum* (RICK et al. 1976), Bedeutung hat, diskutieren RICK et al. (1977). Streng autogame, sehr einheitliche Sippen leiten sich wahrscheinlich von variablen, fakultativ allogamen Formen ab. Allozym-Muster und geographische Isolierung deuten darauf hin, daß *L. pimpinellifolium* und *L. cheesmanii* RILEY nicht die Ausgangssippen der Kulturtomate darstellen, sondern relativ früh entstandene Abkömmlinge eines gemeinsamen *Lycopersicon*-Stammbaums sind (RICK und FOBES 1975).

Einen Bestimmungsschlüssel für Arten der Gattung *Lycopersicon* (einschließlich *Solanum pennellii* CORRELL) bringt RICK (1977).

Nicotiana L.

GRAY et al. (1974) stellen durch Untersuchungen am Fraktion I-Protein von *Nicotiana tabacum* L. fest, daß diese Sippe auf eine ursprüngliche Kreuzung von *N. sylvestris* SPEG. et COMES × *N. tomentosiformis* GOODSP. zurückzuführen ist (vgl. auch KAWASHIMA et al. 1976). Bei mehreren Sorten von *N. tabacum* war die Polypeptidzusammensetzung des Fraktion I-Proteins sehr konstant. Abweichungen bei einer männlich sterilen Sippe von *N. tabacum* deuten auf Einkreuzung der australischen Art *N. megalosiphon* HEURCK et MUELL. hin (CHEN et al. 1975).

Solanum L.

BRÜCHER (1975a) behandelt die Taxonomie der Sippen der Sektion *Tuberarium* aus den brasilianischen Südstaaten. Von den sechs beschriebenen Taxa werden nur folgende Arten anerkannt: *Solanum chacoense* BITTER, *S. commersonii* DUNAL (authentisches Material dieser Art vom locus classicus in Uruguay wurde von BRÜCHER [1976b] eingehend untersucht) und *S. malmeanum* BITTER. Detaillierte Angaben zur Verbreitung der Arten werden gemacht. BRÜCHER (1975b) behandelte ferner ausführlich die Domestikation und die Geschichte der Einführung von *Solanum tuberosum* L. nach Europa, die offensichtlich mit Material aus den nördlichen Anden vor sich ging und die bereits in der 2. Hälfte des 16. Jh. in Spanien und Irland zu kommerziellen Pflanzungen führte. Reliktvorkommen der im 17./18. Jh. in Europa kultivierten und noch weitgehend mit den indianischen Primitivformen übereinstimmenden Kartoffel-Sortentypen ließen sich noch heute auf den Kanaren, in Lesotho und den Himalaya-Vorbergen nachweisen.

Mit der Evolution cytoplasmatischer Faktoren bei tetraploiden Kartoffelarten befaßt sich eine Arbeit von GRUN et al. (1977). Die Ergebnisse deuten darauf hin, daß Sorten der nördlichen Hemisphäre Abkömmlinge von Sippen oder direkte Nachkommen von Importpflanzen des chilenischen Küstengebietes sind. MOSS und BROWN (1977) schlagen die Benutzung von Kerblochkarten zur Sortenbestimmung bei Kartoffeln vor.

Von den *Solanum*-Sippen der Alten Welt wird der *Solanum indicum* L.-Komplex eingehend cytotaxonomisch untersucht (KRISHNAPPA und CHENNAVEERAIAH 1975).

Theaceae

Camellia L.

Über *Camellia sinensis* (L.) O. KUNTZE erschien von EDEN (1976) in den Tropical Agriculture Series die 3. Auflage. Hauptsächlich wird darin der Anbau behandelt. Hinsichtlich der Taxonomie folgt der Autor der Ansicht von SEALY.

Valerianaceae

Valeriana L.

Einen Bestimmungsschlüssel der in der UdSSR offizinellen (9) Arten von Baldrian veröffentlichte VOROŠILOV (1975). Einige Neukombinationen wurden vorgenommen.

Vitaceae

Vitis L.

NAČEV und IVANOV (1975) beschäftigten sich anhand der Literatur und fossiler Samenproben mit der Domestikation und Entwicklung der Weinkultur (seit dem 8. Jahrtausend v. u. Z.) im Ostteil der Balkanhalbinsel.

Über den taxonomischen Status einer früher zu *V. vinifera* L. gestellten afghanischen Sippe (*V. nuristanica* VASS.) äußert sich NEUBAUER (1975), indem er sie als Wildart oder als der Wildform nahestehende alte Primitivsorte bezeichnet, deren reliktäres Vorkommen im Hindukusch heute sehr des Schutzes bedarf.

TERPO (1976) prüft karpologische Merkmale an Sippen wildwachsender *Vitis*-Arten im Karpatenbecken Ungarns und stellt Vergleiche mit österreichischen und oberrheinischen Wildsippen von *V. vinifera* L. und *V. riparia* MICHX. an.

Allgemeine Probleme und zusammenfassende Darstellungen

HAWKES et al. (1976) haben eine Bibliographie über pflanzliche Genressourcen herausgegeben, die zahlreiche Gebiete der Kulturpflanzenforschung umfaßt. Die Bibliographie, die durch einen Nachtrag von WILLIAMS (1976) ergänzt wurde, berücksichtigt bei der Literaturauswahl vorrangig Arbeiten zur Entstehung, Variabilität und Evolution der Kulturpflanzen. Eine Auswahl von 36 ökonomisch wertvollen Nutzpflanzen (ANONYMUS 1975) weist auf Pflanzenarten hin, die geeignet sind, die Lebensverhältnisse in den Entwicklungsländern der tropischen Gebiete zu verbessern. Die Zusammenstellung, die u. a. Getreide-, Gemüse, Öl-, Obst- und Futterpflanzen umfaßt, gibt Auskunft über den Nutzungswert sowie die ökologischen Ansprüche der empfohlenen Arten. Ein von ZEVEN und ZHUKOVSKY (1975) verfaßtes Nachschlagewerk über kultivierte Pflanzen weist etwa 2300 Pflanzenarten aus. Der nach Genzentren gegliederte Inhalt des Werkes bringt Angaben über Cytologie, Anbaugebiet und Nutzung der genannten Arten.

Unter der Herausgeberschaft von SIMMONDS (1976) wurden zahlreiche Einzelbeiträge zur Evolution der Kulturpflanzen veröffentlicht. Dieses Standardwerk enthält Angaben über Taxonomie, Verbreitung, Züchtung, Genetik, Cytologie, Phylogenie und Geschichte sowie Nutzung von etwa 100 Kulturpflanzengattungen.

THOMPSON und FOX (1976) berichten über das Keimverhalten von Gemüsesamen und kommen zu dem Schluß, daß die Temperaturabhängigkeit des Keimvorganges bei den untersuchten Arten während der Periode der Domestikation kaum verändert wurde.

An einer Auswahl kultivierter Gräser und Leguminosen (38 und 15 Arten) suchte BENNETT (1976) nach Zusammenhängen zwischen Ploidiestufe, DNS-Gehalt, Lebensdauer, Photosynthesetyp (C_3, C_4) und der geographischen Verbreitung. Es zeigte sich, daß Sippen mit hohem DNS-Gehalt vornehmlich in den gemäßigte Breiten bzw. in Zonen mit kühlerem Klima angebaut werden.

ŽUKOVSKIJ (1975a) diskutiert die der Evolution der Kulturpflanzen zugrunde liegenden Prinzipien sowie die Konzeptionen der Kulturpflanzentaxonomie.

HARLAN (1975) setzt sich mit der VAVILOVschen Genzentren-Theorie auseinander und schlägt eine Klassifikation der geographischen Variationsmuster von Kulturpflanzen vor. KUPZOW (1976) greift die Frage nach der Existenz von Genzentren auf. Der Autor betont den temporären, historischen Charakter der in der gegenwärtigen Zeit als Relikte zu wertenden Genzentren und weist auf die Möglichkeit einer durch natürliche, historische und ökonomische Veränderungen bedingten Verlagerung oder Zerstörung von Mannigfaltigkeitszentren hin. ŽUKOVSKIJ (1975b) gibt eine Übersicht über die Entwicklung und den gegenwärtigen Stand der von N. I. VAVILOV entwickelten Grundkonzeptionen. HARLAN (1976a) befaßt sich mit Fragen der Domestikation von Tieren und Pflanzen und betont dabei den Aussagewert der geographischen Verbreitung von Wildformen sowie domestizierten Pflanzen- und Tier-Rassen zur Aufklärung des Domestikationsortes und der Ausbreitungsgeschichte domestizierter Formen.

Die allgemeine Bedeutung von Wildformen für die Züchtung sowie die Problematik ihrer Verwendung als züchterisches Ausgangsmaterial wird von HARLAN (1976b) dargestellt, wobei die Dringlichkeit der Erhaltung von Wildformen hervorgehoben wird. In einer Arbeit über die Charakteristika von Nutzpflanzen und deren Nutzungswert weisen YAMAZAKI und HOTTA (1975) anhand ostasiatischer Arten auf den Zusammenhang zwischen Lebensform und Nutzungsart sowie geographischer Verbreitung bei kohlenhydratspeichernden Pflanzen hin. Die Autoren empfehlen die Berücksichtigung dieser Gesichtspunkte bei Untersuchungen zur Auffindung neuer Nutzpflanzen bzw. weiterer Nutzungsmöglichkeiten bereits bekannter Nutzpflanzenarten.

Summary

Taxonomy and evolution of cultivated plants: Literature review 1975–1977

Important papers on taxonomy and evolution of cultivated plants published in the period 1975–1977 were put together and briefly discussed. This review will be continued regularily.

Краткое содержание

Таксономия и эволюция культурных растений: обзор литературы за 1975–1977 гг.

Дается список работ по таксономии и эволюции культурных растений, вышедших в 1975–1977 годах. Работы кратко комментируются. Предполагается регулярно продолжать публикацию подобных обзоров.

Literatur

AFZAL-RAFII, Z., 1976: Étude cytotaxonomique et phylogénétique de quelques *Salvia* de la région méditerranéenne: Groupe du *Salvia officinalis* L. – Bull. Soc. bot. Fr. **123**, 515–531.

ANONYMUS, 1975: Underexploited tropical plants with promising economic value. – National Academy of Sciences, Washington.

ARGENT, G. C. G., 1976: The wild bananas of Papua New Guinea. – Notes Royal Bot. Gard. Edinburgh **35**, 77–114.

BANKS, D. J., 1976: Peanuts: Germplasm resources. – Crop Sci. **16**, 499–502.

BASU, R. K. and K. K. MUKHERJEE, 1975: Investigations on a new *Beta* (Chenopodiaceae). – Can. J. Bot. **53**, 1166–1175.

BAUM, B. R., 1977: Oats: wild and cultivated. A monograph of the genus *Avena* L. (Poaceae). – Biosystematics Research Institute, Canada Department of Agriculture, Research Branch, Ottawa, Ontario, Canada, Monograph No. 14, XIII +463 pp.

– and T. RAJHATHY, 1976: A study of *Avena macrostachya*. – Can. J. Bot. **54**, 2434–2439.

BELEA, A., O. FEJÉR, 1977: Újabb adatok a búza (*Triticum* L.) származásához. [Recent data on the origin of wheat (*Triticum* L.)]. – Növénytermelés **26**, 213–221.

BENNETT, M. D., 1976: DNA amount, latitude, and crop plant distribution. – Environm. Exp. Bot. **16**, 93–108.

BOGDAN, A. V., 1977: Tropical Pasture and Fodder Plants (Grasses and Legumes). – Longman, London-New York, XIII +475 pp.

BREŽNEV, D. D. (edit.), 1976: Pšenicy mira. Vidovoj sostav dostiženija selekcii, sovremennye problemy i ischodnyj material. – Izdatel'stvo „Kolos", Leningrad.

BRÜCHER, H., 1975a: Brasiliens Wildkartoffeln. Die Sektion *Tuberarium* des Genus *Solanum* in Südbrasilien. – Ber. Deutsch. Bot. Ges. **88**, 399–410.

–, 1975b: Domestikation und Migration von *Solanum tuberosum* L. – Kulturpflanze **23**, 11–74.

–, 1976a: Proteinreiche, wilde oder semi-kultivierte Leguminosen aus Lateinamerika und ihre künftige Bedeutung für die Ernährung. – Qualit. Plant. **26** (1–3), 71–106.

–, 1976b: Zur Wiederentdeckung von *Solanum commersonii* DUNAL nach 200 Jahren am Originalstandort in Uruguay. – Angew. Bot. **50**, 97–111.

BRUNKEN, J. N., 1977: A systematic study of *Pennisetum* sect. *Pennisetum* (Gramineae). – Amer. J. Bot. **64**, 161–176.

–, J. M. J. DE WET and J. R. HARLAN, 1977: The morphology and domestication of pearl millet. – Econ. Bot. **31**, 163–174.

CHANDRAVADANA, P. and W. C. GALINAT, 1976: Comparative cytology of certain Maydeae and Andropogoneae genera in reference to their evolution. – J. Heredity **67**, 161–166.

CHANG, S.-T., 1977: The origin and early development of straw mushroom cultivation. – Econ. Bot. **31**, 374–376.

CHEN, K., S. D. KUNG, J. C. GRAY and S. G. WILDMAN, 1975: Polypeptide composition of fraction I protein from *Nicotiana glauca* and from cultivars of *Nicotiana tabacum*, including a male sterile line. – Biochem. Genet. **13**, 771–778.

CULLEN, J., 1976: The *Anthyllis vulneraria* complex: a résumé. – Notes Royal Bot. Gard. Edinburgh **35** (1), 1–38.

DARIEV, A. S. i A. A. ABDULLAEV, 1975: K filogenii roda *Gossypium* L. – Uzb. Biol. Ž. **5**, 36–44.

DEBOR, H. W., 1975: Bibliographie des internationalen Brombeeren-Schrifttums. – Akt. Lit.-Inf. Obstbau, Techn. Univ. Berlin (W) Nr. 14.

DEGRAEVE, N., 1976: Contribution à l'étude cytotaxonomique des *Rumex*. IV. Le genre *Acetosa* MILL. – Cellule **71**, 229–250.

DEMINA, R. B., 1976: K istorii sistematiki *Faba bona* MEDIC. (To the history of taxonomy of *Faba bona* MEDIC.). – Trudy prikl. bot., genet. selekc. **57** (3), 72–81.

DENFORD, K. E., 1975: Isoenzyme studies in members of the genus *Brassica*. – Bot. Notiser **128**, 455–462.

DULIN, V. K., 1976: K voprosu sistematiki roda *Raphanus*. – Trudy Kuban. sel'skochoz. inst., vyp. **123** (151), 50–62.

DVOŘÁK, J., 1976: The relationship between the genome of *Triticum urartu* and the A and B genomes of *Triticum aestivum*. – Canad. J. Genet. Cytol. **18**, 371–377.

EDEN, T., 1976: Tea. – Tropical Agriculture Series, (3 ed.), London.

ESHBAUGH, W. H., 1975: Genetic and biochemical systematic studies of chili peppers (*Capsicum* – Solanaceae). – Bull. Torrey Bot. Club **102**, 396–403.

FERRARIS, R., 1973: Pearl millet (*Pennisetum typhoides*). – Review Series, Commonwealth Bureau of Pastures and Field Crops No. 1, 70 pp.

FILATENKO, A. A. i U. K. KURKIEV, 1975: Pšenica sinskoj (novyj vid – *Triticum sinskajae* A. FILAT. et KURK.). (Sinskaja's wheat). – Trudy prikl. bot., genet. selekc. **54** (1), 239–241.

FORD-LLOYD, B. V. and J. T. WILLIAMS, 1975: A revision of *Beta* section *Vulgares* (Chenopodiaceae), with new light on the origin of cultivated beets. – Bot. J. Linnean Soc. **71**, 89–102.

FOSBERG, F. R., 1977: *Paspalum distichum* again. – Taxon **26**, 201–202.

FOUZDAR, A. and S. L. TANDON, 1976: Cytogenetical evolution in the genus *Pisum*. – Cytologia **41**, 91–104.

FRITSCH, R., J. KRUSE, H. OHLE und H. I. SCHÄFER, 1977: Vergleichend-anatomische Untersuchungen im Verwandtschaftskreis von *Triticum* L. und *Aegilops* L. (Gramineae). – Kulturpflanze **25**, 155–265.

FRYXELL, P. A., 1976: A nomenclatoı of *Gossypium*. The botanical names of cotton. – Technical Bulletin No. 1491. Agricultural Research Service USDA in coop. with Texas Agricultural Experiment Station, Washington, D. C.

FUENTEALBA, A. J. B., 1975: New Zealand hemp (*Phormium tenax* FORSTER). Review of earlier work on its biology and cultivation. – Agro Sur **3**, 7–15.

GALINAT, W. C., 1975: The evolutionary emergence of maize. – Bull. Torrey Bot. Club **102**, 313–324.

GANDILJAN, P. A., 1976: K sistematike roda *Secale* L. i ego raznoobrazie v Armjanskoj SSR. I. Vidovaja differenciacija. [On *Secale* L. taxonomy]. – Biol. Z. Armenii **29** (11), 27–35.

–, 1977: K sistematike roda *Secale* L. i ego raznoobrazie v Armjanskoj SSR. II. Vnutrividovaja differenciacija. [Systematics of *Secale* L. and its variety in Armenia. II. Intraspecific differentiation]. – Biol. Ž. Armenii **30** (3), 3–11.

GIANNASI, D. E., 1975: Flavonoid chemistry and evolution in *Dahlia* (Compositae). – Bull. Torrey Bot. Club **102**, 404–412.

GRAY, J. C., S. D. KUNG and S. G. WILDMAN, 1974: Origin of *Nicotiana tabacum* L. detected by polypeptide composition of fraction I protein. – Nature **252**, 226–227.

GRUN, P., C. OCHOA and D. CAPAGE, 1977: Evolution of cytoplasmic factors in tetraploid cultivated potatoes (Solanaceae). – Amer. J. Bot. **64**, 412–420.

HAMMER, K., 1976: Die kultivierten Kakteenarten (mit Ausschluß von Zierpflanzen). – Kulturpflanze **24**, 249–282.

– und R. FRITSCH, 1977: Zur Frage nach der Ursprungsart des Kulturmohns (*Papaver somniferum* L.). – Kulturpflanze **25**, 113–124.

HARLAN, J. R., 1975: Geographic patterns of variation in some cultivated plants. – J. Heredity **66**, 182–191.

–, 1976a: Plant and animal distribution in relation to domestication. – Phil. Trans. Roy. Soc. London, B **275**, 13–25.

–, 1976b: Genetic resources in wild relatives of crops. – Crop Sci. **16**, 329–333.

HARLEY, R. M. and C. A. BRIGHTON, 1977: Chromosome numbers in the genus *Mentha* L. – Bot. J. Linnean Soc. **74**, 71–96.

HAWKES, J. G., J. T. WILLIAMS and J. HANSON, 1976: A bibliography of plant genetic resources. – IBPGR Secretariate, Rome.

HEISER, Ch. B., 1976: The Sunflower. – Norman: Univ. Oklahoma Press.

HILU, K. W. and J. M. J. DE WET, 1976a: Domestication of *Eleusine coracana*. – Econ. Bot. **30**, 199–208.

HILU, K. W. and J. M. J. DE WET, 1976b: Racial evolution in *Eleusine coracana* ssp. *coracana* (finger millet). – Amer. J. Bot. **63**, 1311–1318.

HYMOWITZ, T. and J. BOYD, 1977: Origin, ethnobotany and agricultural potential of the Winged Bean – *Psophocarpus tetragonolobus*. – Econ. Bot. **31**, 180–188.

IVANOV, N. P. and V. I. BUDANOVA, 1976: K voprosu o proischoždenii *Phaseolus* L. (To the problem of origin of *Phaseolus* L.). – Trudy prikl. bot., genet. selekc. **57** (3), 59–71.

JOHNSON, B. L., 1975: *Gossypium palmeri* and a polyphyletic origin of the New World cottons. – Bull. Torrey Bot. Club **102**, 340–349.

– and H. S. DHALIWAL, 1976: Reproductive isolation of *Triticum boeoticum* and *Triticum urartu* and the origin of tetraploid wheats. – Amer. J. Bot. **63**, 1088–1094.

JUŠEV, A. A. i N. I. ŠAROVA, 1976: Klassifikacija sortov višni i chimičeskij sostav plodov. (A classification of cherry varieties and chemical composition of the fruits). – Trudy prikl. bot., genet. selekc. **57** (1), 86–92.

KAPANADZE, I. S. i M. E. TAVADZE, 1976: Poliploidy pomerancevych (Aurantioideae) i ich genetiko-selekcionnoe značenie. – Genetika (Moskva) **12** (10), 30–39.

KAWASHIMA, N., Y. TANABE and S. IWAI, 1976: Origin of *Nicotiana tabacum* detected by primary structure of fraction I protein. – Biochim. biophys. Acta **427**, 70–77.

KIHARA, H., 1975: Origin of cultivated plants with special reference to wheat. – Seiken Zihô **25/26**, 1–24.

KOBYLJANSKIJ, V. D., 1975: K sistematike i filogenii roda *Secale* L. – Bjull. VIR (Leningrad) **48**, 64–71.

KONAREV, V. G., I. P. GAVRILJUK, T. I. PENNEVA, A. V. KONAREV, A. G. CHAKIMOVA i Ė. F. MIGUŠOVA, 1976: O prirode i proischoždenii genomov pšenicy po dannym biochimii i immunochimii belkov zerna. (On the nature and origin of genomes of wheat based on the data of biochemistry and immunochemistry of grain proteins). – Sel'skochoz. biol. **11** (5), 656–663.

KOVAL, G. K., 1976: Raznoobrazie leščiny na kavkaze i o filogenetičeskich otnošenijach ee vidov. (The diversity of filbert in the Caucasus and phylogenetic relations of its species). – Trudy prikl. bot., genet. selekc. **57** (1), 110–114.

KRISHNAPPA, D. G. and M. S. CHENNAVEERAIAH, 1975: Cytotaxonomy of the *Solanum indicum* complex. – Cytologia **40**, 323–331.

KUCKUCK, K., 1976: Spontane Kreuzungen zwischen *Secale vavilovii* GROSSH. ♀ und *Secale cereale* L. ♂. – Z. Pflanzenzüchtung **77**, 1–9.

KUPZOW, A. J., 1976: Basic loci in cultivation of certain crops in the past and modern times. – Theoret. Appl. Genetics **48**, 209–215.

LADIZINSKY, G., 1975a: On the origin of the Broad Bean, *Vicia faba* L. – Isr. J. Bot. **24**, 80–88.

–, 1975b: Seed protein electrophoresis of the wild and cultivated species of section *Faba* of *Vicia*. – Euphytica **24**, 785–788.

– and A. ADLER, 1975: The origin of chickpea as indicated by seed protein electrophoresis. – Isr. J. Bot. **24**, 183–189.

– and –, 1976a: The origin of chickpea *Cicer arietinum* L. – Euphytica **25**, 211–217.

– and –, 1976b: Genetic relationships among the annual species of *Cicer* L. – Theoret. Appl. Genetics **48**, 197–203.

– and R. FAINSTEIN, 1977: Domestication of the protein-rich tetraploid wild oats *Avena magna* and *A. murphyi*. – Euphytica **26**, 221–223.

LAWANI, S. M. and M. O. ODUBANJO, 1976: A bibliography of yams and the genus *Dioscorea*. – International Institute of Tropical Agriculture, Ibadan, Nigeria.

MANGELSDORF, P. C., 1974: Corn. Its Origin, Evolution and Improvement. – Belknap Press, Cambridge, Mass.

MIGUŠOVA, Ė. F., 1975: K voprosu o proischoždenii genomov pšenicy. (Question of origin of wheat genomes.) – Trudy prikl. bot., genet. selekc. **55** (3), 3–26.

MITCHELL, N. D., 1976: The status of *Brassica oleracea* L. subsp. *oleracea* (wild cabbage) in the British Isles. – Watsonia **11**, 97–103.

MOSS, J. P. and E. BROWN, 1977: A multiple-entry key system using edge-punched cards to identify cultivars of potato. – Econ. Bot. **31**, 294–297.

NAČEV, T., J. IVANOV, 1975: Okulturjavane na divite lozi po našite zemi. (La domestication des vignes sauvages en Bulgarie). – Gradin. Loz. Nauk. Sofia **12** (8), 119–125.

NAYAR, M. P. and K. RAMAMURTHY, 1977: *Beta vulgaris* var. *orientalis*, a useful green vegetable of northern India. – Evcon. Bot. **31**, 372–373.

NEUBAUER, H. F., 1975: Die Nuristanrebe und ihre kulturhistorische Bedeutung. – Angew. Bot. **49**, 123–130.

PONOMARENKO, V. V., 1975: Čto takoe *Malus pumila* Mill? (What is *Malus pumila* Mill.?) – Bot. Ž. **60**, 1574–1586.

RANDOLPH, L. F., 1976: Contributions of wild relatives of maize to the evolutionary history of domesticated maize: A synthesis of divergent hypotheses I. – Econ. Bot. **30**, 321–345.

RAWAL, K. M., 1975: Natural hybridization among wild, weedy and cultivated *Vigna unguiculata* (L.) WALP. – Euphytica **24**, 699–707.

–, K. O. RACHIE and J. D. FRANCKOWIAK, 1976: Reduction in seed size in crosses between wild and cultivated cowpeas. – J. Heredity **67**, 253–254.

RICK, C. M., 1977: A key to the species of *Lycopersicon* (and *Solanum pennellii*). – Solanaceae Newsletter **4**, 11–12.

– and J. F. FOBES, 1975: Allozyme variation in the cultivated tomato and closely related species. – Bull. Torrey Bot. Club **102**, 376–384.

–, – and M. HOLLE, 1977: Genetic variation in *Lycopersicon pimpinellifolium*: evidence of evolutionary change in mating systems. – Plant Syst. Evol. **127**, 139–170.

–, E. KESICKI, J. F. FOBES and M. HOLLE, 1976: Genetic and biosystematic studies on two new sibling species of *Lycopersicon* from interandean Perú. – Theoret. Appl. Genetics **47**, 55–68.

ROTMAN, A. D., 1976: Revisión del género *Psidium* en la Argentina (Myrtaceae). – Darwiniana **20**, 418–444.

SACKS, F. M., 1977: A literature review of *Phaseolus angularis* – the Adsuki bean. – Econ. Bot. **31**, 9–15.

SCORA, R. W., 1975: On the history and origin of *Citrus*. – Bull. Torrey Bot. Club **102**, 369–375.

SHECHTER, Y., 1975: Biochemical-systematic studies in *Sorghum bicolor*. – Bull. Torrey Bot. Club **102**, 334–339.

SHIU YING HU, 1976: The genus *Panax* (Ginseng) in Chinese Medicine. – Econ. Bot. **30**, 11–28.

SIMMONDS, N. W. (edit.), 1976: Evolution of crop plants. – Longman, London and New York.

SMALL, E., 1975: Morphological variation of achenes of *Cannabis*. – Can. J. Bot. **53**, 978–987.

– and A. CRONQUIST, 1976: A practical and natural taxonomy for *Cannabis*. – Taxon **24**, 405–435.

SMARTT, J., 1976: Tropical Pulses. – Longman, London, VII + 348 pp.

STEMLER, A. B. L., J. R. HARLAN and J. M. J. DE WET, 1975: Evolutionary history of cultivated sorghums (*Sorghum bicolor* (L.) MOENCH) of Ethiopia. – Bull. Torrey Bot. Club **102**, 325–333.

STONE, B. C., 1976: The Pandanaceae of the New Hebrides, with an essay on intraspecific variation in *Pandanus tectorius*. – Kew Bull. **31**, 47–70.

TAHBAZ, F., 1976: Étude comparée des caryotypes de 2 *Allium* du groupe *Ampeloprasum* cultivés en Iran. – C. R. hebd. Séances Acad. Sci. **283**, Ser. D, 1185–1188.

TARLAKOVSKAJA, A. M., 1975: Mesto *Pisum formosum* (STEV.) ALEF. v tribe *Vicieae* Bronn. po dannym immunochimičeskogo analiza belkov. – Bjull. VIR (Leningrad) **47**, 32–34.

TERPO, A., 1976: The carpological examination of wildgrowing vine species of Hungary. I. – Acta Bot. Acad. Sci. Hung. **22**, 209–247.

THOMPSON, P. A. and D. J. C. FOX, 1976: The germination responses of vegetable seeds in relation to their history of cultivation by man. – Scientia Horticulturae **4** (1), 1–14.

UDAČIN, R. A., 1975: Pšenicy Uzbekistana. (The wheats of Uzbekistan.) – Trudy prikl. bot., genet. selekc. **55** (3), 27–55.

VESELOVSKAJA, M. A., 1975: Mak (Izmenčivost', klassifikacija, ėvoljucija). The poppy (variability, classification, evolution). – Trudy prikl. bot., genet. selekc. **55** (1), 175–223.

VOROŠILOV, V. N., 1975: Officinal'nye vidy valeriany v SSSR. – Bjull. glavn. bot. sada AN SSSR, vyp. 98, 39–44.

WAINES, J. G., 1975: The biosystematics and domestication of peas (*Pisum* L.). – Bull. Torrey Bot. Club **102**, 385–395.

WANG, CHIN-LING, 1976: Review on the classification of soybeans (chines. m. engl. Zus.-fassg.). – Acta Phytotax. Sinica **14** (1), 22–30.

WET, J. M. J. DE, 1975: Evolutionary dynamics of cereal domestication. – Bull. Torrey Bot. Club **102**, 307–312.

– and J. R. HARLAN, 1976: Cytogenetic evidence for the origin of teosinte (*Zea mays* ssp. *mexicana*). – Euphytica **25**, 447–455.

WHITAKER, Th. W. and BEMIS, W. P., 1975: Origin and evolution of the cultivated *Cucurbita*. – Bull. Torrey Bot. Club **102**, 362–368.

WILKES, H. G., 1977: Hybridization of maize and teosinte, in Mexico and Guatemala and the improvement of maize. – Econ. Bot. **31**, 254–293.

WILLIAMS, J. T., 1976: A bibliography of plant genetic resources, supplement. – IBPGR Secretariate, Rome.

YABUNO, T. and I. NISHIYAMA, 1975: Chromosome relationships in interspecific *Avena* hybrids, with special reference to hybrids with *A. longiglumis*. – Jap. J. Genet. **50**, 329–339.

YAMAZAKI, T. and M. HOTTA, 1975: Characteristics of useful plants and their research problems with special reference to East Asian species. (pp. 1–8). – In: MATSUO, T. (edit.), Gene Conservation – Exploration, Collection, Preservation and Utilization of Genetic Resources. – JIBP Synthesis, Tokyo, vol. **5**.

ZEVEN, A. C. and P. M. ZHUKOVSKY, 1975: Dictionary of cultivated plants and their centres of diversity. – Centre for Agricultural Publishing and Documentation, Wageningen.

ŽUKOVSKIJ, P. M., 1975a: Osnovnye zakonomernosti ėvoljucii i taksonomii kul'turnych rastenij. – Trudy prikl. bot., genet. selekc. **54** (1), 27–34.

–, 1975b: Sovremennoe sostojanie i razvitie osnovnych idej N. I. Vavilova. – Genetika (Moskva) **11** (12), 123–135.

Kulturpflanze XXVI · 1978 · S. 383–388

Beiträge zur Kenntnis der Vaucheriaceen XX. *Vaucheria lii* var. *bipora* nov. var.

ALFRED RIETH

(Eingegangen am 31. Dezember 1977)

Zusammenfassung

Nach Material aus dem Harz bei Trautenstein wird neu beschrieben: *Vaucheria lii* var. *bipora* nov. var. (Abb. 1), unterschieden von der Stammart durch einen mit 2 (bis 3) Poren, statt mit einer Öffnung versehenen Oogonschnabel.

Vor fast 20 Jahren beschrieb ich nach Material aus dem Kleinen Hsingan (Provinz Heilungchiang, V. R. China) die neue Art *Vaucheria lii* (RIETH 1959, 1963a). Die Spezies wurde dann auch in Mitteleuropa, im Harz gefunden (RIETH 1963b) und von BLUM (1972) für Nordamerika (New Brunswick) angegeben. Über eine zu dieser Art gehörende, jedoch bemerkenswert abweichende Form soll im folgenden berichtet werden.

Im Juli 1977 sammelte ich im Dammbachtal (es findet sich auch die Schreibweise „Dambach") bei Trautenstein (Harz) an einem offenen, nicht beschatteten, überrieselten Hang des rechtsseitigen Talweges Erdstückchen mit grünem Bewuchs. Der Fundort liegt etwa 480 m über N. N., dort wo das „Pastorenbruch" genannte Seitental abzweigt. Die Proben wurden in Gatersleben in Schalen mit Standortwasser an einem nach Westen gerichteten Fenster aufgestellt. Bei der Durchsicht der Rohkulturen, Ende November 1977 unter dem Präpariermikroskop, bemerkte ich in einer Schale neben üppigem Blaualgenbewuchs eine durch kleine, aber sich deutlich abhebende Sporen auffallende, zarte fädige Alge. Die mikroskopische Untersuchung ergab, daß es sich um *Vaucheria lii* handelt. Da der Biotop des Fundortes etwas von dem der früher im Harz beobachteten Vorkommen abwich, rund 30 km weiter westlich und etwa 70 m höher lag, sollte das Material routinemäßig für die Standortkartei gezeichnet werden. Bei der damit verbundenen intensiven Beschäftigung mit der Morphologie der vorliegenden Population stieß ich auf eine bei ihr durchgängig vorhandene, jedoch leicht zu übersehende, von der typischen *V. lii* abweichenden Ausbildung des Oogonschnabels. Anstelle einer zentral im Schnabelende gelegenen Befruchtungsöffnung finden sich hier in der Regel 2, gelegentlich auch 3 Öffnungen. Die Morphologie der Oogonien ist in Abbildung 1, Fig. g–n dargestellt. Diese Zeichnungen von Oogonien in verschiedener Lage vermitteln eine klarere Vorstellung der Verhältnisse als dies

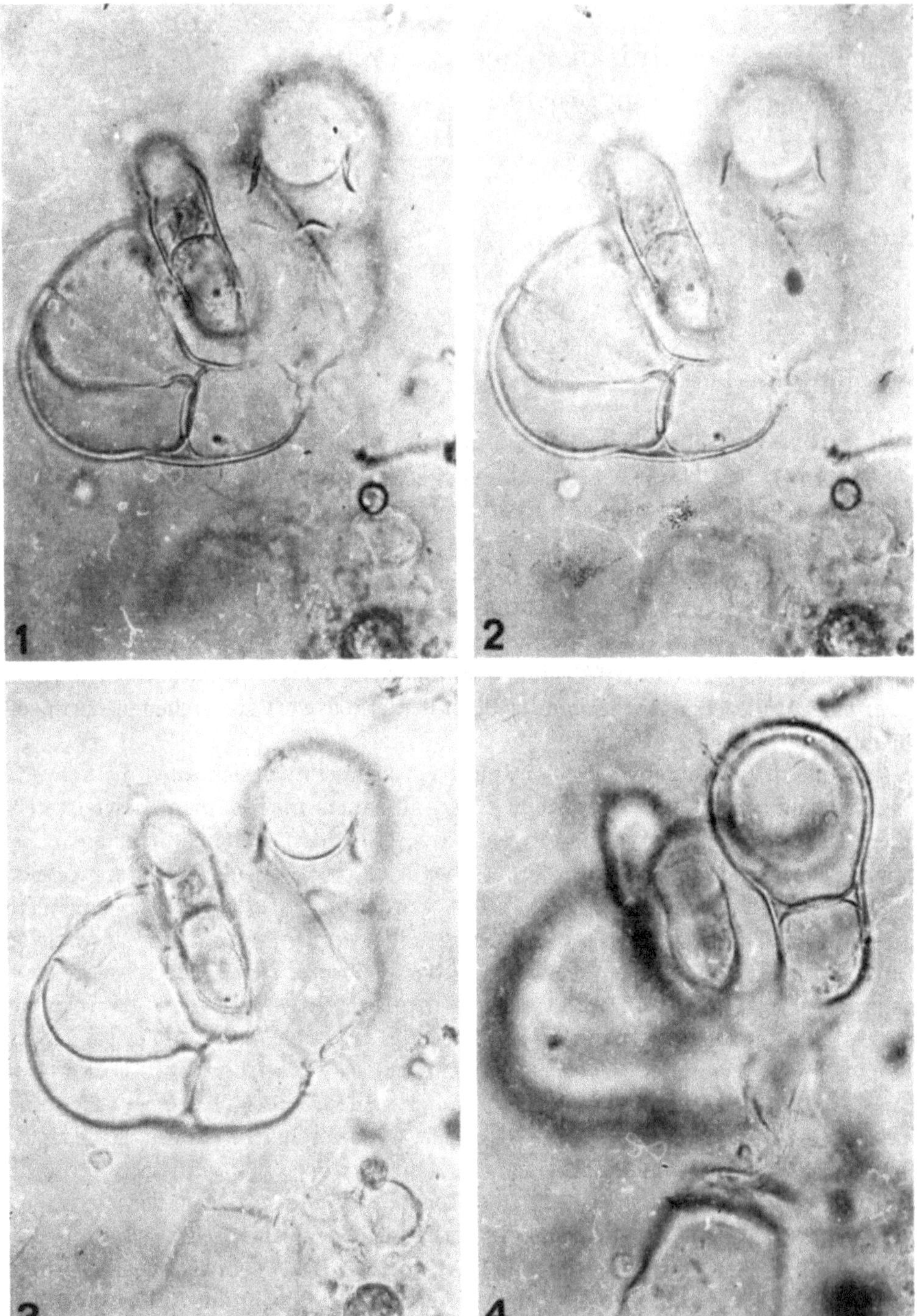

Tafel 1 *Vaucheria lii* var. *bipora.* Fig. 1–4 Aufnahme eines Sexualorganstandendes in verschiedenen Ebenen. Die Ausbildung des Schnabelendes mit den Öffnungen ist am deutlichsten bei hoher Einstellung (Fig. 1) zu erkennen

durch Beschreibung möglich wäre. Auch Mikrophotographien (Taf. 1) können nur ein unvollkommenes Bild der räumlichen Beziehungen geben.

Die den Habitus der Sexualorganstände erfassenden Figuren a–d der Abbildung 1 zeigen deren für *Vaucheria lii* charakteristischen Aufbau: das vom Stiel durch eine Querwand getrennte Oberteil, terminal in einen schraubig gewundenen Antheridialast (gesondert in Fig. e und f wiedergegeben) auslaufend, dem basal paarig, selten in der Einzahl, die Oogon-tragenden Ästchen ansitzen. Zwischen der Trennwand im Fruchtstandstiel (Abb. 1, Fig. d: 1) und den die Sexualorgane abgrenzenden Querwänden befindet sich ein „Leerraum" (Abb. 1, Fig. d: 2). Oogonien meist relativ lang gestielt, mit deutlich ausgeprägtem, zum Antheridium hin gewendetem Schnabel. Bei der Reife fallen die Oosporen mit dem ganzen Oogonästchen ab (Fig. c, Abb. 1).

An der Zugehörigkeit der Population aus dem Dammbachtal zu *Vaucheria lii* kann somit kein Zweifel bestehen, zumal auch in den Größenverhältnissen weit-

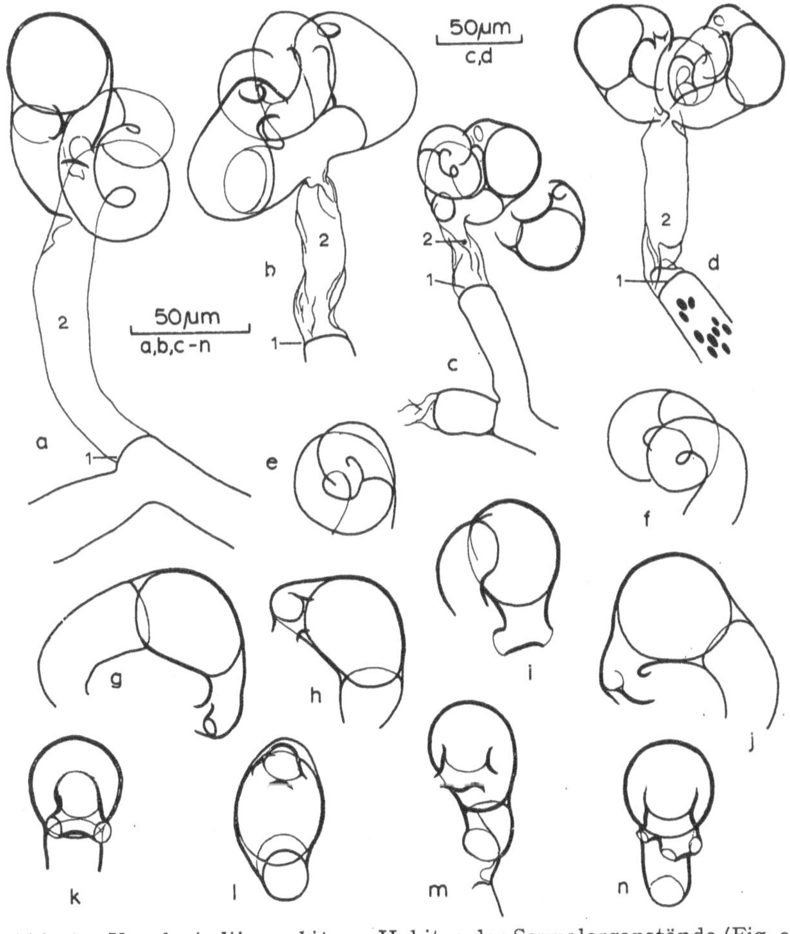

Abb. 1 *Vaucheria lii* var. *bipora*. Habitus der Sexualorganstände (Fig. a–d), der Antheridialäste (Fig. e u. f) sowie, der Oogonialäste (Fig. g–n)

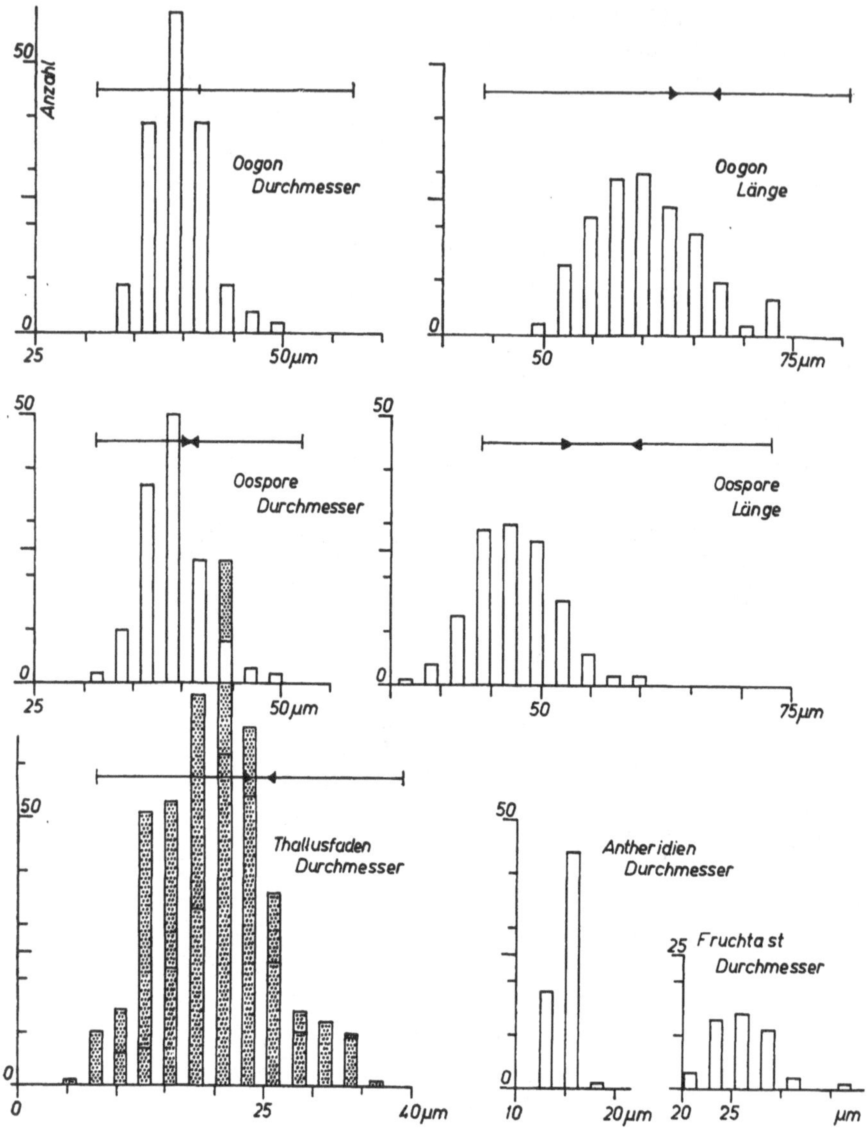

Abb. 2 *Vaucheria lii* var. *bipora*. Größenverhältnisse Antheridien- und Fruchtstandstieldurchmesser jeweils an den Trennwänden gemessen. Die Variationsbreite der entsprechenden Maße von *V. lii* var. *lii* ist durch Querstriche vermerkt

gehend Übereinstimmung herrscht (Abb. 2, Tab. 1). Die einheitlich vorhandene, abweichende Ausbildung des Oogonschnabels ist jedoch bemerkenswert. Während nämlich mit mehreren Poren ausgestattete Antheridien in der Gattung *Vaucheria* bei zahlreichen Arten zu finden sind, waren mehrporige Oogonien bislang nur von zwei Arten, *Vaucheria coronata* NORDSTEDT 1879 und *Vaucheria birostris* SIMONS 1974 bekannt. Beide kommen an salzhaltigen Standorten der Meeresküste vor. In der Schnabelgestaltung ähnelt unsere Form etwas *V. birostris*, die jedoch keine nähere Beziehung zu *V. lii* hat.

Es erscheint mir daher gerechtfertigt, die vorliegende Form aus dem Dammbachtal als var. *bipora* von der Stammart *V. lii* var. *lii* zu unterscheiden.

Bei weiteren Funden von *Vaucheria lii*, die auf Grund der Zierlichkeit der Art kaum primär am Standort, sondern in der Regel erst sekundär in Kulturen gemacht werden können, wäre auf eine sorgfältige Untersuchung des Oogonschnabels zu achten, um die neue Varietät nicht zu übersehen.

Tabelle 1

	Vaucheria lii var. *lii*	*Vaucheria lii* var. *bipora*
Thallusfaden ∅	8,0 – 26,0 – 39,0	5,0 – 21,0 – 36,5
Oogon ∅[1]	31,0 – 41,5 – 57,0	34,0 – 39,0 – 49,5
Länge[1]	44,0 – 65,0 – 80,5	49,5 – 60,0 – 73,0
Oospore ∅[1]	31,0 – 41,5 – 52,0	31,0 – 39,0 – 49,5
Länge[1]	44,0 – 56,0 – 73,0	36,5 – 47,0 – 60,0
Antheridium ∅[2]		13,0 – 15,5 – 18,0
Fruchtstandstiel ∅		21,0 – 26,5 – 36,5

[1] Die Maße wurden entsprechend der 1959, Abb. 2, S. 221 gegebenen Definition ermittelt.
[2] An der Trennwand gemessen. Alle Werte in µm.

Summary

Contribution to the knowledge of the *Vaucheriaceae*. XX. *Vaucheria lii* var. *bipora* nov. var.

Description of a new taxon *Vaucheria lii* var. *bipora* nov. var., found in the Harz mountains near Trautenstein. It differs from *Vaucheria lii* var. *lii* by oogones the beak of which opens with 2 (–3) pores instead of 1 aperture. Documented in Figs. 1 a–n.

Краткое содержание

Материалы для изучения Vaucheriaceae. XX. *Vaucheria lii* var. *bipora* nov. var.

На материале из Гарца описывается *Vaucheria lii* var. *bipora* nov. var. (рис. 1). Эта новая разновидность отличается от основного вида клювом оогония, несущим 2 поры (иногда до 3) вместо одной.

Literatur

BLUM, JOHN L., 1972: North American Flora Vaucheriaceae. – North American Flora Ser. II, Part **8**, New York.

RIETH, A., 1959: *Vaucheria lii* nov. spec. – Z. Bot. **47**, 218–225.

–, 1963a: Die Algen der chinesisch-deutschen biologischen Sammelreise durch Nord- und Nordostchina 1956. I. Die Vaucheriaceae 1. Teil. – Limnologica (Berlin) **1**, 287–313 (S. 309–311).

–, 1963b: Beiträge zur Kenntnis der Vaucheriaceae IX. *Vaucheria lii* in Europa. – Arch. Protistenk. **106**, 583–590.

SIMONS, J., 1974: *Vaucheria birostris* n. sp. and some further remarks on the Genus *Vaucheria* in the Netherlands. – Acta Botanica Neerlandica **23**, 399–413.

Anmerkung bei der Korrektur:

Während der Drucklegung dieser Mitteilung erschien eine Arbeit von SIMONS (Archiv. Protistenk. **120** [1978] : 393–400), in der der Autor augenscheinlich die gleiche Form aus dem Triebental, Österreich, als neue Art, *Vaucheria riethii*, beschreibt. Wenn man der Form Artrang zuerkennt, hat diese Bezeichnung die Priorität.

Berichtigung

In Band XXV auf den Seiten 288 und 289 sind die Legenden zu den Abbildungen 6 und 7 vertauscht. Es muß stehen:

Abb. 6 Schematische Darstellung der Verteilung der Pigment-Protein-Komplexe in der Chloroplastenmembran. Gezeichnet nach VERNON und KLEIN.

und

Abb. 7 Korrelation zwischen Chlorophyll b-Gehalt und -Menge verschiedener Chlorophyll a-Formen. Gezeichnet nach HAMMANS und THOMAS.

Auf Seite 289 in der Zeile 7 muß statt *Vaucheria* der Name *Vischeria* stehen.

III. Das Institut im Jahre 1977

A. Jahresberichte der Bereiche

1. Molekular- und Zellgenetik

Struktur, Funktion und Veränderlichkeit (Mutabilität) der chromosomalen Erbträger stehen im Mittelpunkt der Arbeiten. Die Untersuchungen konzentrieren sich auf

1. die Analyse von Struktur und Expression eukaryotischer Gene
2. die strukturellen und funktionellen Ursachen der Mutabilität
3. Probleme der Umweltmutagenese
4. die Genetik in vitro kultivierter Pflanzenzellen.

Gegenstand der Arbeiten zur **Struktur und Expression eukaryotischer Gene** ist die Aufklärung der molekularen Feinstruktur ausgewählter Strukturgene in den polytänen Riesenchromosomen der Dipteren-Art *Chironomus thummi*. Diese Chromosomenbereiche, die in der Speicheldrüse im transkriptionsaktiven Zustand zellspezifische Balbiani-Ringe (BR 1 und 2) ausbilden, können auf Grund ihrer Größe mit dem Mikromanipulator in biochemisch analysierbarer Menge gewonnen werden, so daß die primären Transkripte der Balbiani-Ringe im Mikromaßstab charakterisiert werden können. Diese in den letzten Jahren durchgeführten Arbeiten erbrachten für die Balbiani-Ringe BR1 und BR2 den Nachweis der Synthese einer hochmolekularen (ca. 10×10^6 D), poly(A)-haltigen RNS-Fraktion, die ohne meßbare Größenreduktion in das Zytoplasma gelangt. – Die Speicheldrüse der Chironomiden bildet ein hochspezialisiertes Organ, das nur wenige Sekretproteine synthetisiert, die aller Wahrscheinlichkeit nach durch die RNS der Balbiani-Ringe kodiert werden. Da diese Annahme bisher nur durch indirekte Hinweise belegt werden konnte, wurde 1977 mit immunologischen Experimenten zum direkten Nachweis der messenger-Funktion der BR-RNS über die Gewinnung sekretproteinspezifischer Antikörper zur Identifizierung der für die Sekretproteine verantwortlichen messenger begonnen. Aus Kaninchen erhaltene Antikörper konnten mit Erfolg für die Immunpräzipitation aus Speicheldrüsen isolierter Polysomen eingesetzt werden. Darüber hinaus wurden erste Erfolge beim Nachweis von Translationsprodukten der RNS des BR-2, die *in vitro* (Weizenkeimlingssystem) oder *in vivo* (Oozytensystem) synthetisiert wurden, erzielt. – Für das Erkennen chromosomaler Struktur-Funktionsbeziehungen sind Kenntnisse über Art, Verteilung und Lokalisation der verschiedenen DNS-Sequenzen in den Chromosomen unerläßlich. Mit der Erarbeitung der für diesen Problemkreis erforderlichen methodischen Voraussetzungen wurde 1973 begonnen. Die bisher erhaltenen Befunde zur allgemeinen Charakterisierung des Genoms geben Auskunft über den Anteil unikaler sowie mittel- und hochrepetitiver DNS-Sequenzen am Genom. Die gegenwärtigen Arbeiten konzentrieren sich auf die Charakterisierung der DNS des BR-2. Es gilt als sicher, daß der BR-2 redundante DNS-Sequenzen enthält, die höchstwahrscheinlich innerhalb der Transkriptionseinheit in einem internen Repetitionsmuster vorliegen. Ein wichtiger methodischer Fortschritt des vergangenen Jahres war die Gewinnung einer angereicherten DNS-Fraktion des BR-2 (Gleichgewichtszentrifugation mittels Actinomycin/CsCl-Gradienten), die als Ausgangsmaterial für weiterführende Arbeiten zur Isolierung reiner Balbiani-Ring-DNS durch den Einsatz von Restriktionsenzymen und Methoden der DNS-Klonierung dient. Das Endziel dieser angelaufenen Arbeiten ist eine weitgehende funktionelle Charakterisierung des BR-2-Gens, das in Größe und Transkriptionsverhalten von der Mehrzahl der bisher untersuchten eukaryotischen Gene abweicht.

Wirkungsspezifitäten chemischer und physikalischer Mutagene bei der Induktion von Chromatidenaberrationen und die Beziehungen zwischen Reparaturprozessen von DNS-Schäden und der **Entstehung von Genmutationen** werden bei pflanzlichen Objekten bzw. Bakterien untersucht

In den vergangenen Jahren erbrachten die durchgeführten Untersuchungen an spezifisch rekonstruierten Karyotypen von *Vicia faba* und *Hordeum vulgare* den Nachweis mutagenspezifischer intrachromosomaler Verteilungsmuster induzierter Chromatidenaberrationen, die in Korrelation zur Heterochromatinverteilung gestellt werden konnten und sich durch bestimmte Karyotypveränderungen modifizieren ließen.

In Fortführung dieser Arbeiten wurden die Verteilungsmuster „spontaner" und chemisch induzierter Schwesterchromatidenaustauschvorgänge untersucht und mit den Verteilungsmustern induzierter Chromatidenaberrationen verglichen. Die bisher erhaltenen Ergebnisse weisen eine längenproportionale Verteilung des Schwesterchromatidenaustausches aus, die damit signifikant vom Verteilungsmuster der Chromatidenaberrationen abweicht.

An rekonstruierten Karyotypen der Gerste, bei denen die Nukleolus-Organisator-Regionen (NOR) Positionsveränderungen erfuhren, konnte gezeigt werden, daß Positionsveränderungen der NORs zu Funktionsänderungen führen können. Kombination aller vier NOR in unterschiedlichen Armen eines Chromosomenpaares führte zur Inaktivierung von zwei translozierten NOR. Fragmentierung einer NOR-Region durch den Umbauvorgang und Bildung von drei Chromosomenpaaren mit SAT-Regionen nach Translokation führte zur Bildung von 6 unterschiedlich großen Nukleolen.

Versuche zu einer exogenen Beeinflussung von Aberrations-Hot-spots wurden durch Modifikation der Behandlungsbedingungen mit ausgewählten Mutagenen unternommen. Nach Variation der Mutagenkonzentration, der Einwirkungsdauer und des pH-Wertes der Behandlungslösung konnten für Maleinhydrazid-induzierte Chromatidenaberrationen Auswirkungen auf die Hot-spot-Ausprägung nachgewiesen werden. Diese Arbeiten werden zur Zeit weitergeführt.

Um vertiefte Einblicke in die Natur der mutagenspezifisch als Hotspots reagierenden Chromosomensegmente zu erhalten, wurden erste Untersuchungen zur Genomorganisation bei *Vicia faba* unternommen. Durch Bestimmung der

Reassoziationskinetik der *V. faba*-DNA konnte festgestellt werden, daß unikale Sequenzen 24,7%, mittelrepetitive 15,8, hochrepetitive 47,9% und sehr schnell reassoziierende 11,6% der Gesamt-DNA ausmachen. Es wurden repetitive DNA-Fraktionen gewonnen, die in Zukunft über *in situ*-Hybridisierung lokalisiert werden sollen. Daran ist die Hoffnung geknüpft, bestimmte Chromosomenregionen im Hinblick auf dort vorhandene repetitive DNA näher charakterisieren und gleichzeitig Einblick in die Beziehung zwischen Aberrations-Hot-spots und spezifischen DNA-Organisationsmustern gewinnen zu können.

Erste Ergebnisse zur Charakterisierung repetitiver und unikaler Sequenzen der *Vicia faba*-DNA zeigen, daß die fünf untersuchten rekonstruierten Karyotypen untereinander keine signifikanten Unterschiede hinsichtlich des Gehaltes an repetitiven DNA-Sequenzen aufweisen.

In situ Hybridisierungsversuche mit isolierten und ^{125}J markierten rRNA-Fraktionen erbrachten erwartungsgemäß den Nachweis, daß die 18 und 25 S rRNA in der Nukleolus-Organisatorregion lokalisiert ist. 5 S rRNA hybridisierte an zwei Stellen auf dem Satelliten des Nukleoluschromosoms.

Zum Schutz gegen endo- und exogen verursachte Schäden des Erbträgers verfügen pro- und eukaryotische Zellen über **DNA-Korrektur- und Reparaturmechanismen**. Sie kontrollieren auf enzymatischer Ebene die Genauigkeit der komplementären Basenpaarung bei DNS-Synthesevorgängen einerseits und führen nach Schädigung der Matrizenfunktion andererseits durch Reparatur zum Überleben und bei fehlerhafter Reparatur zu Mutationen. Korrektur- und Reparaturmechanismen sind damit von wesentlicher Bedeutung für die Kontrolle der Mutabilität.

Ein Spektrum reparaturdefekter Mutanten der bakteriellen Objekte *Proteus mirabilis* und *Escherichia coli* bildet die Grundlage für die genetischen und biochemischen Untersuchungen. Weitergeführt wurde die **Charakterisierung reparaturdefekter Mutanten** mit erhöhter spontaner Mutabilität (MUT). Es wurde der Einfluß des Mutators auf die Effektivität der Mutagenese nach Bromdesoxiuridin-, Nitrosoguanidin- und Manganchlorid-Behandlung geprüft. Während die erstgenannten Substanzen einen synergistischen Effekt auf die Mutationsrate von MUT-Zellen ergaben, war ein Einfluß von Manganchlorid nicht meßbar. Diese Ergebnisse erhärten die Hypothese einer verminderten oder fehlenden Reparatur von Basenfehlpaarungsstellen in der DNS als Ursache des MUT-Phänotyps.

Durch Analyse von DNS-Strukturveränderungen konnte die Kinetik prä- und postreplikativer Reparaturprozesse nach UV-Bestrahlung erfaßt werden. Daraus ergaben sich Aussagen über die sequentielle Wirkung verschiedener Reaktivierungsvorgänge. Als Reaktivierungsvorgang von zentraler Bedeutung für das Überleben wurde die Reparatur von Schäden, die die DNS-Replikation blockieren, erkannt und schwerpunktmäßig untersucht. Als Einflußfaktoren für die Reparatur von Replikations-blockenden Schäden wurde die Funktion der Gene für die Exzisionsreparatur (*uvr*), für die Rekombination (*rec*) und *de novo* Synthese von

Proteinen ermittelt. Daraus kann entsprechend unserem Wissen über die Wirkung dieser Einflußfaktoren gefolgert werden, daß es sich um UV-Strahlenprodukte in doppelhelikaler DNS handelt, deren Exzisionslücke durch eine besondere, *rec*-Gen-abhängige Lückenreparatur verschlossen werden muß. In Analogie zu *E. coli* gelang bei *P. mirabilis* der Nachweis einer induzierbaren Reparaturaktivität. Eine induzierende Wirkung haben subletale UV-Dosen und Nalidixinsäurevorbehandlung. Nach unseren bisherigen Ergebnissen wird nach Induktion die proteinsyntheseabhängige Bildung einer polyfunktionellen Reparaturaktivität ausgelöst, die zu einer Stabilisierung von DNS nach UV-Behandlung, zur Beschleunigung der Reparatur DNS-Replikations-blockender Schäden sowie zur Modifikation einer spezifischen, normalerweise Chloramphenicol-hemmbaren postreplikativen Lückenreparatur führt.

Zur Regulation der UV-induzierbaren Prozesse Reparatur und Phageninduktion wurden Versuche an *Escherichia coli* durchgeführt. Es konnte gezeigt werden, daß die UV-Induktion der mutagenen Reparatur und des Phagen Lambda nach gemeinsamen auslösenden Reaktionen spezifisch und unabhängig voneinander reguliert wird.

Die Charakterisierung zusätzlicher Einflußfaktoren auf die Mutagenese bzw. Spezifität der induzierbaren Reparatur bildet den Ausgangspunkt für die weiteren Untersuchungen.

Probleme der Umweltmutagenese haben in den letzten Jahren sehr an Bedeutung gewonnen, deshalb wurde auf der Basis langjähriger Erfahrungen auf dem Gebiet der chemischen Mutagenese im Zentralinstitut Mitte der sechziger Jahre mit dem Aufbau eines Mutagenitätstestsystems zur Erfassung mutagener Noxen in der Umwelt des Menschen begonnen. Dieses Testsystem, das 1973 bei der Prüfung von Produkten der chemischen und pharmazeutischen Industrie praxiswirksam wurde, umfaßt mikrobiologische Teste zur Erfassung DNA-schädigender Agenzien sowie zum Nachweis Genmutationen-induzierender Verbindungen (Reparaturtest, *in vitro*-Teste mit Bakterien, Mikrosomenassay, Host-mediated Assay), zytologische Untersuchungen an *in vitro*-kultivierten Hamsterzellen und *in vivo*-Untersuchungen an Knochenmarkzellen und Aszitestumoren der Maus zur Erfassung substanzinduzierter Chromosomenaberrationen, Untersuchungen auf induzierte dominante Letalmutationen in Keimzellen von Mäusen (Dominanter-Letal-Test) und die Analyse von Genom- und Chromosomenmutationen in der Metaphase II von Mäuseoocyten. 1977 wurden neben der Durchführung vertraglich mit der Industrie vereinbarter Mutagenitätsteste folgende Forschungsergebnisse erzielt:

- zyklische aliphatische Schwefelsäureester, die in der Industrie zunehmend als Alkylierungsmittel eingesetzt werden und bisher nicht auf Mutagenität untersucht wurden, stellen potente, Genmutationen induzierende Alkylantien dar;
- aus nicht mutagenen Verbindungen wie Nitrit und sekundären Aminen (Nahrungsmittelzusätze, Arzneimittel) können *in vivo* stark mutagene Nitrosoverbindungen synthetisiert werden;

– eine Gruppe von Steroidhormonen (Vorgesehen für den Einsatz als hormonelle Kontrazeptiva) besitzt ausgeprägte reproduktionsschädigende Eigenschaften bei der Hausmaus.

In diesen Untersuchungen konnte nicht ausgeschlossen werden, daß hierbei auch genotoxische Wirkungen auftreten. Ein weiterer Schwerpunkt der Arbeiten betraf die Weiterentwicklung und Anpassung des komplexen Mutagenitätstestsystems an die internationale Entwicklung. So wurde die Methode zum Nachweis von Schwesterchromatidaustauschen (SCE) mit *in vitro*-kultivierten Hamsterzellen für die Mutagenitätstestung eingearbeitet und für die Prüfung einiger Verbindungen routinemäßig eingesetzt. Weitergeführt wurden Arbeiten mit einem Genmutationstest an *in vitro*-kultivierten Säugerzellen und mit dem Säuger-Spot-Test (Fellfleckentest) zum Nachweis von somatischen Mutationen in den Fellfarbgenen der Maus nach intrauteriner Behandlung der Embryonen.

Physiologische und genetische Untersuchungen an *in vitro*-kultivierten Pflanzenzellen dienen dem Ziel, Verfahren zur *in vitro*-Gewinnung von Mutanten und Haploiden sowie zur somatischen Hybridisierung zu entwickeln und diese zur Lösung pflanzengenetischer und züchterischer Fragestellungen einzusetzen (vgl. MÜLLER und GRAFE, dieser Band).

Im Hinblick auf eine spätere mögliche Nutzung in Genetik und Züchtungsforschung wurden in den letzten Jahren umfangreiche Untersuchungen an der Gerste durchgeführt: Calluskulturen konnten, mit Ausnahme der Mesophyllzellen ausdifferenzierter Laubblätter, aus allen verwendeten Teilen der Gerstenpflanze etabliert werden. Die Wachstumsgeschwindigkeit karyologisch-stabiler Zellinien war sehr klein, polyploid-mixoploide Zellinien wuchsen mit sehr hoher Geschwindigkeit. Sproßregeneration war in den meisten Fällen nur sporadisch möglich und erlosch nach den ersten Subkultivierungen. Haploidengewinnung durch Antherenkultur war uneffektiv, konnte aber umgangen werden durch Haploidengewinnung mittels interspezifischer Kreuzung (*Hordeum vulgare* × *H. bulbosum*). Haploide Gewebekulturen verhielten sich bezüglich Pflanzenregeneration wie diploide, wobei die Hälfte der entstandenen Pflanzen haploid war. – Ein weiterer Schritt auf dem Wege zur Realisierung der genannten Zielstellungen ist die Erarbeitung von Methoden zur Isolierung, Kultivierung und Fusion von Protoplasten. Protoplastenisolierung und -kultivierung ist bei Zellkulturen der Gerste unter Beteiligung eines selbsthergestellten Enzympräparats erstmalig gelungen. Isolierung und begrenzte Kultivierung bis zu zwei Wochen war möglich aus dem Blattmesophyll axenisch kultivierter Kartoffelsprosse (*Solanum tuberosum* und *S. phureja*). Unter Verwendung von Polyäthylenglycol gelang eine Reihe von Fusionen mit Protoplasten aus verschiedenen Gewebekulturen einerseits und aus Blattmesophyll andererseits. Während der Kultivierung der Fusionsprodukte wurde eine neue Zellwand gebildet. – Der Einsatz zellwandabbauender Enzyme aus einem selektierten Zellstamm von *Penicillium citreo-viride* förderte die Arbeiten zur Protoplastenisolierung in starkem Maße. Diese Enzyme konnten aus dem

Kultivierungskonzentrat nach Anreicherung durch Gelfiltration erfolgreich eingesetzt werden in Kombination mit den bekannten japanischen Fermenten oder sogar anstelle dieser Präparate. Es gelang eine teilweise analytisch-präparative Auftrennung des Enzymgemisches und eine partielle Charakterisierung der einzelnen Enzyme (C1-Cellulase, Carboxymethylcellulase, Pectinase, Cellobiase).

Einen Schwerpunkt der Arbeiten zur pflanzlichen Zellgenetik bilden gegenwärtig Untersuchungen zur genetischen Kontrolle der Nitratassimilation bei *Nicotiana tabacum*. Ziel dieser Arbeiten ist, unter Nutzung von *in vitro*-Kulturtechniken Einblicke in die genetischen Grundlagen und die Regulation dieser Prozesse bei einer höheren Pflanze zu gewinnen. – Aus haploiden Zellkulturen sind nach Mutagenbehandlung durch Selektion auf Chloratresistenz stabile Mutanten-Zellinien mit fehlender oder verringerter Nitratreduktase-(NR-)Aktivität isoliert worden. Von einem Teil der Mutanten-Zellinien sind außerdem NR-defekte Mutantenpflanzen regeneriert worden. Enzymologische Untersuchungen von 15 NR-defekten Zellinien haben ergeben, daß die NADH-NR von *N. tabacum* aus mindestens zwei verschiedenen, unter separater genetischer Kontrolle stehenden Komponenten besteht, dem Apoprotein und dem molybdänhaltigen Kofaktor. Mutationen in einem Kofaktor-kontrollierenden Gen (cnx) führen zum Verlust von NADH-NR, $FADH_2$-NR und Xanthindehydrogenase-Aktivität, lassen aber die NR-assoziierte Cytochrom c-Reduktase-Aktivität intakt. Mutationen in einem nia-Gen führen zum Verlust aller Partialaktivitäten der NR, lassen jedoch die Xanthindehydrogenase intakt. Eine zusätzliche Bestätigung des aus diesen Befunden abgeleiteten Strukturmodells der NR wurde 1977 durch *in vitro*-Rekonstitution von NADH-NR-Aktivität in Mischextrakten aus nia- und cnx-Mutanten erhalten. Zur genetischen Analyse der NR-defekten Mutanten wird Polyethylenglycol-induzierte Protoplastenfusion eingesetzt. In Versuchen, die gemeinsam mit dem Institut für Physiologische Botanik der Universität Uppsala durchgeführt wurden, konnten 1977 komplementierende Hybridzellinien aus nia- und cnx-Mutanten gewonnen werden. – Im Rahmen der Untersuchungen zur Regulation der Nitratassimilation wurde gefunden, daß die Nitritreduktase in den NR-defekten Mutanten entweder durch Nitrat induzierbar ist oder dereprimiert synthetisiert wird. Diese Befunde zeigen, daß Nitrat nicht zu Nitrit reduziert werden muß, um als Induktor der Nitritreduktase zu wirken, und daß das NR-Molekül eine entscheidende Rolle bei der Regulation der Nitritreduktase spielt.

2. Molekularbiologische Grundlagen der pflanzlichen Stoffproduktion

Seit dem Jahre 1969 haben sich biochemische und pflanzenphysiologische Arbeiten zur Frage der pflanzlichen Stoffproduktion auf Teilfragen der strukturellen und funktionellen Grundlagen der Photosynthese, der regulativen Beziehungen zwischen Blättern und Samen im Zusammenhang mit der Ertragsbildung und auf Prozesse der Proteinbiosynthese und -speicherung konzentriert.

Die **Thylakoidmembranen der Chloroplasten** sind strukturelle Grundlage der photosynthetischen Primärreaktionen und Elektronentransportvorgänge. Struktur, Funktion, Biogenese und Abbau dieser Strukturen werden am Beispiel der isolierten Chloroplasten aus Blättern der Ackerbohne (*Vicia faba* L. var. *minor*) bzw. von Chlorophyll-Mutanten der Gerste und in Modellfällen an einzelligen Algen untersucht. Reindarstellung von Chloroplasten, Isolierung der Membranfraktion, Desintegration der Membranen mittels Detergenzien, Fraktionierung der Membranproteine mit den Mitteln der modernen Proteinbiochemie (insbesondere weiterentwickelter Varianten der PAGE), elektronenoptische Techniken, partieller bzw. vollständiger Abbau von isolierten bzw. integrierten membranassoziierten Proteinen mittels freier bzw. trägerfixierter Proteasen sowie biochemische und physikalische Charakterisierung spezifischer Membranproteine bilden die wesentlichen Untersuchungsmethoden. Daneben werden die Beziehungen zwischen den spektralen Eigenschaften der Pigment-Protein-Komplexe und der Wechselwirkung ihrer Pigmentmoleküle untereinander und mit dem Trägerprotein untersucht.

Im Mittelpunkt stehen Untersuchungen über den molekularen Aufbau der Membrankomponenten unter besonderer Berücksichtigung der Chlorophyll-Protein-Komplexe der Photosysteme I und II. Die Arbeiten der vergangenen Jahre haben gezeigt, daß diese Komplexe unabdingbare strukturelle Bestandteile der Thylakoidmembranen sind, während sich die meisten anderen Proteine von der Membran ohne Zerstörung des Grundgerüstes abtrennen lassen. Im Zusammenhang mit Ergebnissen anderer Laboratorien wurden Vorstellungen über die räumliche Anordnung einer Anzahl von Membrankomponenten entwickelt. Durch differentielle Inhibition der Proteinbiosynthese konnte nachgewiesen werden, daß das Apoprotein des Komplexes II an cytoplasmatischen, das des Komplexes I an Plastiden-Ribosomen synthetisiert wird. Untersuchungen während der Seneszenz ergaben, daß auch die Chromoplasten der Ackerbohnenblätter funktionsfähige Thylakoide enthalten.

Die **Untersuchungen zur Ertragsphysiologie** haben in erster Linie Getreide (Gersten, Weizen) zum Gegenstand, daneben auch die Gartenbohne. Ziel der Arbeiten ist die Erschließung neuer Wege zur züchterischen Beeinflussung der Ertragsbildungsprozesse. Vorherrschende Methoden sind klimakontrollierte Versuchspflanzenhaltung in Phytokammern, Gaswechselanalyse mit URAS- bzw. MAGNOS-Geräten sowie mathematische Modellierung von ertragsbeeinflussenden Prozessen. In zunehmendem Maße werden Methoden der Proteinbiochemie und Enzymologie angewandt, um die Untersuchungen an ganzen Pflanzen oder Organen auf den molekularen Bereich auszuweiten. – Bis 1976 standen die Wechselbeziehungen zwischen Assimilations-(Blätter) und Speicherorganen (Körner) im Mittelpunkt. Die einander widersprechenden Hypothesen über eine Regulation der Akkumulationsprozesse in den Körnern in Abhängigkeit von der photosynthetischen CO_2-Assimilationsaktivität der Blätter bzw. umgekehrt einer Regulation der Photosyntheseaktivität der Blätter durch die sink-Kapazität der

Ähren konnten als Grenzfälle einer einheitlichen Theorie der sink-source-Wechselbeziehungen geklärt werden, wobei der Halm als zeitweiliger Zwischenspeicher für Assimilate dient. Dieser entkoppelt die direkte regulative Beziehung zwischen sink- und source-Organen, und nur in den Fällen völliger Entleerung des Zwischenspeichers bzw. seiner „Überfüllung" kommt es zu den in der Literatur beschriebenen und unter Extrembedingungen ermittelten direkten Wechselwirkungen. Substanz der Zwischenspeicherung im Halm ist Saccharose. 1977 ist die Wechselbeziehung zwischen 1. und 2. Primärblatt junger Gerstenpflanzen und ihr Verhältnis zum späteren Ertrag zum Gegenstand intensiver experimenteller und theoretischer Untersuchungen gemacht worden. – Darüber hinaus erstreckten sich die Arbeiten auf ertragsbegrenzende Faktoren wie Blattseneszenz und Lichtatmung bei C_3-Pflanzen. Mit *Moricandia arvensis* (L.) DC wurde eine neue Intermediärform zwischen C_3- und C_4-Pflanzen gefunden. Die O_2-Abhängigkeit des Kompensationspunktes der CO_2-Assimilation konnte bei derartigen Intermediärformen sowie für C_4-Pflanzen durch ein Modell beschrieben werden. Untersuchungen über molekulare Eigenschaften der Ribulose-1,5-Diphosphat-Carboxylase-Oxygenase von C_3-C_4-Intermediärformen wurden am isolierten Enzymprotein begonnen.

Im Mittelpunkt der Arbeiten über den **Eiweißstoffwechsel pflanzlicher Samen** stehen die Isolierung und Charakterisierung der Speicherproteine aus Leguminosensamen, die Analyse der Regulation der Reserveproteinbiosynthese auf molekularem Niveau während der Zellspezialisierung in den Kotyledonen der Ackerbohne und die systematische Charakterisierung der im Kulturpflanzenweltsortiment des Instituts vorhandenen umfangreichen Kollektionen an Getreiden und Körnerleguminosen hinsichtlich der genetischen Variabilität von Eiweißgehalt und Eiweißqualität. Im Rahmen dieser Arbeiten werden Methoden zur automatischen Aminosäureanalyse, zur Proteinfaktionierung mittels PAGE, IEF, Ionenaustauscherchromatographie, Affinitätschromatographie, Gelfiltration, Immunologie, Ultrazentrifugation, *in vitro*-Proteinbiosynthese mit dem Weizenkeimsystem und elektronenoptische Verfahren eingesetzt. Nach Reindarstellung und Charakterisierung der Hauptglobuline Vicilin und Legumin, sowie von Phytohämagglutinin und Trypsininhibitor aus Samen der Ackerbohne (*Vicia faba* L. var. *minor* cv. Dornburger) konnten spezifische und hochempfindliche immunologische Identifizierungs-, Trenn- und quantitative Bestimmungs-Methoden entwickelt werden. Mit ihrer Hilfe gelang es 1977, den direkten Nachweis für die Biosynthese von Vicilin und Legumin an membrangebundenen Polysomen durch *in vitro*-Biosynthese von subunits dieser Proteine im Weizenkeimsystem und anschließende Identifizierung der Syntheseprodukte durch 2-dimensionale Immunoelektrophorese mit nachfolgender Autoradiographie zu führen. Legumin konnte mit Poly(A)$^+$-RNA aus Kotyledonen später Entwicklungsstadien der Ackerbohnensamen als template *in vitro* synthetisiert werden. RNA-turnover findet bis zum Ende der Phase der Reserveproteinsynthese in den Kotyledonenzellen statt. Dabei werden mRNA, rRNA und tRNA gebildet. Mit bestimmten alpha-Amanitin-Konzentrationen läßt sich die Poly(A)$^+$-RNA-Biosynthese selektiv hemmen, was auch während später Entwicklungsstadien zu entsprechender Verringerung der Reserveproteinbiosynthese führt. Diese Versuche mit isolierten und steril inkubierten Kotyledonen aus Samen der Ackerbohne von verschiedenen Stadien der Embryogenese spiegeln die Verhältnisse in Samen, die in den Früchten an den Pflanzen verblieben waren, qualitativ richtig wieder. – Aus den Samen von *Vicia narbonensis* wurde ein Globulin isoliert und rein dargestellt, das ein MW von ca. 20000 d aufweist, nur aus 1 Polypeptidkette besteht und spontan kristallisiert. Untersuchungen über Verlauf, Mechanismus und Regulation des Reserveproteinabbaus in keimenden Ackerbohnen wurden begonnen.

Im Zuge der systematischen Durchmusterung der Kulturpflanzensortimente hinsichtlich züchterisch nutzbarer Formen mit hohem Proteingehalt bzw. mit erhöhtem Gehalt an limitierenden essentiellen Aminosäuren waren zunächst im Zeitraum von 1969 bis 1975 die Weizenkollektion mit ca. 10000 Nummern, die Gerstenkollektion mit ca. 7000 Nummern sowie die Ackerbohnenkollektion mit ca. 500 Nummern analysiert und die Analysendaten mit einem entsprechenden EDV-System gespeichert und aufgearbeitet worden. Diese Arbeiten fanden ihre Fortsetzung in der entsprechenden Bearbeitung der Erbsen- und Hafersortimente.

3. Genetische und taxonomische Grundlagen der pflanzlichen Stoffproduktion

Im Mittelpunkt der Arbeiten auf dem **Gebiet der angewandten Genetik** stehen seit einigen Jahren bestimmte aktuelle Probleme der Hybridforschung, und zwar insbesondere hinsichtlich der genetischen Grundlagen von Hybrideffekten und deren Stabilisierung, sowie spezielle Aspekte der Nutzung von induzierten Gen- und Chromosomenmutationen.

Im Verlauf von Untersuchungen über die Möglichkeiten der Entwicklung der apomiktischen Fortpflanzungsweise bei sexuellen Futtergräsern wurde u. a. ein umfangreiches Material von Bastarden aus Art- und Gattungsbastarden in 48 verschiedenen Kombinationen zwischen *Lolium*- und *Festuca*-Arten aufgebaut. In F_2- und F_3-Generationen teilfertiler Bastarde konnte erstmalig eine Reihe offenbar apomeiotisch entstandener Pflanzen gefunden werden, die ebenso wie die nach Gammabestrahlung verklonter steriler F_1-Bastarde gewonnenen mehr als 200 M_2-Pflanzen jetzt genauer zu untersuchen sind. Zum Abschluß kamen mehrjährige Arbeiten über genetisch-züchterisch bedeutsame Merkmalsbeziehungen bei 267 Hybriden der überwiegend apomiktischen Art *Poa pratensis* L., z. B. hinsichtlich Polyembryonie, Fortpflanzungsweise und Leistungsmerkmalen. Dabei konnten neue Erkenntnisse gewonnen und bisher bestehende, experimentell oft nicht begründete Auffassungen widerlegt werden. Darüber hinaus wurde festgestellt, daß der Hybrideffekt über die apomiktische Samenvermehrung erhalten bleibt, während nach Vermehrung durch Klonung ein Leistungsabfall eintritt.

Bei Gerste wurde in den vergangenen Jahren ein größeres Sortiment von definierten Translokationslinien aufgebaut. Neben Linien mit einfachen, homozygot vorliegenden induzierten Translokationen wurden durch aufeinanderfolgende Bestrahlungs- und Selektionszyklen Linien mit mehrfachen (2, 3, 4, 5) Translokationen entwickelt. In mehrjährigen Leistungsprüfungen von 37 einfachen und 39 mehrfachen T-Linien hat sich gezeigt, daß bei den meisten Linien Ertrag und Vitalität nicht bzw. nicht wesentlich beeinträchtigt sind. Die einfachen T-Linien dienen insbesondere Untersuchungen über die Möglichkeiten der Entwicklung von Systemen zur Hybridsaatguterzeugung mit Hilfe der genisch bedingten männlichen Sterilität. Mit mehrfachen T-Linien wurden u. a. Arbeiten zur Einschätzung des Einflusses von Translokationen auf Meioseverhalten und Fertilität Autotetraploider begonnen und bisher gewisse Beeinflussungen in Richtung auf präferentielle Paarung strukturgleicher Chromosomen nachgewiesen.

Mehrjährige Untersuchungen bei Mais über die Zusammenhänge zwischen der Heterosis der F_1-Hybriden und dem unterschiedlich starken Leistungsabfall in der F_2 und weiteren Generationen kamen zum Abschluß. Ergebnisse an insgesamt über 150 Hybriden aus Kreuzungen zwischen Sortimentsformen oder zwischen Inzuchtlinien waren die Grundlage. Bezüglich der Heritabilität und der korrelativen Beziehungen ertragsbestimmender Merkmale wurden zahlreiche Detailbefunde ermittelt. Im Zusammenhang mit der Prüfung bestimmter Korrelationen aus früheren Versuchen mit Mais und Kürbis konnte außerdem eine anschauliche und relativ einfache Methode zur Schätzung der Streuungsanteile (Genotyp, Umwelt, Rest) unter Anwendung von Pfadkoeffizienten erarbeitet werden.

Die **taxonomischen Untersuchungen** konzentrieren sich seit einigen Jahren auf die Frage, inwieweit numerische Methoden für die Klassifizierung der infraspezifischen Mannigfaltigkeit formenreicher Kulturpflanzen-Arten geeignet sind, und ob sie die große Variabilität dieser Sippen in einer Weise zu gliedern vermögen, die dem Material eher gerecht wird als die bisher eingesetzten traditionellen Verfahren. Als Modellbeispiel für diese Studien dient eine etwa 1200 Sippen umfassende Kollektion iranischer Weizen. Für dieses Vorhaben wurde ein Vergleich der mit verschiedenen mathematischen Verfahren ermittelten Systemvarianten vorgenommen, wobei sich der Ähnlichkeitskoeffizient von GOWER als überlegen erwies; er ist offensichtlich besser geeignet, die geringen Merkmalsunterschiede im infraspezifischen Bereich bei *Triticum* wiederzuspiegeln. Auf Grund dieser und anderer Vorteste konnte ein optimales Verfahren für die Berechnung des Klassifikations-Dendrogramms des gesamten Weizenmaterials festgelegt werden.

Spezielle Untersuchungen über den taxonomischen Aussagewert unterschiedlicher Ähnlichkeitsmaße basieren auf eingehenden Merkmalsanalysen an einem *Pisum*-Sortiment. Es wurden 50 Dendrogramme auf Grund der Kombination von verschiedenen Ähnlichkeitsmaßen mit unterschiedlichen Merkmalssätzen errechnet. Für einige Dendrogramme wurden informations- und merkmalsanalytische Untersuchungen sowie die Berechnung von kophänetischen Korrelationskoeffizienten vorgenommen, die später weitere Aussagen über die Dendrogrammqualität, die Wertigkeit von Merkmalen für die Dendrogrammbildung und die Bedeutung von Einflußgrößen auf die Dendrogrammkonstruktion erlauben werden.

Nach konzeptionellen Überlegungen wurde eine Neubearbeitung des 1959 erschienenen Werkes „Vorläufiges Verzeichnis landwirtschaftlich oder gärtnerisch kultivierter Pflanzenarten" von R. MANSFELD begonnen. Die Anzahl der zu berücksichtigenden Sippen hat sich inzwischen von seinerzeit etwa 1400 auf mehr als 2300 erhöht. Die Neubearbeitung wird auch Literaturnachweise und Illustrationen enthalten. Im Zusammenhang mit diesem Vorhaben wurden Bibliographien der Literatur über Taxonomie, Evolution und Archäologie von Kulturpflanzen aus den letzten Jahren zusammengestellt.

Zur Charakterisierung von Material des Kulturpflanzenweltsortiments erfolgten cytologische Untersuchungen an *Triticum*- und *Aegilops*-Sippen, und mit der karyologischen Prüfung der *Allium*-Kollektion sowie von Sippen des *Papaver somniferum*-Komplexes wurde begonnen.

Die Untersuchungen zur Kenntnis einheimischer Algenarten nach Freilandfunden und an Kulturen wurden fortgesetzt. Bemerkenswertester Neufund ist die bisher nur aus Westeuropa bekannte epiphytische Rotalge *Rodochorton investiens* (LENORMAND) SWALE et BELCHER im Harz.

Für die Sektionen Geobotanik und Phytotaxonomie sowie Spezielle Zoologie der Biologischen Gesellschaft der DDR wurde am 30. 9. 1977 eine Diskussionsveranstaltung zu „Fragen der Phylogenetischen Systematik" organisiert, an der sich 65 Gäste beteiligten.

Die Aufgabe des **Kulturpflanzenweltsortiments** ist die Erhaltung und Erweiterung der umfangreichen Sammlungen von Landsortenpopulationen und Zuchtsorten der Kulturpflanzen- und ihrer verwandten Wildarten sowie der Kollektionen induzierter Mutanten von Tomaten (*Lycopersicon esculentum* und *L. pimpinellifolium*), Löwenmaul, Gersten und Sojabohnen.

Das Material einzelner Arten wird in Reihenuntersuchungen im Institut oder in Zusammenarbeit mit anderen Institutionen charakterisiert; dabei stehen Merkmale im Vordergrund, die für die Züchtung ertragreicher und ertragsstabiler Sorten wichtig sind. Ebenso bildet es die Grundlage für die kulturpflanzentaxonomischen Arbeiten. Für die Pflanzenzüchtung sowie für die Lösung von Aufgaben, die mit der Züchtungs- oder der Kulturpflanzenforschung im weitesten Sinne verknüpft sind, wird aus dem Bestand des Kulturpflanzenweltsortiments fortlaufend Material bereitgestellt.

Im Jahre 1977 erweiterte sich der Bestand um 1593 Muster, so daß er auf 43884 Sippen angewachsen ist. Sie verteilen sich wie folgt auf die einzelnen Gruppen:

Getreide und Gräser	22415
Hülsenfrüchte	7943
Gemüse	6638
Heil- und Gewürzpflanzen, Industriepflanzen	4078
Mutanten	2810
Insgesamt	43884

Die im Jahre 1974 begonnene Sammlung autochthoner Kulturpflanzensippen im Osten der ČSSR – in Zusammenarbeit mit Kollegen aus der ČSSR – wurde mit einer zweiten Unternehmung fortgesetzt. In der Zeit vom 8. bis 26. August konnten 312 Proben in den östlichen und nordöstlichen Teilen der Slowakischen Sozialistischen Republik gesammelt werden.

Die Untersuchungen zur Charakterisierung des Materials fanden ihre Fortsetzung mit der Prüfung von Material der Gersten- und Weizenkollektion auf ihre Resistenz gegenüber pilzlichen Blattkrankheitserregern (Mehltau und Rost) und der Analyse des Proteingehaltes und seiner Qualität (Anteil der limitierenden essentiellen Aminosäuren) an den Mustern der Erbsen- und Haferkollektion. Zum Abschluß kamen die mehrjährigen Untersuchungen der Ackerbohnen- und Erbsenkollektion auf Resistenzmerkmale gegenüber virologischen, bakteriologischen und mykologischen Krankheitserregern.

Aus dem Bestand des Kulturpflanzenweltsortiments wurden auf der Grundlage des neuen Index Seminum 1977 im Rahmen des nationalen und internationalen Samentausches 19557 Proben abgegeben, davon 2253 an Einrichtungen in der DDR; für das Kulturpflanzenweltsortiment und andere Arbeitsgruppen gingen 4022 Proben ein.

Im Jahre 1976 konnte ein Samenkühllagerhaus zur langfristigen Erhaltung der Keimfähigkeit der Samen in Betrieb genommen werden. Die Lagerung der Samen geschieht im Temperaturbereich von $\pm 0°$ bzw. bei -15 bis -18 °C in luftdicht verschlossenen Glasgefäßen. Die im Vorjahr begonnene Einlagerung vorwiegend von Samen der Getreide- und Gemüseartenkollektionen wurde fortgesetzt. Es sind jetzt 17100 Muster des Kulturpflanzenweltsortiments eingelagert.

Aus Anlaß des 90. Geburtstages von N. I. Vavilov am 26. November wurde im Foyer des Vavilov-Hauses ein Bronzerelief enthüllt.

B. Kolloquien; Vortragsabende

25. 01. 1977	Dipl.-Biol. G. Busse: Untersuchungen an Kalluskulturen von *Vicia faba* L.
15. 02. 1977	Prof. Dr. R. Rieger und Biologe B. Kaina: Intra- und interspezifische Variabilität des Chromosomenbestandes der Eukaryoten – Prinzipien und Konsequenzen der Karyotypevolution.
29. 03. 1977	Dr. G. Eitner und Dr. U. Wobus: „Genetic engineering" – Techniken und ihre Bedeutung.
05. 04. 1977	Prof. Dr. J. Mac Key, Department of Genetics and Plant Breeding, Royal Agricultural College of Sweden, Uppsala/Schweden: Intra- und interspezifische Möglichkeiten für Leistungssteigerungen beim Getreide.
12. 04. 1977	Prof. Dr. H. Völz, Zentralinstitut für Kybernetik und Informationsprozesse Berlin: Vergleichende Betrachtungen zu genetischer und technischer Information.
19. 04. 1977	Dr. G. Künzel: Induzierte Translokationen bei Gerste: Analyse und Nutzung.
26. 04. 1977	Dr. I. Potrykus, Friedrich-Miescher-Institut, Basel/Schweiz: Protoplasten aus höheren Pflanzen – eine vorläufige Bilanz.

17. 05. 1977 Dr. C. P. HOLLENBERG, Max-Planck-Institut für Biologie, Tübingen/BRD: Study of eukaryotic genes by molecular cloning techniques.

07. 06. 1977 Prof. Dr. A. HORST, Institut für Humangenetik der Polnischen Akademie der Wissenschaften, Poznań/VR Polen: Genaktivierung bei Eukaryoten.

14. 06. 1977 Dr. V. WUNDERLICH, Zentralinstitut für Krebsforschung, Berlin-Buch: RNA-Tumorviren und ihre Beziehungen zu menschlichen Tumoren.

23. 06. 1977 Prof. Dr. A. GROPP, Abteilung für Pathologie des Klinikums der Medizinischen Hochschule Lübeck, Lübeck/BRD; Entwicklungsmuster experimentell erzeugter fetaler Trisomen der Maus.

19. 07. 1977 Prof. Dr. A. LANG, Plant Research Laboratory, Michigan State University, East Lansing, Michigan/USA: Förderung und Hemmung der Blütenbildung untersucht anhand von Pfropfungen.

26. 07. 1977 Prof. Dr. E. H. Y. CHU, Department of Human Genetics, University of Michigan, Medical School, Ann Arbor, Michigan/USA: Isolation and characterization of mutants of chinese hamster cells in culture.

13. 09. 1977 Dozent Dr. J. POSKUTA, Laboratory of Plant Metabolism, Institute of Botany, University of Warszawa/VR Polen: Some regulatory factors of C_3 and C_4 photosynthesis.

11. 10. 1977 Dr. R. PANITZ: Das Eukaryotenchromosom – Struktur, DNA-Sequenzorganisation und funktionelle Gliederung.

25. 10. 1977 Dozent Dr. E.-G. KRAUSE, Zentralinstitut für Herz- und Kreislauf-Regulationsforschung, Berlin-Buch: Die regulatorische Rolle der zyklischen Nukleotide in der Zelle.

01. 11. 1977 Dr. CHR. LEHMANN: Ergebnisse des Eiweißscreenings am Getreidesortiment Gatersleben.

22. 11. 1977 Dr. Th. BÖRNER, Wissenschaftsbereich Genetik der Martin-Luther-Universität Halle-Wittenberg: Molekularbiologie und Genetik der Plastiden höherer Pflanzen.

29. 11. 1977 Dr. M. A. ZENKTELER, Adam Mickiewicz University, Poznań/VR Polen: Induktion haploider Pflanzen aus *in vitro* kultivierten Antheren.

06. 12. 1977 Prof. Dr. K. MÜNTZ: Pflanzliche Samenproteine und Probleme ihrer wirtschaftlichen Nutzung.

08. 12. 1977 Dr. S. STURELID, Department of Genetics and Plant Breeding, Royal Agricultural College of Sweden, Uppsala/Schweden: Caffeine effects on the genetic material.

Bereichskolloquien

31. 01. 1977 Dipl.-Biol. K. HEINDORFF: Untersuchungen über die Sensibilität rekonstruierter Karyotypen gegenüber Cytostasan.

28. 02. 1977 Dipl.-Biol. R. HINZ: Untersuchungen an *Vicia faba*-DNA.

28. 02. 1977 Dr. CHR. O. LEHMANN: Die Tagung der EUCARPIA – Sektionen Physiologie und Getreide in Cambridge (Dezember 1976).

28. 02. 1977 Dr. I. SCHUBERT: Zur Ausprägung von Aberrations-„hot spots“ nach Einwirkung verzögert bzw. unverzögert wirkender Mutagene.

01. 03. 1977 Dr. W. BAUDISCH: Mikroanalytische Untersuchungen der Sekretproteine von Chironomiden.

28. 03. 1977 Dr. J. SCHULTZE-MOTEL: Neuere Ergebnisse zur numerischen Taxonomie der iranischen Weizen.

19. 04. 1977 Dipl.-Biol. B. SCHLESIER: Untersuchungen an Globulinen von *Vicia narbonensis* L.

09. 05. 1977 Dipl.-Math. H. Knüpffer: Vorstellungen über einen Datenspeicher für das Kulturpflanzenweltsortiment Gatersleben.

25. 05. 1977 L. Wieslander, Department of Histology, Karolinska Institutet, Stockholm/Schweden: Balbiani ring RNA in polysomes.

31. 05. 1977 Dr. A. Rudolph: Neue Methoden zur raschen serienmäßigen Analyse essentieller Aminosäuren.

08. 06. 1977 Dr. E. Rakowicz-Szulczynska, Institut für Humangenetik der Polnischen Akademie der Wissenschaften, Poznań/VR Polen: Nicht-Histon-Proteine während der primären und sekundären Immunreaktion.

13. 06. 1977 Dr. K. Gröber: Fragen der Entwicklung der apomiktischen Fortpflanzungsweise.

14. 06. 1977 Dr. K. Glimelius, Institute of Physiological Botany, University of Uppsala, Uppsala/Schweden: Genetic complementation of nitrate-reductase deficient mutants in cell hybrids produced by protoplast fusion.

27. 06. 1977 Dr. K. Hammer, Dr. P. Hanelt, Dr. Chr. Lehmann und Dipl.-Landw. J. Weiss: Der Anbau des Materials des Kulturpflanzenweltsortiments im Jahre 1977.

25. 07. 1977 Dipl.-Biol. M. Fleischhacker: Plasmide und ihre Bedeutung für die Gentechnik.

16. 09. 1977 Dr. Usmanov, Dušanbe/UdSSR: Evolution der photosynthetischen Membransysteme und Kontrolle der Chloroplastenfunktion.

27. 09. 1977 Dipl.-Biol. O. Schmidt: Der proteolytische Abbau der Thylakoidmembranen während der Seneszenz und in Modellversuchen.

09. 10. 1977 Dipl.-Biol. A. Huth: Synthese und Transport von Balbiani-Ring-RNA und ihre Beziehung zu Sekretproteinen.

09. 10. 1977 Dipl.-Phys. H. Borgwardt: Karyotypanalyse mit Hilfe moderner Bildauswertungsverfahren.

13. 10. 1977 Ju. Ė. Giller, Dušanbe/UdSSR: Genetische Kontrolle der Bildung der nativen Chlorophyllformen.

17. 10. 1977 Dr. K. Hammer und Dr. P. Hanelt (vorgetragen von Dr. P. Hanelt): Eine Reise in die Grusinische SSR.

24. 10. 1977 Dipl.-Biol. P. Frank: Minizellen und ihre Bedeutung für die Gentechnik.

07. 11. 1977 Dr. U. Wobus: Eine neue Methode zur Isolation eukaryotischer Gene.

08. 11. 1977 Dr. M. Peisker: Modellbetrachtungen zur O_2-Abhängigkeit des CO_2-Kompensationspunktes bei C_3- und C_4-Pflanzen sowie Intermediärformen.

14. 11. 1977 Dr. F. Matzk, Dr. K. Gröber und Dr. M. Zacharias (vorgetragen von Dr. F. Matzk): Vegetative Leistung und Merkmalsbeziehungen intraspezifischer Hybriden von *Poa pratensis*.

02. 12. 1977 Dr. S. Sturelid, Department of Genetics and Plant Breeding, Royal Agricultural College of Sweden, Uppsala/Schweden: Sister chromatid exchanges in *Vicia faba*.

05. 12. 1977 Biol. H. Bäumlein: Sequenzanalyse bei DNS und RNS.

12. 12. 1977 Dr. K. Hammer: Die Sammelreise 1977 in die östliche und südliche Slowakei.

13. 12. 1977 Dr. P. Schmidt, Prof. Dr. K. Müntz und Dipl.-Chem. M. Püchel: Fortsetzung der Untersuchungen über die Regulation der Globulinbiosynthese auf molekularer Ebene durch Fraktionierung von Komponenten des Syntheseapparates und Anwendung von Transkriptions- und Translationsinhibitoren.

20. 12. 1977 Dipl.-Biol. K.-H. Süss: Untersuchungen zur Struktur und Funktion von Proteinen der Photosynthesemembran und ihre Identifizierung im Membranpolypeptidspektrum.

Ausstellungen

15. bis 30. 04. 1977	GÜNTHER HUNIAT, Leipzig Malerei – Graphik – Plastik.
15. bis 29. 06. 1977	Ausstellung der Zirkel Plastik, Textil und Kindermalen.
28. 10. bis 10. 11. 1977	HARTMUT BONK, Dresden Plastik, Graphik.

Vortragsabende

02. 02. 1977	Dipl.-Ing. K. LUDLEY und Dr.-Ing. H.-H. SCHAUER, Halle: Umgestaltungen von Stadtzentren im Bezirk Halle unter besonderer Berücksichtigung von Quedlinburg.
07. 02. 1977	G. RIESE, Greiz: Tansania – Natur und Gesellschaft.
16. 02. 1977	Konzert mit dem Krakauer Klaviertrio, VR Polen.
23. 03. 1977	Liederabend mit HEINZ REEH, Bass. Am Flügel: WERNER SCHIEKE.
06. 04. 1977	Dr. P. HANELT und Dr. K. HAMMER: Bericht über eine Sammelreise im südlichen Polen.
13. 04. 1977	Kammermusikabend mit dem Collegium Instrumentale, Halle.
20. 04. 1977	Prof. Dr. G. TEMBROCK, Berlin: Verhalten und Umwelt.
15. 06. 1977	Musikabend der Kindermusikgruppe und des Hausmusikkreises des Zentralinstituts Gatersleben.
19. 10. 1977	Konzert mit dem Kammertrio „aulos".
03. 11. 1977	W. ARENDT, Berlin: 3000 Jahre Olympische Spiele – vom Olympia der Antike bis Olympia 80.
09. 11. 1977	Klavierabend mit TAMILLA MACHMUDOVA, UdSSR.
28. 11. 1977	Dr. M. SCHUBERT, Bergen/Rügen: Vom Gesang der Vögel. Vogelstimmenforschung heute.

C. Veröffentlichungen aus dem Institut 1977

ADLER, KLAUS: The action of gramicidine D on the synthesis of chloroplast thylakoid membrane polypeptides. Abstracts. Internat. Conf. Regulat. devel. Processes Plants. Halle, July 4th–9th, 1977, S. 72.

ANASTASSOVA-KRISTEVA, MARLEN, HRISTO NICOLOFF, GOTTFRIED KÜNZEL and RIGOMAR RIEGER: Nucleolus formation in structurally reconstructed barley karyotypes with six satellite chromosomes. Chromosoma **62** (1977) S. 111–117.

APEL, PETER: Beziehungen zwischen Photosyntheseleistung und Ertragsbildung bei Getreide. Wiss. Z. Humboldt-Univ. Berlin, math.-naturwiss. R. **25** (1976) S. 747–750.

BAUDISCH, WALTER: Balbiani ring pattern and biochemical activities in the salivary gland of *Acricotopus lucidus* (Chironomidae). In: BEERMANN, W. (Hrsg.): Results and problems in cell differentiation **8** (1977) S. 197–212.

BECKER, KLAUS and JÖRG SCHÖNEICH: Frequencies of spontaneous meiotic non-disjunction in mouse oocytes. Mutat. Res. **46** (1977) S. 209–210 (Abstract).

BRAUN, ROLF: Untersuchungen über die Beeinflussung der mutagenen Aktivität von Arzneimitteln durch Pharmakawechselwirkungen im Host-mediated Assay mit *Salmonella typhimurium*. Diss. A., Martin-Luther-Univ. Halle-Wittenberg 1977.

–, GERHARD W. FISCHER and JÖRG SCHÖNEICH: The mutagenicity and DNA-damaging activity of cyclic aliphatic sulfuric acid esters. Chem.-Biol. Interact. **19** (1977) S. 241–252.

–, GERHARD W. FISCHER und JÖRG SCHÖNEICH: Mutagenität und DNA-schädigende Wirkung zyklischer aliphatischer Schwefelsäureester. Mitt.-Bl. chem. Gesellsch. DDR (1977) Beih. **17**, S. 102 (Abstract).

– und JÖRG SCHÖNEICH: Zur Beeinflussung der mutagenen Wirksamkeit von Cyclophosphamid im Host-mediated Assay mit *Salmonella typhimurium* TA 1950 durch Probenecid. Biol. Zbl. **96** (1977) S. 151–159.

–, MONIKA ZANDER and BARBARA ADLER: Comparison of DNA damaging activity of chemical mutagens and carcinogens in bacteria with different DNA repair capacities. Mutat. Res. **46** (1977) S. 214 (Abstract).

BUSSE, GISELA and KLAUS MÜNTZ: Comparison of soluble proteins and some isoenzyme pattern from seedlings and corresponding tissue cultures of *Vicia faba* L., var. *minor*. Abstracts. Internat. Conf. Regulat. devel. Processes Plants. Halle, July 4th–9th, 1977, S. 15.

EITNER, GUDRUN: Influence of prophage λ on the mutagenic response of *Escherichia coli* to ultraviolet irradiation. Mutat. Res. **44** (1977) S. 299–304.

– Influence of prophage λ on the mutagenic response of *Escherichia coli* to ultraviolet irradiation. Studia Biophys. **61** (1977) S. 121–122.

FRANKE, GUNTHER, KARL HAMMER, PETER HANELT, HANS-ALBRECHT KETZ, GÜNTHER NATHO, HORST REINBOTHE: Früchte der Erde. 2. Aufl., Leipzig, Jena, Berlin 1977.

–, KARL HAMMER, PETER HANELT, HANS-ALBRECHT KETZ, GÜNTHER NATHO, HORST REINBOTHE: Früchte der Erde. Gütersloh 1977.

FRITSCH, REINHARD: Anatomisch-morphologische Untersuchungen an Wurzeln der Gattungen *Triticum* L. und *Aegilops* L. Diss. A, Martin-Luther-Univ. Halle-Wittenberg 1977.

– Über die Anatomie der Wurzeln von *Triticum* L. und *Aegilops* L. (Gramineae). Flora **166** (1977) S. 289–326.

– Über morphologische Wurzelmerkmale bei *Triticum* L. und *Aegilops* L. (Gramineae). Kulturpflanze **25** (1977) S. 45–70.

–, JOACHIM KRUSE, HARALD OHLE und HELGA I. SCHÄFER: Vergleichend-anatomische Untersuchungen im Verwandtschaftskreis von *Triticum* L. und *Aegilops* L. (Gramineae). Kulturpflanze **25** (1977) S. 155–265.

GRAFE, REINHARD, ANDREAS J. MÜLLER and ISOLDE SAALBACH: Cell genetic studies on nitrate reductase-deficient mutants. Abstracts. Internat. Conf. Regulat. devel. Processes Plants, Halle, July 4th–9th, 1977, S. 128.

GREBENŠČIKOV, IGOR: Über einen positiven Hybrideffekt in der Korrelation zwischen Rohproteingehalt und Kornertrag je Pflanze beim Mais. Kulturpflanze **25** (1977) S. 25–31.

GRÖBER, KURT, FRITZ MATZK und MARTIN ZACHARIAS: Hybrideffekt und Fertilität von Art- und Gattungsbastarden bei Futtergräsern in der F_1-Generation. Sektionsvorträge, Sektion 1–2. XIII. Internat. Graslandkongreß Leipzig, 18. bis 27. 5. 1977, S. 316–321.

HAMMER, KARL: Fragen der Eignung des Pollens der Kulturgerste (*Hordeum vulgare* L. s. l.) für die Windbestäubung. Kulturpflanze **25** (1977) S. 13–23.

– und REINHARD FRITSCH: Zur Frage nach der Ursprungsart des Kulturmohns. Kulturpflanze **25** (1977) S. 113–124.

–, PETER HANELT und CLAUS TITTEL: Sammlung autochthoner Kulturpflanzen auf dem Gebiet der DDR. Kulturpflanze **25** (1977) S. 89–99.

HAMMER, KARL und GEORG MELCHERS: Über eine amphidiploide *Hyoscyamus*-Hybride (*Hyoscyamus* ×*györffyi* HAMMER et MELCHERS, hybr. nov.). Kulturpflanze **25** (1977) S. 313–321.

HANELT, PETER: Ökologische und systematische Aspekte der Lebensdauer von Samen. Biol. Rdsch. **15** (1977) S. 81–91.

– SIEGFRIED DANERT (1926–1973) – Ein Nachruf. (In engl.) Solanaceae Newsletter **4** (1977) S. 3–6.

– und KARL HAMMER: Bericht über eine Reise nach der VR Polen 1976 zur Sammlung autochthoner Sippen von Kulturpflanzen. Kulturpflanze **25** (1977) S. 33–44.

HOFEMEISTER, JÜRGEN: Post-irradiation replication and repair in UV-irradiated cells of *Proteus mirabilis* depends on protein synthesis and a functioning *rec*+ gene. Studia Biophys. **61** (1977) S. 105–109.

– Biologische Schutzmechanismen für die Erbsubstanz. Wiss. u. Fortschr. **27** (1977) S. 338–342.

– DNA repair in *Proteus mirabilis*. IV. Post-irradiation DNA degradation as influenced by a function inducible in *rec*+ cells. Molecular & gen. Genetics **154** (1977) S. 35–41.

JÄKEL, HANS-PETER, RUTHILD THIEME, DIETER ZIEBARTH and JÖRG SCHÖNEICH: Clastogenic activity of 1,4-dinitrosopiperazine in Ehrlich-ascites tumor and bone marrow cells of mice. Mutat. Res. **46** (1977) S. 220–221 (Abstract).

JANK, HANS-WOLFGANG und JÜRGEN HOFEMEISTER: Mathematische Auswertung von Dichtegradienten zur Molekulargewichtsbestimmung von DNS mit Hilfe der EDV. Kulturpflanze **25** (1977) S. 267–277.

HØYER-HANSEN, GUNILLA, OTTO MACHOLD and ALBERT KAHN: Polypeptide composition of internal membranes from barley etioplasts. Carlsberg Res. Commun. **41** (1976) S. 349–357.

KAINA, BERND: The action of N-methyl-N-nitrosourea on non-established human cell lines *in vitro*. II. Non-random distribution of chromatid aberrations in diploid and Down's cells. Mutat. Res. **43** (1977) S. 401–413.

– HORST WALLER, MARGARETE WALLER and RIGOMAR RIEGER: The action of N-methyl-N-nitrosourea on non-established human cell lines *in vitro*. I. Cell cycle inhibition and aberration induction in diploid and Down's fibroblasts. Mutat. Res. **43** (1977) S. 387–400.

KOBLITZ, HELMUT, ANDREAS MÜLLER and REINHARD GRAFE: Regeneration of haploid plants from tobacco protoplasts isolated from haploid callus cultures grown *in vitro*. Abstracts. Internat. Conf. Regulat. devel. Processes Plants. Halle, July 4th–9th, 1977, S. 109.

KÜNZEL, GOTTFRIED: Induzierte multiple Translokationen bei Gerste. Arch. Zücht.-Forsch. **7** (1977) S. 51–59.

LEHMANN, CHRISTIAN OSWALD: Genetische Ressourcen der Kulturpflanzen. Wiss. u. Fortschr. **27** (1977) S. 130–135.

– Techniques of handling, storage and classification of the Gatersleben cereal collection. Cereal Res. Commun. **5** (1977) S. 133–138.

LERCH, GERHARD: Möglichkeiten ökophysiologischer Forschung zur Produktivitätssteigerung in der tropischen Landwirtschaft. Kulturpflanze **25** (1977) S. 125–139.

MACHOLD, OTTO and GUNILLA HØYER-HANSEN: Polypeptide composition of thylakoids from *viridis* and *xantha* mutants in barley. Carlsberg Res. Commun. **41** (1976) S. 359–366.

–, ARMIN MEISTER, HERTA SAGROMSKY, GUNILLA HØYER-HANSEN and DITER VON WETTSTEIN: Composition of photosynthetic membranes of wildtype barley and chlorophyll b-less mutants. Photosynthetica **11** (1977) S. 200–206.

–, DAVID J. SIMPSON and GUNILLA HØYER-HANSEN: Correlation between the freeze fracture appearance and polypeptide composition of thylakoid membranes in barley. Carlsberg Res. Commun. **42** (1977) S. 499–516.

Meister, Armin: Messung von Absorptionsspektren *in vivo*. Kulturpflanze **25** (1977) S. 141–154.

– und Hermann Bretschneider: Präferenzielle Paarung der Chromosomen autotetraploider Gerste – Mathematisches Modell. Kulturpflanze **25** (1977) S. 297–311.

–, Martina Tschäpe und Eberhard Schrötter: Organische Synthetica und ihre vermiziden Eigenschaften. 6. Mitteilung: Quantitative Struktur-Wirkungs-Beziehungen an ovoziden Phenolderivaten. Pharmazie **32** (1977) S. 174–177.

Mendel, Ralf-Rainer and Andreas J. Müller: Genetic control of nitrate assimilating enzymes in *Nicotiana tabacum*. Abstracts. Internat. Conf. Regulat. devel. Processes Plants. Halle, July 4th–9th, 1977, S. 11.

Müller, Andreas J.: Anwendung neuer molekular- und zellbiologischer Erkenntnisse zur Züchtung leistungsfähiger Kulturpflanzen. In: Ausgewählte Probleme der Pflanzenzüchtung zur Steigerung der Agrarproduktion. URANIA Schriftenreihe f. d. Referenten, Berlin 1977, Nr. 9, S. 38–60.

Müntz, Klaus: Isoenzymes of α-amylase during pod development of field beans. Phytochemistry **16** (1977) S. 1491–1494.

– Specialization processes during biosynthesis and storage of proteins in plant seeds. Abstracts. Internat. Conf. Regulat. devel. Processes Plants. Halle, July 4th–9th, 1977, S. 5–7.

– Phase dependent changes of the amylase pattern in pericarps of legume fruits. Abstracts. Internat. Conf. Regulat. devel. Processes Plants. Halle, July 4th–9th, 1977, S. 16.

Nicoloff, Hristo, Marlen Anastassova-Kristeva and Gottfried Künzel: Changes in nucleolar organizer activity due to segmental interchanges between satellite chromosomes in barley. Biol. Zbl. **96** (1977) S. 223–227.

–, Marlen Anastassova-Kristeva, Gottfried Künzel and Rigomar Rieger: The behavior of nucleolus organizers in structurally changed karyotypes of barley. Chromosoma **62** (1977) S. 103–109.

–, Marlen Anastassova-Kristeva, Gottfried Künzel and Rigomar Rieger: Reconstructed barley karyotypes with six satellite chromosomes. Barley Genetics Newsletter **7** (1977) S. 50–52.

Panitz, Reinhard: Balbiani ring 1 RNA synthesis in the *Acricotopus* salivary gland. Abstracts. VIth Internat. Chromosome Conf., Helsinki 1977, S. 149.

Peisker, Martin: Sauerstoffabhängigkeit des CO_2-Gaswechsels bei unterschiedlichen Temperaturen. In: Doklady i tezísy dokladov koordinacionnogo soveščanija, RGW-Thema I–18. 3., Szeged, 22. bis 26. 4. 1976, Szeged (1976) S. 47–48 (Zusammenfassung).

– Transpiration and CO_2 uptake at varying stomatal aperture. In: Unger, K. (Hrsg.): Biophysikalische Analyse pflanzlicher Systeme. Jena 1977, S. 151–153.

– and Peter Apel: Influence of oxygen on photosynthesis and photorespiration in leaves of *Triticum aestivum* L. 3. Response of CO_2 gas exchange to oxygen at various temperatures. Photosynthetica **11** (1977) S. 29–37.

Püchel, Manfred and Klaus Müntz: Nucleic acid metabolism during the final period of globulin biosynthesis in developing field beans (*Vicia faba* L., var. *minor*). Abstracts. Internat. Conf. Regulat. devel. Processes Plants. Halle, July 4th–9th, 1977, S. 23.

Rieger, Rigomar, Arnd Michaelis, Ingo Schubert and Bernd Kaina: Effects of chromosome repatterning in *Vicia faba* L. II. Aberration clustering after treatment with chemical mutagens and X-rays as affected by segment transposition. Biol. Zbl. **96** (1977) S. 161–182.

Rieth, Alfred: Eine zweiblütige Pflanze bei *Eranthis hyemalis* (L.) Salisb. Kulturpflanze **25** (1977) S. 101–111.

RIETH, ALFRED: Zur Frage der Oogon- und Oosporenwandstruktur bei *Vaucheria pachyderma* WALZ (*Vaucheria dillwynii* (WEBER et MOHR) C. A. Agardh.) Nova Hedwigia **29** (1977) S. 145.

SAALBACH, GERHARD and HELMUT KOBLITZ: Karyological instabilities in callus cultures from haploid barley plants. Biochemie u. Physiol. Pflanzen **171** (1977) S. 469–473.

– and HELMUT KOBLITZ: Barley in tissue culture. Abstracts. Internat. Conf. Regulat. devel. Processes Plants. Halle, July 4th–9th, 1977, S. 130.

SAGROMSKY, HERTA: Untersuchungen zur physiologischen Bedeutung von Chlorophyll b, eine Literaturübersicht. Kulturpflanze **25** (1977) S. 279–296.

SCHEUNERT, ERNST-ULRICH: Zell- und Gewebezüchtung von Getreiden unter besonderer Berücksichtigung der Gerste. Diss. A, Martin-Luther-Univ. Halle-Wittenberg 1977.

– and HELMUT KOBLITZ: Developmental and karyological aspects of long-term callus cultures of barley. Abstracts. Internat. Conf. Regulat. devel. Processes Plants. Halle, July 4th–9th, 1977, S. 129.

SCHLESIER, GISELA: Methodische Verbesserungen zur Bestimmung der Nitratreduktase-Aktivität in höheren Pflanzen. Biochemie u. Physiol. Pflanzen **171** (1977) S. 503–510.

– Nitratreduktase-Aktivität in Blättern und Früchten verschiedener Leguminosen. Biochemie u. Physiol. Pflanzen **171** (1977) S. 511–523.

– Verbreitung und Funktion der Nitratreduktase in Leguminosenfrüchten. Biochemie u. Physiol. Pflanzen **171** (1977) S. 525–535.

SCHÖNEICH, JÖRG and ROLF BRAUN: Drug interactions and their influence on mutagenic activity. Abh. Akad. Wiss. DDR, Abt. Math., Naturwiss., Technik (1977) N **9**, S. 63–76.

– and ROLF BRAUN: Drug interactions and their influence on mutagenic activity. Mutat. Res. **46** (1977) S. 194–195. (Abstract).

–, ANNA-MAGDALENA WOBUS, ROLF BRAUN, KLAUS BECKER, RUTHILD THIEME and MONIKA ZANDER: The testing procedure used in the GDR mutagenicity testing system as exemplified by results obtained for the hemostypic drug Divaskan[R] (Isopropyl-noradreno-chromo-monosemicarbazone). Mutat. Res. **46** (1977) S. 235 (Abstract).

SCHOLZ, FRIEDRICH: Experience and opinions on using induced mutants in cross-breeding. In: Induced Mutations in Cross-Breeding. Proc. Advisory Group Organized by FAO/IAEA, Vienna 1975. Panel Proceedings Series. International Atomic Energy Agency, Vienna (1976) S. 5–19.

SCHRÖTTER, EBERHARD, MARTINA TSCHÄPE und ARMIN MEISTER: Organische Synthetica und ihre vermiziden Eigenschaften. 5. Mitteilung: Ovozide Phenolderivate. Pharmazie **32** (1977) S. 171–174.

SCHUBERT, INGO und ARMIN MEISTER: Zellzyklusuntersuchungen an Wurzelspitzenmeristemen rekonstruierter Karyotypen von *Vicia faba*. Biol. Zbl. **96** (1977) S. 183–201.

– and RIGOMAR RIEGER: On the expressivity of aberration hot spots after treatment with mutagens showing delayed or non-delayed effects. Mutat. Res. **44** (1977) S. 337–344.

SCHULTZE-MOTEL, JÜRGEN: Literatur über archäologische Kulturpflanzenreste (1975/1976). Kulturpflanze **25** (1977) S. 71–88.

SERFLING, EDGAR: Studies on the lability of dipteran 28S ribosomal RNA: The formation on the breakpoint of 28S rRNA is a cytoplasmic event. Biol. Zbl. **95** (1976) S. 713–723.

ŠLOTOVÁ, JANA, RIGOMAR RIEGER, INGO SCHUBERT, ZDENEK KARPFEL and ARND MICHAELIS: Chromatid aberrations induced by exogenous DNA in *Vicia faba*. Mutat. Res. **44** (1977) S. 247–255.

STEINBORN, GERHARD und HELMUT BÖHME: EMS-induzierte Mutagenese in Beziehung zur Zellreaktivierung bei *Proteus mirabilis*. Biol. Zbl. **96** (1977) S. 203–209.

–, JÜRGEN HOFEMEISTER und HELMUT BÖHME: Isolierung und Charakterisierung von DNA-Abbaumutanten bei *Proteus mirabilis*: Funktion der Endonuclease I im postmortalen DNA-Abbau. Z. allg. Mikrobiol. **17** (1977) S. 451–458.

WOBUS, ANNA-MAGDALENA und JÖRG SCHÖNEICH: Ein zytologisches Testsystem zur routinemäßigen Mutagenitätsprüfung. Pharmazie **32** (1977) S. 178–180.

–, RUTHILD THIEME and JÖRG SCHÖNEICH: The influence of the mode of administration of mutagens on the aberration frequency of mouse bone marrow and ascites tumour cells. Mutat. Res. **46** (1977) S. 242 (Abstract).

–, ULRICH WOBUS and JÖRG SCHÖNEICH: Effects of the antibiotic netropsin on mouse ascites tumour chromosomes *in vitro*. Experientia **33** (1977) S. 1212–1213.

WOBUS, ULRICH: Lokalisation der Globin-Gene des Menschen durch in situ-Hybridisierung – eine Warnung. Biochemie-Information (1977) Nr. **3**, S. 93–94.

– and EDGAR SERFLING: The repetition frequency of DNA in Balbiani ring 2 of *Chironomus thummi*. Chromosoma **64** (1977) S. 279–286.

WALTER, GABY, NATALIA G. AVERINA und ARMIN MEISTER: Protochlorophyllid-Resynthese unter dem Einfluß von Kinetin. Spektrophotometrische Untersuchungen an Weizenkeimpflanzen (*Triticum aestivum* L.) *in vivo*. Biochemie u. Physiol. Pflanzen **171** (1977) S. 409–417.

D. Vorträge von Mitarbeitern bei wissenschaftlichen Veranstaltungen anderer Institutionen

Dr. ADLER, KLAUS: The action of gramicidine D on the synthesis of chloroplast thylakoid membrane polypeptides. – Poster presented at the International Conference on Regulation of Developmental Processes in Plants, Halle, 4. bis 9. Juli 1977.

Dr. APEL, PETER: Photosynthese- und Atmungsmessung mittels Infrarot-Gasanalyse. – Weiterbildungsveranstaltung des Instituts für Getreideforschung Bernburg-Hadmersleben „Untersuchungsmethoden der Ertragsforschung", Gatersleben und Quedlinburg, 15. und 16. März 1977 (15. März 1977).

– Lichtatmung, C_4-pathway und photosynthetische Produktivität der Pflanzen. – Vorlesungsreihe „Pflanzenphysiologische Probleme der Praxis", Sektion Biologie der Humboldt-Universität zu Berlin, Berlin (15. April 1977).

– Grain growth and temporary storage of assimilates in wheat and barley. – Symposium „Biomasseproduktion und Bildung der Feldfruchterträge", Prag/ČSSR (29. Juni 1977).

– Photosynthese und Ertragsbildung bei Getreide. – Tagung der Forschungsrichtung „Ertragsphysiologie" der Forschungskooperationsgemeinschaft Züchtungsforschung, Bernburg (13. Juli 1977).

Dipl.-Biol. BECKER, KLAUS and Dr. JÖRG SCHÖNEICH (vorgetragen von Dipl.-Biol. K. BECKER): Cytogenetic analysis of metaphase II-oocytes of mice after treatment with a steroid hormon *in vivo*. – Xth Annual Meeting of the Cytogenetic Section of Czechoslovak Biological Society, Bratislava/ČSSR, 1. bis 3. September 1977 (3. September 1977).

Dr. BENEDIX, ERICH HEINZ: Großpilze in Haus und Garten. – Kulturbund der DDR, Fachgruppe Mykologie, Dresden (11. Januar 1977).

– Boviste und andere Bauchpilze. – Kulturbund der DDR, Fachgruppe Mykologie, Dresden (9. Februar 1977).

– Pilze, die nicht jeder kennt – eine Auswahl von Besonderheiten. – Kulturbund der DDR, Fachgruppe Mykologie, Dresden (19. April 1977).

Dipl.-Biol. BUSSE, GISELA and Prof. Dr. KLAUS MÜNTZ: Comparison of soluble proteins and some isoenzyme pattern from seedlings and corresponding tissue cultures of *Vicia faba* L., var. *minor*. – Poster presented at the International Conference on Regulation of Developmental Processes in Plants, Halle, 4. bis 9. Juli 1977.

Dipl.-Biol. FRITSCH, REINHARD: Anatomisch-morphologische Untersuchungen an Wurzeln der Gattungen *Triticum* L. und *Aegilops* L. – Promotion A, Martin-Luther-Universität Halle-Wittenberg, Sektion Biowissenschaften, Vortrag anläßlich der Verteidigung, Halle (2. März 1977).

Dr. GRAFE, REINHARD, Dr. ANDREAS J. MÜLLER and Dipl.-Biol. ISOLDE SAALBACH: Cell genetic studies on nitrate reductase-deficient mutants. – Poster presented at the International Conference on Regulation of Developmental Processes in Plants, Halle, 4. bis 9. Juli 1977.

Dr. GRÖBER, KURT, Dr. FRITZ MATZK und Dr. MARTIN ZACHARIAS (vorgetragen von Dr. K. GRÖBER): Hybrideffekt und Fertilität von Art- und Gattungsbastarden bei Futtergräsern in der F_1-Generation. – XIII. Internationaler Graslandkongreß, Leipzig, 18. bis 27. Mai 1977 (19. Mai 1977).

Dr. HAMMER, KARL, Dr. PETER HANELT, Dr. CHRISTIAN O. LEHMANN, Dr. ARMIN MEISTER, Professor Dr. KLAUS MÜNTZ, Dr. ARMIN RUDOLPH und Dr. FRIEDRICH SCHOLZ (vorgetragen von Dr. CHR. O. LEHMANN): Protein-screening an den Gaterslebener Gersten-, Weizen- und Ackerbohnenkollektionen. – Wissenschaftliche Vortragstagung und Weiterbildungsveranstaltung für Getreidezüchter der DDR, Institut für Getreideforschung Bernburg-Hadmersleben, Bernburg 2. und 3. Februar 1977 (2. Februar 1977).

Dr. HAMMER, KARL, Dr. PETER HANELT und Dr. JÜRGEN SCHULTZE-MOTEL (vorgetragen von Dr. J. SCHULTZE-MOTEL): Änderungen in der Kulturpflanzenflora. – 15. Arbeitstagung der Sektion Anthropologie der Biologischen Gesellschaft der DDR über „Probleme der Ökologie des Menschen", Werder (24. Oktober 1977).

Dr. HANELT, PETER: Seltene oder selten gewordene Kulturpflanzen aus dem europäischen Raum. – Jahrestagung des Floristischen Arbeitskreises Nordharz/Vorland im Kulturbund der DDR, Halberstadt (26. Februar 1977).

– Die Pflanzenwelt der Mongolischen Volksrepublik. – Vortragsreihe des Kulturbundes der DDR und des Museums Heineanum, Halberstadt (25. Mai 1977).

– Sammlung von Landsorten und deren Bedeutung für die Pflanzenzüchtung und Kulturpflanzenforschung. – Absolvententreffen des Wissenschaftsbereichs Genetik der Martin-Luther-Universität Halle-Wittenberg, Halle (3. September 1977).

Dipl.-Biol. HINZ, RAINER: Cytogenetische und biochemische Untersuchungen am Primärwurzelmeristem bei rekonstruierten *Vicia faba*-Karyotypen. – Seminar im Institut für Biochemie der Bulgarischen Akademie der Wissenschaften, Sofia/VR Bulgarien (15. Oktober 1977).

Dr. HOFEMEISTER, JÜRGEN: Conditions for DNA synthesis after UV-irradiation in bacteria. – VI. UV-Kolloquium, Kühlungsborn, 4. bis 7. April 1977 (7. April 1977).

– Recovery from DNA replication blocking lesions as influenced by inducible repair activities in *E. coli* K12 and *Proteus mirabilis* after UV exposure. – 80th Ordinary Meeting of the Society for General Microbiology, Norwich /Großbritannien, 7. bis 9. September 1977 (8. September 1977).

– Zusammenhang zwischen Mutagenese und Reparatur bei Prokaryoten und Eukaryoten. – 4. Fortbildungs- und Problemtagung „Mutagenese – Virus – Krebs" der Biologischen Gesellschaft der DDR, Sellin/Rügen, 26. bis 30. November 1977 (26. November 1977).

– Aktuelle Probleme der Mutageneseforschung. – 4. Arbeitstagung der Interessengruppe Genetik der Sektion Mikrobiologie der Biologischen Gesellschaft der DDR, Potsdam-Cecilienhof, 11. bis 15. Dezember 1977 (11. Dezember 1977).

– DNA-Replikation nach UV-Bestrahlung unter dem Einfluß induzierbarer Zellfunktionen bei Bakterien. – 4. Arbeitstagung der Interessengruppe Genetik der Sektion Mikrobiologie der Biologischen Gesellschaft der DDR, Potsdam-Cecilienhof, 11. bis 15. Dezember 1977 (11. Dezember 1977).

Dipl.-Biol. HUTH, ANTJE und Dr. EDGAR SERFLING (vorgetragen von Dipl.-Biol. A. HUTH): Synthese und Transport von Balbiani-Ring-RNA in Speicheldrüsenzellen von

Chironomus. – Kolloquium des Fachbereichs Pflanzenphysiologie der Universität Greifswald, Greifswald (18. Oktober 1977).

Dr. KAINA, BERND: Spaltung von *Vicia faba*-DNA durch Restriktions-Endonukleasen. – 3. Internatskurs Molekularbiologie, Bad Stuer, 14. bis 18. November 1977 (16. November 1977).

–, Prof. Dr. RIGOMAR RIEGER und Dr. INGO SCHUBERT (vorgetragen von Dr. I. SCHUBERT): Molekulare Mechanismen der Entstehung chromosomaler Strukturumbauten. – 4. Fortbildungs- und Problemtagung „Mutagenese – Virus – Krebs" der Biologischen Gesellschaft der DDR, Sellin/Rügen, 26. bis 30. November 1977 (27. November 1977).

Dr. KOBLITZ, HELMUT: Theorie, Grundlagen und Technik der pflanzlichen Gewebezüchtung und ihre Anwendungsgebiete. – Weiterbildungslehrgang an der Agraringenieurschule (Pflanzenzüchtung), Neugattersleben (2. Februar 1977).

– Methoden und Möglichkeiten der Arbeit mit Protoplasten aus höheren Pflanzen. – Seminar im Institut für Biochemie der Pflanzen, Halle (16. März 1977).

– Zur Entwicklung der pflanzlichen Zell- und Gewebezüchtung und ihrer Anwendungsmöglichkeiten in Grundlagenforschung und Praxis. – Kolloquium an der Pädagogischen Hochschule „Dr. THEODOR NEUBAUER", Mühlhausen (15. April 1977).

– Zell- und Gewebekultur bei Pflanzen und einige ihrer Anwendungsmöglichkeiten. – Sitzung der Klasse Biowissenschaften der Akademie der Wissenschaften der DDR, Berlin (9. Juni 1977).

–, Dr. ANDREAS MÜLLER and Dr. REINHARD GRAFE: Regeneration of haploid plants from tobacco protoplasts isolated from haploid callus cultures grown *in vitro.* – Poster presented at the International Conference on Regulation of Developmental Processes in Plants, Halle, 4. bis 9. Juli 1977.

Dr. LEHMANN, CHRISTIAN O.: Das Eiweißscreening an der Gaterslebener Gerstenkollektion. – Kolloquium am Institut für Getreideforschung Bernburg-Hadmersleben, Bernburg (15. Februar 1977).

– Das Eiweißscreening an der Gaterslebener Weizenkollektion. – Kolloquium am Institut für Getreideforschung Bernburg-Hadmersleben, Hadmersleben (4. Mai 1977).

– Das Material des Kulturpflanzenweltsortiments Gatersleben und seine Bearbeitung. – Kolloquium am Institut für Phytopathologie, Aschersleben (12. Dezember 1977).

Dr. MACHOLD, OTTO: Interpretation of electropherograms of disintegrated thylakoid membranes in connection with experiments on the spatial arrangement of membrane components by means of vectorial labelling. – Kolloquium, Carlsberg Laboratorium, Kopenhagen/Dänemark (8. Juni 1977).

Dr. MATZK, FRITZ: Einige Gesichtspunkte zur Nutzung von Hybrideffekten bei Art- und Gattungskreuzungen mit Futtergräsern. – Symposium des Instituts für Züchtungsforschung Quedlinburg anläßlich des 65. Geburtstages von Prof. Dr. KEPPLER, Dornburg (7. Februar 1977).

Dr. MEISTER, ARMIN: Pigmentanalyse *in vivo.* – Weiterbildungsveranstaltung des Instituts für Getreideforschung Bernburg-Hadmersleben „Untersuchungsmethoden der Ertragsforschung", Gatersleben und Quedlinburg, 15. und 16. März 1977 (15. März 1977).

– How many bands of chlorophyll can be resolved? – RGW-Symposium „Pigment-Protein Complexes in Photosynthesis", Szeged/VR Ungarn, 20. bis 24. September 1977 (20. September 1977).

– and Dr. OTTO MACHOLD: Stability of chlorophyll-protein complexes under different disintegration conditions. – Poster presented at the IVth International Congress on Photosynthesis, Reading/Großbritannien (5. September 1977).

– and Dr. OTTO MACHOLD: Stability of chlorophyll-protein complexes under different disintegration conditions. – Poster presented at the RGW-Symposium „Pigment-

Protein Complexes in Photosynthesis", Szeged/VR Ungarn, 20. bis 24. September 1977 (20. September 1977).

Dipl.-Biol. MENDEL, RALF-RAINER and Dr. ANDREAS J. MÜLLER: Genetic control of nitrate assimilating enzymes in *Nicotiana tabacum*. – Poster presented at the International Conference on Regulation of Developmental Processes in Plants, Halle, 4. bis 9. Juli 1977.

–, Dr. ANDREAS J. MÜLLER and Dr. REINHARD GRAFE (vorgetragen von Dipl.-Biol. R.-R. MENDEL): Biochemical characterization of mutant cell lines of *Nicotiana tabacum* lacking nitrate reductase. – Symposium on the genetics of nitrogen fixation, Szeged/VR Ungarn, 31. Mai bis 3. Juni 1977 (2. Juni 1977).

Dr. METTIN, DIETER, Dr. WOLF-DIETER BLÜTHNER und Dr. HELGA SCHÄFER (vorgetragen von Dr. W.-D. BLÜTHNER): Proteinuntersuchung der Gattung *Aegilops*. – Wissenschaftliche Vortragstagung und Weiterbildungsveranstaltung für Getreidezüchter der DDR, Institut für Getreideforschung Bernburg-Hadmersleben, Bernburg, 2. und 3. Februar 1977 (2. Februar 1977).

Dr. MÜLLER, ANDREAS J.: Untersuchungen zur Nitratassimilation als Beispiel für die Anwendung neuer zellgenetischer Methoden in der molekularbiologischen Forschung bei höheren Pflanzen. – Kolloquium der Sektion Biologie der Friedrich-Schiller-Universität Jena, Jena (3. November 1977).

Prof. Dr. MÜNTZ, KLAUS: Erfassung der Variabilität von Eiweiß- und Aminosäuregehalt in Kulturpflanzensortimenten als Voraussetzung für die Züchtung qualitativ verbesserter Sorten. – Vortrag im Zentralinstitut für Ernährung, Potsdam-Rehbrücke (23. Februar 1977)

– Specialization processes during biosynthesis of storage proteins in plant seeds. – International Conference on Regulation of Developmental Processes in Plants, Halle, 4. bis 9. Juli 1977 (4. Juli 1977).

– Phase dependent changes of the amylase pattern in pericarps of legume fruits. – Poster presented at the International Conference on Regulation of Developmental Processes in Plants, Halle, 4. bis 9. Juli 1977.

–, Prof. Dr. B. PARTHIER, Dipl.-Biol. OTTO AURICH, Dipl.-Biol. RONALD BASSÜNER, Dipl.-Chem. MANFRED PÜCHEL, Dr. PETER SCHMIDT and Dr. GÜNTER SCHOLZ: *In vitro* biosynthesis of vicilin and legumin subunits on membrane bound polysomes from developing cotyledons of *Vicia faba* L. – Poster presented at the International Conference on Regulation of Developmental Processes in Plants, Halle, 4. bis 9. Juli 1977.

Dr. PANITZ, REINHARD: Das Eukaryotenchromosom – Struktur und DNA-Sequenzorganisation. – 1. Arbeitstagung „Biophysik der Nukleoproteidsysteme" der Gesellschaft für physikalische und mathematische Biologie, Weimar (25. März 1977).

– Results of studies on polytene chromosomes in Gatersleben. – Institut für Molekulargenetik der AdW der ČSSR, Prag/ČSSR (3. Mai 1977).

– Balbiani ring 1 RNA synthesis in the *Acricotopus* salivary gland. – 6th International Chromosome Conference, Helsinki/Finnland, 29. bis 31. August 1977 (30. August 1977).

– Das Eukaryotenchromosom – Struktur, DNA-Sequenzorganisation und funktionelle Gliederung. – Interdisziplinäre Arbeitsgemeinschaft Genetik an der Martin-Luther-Universität Halle-Wittenberg, Halle (22. November 1977).

Dr. PEISKER, MARTIN: Bestimmung der Diffusionswiderstände. – Weiterbildungsveranstaltung des Instituts für Getreideforschung Bernburg-Hadmersleben „Untersuchungsmethoden der Ertragsforschung", Gatersleben und Quedlinburg, 15. und 16. März 1977 (15. März 1977).

– Ein Modell des photosynthetischen CO_2-Gaswechsels von C_3-Pflanzen. – Symposium „Biophysikalische Ökologie und Ökosystemforschung", Leipzig, 15. bis 17. September 1977 (16. September 1977).

Dr. Peisker, Martin, I. Tichá und Dr. Peter Apel: Variabilität und Temperaturabhängigkeit des Einflusses von O_2 auf den photosynthetischen CO_2-Gaswechsel bei Weizenblättern. – XII. Koordinierungskonferenz zum RGW-Thema I-18. 3, Mogilany/VR Polen, 14. bis 18. Juni 1977 (15. Juni 1977).

Dipl.-Chem. Püchel, Manfred: RNA-Biosynthese in den Kotyledonen reifender Ackerbohnen während später Phasen der Reserveproteinakkumulation. – Tag des jungen Wissenschaftlers, Berlin-Buch (30. November 1977).

– and Prof. Dr. Klaus Müntz: Nucleic acid metabolism during the final period of globulin biosynthesis in developing field beans (*Vicia faba* L., var. *minor*). – Poster presented at the International Conference on Regulation of Developmental Processes in Plants, Halle, 4. bis 9. Juli 1977.

Dr. Rudolph, Armin: Anfärbeprobleme bei Aminosäuren in der automatischen Analyse. – II. Mikrotechna-Seminar, Greifswald, 23. bis 26. Mai 1977 (25. Mai 1977).

– Vergleichende Untersuchungen zur Hydrolyse von Proteinen. – II. Mikrotechna-Seminar, Greifswald, 23. bis 26. Mai 1977 (25. Mai 1977).

Dipl.-Biol. Saalbach, Gerhard: Untersuchungen über Gewebekulturen aus Gerste und deren Anwendungsmöglichkeiten in Genetik und Züchtung. – Kolloquium an der Pädagogischen Hochschule „Wolfgang RATKE", Köthen (21. April 1977).

– and Dr. Helmut Koblitz: Barley in tissue culture. – Poster presented at the International Conference on Regulation of Developmental Processes in Plants, Halle, 4. bis 9. Juli 1977.

– und Dr. Helmut Koblitz: Möglichkeiten und Probleme von *in vitro*-Verfahren auf zellulärer Ebene bei Gerste. – Internationales wissenschaftliches Symposium anläßlich des 30. Jahrestages der Gründung des Instituts für Züchtungsforschung Quedlinburg, Quedlinburg, 20. bis 22. Juni 1977 (22. Juni 1977).

Prof. Dr. Sagromsky, Herta: Pigmentanalyse. – Weiterbildungsveranstaltung des Instituts für Getreideforschung Bernburg-Hadmersleben „Untersuchungsmethoden der Ertragsbildung", Gatersleben und Quedlinburg, 15. und 16. März 1977 (15. März 1977).

Dipl.-Biol. Scheunert, Ernst-Ulrich: Zell- und Gewebezüchtung von Getreiden unter besonderer Berücksichtigung der Gerste. – Promotion A, Martin-Luther-Universität Halle-Wittenberg, Sektion Biowissenschaften, Vortrag anläßlich der Verteidigung, Halle (23. Mai 1977).

– and Dr. Helmut Koblitz: Developmental and karyological aspects of long-term callus cultures of barley. – Poster presented at the International Conference on Regulation of Developmental Processes in Plants, Halle, 4. bis 9. Juli 1977.

Dr. Schöneich, Jörg: Aufgaben und Probleme der Mutagenitätstestung. – 4. Fortbildungs- und Problemtagung „Mutagenese – Virus – Krebs" der Biologischen Gesellschaft der DDR, Sellin/Rügen, 26. bis 30. November 1977 (27. November 1977).

– Aufgaben und Probleme der Mutagenitätstestung. – Interdisziplinäre Arbeitsgemeinschaft Genetik an der Martin-Luther-Universität Halle-Wittenberg, Halle (13. Dezember 1977).

Dr. Scholz, Friedrich: Entwicklung eines genetischen Systems zur Nutzung des Hybrideffekts bei Gerste. – Internationales wissenschaftliches Symposium anläßlich des 30. Jahrestages der Gründung des Instituts für Züchtungsforschung Quedlinburg, Quedlinburg, 20. bis 22. Juni 1977 (22. Juni 1977).

Dr. Schubert, Ingo and Prof. Dr. Rigomar Rieger (vorgetragen von Dr. I. Schubert): On the expressivity of aberration hot spots after treatment with mutagens showing delayed or non-delayed effects. – Xth Annual Meeting of the Cytogenetic Section of Czechoslovak Biological Society, Bratislava/ČSSR, 1. bis 3. September 1977 (2. September 1977).

–, Biologe Helmut Bäumlein and Dr. Ulrich Wobus (vorgetragen von Dr. I. Schubert):

In situ hybridization of iodinated 5S and 18/25S RNA to *Vicia faba* metaphase chromosomes. – Xth Annual Meeting of the Cytogenetic Section of Czechoslovak Biological Society, Bratislava/ČSSR, 1. bis 3. September 1977 (2. September 1977).

Dr. SCHULTZE-MOTEL, JÜRGEN: Streiflichter aus der Urgeschichte der Kulturpflanzen. – Klub des Kulturbundes der DDR, Quedlinburg (15. Februar 1977).

– Monotope oder polytope Entstehung des Ackerbaus? – 4. Kolloquium der Jungsteinzeitforscher der DDR im Landesmuseum für Vorgeschichte, Halle (30. März 1977).

Dr. SERFLING, EDGAR, Biologe HELMUT BÄUMLEIN and Dr. ULRICH WOBUS (vorgetragen von Dr. E. SERFLING): Structure and expression of Balbiani ring genes of *Chironomus*. – Vth European Nucleolar Workshop (ECBO), Salamanca/Spanien, 28. Juni bis 2. Juli 1977 (30. Juni 1977).

– und Dipl.-Biol. ANTJE HUTH (vorgetragen von Dr. E. SERFLING): Synthese von Balbiani-Ring-RNA in Speicheldrüsenzellen von *Chironomus*. – Seminar am Institut für Physiologische und Biologische Chemie der Humboldt-Universität zu Berlin, Berlin (19. September 1977).

Dipl.-Biol. SÜSS, KARL-HEINZ: Purification and some molecular properties of the stromal and membrane-bound ferredoxin-NADP-reductase from chloroplasts. – Poster presented at the RGW-Symposium „Pigment-Protein Complexes in Photosynthesis", Szeged/ /VR Ungarn, 20. bis 24. September 1977 (22. September 1977).

Dr. TITTEL, CLAUS: Suška semjan bobovych dlja dlitel'nogo chranenija. (Die Trocknung von Leguminosensamen für die Langzeitlagerung). – RGW-Symposium „Langzeitlagerung von Saatgut landwirtschaftlicher Kulturpflanzen", Krasnodar/UdSSR, 5. bis 11. September 1977 (9. September 1977).

– Chranilišče semjan im. N. I. Vavilova v Gaterslebene. (Das Samenkühllagerhaus „N. I. VAVILOV" in Gatersleben). – RGW-Symposium „Langzeitlagerung von Saatgut landwirtschaftlicher Kulturpflanzen", Krasnodar/UdSSR, 5. bis 11. September 1977 (9. September 1977).

Dr. WALTER, GABY and Dr. ARMIN MEISTER (vorgetragen von Dr. G. WALTER): On problems of photoreduction of protochlorophyllide holochroms *in vivo*. – RGW-Symposium „Pigment-Protein Complexes in Photosynthesis", Szeged/VR Ungarn, 20. bis 24. September 1977 (21. September 1977).

Dipl.-Biol. WEBER, ERNST: Untersuchungen an Aleuronkörnern der Samen von *Vicia faba*. – Poster presented zum Tag des jungen Wissenschaftlers, Berlin-Buch (30. November 1977).

– and Dr. DIETER NEUMANN: Protein body formation during seed development of *Vicia faba* L. – Poster presented at the International Conference on Regulation of Developmental Processes in Plants, Halle, 4. bis 9. Juli 1977.

Dr. WOBUS, ANNA-MAGDALENA: Mutagenicity testing in the GDR with special reference to cytogenetic test systems. – RGW-Expertenberatung zum Thema 5.5. „Chromosomen in bösartigen Geschwülsten und mutagene Wirkungen von Zytostatika ...", Budapest/VR Ungarn, 26. bis 28. April 1977 (27. April 1977).

Dr. WOBUS, ULRICH: Organisation und Transkription der Riesenchromosomen. – 3. Internatskurs Molekularbiologie, Bad Stuer, 14. bis 18. November 1977 (14. November 1977).

Dr. ZACHARIAS, MARTIN: Kann der Mensch die Entwicklung der Lebewesen beeinflussen? – URANIA-Vortrag Bezirksvorstand Suhl, Sektion Biologie, Suhl (24. Februar 1977).

E. Tagungen im Institut

„Symposium on Seed Proteins of Dicotyledonous Plants" vom 30. Juni bis 2. Juli 1977

Isolation and characterization of storage proteins (30. 06. 1977)

Prof. Dr. H. BÖHME, Gatersleben: Begrüßung und Eröffnung.

Prof. Dr. D. BOULTER, Durham/Großbritannien: The structure and function of storage proteins of some economically important legume seeds.

Prof. Dr. J. W. DIECKERT, Texas/USA: The comparative anatomy of principal reserve proteins of seeds.

Dr. D. FOARD, Oak Ridge/USA: Multiple molecular weight trypsin inhibitors in soybean (*Glycine max.*).

Dr. CHR. HORSTMANN, Gatersleben: Studies on the subunit composition of *Vicia faba* phytohemagglutinin.

Dr. I. KOSHIYAMA, Chiba-Ken/Japan: Soybean globulins.

Dr. L. KONOPSKA, Łodz/VR Polen: Enzymatic activity of aleurone grains of pea during germination.

Dr. R. MANTEUFFEL and Dr. G. SCHOLZ, Gatersleben: Investigations of broad bean seed proteins by combined serological and disc electrophoretic methods. [Poster]

Dr. W. MERBACH, Halle: Composition of the seed proteins of *Lupinus albus* L. [Poster]

Dipl.-Biol. B. SCHLESIER, Dr. R. MANTEUFFEL, Dr. A. RUDOLPH, Gatersleben, and Dr. J. BEHLKE, Berlin-Buch: Investigations on narbonin, a low molecular weight globulin from *Vicia narbonensis* L. [Poster]

Dr. G. SCHOLZ, Gatersleben: Isolation and characterization of vicilin from *Vicia faba* L.

Dr. K.-D. SCHWENKE, Bergholz-Rehbrücke: Composition and structure of 11 S globulin – the main storage protein in sunflower seeds.

–, Dr. L. PRAHL, Dipl.-Biol. W. HINZE, Bergholz-Rehbrücke, and Dr. K.-J. LINOW, Teltow-Seehof: Chemical modification of proteins by reaction with carbonyl compounds – application to globulins from plant seeds. [Poster]

–, Dr. K.-D. ROBOWSKI, Paulinenaue, E. E. BRAUDO, L.-P. SOLOGUB and Dr. V. B. TOLSTOGUSOV, Moskva/UdSSR: Effect of neutral salts on the solubility of storage proteins from sunflower seeds (*Helianthus annuus*) and horse beans (*Vicia faba*). [Poster]

Dipl.-Biol. E. WEBER, Dr. R. MANTEUFFEL, Gatersleben, and Dr. D. NEUMANN, Halle (vorgetragen von Dipl.-Biol. E. WEBER): Isolation and characterization of protein bodies from seeds of *Vicia faba* L.

Proteases and storage protein catabolism (01. 07. 1977)

Dr. B. BAUMGARTNER, Zürich/Schweiz and Dr. M. CHRISPEELS, La Jolla/USA: Control of protease formation and reserve protein metabolism during germination.

Dipl. Chem. C. LICHTENFELD, Dr. R. MANTEUFFEL, Dr. G. SCHOLZ and Prof. Dr. K. MÜNTZ (vorgetragen von Dipl.-Chem. C. LICHTENFELD), Gatersleben: Changes in proteolytic activity and protein pattern during germination of field beans (*Vicia faba* L.).

Dr. J. MIKOLA, Jyväskylä/Finnland: Function of different plant peptidases in germinating seeds.

– Assay and properties of pine seed proteinases.

Dr. A. PUSZTAI, Aberdeen/Großbritannien: Mobilization of the nitrogen reserves of the seed of *Phaseolus vulgaris* during the early stages of germination.

Genetic variability of storage proteins: Their taxonomic and economic significance (02. 07. 1977)

Dr. J. P. GAVRILJUK, Leningrad/UdSSR: Application of serological methods in the evaluation of seed proteins quality of Fabaceae.

Dr. E. KLOZOVA, Prag/ČSSR: Protein pattern of some legume taxons seeds and its chemotaxonomic significance.

Prof. Dr. V. G. KONAREV, Leningrad/UdSSR: Evolution and genetics of plant storage proteins.

Prof. Dr. H. P. MÜLLER, Bonn/BRD: Seed protein characteristics of *Pisum* varieties, mutants and recombinants.

Prof. Dr. K. MÜNTZ and Dipl.-Biol. P. SILHENGST (vorgetragen von Prof. Dr. K. MÜNTZ), Gatersleben: Protein pattern in seeds of reciprocal crosses of Faba beans.

Prof. Dr. J. PRZYBYLSKA, Poznań/VR Polen: Comparative study of seed proteins in the genus *Pisum*.

Dr. A. RUDOLPH and Dr. P. HANELT (vorgetragen von Dr. P. HANELT), Gatersleben: Protein and amino acid screening of the Gatersleben field bean collection (*Vicia faba* L.).

Prof. Dr. H. SCHMANDKE, Bergholz-Rehbrücke: Aspects of research in the use of plant proteins in the human nutrition.

Prof. Dr. H. STEGEMANN, Braunschweig/BRD: Protein of the potato and of maize as taxonomic and physiologic indicators (PAA-electrophoresis).

Tag des jungen Wissenschaftlers (20. 09. 1977)

Prof. Dr. H. BÖHME, Gatersleben
Eröffnung.

Dipl.-Biol. E. BEYER, Gatersleben
Der Säuger-Spottest zum Nachweis von Genmutationen bei der Maus.

Dipl.-Biol. K. HEINDORFF, Gatersleben
Versuche zur Beeinflussung der Aberrationsausbeute und der Aberrationsverteilung durch exogene Faktoren an rekonstruierten Karyotypen von *Vicia faba*.

Dipl.-Biol. R. HINZ, Gatersleben
Die Gewinnung definierter DNA-Fraktionen als Voraussetzung zur Charakterisierung mutagensensibler Chromosomensegmente im Primärwurzelmeristem rekonstruierter *Vicia faba*-Karyotypen.

Dipl.-Gartenbauingenieur H. MADEL, Gatersleben
Untersuchungen zur Induktion, Analyse und möglichen Nutzung weiblich-steriler Mutanten bei Gerste.

Dipl.-Biol. R.-R. MENDEL, Gatersleben
Biochemische Untersuchungen an nitratreduktasedefekten Mutanten- und Wildtypzelllinien des Tabaks.

Dipl.-Biol. D. MEYER, Gatersleben
Prüfung von Ähnlichkeitsmaßen auf ihre Eignung in der botanischen Taxonomie.

Dipl.-Chem. M. PÜCHEL, Gatersleben
RNA-Biosynthese in den Kotyledonen reifender Ackerbohnen während später Phasen der Reserveproteinakkumulation.

Dipl.-Biol. E. WEBER, Gatersleben
Untersuchungen an Aleuronkörnern aus Samen von *Vicia faba*.

Die Gesellschaft für Zell- und Gewebezüchtung der DDR in der Gesellschaft für experimentelle Medizin der DDR veranstaltete in Zusammenarbeit mit dem Zentralinstitut für Genetik und Kulturpflanzenforschung der Akademie der Wissenschaften der DDR ein

"Symposium über die Genetik der *in vitro* kultivierten Zelle" am 20. und 21. Oktober 1977 in Gatersleben.

Genetik der *in vitro* kultivierten tierischen Zelle (20. 10. 1977)

Dr. H. KOBLITZ, Gatersleben: Begrüßung und Eröffnung.

Prof. Dr. K.-H. GRZESCHIK, Münster/BRD: Genkartierung beim Menschen.

Dr. A. G. A. C. KNAAP, Leiden/Niederlande: Mutagenicity studies with mammalian cells *in vitro*.

Dr. J. KOPP, Dr. W. HANDSCHACK und Dr. CH. PITRA, Berlin-Buch: Die Sphäroid-Replika-Technik – eine einfache Möglichkeit zur Isolierung von Zellhybriden und Zellvarianten.

Dr. I. RASKÓ, Szeged/VR Ungarn: Segregation of HGPRT gene from Chinese hamster × CRBC somatic cell hybrids.

Prof. Dr. D.-M. ROŻYNKOWA and Dr. B. RACZKIEWICZ, Lublin/VR Polen: Destroying effect of methyl mercury chloride in living cells *in vitro*.

Dr. V. SPURNA, Brno/ČSSR: The possibilities of the transfer of genetic information in mammalian cell cultures.

Dr. M. THEILE und Dr. S. SCHERNECK, Berlin-Buch: Mutagene Wirkung von SV 40-DNA bei *in vitro* kultivierten Hamsterzellen.

Dr. R. WIDMAIER und Dr. G. PAPSDORF, Berlin-Buch: Spontane Zellfusion bei Mamma-Tumorzellen *in vitro*.

Dr. A.-M. WOBUS, Gatersleben: Effects of the antibiotic netropsin on mouse ascites tumour chromosomes.

Genetik der *in vitro* kultivierten pflanzlichen Zelle (21. 10. 1977)

Dr. H. KOBLITZ, Gatersleben: Die Physiologie isolierter Protoplasten aus höheren Pflanzen als Voraussetzung für die somatische Zellgenetik.

Dr. A. J. MÜLLER, Gatersleben: Zellgenetik höherer Pflanzen – Ergebnisse und Probleme.

Dr. D. DUDITS, Szeged/VR Ungarn: Protoplast fusion as an alternative to sexual cross.

Dr. R. GRAFE, Gatersleben: Nitratreduktase-defekte Mutanten-Zellinien von *Nicotiana tabacum*.

Dr. S. L. KARANOVA, Moskva/UdSSR: Mutationsauslösung bei Zellkulturen aus *Dioscorea deltoidea*.

Dr. G. LÁZÁR, Szeged/VR Ungarn: Procedures of selection after protoplast fusion.

Dr. P. MALIGA, Szeged/VR Ungarn: Interspecific somatic hybrids in *Nicotiana*.

Dr. L. MENCZEL, Szeged/VR Ungarn: Frequency of nuclear fusion in *Nicotiana* heterokaryocytes.

Dipl.-Biol. R.-R. MENDEL, Gatersleben: Biochemische Charakterisierung von Nitratreduktase-defekten Zellinien.

Dr. Z. OPATRNY, Prag/ČSSR: Physiological aspects of potato cell and protoplast culture.

Dipl.-Biol. G. SAALBACH, Gatersleben: Organredifferenzierung aus Kalluskulturen verschiedener Teile der Gerstenpflanze unter Benutzung eines Keimpflanzenextraktes.
Dr. E.-U. SCHEUNERT, Gatersleben: Einige cytologische und karyologische Untersuchungen an *in vitro* kultivierten Zellstämmen der Gerste.

2nd Meeting of the Multilateral Cooperation Group "Repair, Recombination and Mutagenesis in Microorganisms" of the Academies of Sciences of the Socialist Countries, Gatersleben, 15. bis 17. November 1977

Recombination Session (15. 11. 1977)

Prof. Dr. S. E. BRESLER, Leningrad/UdSSR: Molecular mechanisms of recombination in microorganisms.
Dr. A. KONDOROSI, Dr. G. B. KISS, Dr. E. VINCZE, Dr. T. FORRAI and Dr. Z. BÁNFALVI (vorgetragen von Dr. A. KONDOROSI), Szeged/VR Ungarn: Purification and further characterization of the ATP-dependent DNase from *Bacillus cereus*.
Prof. Dr. W. KUNICKI-GOLDFINGER, Warszawa/VR Polen: Transient alterations of DNA secondary and tertiary structure as a prerequisite of genetic recombination.
Dr. N. M. LAKOMOVA and Dr. A. A. PROZOROV (vorgetragen von Dr. N. M. LAKOMOVA), Moskva/UdSSR: The genetics of *Bacillus subtilis* ATP-dependent DNase.
Dr. V. N. RYBČIN, Leningrad/UdSSR: Recombination of chromosoms with partial homology.
Dr. T. SIK, Szeged/VR Ungarn: General transduction in *Rhizobium meliloti*.
Dr. S. ZADRAŽIL, Prag/ČSSR: The fate of transforming DNA in *B. subtilis* rec-mutants and their revertants with different activities of ATP-dependent exonuclease.

Repair Session A

Prof. Dr. M. BAGDASARJAN, Warszawa/VR Polen: On the suppression of tif phenotype by the plasmid R100,1.
Dr. J. HOFEMEISTER, Gatersleben: Blockage and recovery of DNA replication in bacteria after UV exposure.
– Recovery from DNA replication-blocking lesions as influenced by inducible repair functions in *P. mirabilis* and *E. coli* K12.
Ing. F. MAŠEK, Bratislava/ČSSR: Involvement of UV-inducible repair in pyrimidine dimer excision in *E. coli*. [Poster]
Dr. M. SEDLIAKOVÁ, Bratislava/ČSSR: UV-inducible repair in *E. coli* B/r Hcr^+.
Dr. V. SLEZÁRIKOVÁ, Bratislava/ČSSR: Involvement of UV-inducible repair in survival of various mutants of *E. coli*. [Poster]

Repair Session B (16. 11. 1977)

Dr. H.-E. JACOB, Jena: Repair of photodynamically produced DNA damage in *Proteus mirabilis*.
Dr. A. N. LUCHNIK, Moskva/UdSSR: Repair of DNA double-strand breaks in yeast in relation to ploidy.
Dr. S. V. ŠESTAKOV, Moskva/UdSSR: Repair of radiation damages in *Cyanobacteria*.
Prof. Dr. A. G. SKAVRONSKAJA, Moskva/UdSSR: Influence of plasmids on repair and mutagenesis in *Salmonella typhimurium*.

Dr. K. Störl, Jena: Excision repair in MUT-mutants of *P. mirabilis*.

Prof. Dr. G. B. Zavil'gel'skij, Moskva/UdSSR: Repair of plasmid DNA and special photoinduced crosslinks.

Mutability Session (17. 11. 1977)

Dr. B. Adler and Prof. Dr. H. Böhme (vorgetragen von Prof. Dr. H. Böhme), Gatersleben: Induced mutagenesis in repair-deficient mutator mutants of *Proteus mirabilis*.

Dr. V. L. Kalinin, Leningrad/UdSSR: Mutagenic pathways in microorganisms.

Dipl.-Biol. R. Langhammer, Halle: Spontaneous mutation rates of 10 different codones located in codon position 211. [Poster]

Dipl.-Biol. R. Piechocki, Halle: Nearest-neighbour-effects of the four third bases upon the 2-AP induced transition rates of the second position in the codon unit 211 (GAA, GAG, GAC and GAU) of the trpA-synthetase gene of *E. coli*.

– Nearest-neighbour-effects of the four third bases upon the 2-AP induced transition rates of the second position in the codon unit 211 (GAA, GAG, GAC and GAU) of the trpA-synthetase gene of *E. coli*. [Poster]

Dr. I. Pietrzykowska, Warszawa/VR Polen: The mechanisms of mutagenic effect of bromuracil.

Dr. J. Soska, Brno/ČSSR: Antimutagenic activity of caffeine in nitrosoguanidine mutagenesis in *Salmonella typhimurium* and in *Salmonella* phages.

Dr. G. Steinborn, Gatersleben: Isolation and characterization of *E. coli* K12 mutants refractory to UV mutagenesis. [Poster]

Genetical Aspects of Recombinant DNA

Prof. Dr. S. I. Alichanjan, Moskva/UdSSR: Perspectives of gene engineering in microbial genetics and for selection of industrial microorganisms.

Dr. D. Krüger, Berlin: Prevention of different steps of *in vivo* restriction endonuclease-DNA interaction by virus gene functions. [Poster]

–, Dr. S. Hansen, Prof. Dr. H.-A. Rosenthal, Berlin, Dr. L. Chernin and Prof. Dr. D. M. Gol'dfarb, Moskva/UdSSR (vorgetragen von Dr. D. Krüger): Protection of foreign plasmid DNA by ocr-gene function of phages T2 and T7 against host-controlled restriction in recipient cells.

Dr. D.-H. Liebscher and Dipl.-Biol. A. Bětcke, Berlin: Biological activities of the ligation products of DNA and DNA fragments of phage Lambda. [Poster]

FSC
www.fsc.org
MIX
Papier | Fördert gute Waldnutzung
FSC® C083411

Kolibri 360 GmbH
Ferdinand-Jühlke-Straße 7
99095 Erfurt, Deutschland
produktsicherheit@kolibri360.de